电子与嵌入式系统
设计译丛

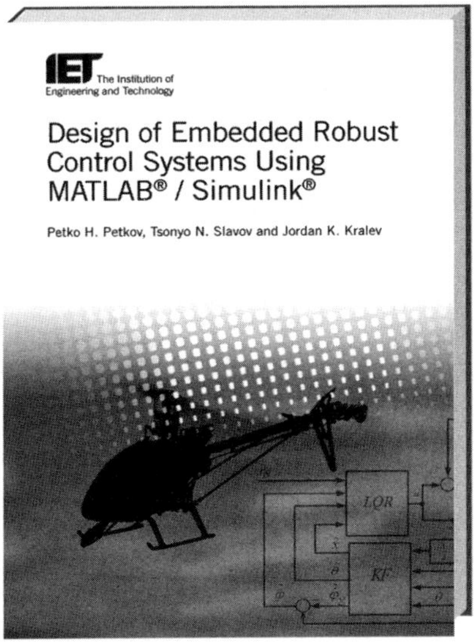

Design of Embedded Robust Control Systems Using MATLAB/ Simulink

基于MATLAB/Simulink的嵌入式鲁棒控制系统设计

佩特科·H. 佩特科夫（Petko H. Petkov）
[保] 索尼奥·N. 斯拉沃夫（Tsonyo N. Slavov） 著
乔丹·K. 克拉列夫（Jordan K. Kralev）
王占山 田羽锋 郑碧波 译

机械工业出版社
CHINA MACHINE PRESS

图书在版编目（CIP）数据

基于 MATLAB/Simulink 的嵌入式鲁棒控制系统设计 /（保）佩特科・H. 佩特科夫（Petko H. Petkov），（保）索尼奥・N. 斯拉沃夫（Tsonyo N. Slavov），（保）乔丹・K. 克拉列夫（Jordan K. Kralev）著；王占山，田羽锋，郑碧波译. —北京：机械工业出版社，2023.10

（电子与嵌入式系统设计译丛）

书名原文：Design of Embedded Robust Control Systems Using MATLAB/ Simulink

ISBN 978-7-111-73675-2

I. ①基… II. ①佩… ②索… ③乔… ④王… ⑤田… ⑥郑… III. ①鲁棒控制 – 控制系统设计 IV. ① TP273

中国国家版本馆 CIP 数据核字（2023）第 154216 号

机械工业出版社（北京市百万庄大街 22 号　邮政编码 100037）

策划编辑：赵亮宇　　　　责任编辑：赵亮宇

责任校对：龚思文　陈　越　责任印制：刘　媛

涿州市京南印刷厂印刷

2023 年 11 月第 1 版第 1 次印刷

186mm × 240mm・27 印张・618 千字

标准书号：ISBN 978-7-111-73675-2

定价：149.00 元

电话服务　　　　　　　网络服务

客服电话：010-88361066　机　工　官　网：www.cmpbook.com

010-88379833　机　工　官　博：weibo.com/cmp1952

010-68326294　金　　书　　网：www.golden-book.com

封底无防伪标均为盗版　机工教育服务网：www.cmpedu.com

译　者　序

最初机械工业出版社的编辑联系我，说有一本鲁棒控制方面的英文著作需要翻译，我大致了解一下之后，觉得可以胜任这项工作，由此开启了与这本英文书近一年的接触。

本书主要介绍如何利用软硬件、控制算法等最终实现鲁棒控制系统的设计，涉及对控制理论和控制综合等相关知识的理解和运用，是一本综合性和实用性都很强的科技书籍。通过近一年的阅读和翻译，我感触颇深。

鲁棒控制系统设计，顾名思义，属于自动化范畴，而且是现阶段控制手段中比较高级的一种。鲁棒控制概念的提出和自动化概念的提出都是为了更好地解决生活、生产中的需求问题。简而言之，自动化就是为了将人们从各种体力劳动和烦琐的脑力劳动中解放出来而采取的可行方案，由此形成了以不同时代、不同阶段背景为特色的各种自动化的称谓，例如智能自动化。从理性认知角度看，自动化也是处理各种不确定性问题的一种愿景，能够从各种未知的不确定性当中提取有限的确定性部分，从而实现对人参与的过程的规划或运行管理，这一点与鲁棒控制的初衷不谋而合。针对不确定性的认识过程，也就是人们从已知到未知、从有限到无限的逼近过程，形成了不同的认知理论，如不确定性理论、鲁棒控制理论、模糊集理论、粗糙集理论、可拓集合理论、神经网络理论，以及目前的人工智能技术与理论，它们都是解决不确定性问题的手段和方式，而且在实现过程中往往以多种方法融合的方式出现，构成了琳琅满目的人类认知成果。在某种程度上，不确定等于未知，如何面对未知、解决未知、利用未知、改造未知，是人们在生产实践活动中不断耕耘和开拓的动力与目标，也是一个永恒的话题。鲁棒控制是解决不确定性问题的一种手段，人工智能或者智能控制也是解决不确定性问题的手段，二者各具特色。鲁棒控制，从机理上讲，是从解析数学模型的角度来展开研究的，而人工智能或智能控制方法则是从输入 / 输出关系模型的角度研究，二者之间的关系类似于确定性占优和随机性占优的关系。当然，人工智能方法可以兼容鲁棒控制方法，而鲁棒控制方法却不能兼容人工智能方法，但鲁棒控制的思想和策略可以为更好地设计和优化人工智能方法提供借鉴和启发。

从鲁棒控制实现的角度来看，这反映了自动化的广泛范畴。自动化，确切地说，是针对某一系统的总体评价的指标；鲁棒控制，相对来讲，是针对具体的控制策略或算法，不包括各种数据处理、通信、采样以及软硬件设计等环节。所以，可以说凡是辅助一个自主运行的系统实现自动化的环节，都可以归为自动化研究范畴。例如，从《自动化学报》所刊载的自动化科学与技术领域的高水平理论性和应用性科研成果来看，自动化研究的内容包括：自动控制，系统理论与系统工程，自动化工程技术与应用，自动化系统计算机辅助技术，机器人，人工智能与智能控制，模式识别与图像处理，信息处理与信息服务，基于网络的自动化，等等。显然，上述内容还没有涵盖自动化实现的电力电子、计算机科学与技术、通信原理、电动机和电气、检测和仪表等。根据学科分工的需要，自动化各个环节的功能逐渐独立，已不再是20世纪中后期的机电一体化、计算机、控制、通信、电力电子、电动机传动等共属一个学科体系的局面，并且新的概念和分类层出不穷，导致目前对于自动化的认识好像仅仅局限于控制理论、仪表检测和电子科学技术等方向（这一点可参见各大学本科的大类招生情况）。技术上的自动化、技术实现的自动化以及技术分工的自动化，导致人们对自动化产生不同的认识和定位。本书涉及采样和滤波、二进制和十进制信号处理、单精度和双精度算法、控制理论、计算机软件编程、数字信号处理（DSP）器件、编码器、被控对象建模、齿轮箱传动比、集成电路实现和设计等，类似本书这样既有理论高度又有完整实践的书籍，就译者所知，在国内有关自动化的书籍中并不多见。

自动化最初是针对电动机传动而言的（大概到20世纪末为止）。毕竟，电动机的出现减少了很多手工劳作，作为一个阶段的相对性产物，以电动机为核心的自动化得到了广泛研究，并且结合不同行业的特点，形成了工业电气自动化、矿山自动化、交通自动化、冶金自动化、化工自动化等。随着计算机、网络、电力电子、通信等技术的发展，自动化在各个行业又有了不同的内涵，出现了网络自动化、办公自动化、物流调度自动化等（大概开始于21世纪初）。自动化的概念从内而外逐渐演化，体现了对整个系统的认识是从局部到整体的，是对整个系统而言的自动化，这是人们认知的进步（这一点可以参照大学教育中自动化学科分类调整的相关信息）。这样，虽然自动化的称谓没有变化，但是其内涵和外延都不一样了，具有强烈的时代特色。

对应地，控制的概念也是这样，毕竟，控制在自动化中的作用是显而易见的，各个环节如果没有控制的作用，将很难实现整个系统的有机协作。控制，又称作控制理论或控制技术，是整个自动化系统的核心。控制的核心是控制算法、控制方法或控制策略，其实施载体是各种计算机编程软件或者硬件电路（这取决于是数字电路实现还是模拟电路实现），驱动的是各种电动机、电子器件、执行器。然而在数字时代，控制的核心是由计算机实现的程序或编程语言算法。这样，一般研究控制技术的人多数都很擅长计算机编程和相关机器语言运用；而研究控制理论的人相对来说对计算机相关知识的掌握和运用可能就比较欠缺，这也是理论和技术的一大区别，更是社会分工的一种体现。但作为自动化本身来讲，从系统的角度来看，控制理论与计算机技术是不分家的。需要指出的是，控制理论一般只关注给定的过程或对象的输入/输出，不太关注控制信号的驱动环节、网络传输环节、被控对象的输出检测环节等，只关心如何针对输入/输出关系构建合适的控制算法，实现输入和输出之间的某种映射关系。显然，控制理论往往是理想化、抽象化的认识，提供的是一种战略；而具体的战术，像如何选择硬件、编程语言、网络传输方式、传动设备等，则由相应的硬件设计者或者设计工程师来选择，进而在各种厂家的产品之间进行采购或者自主研发。在（鲁棒）控制方面，本书涵盖理论、技术、软件、硬件、信号处理及各种性能的对比。本书中的控制系统之所以称作鲁棒控制系统，就是抓住了系统中的核心是鲁棒控制，而不是各种信号处理、采样和离散化方法！当然，如果从不同学科的角度来写一个自动控制系统的话，倘若都从本学科的创新性角度来考虑，当然会有不同的侧重，这是显而易见的。但不论怎样，一定要写出这个自动化系统的特色，要有技术增量和技术特点，或者有理论高度。也就是说，应从一个自动化系统的有效性角度来说，哪个环节增量最大或者技术含量最大（这是相对于当时的各类技术的成熟度而言的），其发挥的作用就最大，也就越能代表当时的生产力水平。

利用工具为生活、生产服务，一直是有志于改变现状的一类人的追求。自动化是人们追求的一个目标，但在实现自动化系统的过程中，实现的设备和操作手段也在不断发生变化，硬件从庞大到精巧，操作手段从烦琐的人工操作到机器实现、算法实现甚至智能实现，形成硬件、软件、算法、接口等不断聚合的演化过程。

大系统有大系统的作用，小系统有小系统的专长。在硬件逐渐微型化、集成化、网络化的同时，软件系统，特别是操作系统也在往紧凑型、嵌入型发展，以便适应各种灵活应用的场合。随着微处理器、网络化、微电子化等的发展，嵌入式系统在实际应用中不断成熟和完善。嵌入式系统是一种“完全嵌入受控器件内部，为特定应用而设计的专用计算机系统”。嵌入式系统是以应用为中心，以现代计算机技术为基础，能够根据用户需求（如功能、可靠性、成本、体积、功耗、环境等）灵活调整软硬件模块的专用计算机系统。嵌入式系统的核心是系统软件和应用软件，由于存储空间有限，因此要求软件代码紧凑、可靠，且对实时性有严格要求。从构成上看，嵌入式系统是集软硬件于一体的可独立工作的计算机系统；从外观上看，嵌入式系统像是一个“可编程”的电子“器件”；从功能上看，它是对目标系统（宿主对象）进行控制，使其智能化的控制器。嵌入式系统不仅为控制、监视或辅助设备、机器或用于工厂运作的设备提供服务，而且在所有带有数字接口的设备（如手表、摄像机、汽车等）中，都可以使用嵌入式系统。在本书中，原作者将鲁棒控制理论与嵌入式技术相结合展开自动化控制系统的设计，体现了与时俱进的科研精神和活学活用的知行合一精神。

认识事物的过程都是从简单到复杂、从底层到高层，控制理论的发展也是这样。以本书中描述的控制系统构成来说，原著中plant指的是物理设备或装置，在控制界中一般称作被控对象或者受控过程。由此可见，我们平时在自动化中所涉及的控制理论是针对物理设备而言的，对应于网络控制系统的物理层或底层。实现底层物理系统的控制要求后，就可以按照万物互联的思想，将这些孤立的物理系统连接起来，形成物联网或者复杂网络。为了实现这些物理系统之间的有机协同，所谓的一致性算法、协议、规约等相继出现。这些新的称谓看起来与控制理论没什么关系，好像更侧重于计算机、网络科学等领域，但实际上，这些也都属于自动化领域的范畴。据我们所知，经典控制理论中的内容多数是针对单/双闭环孤立的被控对象而言的，控制的对象是装置或设备，形成的系统构成自动控制系统。随着网络系统、计算机技术的发展，万物互联，彼此之间的系统也是一种控制方式，但约束的对象发生了变化，不再是单一的设备，而是一个自主的系统。此时再采用点到点的经典控制方式就很难操作。此时，控制概念的升级就显得更加必要了，正如多智能系统中出现的一致性协议、控制协议、控制规约、学习算法、协同等，都是对研究对象的控制方式。犹如自动化的概念在变化一样，控制的概念也在变化，系统工程中的调度与管理也是一种控制，只不过是针对系统级的，属于管理层的概念。控制，就是一种处理约束的手段，也可以理解为在诸多约束中寻求可行解的过程。这种可行解，既可以是有交集的平衡点，也可以是无交集的鞍点，但都是在一定的性能测试下达到设计者的需求（当然，该需求一定是可实现的）。所以，不论基于模型的经典控制理论还是基于数据的人工智能控制理论，都要处理各种约束下的折中，都是在一种有约束的优化中进行的利益（cost）最大化，也都是局部的均衡（仅限于论域内的控制）。这一点在本书中体现得也很好，比如LQR控制器、LQG控制器、$\mathscr{H}_\infty$控制器、带有滤波的LQG控制器等，都是在各种折中中得出的满足设计者期望性能指标的某一种可能方法或策略。

控制一个对象或系统，可以有多种控制策略，比如经典的频域法、时域法、状态空间法、数据驱动法等。在研究被控对象能否按预期的目标运行之前，一定要先了解被控对象的特性，要么从机理的特性上研究，要么收集各种模态下的相关数据以备不时之需。从客观上讲，收集的数据是构建机理特性的第一手材料，相同的数据可能得到不同的机理模型表示。所以，经典的解析模型方法对简单的对象模型有效，但对复杂交互作用的模型作用有限；相对而言，基于数据的方法对简单模型来说过于烦冗，但能够解决复杂交互作用下的模型问题。数据是底层，模型是顶层，只不过使用范围各有不同而已。这样，不论通过物理解析建模还是通过数据辨识建模，最终都是对被控对象有一个深刻的认识，进而便于解决问题。有句名言大致是这样的：若提出的问题能够表述得很清楚，那么这个问题就已经解决了一半。

因此，不论是传统控制理论、现代控制理论，还是现在的智能控制理论，都需要对被控对象进行建模。模型——既可以是解析模型、关系模型、函数模型、图表模型，也可以是数据统计模型等——是人们对研究对象的一种认识，也是研究对象在一定程度上的外在体现和被认知的程度。在被控对象辨识方面，本书中也用了很多篇幅，不论传递函数模型还是状态空间模型，介绍得都很详细。建模，也就是建立对象模型的简称，最终目的就是制定相应的控制策略，设计相应的控制器，为人们改造系统、利用反馈误差信息而服务。从某种程度上来说，控制策略就是综合运用给定期望信息、被控对象的输入 / 输出序列、外界约束条件而设计的一种时间序列。最典型的控制策略 PID 就是这种序列的体现。所以，控制器或控制算法是一个自动化系统的核心，最能体现一个自动化系统的水平。本书通过不同形式、不同阶次控制器的控制作用效果的比较显示了这一特点。

总之，这本书中涵盖的信息量非常大，相信大家都会有不同程度的受益。本书基于 MATLAB 和 Simulink 编程环境，设计并实现了嵌入式鲁棒控制系统。本书的前 4 章分别介绍了嵌入式控制系统和相应的设计过程、被控对象模型开发的基本问题、控制器设计中出现的性能要求和设计限制，以及现代控制理论中使用的 5 种基本控制器的设计等内容，为后续 3 章的水箱水位控制系统、微型直升机的鲁棒控制和两轮机器人嵌入式控制系统的设计与实现提供了必要的基础知识。毕竟，本书是面向现代控制理论在高性能控制律开发中的应用，因此尽可能少地介绍理论开发方面的内容，而将重点放在应用开发上。但是读者可以参阅书后的参考文献和 6 个附录来加强对相关知识的了解。此外，译者还结合自身的认识，在某些技术术语的后面额外提供了很多注释，以便进一步增强读者对原文的理解和相关知识的了解。这篇译者序也是受翻译过程中点滴知识的启发而撰写的，围绕本书中的主题展开一些相关的思考和讨论，进一步辅助读者的学习。

本书的翻译工作由东北大学的王占山教授、田羽锋博士和郑碧波博士共同完成。第 1 章、第 2 章、第 7 章、附录 A ～附录 D 由郑碧波博士完成，第 3 ～ 6 章、附录 E 和附录 F 由田羽锋博士完成，全文校对则由王占山教授完成。

翻译跟阅读有相似的地方，但阅读可以只意会不言传，翻译则是不仅要意会还要言传，并且表达到位、中肯。翻译与授课有类似的地方，就是译者要对某些专业知识理解得深刻透彻，这样才能尽量复现原著想表达的意思。有些地方，翻译可以意译，只要意思表达到位就可以，而不像授课那样，要详略得当、划分重点。

由于书中涉及的内容很庞杂，如硬件、软件、算法、控制理论、数学基础等，且由于译者的水平和能力有限，翻译过程中难免存在不准确的地方，还请读者多加批评和指正！

前　言

本书的宗旨

本书旨在提供有关基于 MATLAB 和 Simulink 实现嵌入式控制系统开发的必要知识。同时，MATLAB 和 Simulink 提供了一个复杂的编程环境，该环境可用于嵌入式控制系统的设计和实现。在本书中，利用 Simulink 模型自动生成和嵌入控制代码的方式，可以快速开发高效且无错误的代码。自动代码生成和可用的强大处理器使得复杂高阶控制器的实现成为可能，从而可以实现快速和高性能的闭环动态。

本书面向现代控制理论在高性能控制律（这些控制律确保闭环系统对被控对象不确定性具有良好的动态性和鲁棒性）开发中的应用，因此以尽可能少的篇幅介绍理论开发方面的内容，而将重点放在应用开发问题上。控制理论的基本结果没有给出证明，若想要获取更多相关信息，建议读者查阅相应章节结尾处的注释和参考文献。本书包含了许多重要的示例，用以说明理论结果的实际实现。虽然书中大多数例子取自运动控制领域，但也可供其他领域的设计师使用。

本书主要介绍了实际中常用的线性控制器的设计。这种线性控制方法已经被小增量线性化原理证明是合理的，该原理指出几乎任何自然过程在任何地方都是小量线性的。幸运的是，正如 Kostrikin 和 Manin [1] 所指出的那样，该原理存在的有效小邻域是足够大的。

本书的一个重要部分是可免费下载的资料，其中包含相应章节中所有示例的 MATLAB 和 Simulink 文件。使用这些材料有助于理解嵌入式控制系统分析和设计中出现的不同问题。

读者对象

本书可以作为在控制工程领域学习的硕士生和博士生以及在该行业工作的控制工程师的参考资料，也可供对 MATLAB 和 Simulink 在控制系统设计中的实现感兴趣的控制工程研究人员参考。前 4 章也适用于嵌入式控制系统设计方面的研究生课程。

本书内容

本书由 7 章和 6 个附录组成。

第 1 章简要介绍嵌入式控制系统和相应的设计过程。

第 2 章描述与被控对象模型开发相关的几个基本问题，如线性化、离散化、随机建模和辨识等。本章还包含一节关于不确定性建模的内容。

第 3 章关注嵌入式控制器设计中的性能要求和设计限制。本章的重要部分是关于不确定性系统的鲁棒稳定性和鲁棒性能分析的几节。

第 4 章详细介绍现代控制理论中使用的 5 种基本控制器的设计：比例积分导数（PID）控制器、线性二次高斯（LQG）控制器、带有 $\mathscr{H}_\infty$滤波器的线性二次（LQ）调节器、$\mathscr{H}_\infty$控制器和 μ 控制器。出于比较的目的，所有控制器都在同一个被控对象——著名的小车 – 单摆系统上实现。 我们考虑了这些控制器设计中可能存在的困难，并比较了相应闭环系统的特性。针对被控对象参数值的最坏组合情况，这些特性通过闭环系统的硬件在回路（HIL）仿真中进行了展示。

在后面的 3 章中，我们介绍 3 个案例，详细描述 3 个嵌入式控制系统设计中存在的理论和实践问题。

第 5 章介绍水箱作为被控对象的低成本控制系统的设计。想要在嵌入式系统设计中使用低成本处理器的读者应该会对本章感兴趣。

第 6 章专门讨论微型直升机的鲁棒控制。我们考虑高阶控制器的实现，以确保闭环系统在严重风干扰情况下的鲁棒性能。

第 7 章介绍两轮机器人嵌入式控制系统的设计。在这种情况下，我们通过实验演示了 30 阶控制器的实现，该控制器可确保闭环系统在被控对象存在不确定性的情况下的鲁棒稳定性和控制性能。

在附录 A ～附录 D 中，我们分别从矩阵分析、线性系统理论、随机过程和线性模型辨识等方面给出一些必要的基础知识。在附录 E 和附录 F 中，我们分别讨论一些重要的实际问题，例如，传感器和 DSP 之间的连接以及霍尔编码器对角速度的测量等。

致谢

在此要感谢在本书的准备过程中提供过帮助的一些人和机构。特别感谢 MathWorks 公司的持续支持，感谢莱斯特大学的 DaWei Gu 教授和宾夕法尼亚大学的 Nicolai Christov 教授的多次讨论和帮助。非常感谢 IET 编辑人员的协助和审稿人提出的意见。我们也非常感谢索非亚技术大学工程英语系主任 Tasho Tashev 教授近年来对我们工作的持续支持。

如何使用可下载的资料

我们提供 250 多个 .m 和 .slx 格式的文件，用于嵌入式控制系统的设计、分析和 HIL 仿真，这些资料可以从 www.cmpreading.com 获取。

为了使用 .m 和 .slx 格式的文件，读者应该拥有 MATLAB 和 Simulink R2016a（或更高版本），以及控制系统工具箱（Control System Toolbox）和鲁棒控制工具箱（Robust Control Toolbox）。第 5 章中描述的程序需要利用 Arduino Hardware 和 Arduino IDE 的仿真支持包（Simulink Support Package）。第 6 章和第 7 章需要安装代码调试器（Code Composer Studio）6.0.0 版、控制套装软件（Control Suite）3.3.9 版和 C2000 代码生成工具（Code Generation Tools）6.4.6 版。

佩特科・H. 佩特科夫

索尼奥・N. 斯拉沃夫

乔丹・K. 克拉列夫

2017 年 12 月于保加利亚索非亚

目 录

第 1 章
嵌入式控制系统

在本章中，我们对嵌入式控制系统进行概述，并讨论这些系统中所使用的相应硬件和软件的一些知识。嵌入式控制系统是数字系统，其性能受到采样和量化误差的影响，这也是为什么我们提供有关定点和浮点计算的一些基本知识，并描述与这些计算相关的舍入误差。在定点运算中，重点讨论了缩放问题，这是该运算中最重要的问题。最后简要介绍嵌入式控制器的设计、仿真和实现阶段。

1.1 引言

根据当下流行的定义，至少包含一个控制器并在数字处理器的基础上进行实现的每一个电气或机械系统被称为*嵌入式系统*。*嵌入式控制系统*则是利用反馈来实现实时控制算法的系统。嵌入式控制系统体现的是现代数字技术和控制理论方法的综合。因此，很有必要去区分通用计算设备（如计算机）和嵌入式系统处理器。计算机可以执行大量具有不同用途的程序，这些程序用于解决计算问题。另外，嵌入式系统处理器的功能可能很强大，但仅用来执行一个特殊的控制程序。此外，嵌入式系统控制器可能包含附加的硬件，这是有别于通用计算机的。大多数当代嵌入式系统都是在微控制器的基础上实现的，微控制器是一种计算设备，其功能块（如中央处理器、存储器、输入 / 输出设备和接口总线）被组合在一个芯片上。从硬件的角度来看，微控制器代表了一个超大规模集成（Very-Large-Scale Integration，VLSI）电路。

为了能成功地实时运行，所开发的嵌入式系统应该使所需的计算周期符合给定的时间间隔。为此，首先必须选择具有适当计算效率的处理器，开发快速控制算法并创建具有最小信号传输延迟的接口方案。其次，嵌入式控制系统应对外部数据具有稳定性。例如，如果获得结果所需的数据没有及时到达，则系统不能及时产生所需的结果。在这种情况下，系统不应该锁定，而应继续实时给出适当的结果。

开发嵌入式控制系统的过程具有很强的多学科特性，因为它需要涉及系统集成的问题，例如：

- ❑ 物理设备、传感器、通信硬件等的数学模型的推导。
- ❑ 高性能控制方法的研发。
- ❑ 在不同的硬件和软件平台中嵌入控制算法。

❑ 与远程被控对象进行通信。

❑ 解决与电力供应有关的问题。

嵌入式控制系统的理论基础是混杂系统理论。混杂系统结合了由微分或差分方程描述的连续过程和由有限自动机描述的离散事件过程。这些系统借助于数字设备很自然地出现在连续过程控制中，并且研究它们需要综合控制理论和计算机科学。由于使用了复杂的鲁棒自适应控制律，因此需要开发能够在处理器精度受限和采样间隔较短的条件下工作的嵌入式系统。

1.2 嵌入式控制系统的结构和组成

1.2.1 典型框图

从控制理论的角度来看，连续时间被控对象的嵌入式控制系统是一个闭环多变量数字控制系统，其框图如图 1.1 所示。实际中遇到的被控对象本身很少是数字化的，所以我们通常假设被控对象是连续时间的，这样的系统称为采样数据系统。

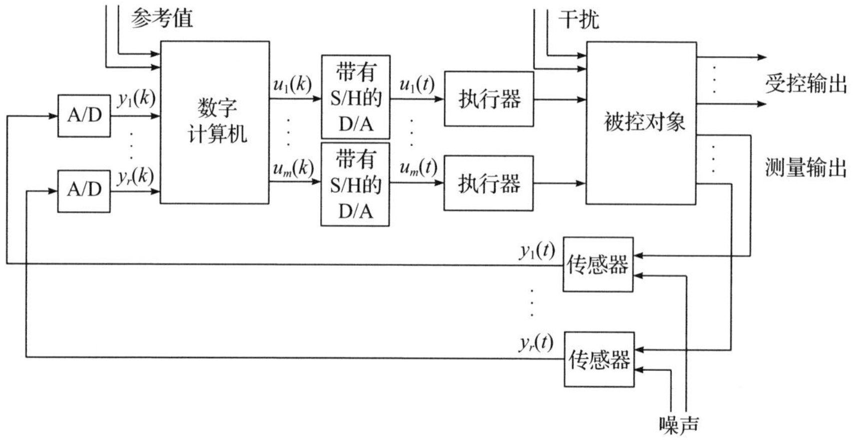

图 1.1 嵌入式控制系统框图

控制系统的目的是在闭环系统存在未知干扰和噪声时，保证被控对象输出的期望行为能够按照参考信号变化。一般情况下，被控对象有 m 个由执行器产生的模拟控制输入和 r 个由各自传感器测量的模拟输出。被噪声污染的测量值以及被控对象的干扰对闭环系统行为将产生很大的影响。模拟传感器信号由脉冲采样器以采样周期 T_s 进行采样，测量信号的数字表示为 $y_1(k), y_2(k), \cdots, y_n(k)$，其中 $y_i(k)$ 表示 $y_i(t)$ 在 $t = kT_s(k = 1, 2, \cdots)$ 时刻的值。采样器是一种由系统时钟驱动的设备，它将连续时间信号转换成数字序列。通常，采样器被组合成模拟－数字（Analog-to-Digital，A/D）转换器，将数字序列量化为有限精度的数字。（请注意，脉冲采样器本身没有任何物理意义。）数字测量信号被嵌入在数字计算机中的控制器算法使用，由此产生数字控制信号 $u_1(k), u_2(k), \cdots, u_m(k)$。这些数字信号被数字－模拟

（Digital-to-Analog，D/A）转换器转换成相应的执行器输入 $u_1(t),u_2(t),\cdots,u_m(t)$。D/A 转换器的目的是使用适当的重建算法产生数字信号的模拟近似值。模拟信号 $u_1(t),u_2(t),\cdots,u_m(t)$ 在采样期间由保持装置决定，直到下一个样本到达，并将保持每个样本的过程称为采样保持（Sample and Hold，S/H）。模拟信号 $u_i(t)$ 被用作执行器输入来控制被控对象的行为。系统时钟保证 A/D、D/A 转换器与数字计算机运行同步。需要注意的是，框图中可能包含其他组成部分，如抗混叠滤波器，其功能将在下一节中描述。此外，模拟传感器的输出可能被异步周期采样，系统也可能有许多具有不同采样周期的控制器。在传感器有数字输出或执行器有数字输入的情况下，考虑到 A/D 和 D/A 转换是在相应的设备内进行的，图 1.1 所示的框图仍然成立。

1.2.2　A/D 和 D/A 转换

本书中假定在最简单的情况下，采样和保持过程退化为零阶保持（Zero-Order Hold，ZOH），其运算如图 1.2 所示。在采样时刻（或采样瞬间）信号的数字代码被转换为模拟信号，其幅度对应于数字信号的值，持续时间等于采样周期 T_s。$\omega_s = 2\pi / T_s$ 称为采样频率。ZOH 保持两个采样时刻之间模拟信号的幅度不变。

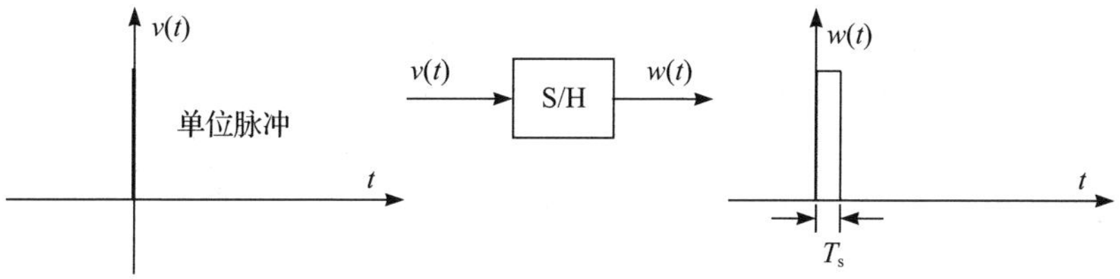

图 1.2　零阶保持（ZOH）运算图

在使用 ZOH 时，A/D 转换器和 D/A 转换器的运行情况如图 1.3 所示。A/D 转换（A/D Conversion，ADC）通常使用逐次逼近的过程将模拟输入信号映射到数字输出。这个数字值是由一组称为位（通常用多个 0 和 1 表示）的二进制值组成的。这些位的集合表示微控制器可以使用的十进制或十六进制数。D/A 转换器将数字代码转换为信号样本，然后将二进制编码的数字信号转换为模拟信号。可以看出，带有 ZOH 的 D/A 转换器从采样序列中产生一个阶梯信号。

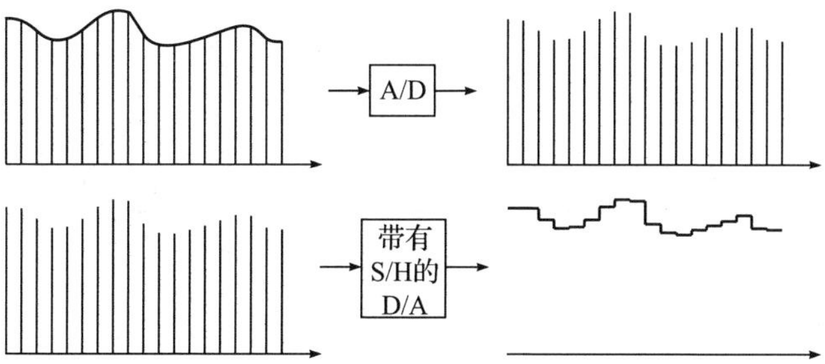

图 1.3　带有 ZOH 的 A/D 转换器和 D/A 转换器的运算图

A/D 转换器有两个功能：

1）模拟信号的采样：连续时间信号被时间间隔相等的一系列值所取代。这些值对应于采样时刻连续时间信号的幅值。

2）量化：用二进制序列编码的有限精度数字来近似信号幅值。通常，A/D 转换器具有 8 ～ 24 位的分辨率，能提供 2^8 ～ 2^{24} 的量化水平。

ZOH 的缺点是保持装置的输出是不连续的。这种不连续性不仅会激发物理过程中阻尼差的机械模态，也会造成系统执行器的磨损。这就是在某些情况下使用更复杂的保持装置的原因，它允许连续时间信号在采样点之间是一个高阶多项式形式。利用一阶保持，通过线性插值得到采样点之间的信号，从而更好地重构采样信号。

1.2.3 传感器

传感器是一种设备，当接触到某些物理现象（如位移、力、温度、压力等）时，它会产生成比例的输出信号（如电、机械、磁等信号）。*变送器*这一术语经常与传感器作为同义词使用。然而，在理想情况下，传感器是一种能够对物理现象的变化产生响应的设备。另外，变送器是一种将一种形式的能量转换成另一种形式的能量的装置。新一代传感器包括智能材料传感器、微传感器和纳米传感器。

传感器可以分为*无源传感器*和*有源传感器*。在无源传感器中，产生输出所需的动力源是由感知的物理现象本身提供的 (如温度计)，而有源传感器则需要外部动力源 (如陀螺仪)。此外，传感器根据输出信号的类型分为模拟传感器或数字传感器。模拟传感器产生与被感知参数成比例的连续信号并且通常需要 ADC 才能馈入数字控制器。相对照，数字传感器产生的数字输出可以直接与数字控制器接口。通常，数字输出是通过将 A/D 转换器添加到传感装置来产生的。如果需要许多传感器，选择简单的模拟传感器并将其接口到配备了多通道 A/D 转换器的数字控制器上是更经济的办法。

在选择合适的传感器来测量所需的物理参数时，必须考虑许多静态和动态因素。表 1.1 中列举了一些典型的因素 [2]：

表 1.1 选择传感器测量物理参数时需要考虑的典型因素

范围	被感知参数的最大值和最小值之差	零点漂移	在没有输入的情况下，输出在一段时间内偏离零点的值
分辨率	传感器可以区分的最小变化	响应时间	输入和输出之间的时间延迟
准确度	测量值与真实值之差	带宽	输出幅度下降到 3dB 时的频率
精度	能够重复产生给定准确度的能力	共振	输出幅度峰值出现的频率
灵敏度	输出变化量与输入的单位变化量之比	工作温度	传感器按规定工作的温度范围
零点偏移	无输入时的非零值输出	死区	没有输出的输入范围
线性度	与最佳拟合线性校准曲线的偏差百分比	信噪比	输出端信号和噪声的幅度大小之比

2.7 节将描述适用于嵌入式控制系统设计的传感器模型。

1.2.4 执行器

执行器的目的是控制物理设备或影响物理环境。三种常用的执行器是电磁阀、电动机和伺服电机。电磁阀是一种含可移动铁芯的装置，该铁芯由电流驱动。铁芯的运动可以控制某种形式的液压或气流。另一种执行器是电动机，主要有三种类型：直流（Direct Current，DC）电机、交流（Alternating Current，AC）电机和步进电机。DC 电机可以通过固定的 DC 电压或脉冲宽度调制（Pulse Width Modulation，PWM）进行控制。如图 1.4 所示，在一个 PWM 信号中，当改变（调制）导通时间信号的宽度或占空比时，电压被交替地开启和关闭。AC 电机通常比 DC 电机便宜，但需要变频驱动来控制转速。步进电机根据输入脉冲旋转一定的角度来移动。伺服电机是带有封装电子器件的 DC 电机，内置齿轮和 PWM 控制的反馈。伺服电机能快速改变位置、速度和加速度。大多数伺服电机可以旋转 90° 或 180°，但有些可能会旋转一整圈。伺服电机不能在一个方向上长期旋转，也就是说，它们不能用来驱动车轮，但可以精确地定位和控制移动机器人、无人机等。

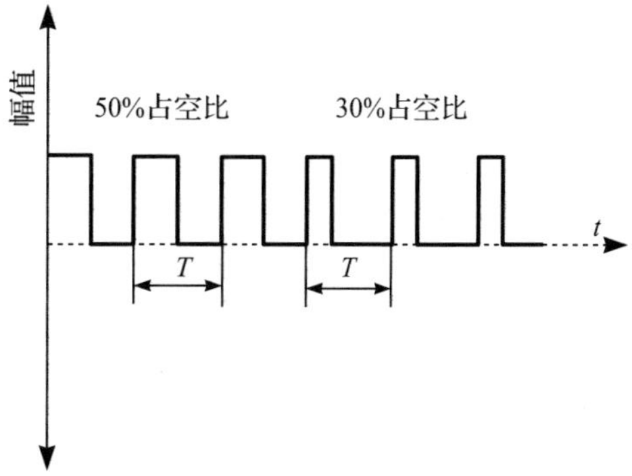

图 1.4 脉冲宽度调制

1.2.5 处理器

对于嵌入式控制系统，经常用到如下处理器技术。

可编程逻辑控制器（Programmable Logical Controller，PLC）——可编程逻辑控制器是一种专业的工业控制器，它是一种实时工作的设备：来自开关和传感器的输入根据逻辑程序进行处理，输出控制器状态的改变则控制机器或过程。PLC 能在较恶劣的操作条件（如存在灰尘、电气干扰、振动和冲击等）下工作。这些控制器可以用来实现足够复杂的控制律。

微控制器单元（Microcontroller Unit，MCU）——从本质上讲，这是一个小型计算机（即单片机），由单个芯片上的处理器、存储器和外围设备组成。大多数的 MCU **包含如下**组成部分：处理器、总线（地址总线、数据总线和控制总线）、中断控制器、DMA（直接存储器存取）控制器、ROM 存储器、RAM 存储器、计时器、输入和输出等。通常，MCU 有 ADC、数字输出、数字输入、PWM 输出。由于微控制器价格相对较低，因此在批量生产中得到了广泛应用。

一些流行的微控制器来自 PIC（可编程智能计算机或外设接口控制器）系列。这些通用微控制器价格合理，应用于机器人、伺服控制器等方面。这个系列的其他微处理器包括 Parallax SX 和 Holtek HT48FxxE。广泛使用的微控制器还有来自 ARM（高级 RISC 机）系列的，它基于 32 位 RISC 处理器架构。这个系列微控制器占据了所有 32 位处理器的大约 75% 和所有嵌入式处理器的几乎 90% 的市场份额。ARM 处理器的例子有：Intel X-Scale、Philips LPC2000 系列、Atmel AT91SAM7、ST Microelectronics STR710，以及 Freescale MCIMX27 系列。

数字信号处理器（Digital Signal Processor，DSP）——它是专为矩阵运算、实时过滤、声音和图像处理等特殊应用而设计的。本质上，DSP 就是微控制器（它们有 ROM 存储器、

RAM 存储器、串行和并行接口、DMA 控制器、计时器、中断处理控制器以及某些情况下的数字和模拟外设）。对于实时控制，经常使用 32 位的 Texas Instruments series C-2000 系列：Delfino、Piccolo、InstaSPIN 和 F28M3x。速度最高的微控制器是 Delfino 系列，它可以用来实现复杂的控制律。这些微控制器有协处理器，可用于执行浮点计算。

现场可编程门阵列（Field Programmable Gate Array，FPGA)）——属于专用集成电路中的一种半定制电路，其结构通常表现为二维阵列的逻辑块，彼此间的互连总线、辅助存储器块和功能块（如乘法器）。这些电路的功能是通过编程（电气配置）后确定的。FPGA 可以进行并行计算（MCU 和 DSP 则不能）。实际上，一些最快的 DSP 是建立在 FPGA 芯片上的。此外，还有现成的处理器内核——它们是在 FPGA 芯片上编程的——在内核上可以设置非常高的时钟频率，也就是说，它们的性能可以得到提高。FPGA 所需的功能可以在设备生产后进行配置并安装到产品中，甚至在某些情况下也可以在产品提供给用户后再配置。这使得 FPGA 与集成电路上的其他器件有着根本的不同。

关于微控制器和 FPGA 的架构和操作的更多内容将在 1.8 节中给出。

1.2.6 软件

控制算法的实际实现不是一个简单的问题。执行控制计算的目标硬件平台对原始被控对象产生了许多动态影响。这些影响包括时间采样、量化、采样时间变化、信息传输延迟、实数格式和舍入等。这些影响在被控对象中不是作为可控的动态特性来考虑的，而是作为不确定性来加以考虑。如今，有许多软件组件都有开放或封闭的源代码，这加速了编程过程。因此，软件设计问题主要留在系统配置以及软件与硬件组件之间的兼容性方面。

嵌入式编程有几种方式。形式语言是编程的普遍工具。这种语言的表达来源于一定的形式语法，具有树形结构。为了进一步加速系统开发，也有许多可视化编程语言。

最终，控制工程师的目的是将控制算法的公式编程到硬件平台中，以便开始它的自主执行。这个目标需要确保以下软件组件安全：

- 周期性任务执行——通常，对硬件定时器进行编程以周期性地生成中断信号。然后定时器中断程序调用控制算法的分段函数，根据经过的时间更新其内部状态和输出。
- 运算支持——在开发控制计算时，必须考虑目标硬件的运算能力。例如，如果目标不支持浮点数，则可以包括一些支持浮点数的软件库。
- 输入数据驱动——传感器的异构性质需要多层驱动程序来处理它们的信号，从而使控制算法能够访问它们。对于数字传感器，程序员应该为通信总线和相关协议安装软件组件。模拟传感器需要一些 ADC 配置软件。
- 输出数据驱动——在软件中，控制信号是一个数字，必须将该数字传送到执行器装置才能使其生效。通常这与 D/C 或 PWM 外设的驱动安装有关。有时，控制信号通过数字通信传输到一个智能执行器设备。
- 外部通信——由于控制系统的开发是一个迭代过程，设计人员需要一个关于控制算法的内部状态和传感器测量的连续反馈。为了实现这一点，程序员应该安装一些高速通信（USB、RS232、以太网）软件组件来传输数据到操作员工作站。

1.2.6.1　操作系统

实时操作系统（Real-Time Operational System，RTOS）旨在控制实时应用。这意味着在规定的时间限制下进行控制，即对控制系统的响应严格规定时间限制。根据及时响应的重要性，定义两种类型的 RTOS——硬实时和软实时。这两种类型的区别在于，在硬实时控制中，控制响应的延迟对整个系统来说是致命的。在软实时控制中，指定时间段后的延迟在最坏的情况下会导致系统性能下降，但其影响并非不可挽回。在单任务系统的情况下，RTOS 的使用不是不可或缺的。当嵌入式控制系统需要执行几个复杂的任务或将其连接到其他设备时，操作系统是必要的。最常用的 RTOS 有基于 Linux 系统的 RTLinux 和 UTLinux、QNX、VxWorks、FreeRTOS 等。与传统操作系统相比，嵌入式 RTOS 提供的用户界面有限。

从技术上来说，操作系统是由中央程序（内核）调用的交互模块的集合。内核中的所有信息都表示为封装数据的对象，并允许对该数据进行操作。最常见的操作系统对象是任务、互斥体、信号量、计时器、事件、消息队列、邮箱和文件。在操作系统中，内核和用户程序范围通常是分开的。为了保证系统的稳定性，用户程序（或应用程序）对内核对象的访问受到限制。用户程序使用专用的 API（应用程序编程接口）来访问高度抽象的硬件平台设备。例如，文件对象代表一个通信设备，通过该设备发送数据相当于将该数据写入相应的文件对象中。

1.2.6.2　协议

数字系统中的通信使整个系统中的数据在处理器、存储器、传感器和其他外围设备之间达到同步。信息通道可以是连接通信双方的任何物理介质。由于通信过程有各种各样的复杂性，因此它被规划成一个分层协议。协议是一组用于数据处理的规则和配方，以实现某种服务质量（Quality of Service，QoS）。

处理器、传感器和执行器之间的通信是通过不同的协议实现的，如 RS232（推荐标准 232）、I^2C（双线串行总线）、CAN（控制器局域网）和 SPI（串行外设接口）。对于嵌入式系统和局域网中其他设备之间的无线连接，使用了 WLAN（无限局域网）、蓝牙、ZigBee 等协议。

1.3　采样和混叠

本节使用的 MATLAB 文件

文件	描述
sampling_aliasing	混叠示例

当对连续时间信号进行采样时，有信息丢失吗？这个问题的答案由 Kotelnikov-Shannon 采样定理[⊖]给出，即如果信号不包含大于 ω_0 以上的频率，且采样频率 ω_s 大于 $2\omega_0$，那么连

⊖ 该采样定理又称 Nyquist–Shannon 定理、Nyquist–Shannon–Kotelnikov 定理、Whittaker–Nyquist–Kotelnikov–Shannon 基本插样定理，它揭示了连续信号与离散信号之间的关系。Vladimir Kotelnikov（1908—2005）于 1933 年发表了该结果，并被誉为第一位提出理论正确的采样定理的科学家。——译者注

续时间信号能够从周期采样序列中被唯一地重建出来。频率 $\omega_N = \omega_s / 2 = \pi / T_s$ 在采样系统分析中具有重要的作用，被称作奈奎斯特频率（Nyquist frequency）。如果信号的频率大于奈奎斯特频率，则不能通过采样进行重建。

例 1.1　混叠

考虑如下信号：

$$y(t) = 4\sin(2\pi t) + \sin(20\pi t + \pi / 6)$$

如果选择采样周期 T_s 为 0.1s，那么

$$\begin{aligned} y(kT_s) &= 4\sin(0.2k\pi) + \sin(2k\pi + \pi / 6) \\ &= 4\sin(0.2k\pi) + 0.5 \end{aligned}$$

此时的采样结果是高频分量 $\sin(20\pi t + \pi / 6)$ 变成了常数 0.5，即高频分量表现为低频信号（在给定的情况下可为 0）。这种现象称为混叠（aliasing）或频率折叠。

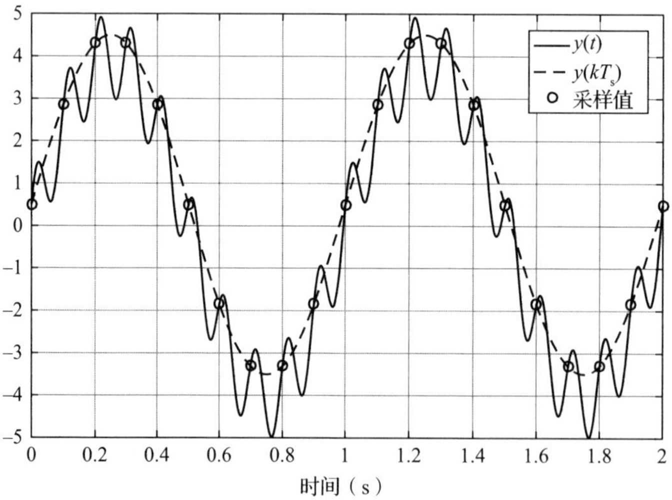

图 1.5　低采样率的混叠效应

采样结果如图 1.5 所示。可以看出，采样的高频分量表现为低频分量的恒定向上偏移。在给定的情况下，信号包含频率 $\omega_0 = 20\pi$ rad/s，并且由于采样频率 $\omega_s = 2\pi / 0.1 = \omega_0$，因此，不满足采样定理所要求的条件（$\omega_0 > \omega_N = 10\pi$）。

由于混叠效应，选择采样频率使 $\omega_N > \omega_{max}$ 是很有必要的，其中 ω_{max} 是被采样信号的最大频率。如果所需的采样频率非常大且无法实现，则在信号采样之前必须去除所有大于 Nyquist 频率的信号。这可以通过使用抗混叠滤波器来实现，它是模拟滤波器，其带宽必须使 Nyquist 频率以上的信号衰减足够多。文献 [3] 指出，2 ～ 6 阶贝塞尔滤波器实际上足以消除高频的大部分影响。具有带宽 ω_B 的二阶贝塞尔滤波器的传递函数为

$$\frac{\omega^2}{(s / \omega_B)^2 + 2\zeta\omega(\omega_B) + \omega^2}$$

其中 $\omega = 1.27$，$\zeta = 0.87$。贝塞尔滤波器具有这样的特性，即它们可以通过时滞来很好地近似。因为抗混叠滤波器的动态特性必须包含在采样数据控制器的设计中，这是控制器设计的一个优点。

适用于更低频采样情况的更详细的避免混叠的技术，可参见文献 [4] 中第 2 章的描述。

1.4　定点运算

本节使用的 MATLAB 文件

文件	描述
gyro_slop_bias	计算 14 位陀螺信号的斜率和偏置

二进制数可以用定点数据类型或浮点数据类型表示。

1.4.1　定点数

一个 n 位的二进制字可以表示成 $0 \sim 2^n - 1$ 的整数。反过来，这个范围内的所有整数都可以用一个 n 位二进制字表示。这种对二进制字的解释被称为*无符号整数表示*，因为每个字对应一个正（或无符号）整数。无符号整数的缺点是它们只能用于正整数的情况。

一种更通用的数据类型是*定点*表示。定点数据类型是以位数表示的字长、二进制小数点的位置以及它是否有符号来刻画的。二进制小数点的位置是缩放和解释定点值的方法。

图 1.6 显示了广义定点数（有符号或无符号）的二进制表示，其中位 b_i 是第 i 个二进制数。定点数可表示为

$$(\underbrace{b_{n-1}\cdots b_m}_{\text{整数部分}} \cdot \underbrace{b_{m-1}\cdots b_0}_{\text{小数部分}})_2$$

其中数字 n 是以位数表示的字长，$k = n - m$ 是整数部分的长度，m 是小数部分的长度。下标 2 表示使用的进制或基数。通过*二进制小数点*或*进制小数点*，可以将数字的整数部分 $b_{n-1}b_{n-2}\cdots b_m$ 与小数部分 $b_{m-1}b_{m-2}\cdots b_0$ 隔开。位 b_{n-1} 称为*最高有效位*或*最高位*（MSB），位 b_0 称为*最低有效位*或*最低位*（LSB）。定点数具有如下十进制值：

$$N = \sum_{j=0}^{n-1} b_j 2^{j-m} = b_{n-1}2^{n-1} + b_{n-2}2^{n-2} + \cdots + b_{m+1}2^1 + b_m 2^0 + b_{m-1}2^{-1} + \cdots + b_1 2^{-m+1} + b_0 2^{-m} \tag{1.1}$$

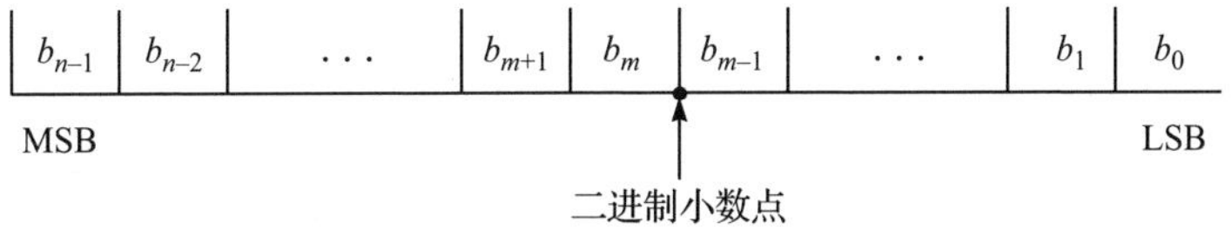

图 1.6　定点数

例如，考虑定点数 1011.011，它的字长 $n = 7$，小数部分长度 $m = 3$。它的十进制值为

$$1011.011 = 1(2^3) + 0(2^2) + 1(2^1) + 1(2^0) + 0(2^{-1}) + 1(2^{-2}) + 1(2^{-3})$$
$$= 11.375$$

定点数的特殊情况是 m=0 时的整数。

定点数据类型可以是有符号的，也可以是无符号的。带符号的二进制定点数通常有以下表示方式：

- 原码。
- 反码。
- 补码。

在原码表示中，符号和数值分别被指定。第一个数字位是符号位，剩余的 $n-1$ 表示数值。在二进制情况下，对于正数，符号位通常选择为 0；对于负数，符号位选择为 1。

二进制数的反码定义为将数字的二进制表示中所有的位取反（即将 0 交换为 1，1 交换为 0）而获得的值。例如，10111 的反码是 01000。二进制数的反码可以表示 $-(2^{n-1}-1)$ ～ $+(2^{n-1}-1)$ 范围内的整数。

n 位数字的二进制补码是解释二进制数字的另一种方式。在二进制补码中，正数总是以 0 开头，负数总是以 1 开头。如果一个二进制补码数的首位为 0，则通过计算该数的标准二进制值就可以得到该值。如果一个二进制补码数的首位是 1，那么这个值是通过假设最左边的位是负数，然后计算该数的二进制值得到的。例如：

$$001 = (0 + 0 + 2^0) = (0 + 0 + 1) = 1$$
$$010 = (0 + 2^1 + 0) = (0 + 2 + 0) = 2$$
$$011 = (0 + 2^1 + 2^0) = (0 + 2 + 1) = 3$$
$$100 = ((-2^2) + 0 + 0) = (-4 + 0 + 0) = -4$$
$$101 = ((-2^2) + 0 + (2^0)) = (-4 + 0 + 1) = -3$$
$$110 = ((-2^2) + (2^1) + 0) = (-4 + 2 + 0) = -2$$
$$111 = ((-2^2) + (2^1) + (2^0)) = (-4 + 2 + 1) = -1$$

可以很容易看出在补码表示中，一个 n 位的字可表示从 -2^{n-1} ～ $2^{n-1}-1$ 的整数。

定点数的补码可以表示的数的范围如图 1.7 所示。

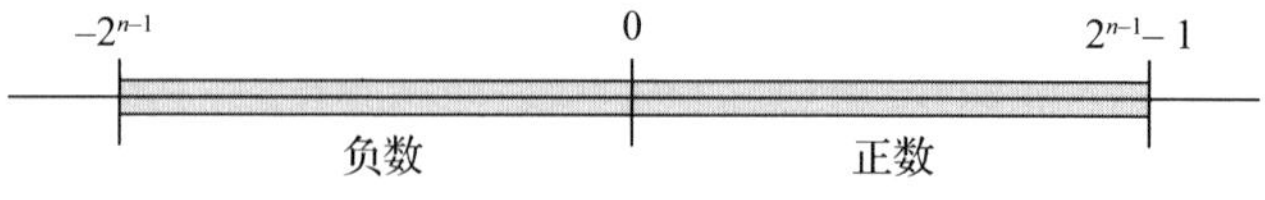

图 1.7　补码数的可表示数的范围

补码是有符号定点数最常见的表示，也是 MATLAB 中唯一使用的表示。

借助 Fixed-Point Designer㊀，可以使用函数 `fi` 在 MATLAB 中创建定点数。这个函数产生一个具有默认符号及默认字和小数长度的定点数。字长默认值为 16。例如，$-1/3$ 的定点数表示为

㊀ 提供开发定点和单精度算法所需的数据类型和工具，以在嵌入式硬件上进行性能优化。——译者注

```
a = fi(-1/3)

a =

  -0.333328247070313

          DataTypeMode: Fixed-point: binary point scaling
            Signedness: Signed
            WordLength: 16
        FractionLength: 16
```

可以按如下方式指定符号（1 表示有符号，0 表示无符号）、字和小数长度：

```
fi(-1/3,1,15,12)

ans =

  -0.333251953125000

          DataTypeMode: Fixed-point: binary point scaling
            Signedness: Signed
            WordLength: 15
        FractionLength: 12
```

fi 对象的其他属性可参见文献 [5]。

定点数 a 的二进制表示可以用如下命令显示：

```
a.bin

ans =

111101010101011
```

无符号定点数字对象的生成是由函数 ufi 完成的。

定点数的一种特殊情况是整数。在 MATLAB 中，使用相应的函数，整数可以表示为无符号或有符号的 8、16、32 或 64 位变量，如表 1.2 所示。例如，如果 $x=-81.3$，则其 16 位整数表示形式为

表 1.2　MATLAB 整数表示

位数	无符号整数	有符号整数
8	uint8	int8
16	uint16	int16
32	uint32	int32
64	uint64	int64

```
ix = int16(x)

ix =

    -81
```

最小和最大可表示数是由函数 intmin 和 intmax 决定的。例如，命令 intmin('uint32') 和 intmax('uint32') 分别产生在 MATLAB 工作空间中可表示的最小和最大 32 位无符号整数。

1.4.2　缩放

由于定点数和算术运算的结果以固定长度存储在寄存器中，因此在计算机算术单元中可以表示的不同值是有限的。令 N_{min} 和 N_{max} 分别指最小和最大的可表示定点数。区间

$[N_{min}, N_{max}]$ 被称为可表示数的范围。任何试图产生大于 N_{max} 或小于 N_{min} 的结果的算术运算都会产生错误的结果。在这种情况下，算术单元将产生一条消息，在第一种情况下称为溢出（上溢），在第二种情况下称为下溢。

在用定点表示法编程时，必须特别注意避免上溢和下溢问题，同时保持适当的精度。基于这个原因，对定点数必须进行缩放或标度变换。可以通过改变定点数的二进制小数点的位置或通过某个任意线性标度变换来进行缩放操作。下面将简要介绍这两个选项。

定点数可以用常规的斜率和偏置编码方案来表示：

$$实际值 =(斜率 \times 整数) + 偏置$$

其中斜率可以表示为

$$斜率 = 斜率调整因子 \times 2^{固定指数}$$

整数是原始二进制数，其中假定二进制小数点位于字的最右侧。

斜率和偏置共同实现对定点数的缩放。在零偏置的情况下，定点数的缩放仅受斜率的影响。一个仅受二进制小数点位置缩放影响的定点数等效于 [Slope, Bias] 表示中的数，即偏置为 0 而斜率调整因子为 1。这被称为只进行二进制小数点缩放（binary-point-only scaling，以后简称为二进制小数点缩放）或二次幂缩放：

$$实际值 = 2^{固定指数} \times 整数$$

或者

$$实际值 = 2^{-小数长度} \times 整数$$

Fixed-Point Designer 支持二进制小数点缩放和 [Slope, Bias] 缩放的操作。

1.4.2.1 二进制小数点缩放

二进制小数点缩放或二次幂缩放涉及在定点字内移动二进制小数点。这种缩放模式的优点是能够最小化处理器算术运算的数量。

采用二进制小数点缩放法，常规斜率和偏置公式中的分量具有如下值：

- ❑ $F=1$
- ❑ $S=F2^E=2^E$
- ❑ $B=0$

一个量化的实际数的缩放是由斜率 S 定义的，它被限制为二次幂。负的二次幂指数就是小数长度（二进制小数点右边的位数）。对于二进制小数点缩放，定点数据类型可以指定为

- ❑ 符号型：`fixdt(1, WordLength, FractionLength)`。
- ❑ 无符号型：`fixdt(0, WordLength, FractionLength)`。

如上所述，整数是定点数据类型的一种特殊情况。整数具有平凡的标度变换或缩放，即斜率为 1，偏置为 0，或者等价为小数长度为 0。整数可被指定为

- ❑ 带符号整数：`fixdt (1, WordLength, 0)`。
- ❑ 无符号整数：`fixdt(0, WordLength, 0)`。

1.4.2.2　斜率和偏置缩放

当一个数字通过斜率和偏置进行缩放时，该量化的实际数字的斜率 S 和偏置 B 可以取任何值，斜率必须是正数。使用斜率和偏置，定点数据类型被指定为

```
fixdt(Signed, WordLength, Slope, Bias)
```

1.4.2.3　未指定缩放

具有未指定缩放的定点数据类型被设置为

```
fixdt(Signed, WordLength)
```

Simulink 信号、参数和状态绝对不能有未指定缩放。当缩放未被指定时，必须使用其他机制（如自动最佳精度缩放）来确定 Simulink 软件使用的缩放。

例 1.2　陀螺仪传感器输出的斜率和偏置缩放

微电子机械系统（MEMS）陀螺仪提供了 14 位定点角速度测量。考虑到角速度可能在[−180, 180]（deg/s，角度 / 秒）范围内变化，有必要对定点信号进行缩放。

首先，输入端点、符号和字长。

```
lower_bound = -180;
upper_bound = 180;
is_signed = true;
word_length = 14;
```

要找到具有指定字长和符号的 `fi` 对象的范围，可以使用 Fixed-Point Designer 中的 `range` 函数：

```
[Q_min, Q_max] = range(fi([],is_signed, word_length, 0));
```

为了确定斜率和偏置，有必要求解方程组，用 MATLAB 符号表示则为

```
lower_bound = slope * Q_min + bias
upper_bound = slope * Q_max + bias
```

这些方程可写成如下矩阵 / 向量形式：

$$\begin{bmatrix} \text{lower\_bound} \\ \text{upper\_bound} \end{bmatrix} = \begin{bmatrix} \text{Q\_min} & 1 \\ \text{Q\_max} & 1 \end{bmatrix} \begin{bmatrix} \text{slope} \\ \text{bias} \end{bmatrix}$$

包含待求解的斜率和偏置的向量可由如下命令行进行计算：

```
A = double([Q_min 1; Q_max 1]);
b = double([lower_bound; upper_bound]);
x = A\b;
```

斜率或精度为

```
slope = x(1)

slope =

   0.021973997436367
```

偏置为

```
bias = x(2)
```

```
bias =

   0.0109869987181835
```

创建一个带有斜率和偏置缩放的 numerictype 对象很方便，这些对象将用于生成 fi 对象。

```
T = numerictype(is_signed,word_length,slop,bias)

T =
          DataTypeMode: Fixed-point: slope and bias scaling
            Signedness: Signed
            WordLength: 14
                 Slope: 0.021973997436366965
                  Bias: 0.010986998718183483
```

现在，很容易创建一个带有 numerictypeT 的 fi 对象。

```
a = fi(-160,T)

a =

    -160.003662332906

          DataTypeMode: Fixed-point: slope and bias scaling
            Signedness: Signed
            WordLength: 14
                 Slope: 0.021973997436366965
                  Bias: 0.010986998718183483
```

最后，可以通过求 a 的范围来验证创建的 fi 对象是否具有正确的规范要求：

```
range(a)

ans =

  -180   180

          DataTypeMode: Fixed-point: slope and bias scaling
            Signedness: Signed
            WordLength: 14
                 Slope: 0.021973997436366965
                  Bias: 0.010986998718183483
```

❐

1.4.3 范围和精度

字长为 n、缩放为 S 和偏置为 B 的定点数补码的可表示数的范围如图 1.8 所示。

由于定点数据类型表示的是有限范围内的数字，如果运算结果大于或小于该范围内的数字，则可能会发生上溢和下溢。如例 1.2 所示，通过适当缩放相应的变量，可以避免上溢和下溢。

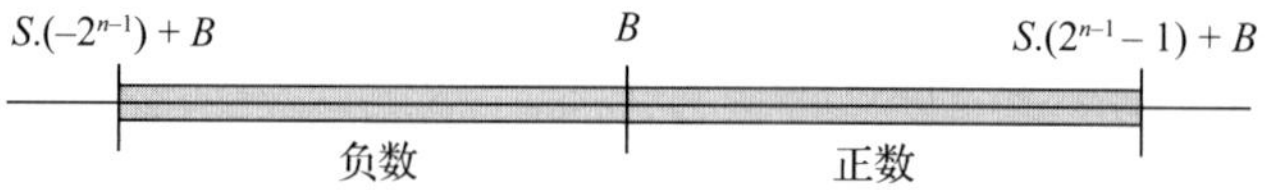

图 1.8 缩放的定点数补码的可表示数的范围

定点数的精度是其数据类型和缩放表示的连续值之间的差，其等于它的最低有效位的值。2^{-m} 是最低有效位，因此数字的精度由小数位数 m 决定。定点值可以被表示在数据类型和缩放比例所确定的精度的一半之内。例如，二进制小数点右侧有 8 位的定点表示法，其精度为 2^{-8} 或 0.003 906 25，这是其最低有效位的值。在这个数据类型和缩放范围内的任何数字都可以被表示在 $(2^{-8})/2$ 或 0.001 953 125 之内，即精度的一半。

Fixed-Point Designer 软件目前支持以下舍入方法。

- `Ceiling`，沿正无穷大方向舍入到最接近的可表示数。
- `Covergent`，四舍五入到最接近的可表示数。在平局的情况下，收敛舍入到最接近的偶数。这是该工具箱提供的偏置最小的舍入方法。
- `fix rounds`，沿零的方向舍入到最接近的可表示数。
- `Floor`，相当于二进制补码截断，沿负无穷大方向舍入到最接近的可表示数。
- `Nearest`，舍入到最接近的可表示数。在平局的情况下，沿正无穷大方向 Nearest 四舍五入到最接近的可表示数。在 `fi` 对象创建和 `fi` 算术中，默认采用的是这种舍入方法。
- `Round`，四舍五入到最接近的可表示数。在平局的情况下，`round` 方法四舍五入到：
  - 正数，沿正无穷大方向舍入到最接近的可表示数。
  - 负数，沿负无穷大方向舍入到最接近的可表示数。

更多关于定点数舍入方法的介绍可参见文献 [5]。

1.4.4　定点算术运算

1.4.4.1　加法和减法

在两个定点数相加时，可能需要一个附加的（进位）位来正确地表示结果。出于这个原因，当将两个 n 位数相加时（具有相同的缩放），与使用的两个操作数相比，所得到的值会有一个附加的位。例如，考虑将数 0.3749 和 0.5681 相加，这两个数都用定点算术表示，字长为 12，小数长度为 8。相加结果的字长为 13，小数长度为 8。

```
a = fi(0.3749,0,12,8)

a =

   0.375000000000000

          DataTypeMode: Fixed-point: binary point scaling
            Signedness: Unsigned
            WordLength: 12
        FractionLength: 8

b = fi(0.5681,0,12,8)

b =

   0.566406250000000
```

```
          DataTypeMode: Fixed-point: binary point scaling
            Signedness: Unsigned
            WordLength: 12
        FractionLength: 8

c = a + b

c =

   0.941406250000000

          DataTypeMode: Fixed-point: binary point scaling
            Signedness: Unsigned
            WordLength: 13
        FractionLength: 8

a.bin

ans =

000001100000

b.bin

ans =

000010010001

c.bin

ans =

0000011110001
```

如果对两个精度不同的数进行加减法运算，首先需要对齐小数点（或基点）以执行该运算。这样，运算结果与操作数之间不止相差一位。例如：

```
a = fi(0.3634,0,12,8);
b = fi(5.2987,0,16,12);
c = a + b

c =

   5.661865234375000

          DataTypeMode: Fixed-point: binary point scaling
            Signedness: Unsigned
            WordLength: 17
        FractionLength: 12
```

定点减法等效于加法运算，只是对任意的负值使用补码值。为使用补码计算二进制数的负数，可以执行以下操作：

1）取反码，或“翻转位”。

2）使用二进制算术加上一个 2^{-m}，其中 m 是小数长度。

3）丢弃超出原始字长的位。

例如，01101 (13) 的负值是 10011（$-2^4+2^1+2^0=-13$）。

1.4.4.2　乘法

在一般情况下，两个定点数的全精度乘积要求字长等于该操作数的字长之和。在下面的例子中，乘积 c 的字长等于 a 的字长加上 b 的字长。c 的小数长度也等于 a 的小数长度加上 b 的小数长度。

```
a = fi(4.2961,1,20)

a =

   4.296096801757813

          DataTypeMode: Fixed-point: binary point scaling
            Signedness: Signed
            WordLength: 20
        FractionLength: 16

b = fi(2.167,1,18)

b =

   2.166992187500000

          DataTypeMode: Fixed-point: binary point scaling
            Signedness: Signed
            WordLength: 18
        FractionLength: 15
c = a*b

c =

   9.309608206152916

          DataTypeMode: Fixed-point: binary point scaling
            Signedness: Signed
            WordLength: 38
        FractionLength: 31
```

1.5　浮点运算

定点数的一个主要缺点是其范围远小于具有等效字长的浮点值的范围。此外，浮点数的缩放是自动完成的，这有助于浮点数算法的使用。

1.5.1　浮点数

浮点数系统 F 是由基数 b 、精度 p 和指数范围 $e_{\min}$ 、$e_{\max}$ 来刻画的，这里，b 和 p 为正整数，$e_{\min}$ 为负整数，$e_{\max}$ 为正整数。在这个系统中，每个以 b 为基数的 p 位浮点数的归一化形式表示为

$$\begin{aligned} x &= \pm 0.d_1 d_2 \cdots d_p \times b^e \\ &= \pm\left(\frac{d_1}{b}+\frac{d_2}{b^2}+\cdots+\frac{d_p}{b^p}\right)\times b^e \\ &= \pm f \times b^e \end{aligned}$$

其中

$$\begin{aligned} &1 \leqslant d_1 < b \\ &0 \leqslant d_i < b,\ i = 2,3,\cdots,p \end{aligned}$$

并且 $e_{\min} \leqslant e \leqslant e_{\max}$。整数 e 称为指数，数 f 称为小数部分或尾数。

最常用的基数是 2,8,10 和 16。

浮点系统中表示的最小正数为 $m = 2^{e_{\min}-1}$。

浮点系统中表示的最大数是

$$M = b^{e_{\max}}(1-b^{-p})$$

在一些计算机上使用两种浮点系统，称为单精度浮点系统和双精度浮点系统。这些系统具有不同的 p 值、$e_{\min}$ 值和 $e_{\max}$ 值。

1.5.2 IEEE 运算

二进制浮点运算标准 754-2008[6] 或者它的子集通常称为“IEEE 运算”。几乎所有的现代处理器都实现了 IEEE 运算。在该运算标准中，单精度运算的特征是 $b = 2$，$p = 24$。相应的 32 位字的组织如图 1.9 所示。

s	e（8位）	f（23位）
0	1　　8	9　　31

图 1.9　单精度 32 位的字

用于双精度运算的两个 32 位字的组织如图 1.10 所示。

s	e（11位）	f（52位）
0	1　　11	12　　63

图 1.10　双精度 64 位的字

浮点数在 IEEE 运算中表示为

$$(-1)^s 2^E (b_0 b_1 b_2 \cdots b_{p-1})$$

其中 $s = 0$ 或 1 决定了该数的符号，E 是 $E_{\min}$ 和 $E_{\max}$ 之间的任意整数，$b_i = 0$ 或 1，$i = 1,2,\cdots,p-1$，$e = E$ + 偏置，其中偏置用于避免有一个对应于指数符号的位。注意，b_0 位没有被明确地使用，因为浮点数被归一化了，即 b_0 总是等于 1。

单精度和双精度运算的参数如表 1.3 所示。

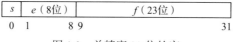

表 1.3　IEEE 运算参数

精度	p	E_{min}	E_{max}	偏置	ε
单精度	24	−126	127	+127	$2^{-24}\approx 5.96\times 10^{-8}$
双精度	53	−1022	1023	+1023	$2^{-53}\approx 1.11\times 10^{-16}$

例 1.3　IEEE 运算中 −1/3 的表示

数字 −1/3 用单精度 IEEE 运算表示如图 1.11 所示。这在 MATLAB 中可通过如下命令行进行检验：

```
format hex, single(-1/3)

ans =

   beaaaaab
```

1	01111101	01010101010101010101011
0	1　　8	9　　31

图 1.11　−1/3 的单精度二进制表示

并且将十六进制数 beaaaaab 转换为二进制数。

一个被称为 NaN㊀（非数）的、$e=255$ 和 $f\neq 0$ 的特殊位模式是由像 0/0、$0\times\infty$、∞/∞ 和 $(+\infty)-(+\infty)$ 这类操作生成的。包含 NaN 的算术运算将返回 NaN 作为结果。

无穷符号由 $f=0$ 表示，指数字段与 NaN 相同，符号位在 $\pm\infty$ 之间是不同的。

0 由 $e=0$ 和 $f=0$ 表示，在表示 +0 和 −0 时符号位是不同的，这在某些情况下很有用。

在 MATLAB 中，永久变量 realmin 和 realmax 分别表示最小和最大的正归一化浮点数。

令 x 为任意实数并且满足

$$m\leqslant x\leqslant M$$

x *的四舍五入值* $fl(x)$ 定义为最接近 x 的浮点数，称变换 $x\to fl(x)$ 为*四舍五入*。当 x 与两个浮点数等距时，有几种方法可以处理这种情况，包括将 $fl(x)$ 取为较大的数（对 0.5 往远离 0 的方向进行取舍）或最后一个数 d_p 为偶数的数（取整为偶数）㊁。IEEE 运算中默认的舍入模式是四舍五入到最接近的可表示数，在平局的情况下舍入到偶数（最低有效位数为 0）。其他支持的模式包括舍入到正无穷、负无穷或舍入到 0。最后一种模式称为*截断*或*砍断*。若 $fl(x)>M$，则称 $fl(x)$ 上溢；若 $0<fl(x)<m$，则称 $fl(x)$ 下溢。

可以证明，在 F 范围内的每一个实数 x 都可以用 F 中的一个元素来近似，在舍入为偶数的情况下其相对误差不大于

$$\varepsilon=\frac{1}{2}b^{-p}$$

㊀ NaN 表示未定义或不可表示的值，常在浮点数运算中使用。首次引入 NaN 的是 1985 年的 IEEE 754 浮点数标准。在浮点数运算中，NaN 与无穷大的概念不同，尽管两者均是以浮点数表示实数时的特殊值。——译者注

㊁ 对 0.5 往远离 0 的方向进行取舍，例如 $fl(3.5)=4$, $fl(-3.5)=-4$。这是一个对抗偏置的算法。但这个算法也有弱点，数据的正负分布不一致时就失去作用了。工程师还广泛利用一个更高级的算法——向偶数取舍，例如，$g(3.5)=4$，$g(2.5)=2$，即全都往偶数舍入。由于在自然界里一般不会遇到数据全往奇数或偶数一侧偏的情况，因此这个算法是比较可靠的。——译者注

在截断的情况下其相对误差不大于

$$\varepsilon = b^{-p}$$

其中，量值 ε 称作单位取整或单位舍入。对于 IEEE 运算，单精度和双精度情况下计算的 ε 值如表 1.3 所示。需注意的是，$\varepsilon \gg m$。

在 MATLAB 中，不带参数的 eps 产生的量值为 b^{-p}，它比对应于正确舍入的单位取整值 ε 大两倍。

如果 x 在 F 的范围内，那么

$$fl(x) = x(1+\delta),\ |\delta| \leqslant \varepsilon \tag{1.2}$$

1.5.3 浮点算术运算

假设 x 和 y 是浮点数。根据 IEEE 标准，所有涉及 x 和 y 的算术运算都是按照先以无穷精度计算，然后根据四种模式中的一种进行四舍五入的方式来执行的。这取决于以下基本算术运算的模型：

$$fl(x \text{ op } y) = (x \text{ op } y)(1+\delta),\ |\delta| \leqslant \varepsilon,\ \text{op} = +,-,*,/ \tag{1.3}$$

该模型表明，x op y 的计算值与四舍五入的精确答案"一样好"，在这种意义下，两种情况下的相对误差范围是相同的[7]。类似地，可以假定

$$fl(\sqrt{x}) = \sqrt{x}(1+\delta),\ |\delta| \leqslant \varepsilon \tag{1.4}$$

式（1.3）、式（1.4）是浮点计算误差分析的基础。

1.6 量化效应

本节使用的 MATLAB 文件

文件	描述
sampling_adc	不同 A/D 转换器的阶跃响应

在数字设备中将模拟量转换成二进制信号会引入量化误差，这可能会影响相应控制系统的稳定性和性能。

1.6.1 截断和舍入

如前几节所示，定点或浮点运算中的数字表示可能会出现错误。将量化前的数字记为 x，量化引入的误差为

$$e_q = x_q - x$$

其中 x_q 是 x 的量化值。量化误差的范围取决于算术类型（定点或浮点）、舍入类型（截断、舍入到最接近的可表示数等）。在定点运算中，截断或舍入误差与未量化数 x 的大小无关。

图 1.12 显示了数字设备的静态特性（x_q 是 x 的函数）以及补码表示的定点运算情况下截断误差的行为。在这种情况下，对于所有 x，截断误差 e_q 满足如下不等式：

$$-2^{-m} < e_q \leqslant 0$$

其中，m 是 x_q 的小数部分长度。

在定点运算四舍五入到最接近的可表示数的情况下，设备的静态特性和舍入误差的行为如图 1.13 所示。此时的舍入误差为

$$-\frac{1}{2}2^{-m} < e_q \leqslant \frac{1}{2}2^{-m}$$

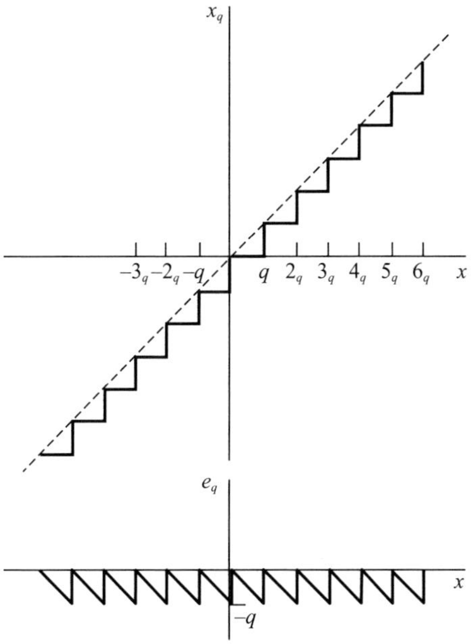

图 1.12　定点运算中的截断误差

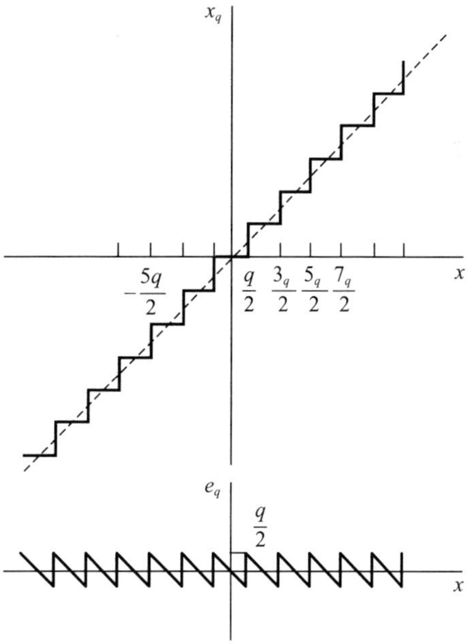

图 1.13　定点运算中的舍入误差

在浮点运算中，截断和舍入误差取决于未量化数的大小。根据式（1.2），对于 $x \neq 0$，相对量化误差由下式给出：

$$\frac{x_q - x}{x} = \delta, \ |\delta| \leqslant \varepsilon \tag{1.5}$$

其中 ε 取决于舍入模式。在截断的情况下，$\varepsilon = 2^{-p}$；在舍入到最接近的可表示数的情况下 $\varepsilon = \frac{1}{2}2^{-p}$，其中，$p$ 是 24 或 53，分别对应于 IEEE 单精度或双精度。

在嵌入式控制系统中，除数字表示外，舍入误差可能对控制作用计算过程中执行的算术运算有显著影响。乍一看，算术运算中的相对误差（见式（1.5））很小，尤其是在双精度算术的情况下。然而，由于浮点数运算中存在恶性浮点消除（catastrophic cancellation）现

象，这样的误差可能会导致最终结果中出现较大误差。在复杂的高阶控制器情况下，对这种效应进行理论分析是困难的。分析舍入误差影响的最可靠方法是考虑不同信号的精度和控制作用计算来模拟闭环系统。

1.6.2 A/D 转换中的量化误差

在数字传感器中将模拟量转换为二进制信号等同于引入量化噪声，这是离散时间白噪声的一个例子。如果模拟量的整个量程测量范围为 S，且 A/D 转换器具有 p 位分辨率，那么量化噪声可以表示为在 $-\frac{q}{2} \sim \frac{q}{2}$ 范围内具有均匀概率密度的零均值白噪声随机过程，其中 $q=\frac{S}{2^p}$ 是量子大小。可以证明文献 [8] 第 10 章中这种量化噪声的强度等于

$$\sigma_v^2=\frac{q^2}{12}$$

例如，全量程范围为 $S=2\pi$ 的轴式 p 位编码器具有量化噪声，其强度由下式给出：

$$\sigma_v^2=\left(\frac{2\pi}{2^p}\right)^2\frac{1}{12}$$

如例 1.4 所示，A/D 转换器的量化误差可能会降低闭环系统的性能。

例 1.4　ADC 精度对系统性能的影响

考虑一个离散时间系统，其 Simulink 框图如图 1.14 所示。该系统包括一个连续时间二阶被控对象，其传递函数为

$$G=\frac{K_o}{T_o^2 s^2+2\xi T_o s+1}$$

其中参数 $K_o=20$， $T_o=1.0$， $\xi=0.1$，离散时间控制器的传递函数为

$$K_d=33.333\frac{z-0.985\,4}{z-0.513\,4}$$

ADC 转换器在 Simulink 中用一个量化器块来模拟。ADC 的采样时间为 $T_s=0.02\text{ s}$。

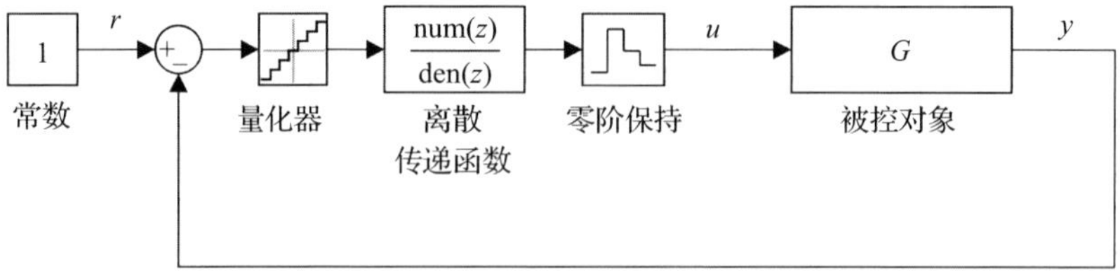

图 1.14　离散时间系统的 Simulink 框图

图 1.15 给出了分辨率分别为 4 位、6 位和 8 位的不同 ADC 闭环系统的单位阶跃响应。可以看出，由于 ADC 的死区较大，4 位 ADC 的阶跃响应出现振荡。

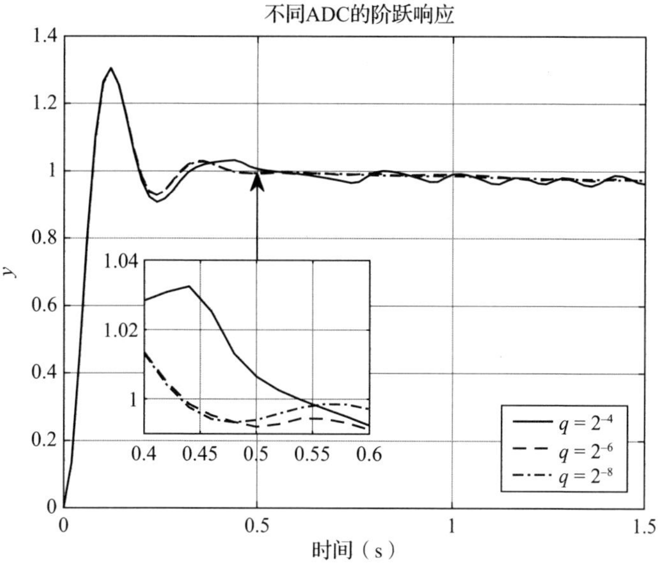

图 1.15　不同 ADC 的单位阶跃响应

1.7　设计阶段

本节使用的 MATLAB 文件

文件	描述
sampling_period	不同采样间隔的阶跃响应

用 MATLAB 和 Simulink 进行嵌入式控制系统的设计，可简化描述如下。

控制器设计、控制器代码生成以及代码嵌入数字计算机的过程如图 1.16 所示。基于被控对象模型、传感器模型、执行器模型并结合扰动和噪声，可以确定 MATLAB 中离散时间控制器的结构和参数。为达到此目的，设计者可以使用通用工具箱（如 Control System Toolbox、Robust Control Toolbox、System Identification Toolbox、Optimization Toolbox、Signal Processing Toolbox）或专用工具箱（如 Aerospace Blockset 和 Robotics System Toolbox）。控制器描述可以通过离散时间状态空间方程或传递函数的形式给出。基于这种描述，在 Simulink 中使用适当的块就可构建控制器模型，进而使用代码生成工具（如 Simulink Coder、Embedded Coder 或 HDL Coder）来生成 C 和 C++ 代码，并将其嵌入目标计算机中。

具体来说，设计过程可能涉及以下主要阶段：

- 被控对象建模

  被控对象模型一般是通过基于第一（物理）原理的理论建模或使用测量的输入和输出变量的实验建模（辨识）来获得的。通常，该模型可能包含由非线性代数方程或微分方程描述的部分。为了达到控制器设计的目的，这些方程被线性化和离散化。有些被控对象的参数并不精确已知，或者在某些区间内变化。这使得采用一系列被控对象模型描述而不是单一被控对象模型显得尤为必要。确定合适的被控对象模型是系统设计的难点，需要进行大量的理论和实验工作。需要注意的是，建立良好的被控对象模型体现了一个旨在满足闭环系统性能要求的迭代过程。

被控对象建模在 2.1 节和 2.5 节中给出了详细讨论。

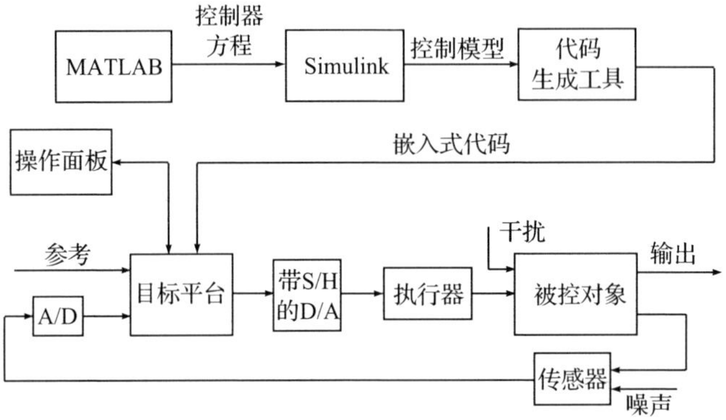

图 1.16　使用 MATLAB 设计嵌入式控制系统

- 控制器设计

  现代控制理论为控制器设计提供了丰富的方法，包括使用不同技术设计的线性和非线性控制器。在本书中，我们集中讨论利用最优和鲁棒控制理论设计的线性控制器。这些控制器的目的是在存在确定性干扰、随机干扰以及被控对象参数变化的情况下，确保精确跟踪参考指令。根据被控对象和干扰模型的阶次，控制器的阶次将不得不被降阶处理以便能够实时执行控制器算法。需要注意的是，现代微控制器甚至可以在足够短的采样周期内使用复杂的高阶控制律。例如，对于时钟频率为 150 MHz 的微控制器，在采样周期大于 0.001s（1 kHz 采样频率）的情况下，可以毫无困难地实现高达 50 阶的线性控制器算法。

- 软件在环（Software-In-the-Loop，SIL）仿真

  在 SIL 测试中，系统硬件完全由 Simulink 中的软件模型表示。最初，软件模型可能以全（双）精度工作，但在后续阶段，它们可以考虑不同精度的传感器、执行器和控制器。操作软件由 Simulink 模型自动生成，并在非实时仿真环境中针对不同的参考指令、干扰和噪声进行测试。

- 快速控制原型

  快速控制原型的目标是利用硬件（例如，现成的信号处理器）而不是最终的系列化生产硬件进行的实时控制器仿真（模拟）[㊀]。在嵌入式处理器上实现代码之前，快速

㊀ 快速控制原型仿真处于控制系统开发的第二阶段，远在产品开发之前，使设计者新的控制思路（方法）能在实时硬件上方便而快捷地进行测试。通过实时测试，可以在设计初期发现存在的问题，以便修改原型或参数，再进行实时测试，这样反复进行，最终产生一个完全面向用户需求的合理可行的控制原型。——译者注

控制原型仿真技术被用来在实时环境中测试软件控制算法。这样，被控对象、执行器和传感器可以是真实的。快速控制原型可以减少模型和算法，以满足以更低的成本大规模地生产硬件的要求，并有助于确定最终硬件和软件的规格。

- 处理器在环（Processor-In-the-Loop，PIL）仿真

  当实时嵌入式处理器可以获得时，可使用仿真硬件在实时嵌入式处理器中测试操作软件。这种 PIL 测试可验证软件的功能和性能。在这个测试阶段，还会获得处理器吞吐量、存储器和时序的估计值。

- 硬件在环（Hardware-In-the-Loop，HIL）仿真

  在 PIL 测试之后，操作软件和原型硬件准备好进行 HIL 测试，以验证集成的功能和操作性能。根据测试数据，对调节器和滤波器进行微调，并验证闭环系统性能以满足要求。

HIL 仿真的优点见文献 [2] 的第 2 章。

- 控制硬件和软件的设计与测试无须操作真实过程（即“将过程现场移至实验室”）。
- 在实验室的极端环境条件（如高 / 低温、高加速度和机械冲击、腐蚀性介质和电磁兼容性）下测试控制硬件和软件。
- 测试执行器、传感器和计算机的故障及失效对整个系统的影响。
- 支持危险操作条件的操作和测试。
- 可进行重复性实验。
- 有操作简单的不同人机界面。
- 节省成本和开发时间。

第 4 章将描述不同控制器的 HIL 仿真。

1.7.1 控制器设计

众所周知（见文献 [4]），离散时间控制器的设计可以通过两种截然不同的方式来实现。第一种方法如图 1.17 所示。根据这种方法，控制器是在连续时间内设计的，然后用某种离散化方法导出它的离散形式。这种方法的优点是性能指标是在连续时间域完成的，并且设计是通过使用成熟的连续时间系统设计方法来实现的。在这种情况下，如果采样频率足够高，级联 A/D– 数字计算机 –D/A 将表现得像一个模拟控制器。随着采样周期的增大，离散时间闭环系统的特性逐渐偏离连续时间系统的特性，从而导致闭环系统性能恶化。

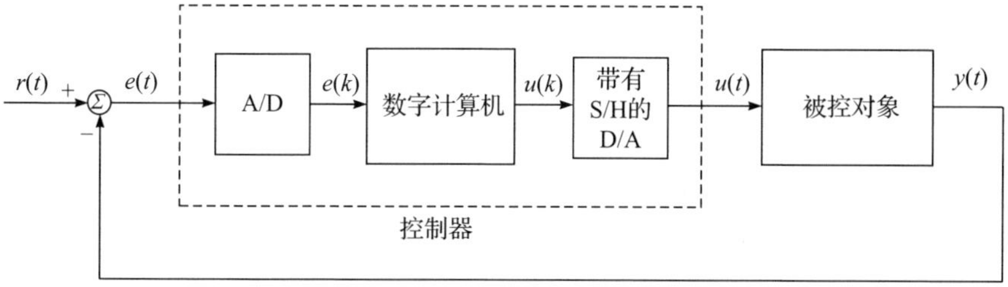

图 1.17 “模拟”型控制器的数字化实现

例 1.5　采样周期对系统性能的影响

仍考虑离散时间系统，其 Simulink 框图如图 1.14 所示。被控对象传递函数为

$$G = \frac{K_o}{T_o^2 s^2 + 2\xi T_o s + 1}$$

其中参数 $K_o = 20$，$T_o = 1.5$，$\xi = 0.1$ 。

一个有如下传递函数的连续时间控制器确保闭环系统具有可接受的性能：

$$K = c\frac{T_1 s + 1}{T_2 s + 1}$$

其中 $c = 4$，$T_1 = 0.5$，$T_2 = 0.03$ ，该控制器针对 3 个不同的采样周期 $T_s = 0.01$，$T_s = 0.015$ 和 $T_s = 0.02$ 进行离散化。相应的闭环单位阶跃响应和控制作用分别如图 1.18 和图 1.19 所示。从图 1.18 可以看出，系统响应的超调量从 16%（连续时间控制器的情况）增加到 30%（$T_s = 0.02$ 时的离散时间控制器）。这表明使用连续时间控制器的方法能力有限，特别是对于大采样周期的情况。

离散时间系统设计的另一种方法如图 1.20 所示。该方法将连续时间被控对象模型离散化，并在离散时间下进行控制器设计。性能指标通常在连续时间内描述，因为在这种情况下具有明确的物理解释。被控对象离散化后，可计算出离散时间控制器，并可直接将其用于仿真或实时控制。使用这种方法可以避免在将连续时间控制器转换为离散时间控制器时可能引入的性能退化和计算误差。为了得到更好的结果，本书中我们尽量采用第二种方法。

第 4 章将对不同的控制器设计方法进行描述和比较。

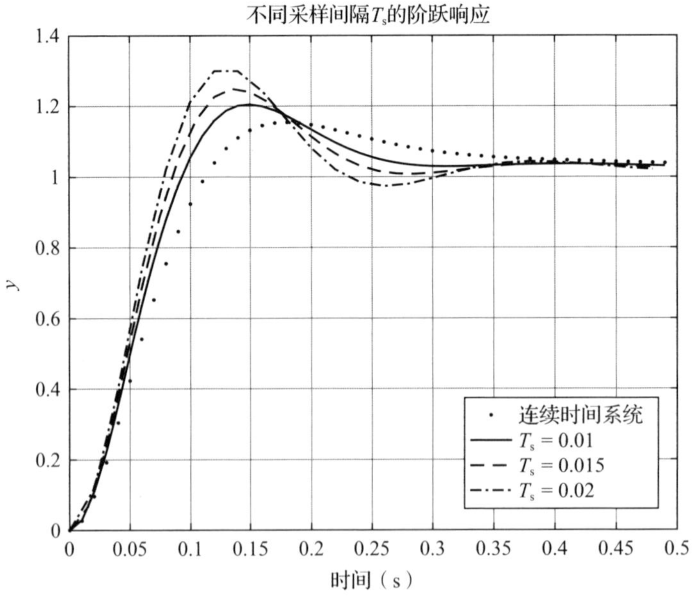

图 1.18　不同采样周期 T_s 的单位阶跃响应

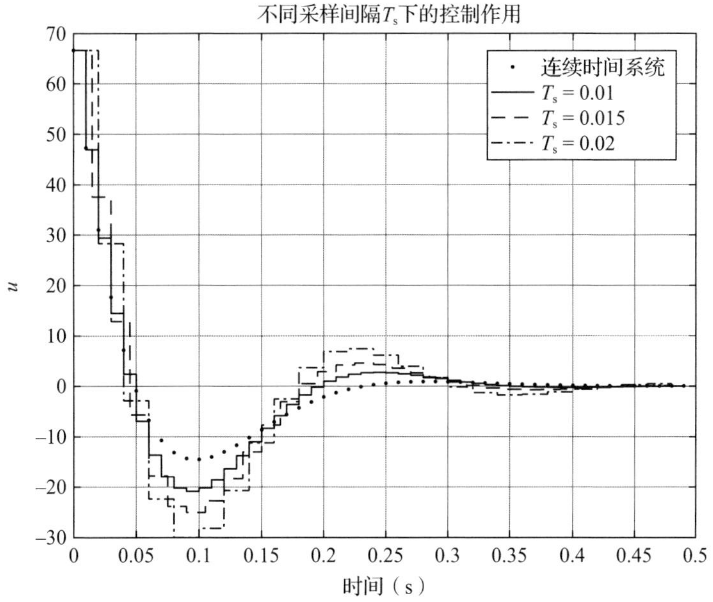

图 1.19　不同采样周期 T_s 下的控制作用

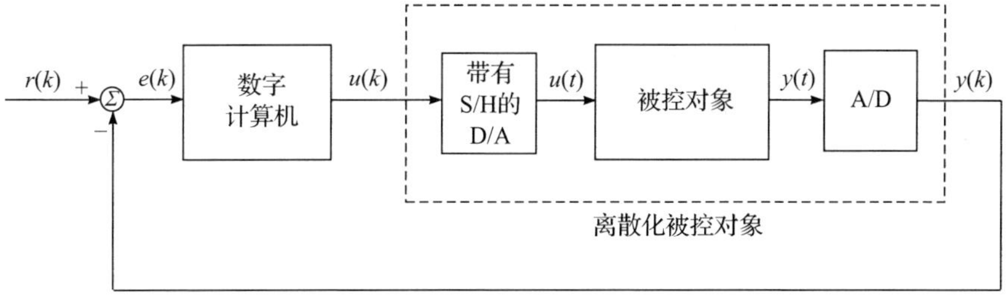

图 1.20　带有专用离散时间控制器的数字系统

1.7.2　闭环系统仿真

控制器设计之后通常是进行闭环系统仿真和系统性能评估。实际上，第一次尝试就找到合适的控制器并不容易，因此需要反复进行控制器设计和仿真过程，直到找到可接受的解决方案。

最初，仿真采用简化的线性化模型，如图 1.21 所示。该模型反映了被控对象在单一平衡状态下的行为，这里并没有考虑干扰和噪声的影响。在时不变系统的情况下，使用简单的仿真方法（如 MATLAB 中的 `step`、`lsim` 和 `dlsim`）就能相对快速地找到控制器结构和近似控制器参数。在仿真阶段，为了验证闭环系统的鲁棒性，使用不确定性被控对象模型也是合理的。为此，

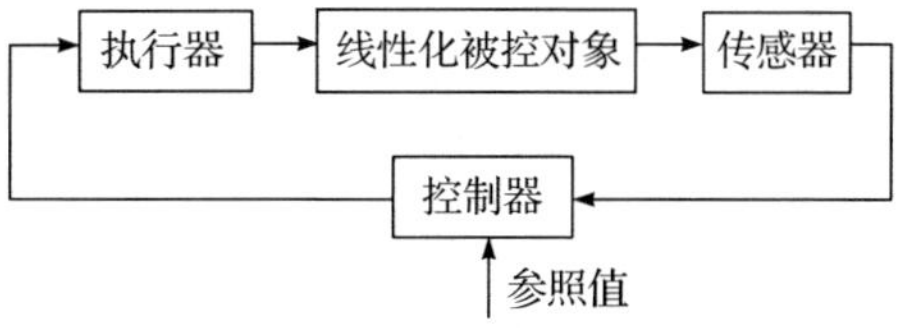

图 1.21　线性系统的仿真

可以使用 1.2.5 节中给出的不确定性模型。

当找到合适的控制器后，我们就可以使用更复杂的系统模型，如图 1.22 所示。它涉及非线性被控对象模型、由控制变量和输出变量的配平值所确定的特定平衡点，以及干扰和噪声等。该模型变得越来越复杂，它反映了传感器、执行器和控制器等使用的不同精度，并包括更多的非线性效应（如非线性静态特性、摩擦等）。这种改进的代价是增加仿真系统所需的计算时间。在这种情况下，需要注意为被控对象微分方程的积分选择合适的方法、选取积分步长和研究不同采样周期情况下的系统行为。

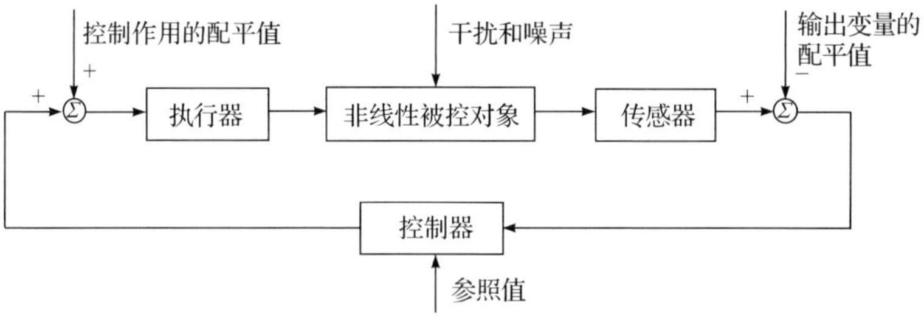

图 1.22　非线性系统的仿真

在参数不确定的情况下，可以使用蒙特卡罗仿真技术。

蒙特卡罗仿真是一种启发式方法，它包括对不确定模型参数进行随机抽样，以及对这些参数的各种固定值在不确定范围内进行闭环系统仿真。平均模型响应则给出了实际条件下闭环系统行为的表征。当难以用解析方法来评估闭环系统性能时，蒙特卡罗技术则可以非常方便地用于不确定性非线性系统的仿真。在不确定性模型的情况下，Simulink 可以轻松地使用蒙特卡罗方法。

蒙特卡罗仿真的例子将在第 4 章中给出。

1.7.3　嵌入式代码生成

确定合适的控制器后，就可以进入下一个设计步骤，从 Simulink 控制模型生成控制代码。

利用 MATLAB 和 Simulink 的强大能力，设计者可以自动生成控制代码，从而提高效率，改善性能并促进控制算法的创新。

在微控制器和数字信号处理器中用于自动生成代码的一种常用技术是基于编程工具 Simulink Coder 以及 Embedded Coder，这两种编程工具都包含在 MATLAB 编程系统中。

Simulink Coder（原名 Real-Time Workshop）从 Simulink 框图、Stateflow 图和 MATLAB 函数生成并执行 C 和 C++ 代码。生成的输出代码可用于实时和非实时的应用程序，包括加速仿真、快速原型和 HIL 仿真。生成的代码可以使用 Simulink 进行调整和调试，也可以在 MATLAB 和 Simulink 之外执行此操作。

Embedded Coder 生成紧凑、快速的 C 和 C++ 代码，用于嵌入式处理器和微控制器的大规模生产。Embedded Coder 为配置 MATLAB 编码器和 Simulink Coder 以及优化生成的代码、文件和数据提供了额外的机会。这些优化提高了代码效率，并便于与嵌入式技术中之前使用的代码、数据类型和校准参数进行集成。Embedded Coder 支持 SIL 和 PIL 仿真。

为了生成嵌入在 FPGA 中的图表，可以使用程序系统 Simulink 和 HDL Coder。最初，一个图表模型是在 Simulink 中创建的，然后将图表翻译成硬件描述语言 VHDL，随后将其传递给设备制造商提交的定制软件产品。接下来，在设计、可视化和布线之后，生成一个配置文件，并将其加载到 FPGA 设备中。这个过程是自动化的，这样，所设计的图表只在 Simulink 环境中工作，在其他环境中进行微调。

嵌入式代码生成将在 1.9 节中详细讨论。

1.8 硬件配置

一般来说，嵌入式系统提供的控制算法和目标机器之间的接口可以分为硬件和软件配置。*硬件配置*提供了互连电子设备的执行环境。这种环境应该能够以预定义但有条件的顺序（称为程序）进行快速和确定的操作。它由系统设计者规划并写入数字存储器中。另一个硬件功能是连续处理打包在离散数据单元中的信息。本节将简要讨论并演示如何开发硬件配置。

数字电子学的基本构件是作为双态开关工作的晶体管。这些构件的切换行为将设计与分析一并置于布尔代数和离散数学的领域。如今，用于计算的晶体管被缩小到纳米级，以实现更快的状态切换和更大的空间密度。诸如微控制器或 FPGA 等集成电路是由印刷在一块硅基（称为*芯片*）上的数百万个晶体管组成。这就是设计中的复杂性问题——为了实现某些有用的功能，大量的简单元件必须以指数级增长的连接数量相互连接。由于人类可以在一段时间内使用有限数量的元件，因此构建复杂系统的最佳方法是采用模块化方法。模块引入了内部机制的隔离级别，并提供了方便的外部用户接口。当模块设计完成后，只要接口保持兼容，就不需要在下一个设计阶段考虑其内部工作状况。集成电路设计的复杂性是通过引入不断增长的粒度级别来管理的。设计是分层组织的，这样给定级别的每个模块都由下一级别的模块组成。生成的模块树支持所有设备功能，目标系统设计必须至少考虑该架构的最高级别。

1.8.1 微处理架构

微处理架构涉及集成电路内部的互连。由于半导体开关之间的距离是几纳米，所以这些构件之间的距离在微米范围内。在嵌入式控制中有几种常用的关键计算架构。一种典型的微控制器架构如图 1.23 所示。它围绕两个主要总线——内存总线和外设总线进行组织。每条总线由大量携带寻址信息的逻辑信号组成——通常 32 条线用于地址，32 条线用于数据，时钟信号用于同步、请求，响应信号用于线路仲裁。

中心元件是中央处理器（Central Processing Unit，CPU）。现在的 CPU 主要有两种架构——复杂指令集计算机和精简指令集计算机（Reduced Instruction Set Computer，RISC）。对于嵌入式应用，更常见的是 RISC 架构，如 ARM、MIPS、SPARC、PowerPC 和其他定制公司的特定产品。CPU 借助其内部控制逻辑和存储资源（寄存器）执行来自程序的指令，如

图 1.24 所示。每条指令都是一个数据单元，它对一个或多个操作数的操作进行编码。CPU 内部的指令解码器确定操作符和操作数。接下来，操作数被分配到内部 CPU 资源，操作符要用于它们的特定逻辑函数。

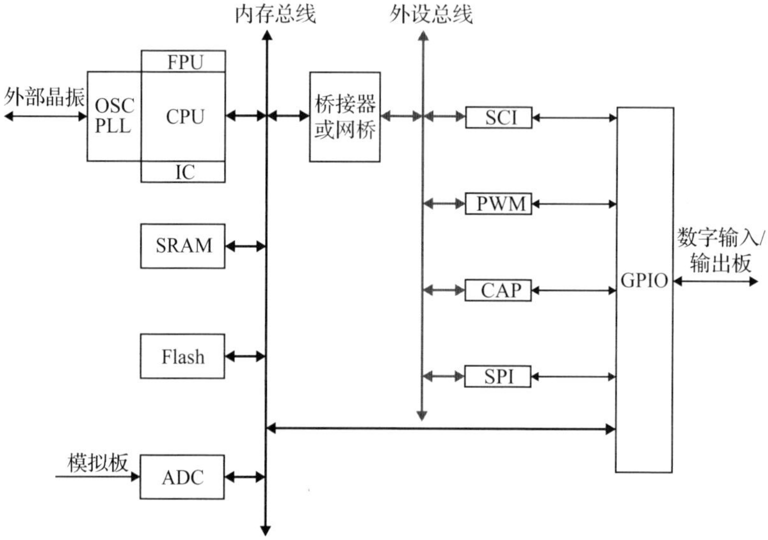

图 1.23　典型的微控制器架构

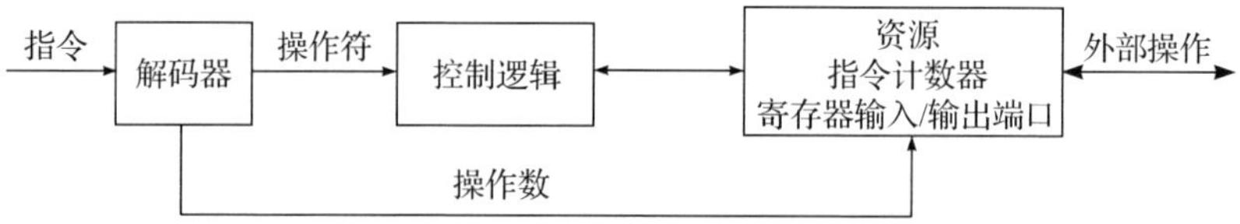

图 1.24　CPU 工作原理

三个关键的 CPU 资源是指令计数器——它指向从 SRAM 或闪存读取的下一条指令的地址，一组用于计算、寻址和流量控制的通用或专用寄存器，以及一个支持内存总线控制的输入 / 输出通信模块。

有几个硬件单元密切支持 CPU 操作——FPU、OSC、PLL 和 IC。浮点运算单元通过浮点运算扩展了 CPU 的数学能力，这在科学计算和许多高阶控制系统中都很重要。微控制器是同步器件，其内部的所有信号事件（逻辑电平变化）都与时钟信号边缘同步。借助于 PLL 反馈系统，微控制器中的时钟信号来自 CPU 时钟信号。借助于具有固定谐振频率的外部晶振，主 CPU 时钟由 OSC 模块产生。实时系统必须对以逻辑信号级别变化表示的外部事件负责。响应时间 τ 是一个关键参数，应比控制系统采样时间 T_s 小。中断控制器（Interrupt Controller，IC）记录外部 CPU 事件，保存当前程序运行并加载中断服务程序（Interrupt Service Program，ISR）。ISR 完成后，CPU 返回主程序执行。

需要高速率 CPU 通信（10 ～ 100 MHz）的设备，如内存设备或 A/D 转换器，安放在 CPU 内存总线上，而其他以较慢速率（10 ～ 100 kHz）运行的设备安放在辅助外设总线上。

内存总线上的设备可以通过网桥设备访问外设总线上的设备。网桥设备能够转换地址，同步时钟速率以及缓冲数据。外围设备通常是低速通信设备（SCI、SPI、I^2C）、信号发生器（PWM、DAC、传感器）或事件捕获（CAP）。每个设备都有一个功能特定的架构来支持其功能。大多数微控制器板被定义为通用输入 / 输出（GPIO），并作为路由站工作。该程序可以将每个 GPIO 板配置为输入、输出或外设信号。

几个设备共享一个称为总线的公共信息介质，以实现它们之间的数据完整性（见图 1.25）。在微控制器中，通常 CPU 是总线主设备，其余设备是总线从设备。从设备内部的所有信息都表示为一组 32 位寄存器（存储单元），每个寄存器都有其唯一的 32 位总线地址。寄存器以二进制状态的序列工作，这与从设备的功能相关。例如，要启动 ADC，程序需要在 ADC 控制寄存器内切换特定的状态。因为 CPU 是总线主设备，所以只有它才能产生访问内部设备寄存器的地址。微控制器的所有寄存器都由文档中始终显示的内存映射描述。

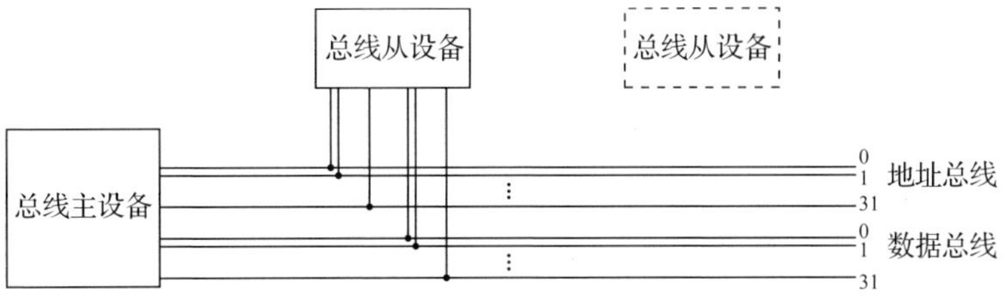

图 1.25　典型总线架构（仲裁信号未显示）

地址空间的开始是一个中断向量表。每个中断向量都包含 ISR 地址，当一个特定事件发生时，ISR 地址被启动。在中断向量表之后有映射的内存总线设备——SRAM、Flash 和 ADC（见图 1.26）。地址空间的末端是外设的寄存器。这些最后的地址被网桥设备转换为外设总线地址。当为特定的设备开发设备驱动程序时，应该考虑它的内部架构。这里我们将简要介绍一下这些外设的常见架构。

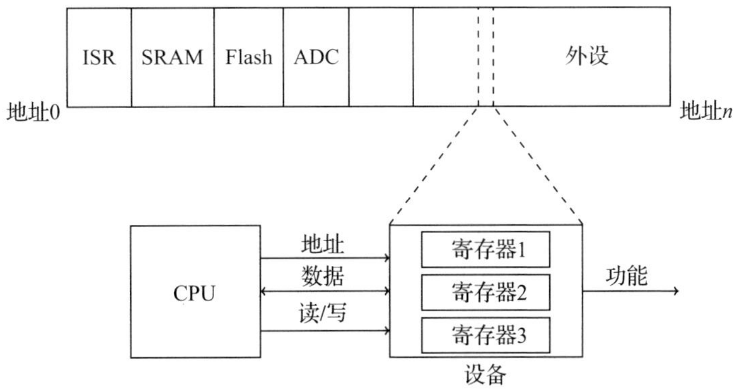

图 1.26　内存映射和外设控制

使用微型机械结构（如弹簧、杠杆或驱动质量块等，许多现代传感器被缩小到集成电路，这被称为微机电系统（MEMS）。图 1.27 给出了 MEMS 器件的内部架构。探测器子系统通过特定的几何形状、材料或共振现象揭示物理变量（如速度、温度或压力）的信息。这些信息反映在电路的某些元件（如变送器）上。产生的原始电信号必须被放大和过滤，以进一步揭示有关测量物理变量的有用信息。ADC 将处理后的信号转换成数字格式，并记录在传感器存储位置（寄存器）中。如上所述，寄存器通过外设总线或一些串行接口［如同步外设接口（Synchronous Peripheral Interface，SPI）］将数据传输到 CPU。通过对探针机械结构的激励产生测试刺激，专用状态机控制着测量过程。状态机还管理与主机之间的通信。

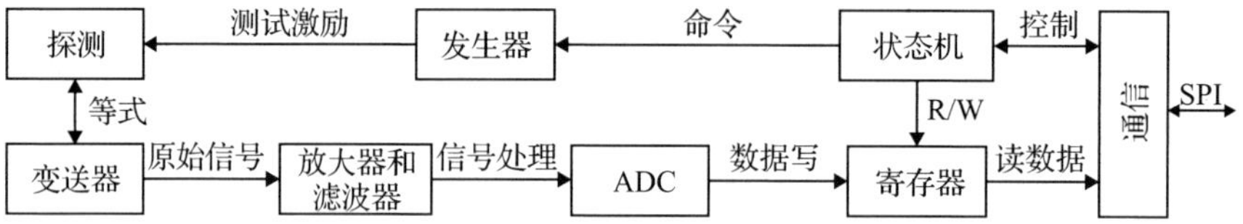

图 1.27　典型的智能传感器架构

串行通信通过单根电线传输二进制状态的数据（见图 1.28）。由于在线路上一次只能显示 1 位，因此数据必须表示成在可用的时隙上分布的位序列。这与总线数据传输正好相反，在总线数据传输中，多条并行线路携带数据字的所有位。在异步通信中，时钟信号不会传输到接收器，而在同步通信中，时钟信号会传输到接收器。生成的时钟信号定义了数据传输可用时隙的边界。专用移位寄存器将数据从并行形式转换为串行形式，以配合时钟信号。由于总线和串行线路操作速率的差异，FIFO（先入先出）缓冲区暂时存储了大量数据。这些缓冲区的存储量是有限的，当它们满或空的时候，CPU 会通过中断线路发出信号。

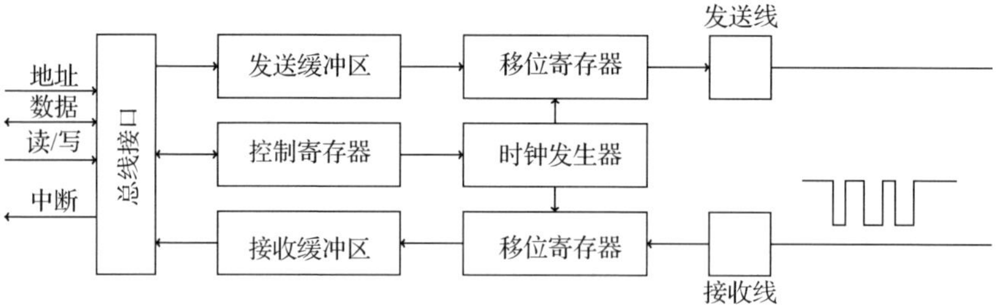

图 1.28　典型串行通信设备架构

1.8.2　硬件描述语言

1.8.1 节中关于微处理架构的主要设计工具是硬件描述语言（HDL）。最通俗的 HDL 是 Verilog 和 VHDL㊀。由于它们在句法上相似，这里我们只考虑 VHDL。HDL 是从 Pascal 的

㊀ VHDL（Very-High-Speed Integrated Circuit Hardware Description Language）诞生于 1982 年。1987 年底，VHDL 被 IEEE 和美国国防部确认为标准硬件描述语言。自 IEEE-1076（简称 87 版）之后，各 EDA 公司相继推出自己的 VHDL 设计环境，或宣布自己的设计工具可以和 VHDL 交互。1993 年，IEEE 对 VHDL 进行了修订，从更高的抽象层次和系统描述能力上扩展 VHDL 的内容，公布了新版本的 VHDL，即 IEEE 标准的 1076-1993 版本（简称 93 版）。VHDL 和 Verilog 作为 IEEE 的工业标准硬件描述语言，得到众多 EDA 公司的支持，在电子工程领域已成为事实上的通用硬件描述语言。——译者注

原型 Ada 衍生而来的。与只支持顺序控制流的通用编程语言相比，HDL 还支持并发操作。HDL 将电子模块的内部状态表示为信号或变量。信号是连接两点的物理线。数字电路中信号电平通常是电压，呈现高、低、高阻抗三种状态之一。信号只能有一个驱动点，作为其他信号或变量的函数控制其电平。变量是一种内部状态，在驱动信号之前按顺序处理。最终在实现中，所有变量都被映射到信号。代码清单 1.1 显示了 VHDL 程序的框架。过程块使用一些内部变量定义了从其灵敏度列表到输出信号的输入信号处理。因此，VHDL 可以对变量或信号进行操作。

代码清单 1.1　VHDL 程序的一般结构

```
LIBRARY IEEE; USE IEEE.std_logic_1164.ALL; USE IEEE.numeric_std.ALL;

ENTITY test IS
  PORT( clk: IN std_logic ; Value : IN std_logic_vector (3 DOWNTO 0);
        ...; IValue: OUT std_logic_vector(3 DOWNTO 0));
END test;

ARCHITECTURE rtl OF test IS
signal s1: std_logic ; ...
BEGIN
  process (clk) variable delay_out: std_logic := '0'; ... begin
    if clk'event and clk = '1' then delay_out := set; ... end if;
          ...
          IValue <= std_logic_vector ( integrator_out );
  end process;
          ...
        process (clk) begin ... end process;
END rtl;
```

经过 HDL 描述后，设计被转换为寄存器传输级（Register Transfer Level，RTL）示意图，类似于逻辑电路（见图 1.29）。每个这样的电路被分解成组合（静态）和顺序（动态）子系统。组合逻辑用一些基本元素（或、与、非门或者异或门）定义了一个多变量逻辑函数的所有值。顺序逻辑由简单的存储元件（触发器）组成，可以存储信号的当前状态。然后 RTL 示意图被转换为可在芯片上实现的硅技术特定原语。两个优化程序定义了微架构的最终配置——用于基本布局和互连布线。配置文件可以在 ASIC（应用特定集成电路）和 FPGA 上实现。

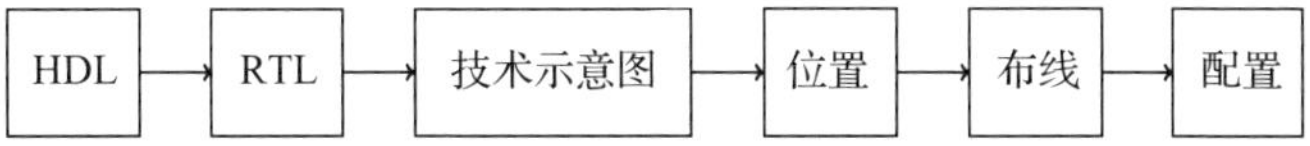

图 1.29　HDL 转换过程

VHDL 的三种可能的编程风格是行为（见图 1.30）、结构（见图 1.31）或数据流（见图 1.32）。同样的功能可以使用行为方法或结构方法实现，但是这两种编程方式是两种不同的选择，不能混合使用。通过使用控制系统理论的基本原则——因果性、并发性和动态性，数据流模型集成了行为和结构编程风格。

数据是与模型相关的数字信息，如果它随时间变化，则是信号；如果它是时不变的，则是参数。在数据流编程中，由于块之间的因果关系，我们可以像行为语言一样表达操作序列。同时，由于并发关系，我们可以像硬件示意图中那样将系统分解成独立的块。所有块共享相同的数学描述（在 Simulink 中作为混合动力系统），可以很容易地移植到硬件或软件程序中。

```
process (clk)
    variable delay_out        : std_logic;
    variable integrator_out : unsigned(3 DOWNTO 0);
    variable switch_out      : unsigned(3 DOWNTO 0);
    variable sum_out         : unsigned(3 DOWNTO 0);
begin
  if clk'event and clk = '1' then
      Delay_out := set;
      integrator_out := sum_out;
  end if;
  sum_out := switch_out + unsigned(Value);
  if (set and (not delay_out)) = '0' then
    switch_out := integrator_out;
  else
    switch_out := to_unsigned(16#2#, 4);
  end if;
  IValue <= std_logic_vector(integrator_out);
end process;
```

图 1.30　行为程序

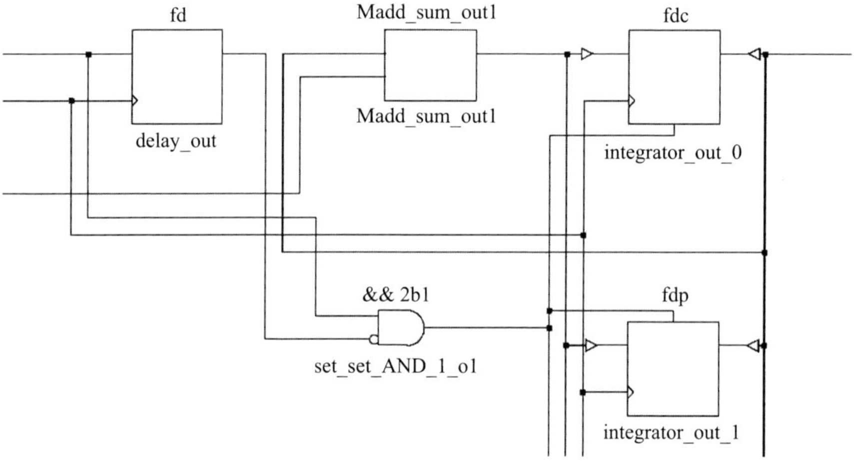

图 1.31　结构程序（integrator_out_ 的 D 触发器 2 和 3 没有显示出来）

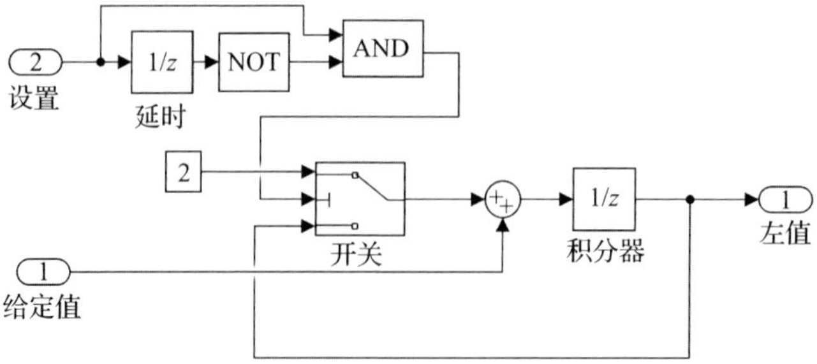

图 1.32　数据流程序

清晰地表示定向系统活动是这些模型的重要优势，因为人们可以很容易地理解预期功能是如何从简单块的集合中涌现的。当一个图被映射到一个硬件中时，每个块的输入数据在一些硬件相关的时滞后影响其输出数据。因此，人们可以通过图表及时地跟踪当前信息的变化，从而产生流的效果。

1.8.3　模块级开发

本小节介绍如何设计一个简单的兼容 RS232 标准的异步串行接口控制器，通过自动生成 HDL 代码和硬件合成，该控制器能够在 Spartan-3E FPGA 上实现。Simulink HDL 编码器是一种工具，可以从 Simulink 图中产生 VHDL 或 Verilog 描述。生成的代码与 FPGA 供应商（例如 Xilinx）提供的标准合成工具和环境兼容。

通信设备之间的互连必须具有分层架构（见图 1.33）。对于嵌入式应用程序，典型的通信系统由应用层（Application Layer，AL）、数据链路层和物理层组成。在传输过程中，控制器将一个字节转换为一个位序列，然后通过添加协议信息形成一个消息帧（见图 1.34），并逐位传输。接收是一个相反的过程。由于设备之间没有共享的定时系统，因此连续消息之间未定义计时或时钟信息，进而产生异步传输。每条消息由一个开始位、5 ～ 8 个数据位、1 ～ 2 个停止位和可选的奇偶位组成。这里给出的 UART 控制器的参数是 115 200 bps、8 个数据位、1 个停止位、无奇偶校验。

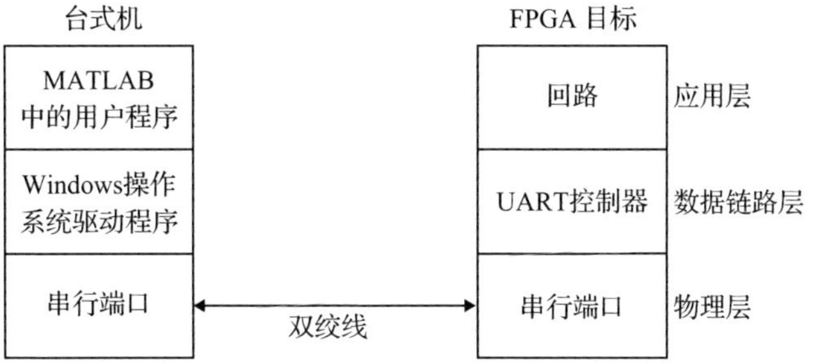

图 1.33　串行通信与开放系统互连（OSI）模型一致

起始位	数据0	数据1	数据2	数据3	数据4	数据5	数据6	数据7	停止位

图 1.34　典型串行数据帧的示意图

要在 Simulink 中建立串行控制器模型，需要用状态空间形式来表示。控制器由接收器模块（见图 1.35）和发送器模块两个子系统组成。对于数字器件的建模，可以方便地用离散时间形式表示相应的 Simulink 模型。仿真配置设置为固定步长离散求解器，采样时间是 $T_s=1$ 个时钟周期。

单元延迟块存储每个模块的当前状态。它就像一个 D 触发器。嵌入式 MATLAB 功能块代表系统传递函数。该块允许用 MATLAB 算法语言描述系统行为。根据静态关系，该块每步只执行一次。Simulink 模型中的输入（Input）端口和输出（Output）端口块对应于

VHDL 中生成的实体定义的 in（入）端口和 out（出）端口声明。每个 Simulink 信号都与数据所承载的特定数据类型相关，数据类型转换块用于更改信号的数据类型。

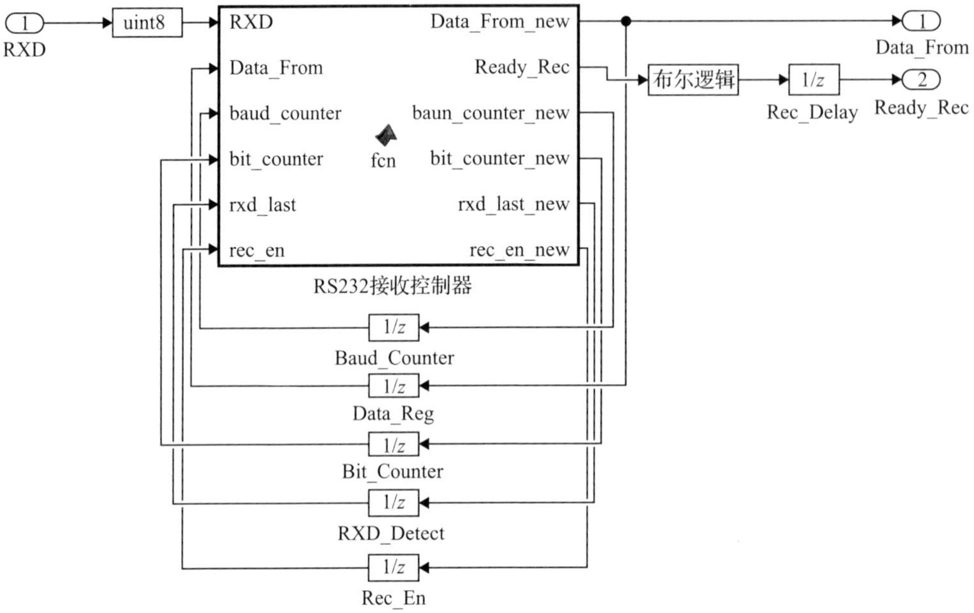

图 1.35　异步串行接收器的 Simulink 图

接收器模块有一个 RXD（接收数据）信号线路的输入状态。它有两个输出：第一个是数据寄存器的内容，包含上一次接收的字节；第二个是信号线，当接收完成时用以明确通知更高的处理层。接收器模块有 6 种状态（见表 1.4），其中三个用于计数器，另外三个用于存储接收字节、检测起始位（rxd_last）和接收阶段。接收过程有三个阶段：第一个是检测起始位，第二个是等待延迟计数器完成，第三个是将位序列移到数据寄存器中。

表 1.4　接收器状态

名称	大小（位）	描述	名称	大小（位）	描述
`Data_From`	8	数据寄存器	`rxd_last`	1	RXD 线路上的前一个状态
`baud_counter`	9	波特率计数器	`rec_en`	2	接收阶段
`bit_counter`	4	接收位的个数	`dcnt`	5	延迟计数器

在第三阶段，波特率计数器用于同步从 RXD 线路捕获位的适当时间。位计数器存储接收的位数。延迟计数器用于在起始位检测后产生小延迟，以确保正确的位捕获。代码清单 1.2 给出了接收器模块的伪代码，该算法在嵌入式 MATLAB 功能块中用 MATLAB 语言编写。

代码清单 1.2　接收器子系统的伪代码

```
if ( start  bit  detected ) then
 initialize  baudrate  counter, delay  counter  and  bit  counter;
        stage  = delay;
elseif  (stage  = delay)  then
```

```
       increment delay counter;
        if (delay counter = N_D) then stage = reception; end
  elseif (stage = reception) then
   increment baudrate counter;
          if (baudrate counter = N_115200) then
    reinitialize  baudrate counter;
       Data_Reg = (Data_Reg shl 1) bitor RXD;
       increment bit counter;
        if (bit counter = 8) then stage = idle; rise ready signal;  reinitialize  bit counter;
 end, end, end
```

发送器模块有两个输入端口：第一个是要传输的数据字节，第二个是触发传输事件的信号线。该模块控制 TXD（发送数据）输出线的状态。当一个字节被发送时，一个就绪信号就产生了。发送器模块的 Simulink 模型与接收器模块的 Simulink 模型类似（见图 1.35）。它们的区别在于信号和算法层面。发送器模块有 5 种状态（见表 1.5），两个用于计数器，另外三个分别用于传输字节的存储、TXD 线路状态的存储和传输阶段。发送过程有三个阶段：第一阶段是计数器和内部移位寄存器的初始化阶段；第二阶段用于生成一个起始位；第三阶段将位序列从数据寄存器转移到 TXD 线路上（见代码清单 1.3）。

表 1.5　发送器状态

名称	大小（位）	描述
`Data_To`	8	数据寄存器
`baud_counter`	9	波特率计数器
`bit_counter`	4	发送位的个数
`txd_last`	1	TXD 线路上的前一个状态
`send_en`	2	发送阶段

代码清单 1.3　发送器子系统的伪代码

```
 if (send request detected) then
    initialize  baudrate counter and bit counter;
  Data_Reg = Data_To_Send; TXD line is low (start  bit); stage = transmit;
 elseif (stage = transmit) then
   increment baudrate counter;
  if (baudrate counter = N_115200) then
         TXD line = Data_Reg (bit 0); Data_Reg = Data_Reg shr 1;
              increment bit counter;  reinitialize  baudrate counter;
              if (bit counter = 8) then stage = stop bit; TXD line is high (stop bit); end
  end
 elseif (stage = stop bit) then
  increment baudrate counter; if (baudrate counter = N_115200+N_D) then
        rise ready signal; end
 end
```

只有支持块的特定子集被使用时，才可能从 Simulink 模型生成 HDL 代码。嵌入式 MATLAB 功能、单位延迟、数据类型转换都被支持。对于模型中的每个原子块，在 VHDL 文件中都有相应的部分，这允许我们检查生成的代码是否合适或符合预期。在我们的例子中，有一个主文件和两个子系统，分别对应于接收器和发送器模块。生成的 VHDL 代码大约有 700 行。

单元延迟块在 VHDL 中被表示为进程块，它对时钟信号敏感。当检测到时钟上升事件时，将输入信号赋给状态信号。嵌入式 MATLAB 功能块在 VHDL 中被表示为具有敏感性列表的过程块，该列表由 Simulink 块的输入端口组成。过程块的敏感性列表包含 MATLAB 函数中使用的临时变量以及 HDL 中表示算术和逻辑运算所需的辅助变量。过程块的主体是对 MATLAB 函数中定义的算法进行转换。

根据生成的 VHDL 代码，可以构建 Xilinx ISE⊖项目文件，它包含对应于 Simulink 模型的文件和附加约束文件。UCF（User Constraints File，用户约束文件）位置约束包括 I/O 引脚分配和使用的 I/O 标准，在 Xilinx ISE 项目中必须根据目标板文件来指定。Xilinx 合成器在目标 FPGA 器件的技术基础上生成 VHDL 代码的表示。我们可以从报告中看到，单位延迟块由 D 触发器组件表示，嵌入式 MATLAB 功能块中的算法用组合电路来表示。组合电路包含基本逻辑门、求和器和比较器组件。通过 Xilinx 工具链，该描述可以轻松得到优化并嵌入到 FPGA 设备中。设备资源利用的一些数值特征如表 1.6 所示。

表 1.6　资源利用

参数名称	使用过的 / 可利用的
片（slice①）触发器的数量	56/9312
4 输入查询表（LUT）的数量	231/9312
被占用片（slice①）的数量	123/4656
有界输入 / 输出块（IOB）的数量	23/232
IOB 触发器	2

① Xilinx 的官方文档在介绍 FPGA 的逻辑资源时通常是按照可配置逻辑块（Configurable Logic Block, CLB）来介绍，把 CLB 作为 FPGA 里的最小逻辑单元。但是一个 CLB 是由 2 个片构成的，所以大家也常常把片作为最小的逻辑单元，尽管片的具体内容可能会因器件系列不同而有所差异。目前提供了三种片类型：SLICEM、SLICEL 和 SLICEX。

人们对设计的 UART 控制器在不同程度上进行了验证，分别对应于设计过程的不同阶段，如 Simulink 中的仿真、VHDL 编码的行为仿真、实验等。图 1.36 和图 1.37 表示发送器模块在 Simulink 环境下的仿真结果。仿真的目的是连续两次发送字节 73（字母“I”）。为了获得时间标度的正确结果，我们将采样时间设置为 $T_s = 20$ ns。

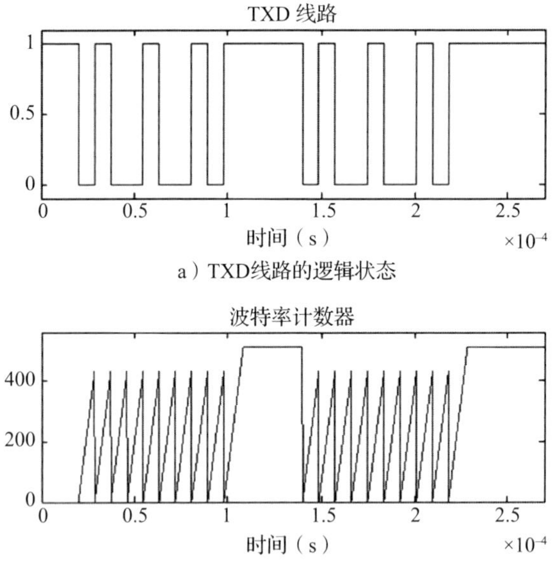

a）TXD线路的逻辑状态

b）波特率计数器的状态

图 1.36　仿真结果 1

实验采用 RS232 双绞线将台式计算机与 Spartan 3E Starter Kit 板连接。在 MATLAB 环境中，可以使用串口命令打开串行通信端口。然后通过 `fread` 和 `fwrite` 命令可以接收或发送数据。我们向 FPGA 发送一列数据字节，然后等待收到相同的序列。实验设置示意图如图 1.33 所示。

⊖ ISE（Integrated Software Environment，集成软件环境）是 Xilinx 公司的硬件设计工具。Xilinx ISE 是一款世界著名的硬件设计软件，运行速度非常快，设计人员可以在一天时间里反复完成多次设计，覆盖系统级设计探索、软件开发和基于 HDL 硬件设计等。——译者注

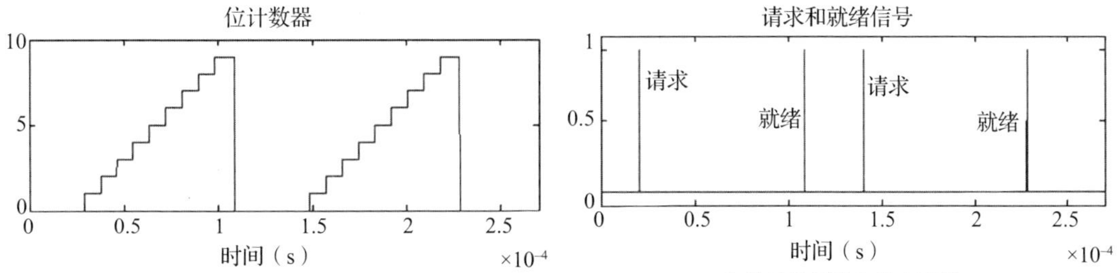

a）位计数器的状态　　b）传输的开始和结束事件

图 1.37　仿真结果 2

1.8.4　系统级开发

根据模块化方法，系统开发由一组通过兼容接口相互作用的模块组成。整个系统功能来源于内部模块功能和模块之间的交互。因此，系统级开发更多地关注模块及其配置的选择，而不是跟踪算法控制和时间同步，后者与模块级开发更相关。然而，选择性能更高、成本最低的系统配置并不是一件容易的事，尤其是在设计 ASIC 时，ASIC 在以后会被大量制造出来。具体来说，VHDL 中的子系统是通过组件声明和具有*端口映射*操作符的组件之间的互连实现的（参见代码清单 1.4）。

代码清单 1.4　VHDL 句法中的系统组件

```
architecture Behavioral of ab_contr is

component gen_tick is
        port (clk : in std_logic ; clk1 : out std_logic ; clk1s : out std_logic );
end component;

component counter_test is
port (clk : in std_logic ; count : out std_logic_vector (7 downto 0);
                reset : in std_logic ; en :in std_logic );
end component;
 ...
signal clk100,clk100_90,stop , start , start_reg : std_logic ;
begin
clock1 : gen_tick port map (clk => clk, clk1 => clk100, clk1s => clk100_90);
conter1 : counter_test port map (clk => clk100, count => stage, reset => stop, en=> start_reg );
  ...
end Behavioral;
```

构建复杂集成电路的模块称为*内核心*。之所以起这个名字，是因为芯片上的模块印刷图像看起来像一个高密度的浓缩结构。核心有开源核心和专有 IP 核心两种（见图 1.38）。Xilinx 平台工作室（Xilinx Platform Studio，XPS）为芯片设计上的系统提供核心数据库。这里我们举一个 Microblaze[⊖]微处理器系统的例子，它适用于 SP601 评估板上的 Xilinx Spartan 6 FPGA（见图 1.39）。

核心根据其功能（处理器、总线、算术运算、存储器、加密、输入 / 输出等）进行分类。由于微系统是围绕总线组织布局的，这些是 Xilinx 中支持的几种类型，如 PLB（处理器本地

⊖ Microblaze 是一个高度灵活、可配置的软核。——译者注

总线)、AXI (高级可扩展接口)、DCR (设备控制寄存器总线) 和 Xilinx P2P (对等网络⊖)。

Description	IP Version
⊟ Σ EDK Install	
⊞ Analog	
⊟ Bus and Bridge	
★ AXI to AXI Connector	1.00.a
★ AXI4 to AHB-Lite bridge	1.00.a
★ AXI4-Lite to APB Bridge	1.00.a
★ AXI Interconnect	1.02.a
★ AXI to PLBv46 Bridge	2.00.a
★ Fast Simplex Link (FSL) Bus	2.11.d
★ Local Memory Bus (LMB) 1.0	2.00.a
★ Processor Local Bus (PLB) 4.6	1.05.a
★ PLBv46 to AXI Bridge	2.00.a
★ PLBV46 to PLBv46 Bridge	1.04.a
⊞ Clock, Reset and Interrupt	
⊞ Communication High-Speed	
⊞ Communication Low-Speed	
⊞ DMA and Timer	
⊞ Debug	
⊞ FPGA Reconfiguration	
⊞ General Purpose IO	
⊞ IO Modules	
⊟ Interprocessor Communication	
★ Mailbox	1.00.a
★ Mutex	1.00.a
⊞ Memory and Memory Controller	
⊞ PCI	
⊞ Peripheral Controller	
⊟ Processor	
★ MicroBlaze	8.10.a
⊞ Utility	
⊞ Verification	
Project Local PCores	

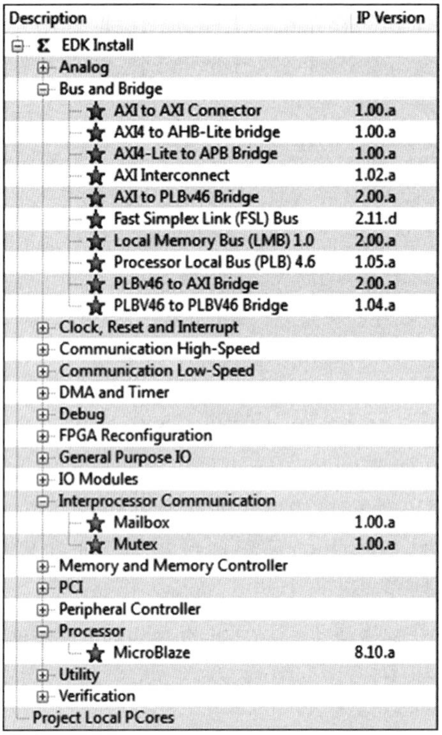

图 1.38　Xilinx IP (知识产权) 核心

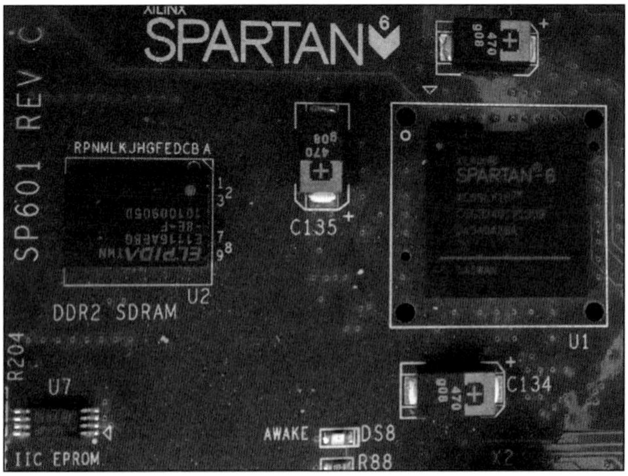

图 1.39　Spartan 6 FPGA SP601 评估板俯视图

⊖ 它是一种在对等者 Peer 之间分配任务和工作负载的分布式应用架构，是对等计算模型在应用层形成的一种组网或网络形式。——译者注

clock_generator 是微控制器的同步信号源，dlmb 是数据本地内存（或存储器）总线，ilmb 是指令本地内存总线。Microblaze 是唯一的 PLB 主设备。有一个单独的 PLB 控制器未在图 1.40 中显示，它是处理器和 PLB 从设备之间的接口，PLB 从设备是数字输入 / 输出控制器（xps_gpio）、IC（xps_intc）、串行外设接口控制器（xps_spi）、通用异步接收器发送器（xps_uartlite）和可编程定时器（xps_timer）(见图 1.41）。

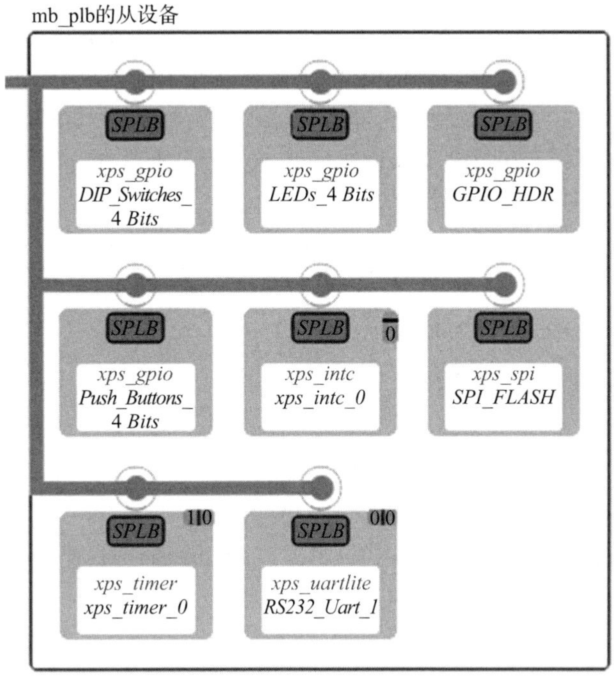

图 1.40　Microblaze FPGA 系统架构视图。带有矩形端口的设备为主设备，带有圆形端口的设备为从设备

Instance	Base Name	Base Address	High Address	Size	Bus Interface(s)	Bus Name
microblaze_0's Address Map						
dlmb_cntlr	C_BASEADDR	0x00000000	0x0000FFFF	64K	SLMB	dlmb
ilmb_cntlr	C_BASEADDR	0x00000000	0x0000FFFF	64K	SLMB	ilmb
Push_Buttons_4Bits	C_BASEADDR	0x81400000	0x8140FFFF	64K	SPLB	mb_plb
LEDs_4Bits	C_BASEADDR	0x81420000	0x8142FFFF	64K	SPLB	mb_plb
GPIO_HDR	C_BASEADDR	0x81440000	0x8144FFFF	64K	SPLB	mb_plb
DIP_Switches_4Bits	C_BASEADDR	0x81460000	0x8146FFFF	64K	SPLB	mb_plb
SPI_FLASH	C_BASEADDR	0x83400000	0x8340FFFF	64K	SPLB	mb_plb
xps_timer_0	C_BASEADDR	0x83C00000	0x83C0FFFF	64K	SPLB	mb_plb
RS232_Uart_1	C_BASEADDR	0x84000000	0x8400FFFF	64K	SPLB	mb_plb
mdm_0	C_BASEADDR	0x84400000	0x8440FFFF	64K	SPLB	mb_plb
xps_intc_0	C_BASEADDR	0x90000000	0x9000001F	32	SPLB	mb_plb

图 1.41　总线设备的地址映射

还有一个附加的调试总线，其中专用的调试控制器是主设备，Microblaze 是从设备。这种配置允许调试控制器在特定的点（断点）暂停（停止）程序执行，并检查地址空间（存储器和外设）的状态以及内部 CPU 状态（寄存器）。通常，当检测到与正常系统功能的偏差有问题时，调试是确定偏差原因的必要过程。一般情况下，调试模块只在系统开发过程中

需要，并不在生产中使用，因此在生产设计中删除了该模块，从而节省了一些芯片空间。

当正确连接到 Microblaze PLB 时，可以支持用户定义的外设。XPS 有一个创建外设向导，用于创建必要的包装 VHDL 模块。一个典型的 PLB 从外设由两个子系统组成——总线嵌入式接口和用户逻辑。总线嵌入式接口负责响应 PLB 主命令和用户逻辑寄存器的地址解码。用户逻辑实现一些特定的外设功能，并通过一组专用寄存器将其提供给系统。代码清单 1.5 显示了使用单个寄存器的用户逻辑实体的 VHDL 框架。PLB 从接口可以从 4096 个可能的内部寄存器中选择 1 个。总线嵌入式接口子系统提供了用于寄存器选择的 Bus2IP_WrCE 和 Bus2IP_RdCE 信号。在本例中，单个寄存器在内部由信号 slv_reg0 表示。用户逻辑实体包含两个过程块，用于控制对内部寄存器的读写操作。写处理块从 Bus2IP_Data 输入端获取数据，并将其与 Bus2IP_Clk 信号同步放入选定的数据寄存器。当寄存器被 slv_reg_read_sel 信号选中时，激活读处理块。

代码清单 1.5　PLB 外设用户逻辑

```
entity user_logic is
  generic
  (C_SLV_DWIDTH : integer := 32; C_NUM_REG : integer := 1);
  port
  ( user_specific_ports ; plb_specific_ports );
end entity user_logic ;

architecture IMP of user_logic is
  signal slv_reg0          : std_logic_vector (0 to C_SLV_DWIDTH-1);
  ...
  signal slv_ip2bus_data   : std_logic_vector (0 to C_SLV_DWIDTH-1);
begin
   slv_reg_write_sel <= Bus2IP_WrCE(0 to 0); slv_reg_read_sel <= Bus2IP_RdCE(0 to 0);

  SLAVE_REG_WRITE_PROC : process( Bus2IP_Clk ) is
  begin
    if Bus2IP_Clk'event and Bus2IP_Clk = '1' then
    ...
    slv_reg0(0 to 7) <= Bus2IP_Data(0 to 7);
    end if;
  end process SLAVE_REG_WRITE_PROC;

  SLAVE_REG_READ_PROC : process( slv_reg_read_sel, slv_reg0 ) is
  begin
              ...
    slv_ip2bus_data <= slv_reg0;
  end case;
  end process SLAVE_REG_READ_PROC;

  IP2Bus_Data <= slv_ip2bus_data when slv_read_ack = '1' else (others => '0');
  IP2Bus_WrAck <= slv_write_ack; IP2Bus_RdAck <= slv_read_ack;
end IMP;
```

1.9　软件配置

软件配置是在硬件配置的固有属性的基础上，为提高其服务质量而产生的一种虚拟物质。通常，软件看起来像一个图表或语言，本质上是一个概念性的表示，不是一个实物，但它总是可以转化成一些物质或可测量的效果。由于嵌入式控制系统设计需要更多的软件交互而不是硬件交互，因此本节将详细介绍为各种嵌入式应用程序开发一些基本软件框架的步骤。

文本编程的主要驱动力是人类解释符号化表示的信息的能力。然而，视野感知是另一种可能比文本理解更强大的能力。因此，计算机软件就自然而然地跃升到了可视化编程语言的水平，在这种情况下，人们可以操纵图形和文本符号的空间排列。可视化编程语言有很多，如 EICASLAB、Flowcode、LabVIEW、Ladder logic、Microsoft VPL、OpenDX、OpenWire、Blender、Simulink、GNU Radio、PLUS+1 GUIDE、WebML 等。可视化语言具有很强的领域专业性，并且隐藏了大量的硬件具体细节（除了像 xUML 这样的少数例外）。它们主要面向应用设计专业人员，而不是计算机程序员。将可视化程序映射到硬件的过程称为精化，这意味着需要包含一些附加的信息来完成设计（见图 1.42）。因此一个小的图表可以生成数千个文本代码。在过去，精化可以产生可靠且优化的代码是令人怀疑的，就像几十年前从 C 语言到汇编程序的编译情况一样。组件级的 PIL 和系统级的 HIL 等验证技术的发展，以及代码认证实践的引入，可以增强对可视化程序自动生成代码的信心。

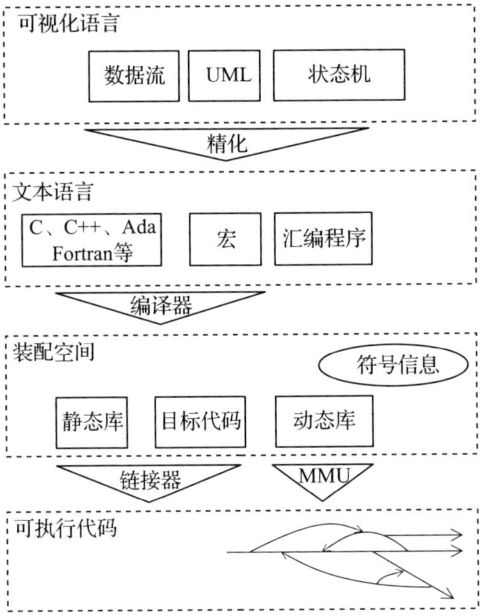

图 1.42　代码生成层次结构

1.9.1　板级支持包

构成特定微处理器架构的第一批软件是底层设备控制程序，例如，时钟信号激活、通信接口支持、外设初始化、引导加载、内核映像加载等。这些主要任务是极度依赖于硬件的。程序算法的结构应与底层硬件配置紧密匹配，以实现对目标板的支持。目标架构由各种硬件组成，这些硬件需要程序以正确的方式访问才能实现它们的功能。以这样的编程方式来访问系统设备可支持更复杂的软件运行。在时间域中，支持代码的运行应该是快速且可靠的。

代码清单 1.6 给出了 TMS320F28335 微控制器的底层定时器 ISR 的示例。一个特殊的中断关键字命令编译器嵌入适当的处理器上下文切换代码，这些代码将处理器寄存器状态存储到程序堆栈中，并在执行 ISR 后恢复状态。这个定时器 ISR 通过异步串行线（SCI）发送一些数据，将字节写入发送器 FIFO 缓冲区中，该缓冲区被内部寄存器 SCITXBUF 访问。程序按顺序将字节放在 FIFO 中，当准备就绪时，SCI 模块通过串行线路发送数据。在代码清单 1.6 中，变量 enc 是 32 位长的正交编码器度量，因此它由 4 字节组成。每字节从 enc 变量中通过相应的位移位掩码取出。微控制器的 BSP 包括一些有用的定义，如外围地址空间表示为 C 结构、并集和位域。C 位域允许对寄存器的单个位进行简单的修改，这种情况是经常发生的。

代码清单 1.6　底层设备控制

```
interrupt  void TIMER_ISR(void) {
        unsigned  long  enc  = EQep1Regs.QPOSCNT;
        SciaRegs.SCITXBUF = comm_cnt; SciaRegs.SCITXBUF = enc & 0xFF;
        SciaRegs.SCITXBUF = (enc >> 8) & 0xFF; SciaRegs.SCITXBUF = (enc >> 16) & 0xFF;
        SciaRegs.SCITXBUF = (enc >> 24) & 0xFF; SciaRegs.SCITXBUF = comm_cnt*10;
        comm_cnt++;
        if  (comm_cnt == 16) comm_cnt = 1;
        PieCtrlRegs.PIEACK.bit.ACK1 = 1; }
```

BSP 既可以表示为底层独立驱动程序的集合，也可以表示为操作系统内核。如果设计的嵌入式系统仅仅需要执行几个任务，那么通常首选独立的 BSP 选项，因为编译代码的数量更小，应用程序开发更简单。然而，当嵌入式系统支持大量任务（例如超过 10 个）时，操作系统内核可以大大缩短开发时间。

独立的 BSP 只是一些软件模块的集合，通过非常基本的硬件抽象软件来支持用户程序运行。例如，一个软件模块封装了一些微控制器外设，这些外设由特定的寄存器组和访问协议控制。使用这种轻量级软件包可以大大减少代码数量，有时还可以缩短嵌入式应用程序的开发时间。

操作系统内核 BSP 具有在一个或多个处理器核心上执行多任务的能力。因此，内核必须通过这些任务来调节对共享资源的访问。内核由几种对象组成：任务、互斥量、信号量、计时器、邮箱、事件等。内核的关键算法组件是任务调度程序，它根据任务的优先级对已创建的任务分配处理器的执行（运行）时间。有两种最常用的调度算法：轮询调度和基于优先级的调度。在处理器资源有限的实时应用程序中，良好的调度依赖于任务的数量。

1.9.2　应用程序接口

接口就像一个假想的边界，应用程序可以在这里访问底层系统提供的功能。在编程中，接口是一组可调用的函数和数据结构，它们在功能实现和使用之间起隔离作用。有许多可编程接口实例，用于设备控制（GDI、OpenGL、设备驱动程序）或进程间通信（TAPI、文件访问）。为了使用特定的 API，用户必须熟悉其数据结构、功能和操作概念。例如，表 1.7 显示了典型的文件访问是如何组织的。

表 1.7　文件访问的 API 组织

数据结构	功能	操作概念
文件句柄、文件名、访问模式（读 / 写）	打开或关闭文件	文件是线性字节索引空间，类似于磁带，由句柄号标识
缓冲区、操作规模	写入或读取数据	数据缓冲区被按顺序写入或读取
文件位置	搜索	数据传输改变当前文件位置

1.9.3　代码生成

传统上，仿真模型是作为理解正在研究或设计的系统中的逻辑关系的一种手段而出现的。通常，模型可以替代实际系统，以对其在极端条件下的行为给出结论。近年来，仿真模型也被用作可执行的规范，成为设计过程中的一个功能部分。因此，该模型不仅可以得出某些极端场景下的结论，还可以直接生成实际系统行为的某些部分。

软件设计流程的一般概念如图 1.43 所示，Simulink 中的代码生成如图 1.44 所示。

Simulink Coder 从 Simulink 图、状态流图和 MATLAB 函数生成 C 和 C++ 代码。生成的源代码可用于实时和非实时应用，如仿真加速、快速原型、HIL 仿真、嵌入式算法设计等。

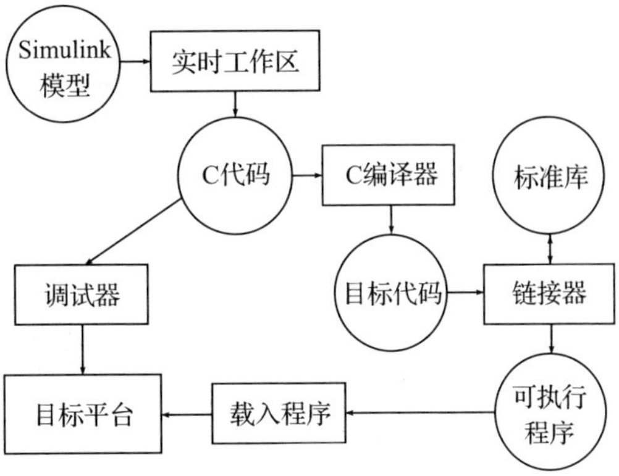

图 1.43　软件设计流程的一般概念

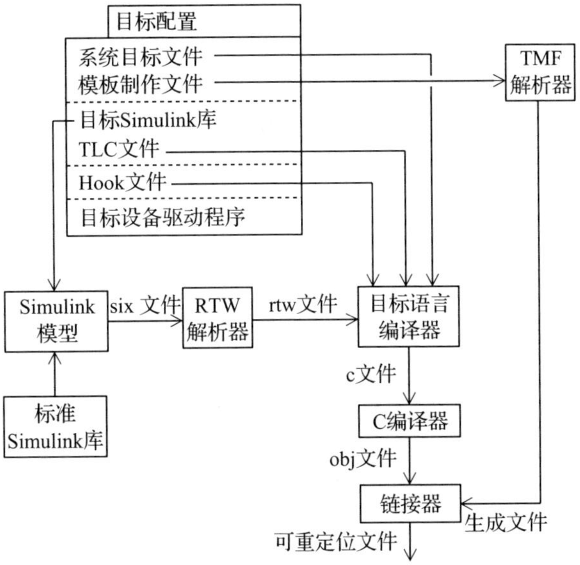

图 1.44　Simulink 中生成代码

MathWorks 文档详细讨论了如何将 Simulink 模型转换为有关目标硬件平台的适当描述[9]。这个过程生成主要的 Simulink 功能视图的一系列中间表示。一个关键的转变是从数学表达式到 C 形式语言。因此，生成的代码与附加的设备驱动库集成，并编译为独立的可执行文件。或者，可以将生成的代码与应用程序接口调用集成，并为实时操作系统创建应用程序。该过程以编译和加载到目标微控制器中才算结束。原始功能描述的这些转换是必需的，因为 Simulink 模型是比目标硬件资源所能够处理的更抽象的表示形式。代码生成是通过类似模板的配置文件来控制的。

下面总结了上述组件的一些一般性质：

- 目标语言编译器（Target Language Compiler，TLC）。TLC 是一种中间脚本语言，表示从 Simulink 图形块到目标代码的转换。通常每个 Simulink 块都有一个相应的 TLC 文件。当使用 S 函数块时，设计者必须指定它的 TLC 描述，以便将块内联到目标软件中。TLC 解析器可以从 Simulink 模型中读取生成的 `rtw`[⊖]文件。解析器还可以访问块输入和输出信号，这是在 C 语言中适当地再现块函数所必需的。
- 系统目标文件（System Target File，STF）。这是在执行构建命令时读取的主要 TLC 文件，它调用块特定的 TLC 文件的其余部分。STF 还通过模型配置设置为用户交互定义了一些目标特定接口。例如，可以在生成的代码中打开或关闭特定的软件。
- 模板制作文件（Template Make File，TMF）。在一个标准的编译器工具链中，人们可以通过一个专用的编译器和链接器开关来控制整个编译过程以及与大量选项的链接。特定项目的各种开关集成在一个生成文件中，用以具体说明整个项目是如何构建的。生成文件被输入到生成工具中，该工具继而又从工具链中调用其他程序。TMF 是一个为特定的 Simulink 模型产生生成文件的模板。它就像一个有很多占位符的生成文件，用于模型特定名称和用户设置。
- 钩子文件（Hook File）。构建过程由 `make_rtw` 程序引导。它是代码生成的入口点。钩子文件允许用户与代码生成过程交互，例如，设置一些包含文件和源文件目录。
- rtw 文件（Real_Time Workshop File）。该文件包含 Simulink 模型的表示形式，它是一个分层记录结构，包括所有的块互连和参数。TLC 解析器可以读取这种形式来生成 C 程序。
- 目标 Simulink 库。每个目标库为设备驱动程序或其他平台相关资源定义了特定的块。

嵌入式控制系统的编程一般是基于 C 语言的。但是，有些 RTL 功能仍然是用较低级的语言（即目标汇编程序）编写的。编译和链接程序对于生成目标硬件平台的可执行代码是必不可少的。

首先，编译程序将 C 程序转换为相应的目标代码，该目标代码是带有硬件相关指令的程序表示（见图 1.44）。目标文件还包含一个符号表，用作程序声明的标识符。符号表允许地址独立于程序的表示，这是生成可重定位程序和模块化程序所必需的。其次，链接程序

⊖ 该文件由 RTW（Real_Time Workshop）生成，它是 MathWorks 公司提供的代码自动生成工具，可以使 Simulink 模型自动生成面向不同目标的代码。——译者注

将所有模块化目标文件和其他静态库组合成一个可重定位的文件。在这种形式下，程序是一组存储器段，可以通过加载程序映射到目标物理地址空间（见图 1.45）。

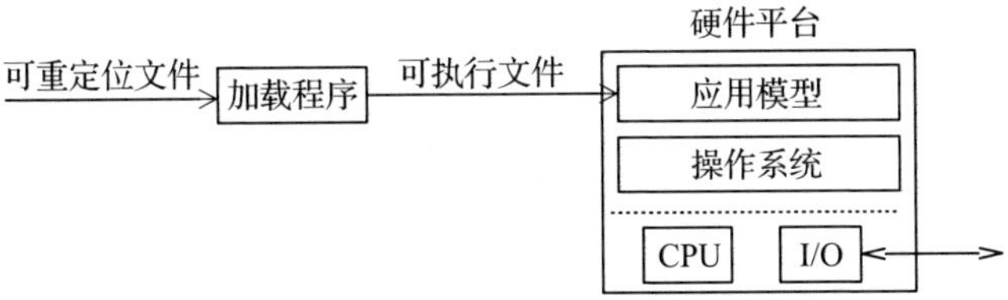

图 1.45　Simulink 编码器 TMF 基础结构

由于可移植性问题，通常的做法是尽可能少地使用本机目标语言（汇编语言）编程。然而，在某些情况下目标汇编程序的知识是必需的——硬件初始化、存储器使用或执行速度优化、基于指令的调试。

平台专用软件和 Simulink 模型之间的接口是基于定制开发的块（如 S 函数驱动程序块）。它们支持仿真和实现的独立表示。通常在仿真过程中，这些驱动程序块在图源和图漏虚拟信号中只有结构存在[⊖]。但是在代码生成过程中，驱动程序块 TLC 脚本可以访问连接信号和其他块参数，以便为该块生成所需的 C 程序（见图 1.46）。

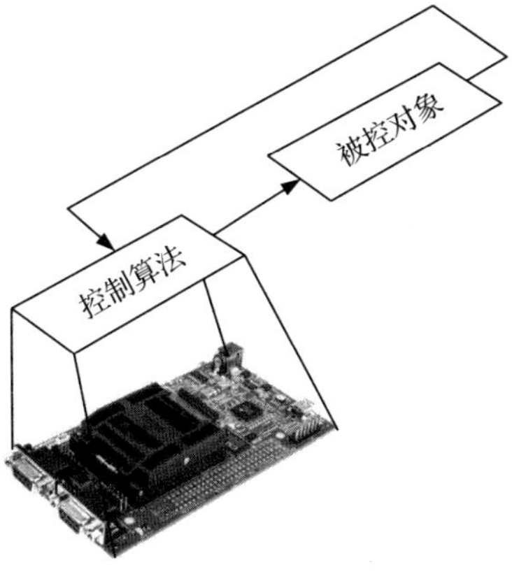

图 1.46　HIL 仿真概念

1.9.4　代码验证

有一些有用的验证技术经常用于自动代码生成。代码验证的目的是在硬件或周期精确的模拟器中实验自动生成的程序。问题是，在可视化编程中，相同的任务可以通过许多不同的方式来实现，这些方式在可视层面上是等价的，但在文本或机器层面上却不是。因此，若不理解代码生成过程的内部机制，那么产生非最优或不可靠的解决方案的风险就变得很

⊖ 漏（sinking）和源（sourcing）分别指的是数字电路中使用的输入和输出的类型。漏数字 IO 提供 GND，源数字 IO 提供 VCC 电压源。区分源型输入还是漏型输入的主要原因是有些 PLC 厂家的数字量块只支持漏型输入或者源型输入。使用这样的块，必须根据块的类型来接线。——译者注。

高。基于这个原因，在被控对象的实际实验工作开始之前，代码验证起着重要作用。

通过精确的数值仿真可以发现正在设计的系统中的许多问题，该仿真考虑了目标硬件的细节。在周期精确的仿真中，事件的定时是精确的，但是仿真不需要使用精确的硬件模型。

用实时仿真的虚拟系统替换车辆、飞机或机器人等物理系统，可大大降低测试控制软件和硬件的成本。相应的方法称为 HIL 仿真。HIL 设计者决定哪些子系统作为硬件实现，哪些子系统作为仿真实现。硬件实现在项目早期阶段可能带来一些相当大的风险或不可预测的成本。相较而言，仿真则可以安全地进行且易于处理，但要发挥作用需要广泛的实验知识以及随后的验证和确认程序。在控制领域，通常对被控对象进行仿真，控制器在硬件中，因此，HIL 仿真决策很简单。当然，仍然需要建立适当的接口点和互连环节。

通常，控制器的硬件实现不会导致与主机模拟控制器的巨大差异，但因平台资源有限而导致的一些关键情况除外。然而，在 HIL 仿真下产生的控制信号 u_{hil} 或多或少与非 HIL 仿真下的 u_{sim} 有所不同，因此

$$u_{\text{hil}} = u_{\text{sim}} + \tilde{u}_{\text{hw}} \tag{1.6}$$

其中 $\tilde{u}_{\text{hw}}$ 反映了几个与硬件相关的影响，可总结如下：

- 与主机模型相比，目标硬件可能使用不同的有限精度算法（固定或浮点）来表示数字和算术运算。这会导致数值分析的舍入误差。
- 主机和目标之间的通信可能会发生不确定的传输延迟，这是由传输过程中数据丢失造成的，数据丢失与线路冲突条件、电磁噪声源或协议协商等相关。
- 实时系统对外界事件的反应具有时间上的确定性，但在一定的时间间隔内仍然是可变的。这反映了由设计者定义的采样时间的微小偏置，该偏置可以表示为作用于连续被控对象模型上的脉冲式输入扰动。

1.10 注释和参考文献

文献 [10-16] 中考虑了嵌入式控制系统设计的重要方面。文献 [17] 给出了关于设计过程的很好的概述。

文献 [18]、文献 [2] 的第 17 章、文献 [19] 的第 3 章和第 4 章以及文献 [20] 的第 9 章和第 10 章中详细描述了各种传感器和执行器。

在文献 [4,8,21-25] 中深入介绍了数字控制系统的原理。关于这个主题更详细的介绍，可参见文献 [26] 的第 10、12 和 13 章以及文献 [3]。文献 [27] 则完全是围绕 ADC 展开介绍的。

文献 [7,28-32] 中给出了有关计算机算法和浮点计算的相关介绍。

文献 [20,33,2,17] 中介绍了控制原型技术和 HIL 仿真。更多关于 HIL 和 PIL 仿真的内容可以参考文献 [34]。

文献 [35-39] 中深入介绍了嵌入式系统的硬件和软件配置的不同方面。

文献 [40-42] 中考虑了基于 FPGA 的嵌入式系统的开发。

第2章
系统建模

本章主要进行嵌入式控制系统的基本元素和过程的数学描述。根据这一描述所得到的模型对于控制器的设计是重要的，这将确保闭环系统具有一定的必要性能和鲁棒性。本章的要点是推导出被控对象、传感器和执行器的适当的连续时间和离散时间模型。为此，我们运用了控制理论和控制工程实践中所能用到的各种分析和数值工具。这些工具包括动态被控对象的建模、线性化和离散化、系统辨识、不确定性系统的建模和随机建模。我们演示了不同的 MATLAB 函数和 Simulink 块的使用，以便构建精确且可靠的嵌入式系统组件模型。

2.1 被控对象建模

构建系统模型的一个重要阶段是控制对象建模。一般情况下，被控对象是一个非线性多输入 – 多输出（多变量）的高阶动态系统，其特性在很大程度上决定了闭环系统所能达到的性能。在某些情况下，被控对象涉及由偏微分方程描述的过程，如气体和液体流动、燃烧过程等，出于设计目的，这些过程应由常微分方程描述的低阶模型来近似。因此，被控对象建模是对动态近似的准确性和所获得模型的复杂性的一种权衡。

在控制被控对象的建模中可以使用多种技术，这就导致了不同数学模型的出现。在相对简单的情况下，可以推导出符合物理、化学、生物、经济学等定律（或原理）的解析模型。这种模型使用起来很方便，但通常不能包含受控过程中的全部复杂性。因此，需要在这些模型中加入一些块，并通过实验或使用一些作用到实验数据上的辨识方法来确定这些块的输入 – 输出行为。在这种情况下，我们得到了一个数值模型，这是不同于解析模型的。

被控对象动态特性的数学描述可以通过微分方程和代数方程、暂态响应和频率响应、表格数据等形式得到。为了满足系统分析和设计的需要，我们需要被控对象模型以线性状态空间模型或传递函数矩阵的形式描述。这样的描述能够很方便的利用 MATLAB 和 Simulink 的功能来实现，而且该功能也适合确定高阶模型描述。

通常，被控对象建模是一个复杂的过程，需要采用迭代的方式进行。这个过程的系统描述超出了本书的范围，我们请读者参考本章末尾给出的文献，其中对建模技术进行了足够详细的描述。在本节中，我们将假设被控对象的基本数学描述是以（非线性）线性微分方程和代数方程的形式给出的，进而有必要找到以状态空间方程或传递函数矩阵形式的线性被控对象模型。这导致有必要对平衡状态附近的被控对象动态进行线性化，随后根据实时控制系统中使用的给定采样频率对被控对象模型进行离散化。

例 2.1　小车 – 单摆系统

本书中考虑的几个嵌入式控制问题将由小车 – 单摆系统来演示说明，这个系统在许多大学被用作实验室设置。该系统的示意图如图 2.1 所示。它由一个质量为 m（假设质量集中在尖端）的倒立摆组成，通过在轨道上沿适当方向移动小车，使其在竖直位置保持平衡。控制问题是围绕垂直轴使倒立摆保持稳定，同时保持小车在参考位置。正如我们将在后面看到的，这个系统有一些特性，使得让其保持稳定成为一个困难的控制问题。

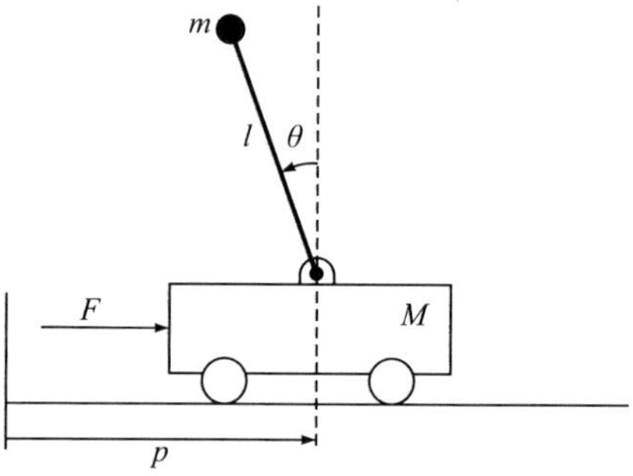

图 2.1　小车 – 单摆系统

使用 Newton-Euler 动力学作为小车 – 单摆系统的数学描述是很合适的。为此，我们引入小车的位置 p、小车的速度 $\dot{p}$、摆角 θ 和角速率 $\dot{\theta}$ 作为状态变量。施加在系统底部的力用 F 表示，它在水平方向上与 p 一致。接下来，我们将假设这个力是借助于具有脉宽调制（Pulse-Width Modulated，PWM）输入信号 u 的 DC 电动机产生的，因此 $F = k_F u$，其中 k_F 是一个常值参数。作为系统输出，我们考虑小车的位置和摆角。该系统由如下形式的两个二阶非线性微分方程描述

$$\begin{bmatrix} M+m & -ml\cos\theta \\ -ml\cos\theta & I+ml^2 \end{bmatrix}\begin{bmatrix} \ddot{p} \\ \ddot{\theta} \end{bmatrix}+\begin{bmatrix} f_c\dot{p}+ml\sin\theta\dot{\theta}^2 \\ f_p\dot{\theta}-mgl\sin\theta \end{bmatrix}=\begin{bmatrix} k_F u \\ 0 \end{bmatrix} \tag{2.1}$$

其中 M 是小车质量，I 是待平衡系统的转动惯量或惯性矩，l 是从基座到平衡体质心的距离，f_c 和 f_p 分别是与小车运动和单摆有关的粘滞摩擦系数，g 是重力加速度。

在表 2.1 中，我们给出了一个真实的小车 – 单摆系统的标称参数，这些参数将用于后续的系统分析和设计。

引入 $\boldsymbol{x}=[p,\theta,\dot{p},\dot{\theta}]^{\mathrm{T}}$ 为状态变量，$\boldsymbol{y}=[p\ \theta]^{\mathrm{T}}$ 为输出向量。将总质量定义为 $M_t = M+m$，总惯性矩定义为 $I_t = I+ml^2$，则式（2.1）可以表示为

$$\frac{\mathrm{d}}{\mathrm{d}t}\begin{bmatrix} p \\ \theta \\ \dot{p} \\ \dot{\theta} \end{bmatrix}=\begin{bmatrix} \dot{p} \\ \dot{\theta} \\ \dfrac{-mlI_t s_\theta\dot{\theta}^2+m^2l^2gs_\theta c_\theta-I_tf_c\dot{p}-f_pmlc_\theta\dot{\theta}+I_tk_Fu}{M_tI_t-m^2l^2c_\theta} \\ \dfrac{-m^2l^2s_\theta c_\theta\dot{\theta}^2+M_tmgls_\theta-f_cmlc_\theta\dot{p}-f_pM_t\dot{\theta}+mlc_\theta k_Fu}{M_tI_t-m^2l^2c_\theta} \end{bmatrix} \tag{2.2}$$

$$\boldsymbol{y}=\begin{bmatrix} p \\ \theta \end{bmatrix}$$

其中 s_θ 代表 $\sin(\theta)$，c_θ 代表 $\cos(\theta)$。

非线性小车 – 单摆模型式（2.2）由 Simulink 模型 `pendulum_cart.slx` 来实现。

表 2.1 小车 – 单摆标称模型参数

参数	描述	值	单位
m	等效单摆质量	0.104	kg
M	等效小车质量	0.768	kg
l	从基座到系统质心的距离	0.174	m
I	摆的惯性矩	2.83×10^{-3}	$\mathrm{kg\cdot m^2}$
f_c	小车的动摩擦系数	0.5	N · s/m
f_p	单摆的转动摩擦系数	6.65×10^{-5}	N · m · s/rad
k_F	控制力与 PWM 信号比	9.4	N

式（2.2）可写成如下一般形式：

$$\frac{\mathrm{d}}{\mathrm{d}t}x(t)=f(x,u)$$
$$y(t)=h(x,u) \tag{2.3}$$

其中 $x(t)$ 是状态，$u(t)$ 为控制，$y(t)$ 是输出。

式（2.3）代表非线性被控对象模型，该模型用于获得线性被控对象模型，并在闭环系统的非线性仿真中实现。 □

2.2 线性化

本节使用的 MATLAB 文件

文件	描述
`linearize_pendulum_cart`	小车 – 单摆系统的线性化
`transfer_functions`	小车 – 单摆系统的传递函数
`pendulum_cart.slx`	小车 – 单摆系统的 Simulink 模型

为了线性化非线性被控对象（式（2.3）），可以使用不同的技术。在本节中，我们将描述 3 种方法，它们将被暂时命名为解析线性化、符号线性化和数值线性化。

2.2.1 解析线性化

解析线性化旨在通过使用解析对象模型（式（2.3））获得线性被控对象方程。在这种情况下，被控对象的动态由条件 $\dot{x}=f(\boldsymbol{x},\boldsymbol{u})=0$ 的平衡点 $\boldsymbol{x}_e,\boldsymbol{u}_e$ 附近的线性微分方程和代数方程来近似。这是通过非线性函数 $\boldsymbol{f}$ 和 $\boldsymbol{h}$ 相对于向量 $\Delta\boldsymbol{x}=\boldsymbol{x}-\boldsymbol{x}_e$，$\Delta\boldsymbol{u}=\boldsymbol{u}-\boldsymbol{u}_e$ 和 $\Delta\boldsymbol{y}=\boldsymbol{y}-\boldsymbol{y}_e$ 进行泰勒级数展开实现的。因为假定与平衡态的偏差很小，所以关于 $\Delta\boldsymbol{x},\Delta\boldsymbol{u}$ 和 $\Delta\boldsymbol{y}$ 的二次项和高阶项可以被忽略。这样，可得如下线性化状态方程：

$$\frac{\mathrm{d}}{\mathrm{d}t}\Delta\boldsymbol{x}(t)=\boldsymbol{A}\Delta\boldsymbol{x}+\boldsymbol{B}\Delta\boldsymbol{u}$$
$$\Delta\boldsymbol{y}(t)=\boldsymbol{C}\Delta\boldsymbol{x}+\boldsymbol{D}\Delta\boldsymbol{u} \tag{2.4}$$

其中 $\boldsymbol{A},\boldsymbol{B},\boldsymbol{C},\boldsymbol{D}$ 是具有相应维数的矩阵，这些矩阵是通过向量函数 $\boldsymbol{f}$ 和 $\boldsymbol{h}$ 相对于自变量 $\boldsymbol{x}$ 和 $\boldsymbol{u}$ 求偏导数（雅可比矩阵）获得的，在平衡点（或配平值）处 $\boldsymbol{x}_e,\boldsymbol{u}_e$ 的矩阵估值为

$$\boldsymbol{A}=\left.\frac{\partial \boldsymbol{f}}{\partial \boldsymbol{x}}\right|_{\substack{x=x_e\\ \boldsymbol{u}=\boldsymbol{u}_e}},\ \boldsymbol{B}=\left.\frac{\partial \boldsymbol{f}}{\partial \boldsymbol{u}}\right|_{\substack{x=x_e\\ \boldsymbol{u}=\boldsymbol{u}_e}},\ \boldsymbol{C}=\left.\frac{\partial \boldsymbol{h}}{\partial \boldsymbol{x}}\right|_{\substack{x=x_e\\ \boldsymbol{u}=\boldsymbol{u}_e}},\ \boldsymbol{D}=\left.\frac{\partial \boldsymbol{h}}{\partial \boldsymbol{u}}\right|_{\substack{x=x_e\\ \boldsymbol{u}=\boldsymbol{u}_e}}$$

配平值是通过求解非线性代数方程 $f(\boldsymbol{x}_e,\boldsymbol{u}_e)=0$ 得到的，但可以是不唯一的⊖。在时不变模型的情况下，矩阵 $\boldsymbol{A},\boldsymbol{B},\boldsymbol{C},\boldsymbol{D}$ 具有常数元素。此外，为了简化符号表示，符号 Δ 将被忽略，这样式（2.4）可以写成如下形式：

$$\begin{aligned}\frac{\mathrm{d}}{\mathrm{d}t}\boldsymbol{x}(t)&=\boldsymbol{A}\boldsymbol{x}+\boldsymbol{B}\boldsymbol{u}\\ \boldsymbol{y}(t)&=\boldsymbol{C}\boldsymbol{x}+\boldsymbol{D}\boldsymbol{u}\end{aligned} \tag{2.5}$$

然而，请记住，在这个方程中，$\boldsymbol{x},\boldsymbol{y},\boldsymbol{u}$ 实际上是相应变量与其配平值之间的偏差。

例 2.2　小车 – 单摆系统的解析线性化

考虑模型（2.3）中当摆角在 0 附近存在小偏差时的线性化模型。给定情况下的平衡状态对应于直立位置 $\boldsymbol{x}_e=[0,0,0,0]^{\mathrm{T}}$（注意，该平衡状态是不稳定的）。考虑到 θ 很小时的情况，有 $\sin(\theta)\approx\theta$，$\cos(\theta)\approx 1$ 和 $\dot{\theta}^2\approx 0$，则可得到线性化模型

$$\begin{aligned}\frac{\mathrm{d}}{\mathrm{d}t}\boldsymbol{x}(t)&=\boldsymbol{A}\boldsymbol{x}(t)+\boldsymbol{B}\boldsymbol{u}(t)\\ \boldsymbol{y}(t)&=\boldsymbol{C}\boldsymbol{x}(t)\end{aligned}$$

其中

$$\boldsymbol{x}(t)=[p\ \theta\ \dot{p}\ \dot{\theta}]^{\mathrm{T}},\ \boldsymbol{y}(t)=[p\ \theta]^{\mathrm{T}}$$

并且

$$\boldsymbol{A}=\begin{bmatrix}0 & 0 & 1 & 0\\ 0 & 0 & 0 & 1\\ 0 & m^2l^2g/\eta & -f_cI_t/\eta & -f_plm/\eta\\ 0 & M_tmgl/\eta & -f_cml/\eta & -f_pM_t/\eta\end{bmatrix}$$

$$\boldsymbol{B}=k_F\begin{bmatrix}0\\ 0\\ I_t/\eta\\ lm/\eta\end{bmatrix},\boldsymbol{C}=\begin{bmatrix}1 & 0 & 0 & 0\\ 0 & 1 & 0 & 0\end{bmatrix}$$

$$\eta=M_tI_t-m^2l^2,\ I_t=I+ml^2$$

需要指出，在此种给定情况下，有

$$\boldsymbol{D}=\begin{bmatrix}0\\ 0\end{bmatrix}$$

⊖ 配平值类似于平衡点或参考值，在某一动态调节过程中，所关注的系统能够按照预期的性能局部稳定地运行在设定值。——译者注

矩阵 $\boldsymbol{A}$ 中存在零列意味着被控对象中有一个积分器。

对于小车–单摆系统的标称参数，可得矩阵如下（多达四位小数位）：

$$\boldsymbol{A}=\begin{bmatrix}0 & 0 & 1 & 0\\ 0 & 0 & 0 & 1\\ 0 & 6.5748\times10^{-1} & -6.1182\times10^{-1} & -2.4629\times10^{-4}\\ 0 & 3.1682\times10^{1} & -1.8518\times10^{0} & -1.1868\times10^{-2}\end{bmatrix}$$

$$\boldsymbol{B}=\begin{bmatrix}0\\ 0\\ 1.5736\times10^{1}\\ 4.7629\times10^{1}\end{bmatrix},\boldsymbol{C}=\begin{bmatrix}1 & 0 & 0 & 0\\ 0 & 1 & 0 & 0\end{bmatrix}$$

被控对象是完全可控和可观的。被控对象的极点可由函数 `pole` 得到：

$$p_1=0,\ p_2=5.6054,\ p_3=-5.6561,\ p_4=-0.5730$$

这证实了存在对应于积分器的零极点。 □

解析线性化的优点是可以得到线性模型（2.5），从而使矩阵 $\boldsymbol{A},\boldsymbol{B},\boldsymbol{C},\boldsymbol{D}$ 的元素可以显式地依赖于被控对象参数。当参数围绕其标称值变化时，这一方法对于导出不确定性被控对象模型是非常重要的。这种线性化方法也有缺点，就是在高阶系统的情况下很难手动实现，并且可能会产生相应的误差。

2.2.2 符号线性化

符号线性化是使用MATLAB的符号数学工具箱（Symbolic Math Toolbox）来实现的一种解析线性化。该工具箱可以处理在推导非线性被控对象模型时出现的复杂解析表达式，并且可以计算出参与线性化模型的雅可比矩阵。这使得获取高阶系统的无误差的线性化模型表达式成为可能。

例 2.3 小车–单摆系统的符号线性化

要得到线性化小车–单摆系统的矩阵 $\boldsymbol{A},\boldsymbol{B},\boldsymbol{C},\boldsymbol{D}$，首先要以符号形式输入非线性模型式（2.1）。这可以通过以下命令行来完成：

```
syms p p_dot theta theta_dot u
syms m g l I_t M_t f_c f_p k_F
%
M_q = [M_t    -m*l*cos(theta)
       -m*l*cos(theta) I_t]
C_q = [f_c*p_dot+m*l*sin(theta)*theta_dot^2-k_F*u
       f_p*theta_dot-m*g*l*sin(theta)]
```

用单个命令很容易找到变量 $\dot{p},\dot{\theta}$ 的非线性表达式：

```
f = -inv(M_q)*C_q
```

上式是通过符号表示对矩阵 $\boldsymbol{M}_q$ 求逆矩阵。然后，雅可比矩阵可通过如下命令来计算：

```
d_p = p_dot;
d_theta = theta_dot;
```

```
d_p_dot = f(1);
d_theta_dot = f(2);
%
F_x = jacobian([d_p; d_theta; d_p_dot; d_theta_dot], ...
               [p theta p_dot theta_dot])
F_u = jacobian([d_p; d_theta; d_p_dot; d_theta_dot], [u])
H_x = jacobian([p; theta], [p theta p_dot theta_dot])
H_u = jacobian([p; theta], [u])
```

设置配平条件或平衡点，如下所示：

```
p_trim = 0;
theta_trim = 0;
p_dot_trim = 0;
theta_dot_trim = 0;
u_trim = 0;
```

则线性化模型中矩阵的符号表达式可由如下命令行求得：

```
F_x = subs(F_x,{p,theta,p_dot,theta_dot,u}, ...
               {p_trim,theta_trim,p_dot_trim,theta_dot_trim,u_trim})
F_u = subs(F_u,{p,theta,p_dot,theta_dot,u}, ...
               {p_trim,theta_trim,p_dot_trim,theta_dot_trim,u_trim})
H_x = subs(H_x,{p,theta,p_dot,theta_dot,u}, ...
               {p_trim,theta_trim,p_dot_trim,theta_dot_trim,u_trim})
H_u = subs(H_u,{p,theta,p_dot,theta_dot,u}, ...
               {p_trim,theta_trim,p_dot_trim,theta_dot_trim,u_trim})
```

因此，我们得到了矩阵 $\boldsymbol{A}, \boldsymbol{B}, \boldsymbol{C}, \boldsymbol{D}$ 的元素作为被控对象参数的显式函数的表达式。将被控对象参数替换为 $\boldsymbol{F}_x, \boldsymbol{F}_u, \boldsymbol{H}_x, \boldsymbol{H}_u$ 的导出表达式中的数值，就可以得到这些矩阵的数值。

符号计算的使用也便于确定被控对象的传递函数。为了找到被控对象输入 u 与输出 p 和 θ 之间的传递函数，可以求解线性方程组

$$\boldsymbol{M}f = \boldsymbol{q}$$

其中

$$\boldsymbol{M} = \begin{bmatrix} \eta s^2 + f_c I_t s & f_p mls - m^2 l^2 g \\ f_c mls & \eta s^2 + f_p M_t s - M_t mgl \end{bmatrix}, \quad \boldsymbol{q} = \begin{bmatrix} I_t k_F \\ mlk_F \end{bmatrix}$$

因此，我们可以得到传递函数

$$G_{pu}(s) = k_F \frac{I_t s^2 + f_p s - mgl}{(M_t I_t - m^2 l^2)s^4 + (M_t f_p + I_t f_c)s^3 + (f_c f_p - M_t mgl)s^2 - f_c mgls}$$

和

$$G_{\theta u}(s) = k_F \frac{mls}{(M_t I_t - m^2 l^2)s^3 + (M_t f_p + I_t f_c)s^2 + (f_c f_p - M_t mgl)s - f_c mgl}$$

注意，由于传递函数 $G_{\theta u}$ 的分子和分母中零点和极点之间的抵消，该传递函数的阶次是 3，而 G_{pu} 的阶次是 4。由于它只发生在传递函数 $G_{\theta u}$ 中，因此这种抵消不影响系统的可控性和可观测性。使用标称被控对象参数，可以得到传递函数为

$$G_{pu}(s)=\frac{15.74s^2+0.175s-467.2}{s^4+0.623\,7s^3-31.68s^2-18.17s}$$

$$G_{\theta u}(s)=\frac{47.63s}{s^3+0.623\,7s^2-31.68s-18.17}$$

传递函数 G_{pu} 在 z_1=−5.454 63，z_2=5.443 5 处有零点，而 $G_{\theta u}$ 在 0 点处为 0。这样，被控对象是非最小相位的。

小车 – 单摆系统的框图如图 2.2 所示。该系统由下式描述：

$$y(s)=\boldsymbol{G}(s)u(s)$$

其中

$$\boldsymbol{G}(s)=\begin{bmatrix}G_{pu}(s)\\G_{\theta u}(s)\end{bmatrix}$$

请注意，$\boldsymbol{G}(s)$ 是一个 2×1（长方形）的传递函数矩阵，因此频率响应 $G(\mathrm{j}\omega)$ 只有一个奇异值。这意味着闭环系统可能只跟踪一个参考点，在给定的情况下，这就是小车的位置，并且单摆只能在垂直位置附近保持稳定。

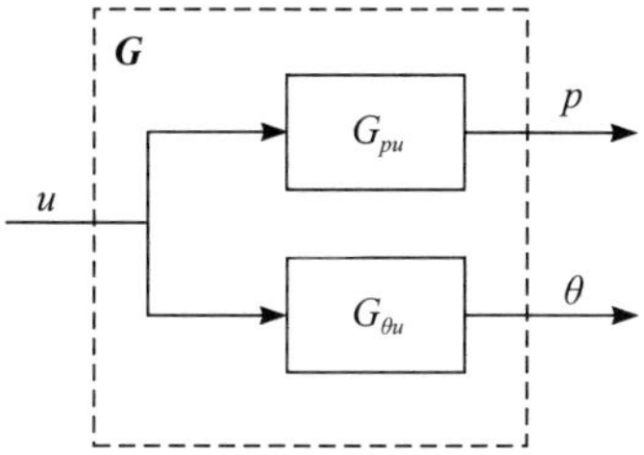

图 2.2　小车 – 单摆系统框图

当非线性解析被控对象模型可用时，建议在所有情况下使用符号线性化方法。

2.2.3　数值线性化

非线性被控对象式（2.2）的线性化模型可以通过使用被控对象的 Simulink 模型确定并由函数 `trim` 和 `linmod` 来实现。`trim` 函数的目的是找到对应于系统平衡点的状态 x_e 和控制 u_e。它还给出了关于平衡点状态导数值的信息，该值在理论上应该等于 0。`trim` 有几个选项可以满足输入、输出和状态约束。使用由 `trim` 提供的信息，`linmod` 函数可以确定在平衡点处线性化的被控对象模型的矩阵。注意，线性化模型的状态向量可能不同于解析模型的状态向量。这将影响线性化模型的矩阵，但不会影响模型的输入 / 输出特性。

例 2.4　小车 – 单摆系统的数值线性化

小车 – 单摆系统的数值线性化利用了非线性被控对象模型 `pendulum cart.slx`，并通过以下命令行来完成：

```
x0 = [0 0 0 0]';
u0 = 0;
```

```
[x,u,y,dx] = trim('pendulum_cart',x0,u0,[],[],[],[])
[a,b,c,d] = linmod('pendulum_cart',x,u);
G_num = ss(a,b,c,d);
```

在变量 G_num 中可求得线性化被控对象的状态空间模型。用这种线性化方法得到的矩阵 $\boldsymbol{a}, \boldsymbol{b}, \boldsymbol{c}, \boldsymbol{d}$ 的元素与用解析线性化方法得到的矩阵 $\boldsymbol{A}, \boldsymbol{B}, \boldsymbol{C}, \boldsymbol{D}$ 的相应元素是一致的，至少在小数位数上是一致的，并且向量 $\boldsymbol{dx}$ 的确是零向量。

比较一下例 2.2～例 2.4 中导出的小车－单摆系统的 3 个线性化模型是很有意义的。

在图 2.3 和图 2.4 中，针对输出是小车位置 p 和摆角 θ，在标称参数情况下，我们分别比较了的解析模型、符号模型和数值模型的伯德图，这 3 种模式实际上是一致的。

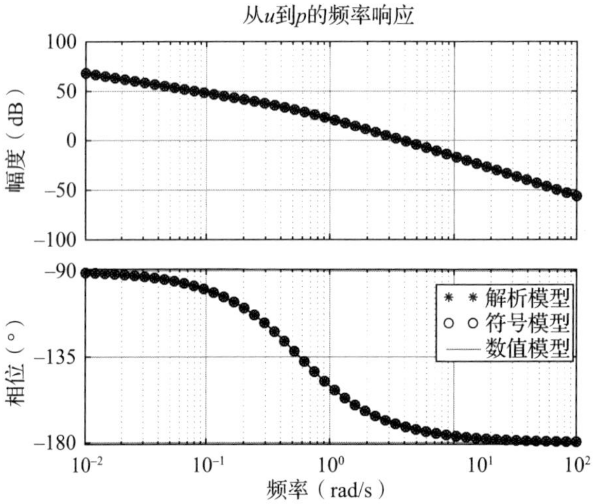

图 2.3　输出为 p 的线性化模型的伯德图

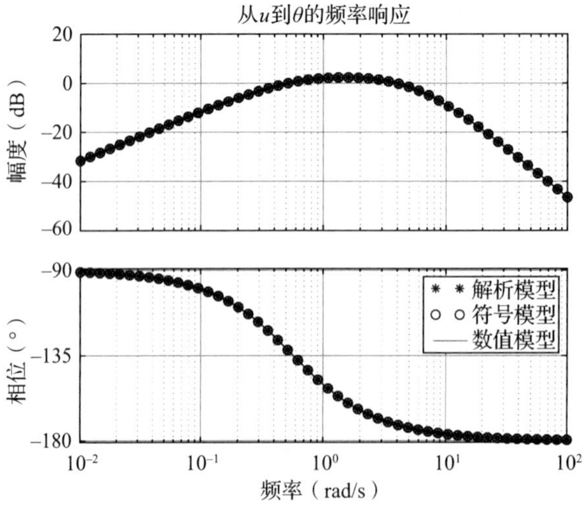

图 2.4　输出为 θ 的线性化模型的伯德图

2.3 离散化

本节使用的 MATLAB 文件

文件	描述
discrete_freq_response	离散时间频率响应
discretization_pendulum_cart	不同离散化方法的比较
discrete_transfer_functions	小车 – 单摆系统的离散时间传递函数

2.3.1 离散时间模型

离散时间控制系统可以用不同的数学模型来描述。在具有标量输入 $u(k)$ 和标量输出 $y(k)$ 的线性离散时间系统的简单情况下，可以用 n 阶差分方程形式描述其输入 / 输出关系：

$$y(k+n)+a_1y(k+n-1)+\cdots+a_ny(k)=b_0u(k+m)+\cdots+b_mu(k) \tag{2.6}$$

其中 $n \geqslant m$。

在对式（2.6）的分析中，使用向前移位算子 q 是很方便的，其由下式定义：

$$qf(k)=f(k+1)$$

将一个时间序列乘以运算符 q 意味着该序列提前了一步。乘以 q^i 意味着向前移动 i 步。同样，与 q^{-i} 相乘相当于后移 i 步。算子 q^{-1} 称为向后移位算子。

根据向前移位算子，式（2.6）变为

$$q^ny(k)+a_1q^{n-1}y(k)+\cdots+a_ny(k)=b_0q^mu(k)+\cdots+b_mu(k) \tag{2.7}$$

或

$$y(k)=\frac{B_q(q)}{A_q(q)}u(k) \tag{2.8}$$

其中，多项式 $A_q(q)$ 和 $B_q(q)$ 定义为

$$A_q(q)=q^n+a_1q^{n-1}+\cdots+a_n$$
$$B_q(q)=b_0q^m+b_1q^{m-1}+\cdots+b_m$$

在式（2.7）的每一侧进行 Z 变换，并假设初始条件为 0，可以得到

$$A_q(z)Y(z)=B_q(z)U(z) \tag{2.9}$$

其中 $Y(z),U(z)$ 分别是序列 $y(k)$ 和 $z(k)$ 的 Z 变换：

$$A_q(z)=z^n+a_1z^{n-1}+\cdots+a_n$$
$$B_q(q)=b_0z^m+b_1z^{m-1}+\cdots+b_m$$

式（2.9）可以改写为

$$Y(z)=G(z)U(z) \tag{2.10}$$

其中

$$G(z)=\frac{B_q(z)}{A_q(z)} \tag{2.11}$$

被称为式（2.9）的离散传递函数。如同在连续时间的情况下一样，在零初始条件下，该传递函数唯一地确定了在离散采样时间时的输入 / 输出行为。$A_q(z)=0$ 的根是系统的极点，$B_q(z)=0$ 的根是系统的零点。系统的稳定性则要求所有极点都严格在单位圆内。

在一些情况下，最好使用如下形式的状态空间方程描述来代替式（2.6）：

$$x(k+1)=\boldsymbol{A}x(k)+\boldsymbol{B}u(k) \tag{2.12}$$

$$y(k)=\boldsymbol{C}x(k)+\boldsymbol{D}u(k) \tag{2.13}$$

其中 $x(k), u(k)$ 和 $y(k)$ 分别是状态、输入和输出序列，$\boldsymbol{A}, \boldsymbol{B}, \boldsymbol{C}, \boldsymbol{D}$ 是具有适当维数的矩阵。

对式（2.12）应用向前移位算子，则有

$$qx(k)=\boldsymbol{A}x(k)+\boldsymbol{B}u(k) \tag{2.14}$$

$$y(k)=\boldsymbol{C}x(k)+\boldsymbol{D}u(k) \tag{2.15}$$

对于零初始条件，对式（2.14）、式（2.15）进行 Z 变换，有

$$Y(z)=G(z)U(z) \tag{2.16}$$

其中

$$G(z)=\boldsymbol{C}(zI-\boldsymbol{A})^{-1}\boldsymbol{B}+\boldsymbol{D} \tag{2.17}$$

离散传递函数（式（2.16）和式（2.17））在描述线性系统动态行为中的作用与连续时间系统中传递函数的作用相似。

2.3.2 离散时间频率响应

考虑由传递函数 $G(z)$ 描述的单输入单输出（SISO）离散时间系统。假设系统的输入 $u(k)$ 是通过采样周期 T_s 对连续时间正弦信号进行采样获得的：

$$u(t)=\sin(\omega t) \tag{2.18}$$

用 kT_s 代替 t，可以看到离散时间系统的输入是正弦序列的形式：

$$u(k)=\sin(\Omega k) \tag{2.19}$$

其中 $\Omega=\omega T_s$。然后，可以看出受迫系统输出 $y(k)$ 是另一个具有相同采样频率的正弦序列，

$$y(k)=M(\Omega)\sin(\Omega k+\phi) \tag{2.20}$$

其中

$$G(e^{j\Omega})=M(\Omega)e^{j\phi(\Omega)} \tag{2.21}$$

因此，离散时间系统的频率响应图是离散时间传递函数在 $z=e^{j\Omega}$ 处的幅度 $M(\Omega)$ 和相位 $\phi(\Omega)$ 的图。这些图是周期性的，因为 $e^{j\Omega}$ 在 Ω 中是以 2π 为周期的。
由于频率响应关于 $\Omega=\pi$ 对称，那么 Ω 从 0 到 π 的频率范围足以完全指定离散时间系统的频

率响应。因此，如果 $\omega = \Omega / T_s$ 在 $0 \sim \pi / T_s = \omega_N$ 范围内变化，则频率响应完全可以被确定，其中 $\omega_N = \omega_s / 2$ 是 Nyquist 频率。

例 2.5　离散时间频率响应的周期行为

离散时间频率响应的周期行为如图 2.5 所示，其中显示了一阶延迟系统的幅度和相位响应：

$$G(s) = \frac{0.5}{0.25s + 1}$$

其输入是以周期 $T_s = 0.04$ s 被采样，输出通过使用零阶保持器来重构。相应的离散时间传递函数为（至 6 位小数位）

$$G(z) = \frac{0.739\,281}{z - 0.852\,144}$$

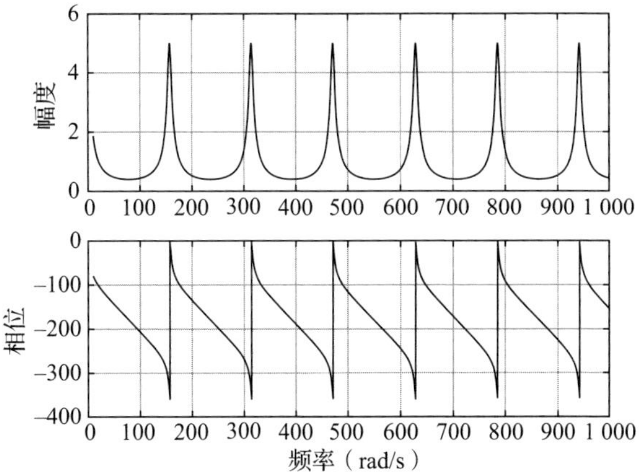

图 2.5　离散时间系统频率响应的周期性

对于 $[0.1, \omega_N = 78.539\,8]$ 范围内的频率，离散时间系统的伯德图如图 2.6 所示。

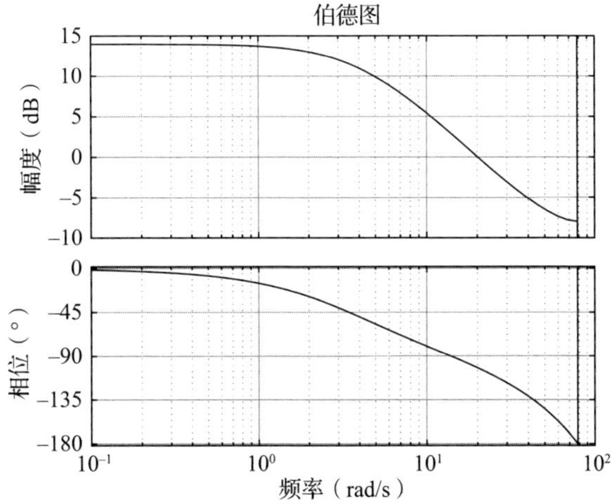

图 2.6　离散时间系统的伯德图

2.3.3 连续时间模型的离散化

找到非线性被控对象的线性化描述后，下一步是确定在给定采样周期 T_s 下的离散时间线性化模型。该模型用于离散时间控制器的设计，以便该控制器能在嵌入式控制系统或闭环系统的 HIL 中实现。

连续时间模型（2.5）的离散时间等价模型具有如下形式：

$$\begin{aligned} \boldsymbol{x}(k+1) &= \boldsymbol{A}_d\boldsymbol{x}(k)+\boldsymbol{B}_d\boldsymbol{u}(k) \\ \boldsymbol{y}(k) &= \boldsymbol{C}_d\boldsymbol{x}(k)+\boldsymbol{D}_d\boldsymbol{u}(k) \end{aligned} \tag{2.22}$$

其中 $\boldsymbol{x}(k), \boldsymbol{u}(k), \boldsymbol{y}(k)$ 分别是在采样时刻 kT_s 的状态向量、控制向量和输出向量，$\boldsymbol{A}_d, \boldsymbol{B}_d, \boldsymbol{C}_d, \boldsymbol{D}_d$ 是适当维数的矩阵。这些矩阵由连续时间模型（2.5）的相应矩阵确定，并取决于采样周期 T_s 和实施的离散化方法。关于连续时间模型离散化方法的系统介绍可参见本章末尾的参考文献。在本书中，我们将利用零阶保持（ZOH）离散化方法（见图 2.7），它可以产生一个离散时间模型，相关矩阵为

$$\boldsymbol{A}_d = \mathrm{e}^{AT_s}, \boldsymbol{B}_d = \int_n^{T_s} \mathrm{e}^{A\sigma}\mathrm{d}\sigma\boldsymbol{B}, \boldsymbol{C}_d = \boldsymbol{C}, \boldsymbol{D}_d = \boldsymbol{D}$$

该方法的特点是将连续时间模型的极点 p 映射到离散模型的极点 e^{pT_s}。

图 2.7 连续时间被控对象的离散化

可以证明，离散时间模型的矩阵 $\boldsymbol{A}_d$ 和 $\boldsymbol{B}_d$ 可以通过计算矩阵指数来得到。令

$$\boldsymbol{Z} = \begin{bmatrix} \boldsymbol{A} & \boldsymbol{B} \\ 0_{m\times n} & 0_{m\times m} \end{bmatrix} T_s$$

是一个 $(n+m)\times(n+m)$ 块矩阵，则

$$\begin{bmatrix} \boldsymbol{A}_d & \boldsymbol{B}_d \\ 0 & \boldsymbol{I}_m \end{bmatrix} = \mathrm{e}^Z$$

在 MATLAB 中，非线性被控对象的离散时间模型的推导可以通过两种方式实现。第一种是离散化连续时间线性模型，该线性模型是通过前一节中已经考虑过的一些线性化方法得到的。这可以通过使用函数 `c2d` 来实现。第二种是使用函数 `dlinmod` 来离散化，它直接从连续时间非线性被控对象模型中导出线性化离散时间模型。下面简要讨论这两种方法。

函数 `c2d` 有选择项来实现 5 种离散化方法，如表 2.2 所示。

表 2.2 函数 c2d 的离散化方法选择项

方法	描述
`'zoh'`	输入的零阶保持（默认方法）
`'foh'`	一阶保持（输入的线性插值）
`'impulse'`	脉冲不变离散化
`'tustin'`	双线性（或 Tustin 变换）近似
`'matched'`	匹配零极点法（仅适用于 SISO 系统）

例 2.6 小车 – 单摆系统的离散化

给定小车 – 单摆系统的标称连续时间线性化模型，如例 2.2 中所示，在采样间隔 $T_s = 0.01\text{s}$ 时的离散时间模型如下：

```
[Ad,Bd] = c2d(A,B,Ts)
```

离散时间模型的状态向量为

$$\boldsymbol{x}(k) = [p(k)\theta(k)\dot{p}(k)\dot{\theta}(k)]^{\mathrm{T}}$$

矩阵

$$\boldsymbol{A}_d = \begin{bmatrix} 1 & 3.2815\times10^{-4} & 9.9695\times10^{-3} & 9.7135\times10^{-8} \\ 0 & 1.0016\times10^{0} & -9.2424\times10^{-5} & 1.0005\times10^{-2} \\ 0 & 6.5578\times10^{-3} & 9.9390\times10^{-1} & 3.0358\times10^{-5} \\ 0 & 3.1691\times10^{-1} & -1.8470\times10^{-2} & 1.0015\times10^{0} \end{bmatrix}$$

$$\boldsymbol{B}_d = \begin{bmatrix} 7.8521\times10^{-4} \\ 2.3771\times10^{-3} \\ 1.5689\times10^{-1} \\ 4.7506\times10^{-1} \end{bmatrix},\ \boldsymbol{C}_d = \begin{bmatrix} 1 & 0 & 0 & 0 \\ 0 & 1 & 0 & 0 \end{bmatrix},\ \boldsymbol{D}_d = \begin{bmatrix} 0 \\ 0 \end{bmatrix}$$

通过使用函数 `tf`，关于 p 和 θ 的离散时间传递函数可从离散时间状态空间模型中获得，因此：

$$H_{pu}(z) = \frac{0.0007852z^3 - 0.0007891z^2 - 0.0007843z + 0.0007835}{z^4 - 3.997z^3 + 5.988z^2 - 3.984z + 0.9938}$$

$$H_{\theta u}(z) = \frac{0.002377z^2 - 4.938(e-06)z - 0.002372}{z^3 - 2.997z^2 + 2.991z - 0.9938}$$ ⊖

H_{pu} 的零点是

$$z_1 = -0.99796,\ z_2 = 1.05594,\ z_3 = 0.94691$$

$H_{\theta u}$ 的零点是

$$z_1 = 1.0,\ z_2 = -0.99792$$

需要指出，这些传递函数有 $n-1$ 个零点，其中 n 是相应传递函数的阶数。这是零阶保持法离散化模型的一个共同特性 [43] 13.3 节。□

接下来，我们比较了分别采用零阶保持、一阶保持和 Tustin 近似（双线性变换）的离散化方法的特性。使用相对于输出为 p 的小车 – 单摆系统的连续时间模型，函数 `c2d` 分别使用离散化方法 zoh、foh 和 tustin 产生了 3 个不同的离散时间模型。

离散模型的幅度图和相位图分别在图 2.8 和图 2.9 中进行了比较。从图中可以看出，Tustin 和零阶保持方法倾向于在 Nyquist 频率附近产生大的幅度误差，而零阶保持方法在相

⊖ 式中 e 表示 10 的幂次方，(e−06) 为一个整体，在 MATLAB 中是用科学记数法表示的浮点数，代表 10^{-6}。——译者注

同频率区域引入大的相位延迟。通过增加采样频率，可以在一定程度上减少这些近似误差。独立于零阶保持方法的相对较差的特性，由于采样和保持技术实现的简单性，它在实践中被广泛使用。需要说明的是，tustin 方法可与频率预畸变（或频率预校正）结合使用，该方法可以消除特定频率下的频率失真，详情见文献 [3] 的第 6 章。

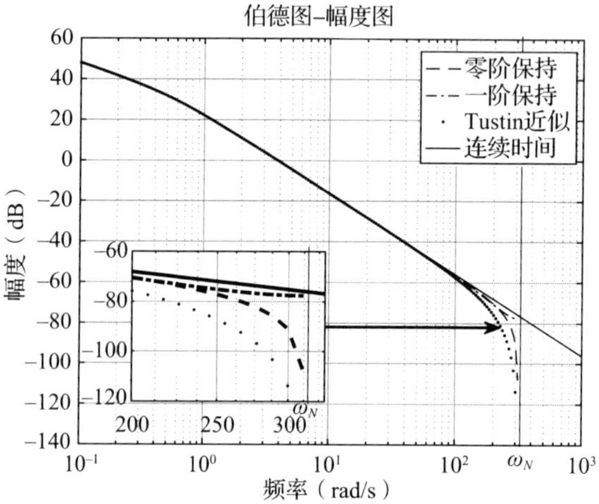

图 2.8　离散模型的幅度图

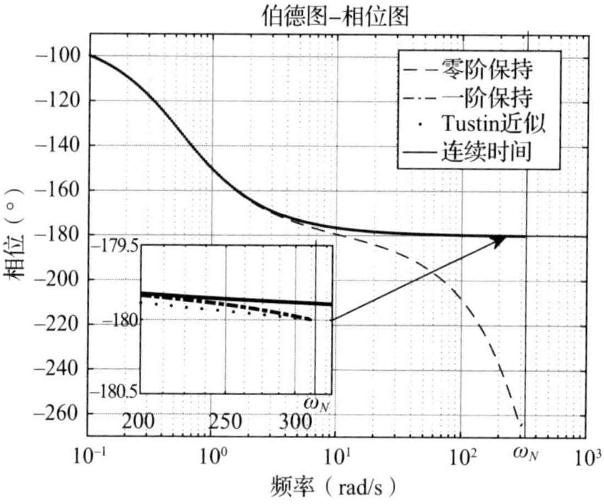

图 2.9　离散模型的相位图

如前所述，离散时间被控对象模型可以通过使用函数 `dlinmod` 直接从连续时间非线性模型导出，该函数是线性化函数 `linmod` 的离散时间对应项。如果连续时间或混合连续时间和离散时间被控对象的 Simulink 模型可用，则使用函数 `dlinmod` 是合适的。

在图 2.10 中，我们展示了由函数 `c2d`（使用默认选项 zoh）和 `dlinmod` 获得的小车－单摆系统离散时间模型的伯德图。可以看出，两个模型的曲线是一致的，这表明这些函数是可以互换的。

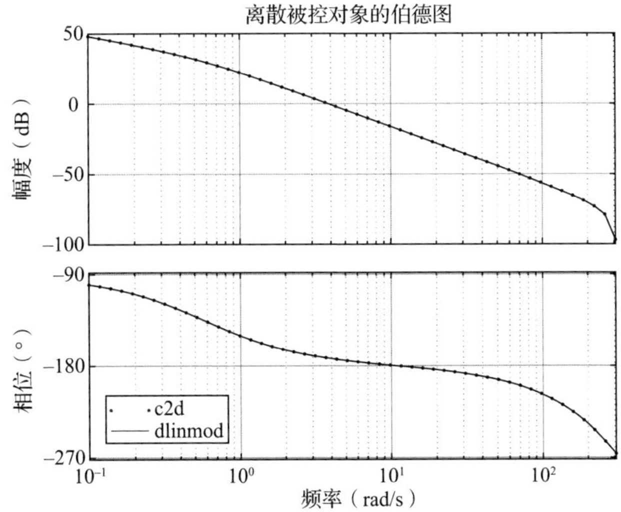

图 2.10　`c2d` 和 `dlinmod` 获得的离散时间模型的伯德图的比较

在某些情况下，对于一个给定的离散时间模型，可能有必要确定一个等效的连续时间模型，或者将离散时间模型重新采样到新的采样频率。这可以分别使用函数 `d2c` 和 `d2d` 来完成。

2.3.4 时滞系统的离散化

考虑具有时滞的连续时间系统

$$\frac{\mathrm{d}}{\mathrm{d}t}x(t)=\boldsymbol{A}x(t)+\boldsymbol{B}u(t-\tau) \tag{2.23}$$

若时滞 τ 大于采样周期 T_s，则 τ 可以表示为

$$\tau=(d-1)T_s+\zeta,\ \ 0<\zeta\leqslant T_s$$

其中，d 是正整数。在这种情况下，式（2.23）被离散化为[21]

$$\begin{bmatrix} x(kT_s+T_s) \\ u(kT_s-(d-1)T_s) \\ \vdots \\ u(kT_s-T_s) \\ u(kT_s) \end{bmatrix}=\begin{bmatrix} \boldsymbol{A}_d & \boldsymbol{B}_{d1} & \boldsymbol{B}_{d0} & \dots & 0 \\ 0 & 0 & I_m & \dots & 0 \\ \vdots & \vdots & \vdots & & \vdots \\ 0 & 0 & 0 & \dots & I_m \\ 0 & 0 & 0 & \dots & 0 \end{bmatrix}\begin{bmatrix} x(kT_s) \\ u(kT_s-dT_s) \\ \vdots \\ u(kT_s-2T_s) \\ u(kT_s-T_s) \end{bmatrix}+\begin{bmatrix} 0 \\ 0 \\ \vdots \\ 0 \\ I_m \end{bmatrix}u(kT_s) \tag{2.24}$$

其中

$$\boldsymbol{A}_d=\mathrm{e}^{\boldsymbol{A}T_s}$$

$$\boldsymbol{B}_{d0}=\int_0^{T_s-\tau}\mathrm{e}^{\boldsymbol{A}\sigma}\mathrm{d}\sigma\boldsymbol{B}$$

$$\boldsymbol{B}_{d1}=\mathrm{e}^{\boldsymbol{A}(T_s-\tau)}\int_0^{t}\mathrm{e}^{\boldsymbol{A}\sigma}\mathrm{d}\sigma\boldsymbol{B}$$

离散时间状态空间模型（式（2.24））有 $d\times m$ 个额外的状态代表过去的控制输入：

$$u(kT_s-dT_s),\cdots,u(kT_s-2T_s),u(kT_s-T_s)$$

以便用于描述时滞。这就是为什么有必要在等于时滞的时间间隔内，指定系统状态来存储过去的 d 个控制向量。对于大 τ 和小 T_s，式（2.24）的阶次可能会增加很多。然而，这个模型非常方便，因为它将时滞合并到了标准离散时间状态空间表示中。

如果时滞 τ 小于采样间隔 T_s，则式（2.24）等同于

$$\begin{bmatrix} x(kT_s+T_s) \\ u(kT_s) \end{bmatrix} = \begin{bmatrix} \boldsymbol{A}_d & \boldsymbol{B}_{d1} \\ 0 & 0 \end{bmatrix} \begin{bmatrix} x(kT_s) \\ u(kT_s-T_s) \end{bmatrix} + \begin{bmatrix} \boldsymbol{B}_{d0} \\ \boldsymbol{I}_m \end{bmatrix} u(kT_s) \tag{2.25}$$

2.3.5 采样周期的选择

离散时间系统的采样周期取决于几个因素，包括闭环性能和技术能力考虑。采样周期的减少使得离散化模型的行为更接近连续时间模型的行为，但是增加了对数字设备（A/D 和 D/A 转换器、控制器等）速度的需求。另外，采样周期的增加产生了与采样时刻之间的系统行为相关的问题。

在零阶保持的情况下，采样频率的近似下限可以确定如下。零阶保持的连续时间传递函数是 [21]

$$G_{\text{zoh}}=\frac{1}{s}(1-\mathrm{e}^{-sT_s})$$

对于小采样周期，该传递函数可近似为

$$\frac{1-\mathrm{e}^{-sT_s}}{s}\approx\frac{1-1+sT_s-(sT_s)^2/2+(sT_s)^3/6-\cdots}{sT_s}=1-\frac{sT_s}{2}+\frac{s^2T_s^2}{6}-\cdots$$

前两项对应于 $\exp^{-sT_s/2}$ 的泰勒级数展开。这样，对于很小的 T_s，零阶保持可以近似为半个采样间隔的时滞。因此，零阶保持将相位裕度减少到

$$\phi=\frac{\omega_c T_s}{2}$$

其中，ω_c 是连续时间系统的穿越频率（rad/s）。

假设相位裕量可以减少到 $\Delta\phi$，则采样周期必须满足

$$T_s<\frac{\Delta\phi}{\omega_c}$$

这个不等式给出了 Nyquist 频率范围：

$$F_{\text{N}}>\frac{\omega_c}{(2\Delta\pi)} \tag{2.26}$$

例如，如果 $\Delta\phi=5°=0.087\text{ rad}$，那么根据式（2.26）可以得出，Nyquist 频率必须比穿越频率高 36 倍。请注意，当存在抗混叠或陷波滤波器时，该值会增加，详情参见文献 [3] 的第

6 部分。当考虑闭环性能时，应该考虑闭环带宽（将在 3.2 节中定义）而不是穿越频率。

如文献 [21] 第 3 章中的一个例子所示，尽管相应的连续时间系统是可控和可观测的，但对于某些低采样频率，离散线性系统可能会丧失可达性和可观测性。当离散时间传递函数具有公共极点和零点时，可能会发生这种情况。由于极点和零点是采样周期的函数，T_s 的一个微小变化就可以使系统再次可达或可观测。应该注意的是，目前的处理器使得实现非常高的采样率成为可能，这也避免了可达性或可观测性丧失的危险。

2.3.6 非线性模型的离散化

有时，对于某个采样间隔 T_s，有必要有一个非线性被控对象模型（式（2.3））的离散时间等效模型。例如，当对闭环离散时间系统进行仿真时，在离散时间内应该能够更快地获得系统瞬态响应，如果对于固定的采样间隔 T_s，非线性连续时间被控对象（式（2.3））被它的如下离散时间等价模型代替：

$$\begin{aligned} x(k+1) &= \phi(x(k), u(k)) \\ y(k) &= \eta(x(k), u(k)) \end{aligned} \tag{2.27}$$

连续时间状态方程

$$\frac{\mathrm{d}}{\mathrm{d}t}x(t) = f(t, x, u)$$

的离散时间等效模型为

$$x(k+1) = \phi(x(k), u(k)) \tag{2.28}$$

该模型可以通过使用微分方程数值积分的某种方法来确定，这种方法能够通过少量的计算操作确保足够的准确性。为此，有效地实施 Bogacki–Shampine 方法⊖（参见文献 [28] 的第 7 章）是合适的，相应描述如下⊖。

假设离散时间输入 $u(k)$ 是通过使用零阶保持获得的，则在时刻 $t(k+1) = t(k) + h$ 的近似解 $x(k+1)$ 是通过如下方程计算得到的，其中 $h = T_s$：

$$\begin{aligned} s_1 &= f(t(k), x(k), u(k)) \\ s_2 &= f\left(t(k) + \frac{h}{2}, x(k) + \frac{h}{2}s_1, u(k)\right) \\ s_3 &= f\left(t(k) + \frac{3}{4}h, x(k) + \frac{3}{4}hs_2, u(k)\right) \\ t(k+1) &= t(k) + h \\ x(k+1) &= x(k) + \frac{h}{9}(2s_1 + 3s_2 + 4s_3) \end{aligned} \tag{2.29}$$

非线性离散时间模型（式（2.29））的框图如图 2.11 所示（输出 $y(k)$ 的代数方程的离散化是显而易见的）。该模型易于在 Simulink 中实现，第 6 章将演示它在模拟非线性直升机控

⊖ Bogacki-Shampine 方法，又称 ode23 它是基于显式 Rung-Kutta (2, 3)、Bogacki 和 Shampine 相结合的算法，也是一种一步算法。在容许误差和计算略带刚性的问题方面，该算法比 ode45 要好。——译者注

制系统中的应用。

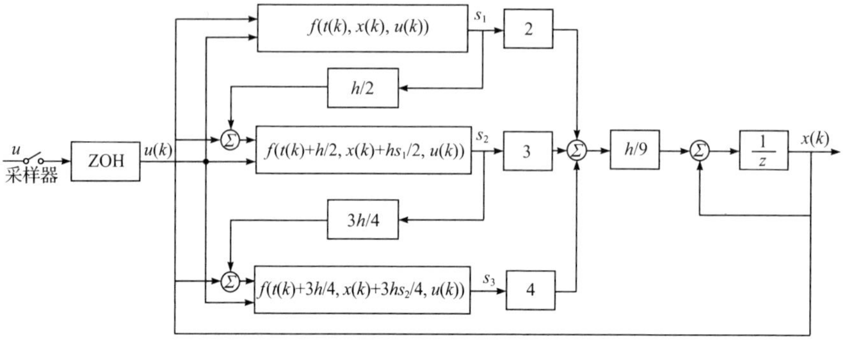

图 2.11　非线性离散时间模型的框图

2.4　随机建模

本节使用的 MATLAB 函数

函数	描述
`Kalman`	连续时间和离散时间系统的卡尔曼滤波器设计
`lyap`	李雅普诺夫方程的解

2.4.1　随机线性系统

具有随机输入的时不变连续时间线性系统可以表示为

$$\begin{aligned}\dot{x}(t) &= \boldsymbol{A}x(t) + \boldsymbol{G}v(t)\\ y(t) &= \boldsymbol{C}x(t) + w(t)\end{aligned} \tag{2.30}$$

其中 $v(t)$ 和 $w(t)$ 是随机过程。随机过程 $v(t)$ 称为过程噪声，随机过程 $w(t)$ 称为测量噪声。在每一时刻，状态 $x(t)$ 和输出 $y(t)$ 也是随机过程。如果 $v(t)$ 和 $w(t)$ 是高斯随机过程，那么 $x(t)$ 和 $y(t)$ 也是高斯过程。

假设构造的模型使得 $v(t)$ 和 $w(t)$ 是平稳白噪声，那么随机变量 $v(t)$ 和 $w(t)$ 的均值和协方差表示为

$$m_v = E\{v(t)\} = 0 \tag{2.31}$$

$$E\{v(t+\tau)v(t)^{\mathrm{T}}\} = Q\delta(\tau) \tag{2.32}$$

$$m_w = E\{w(t)\} = 0 \tag{2.33}$$

$$E\{w(t+\tau)w(t)^{\mathrm{T}}\} = R\delta(\tau) \tag{2.34}$$

通常我们假设过程噪声和测量噪声独立于当前和先前状态，并且彼此独立。

考虑连续时间系统（式（2.30））的状态和输出的均值和方差的传播。系统的初始条件为

$$E\{x(t_0)\} = m_0 \tag{2.35}$$

$$E\{x(t_0)x(t_0)^{\mathrm{T}}\}=P(t_0) \tag{2.36}$$

状态的均值 $m_x(t)=E\{x(t)\}$ 和输出的均值 $m_y(t)=E\{y(t)\}$ 按照系统的确定性动力学进行传播，并由式（2.37）和式（2.38）表示

$$\dot{m}_x(t)=\boldsymbol{A}x(t),\ m_x(t_0)=m_0 \tag{2.37}$$

$$m_y(t)=\boldsymbol{C}m_x(t) \tag{2.38}$$

可以证明状态协方差矩阵

$$\boldsymbol{P}(t)=C_x(t,t)=E\{[x(t)-m_x(t)][x(t)-m_x]^{\mathrm{T}}\}$$

是初始条件为 $\boldsymbol{P}(t_0)$ 的矩阵微分方程

$$\dot{\boldsymbol{P}}(t)=\boldsymbol{AP}(t)+\boldsymbol{P}(t)\boldsymbol{A}^{\mathrm{T}}+\boldsymbol{GQG}^{\mathrm{T}} \tag{2.39}$$

的解。

方程（2.39）对于寻找稳定时不变系统的稳态协方差是十分有用的。在这种情况下，它简化为对偶矩阵代数李雅普诺夫方程

$$\boldsymbol{AP}+\boldsymbol{PA}^{\mathrm{T}}+\boldsymbol{GQG}^{\mathrm{T}}=0 \tag{2.40}$$

如果 $(\boldsymbol{A},\boldsymbol{G})$ 是稳定的，那么李雅普诺夫方程的解是半正定的（见附录 B 中 B.4 节）。

式（2.30）的输出方差由下式表示：

$$C_y(t,t)=E\{[y(t)-m_y(t)][y(t)-m_y(t)]^{\mathrm{T}}\}=\boldsymbol{CP}(t)\boldsymbol{C}^{\mathrm{T}}+\boldsymbol{R} \tag{2.41}$$

具有随机输入的时不变离散线性系统由式（2.42）描述：

$$\begin{aligned}x(k+1)&=\boldsymbol{A}_d x(k)+\boldsymbol{G}_d v(k)\\ y(k)&=\boldsymbol{C}_d x(k)+w(k)\end{aligned} \tag{2.42}$$

随机变量 $v(t)$ 和 $w(t)$ 的均值和协方差表示为

$$m_{v(k)}=E\{v(k)\}=0 \tag{2.43}$$

$$E\{v(k)v_j^{\mathrm{T}}\}=Q_d\delta(k-j) \tag{2.44}$$

$$m_{w(k)}=E\{w(k)\}=0 \tag{2.45}$$

$$E\{w(k)w_j^{\mathrm{T}}\}=R_d\delta(k-j) \tag{2.46}$$

其中 $\delta(k)$ 是克罗内克 δ 函数。

状态的均值 $m_x(k)=E\{x(k)\}$ 是线性差分方程

$$m_{x(k+1)}=\boldsymbol{A}_d m_{x(k)},m_{x_0}=E\{x_0\} \tag{2.47}$$

的解。

离散时间状态协方差矩阵定义为

$$\boldsymbol{P}(k)=E\{(x(k)-m_{x(k)})(x(k)-m_{x(k)})^{\mathrm{T}}\} \tag{2.48}$$

可以证明，$k+1$ 时刻的状态协方差是矩阵差分方程

$$\boldsymbol{P}(k+1)=\boldsymbol{A}_d\boldsymbol{P}(k)\boldsymbol{A}_d^{\mathrm{T}}+\boldsymbol{G}_d\boldsymbol{Q}_d\boldsymbol{G}_d^{\mathrm{T}} \tag{2.49}$$

的解。

可以求得稳定离散时间系统的稳态协方差矩阵，它是如下离散时间李雅普诺夫方程（或斯坦因方程）的解：

$$\boldsymbol{P}=\boldsymbol{A}_d\boldsymbol{P}\boldsymbol{A}_d^{\mathrm{T}}+\boldsymbol{G}_d\boldsymbol{Q}_d\boldsymbol{G}_d^{\mathrm{T}} \tag{2.50}$$

如果 $(\boldsymbol{A}_d,\boldsymbol{G}_d)$ 是可稳定的，那么 $\boldsymbol{P}$ 是半正定矩阵（见附录 B 中 B.4 节）。

2.4.2 随机模型的离散化

在大多数情况下，用随机时不变模型取代确定性模型来描述被控对象：

$$\begin{aligned}\frac{\mathrm{d}}{\mathrm{d}t}\boldsymbol{x}&=\boldsymbol{Ax}+\boldsymbol{Bu}+\boldsymbol{G}v\\ \boldsymbol{y}&=\boldsymbol{Cx}+w\end{aligned} \tag{2.51}$$

其中 $\boldsymbol{x}$ 是状态向量，$\boldsymbol{y}$ 是测量向量，v,w 分别是过程噪声和测量噪声；$\boldsymbol{A},\boldsymbol{B},\boldsymbol{C}$ 是具有适当维数的常数矩阵。假设 v 和 w 是平稳独立零均值高斯白噪声，且协方差为

$$E\{\boldsymbol{v}(t)\boldsymbol{v}(\tau)^{\mathrm{T}}\}=\boldsymbol{V}\delta(t-\tau),E\{\boldsymbol{w}(t)\boldsymbol{w}(\tau)^{\mathrm{T}}\}=\boldsymbol{W}\delta(t-\tau)$$

其中 $\boldsymbol{V},\boldsymbol{W}$ 是已知的协方差矩阵。

对于给定的采样间隔 T_{s}，有必要为模型（2.51）找到一个如下形式的离散时间等价模型：

$$\begin{aligned}x(k+1)&=\boldsymbol{A}_d x(k)+\boldsymbol{B}_d u(k)+v(k)\\ y(k)&=\boldsymbol{C}_d x(k)+w(k)\end{aligned} \tag{2.52}$$

其中 $\boldsymbol{A}_d,\boldsymbol{B}_d,\boldsymbol{C}_d$ 是离散化模型的矩阵，$v(k)$ 和 $w(k)$ 是离散时间随机过程。模型矩阵可以按照离散化确定性模型（式（2.5））的相同方式来获得。例如，在零阶保持的情况下，这些矩阵可以从连续时间对应模型中求得，表达形式为

$$\boldsymbol{A}_d=\mathrm{e}^{\boldsymbol{A}T_{\mathrm{s}}},\boldsymbol{B}_d=\int_0^{T_{\mathrm{s}}}\mathrm{e}^{\boldsymbol{A}\sigma}\mathrm{d}\sigma\boldsymbol{B},\boldsymbol{C}_d=\boldsymbol{C}$$

在文献 [8] 的 9.4.4 节、文献 [44] 的 2.4.1 节和文献 [45] 的 6.4.6 节中，在零阶保持的情况下，过程 $v(k)$ 和 $w(k)$ 代表的是离散白噪声序列，且协方差为

$$E\{v(k)\boldsymbol{v}_j^{\mathrm{T}}\}=\boldsymbol{V}_d\delta(j-k),\ E\{w(k)\boldsymbol{w}_j^{\mathrm{T}}\}=\boldsymbol{W}_d\delta(j-k) \tag{2.53}$$

其中

$$\boldsymbol{V}_d=\int_0^{T_{\mathrm{s}}}\mathrm{e}^{\boldsymbol{A}\tau}\boldsymbol{GVG}^{\mathrm{T}}\mathrm{e}^{\boldsymbol{A}^{\mathrm{T}}\tau}\mathrm{d}\tau,\ \boldsymbol{W}_d=\frac{W}{T_{\mathrm{s}}} \tag{2.54}$$

可以使用 $\mathrm{e}^{\boldsymbol{A}t}$ 的泰勒级数近似

$$\mathrm{e}^{\boldsymbol{A}t}=I+\boldsymbol{A}t+\frac{1}{2!}(\boldsymbol{A}t)^2+\frac{1}{3!}(\boldsymbol{A}t)^3+\cdots$$

来估计协方差矩阵 $\boldsymbol{V}_d$，进而有（近似到 $\boldsymbol{A}$ 的二阶和 T_{s} 的三阶）：

$$\boldsymbol{V}_d \approx T_s\boldsymbol{GVG}^T + \frac{T_s^2}{2}(\boldsymbol{AGVG}^T + \boldsymbol{GVG}^T\boldsymbol{A}^T) + \frac{T_s^3}{6}(\boldsymbol{A}^2\boldsymbol{GVG}^T + 2\boldsymbol{AGVG}^T\boldsymbol{A}^T + \boldsymbol{GVG}^T(\boldsymbol{A}^T)^2) \tag{2.55}$$

如果 T_s 与系统时间常数相比非常短，那么可以只使用式（2.55）中的第一项：

$$\boldsymbol{V}_d \approx T_s\boldsymbol{GVG}^T \tag{2.56}$$

使用 Van Loan 算法，可以找到 $\boldsymbol{V}_d$ 的准确结果 [46]。令

$$\boldsymbol{Z} = \begin{bmatrix} -\boldsymbol{A} & \boldsymbol{GVG}^T \\ 0 & \boldsymbol{A}^T \end{bmatrix} T_s$$

是一个 2 × 2 的块三角矩阵，那么

$$\boldsymbol{e}^Z = \begin{bmatrix} \boldsymbol{\Phi}_{11} & \boldsymbol{\Phi}_{12} \\ 0 & \boldsymbol{\Phi}_{22} \end{bmatrix}$$

并且

$$\boldsymbol{V}_d = \boldsymbol{\Phi}_{22}^T\boldsymbol{\Phi}_{12} \tag{2.57}$$

这种方法是通过 M– 文件 `disrw.m` 实现的，该文件可以在 MathWorks 网站 https://www.mathworks.com 上找到。

例 2.7　随机系统的离散化

对含有以下参数的双积分器的系统，计算矩阵 $\boldsymbol{A}_d$ 和 $\boldsymbol{V}_d$：

$$\boldsymbol{A} = \begin{bmatrix} 0 & 1 \\ 0 & 0 \end{bmatrix}, \boldsymbol{G} = \begin{bmatrix} 0 \\ 1 \end{bmatrix}, V = 0.1$$

其中 T_s=1。

使用 MATLAB 函数 `expm`，可以得到

$$\boldsymbol{A}_d = \begin{bmatrix} 1 & 1 \\ 0 & 1 \end{bmatrix}$$

则式（2.56）的近似值为

$$\boldsymbol{V}_d \approx \begin{bmatrix} 0 & 0 \\ 0 & 1 \end{bmatrix} \times 10^{-1} \tag{2.58}$$

很容易通过式（2.55）求得一个解，因为对于 $k \geqslant 2$，$\boldsymbol{A}_k = 0$。因此，有

$$\boldsymbol{A}_d = \boldsymbol{I}_2 + \boldsymbol{A}T_s = \begin{bmatrix} 1 & 1 \\ 0 & 1 \end{bmatrix}$$

和

$$\boldsymbol{V}_d = \boldsymbol{GVG}^T T_s + (\boldsymbol{AGVG}^T + \boldsymbol{GVG}^T\boldsymbol{A}^T)T_s^2/2 + 2\boldsymbol{AGVG}^T\boldsymbol{A}^T T_s^3/6$$

$$=\begin{bmatrix}\frac{1}{3} & \frac{1}{2}\\ \frac{1}{2} & 1\end{bmatrix}\times 10^{-1}$$

该结果与精确解（式（2.57））一致，但与从式（2.56）获得的近似解（式（2.58））明显不同。

2.4.3 最优估计

考虑由式（2.59）和式（2.60）描述的时不变连续时间随机系统：

$$\dot{\boldsymbol{x}}(t)=\boldsymbol{A}\boldsymbol{x}(t)+\boldsymbol{B}\boldsymbol{u}(t)+\boldsymbol{G}\boldsymbol{v}(t),\ x(0)=x_0 \tag{2.59}$$

$$\boldsymbol{y}(t)=\boldsymbol{C}\boldsymbol{x}(t)+\boldsymbol{w}(t) \tag{2.60}$$

其中状态 $\boldsymbol{x}(t)\in\mathscr{R}^n$；控制输入 $\boldsymbol{u}(t)\in\mathscr{R}^m$；输出 $\boldsymbol{y}(t)\in\mathscr{R}^r$；过程噪声 $\boldsymbol{v}(t)\in\mathscr{R}^q$；测量噪声 $w(t)\in\mathscr{R}^r$；$\boldsymbol{A},\boldsymbol{B},\boldsymbol{C},\boldsymbol{G}$ 是已知的具有适当维数的常数矩阵。控制输入 $\boldsymbol{u}(t)$ 是一个确定性变量。假设 $\boldsymbol{v}(t)$ 和 $\boldsymbol{w}(t)$ 是协方差为

$$E\{\boldsymbol{v}(t+\tau)\boldsymbol{v}(t)^{\mathrm{T}}\}=\boldsymbol{V}\boldsymbol{\delta}(\tau) \tag{2.61}$$

$$E\{\boldsymbol{w}(t+\tau)\boldsymbol{w}(t)^{\mathrm{T}}\}=\boldsymbol{W}\boldsymbol{\delta}(\tau) \tag{2.62}$$

$$E\{\boldsymbol{v}(t+\tau)\boldsymbol{w}(t)^{\mathrm{T}}\}=0 \tag{2.63}$$

的零均值高斯白噪声，其中 $\boldsymbol{V},\boldsymbol{W}$ 是已知的正定常数矩阵。式（2.63）意味着 $\boldsymbol{v}(t)$ 和 $\boldsymbol{w}(t)$ 是不相关的。我们进一步假设 $(\boldsymbol{C},\boldsymbol{A})$ 是可检测的（可观的），$(\boldsymbol{A},\boldsymbol{G})$ 是可稳定的（可控的）。

系统（2.59）和系统（2.60）中的估计问题是使用噪声测量向量 $\boldsymbol{y}(t)$ 和确定性输入 $\boldsymbol{u}(t)$ 确定状态 $\boldsymbol{x}(t)$ 的“最佳”近似 $\hat{\boldsymbol{x}}(t)$。通过使用称为最优滤波器的辅助线性系统可以获得随机意义上的最优估计。

将估计误差定义为

$$\boldsymbol{e}(t):=\boldsymbol{x}(t)-\hat{\boldsymbol{x}}(t) \tag{2.64}$$

随机系统

$$\begin{gathered}\dot{\hat{\boldsymbol{x}}}(t)=\boldsymbol{A}\hat{\boldsymbol{x}}(t)+\boldsymbol{B}\boldsymbol{u}(t)+\boldsymbol{K}[\boldsymbol{y}(t)-\boldsymbol{C}\hat{\boldsymbol{x}}(t)]\\ \hat{\boldsymbol{x}}(0)=\hat{x}_0;\ \hat{\boldsymbol{x}}(t)\in\mathscr{R}^n,\ \boldsymbol{K}\in\mathscr{R}^{n\times r}\end{gathered} \tag{2.65}$$

并最小化二次成本函数

$$J=\lim_{t\to\infty}E\{\boldsymbol{e}^{\mathrm{T}}(t)\boldsymbol{e}(t)\}=\lim_{t\to\infty}\mathrm{Tr}[E\{\boldsymbol{e}(t)\boldsymbol{e}(t)^{\mathrm{T}}\}] \tag{2.66}$$

该系统称为系统（2.59）和系统（2.60）的连续时间最优滤波器（或卡尔曼 – 布西滤波器）。向量 $\hat{\boldsymbol{x}}(t)$ 被称为系统（2.59）的状态 $\boldsymbol{x}(t)$ 的最优估计，$\boldsymbol{K}$ 是最优滤波器增益矩阵，残差为 $\boldsymbol{z}(t)=\boldsymbol{y}(t)-\boldsymbol{C}\hat{\boldsymbol{x}}(t)$。

式（2.65）可以改写为以下形式：

$$\dot{\hat{\boldsymbol{x}}}(t)=(\boldsymbol{A}-\boldsymbol{K}\boldsymbol{C})\hat{\boldsymbol{x}}(t)+\boldsymbol{B}\boldsymbol{u}(t)+\boldsymbol{K}\boldsymbol{y}(t) \tag{2.67}$$

此式说明了滤波器的稳定性由矩阵 $\boldsymbol{A}-\boldsymbol{KC}$ 的性质决定。因为 $(\boldsymbol{C},\boldsymbol{A})$ 是可检测的，所以存在一个矩阵 $\boldsymbol{K}$，使得滤波器是稳定的，即 $\boldsymbol{A}-\boldsymbol{KC}$ 是稳定的。

从式（2.59）中减去式（2.65）并结合式（2.60），可以得出估计误差是微分方程

$$\dot{\boldsymbol{e}}(t)=(\boldsymbol{A}-\boldsymbol{KC})\boldsymbol{e}(t)+\boldsymbol{G}\boldsymbol{v}(t)-\boldsymbol{K}\boldsymbol{w}(t),\ e(0)=x_0-\hat{x}_0 \tag{2.68}$$

的解。因此，滤波器稳定性意味着估计误差的稳定性。

根据式（2.40），当 $t\to\infty$ 时，估计误差 $\boldsymbol{e}(t)$ 的协方差矩阵 $\boldsymbol{P}$ 是李雅普诺夫方程

$$(\boldsymbol{A}-\boldsymbol{KC})\boldsymbol{P}+\boldsymbol{P}(\boldsymbol{A}-\boldsymbol{KC})^{\mathrm{T}}+\boldsymbol{GVG}^{\mathrm{T}}+\boldsymbol{KWK}^{\mathrm{T}}=0 \tag{2.69}$$

的解并且二次成本函数为

$$\boldsymbol{J}=\mathrm{Tr}(\boldsymbol{P}) \tag{2.70}$$

可以证明 $\boldsymbol{J}$ 有最小值，如果增益矩阵 $\boldsymbol{K}$ 和初始条件 $\hat{x}_0$ 分别由下式确定[47]：

$$\boldsymbol{K}=\boldsymbol{PC}^{\mathrm{T}}\boldsymbol{W}^{-1} \tag{2.71}$$

$$\hat{x}_0=m_{x_0}=E\{x_0\} \tag{2.72}$$

其中，矩阵 $\boldsymbol{P}\in\mathscr{R}^{n\times n}$ 是矩阵代数 Riccati 方程

$$\boldsymbol{AP}+\boldsymbol{PA}^{\mathrm{T}}+\boldsymbol{GVG}^{\mathrm{T}}-\boldsymbol{PC}^{\mathrm{T}}\boldsymbol{W}^{-1}\boldsymbol{CP}=0 \tag{2.73}$$

的唯一半正定解。此外，如果 $(\boldsymbol{A},\boldsymbol{G})$ 是可控的，那么矩阵 $\boldsymbol{P}$ 是正定的。

考虑到式（2.71）、式（2.73）可简化为李雅普诺夫方程（式（2.69）)，该方程表明稳态估计误差 $\boldsymbol{e}(t)$ 的协方差为

$$\lim_{t\to\infty}E\{\boldsymbol{e}(t)\boldsymbol{e}^{\mathrm{T}}(t)\}=\boldsymbol{P} \tag{2.74}$$

矩阵 $\boldsymbol{P}$ 的对角元素可用于评估状态估计值 $\hat{x}(t)$ 的稳态分量的协方差。

由于选取的矩阵 $\boldsymbol{P}$ 是方程（2.73）的半正定解，并且由于 $(\boldsymbol{A},\boldsymbol{G})$ 是稳定的，因此由式（2.69）得到的卡尔曼 – 布西滤波器是稳定的（即 $\boldsymbol{A}-\boldsymbol{K}^{*}\boldsymbol{C}$ 的特征值具有负实部）。

考虑到 $\boldsymbol{v}(t)$ 和 $\boldsymbol{w}(t)$ 是零均值，从式（2.68）可以得出

$$\lim_{t\to\infty}m_{e(t)}=0 \tag{2.75}$$

这表明估计值 $\hat{\boldsymbol{x}}(t)$ 是无偏的，即

$$\lim_{t\to\infty}E\{\hat{\boldsymbol{x}}(t)\}=\lim_{t\to\infty}E\{\boldsymbol{x}(t)\}$$

残差 $\boldsymbol{z}(t)$ 满足以下关系：

$$\boldsymbol{z}(t)=\boldsymbol{Ce}(t)+\boldsymbol{w}(t) \tag{2.76}$$

因此也是零均值白噪声，当 $t\to\infty$ 时，其协方差趋于

$$P_{z(t)}=\boldsymbol{CPC}^{\mathrm{T}}+\boldsymbol{W} \tag{2.77}$$

卡尔曼 – 布西滤波器是最好的滤波器，它利用了测量值的线性组合。还可以证明，即使不是高斯噪声，卡尔曼滤波器仍然是最优的线性滤波器。

带有卡尔曼 – 布西滤波器的连续时间系统框图如图 2.12 所示。

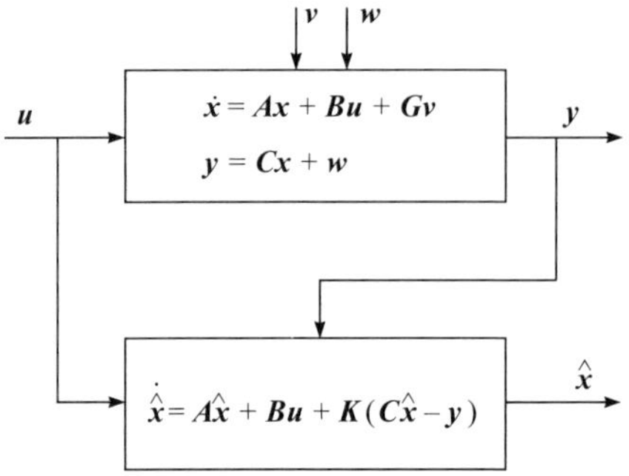

图 2.12 具有卡尔曼 – 布西滤波器的连续时间系统

在 MATLAB 中，使用函数 `kalman` 可以设计卡尔曼 – 布西滤波器（式（2.65））。函数 `kalman` 设计了一个系统的卡尔曼滤波器，其一般描述如下：

$$\dot{\boldsymbol{x}}(t) = \boldsymbol{A}\boldsymbol{x}(t) + \boldsymbol{B}\boldsymbol{u}(t) + \boldsymbol{G}\boldsymbol{v}(t)$$
$$\boldsymbol{y}(t) = \boldsymbol{C}\boldsymbol{x}(t) + \boldsymbol{H}\boldsymbol{v}(t) + \boldsymbol{w}(t)$$

其中过程噪声 $\boldsymbol{v}(t)$ 和测量噪声 $\boldsymbol{w}(t)$ 可以是相关的。

现在假设时不变随机系统由如下的差分状态和输出方程描述：

$$\begin{aligned} \boldsymbol{x}(k+1) &= \boldsymbol{A}_d\boldsymbol{x}(k) + \boldsymbol{B}_d\boldsymbol{u}(k) + \boldsymbol{G}_d\boldsymbol{v}(k) \\ \boldsymbol{y}(k) &= \boldsymbol{C}_d\boldsymbol{x}(k) + \boldsymbol{w}(k) \end{aligned} \tag{2.78}$$

其中 $\boldsymbol{x}(k) \in \mathscr{R}^n$ 是状态向量；$\boldsymbol{y}(k) \in \mathscr{R}^r$ 是测量向量；$\boldsymbol{v}(k) \in \mathscr{R}^q$ 是过程噪声；$\boldsymbol{w}(k) \in \mathscr{R}^r$ 是测量噪声；$\boldsymbol{A}_d, \boldsymbol{B}_d, \boldsymbol{C}_d, \boldsymbol{G}_d$ 是已知的具有适当维数的常数矩阵。假设 $\boldsymbol{v}(k)$ 和 $\boldsymbol{w}(k)$ 是具有协方差

$$E\{\boldsymbol{v}(k)\boldsymbol{v}(j)^{\mathrm{T}}\} = \boldsymbol{V}\delta(j-k), E\{\boldsymbol{w}(k)\boldsymbol{w}(j)^{\mathrm{T}}\} = \boldsymbol{W}\delta(j-k)$$

的平稳独立零均值高斯白噪声，其中 $\boldsymbol{V}, \boldsymbol{W}$ 是已知的协方差正定矩阵。

随机系统（式（2.78））的离散时间最优状态估计器（卡尔曼滤波器）由以下差分方程描述：

$$\hat{\boldsymbol{x}}(k+1) = \boldsymbol{A}_d\hat{\boldsymbol{x}}(k) + \boldsymbol{B}_d\boldsymbol{u}(k) + \boldsymbol{K}(\boldsymbol{y}(k+1) - \boldsymbol{C}_d\boldsymbol{A}_d\hat{\boldsymbol{x}}(k) - \boldsymbol{C}_d\boldsymbol{B}_d\boldsymbol{u}(k)) \tag{2.79}$$

方程 (2.79) 可以改写为以下形式

$$\hat{\boldsymbol{x}}(k+1) = (\boldsymbol{I} - \boldsymbol{K}\boldsymbol{C}_d)\boldsymbol{A}_d\hat{\boldsymbol{x}}(k) + (\boldsymbol{I} - \boldsymbol{K}\boldsymbol{C}_d)\boldsymbol{B}_d\boldsymbol{u}(k) + \boldsymbol{K}\boldsymbol{y}(k+1) \tag{2.80}$$

这表明滤波器的稳定性是由矩阵 $(\boldsymbol{I} - \boldsymbol{K}\boldsymbol{C}_d)\boldsymbol{A}_d$ 决定的。

假设矩阵 $(\boldsymbol{A}_d, \boldsymbol{G}_d)$ 是可稳定的并且矩阵 $(\boldsymbol{C}_d, \boldsymbol{A}_d)$ 是可检测的，卡尔曼滤波器（式（2.79））的最优增益矩阵 $\boldsymbol{K}$ 为

$$\boldsymbol{K} = \boldsymbol{P}\boldsymbol{C}_d^{\mathrm{T}}(\boldsymbol{C}_d\boldsymbol{P}\boldsymbol{C}_d^{\mathrm{T}} + \boldsymbol{W})^{-1} \tag{2.81}$$

其中 $\boldsymbol{P}$ 是离散矩阵代数 Riccati 方程

$$\boldsymbol{A}_d\boldsymbol{P}\boldsymbol{A}_d^{\mathrm{T}} - \boldsymbol{P} + \boldsymbol{G}_d\boldsymbol{V}\boldsymbol{G}_d^{\mathrm{T}} - \boldsymbol{A}_d\boldsymbol{P}\boldsymbol{C}_d^{\mathrm{T}}(\boldsymbol{C}_d\boldsymbol{P}\boldsymbol{C}_d^{\mathrm{T}} + \boldsymbol{W})^{-1}\boldsymbol{C}_d\boldsymbol{P}\boldsymbol{A}_d^{\mathrm{T}} = 0 \tag{2.82}$$

的半正定解。在这种情况下，卡尔曼滤波器是稳定的（$(\boldsymbol{I} - \boldsymbol{K}\boldsymbol{C}_d)\boldsymbol{A}_d$ 的特征值在单位圆内），

即当 $k \to \infty$ 时，$E\{\hat{\boldsymbol{x}}(k)\} \to E\{\boldsymbol{x}(k)\}$ 并且均方估计误差为

$$E\{(\boldsymbol{x}(k)-\hat{\boldsymbol{x}}(k))(\boldsymbol{x}(k)-\hat{\boldsymbol{x}}(k))^{\mathrm{T}}\} = \boldsymbol{P} \tag{2.83}$$

类似于连续时间的情况，矩阵 $\boldsymbol{P}$ 的元素可以用来估算状态估计 $\hat{\boldsymbol{x}}(k)$ 的协方差。

卡尔曼滤波器⊖的应用示例将在 2.7 节和第 4 章中介绍。

2.5　被控对象辨识

本节使用的 MATLAB 文件

文件	描述
ident_black_box_model	小车 – 单摆系统的黑箱模型辨识
ident_gray_box_model	小车 – 单摆系统的灰箱模型辨识
clp_PID_controller.slx	手动调节 PID 控制器的小车 – 单摆系统的 Simulink 模型
clp_PID_validation.slx	用于被控对象模型验证的小车 – 单摆系统的 Simulink 模型

在不能获得被控对象描述的情况下，可以使用实验获得的输入和输出数据来确定合适的被控对象模型。这可以通过一些辨识方法来实现，例如附录 D 中描述的方法。在本节中，我们将说明在系统不稳定的情况下黑箱和灰箱辨识方法的使用方式。

2.5.1　黑箱模型辨识

例 2.8　小车 – 单摆系统的黑箱辨识

考虑例 2.1 中展示的小车 – 单摆系统。假设我们不知道模型结构和参数，我们的目标是获得一个线性黑箱模型，该模型充分描述了上摆位置的被控对象动态。被辨识的被控对象具有内在不稳定性，因此，需要设计一个控制器来稳定系统，然后进行闭环辨识实验。处理闭环辨识的具体方法有很多，但附录 D 中描述的一些方法也是适用的，前提是输入信号保证具有足够阶次的持续激励，并且模型的确切结构包含在模型集中 [48]。这些方法是预测

⊖ 这里简要说明一下观测器、估计器和滤波器的异同。总的来说，三者都可以用来估计系统的状态，作用是一样的。不同之处在于所考虑的对象是否有噪声，有怎样形式的噪声；被控对象的输入 / 输出信息；被控对象的假设动态模型；观测器的实现方式。一般来说，用于估计无噪声情况下的系统状态的为状态观测器；用于估计有噪声情况下的系统状态的则为状态估计器或状态滤波器，但估计器大多数情况下是针对系统中的某一参数进行的，为参数估计器。当然，如果将干扰 / 噪声和状态进行扩张处理，此时针对干扰情况下的扩张状态估计也可用扩张观测器来实现。滤波器，特别是卡尔曼滤波器，它是基于状态空间方程的状态估计 / 滤波；为了得到准确的状态估计，系统必须满足：系统数学模型精确 ；扰动是随机噪声，均值为 0，或者是协方差已知的高斯白噪声。卡尔曼滤波器使得被估计状态与真实状态的 2 范数最小，即卡尔曼滤波器是一种最优化的估计方法。相比较而言，经典的状态估计器和状态观测器都不是最优的方法。现代控制理论中 $\mathscr{H}_\infty$ 状态观测器不要求扰动是高斯白噪声的，只要扰动的界是已知的，利用 $\mathscr{H}_\infty$ 范数，就可使最大或最差扰动情况下的状态估计误差最小化。三者的本质就是构造状态的同步动力系统，只是因不同的对象模型、扰动形式以及同步系统实现方式不同而具有不同的表现形式，在状态同步或一致性意义下来理解，则具有相同的作用。——译者注

误差法和子空间法，它们使用基于 ARX 估计的算法来计算加权矩阵 [49]，可以在系统辨识工具箱（System Identification Toolbox）中用不同的函数来实现。

首先，我们设计了闭环辨识实验。由 Simulink 模型 `clp_PID_controller.slx` 获得输入 – 输出数据，辨识实验的框图如图 2.13 所示。被控对象动态由非线性模型（式（2.1））来模拟，该模型是在 Simulink 子系统模块“非线性摆 – 车模型”（nonlinear pendulum–cart model）中实现的。此外，为了使辨识更加实际，12 位编码器由量化器块来建模，它会用噪声破坏输出。小车 – 单摆系统通过两输出、单输入的离散时间 PID 控制器实现稳定：

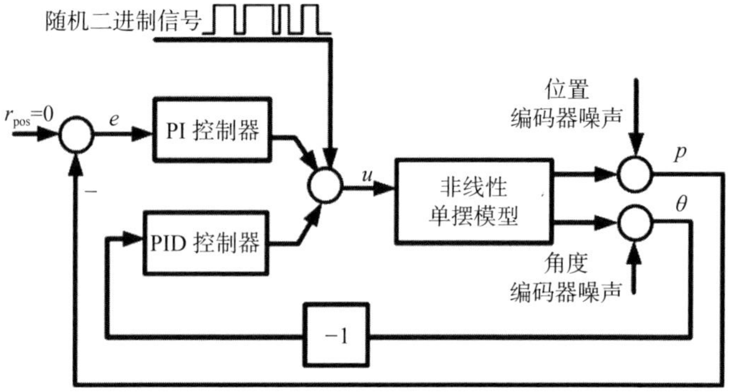

图 2.13　闭环辨识实验的整体方案

$$
\begin{aligned}
u(k)=K_{p_{pos}}&\left(e(k)\frac{T_{d_{pos}}N_{pos}(q-1)}{(1+N_{pos}T_s)q-1}e(k)\right)- \\
K_{p_\theta}&\left(\theta(k)+K_{i\theta}\frac{T_s}{(q-1)}\theta(k)+\frac{T_{d_\theta}N_\theta(q-1)}{(1+N_\theta T_s)q-1}\theta(k)\right)
\end{aligned}
\tag{2.84}
$$

其中，$e(k)=r_{pos}(k)-p(k)$ 为小车位置误差，$r_{pos}(k)=0$ 为小车位置参考值，$K_{p_{pos}}=0.02$，$T_{dpos}=0.15$，$N_{pos}=2$ 为小车位置控制的 PD 控制器的参数，$K_{p_\theta}=1.5$，$K_{i_\theta}=0.4$，$T_{d_\theta}=0.0066$，$N_\theta=3$ 为摆角稳定的 PID 控制器的参数。控制器参数通过试错法进行调整。随机二进制信号（The Random Binary Signal，RBS）被添加到控制器输出端，提供辨识输入信号的持续激励。RBS 是通过中继高斯白噪声经过滤波得到的。RBS 的幅值取为 ±10%，因此控制信号保持在线性区域，并且单摆足够倾斜（4° ～ 5°）而不掉落。通过以下命令行可以得到在采样周期为 $T_s=0.01$ s 时的输入 / 输出数据：

```
Ts = 0.01;
u_max = 0.5;
unc_lin_model
%
%将不确定的参数设置为标准值
val_all = [];
%
%仿真
```

```
sim('clp_PID_controller')
datae = iddata([position.signals.values(10001:20000), ...
            theta.signals.values(10001:20000)], ...
            control.signals.values(10001:20000),0.01);
datae.OutputName = {'Cart position','Pendulum angle'}
datae.InputName = {'Control'}
datav = iddata([position.signals.values(20001:21000), ...
            theta.signals.values(20001:21000)], ...
            control.signals.values(20001:21000),0.01)
datav.OutputName = {'Cart position','Pendulum angle'}
datav.InputName = {'Control'}
```

数据被分成两个数据集——datae 和 datav，第一个由 10 000 个样本组成，用于模型参数估计，而第二个由 1000 个样本组成，用于模型验证。接下来的步骤是检查输入信号的持续激励水平并绘制数据集（见图 2.14 和图 2.15）。这些操作由以下命令行完成：

```
pexcit(datae,10000)
figure(1)
idplot(datae),grid
title('Estimation data')
figure(2)
idplot(datav),grid
title('Validation data')
```

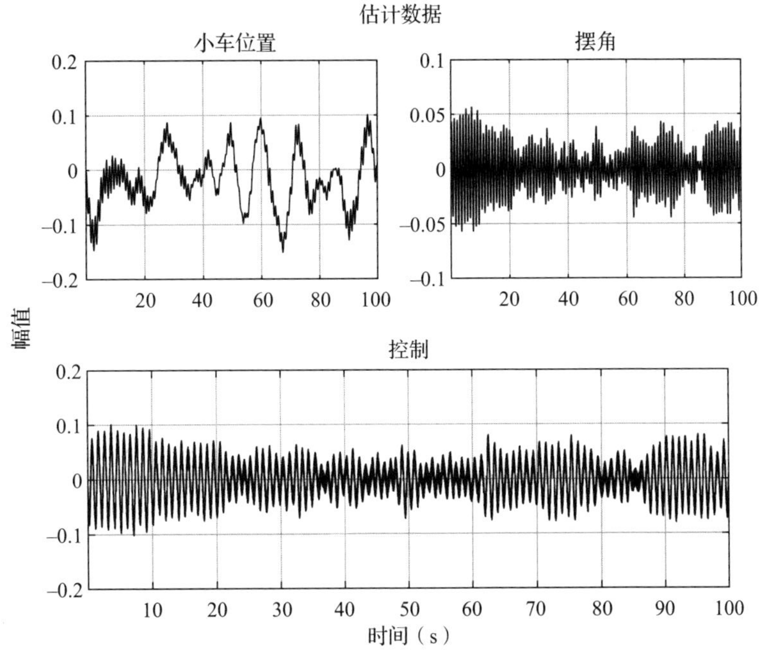

图 2.14 估计数据集

输入信号的激励水平为 2500，这意味着我们可以从估计数据集中估计多达 2500 个参数。

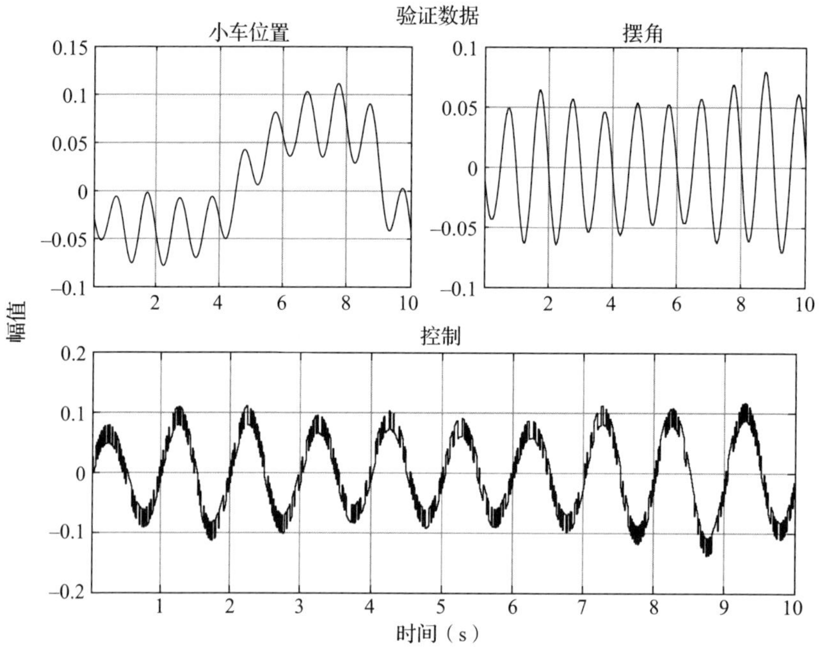

图 2.15 验证数据集

如附录 D 所述，如果我们没有关于模型类型和结构的先验信息，那么估算过程应该从具有很少设计参数的、充分简单的黑箱模型开始。这种模型是具有自由参数化的状态空间模型（式（D.65））。这在单输入多输出被控对象的情况下十分有用，对象只有一个设计参数——模型阶次。假设可能的模型阶次在 1 ～ 10 之间，我们组成 10 个状态空间模型的模型集。该集合中最佳模型的阶数由 MATLAB 中的函数 n4sid 确定，其命令行如下：

```
modeln4sid = n4sid(datae,1:10)
```

所得到的 Hankel 奇异值的图如图 2.16 所示。可以看出，最佳模型阶数等于 4。然后，通过以下命令行估计四阶状态空间模型：

```
modeln4sid = n4sid(datae,4,'N4weight','SSarx')
```

得到的模型是新的，且相关矩阵为

$$\boldsymbol{A}=\begin{bmatrix} 1 & 0.01495 & 6.34\times10^{-5} & -1.94\times10^{-5} \\ 3.84\times10^{-3} & 0.9939 & -1.91\times10^{-3} & -0.02123 \\ -0.0039 & -0.05686 & 1.008 & -0.02123 \\ 0.04218 & -0.0151 & -0.1407 & 0.9942 \end{bmatrix}$$

$$\boldsymbol{B}=\begin{bmatrix} -0.0682 \\ -1.911 \\ 0.3206 \\ -5.202 \end{bmatrix}$$

$$
C=\begin{bmatrix} -0.05427 & 1.536\times10^{-3} & 1.38\times10^{-5} & -2.63\times10^{-6} \\ 6.19\times10^{-3} & 7.54\times10^{-5} & 0.0204 & 8.03\times10^{-4} \end{bmatrix}
$$

$$
D=\begin{bmatrix} 0 \\ 0 \end{bmatrix},\ K=\begin{bmatrix} -5.731 & -29.69 & 2.268 & -151.3 \\ -3.22\times10^{-3} & -0.1949 & 15.8 & -76.61 \end{bmatrix}
$$

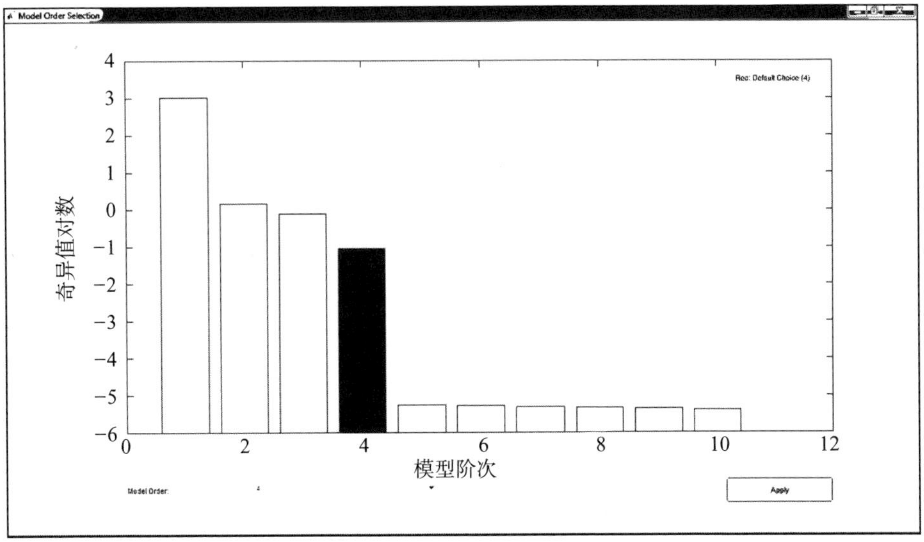

图 2.16　估计模型的 Hankel 奇异值

附录 D 中定义的度量值（式（D.67）和式（D.70））为 $\mathrm{MSE}=2.406\times10^{-7}$，$\mathrm{FPE}=7.833\times10^{-17}$。注意，在函数 n4sid 中使用 SSARX 加权方案可以在闭环辨识的情况下获得无偏估计。下一步是对估计的状态空间模型进行验证测试。由以下命令行进行残差检验：

```
figure(3)
resid(modeln4sid,datav),grid
title('Residuals correlation of n4sid model')
figure(4)
resid(datav,modeln4sid,'fr'),grid
title('Residuals frequency response of n4sid model')
e=resid(datav,modeln4sid);
figure(5)
plot(e),grid
title('Residuals of n4sid model')
```

白化测试和独立测试的结果如图 2.17 所示。估计的高阶有限脉冲响应（Finite Impulse Response，FIR）模型在控制信号和残差之间的频率响应以及 99% 置信区域如图 2.18 所示。残差图如图 2.19 所示。从图 2.17 中可以看出，获得的模型通过了这两项测试，这意味着该模型能够很好地捕捉被控对象动态并且噪声模型是“良好的”。图 2.18 表明了在整个关注的频率范围内，输入信号和残差之间没有显著的动态变化。

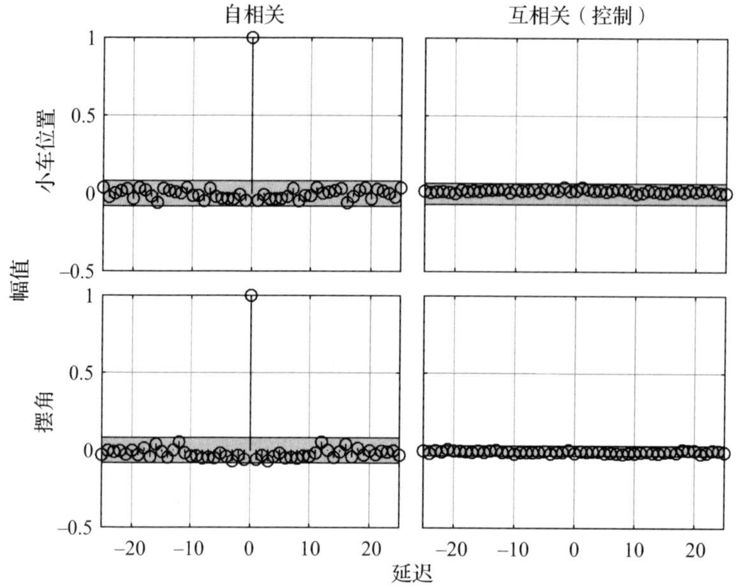

图 2.17　modeln4sid 的残差测试

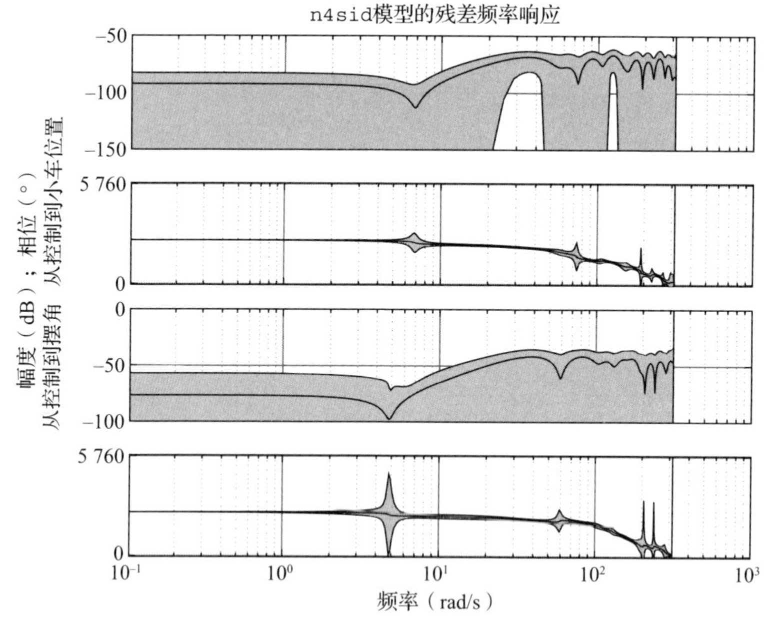

图 2.18　残差到输入信号的频率响应

从图 2.19 可以看出，小车位置的残差值是实际小车位置值的 1/10000，摆角的残差值是实际摆角值的 1/50。

通过 Simulink 模型 `clp_PID_validation.slx`，对闭环运行的 `modeln4sid` 和实际非

线性摆式小车模型进行了仿真。图 2.20 和图 2.21 显示了辨识的模型输出和实际非线性模型输出之间的区别。小车位置和摆角的度量（式（D.71））值为 $FIT_p = 70.6077\%$ 和 $FIT_\theta = 94.0585\%$，这个结果是非常好的。子空间算法估计的状态空间模型很好地描述了被控对象动态，并通过了所有验证测试。那么有一个问题是能否用更简单的模型很好地描述被控对象动态？现在我们可以尝试用更简单的噪声描述来估计对象模型，比如 ARX 模型（式（D.47））。

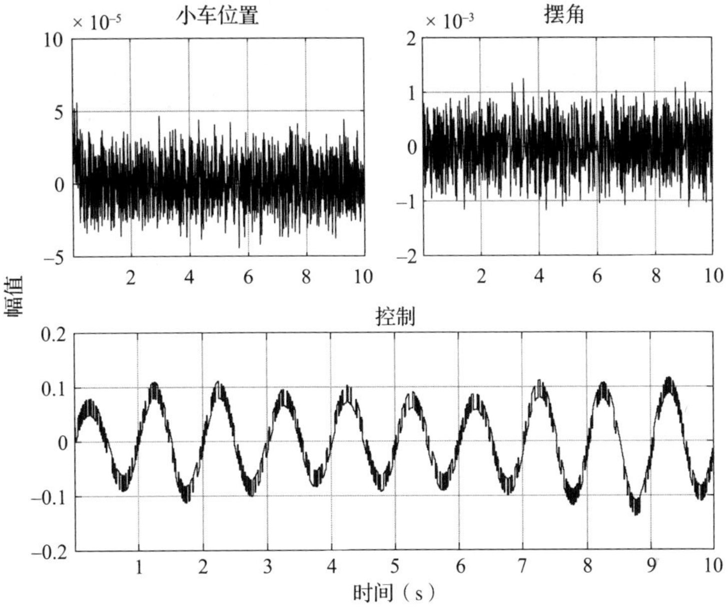

图 2.19　modeln4sid 的残差

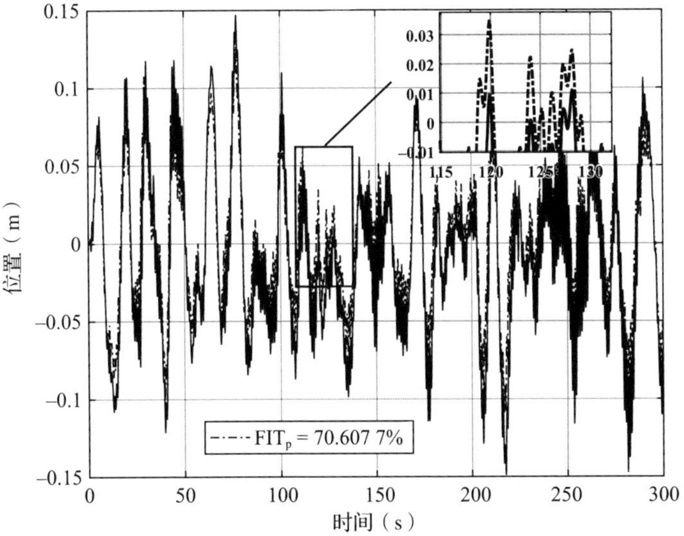

图 2.20　modeln4sid 和实际非线性模型的模拟小车位置

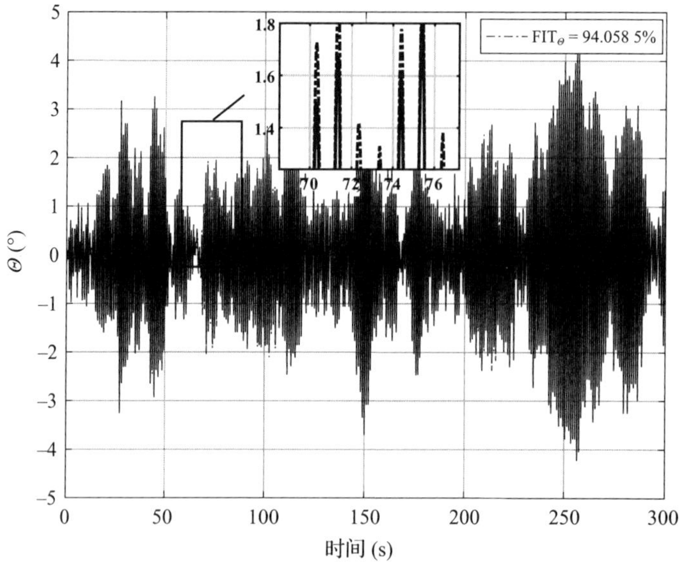

图 2.21 modeln4sid 和实际非线性模型的模拟摆角

所有多项式的阶次选为 2，这样得到的模型将是 4 阶的。评估和验证由以下命令行完成：

```
modelarx = arx(datae,'na',[2 2;2 2],'nb',[2;2],'nk',[1;1])
figure(6)
resid(modelarx,datav),grid
e = resid(datav,modelarx);
figure(7)
plot(e), grid
title('Residuals of ARX model')
modelv = ss(modelarx)
sim('clp_PID_pendulum_validation')
figure(8), plot(position_validate(:,1),position_validate(:,2),'r', ...
         position_validate(:,1), position_validate(:,3),'b'), grid
FIT_position = 100*(1 - norm(position_validate(:,3) - ...
               position_validate(:,2))/norm(position_validate(:,3) ... -
               mean(position_validate(:,3))))
legend([char('FIT_{position} = '), num2str(FIT_position)])
xlabel('Time [s]'), ylabel('Position [m]')
figure(9), plot(theta_validate(:,1), theta_validate(:,2), 'r', ...
               theta_validate(:,1), theta_validate(:,3), 'b'), grid
FIT_theta = 100 * (1 - norm(theta_validate(:,3) - theta validate(:,2)) ... /
            norm(theta_validate(:,3) - mean(theta_validate(:,3))))
legend([char('FIT_{\Theta} = '), num2str(FIT_theta)])
xlabel('Time [s]'), ylabel('\Theta [deg]')
```

各种测试的结果如图 2.22 ～图 2.25 所示。从图 2.22 可以看出，得到的模型没有通过白化和独立性测试，这意味着该模型不能很好地描述被控对象动态，噪声模型也不够充分。小车位置残差和摆角残差的最大值是由 modeln4sid 获得的残差值的 2 倍（见图 2.23）。非线性模型输出和 modelarx 输出之间的拟合（式（D.71））分别是 $\mathrm{FIT_p} = -0.747\,32\%$，$\mathrm{FIT}_\theta = 1.163\,6\%$。小车位置拟合的负值意味着所获得的 ARX 模型对数据的拟合并不比斜率等于数据均值的直线更好，而摆角的拟合非常“差”。总之，ARX 模式的性能很“糟糕”。

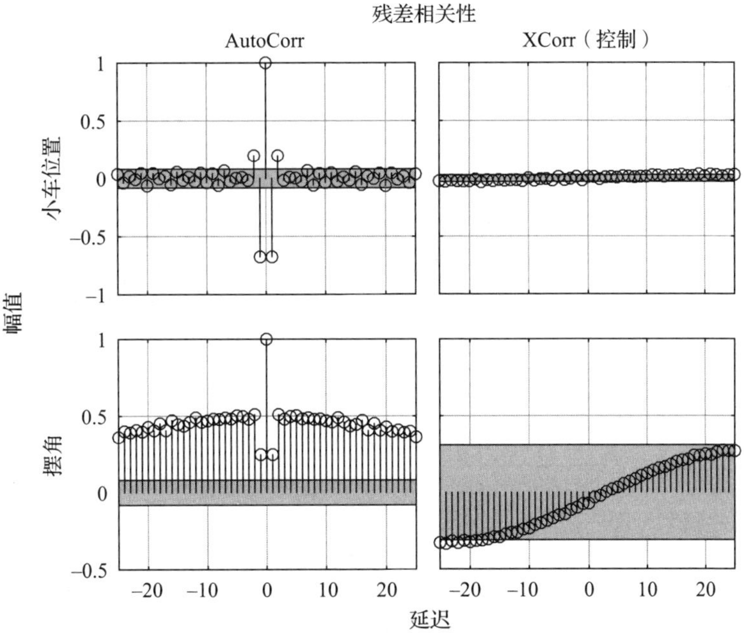

图 2.22　modelarx 的残差测试

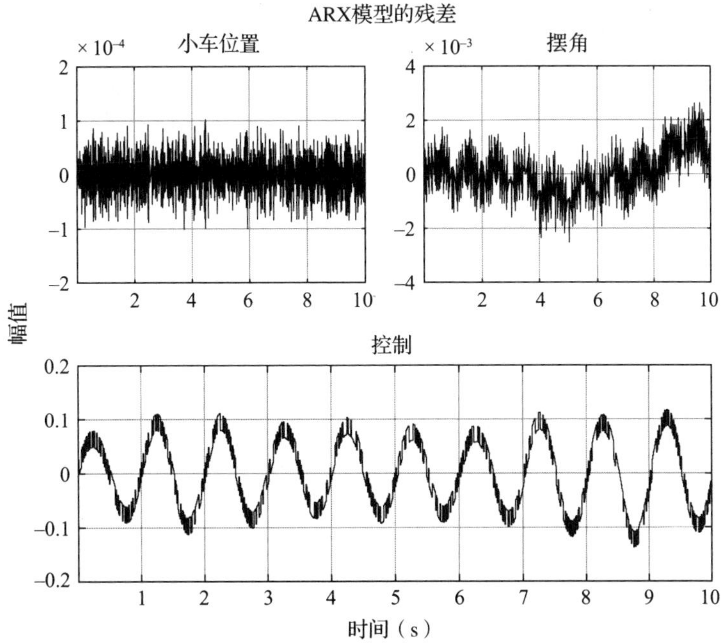

图 2.23　modelarx 的残差

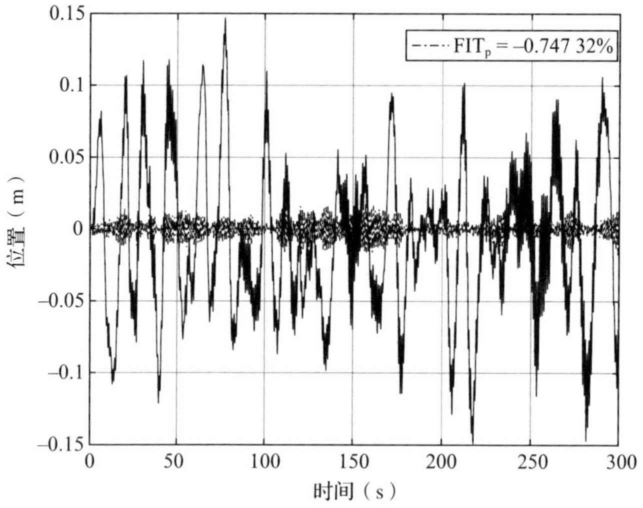

图 2.24　modelarx 和实际非线性模型的模拟小车位置

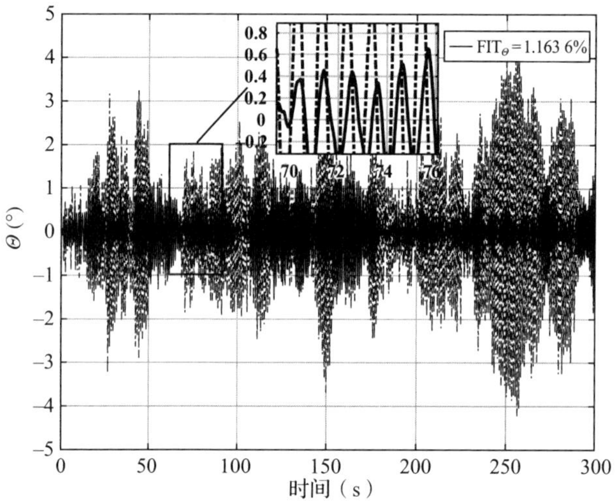

图 2.25　modelarx 和实际非线性模型的模拟摆角

利用 MATLAB 函数 ssest 对状态空间模型进行估计，可以进一步提高辨识结果，进而实现预测误差法。modeln4sid 在函数 ssest 中用作动力学的初始估计。估计模型按照与用于 modeln4sid 的测试一样进行验证。估计和验证由以下命令行完成：

```
init_sys = modeln4sid
opt = ssestOptions('SearchMethod','lm');
modelssest = ssest(datae,init_sys,'Ts',0.01,opt)
figure(10)
resid(modelssest,datav), grid, ...
    title('Residuals correlation of ssest model')
figure(11)
resid(datav,modelssest,'fr'), grid, ...
    title('Residuals frequency response of ssest model')
```

```
e = resid(datav,modelssest);
figure(12)
plot(e),grid,title('Residuals of ssest model')
```

各种测试的结果如图 2.26 ～图 2.30 所示，并且获得的模型通过了白化和独立性测试。残差类似于从 modeln4sid 获得的残差。均方误差和赤池最终预测误差的值分别为 $MSE = 2.251 \times 10^{-7}$，$FPE = 7.208 \times 10^{-17}$，与 modeln4sid 获得的相应量值较为接近。拟合值为 $FIT_p = 81.028\%$，$FIT_\theta = 92.524\,9\%$。获得的摆角位置拟合值比 modeln4sid 方法多 11%。

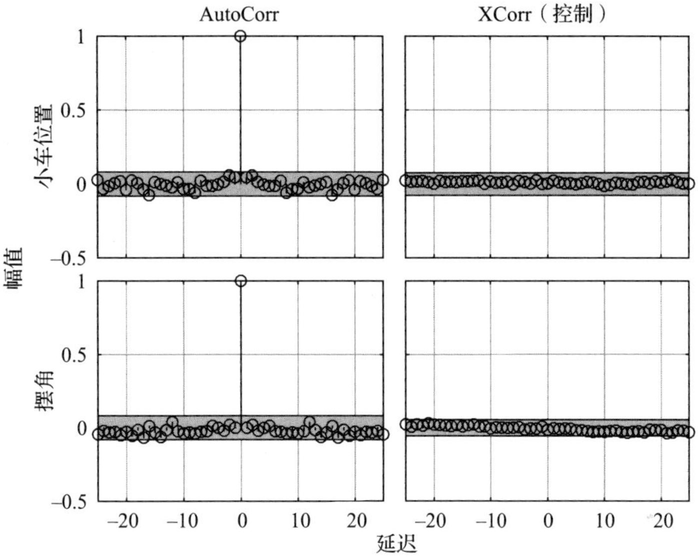

图 2.26　modelssest 的残差测试

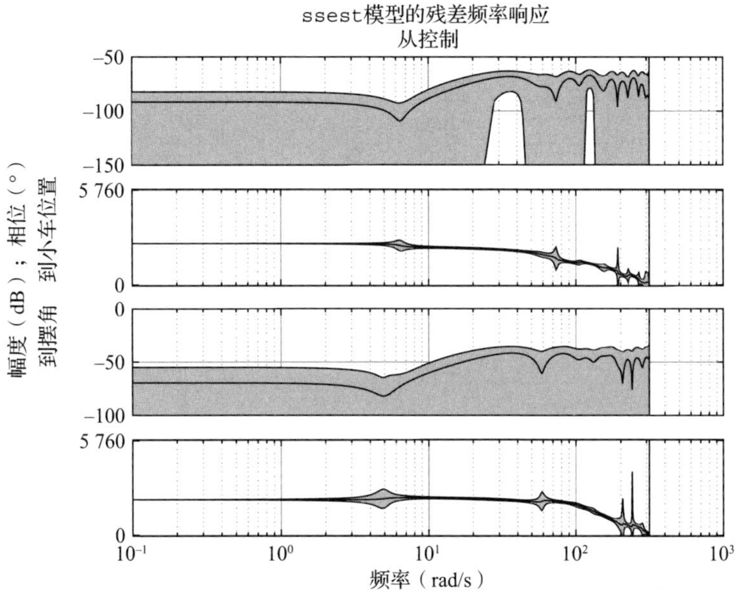

图 2.27　残差到输入信号的频率响应

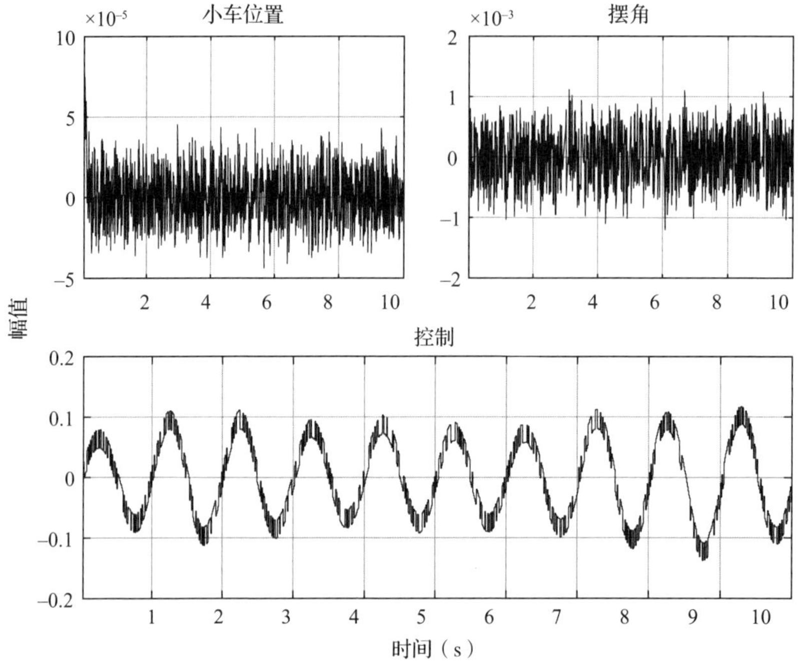

图 2.28 `modelssest` 的残差

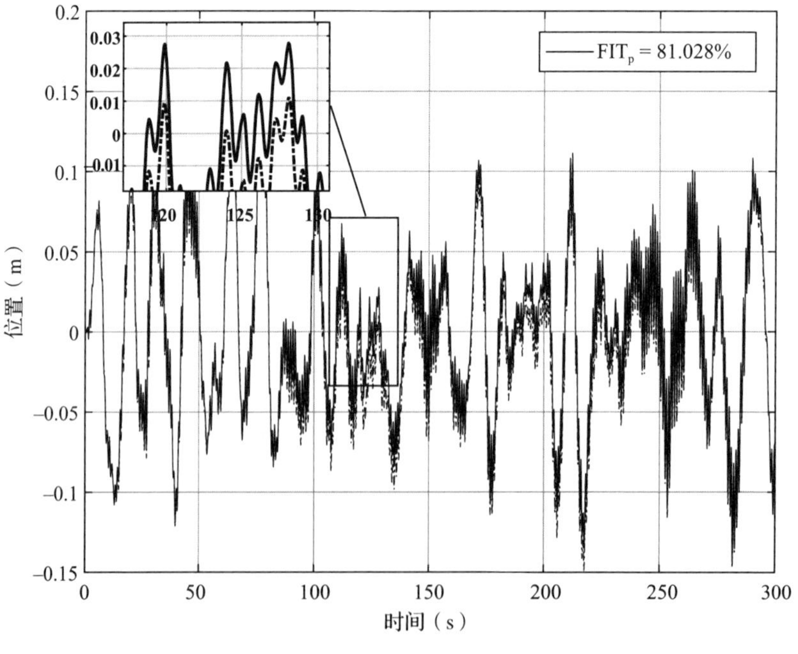

图 2.29 `modelssest` 和实际非线性模型的模拟小车位置

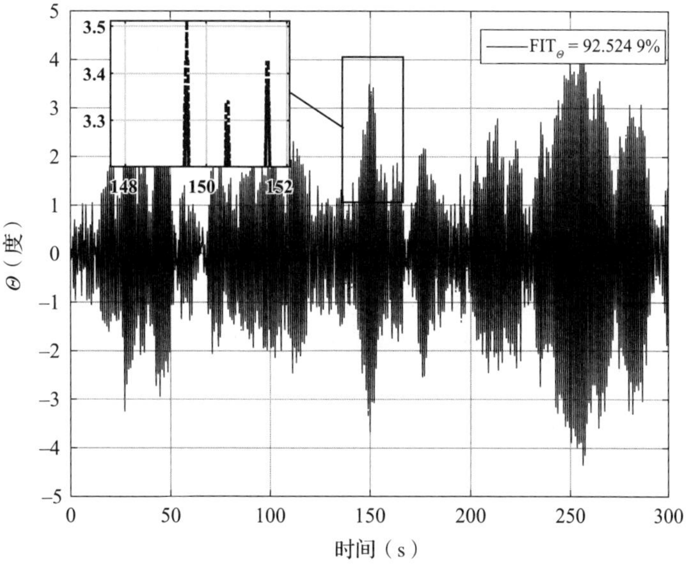

图 2.30　modelssest 和实际非线性模型的模拟摆角

另一个有用验证测试是将估计模型的频率响应与例 2.6 的离散模型的响应进行比较，结果如图 2.31 所示。可以看出，估计的状态空间模型的幅度接近于线性化的摆模型的幅度，而 ARX 模型的幅度不同，这再次证实了其他测试的结果。

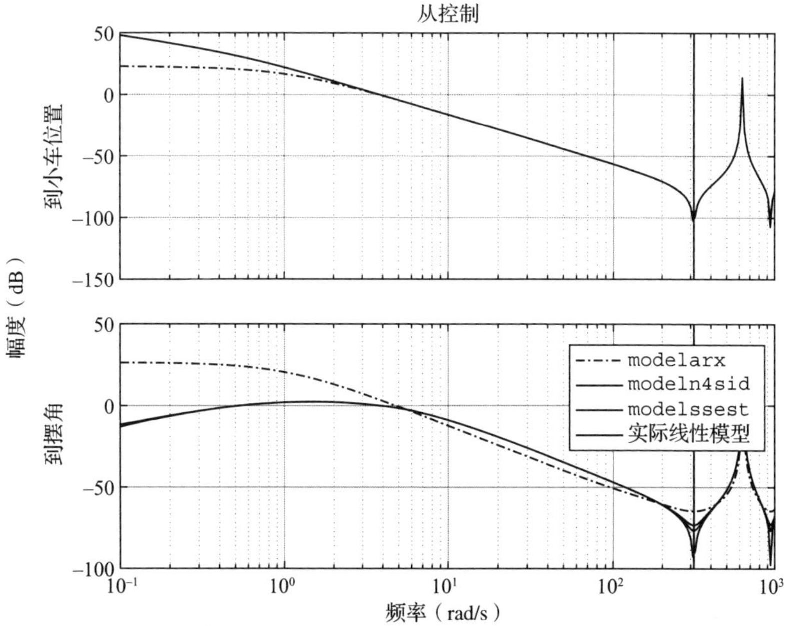

图 2.31　估计模型的频率响应

因此，我们得到了两个合适的状态空间模型。它们通过了所有的验证测试，并且很好地描述了单摆动力学行为。通过预测误差法得到的模型对小车位置有较好的拟合。这两种模型都可以用于控制器设计。 □

2.5.2 灰箱模型辨识

模型的辨识方法将通过下面的例子进行说明。

例 2.9 小车 – 单摆系统的灰箱模型辨识

考虑例 2.2 中提出的小车 – 单摆系统的线性化连续时间模型。假设我们不知道小车质量 M(kg)、摆惯性矩 I(kg · m^2)、小车动态摩擦系数 f_c（N · s/m）和转动摩擦系数 f_p（N · m · s/rad）的值。目标是估计未知参数和噪声模型，使得灰箱模型能足够好地描述上摆位置的动态。我们将使用例 2.8 中的估计和验证数据集。注意，该数据是通过闭环辨识实验获得的，输入信号的激励水平为 2500。要使用 MATLAB 估计连续时间线性灰箱模型，首先需要编写一个 MATLAB 函数，它将模型动力学描述为一阶微分方程组的形式。这是通过以下命令行完成的：

```
function [A,B,C,D] = pendulum_lin_model1(par,Ts)
%
%需要定义的参数
M = par(1); %kg
f_c = par(2); %N s/m
f_p = par(3); % N m s/rad
I = par(4); % kg m^2
%
% 不需要估算的参数
theta_trim = 0.0;
m = 0.104; % kg
g = 9.81;   % m/s^2
l = 0.174;  % m
I_t = I + m*l^2;   % kg m^2
M_t = M + m;       % kg
den = M_t*I_t - m^2*l^2*cos(theta_trim);
k_F = 12.86;       % N
%%
u_max = 0.5;
 A = [0 0 1 0;
      0 0 0 1;
      0 m^2*l^2*g/den -f_c*I_t/den  -f_p*l*m/den;
      0 M_t*m*g*l/den -f_c*m*l/den  -f_p*M_t/den];
%
B = [0;
     0;
     I_t/den;
     l*m/den]*k_F;
%
C = [1 0 0 0;
     0 1 0 0];
%
D = [0;
     0];
```

下一步是编写一个主函数，创建灰箱模型并估计其参数。该估计由 MATLAB 函数 greyest 完成，该函数使用预测误差方法来估计如下形式的状态空间模型：

$$\begin{aligned}\dot{\boldsymbol{x}}(t)&=\boldsymbol{A}(\theta)\boldsymbol{x}(t)+\boldsymbol{B}(\theta)\boldsymbol{u}(t)+\boldsymbol{K}\boldsymbol{e}(t)\\ \boldsymbol{y}(t)&=\boldsymbol{C}(\theta)\boldsymbol{x}(t)+\boldsymbol{e}(t)\end{aligned} \tag{2.85}$$

其中，矩阵 $\boldsymbol{A}$, $\boldsymbol{B}$ 和 $\boldsymbol{C}$ 在 MATLAB 函数 pendulum_lin_model 中是参数化的，扰动模型矩阵是自由参数化的。通过以下命令行进行估计：

```
par = [0.4; 0.8; 0.000001; 0.000001]
pendulum = idgrey('pendulum_lin_model1', par, 'c');
opt = greyestOptions;
opt.DisturbanceModel = 'estimate'
opt.Searchmethod = 'lm'
m_idgrey = greyest(datae,pendulum,opt)
```

连续时间灰箱模型是由 MATLAB 函数 idgrey 创建的。未知参数的初始值存储在向量 par 中。这里我们将搜索算法设置为 Levenberg–Marquardt 方法。评估之后，应进行验证测试。首先，进行估计参数与实际参数的比较，$\hat{I}=0.028\,37$，$I=0.002\,83$，$\hat{M}=0.767\,9$，$M=0.768$，$\hat{f}_c=0.500\,04$，$f_c=0.5$，$\hat{f}_p=5.34\times10^{-5}$，$f_p=6.65\times10^{-5}$。可以看出，估计参数的值非常接近它们的物理值。

白化和独立测试的结果如图 2.32 所示。控制信号和残差之间的估计高阶 FIR 模型的频率响应以及 99% 的置信区域绘制在图 2.33 中。可以看出，获得的模型通过了两个测试，这意味着模型足够好地描述了被控对象动态，并且扰动模型是“好的”。图 2.34 所示的小车位置残差大约是实际小车位置残差的 1/10 000，摆角残差是实际摆角残差的 1/50，这再次表明，该模型很好地描述了被控对象动态。

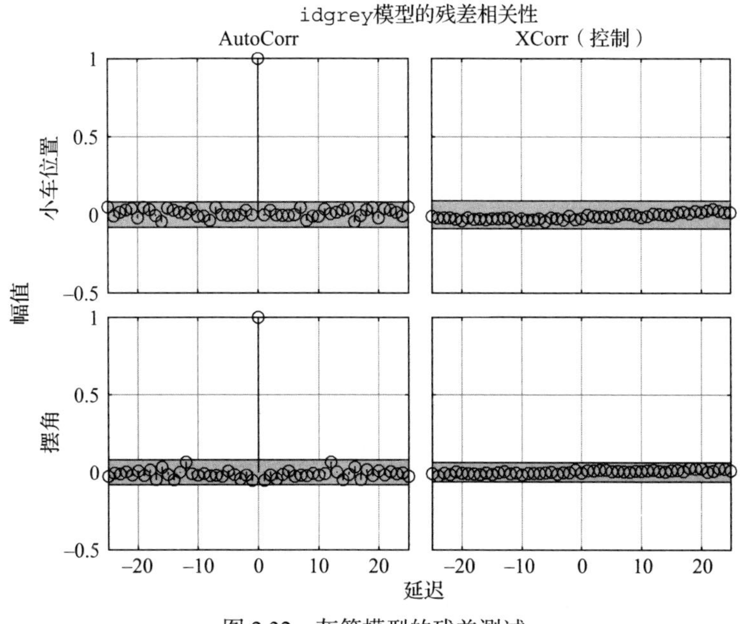

图 2.32 灰箱模型的残差测试

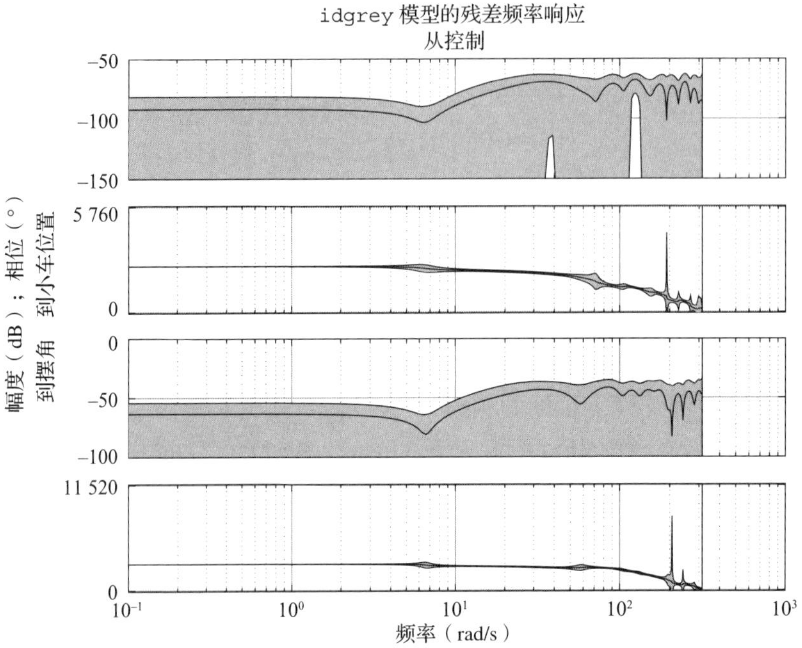

图 2.33　残差到输入信号的频率响应

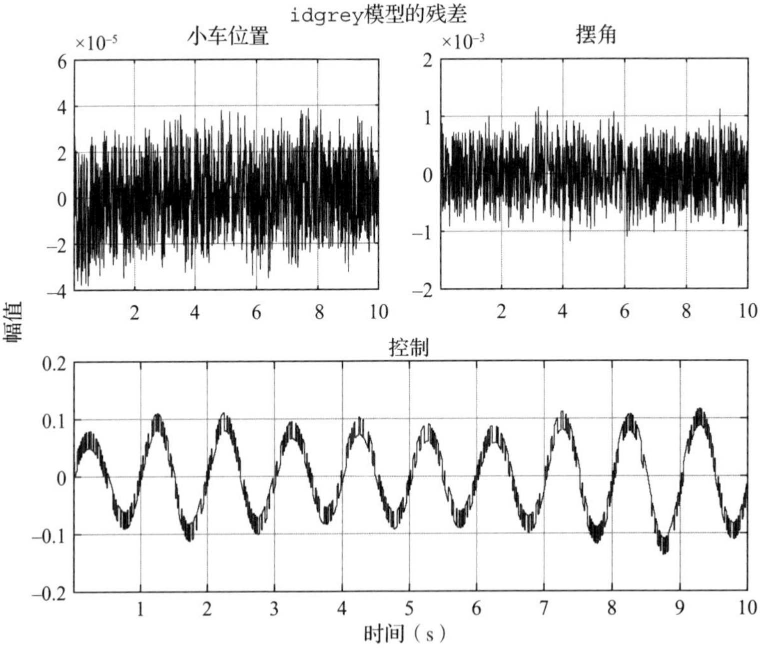

图 2.34　灰箱模型的残差

灰箱模型输出与实际非线性模型输出的对比如图 2.35 和图 2.36 所示。小车位置拟合值和摆角拟合值分别为 $\mathrm{FIT_p} = 79.5574\%$ 和 $\mathrm{FIT}_\theta = 92.2714\%$，与预测误差法估计的黑箱状态空间模型拟合值相近。

灰箱模型的频率响应与线性化摆模型的频率响应对比如图 2.37 所示。可以看出，在整个频率范围内，估计模型的幅度与线性化的摆模型的幅度非常接近。 □

通过灰箱辨识的结果，我们得到了物理参数化状态空间模型，其参数与它们的实际值非常接近。该模型通过了所有验证测试，很好地描述了摆动力学行为。扰动模型也很好，能够为设计控制器和最优随机估计（如卡尔曼滤波器或 $\mathscr{H}_\infty$ 滤波器）提供机会。

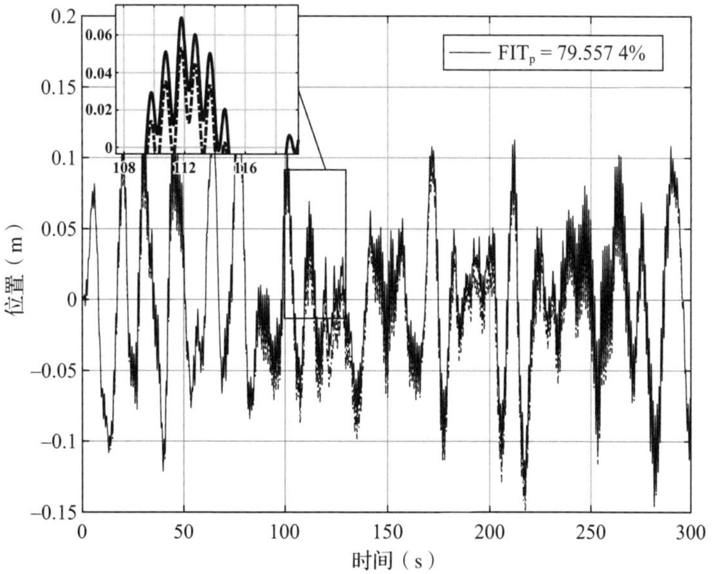

图 2.35 灰箱与实际非线性模型的小车位置模拟

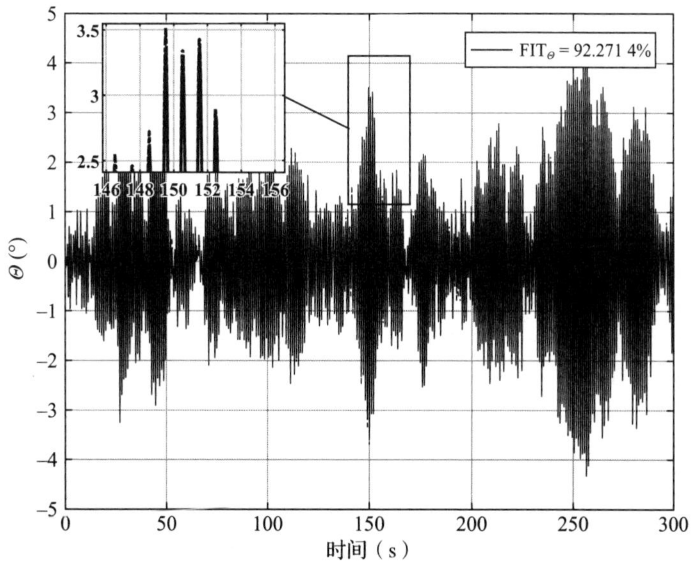

图 2.36 灰箱与实际非线性模型的小车位置模拟

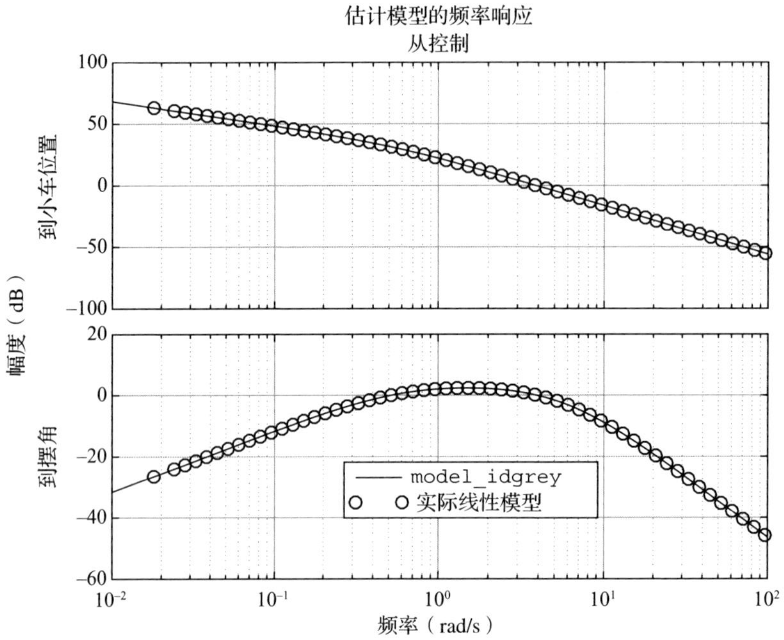

图 2.37 灰箱和实际线性模型的频率响应

2.6 不确定性建模

本节使用的 MATLAB 文件

文件	描述
par_pendulum_cart	小车 – 单摆系统的不确定性参数
uncertain_pendulum_cart	小车 – 单摆系统的不确定性模型
uncertainty_analysis	不确定性参数的影响分析
unc_model_simulink	从 Simulink 模型推导不确定性模型
unc_dscr_pendulum_cart	小车 – 单摆系统的不确定性离散时间模型
unc_pendulum_cart.slx	不确定性小车 – 单摆系统的 Simulink 非线性模型
uncertain_model_ident	不确定性模型的辨识

控制系统的数学模型很少精确已知。一般情况下，由于缺乏对系统运行的充分了解，系统模型存在一定的不确定性。控制被控对象的不确定性可分为两类：不确定性干扰信号和动态摄动㊀。前者包括输入和输出干扰、传感器噪声、执行器噪声等。后者代表数学模型和实际系统动力学之间的差异。这种差异的典型来源包括未建模动态（通常是高频的）、被

㊀ 干扰，一般指的是系统外部的信号叠加到系统的信号传输通道上，进而引起测量信号的不确定，是外部因素；摄动，一般指的是系统自身的参数和结构等由于主观或客观的因素而发生的变化，是内部矛盾。——译者注

忽略的非线性以及由于环境变化和元件老化引起的系统参数变化。这些建模误差可能会对闭环控制系统的稳定性和性能产生不利影响，因此在建立被控对象模型时必须考虑这些不确定性。

如果建模误差与系统参数有关，而这些系统参数由于生产容差或操作条件的变化而在给定范围内变化，那么建模误差一般称为结构化或参数化的不确定性。另一种类型的建模误差称为非结构化不确定性，其对应于高频动态情况，这种高频在模型开发过程中通常是被忽略的，例如时滞。

在本节中，我们介绍了在 MATLAB 和 Simulink 中描述结构化和非结构化不确定性的几种技巧，并展示了如何建立连续时间和离散时间被控对象的不确定性状态空间模型。在接下来的内容中，将使用相应的模型来分析不确定性闭环系统的鲁棒性，并设计控制器来确保不确定性被控对象系统的鲁棒稳定性和鲁棒性能。

2.6.1 结构化不确定性模型

结构化不确定性模型的特点是存在不确定性参数，而不确定性参数可以用以下形式表示：

$$k = \bar{k}(1 + p_k \delta_k) \tag{2.86}$$

其中，$\bar{k}$ 是参数 k 的标称值，p_k 是 k 的相对不确定性，而 δ_k 是一个实的或复的不确定性，并被标定为 $|\delta_k| \leqslant 1$。不确定性实参数在鲁棒控制工具箱中用函数 `ureal` 表示，不确定性复参数用 `ucomplex` 表示 [50]。这些参数可以在任意正常表达式中使用，包括基本的代数运算，或者可以参与类似常用的 MATLAB 变量的矩阵元素的运算。它们可以存在于连续时间和离散时间模型中。这些参数的随机样本由函数 `usample` 获得，均匀一致的网格样本则由函数 `gridureal` 生成。这种样本用于不确定性系统的蒙特卡罗仿真中。

例 2.10 小车 – 单摆系统的不确定性模型

进一步，我们将利用一个不确定的小车 – 单摆系统模型，该模型是在假定系统参数 M, I, f_c 和 f_p 在某些区间内变化的情况下获得的。这些变化可能是由操作条件引起的，也可能是缺乏数据或对某些现象缺乏足够准确的模型造成的。具体地说，我们假设等效小车质量 M 的变化为 ±10%，摆的惯性矩的不确定性为 ±20%，系数 f_c 和 f_p 的误差都是 ±20%。

表 2.3 中给出了不确定性小车 – 单摆参数 M, I, f_c 和 f_p 的值。

表 2.3 小车 – 单摆不确定性参数

参数	说明	标称值	单位	容差
M	等效小车质量	0.768	kg	± 10.0
I	摆的惯性矩	2.83×10^{-3}	kg/m^2	± 20.0
f_c	小车的动摩擦系数	0.5	N · s/m	± 20.0
f_p	摆的转动摩擦系数	6.65×10^{-5}	N · m · s/rad	± 20.0

在 MATLAB 中按通常的方式对已知的小车 – 单摆系统参数和配平条件进行设置。不确定性参数由以下行输入：

```
M = ureal('M',0.768,'Percentage',10);                    % kg
I = ureal('I',2.83*10^(-3),'Percentage',20);             % kg m^2
f_c = ureal('f_c',0.5,'Percentage',20);                  % N s/m
f_p = ureal('f_p',6.65*10^(-5),'Percentage',20);         % N m s/rad
```

根据不确定性参数进行的变量计算如下：

```
I_t = I + m*l^2;                                         % kg m^2
M_t = M + m;                                             % kg
den = M_t*I_t - m^2*l^2*cos(theta_trim);
```

Simulink 文件 unc_pendulum_cart.slx 实现了小车 – 单摆系统的不确定性非线性模型（式（2.2））。不确定性参数由不确定状态空间（Uncertain State Space）块来模拟。使用这种块的不确定性值（Uncertainty Value）字段，可以在规定的范围内指定使用的标称值、随机值或对不确定性变量进行采样。该文件可用于模拟不确定性范围内各种值的模型（蒙特卡罗仿真）或导出线性化的不确定性被控对象模型。

现在考虑如何建立小车 – 单摆系统的不确定性线性模型。不确定性线性状态空间模型的矩阵在 MATLAB 中的设置方式与固定参数（见 2.2 节）的情况完全相同，输入如下信息：

```
A = [0     0              1            0
     0     0              0            1
     0 m^2*l^2*g/den -f_c*I_t/den -f_p*l*m/den
     0 M_t*m*g*l/den -f_c*m*l/den -f_p*M_t/den];
%
B = [   0
        0
     I_t/den
     l*m/den]*k_F;
%
C = [1  0  0  0
     0  1  0  0];
%
D = [0
     0];
```

利用函数 ss 得到小车 – 单摆系统的不确定性状态空间模型：

```
G_ulin = ss(A,B,C,D)
```

因此，获得了不确定性状态空间（uss）对象：

```
G_ulin =

  Uncertain continuous-time state-space model with 2 outputs,
                                          1 inputs, 4 states.
  The model uncertainty consists of the following blocks:
    I: Uncertain real, nominal = 0.00283, variability = [-20,20]%,
                                               10 occurrences
    M: Uncertain real, nominal = 0.768, variability = [-10,10]%,
                                               10 occurrences
    f_c: Uncertain real, nominal = 0.5, variability = [-20,20]%,
                                                2 occurrences
    f_p: Uncertain real, nominal = 6.65e-05, variability = [-20,20]%,
                                                2 occurrences
```

从上面的实验报告中可以看出，参数 M 和 I 在模型中出现了 10 次，而参数 f_c 和 f_p 只出现了 2 次。需要指出的是，大量不确定性参数的出现使得不确定性控制系统的分析，特别是设计变得十分困难。

使用固定参数模型下的相应的 MATLAB 函数时，不确定性模型 G_{ulin} 可用来确定时域和频域被控对象的特性。

在图 2.38 和图 2.39 中，显示了不确定性模型相对于输出 p 和 θ 的伯德图，它们是通过以下命令得到的：

```
omega = logspace(-2,2,50);
figure(1)
bode(G_ulin(1,1),omega)
figure(2)
bode(G_ulin(2,1),omega)
```

这些图中通常的单个曲线被曲线族所取代，这些曲线族是由规定范围内设定的不确定性参数的 20 个随机值所产生的。

考虑不确定性参数的变化所引起的被控对象“增益”的变化具有指导意义。作为增益相对变化的测度，使用下列量值是合适的：

$$\frac{\bar{\sigma}(G_{\text{ulin}}(\text{j}\omega)-\bar{G}_{\text{ulin}}(\text{j}\omega))}{\bar{\sigma}(\bar{G}_{\text{ulin}}(\text{j}\omega)}$$

其中 $G_{\text{ulin}}(s)$ 是不确定性被控对象的传递函数，$\bar{G}_{\text{ulin}}(s)$ 是标称的被控对象传递函数，$\bar{\sigma}(G_{\text{ulin}}(\text{j}\omega))$ 是给定频率 ω 下的频率响应 $G(\text{j}\omega)$ 的最大奇异值。

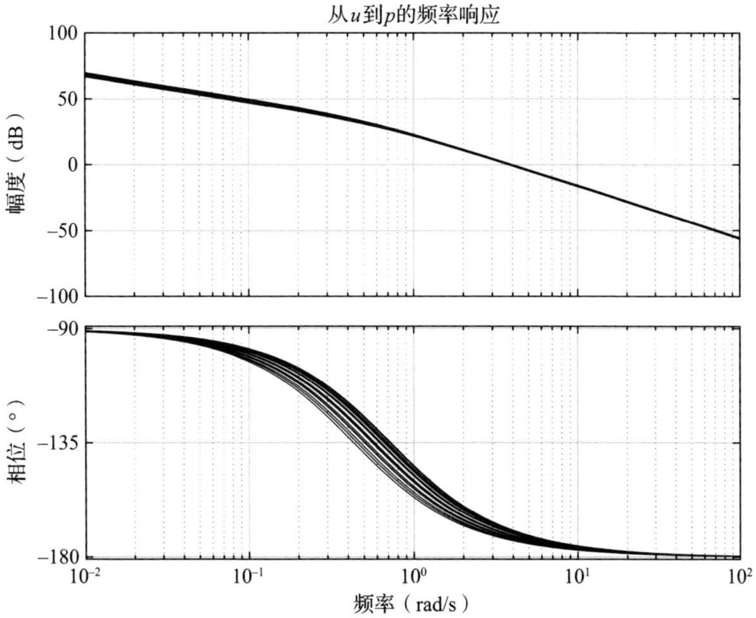

图 2.38　输出为 p 的不确定性模型的伯德图

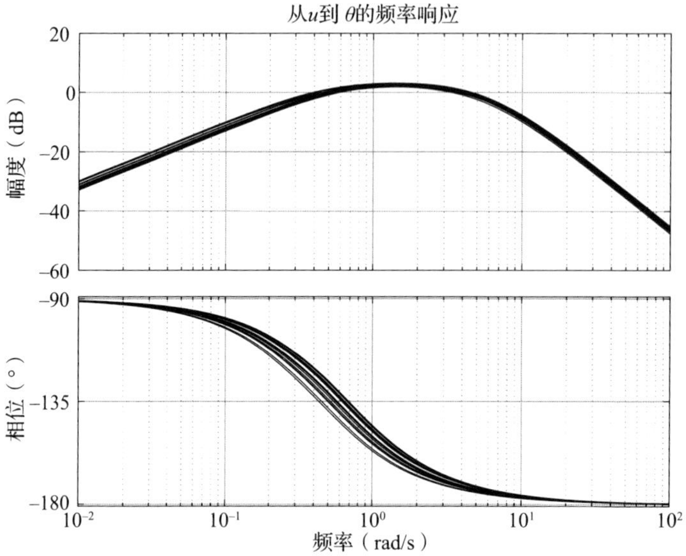

图 2.39　输出为 θ 的不确定性模型的伯德图

图 2.40 ～图 2.43 分别展示了被控对象增益相对于 M, I, f_c 和 f_p 单独变动时的相对变化。从中可以看出，由于 M 和 I 的不确定性而引起的被控对象增益的相对变化在大小上具有可比性，但是 M 的变化引起的增益变化出现在更宽的高频范围内。f_c 和 f_p 中的不确定性引起的增益变化具有不同的影响，由 f_c 引起的增益变化在低频范围内，而由 f_p 变化引起的增益变化最大值约为 6 rad / s 。摩擦系数 f_p 的影响是其他不确定性参数的影响的 $1/10^4$，进而可以忽略以简化被控对象不确定性模型。

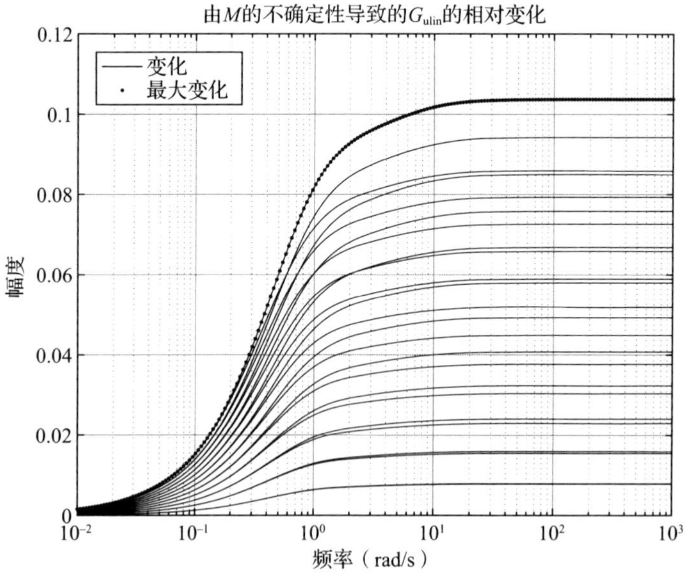

图 2.40　由 M 的不确定性导致的被控对象增益的相对变化

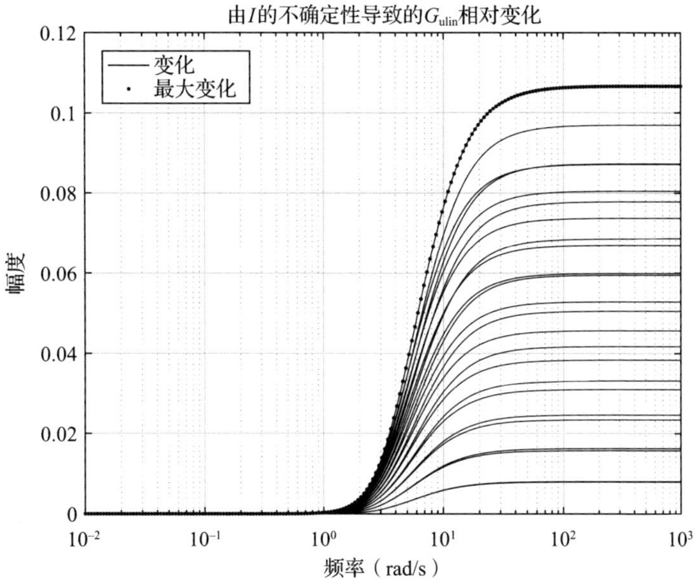

图 2.41　由 I 的不确定性导致的被控对象增益的相对变化

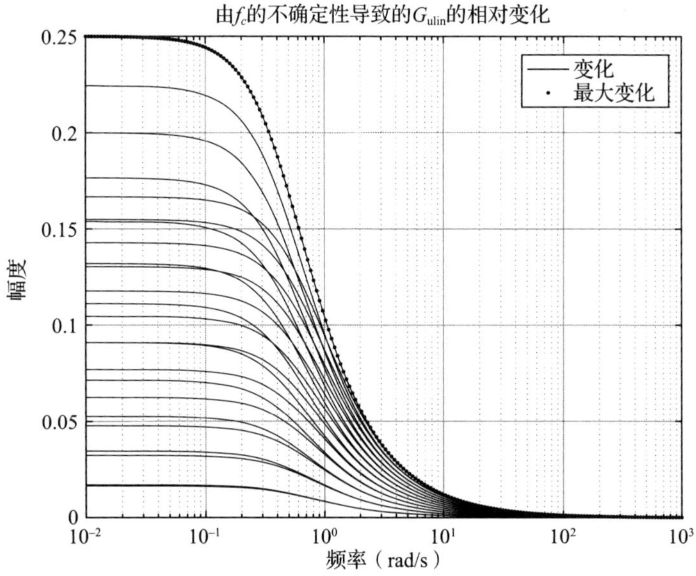

图 2.42　由 f_c 的不确定性导致的被控对象增益的相对变化

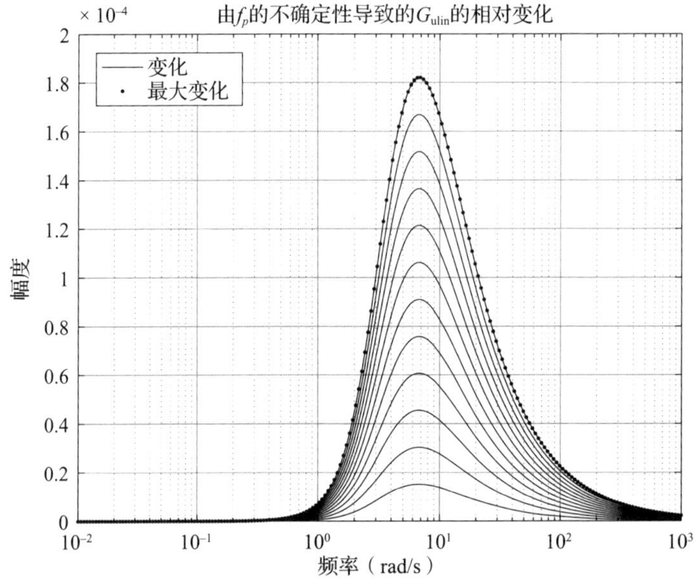

图 2.43　由 f_p 的不确定性导致的被控对象增益的相对变化

在图 2.44 中，我们展示了由于 4 个不确定性参数的变化而引起的被控对象增益的变化。可以看出，4 种不确定性的联合效应不超过 25%，在低频范围内表现更强。这是参数不确定性的典型情况。□

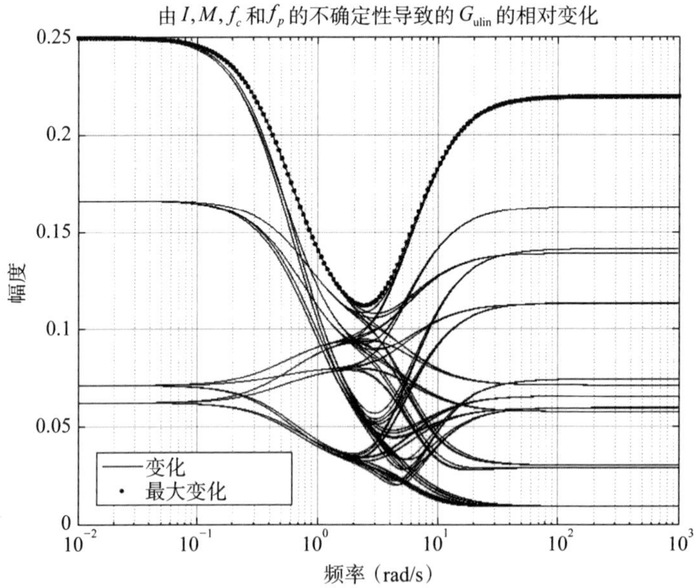

图 2.44　由 4 个参数的不确定性导致的被控对象增益的相对变化

2.6.2　LFT 表示的不确定性模型

考虑图 2.45 所示的连接关系。它由以下线性方程组描述：

$$\begin{bmatrix} \boldsymbol{z} \\ \boldsymbol{y} \end{bmatrix} = \begin{bmatrix} 0 & \bar{k} \\ p_k & \bar{k} \end{bmatrix} \begin{bmatrix} \boldsymbol{w} \\ \boldsymbol{u} \end{bmatrix} \tag{2.87}$$

$$\boldsymbol{w} = \delta_k \boldsymbol{z}$$

在第一个方程中进行矩阵向量乘法并消除 $\boldsymbol{w}, \boldsymbol{z}$，得到

$$\boldsymbol{y} = \bar{k}(1 + p_k \delta_k)\boldsymbol{u}$$

这对应于不确定性参数表示（式（2.86））。这样，一个不确定的实参数可以用图 2.45 所示的连接来表示，这是图 2.46 所示的上线性分式变换（Linear Fractional Transformation，LFT）的一个特殊情况。图 2.46 中所表示的连接关系包含了由已知传递函数矩阵 $\boldsymbol{M}$ 和不确定性矩阵 $\boldsymbol{\Delta}$ 所描述的一个固定部分，其中 $\boldsymbol{\Delta}$ 可以具有一种特殊的结构。

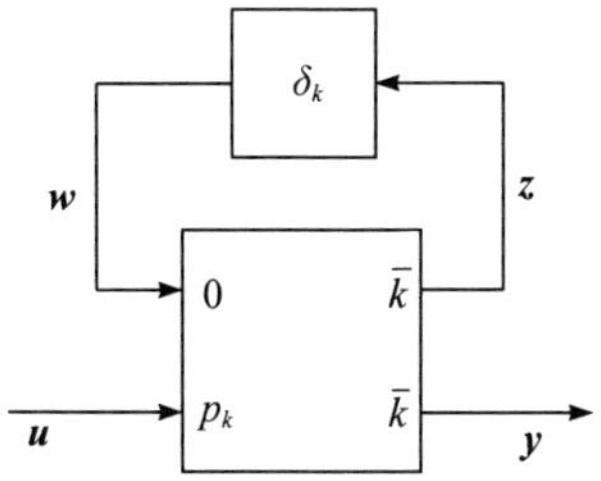

图 2.45　用上 LFT 表示的不确定性参数

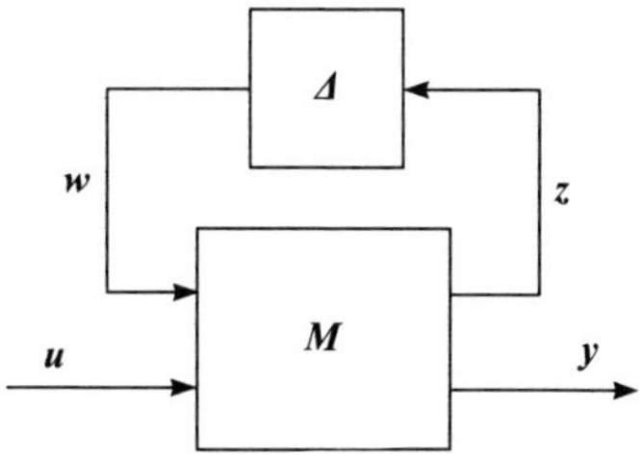

图 2.46　上线性分式变换

根据向量 $\boldsymbol{u}, \boldsymbol{y}, \boldsymbol{w}, \boldsymbol{z}$ 的维数，将互连传递函数矩阵 $\boldsymbol{M}$ 划分为

$$\boldsymbol{M}(s) = \begin{bmatrix} M_{11} & M_{12} \\ M_{21} & M_{22} \end{bmatrix}$$

然后，图 2.46 所示的 LFT 描述为

$$\boldsymbol{y} = F_U(\boldsymbol{M}, \boldsymbol{\Delta})u \tag{2.88}$$

其中

$$F_U(\boldsymbol{M}, \boldsymbol{\Delta}) =: [M_{22} + M_{21}\boldsymbol{\Delta}(I - M_{11}\boldsymbol{\Delta})^{-1} M_{12}]$$

此处假设 $\boldsymbol{I} - M_{11}\boldsymbol{\Delta}$ 是可逆的。符号 F_U 意味着 $\boldsymbol{M}$ 的上回路通过 $\boldsymbol{\Delta}$ 构成闭环。

不确定性参数的表示形式为

$$k = \bar{k}(1 + p_k \delta_k)$$

在图 2.45 所示的不确定性互连关系并不是唯一的。这个不确定性参数也可以用图 2.47 所示的互连关系表示，这是下 LFT 的一个特殊情况。

在 MATLAB 中由函数 `lft` 定义 LFT，并且可以通过函数 `lftdata` 从给定的 LFT 中获取矩阵 $\boldsymbol{M}$ 和 $\boldsymbol{\Delta}$。

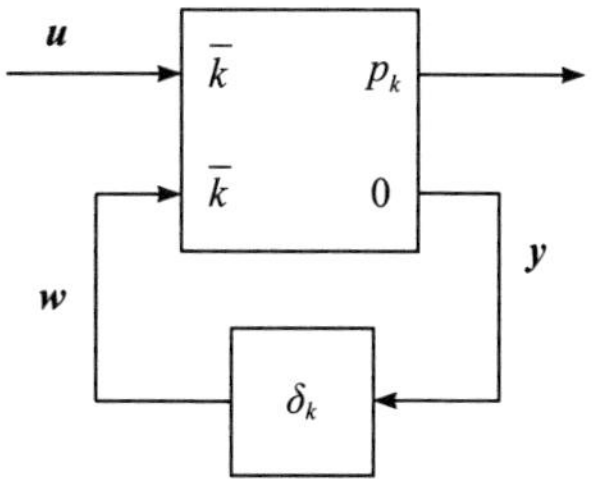

图 2.47　用下 LFT 表示的不确定性参数

LFT 是表示不确定性系统的通用工具。例如，具有多个实不确定性参数的被控对象可以用 LFT 表示，如图 2.46 所示，其中矩阵 $\boldsymbol{\Delta}$ 是一个对角矩阵，其非平凡元素代表的是不确定性。LFT 也可以用来表示其他类型的不确定性模型。

2.6.3 从 Simulink 模型导出不确定性状态空间模型

利用函数 `ulinearize` 可以从不确定性被控对象的非线性 Simulink 模型中得到一个不确定性状态空间模型。为此，需要使用 `getlinio` 命令指定 Simulink 模型的线性化输入和输出点。

对于小车 – 单摆系统，通过 M– 文件 `unc_model_simulink` 可以得出不确定性状态空间模型，而该 M– 文件利用了 Simulink 文件 `unc_pendulum_cart.slx` 上实现的车摆系统的非线性不确定性模型。不确定性模型的获取可按如下命令进行：

```
% Create operation point specifications for the model
val_all = [];
op = operspec('unc_pendulum_cart')
%
% Get linearization I/O settings for the model
open_system('unc_pendulum_cart')
io = getlinio('unc_pendulum_cart');
%
%Linearization of the model
G_unum = ulinearize('unc_pendulum_cart',op,io)
```

按照状态向量分量的排序，所得到的状态空间模型 G_{unum} 与从线性状态空间模型获得的模型 G_{ulin} 相同。

2.6.4 非结构化不确定性模型

在非结构化不确定性的情况下，摄动的大小是有限的，但不确定性与具体的被控对象参数无关。非结构化不确定性可以用来表示几种不同类型的摄动的影响，这些摄动被集总成一个单独的摄动块 $\boldsymbol{\Delta}$。非结构化不确定性可以用不同的方法来描述，这取决于具体的应用。最常用的描述介绍如下。

1. 加性不确定性（见图 2.48）

不确定的被控对象描述为

$$\boldsymbol{G}(s)=\bar{\boldsymbol{G}}(s)+\boldsymbol{W}_a(s)\boldsymbol{\Delta}_a(s) \tag{2.89}$$

其中 $\bar{\boldsymbol{G}}(s)$ 是标称被控对象模型，如此选取加权传递函数矩阵 $\boldsymbol{W}_a$，使得对于感兴趣的频率范围内的每个 ω，都有 $\bar{\sigma}(\boldsymbol{\Delta}_a(\mathrm{j}\omega))\leqslant 1$ 。$\boldsymbol{\Delta}_a$ 的缩放在闭环系统的鲁棒稳定性分析和设计中是很方便实现的。

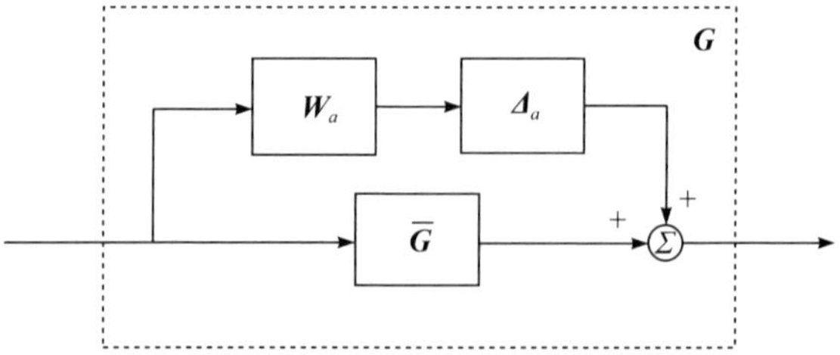

图 2.48 带有加性不确定性的被控对象

这种不确定性代表实际动态和标称

模型之间的绝对误差。

2. 输入乘性不确定性（见图 2.49）

摄动的被控对象模型描述如下：

$$\boldsymbol{G}(s)=\bar{\boldsymbol{G}}(s)(\boldsymbol{I}+\boldsymbol{W}_m(s)\boldsymbol{\Delta}_m(s)) \tag{2.90}$$

其中 $\boldsymbol{W}_m(s)$ 是一个加权传递函数矩阵，适当选取该矩阵使其满足 $\bar{\sigma}((\mathrm{j}\omega))\leqslant 1$。

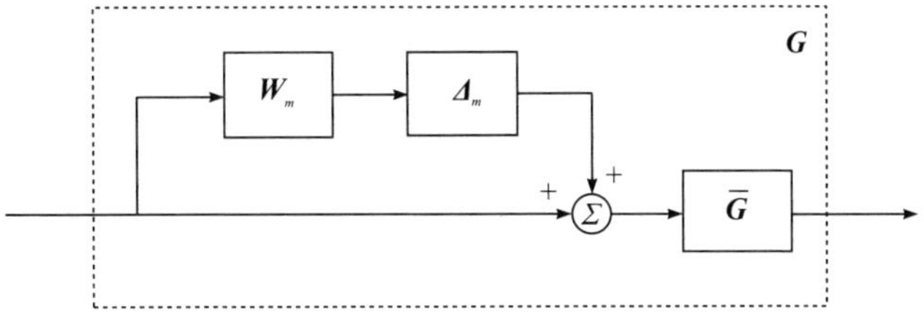

图 2.49　带有输入乘性不确定性的被控对象

3. 输出乘性不确定性（见图 2.50）

在这种情况下，被控对象描述为

$$\boldsymbol{G}(s)=(\boldsymbol{I}+\boldsymbol{W}_m(s)\boldsymbol{\Delta}_m(s))\bar{\boldsymbol{G}}(s) \tag{2.91}$$

需要注意的是，对于单输入单输出的被控对象，模型（2.90）和模型（2.91）是一致的。

输入和输出乘性不确定性便于使用，因为它们与相对建模误差有关，而与绝对建模误差无关。

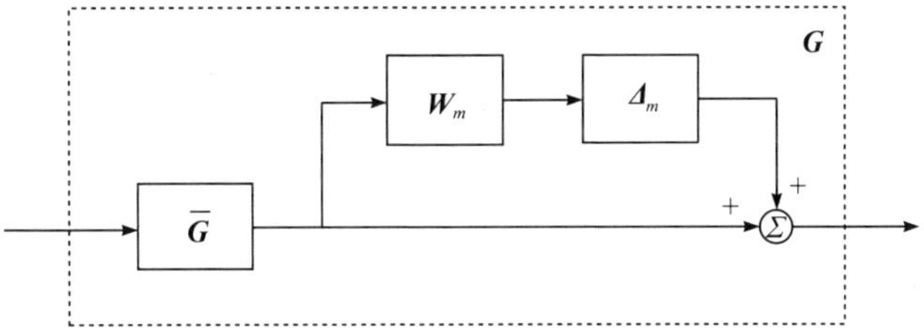

图 2.50　带有输出乘性不确定性的被控对象

使用函数 ultidyn 可以建立非结构化（复的）不确定性模型。不确定性线性时不变动力学对象 ultidyn 表示了一个未知的稳定线性系统，其唯一已知的属性是其频率响应的幅值边界。这个不确定性对象的标称值总是有一个零传递函数矩阵。每个 ultidyn 元素都被看作一个连续时间系统。但是，当这种元素是不确定性状态空间模型（uss）的不确定性元素时，则该元素的时域特性由系统的时域特性决定。ultidyn 元素的随机样本由函数 usample 获取。

在图 2.51 中，我们展示了对应于一个两输入两输出不确定性 LTI 对象的伯德图，Δ 由如下命令行生成：

```
delta = ultidyn('delta',[2 2])
```

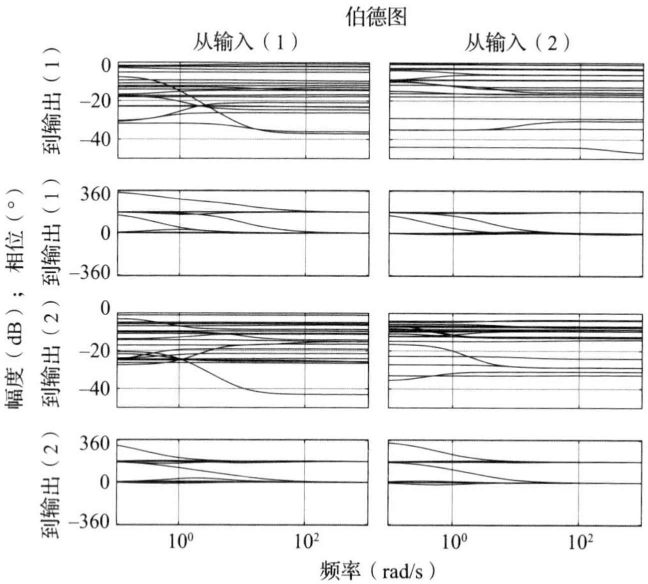

图 2.51　不确定性 ultidyn 元素的伯德图

非结构化不确定性模型（式（2.89）～式（2.91））可用于不同的目的。为了简化被控对象模型，它们经常用来近似多个不确定性参数的影响。第 4 章例 4.6 中给出了这种近似的例子。非结构化不确定性模型的其他重要应用是描述未建模动态，具体描述如下。

考虑被控对象集合：

$$\boldsymbol{G}(s)=\bar{\boldsymbol{G}}(s)f(s)$$

其中，$\bar{\boldsymbol{G}}(s)$ 是一个固定的且已知的传递函数。我们希望忽略 $f(s)$ 这一项（它可以是一个固定的传递函数，也可以属于一个不确定性集合）而使用具有标称模型 $\bar{\boldsymbol{G}}$ 的乘性不确定性来表示 $\boldsymbol{G}(s)$，其形式如下：

$$\boldsymbol{G}(s)=\bar{\boldsymbol{G}}(s)(1+\boldsymbol{W}_m(s)\boldsymbol{\Delta}_m(s))$$

其中 $\bar{\sigma}(\boldsymbol{\Delta}_m(\mathrm{j}\omega))\leqslant 1$。

由于

$$\frac{\boldsymbol{G}(s)-\bar{\boldsymbol{G}}(s)}{\bar{\boldsymbol{G}}(s)}=f(s)-1$$

那么忽略了 $f(s)$ 动态的相对不确定性的幅频响应为

$$\frac{|\boldsymbol{G}(\mathrm{j}\omega)-\bar{\boldsymbol{G}}(\mathrm{j}\omega)|}{|\bar{\boldsymbol{G}}(\mathrm{j}\omega)|}=|f(\mathrm{j}\omega)-1|$$

从这个表达式可以得到

$$|\boldsymbol{W}_m(\mathrm{j}\omega)|=\max\frac{|\boldsymbol{G}(\mathrm{j}\omega)-\bar{\boldsymbol{G}}(\mathrm{j}\omega)|}{|\bar{\boldsymbol{G}}(\mathrm{j}\omega)|}=\max|f(\mathrm{j}\omega)-1|$$

这个过程可通过下面的例子来说明，在这个例子中，被忽略的时滞是用一个乘性不确定性来表示的。

例 2.11　用乘性不确定性逼近不确定性时滞

给定被控对象 $\boldsymbol{G}=\bar{\boldsymbol{G}}(s)\mathrm{e}^{-\tau s}$，其中 $0\leqslant\tau\leqslant 0.1$，$\bar{\boldsymbol{G}}(s)$ 不依赖于 τ。我们希望用乘性不确定性和标称模型 $\bar{\boldsymbol{G}}(s)$ 来表示被控对象。为此，首先，对于 0 ～ 0.1 的 τ 值，我们计算相对误差的幅度响应：

$$|f(\mathrm{j}\omega)-1|=|\mathrm{e}^{-\mathrm{j}\omega\tau}-1|=\sqrt{(\cos(\omega\tau)-1)^2+\sin(\omega\tau)^2}$$

确定此误差的上界 max_err，通过以下命令完成：

```
nfreq = 100;
omega = logspace(-1,3,nfreq);
max_err = zeros(1,nfreq);
for tau = 0:0.005:0.1;
    for i = 1:nfreq
        om = omega(i);
        sys_err(i) = sqrt((cos(om*tau)-1)^2 + sin(om*tau)^2);
    end
    for i = 1:nfreq
        max_err(i) = max(sys_err(i),max_err(i));
    end
end
```

获得的频率响应如图 2.52 所示。接下来，我们使用如下命令找到乘性不确定性的二阶稳定最小相位近似：

```
ord = 2;                        % approximation order
sys = frd(max_err,omega);       % creates frd object
Wm = fitmagfrd(sys,ord);        % fits the frequency response
```

因此，对于加权传递函数 $\boldsymbol{W}_m(s)$，可以获得

```
1.967 s^2 + 52.9 s + 1.21
-------------------------
  s^2 + 38.42 s + 535.5
```

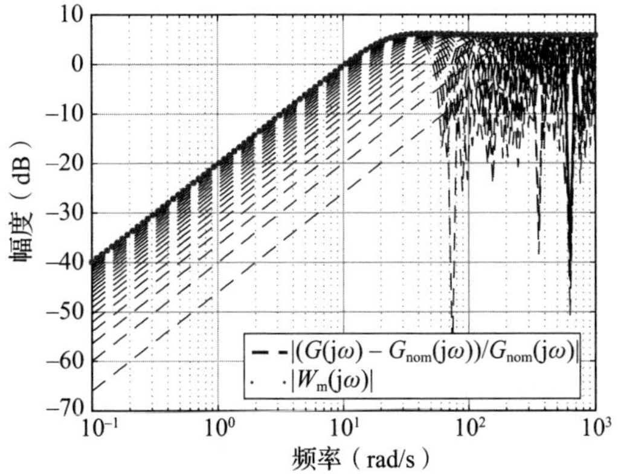

图 2.52　不确定性时滞的近似

一旦设定了标称模型 $\bar{G}$，不确定性被控对象模型可以通过以下命令找到：

```
delta = ultidyn('delta',[1 1]);
G_unc = G_nom*(1 + Wm*delta)
```

2.6.5 混合不确定性模型

在实践中，被控对象模型中通常存在结构化和非结构化的不确定性。这种情况被称为混合不确定性。

混合不确定性模型中结构化和非结构化不确定性的出现导致得到了不确定性被控对象的一般模型。这个模型所有不确定的部分被结合成一个块对角矩阵 $\boldsymbol{\Delta}$。这个块对角矩阵有两种类型块：重复标量不确定块 $\delta_1 I_{r1},\cdots,\delta_s I_{r_s}$，对应于结构化的不确定性，以及满秩不确定块 $\boldsymbol{\Delta}_1,\cdots,\boldsymbol{\Delta}_f$，对应于非结构化的不确定性。如下的不确定块

$$\delta_i I_{r_i} = \begin{bmatrix} \delta_i & 0 & \cdots & 0 \\ 0 & \delta_i & \cdots & 0 \\ \vdots & \vdots & & \vdots \\ 0 & 0 & \cdots & \delta_i \end{bmatrix}$$

包含了标量不确定性 δ_i，它重复了 r_i 次，$i=1,\cdots,s$。这就是为什么标量块的维数等于 $r_1,\cdots,r_s$，而满秩块 $\boldsymbol{\Delta}_1,\cdots,\boldsymbol{\Delta}_f$ 的维数是 $m_1,\cdots,m_f$。

包含所有不确定性的不确定块 $\boldsymbol{\Delta}$ 定义为

$$\boldsymbol{\Delta} = \left\{ \begin{bmatrix} \delta_1 I_{r_1} & & & & & \\ & \ddots & & & \mathbf{0} & \\ & & \delta_s I_{r_s} & & & \\ & & & \boldsymbol{\Delta}_1 & & \\ & \mathbf{0} & & & \ddots & \\ & & & & & \boldsymbol{\Delta}_f \end{bmatrix} : \delta_i \in \mathbb{C}, \Delta_j \in \mathbb{C}^{m_j \times m_j} \right\} \tag{2.92}$$

其中 $\sum_{i=1}^{s} r_i + \sum_{j=1}^{f} m_j = n$，$n$ 是 $\boldsymbol{\Delta}$ 的维数。所有矩阵 $\boldsymbol{\Delta}$ 的集合定义为 $\Delta \subset \mathbb{C}^{n\times n}$。如果相应的不确定性是实数，则重复标量块的参数 δ_i 只能是实数。注意在式（2.92）中，所有标量块先出现，这是为了简化符号表示。鲁棒控制工具箱中的相应函数甚至可以用于非正方形块以及任意阶次的块。

为了建立混合灵敏度的模型，使用函数 sysic 或者 iconnect 是很方便的。第 4 章给出了使用函数 sysic 的例子。

2.6.6 不确定性模型的离散化

考虑由下式描述的线性连续时间不确定性被控对象：

$$\begin{bmatrix} z(s) \\ y(s) \end{bmatrix} = \boldsymbol{M} \begin{bmatrix} w(s) \\ u(s) \end{bmatrix} \tag{2.93}$$

$$w(s)=\boldsymbol{\Delta} z(s) \tag{2.94}$$

其中

$$\boldsymbol{M}=\left[\begin{array}{c|cc} A & B_1 & B_2 \\ \hline C_1 & D_{11} & D_{12} \\ C_2 & D_{21} & D_{22} \end{array}\right]$$

是系统固定部分的传递函数矩阵，并且不确定性 $\boldsymbol{\Delta}$ 具有式（2.92）中所示的形式。根据式（2.93）和式（2.94），不确定性连续时间被控对象模型可以表示为上 LFT：

$$G(s)=F_U(\boldsymbol{M},\boldsymbol{\Delta}) \tag{2.95}$$

当采样周期 $T_s>0$ 时，用 $u(k),y(k)$ 表示 u,y 的采样信号，则不确定性被控对象模型（式（2.95））的离散时间等效模型为

$$G_d(z)=F_U(\boldsymbol{M}_d,\boldsymbol{\Delta}_d) \tag{2.96}$$

一种常用的离散化（式（2.95））方法称为完全 ZOH 方法[51]，是对式（2.93）中的所有信号应用采样和零阶保持，如图 2.53 所示，并且假设保持器和采样设备与采样周期完全同步。该设置意味着式（2.93）被离散化为独立系统，而不考虑式（2.94），其等同于对特定的采样周期 T_s，将固定部分传递函数矩阵 $\boldsymbol{M}(s)$ 进行离散化。作为离散化的结果，我们获得了离散时间传递函数 $M_d(z)$，则离散时间不确定性模型可以表示为

$$G_d(z)=F_U(M_d,\boldsymbol{\Delta}) \tag{2.97}$$

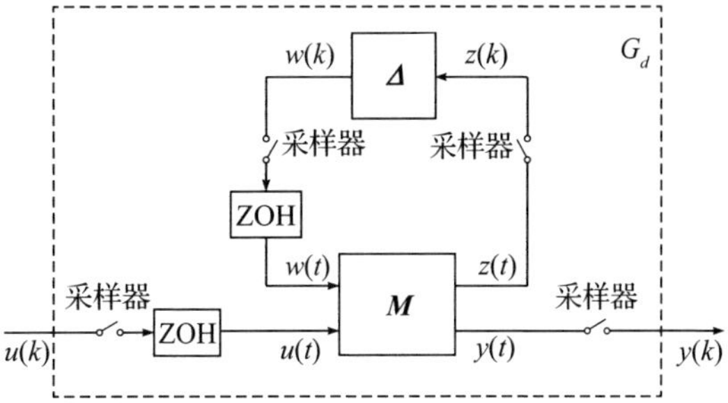

图 2.53 不确定性被控对象的离散化

其中，$\boldsymbol{\Delta}$ 现在被看做是离散时间的不确定性。这种解释在鲁棒控制工具箱中是合理的，因为根据不确定性系统的性质，`ureal`、`ucomplex` 和 `ultidyn` 被认为是连续时间或离散时间对象，在不确定性系统中它们是不确定性元素。

完全 ZOH 方法为不确定性模型提供了一种简单的离散化方法，这种方法对于较小的 T_s 值是足够精确的。更精确但更复杂的方法可参见文献 [51]。

例 2.12 不确定性小车 – 单摆系统模型的离散化

例 2.6 中获得的不确定性小车 – 单摆系统模型 G_{ulin} 的离散时间模型 DG_{ulin}，在零阶保持的情况下可由以下命令来计算：

```
Ts = 0.01;
[M,Delta] = lftdata(G_ulin);
Md = c2d(M,Ts);
DG_ulin = lft(Delta,Md)
```

如前所述，函数 `ureal`、`ucomplex` 和 `ultidyn` 生成的不确定性对象既可以在连续

时间模型中实现，也可以在离散时间模型中实现。这解释了在连续时间模型和离散时间模型中使用相同变量 `Delta` 的原因。

图 2.54 和图 2.55 分别比较了连续时间和离散时间小车–单摆系统模型相对于位置 p 和摆角 θ 的伯德图，该图是针对不确定性的 30 个随机样本获得的。从图中可以看出，除了 Nyquist 频率附近的频率之外，离散模型的伯德图很接近连续时间模型的伯德图。在这个频率附近出现的大误差，是离散化固定模型部分所使用的方法（如 zoh）的特性造成的。如果使用 tustin 代替 zoh 方法，相位误差会显著降低。

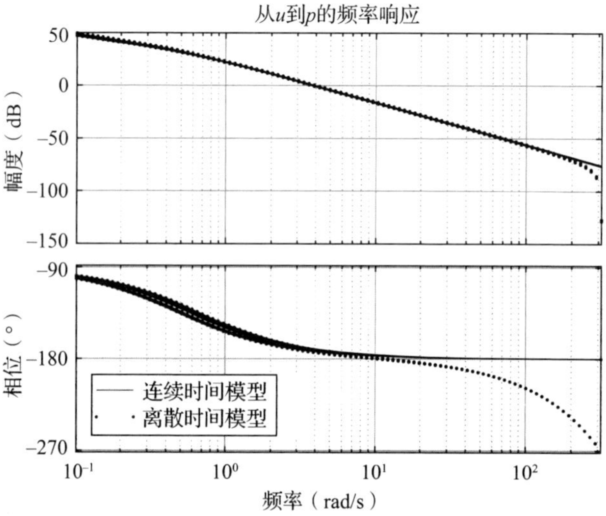

图 2.54　输出为 p 的不确定性模型的伯德图

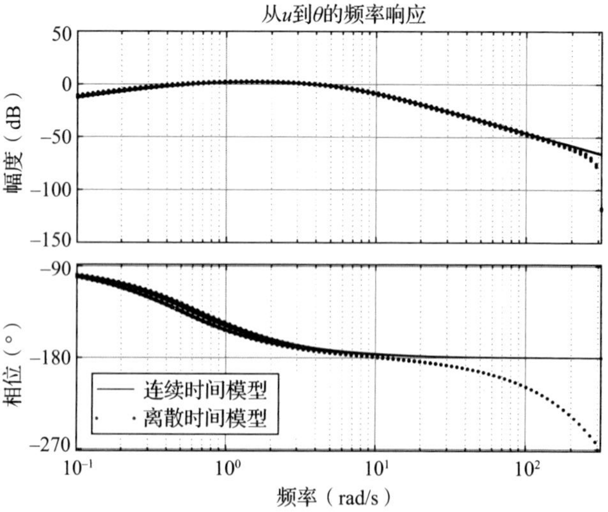

图 2.55　输出为 θ 的不确定性模型的伯德图

2.6.7　通过辨识得出不确定性模型

不确定性被控对象模型可以基于模型辨识获得的结果来确定。例 2.13 说明了使用系统辨识工具箱的功能可以得到不稳定被控对象的不确定性模型。

例 2.13　通过辨识得出不确定性模型

使用系统黑箱识别的结果，考虑小车 – 单摆系统不确定性模型的推导过程，如例 2.8 所示。辨识得到的无偏参数估计的条件保证了准确的参数值包含在概率接近 1 的参数估计的置信区间中。这就得到了具有标量不确定性的参数不确定性模型。然而，由于估计参数的数量通常很大，结构化不确定性模型的实现并不实用。这也是为什么导出非结构化的不确定性模型是更合理的。基于参数 3σ 置信区间，可以获得频域中与标称模型的最大相对偏差。

假设获得了如例 2.8 中所示的模型 `modeln4sid`。然后，从 u 到 θ 的模型频率响应最大偏差可以通过以下命令行来得到并绘制出来：

```
w = logspace(-1,log10(pi/Ts),500);
[MAG,PHASE,W,SDMAG,SDPHASE] = bode(modeln4sid,w);
MAGt2 = []; MAGt2(1:length(w)) = MAG(2,1,:);
SDMAGt21 = []; SDMAGt2(1:length(W)) = SDMAG(2,1,:);
relmag21 = 3*SDMAGt2./MAGt2;
figure(1)
semilogx(w,relmag21,'r'),grid
xlabel('Frequency (rad/s)')
ylabel('Relative uncertainty')
title('Relative magnitude uncertainty')
xlim([0.1 pi/0.01])
%
% 不确定的幅度和相位图(3σ置信区间)
mag_nom_theta = reshape(MAG(2,1,:),size(MAG(2,1,:),3),1);
mag_max_theta = reshape(MAG(2,1,:)+3*SDMAG(2,1,:), ...
                                  size(MAG(2,1,:),3),1);
mag_min_theta = reshape(MAG(2,1,:)-3*SDMAG(2,1,:), ...
                                  size(MAG(2,1,:),3),1);
%
phase_nom_theta = reshape(PHASE(2,1,:),size(PHASE(2,1,:),3),1);
phase_max_theta = reshape(PHASE(2,1,:)+3*SDPHASE(2,1,:), ...
                                  size(PHASE(2,1,:),3),1);
phase_min_theta = reshape(PHASE(2,1,:)-3*SDPHASE(2,1,:), ...
                                  size(PHASE(2,1,:),3),1);
%
figure(2)
semilogx(w,mag_min_theta,'b--',w,mag_nom_theta,'m-', ...
         w,mag_max_theta,'r-.'), grid
xlabel('Frequency (rad/s)')
ylabel('Magnitude')
title('Magnitude response from u to \theta')
legend('Minimum magnitude','Nominal magnitude','Maximum magnitude')
xlim([0.1 pi/0.01])
%
figure(3)
semilogx(w,phase_min_theta,'b--',w,phase_nom_theta,'m-', ...
         w,phase_max_theta,'r-.'), grid
xlabel('Frequency (rad/s)')
```

```
ylabel('Phase (deg)')
title('Phase response from u to \theta')
legend('Minimum phase','Nominal phase','Maximum phase')
xlim([0.1 pi/0.01])
```

模型的相对幅度不确定性的频率图如图 2.56 所示。显然，该模型在低频和高频范围内具有较大的不确定性。注意，相对不确定性的界限是保守的，这可能会导致分析和设计中的悲观保守结果。

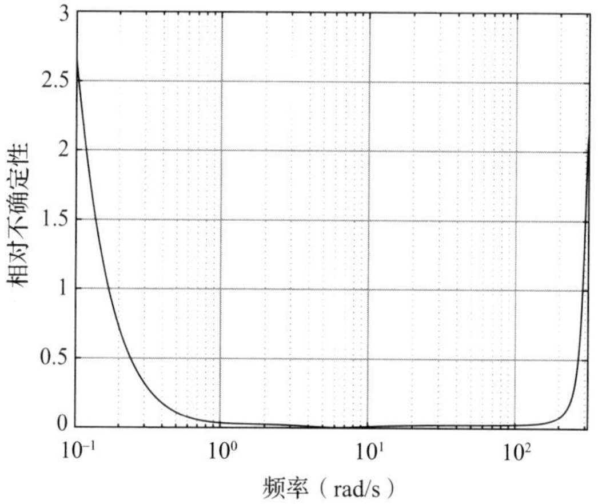

图 2.56　相对幅度不确定性

在图 2.57 和图 2.58 中，我们展示了模型频率响应的不确定性界限，这些界限可用于推导非结构化不确定性模型以便进行鲁棒性分析和设计。为此，这些界限用带有整形滤波器的优化方法来逼近，而整形滤波器是用具有相应阶次的传递函数来表示的。第 7 章给出了这种模型实现的例子。

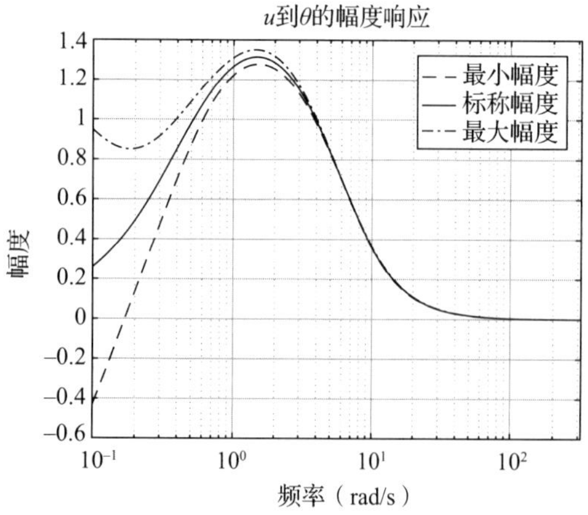

图 2.57　不确定性幅度响应

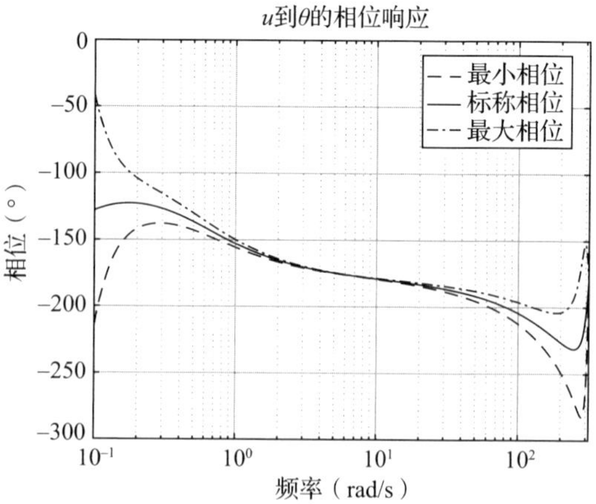

图 2.58　不确定性相位响应

有必要指出，使用不同的估计集有可能获得具有不同不确定性界限的不确定性模型。这表明可能需要额外的优化过程来获得具有更精确的不确定性界限的模型。另一种方法是对不确定性模型使用特殊的辨识方法，可参见文献 [52–54]。

2.7 传感器建模

本节使用的 MATLAB 文件

文件	描述
gyro_model	陀螺噪声模型
gyro_fun	用于陀螺模型优化的函数
sim_gyro_model.slx	陀螺噪声的 Simulink 模型
accel_model	加速度计噪声模型
accel_fun	用于加速度计模型优化的函数
sim_accel_model.slx	加速度计噪声的 Simulink 模型
filtering_design	传感器融合的卡尔曼滤波器设计
filtering_sim	卡尔曼滤波仿真
sim_fusion.slx	传感器融合的 Simulink 模型

本节旨在对传感器随机误差进行建模，该随机误差将影响嵌入式闭环控制系统性能。在众多种类的传感器中，我们选择对微机电系统（MEMS）传感器建模，旨在测量运动变量，如角速率和加速度。这背后的原因是，微机电惯性传感器（如陀螺仪和加速度计）在嵌入式低成本导航和控制系统中有许多应用。这些传感器的一个共同缺点是，伴随相应的测量会产生显著的误差。这就有必要开发适当的误差模型，借助于适当的滤波技术，用来获得可接受的测量精度。需要注意的是，三轴陀螺仪和加速度计可以组合在一个名为惯性测量单元（IMU）的单个设备中，用于导航和运动控制。

惯性传感器误差由确定性误差和随机性误差两部分组成。确定性误差部分包括偏置偏差、比例因子误差、轴非正交、轴失准等。通过相应的校准技术，这些误差可从测量的行数据中消除，例如可参见 3.3 节 [55]。随机部分包含随机误差（噪声），这部分无法从测量中消除，应将其建模为随机过程。随机传感器误差包括运行偏置变化（偏置不稳定性）、速率随机游动和角度随机游动（对于陀螺仪），以及加速度随机游动和速度随机游动（对于加速度计）。

陀螺仪和加速度计随机模型是使用多种技术建立的。最广泛使用的工具是频域中的功率谱密度和时域中的 Allan 方差⊖。请注意，由于该模型用于基于传感器测量的最优估计器的设计，因此，应保持模型阶数尽可能低。

在接下来的内容中，我们提出了一种简单的方法，能够开发 MEMS 陀螺和加速度计

⊖ David Allan 于 1966 年提出了 Allan 方差，最初该方法是用于分析振荡器的相位和频率不稳定性，高稳定度振荡器的频率稳定度的时域表征均采用 Allan 方差。由于陀螺等惯性传感器本身也具有振荡器的特征，因此该方法随后被广泛应用于各种惯性传感器的随机误差辨识中。——译者注

噪声的随机离散时间模型。该方法基于传感器噪声的频域和时域特性，并以模拟器件三轴 IMU ADIS16405（Analog Devices Tri-Axis IMU ADIS16405）为例进行说明。研究表明，陀螺仪和加速度计的噪声可以用类似的二阶模型来表示，该模型适合用于导航和控制系统的开发。

2.7.1 Allan 方差

考虑 Allan 方差在随机过程的时域分析中的应用。

Allan 方差提供了一种在原始数据集中辨识各种噪声项的方法 [56-57]。

假设采样时间为 T_s，在离散时刻 $t = kT_s$，$k = 1,2,\cdots,L$，测量 $\Theta(t)$。在时间 $t(k)$ 和 $t(k)+\tau$ 之间 Θ 的平均值为 $\tau = mT_s$

$$\hat{\Omega}(k)(\tau) = \frac{\Theta(k+m) - \Theta(k)}{\tau}$$

其中 $\Theta(k) = \Theta(kT_s)$。

Allan 方差的定义为

$$\begin{aligned}\sigma^2(\tau) &= \frac{1}{2}\langle(\hat{\Omega}(k+m) - \hat{\Omega}(k))^2\rangle \\ &= \frac{1}{2\tau^2}\langle(\Theta(k+2m) - 2\Theta(k+m) + \Theta(k))^2\rangle\end{aligned} \tag{2.98}$$

其中〈·〉是总体平均㊀。

Allan 方差的估计如下：

$$\sigma^2(\tau) = \frac{1}{2\tau^2(L-2m)}\sum_{k=1}^{L-2m}(\Theta(k+2m) - 2\Theta(k+m) + \Theta(k))^2 \tag{2.99}$$

一个给定随机过程的 Allan 方差的计算对应于使用带宽依赖于 τ 值的滤波器对该过程进行滤波。这使得通过改变 τ 来检查不同类型的随机过程成为可能。Allan 方差通常在 log–log 图上绘制成关于 τ 的函数。

考虑将 Allan 方差应用于一些简单的随机过程，用于描述不同设备中的随机误差。

白噪声的 Allan 方差由下式给出：

$$\sigma^2(\tau) = \frac{\sigma_x^2}{\tau}$$

随机游动的 Allan 方差由下式给出：

$$\sigma^2(\tau) = \frac{\sigma_w^2\tau}{3}$$

一阶 Gauss–Markov 过程的 Allan 方差可确定为 [57]

㊀ 总体平均也可称为系综平均或集平均，可以把一系列函数看成一个随机信号，取定一个时间，就得到一个随机变量，而系综平均实际上就是某一时间点随机变量的期望。——译者注

$$\sigma^2\tau = \frac{\sigma_x^2}{\tau}\left[1-\frac{T}{2\tau}(3-4\mathrm{e}^{-\frac{\tau}{T}}+\mathrm{e}^{-2\tau/T})\right] \tag{2.100}$$

由这个表达式可以得出以下结论：

如果τ远大于相关时间T，则

$$\sigma^2(\tau) \Rightarrow \frac{\sigma_x^2}{\tau}, \tau \gg T$$

这是强度为σ_x^2的白噪声的Allan方差。

如果τ远小于相关时间T，则式（2.100）退化为

$$\sigma^2(\tau) \Rightarrow \frac{\sigma_x^2}{T^2}\frac{\tau}{3}, \tau \ll T$$

这是驱动噪声强度为σ_x^2/T^2的随机游动的Allan方差。

2.7.2 随机陀螺模型

MEMS陀螺仪噪声通常包括如下部分：

- *偏差*是时变误差，与角速率无关，可以表示为静态分量和动态分量的总和。静态分量，也称为固定偏差、开启偏差或偏差重复性，包括每个陀螺仪偏差的运行变化加上传感器校准后剩余的固定偏差。它在整个IMU运行期间保持不变，但在不同的运行中有所不同。动态分量，也称为运行中偏差变化或偏差不稳定性，在分钟量级的周期内变化，还包含传感器校准后剩余的温度相关残余偏差。偏差不稳定性是一个低频过程，其根源是易受随机闪烁影响的分量。偏差不稳定性的强度与频率（$1/f$噪声）成反比，它的特点是非平稳自相关。偏差不稳定性通常表示为$\mathrm{deg/h}$，其中$1\ \mathrm{deg/h}=4.848\,137\times10^{-6}\ \mathrm{rad/s}$。
- *速率随机游动*（Rate Random Walk，RRW）。这是一个速率误差，由角加速度中的白噪声引起。RRW是一个强度随时间线性增加的非平稳过程。该误差通常表示为$\mathrm{deg/h/\sqrt{h}}$或$\mathrm{deg/h^2/\sqrt{Hz}}$，其中$1\ \mathrm{deg/h/\sqrt{h}}=8.080\,228\times10^{-8}\mathrm{rad/s/\sqrt{s}}$，$1\ \mathrm{deg/h^2/\sqrt{Hz}}=1.346\,705\times10^{-9}\ \mathrm{rad/s/\sqrt{s}}$。
- *角度随机游动*（Angular Random Walk，ARW）。这是一个角度误差，是由角速率中的白噪声引起的。ARW由一阶微分方程描述：

$$\frac{\mathrm{d}\theta}{\mathrm{d}t}=w(t)$$

其中w是白色输入驱动噪声，这种噪声的强度通常表示为$\mathrm{deg/\sqrt{h}}$或$\mathrm{deg/h/\sqrt{Hz}}$，其中$1\ \mathrm{deg/\sqrt{h}}=2.908\,88\times10^{-4}\mathrm{rad/\sqrt{s}}$，$1\ \mathrm{deg/h/\sqrt{Hz}}=4.848\,137\times10^{-6}\mathrm{rad/\sqrt{s}}$。

- *量化误差*。这是一个表示速率量化噪声的误差，它是由模数转换引起的。该误差表示为$\mathrm{deg/s}$。

其他陀螺仪噪声项在文献[57]中有详细描述。

陀螺噪声随机离散时间模型的推导在例 2.14 中进行了说明。

例 2.14 随机陀螺仪噪声模型的推导

该模型是用 M– 文件 gyro_model 得到的。为此，我们使用 ADIS16405 IMU [58] 中的一个陀螺仪输出的 $L=10^6$ 个样本，这些样本是在 10 000 s 内以 $f_s=100\text{Hz}$ 的频率在静止状态下测量得到的。去除小恒定偏差 −0.207 1(deg/s) 后，我们发现噪声标准差为（达到 6 位小数）

$$\sigma_x = 0.382\,981\ (\text{deg/s})$$

中心输出陀螺仪噪声的前 1000 个样本如图 2.59 所示。

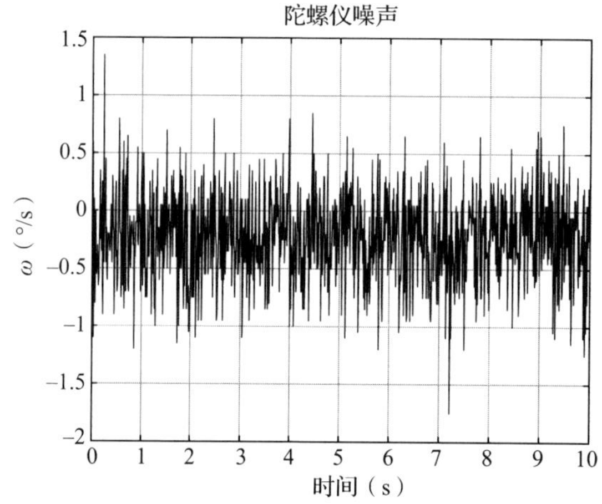

图 2.59 输出陀螺仪噪声

为了确定陀螺仪噪声的各个项，我们分别研究了它的频域和时域特性。在频域部分，我们利用了陀螺仪噪声的单侧 PSD，它是由 MATLAB 中的函数 `pwelch` 确定的，如图 2.60 所示。计算 PSD 的频率高达 50Hz。为了找出不同的误差分量，PSD 用不同斜率的直线来近似（系数 2 是源于这样的事实，即在近似过程中使用的单边 PSD 是双边 PSD 的 2 倍）。在 PSD 近似的基础上，我们确定了 3 种噪声分量，即偏差不稳定性、角度随机游动和速率随机游动，它们分别以参数 B、N 和 K 为表征。由于陀螺仪具有 14 位的分辨率，因此其量化误差可以忽略不计。

在低频范围内，PSD 由以下项近似表示：

$$\frac{2K^2}{\omega^2}$$

其中，K 是某个常系数，这表明存在随机游动过程。该项可以表示为具有强度为 K^2 的白噪声驱动输入的积分器的输出。

在 10^{-3} Hz ～ 10^{-2} Hz 的频率范围内，PSD 由下式近似表示：

$$\frac{2B^2}{\omega}$$

它不能表示为具有有理传递函数和白噪声驱动输入的整形滤波器的输出。此外，偏差不稳定性的适当近似是通过一阶马尔可夫过程来实现的，该马尔可夫过程是由具有白噪声输入的一阶延迟环节的输出生成的。

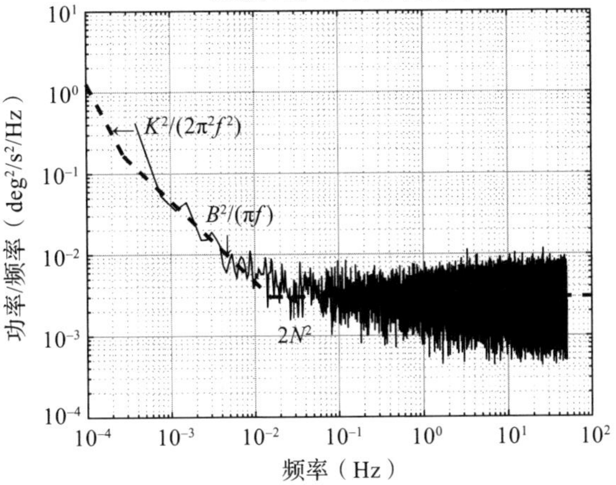

图 2.60 陀螺仪噪声的谱密度

PSD 的第 3 部分由水平线近似表示，它说明了在可测速率中白噪声的存在，其对应于角度随机游动。这种噪声的强度为 N^2。

为了精确地确定参数 B、N 和 K，我们使用陀螺仪噪声的 Allan 方差，通过重叠估计计算，其结果如图 2.61 所示。

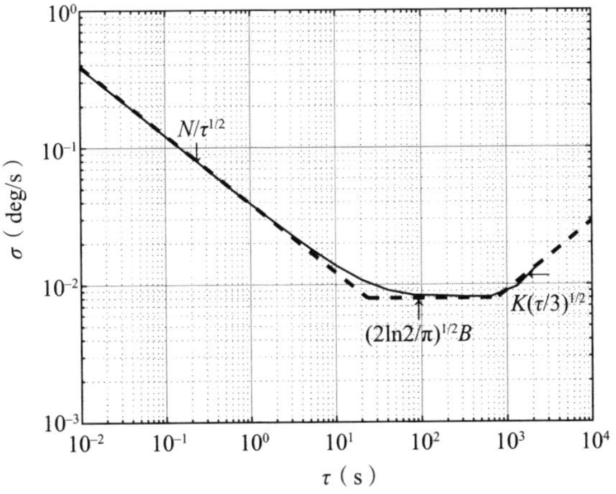

图 2.61 陀螺仪噪声的 Allan 方差

在 $\sigma(\tau)$ 与 τ 的 log-log 图上，对应于角度随机游动的白噪声的 Allan 方差斜率为 $-1/2$。N 的数值可以通过读取 $\tau=1$ 时的坡度线（或斜率线）得到。

偏差不稳定性的 Allan 方差可用在

$$\sigma(\tau)=\sqrt{\frac{2\ln 2}{\pi}}B$$

处画出的一条水平线表示，该水平线位于 $\sigma(\tau)$ 与 τ 的 log-log 图上，由此很容易找到 B 的值。

随机游动的 Allan 方差由 $\sigma(\tau)$ 与 τ 的 log-log 图上的 1/2 斜率表示。K 值可以在 $\tau=3$ 时从斜率线上读出。

因此，可以得到如下值：

- ❑ $B=1.20\times10^{-2}\,\mathrm{deg/s}=43.2\,\mathrm{deg/h}$
- ❑ $K=5.00\times10^{-4}\,\mathrm{deg/s}/\sqrt{\mathrm{s}}=0.232\,4\,\mathrm{deg/h}/\sqrt{\mathrm{h}}$
- ❑ $N=3.88\times10^{-2}\,\mathrm{deg}/\sqrt{\mathrm{s}}=2.328\,\mathrm{deg}/\sqrt{\mathrm{h}}$

用于陀螺仪噪声的 PSD 近似，如图 2.60 所示。

陀螺仪噪声随机建模的关键在于选择合适的具有随机噪声驱动输入的整形滤波器，它可以输出足够的精度来逼近相应的陀螺仪噪声分量。为此，我们将使用一种简单的优化算法，以便将陀螺仪噪声 PSD 与近似模型的 PSD 之间的差异降至最低。根据给出的分析，近似噪声模型采用以下形式：

$$\tilde{x}=x^{\mathrm{bias}}+x^{\mathrm{rrw}}+x^{\mathrm{arw}} \tag{2.101}$$

其中 x^{bias}，x^{rrw} 和 x^{arw} 分别表示偏差不稳定性、速率随机游动和角度随机游动驱动噪声。

偏差不稳定性的近似值可以由一个离散时间一阶滤波器的输出获得：

$$x(k+1)^{\mathrm{bias}}=a_d x(k)^{\mathrm{bias}}+b_d v(k) \tag{2.102}$$

其中 a_d，b_d 是滤波器系数，v 是输入白噪声。该滤波器是通过离散化一阶 Gauss-Markov 过程获得的：

$$T\dot{x}(t)+x(t)=v(t)$$

其中 T 是相关时间。该相关时间是通过优化过程以及输入噪声强度一起确定的。系数 a_d，b_d 被确定为

$$a_d=\mathrm{e}^{-\Delta T/T},\ b_d=\int_0^{\Delta T}\mathrm{e}^{-\tau/T}\mathrm{d}\tau$$

其中 $\Delta T=T_{\mathrm{s}}$ 是采样周期。

随机过程 x^{rrw} 取为

$$x^{\mathrm{rrw}}(z)=DF(z)w(z) \tag{2.103}$$

其中

$$DF(z)=\frac{\Delta T}{z-1}$$

是离散时间积分器的传递函数，w 是输入白噪声。

最后，角度随机游动的驱动输入由离散时间白噪声 x^{arw} 建模。

离散时间白噪声 v,w 和 x^{arw} 分别为

$$v = K_{g_1} r_1,\ w = K_{g_2} r_2,\ x^{\text{arw}} = K_{g_3} r_3$$

其中 K_{g1}, K_{g2}, K_{g3} 是未知的系数，r_1, r_2, r_3 是由函数 `randn` 生成的标准差等于 1 且长度为 10^6 的零均值伪随机序列。需要注意的是，参数 K_{g1}, K_{g2}, K_{g3} 分别代表相应输入驱动噪声的强度。

这样，陀螺仪噪声模型的特征就由 4 个未知参数 $T, K_{g1}, K_{g2}, K_{g3}$ 来刻画。这些参数通过迭代过程来确定以最小化差值 $\tilde{P}_x - P_x$，其中 $\tilde{P}_x$ 是 $\tilde{x}$ 的 PSD，如式（2.101）中所定义的那样，P_x 是实验获得的陀螺仪噪声 x 的 PSD。这些参数的最优值可通过 MATLAB 中的函数 `lsqnonlin` 找到，该函数采用的是非线性最小二乘最小化方法。未知参数的初始值取为

$$T = 30,\ K_{g_1} = 1,\ K_{g_2} = 1,\ K_{g_3} = \sigma_x$$

近似陀螺仪噪声的单侧 PSD 由具有相同长度的重叠部分的函数 `pwelch` 来确定。当这些部分的长度等于 50 000 时，可获得最佳结果。因此，在 110 次迭代之后，可以获得以下参数值（四舍五入到 6 位有效数字）

$$T = 27.978\ 0\ s$$

$$K_{g_1} = 0.890\ 636\ (\text{deg/ s})\sqrt{\text{s}}, K_{g_2} = 0.006\ 879\ \ 97\ (\text{deg / s}) / \sqrt{\text{s}}$$

$$K_{g_3} = 0.376\ 935\ \text{deg}/ \sqrt{\text{s}}$$

由于近似噪声的长度取值足够大（10^6 个样本），因此得到的最优参数在统计上是可靠的，噪声模型仿真验证了这一点。然而，请注意，相关时间 T 可能对初始条件的变化非常敏感。

由此获得的离散时间陀螺仪噪声模型可以用以下形式表示：

$$\tilde{x}(k) = x(k)^{\text{bias}} + x(k)^{\text{rrw}} + x(k)^{\text{arw}} \tag{2.104}$$

其中

$$x(k+1)^{\text{bias}} = a_d x(k)^{\text{bias}} + b_d K_{g_1} \eta(k)^{\text{bias}} \tag{2.105}$$

$$x(k+1)^{\text{rrw}} = x(k)^{\text{rrw}} + \Delta T K_{g_2} \eta(k)^{\text{rrw}} \tag{2.106}$$

$$x(k)^{\text{arw}} = K_{g_3} \eta(k)^{\text{arw}} \tag{2.107}$$

其中 $\eta^{\text{bias}}, \eta^{\text{rrw}}, \eta^{\text{arw}}$ 是单位强度的白噪声。

式（2.104）～式（2.107）可以用标准形式表示如下：

$$\begin{aligned} x(k+1) &= \boldsymbol{A}x(k) + \boldsymbol{G}v(k) \\ y(k) &= \boldsymbol{C}x(k) + \boldsymbol{H}v(k) \end{aligned} \tag{2.108}$$

其中

$$x(k) = [x(k)^{\text{bias}}, x(k)^{\text{rrw}}]^{\text{T}}, y(k) = \tilde{x}, v(x) = [\eta(k)^{\text{bias}}, \eta(k)^{\text{rrw}}, \eta(k)^{\text{arw}}]^{\text{T}}$$

并且

$$\boldsymbol{A} = \begin{bmatrix} a_d & 0 \\ 0 & 1 \end{bmatrix}, \boldsymbol{G} = \begin{bmatrix} b_d K_{g_1} & 0 & 0 \\ 0 & \Delta T K_{g_2} & 0 \end{bmatrix}$$

$$\boldsymbol{H}=[0\ \ 0\ \ K_{g_3}],\ \ \boldsymbol{C}=[1\ \ 1]$$

这个模型是二阶的，其输出以度每秒（deg/s）来表示。如果要以弧度每秒（rad/s）表示模型输出，则系数 K_{g1},K_{g2},K_{g3} 应该乘以 $\pi/180$。

从图 2.62 可以看出，根据式（2.101）生成的噪声模型的 PSD 与测量噪声的 PSD 非常吻合。

根据式（2.104）～式（2.107）建立的陀螺仪噪声的 Simulink 模型如图 2.63 所示。 □

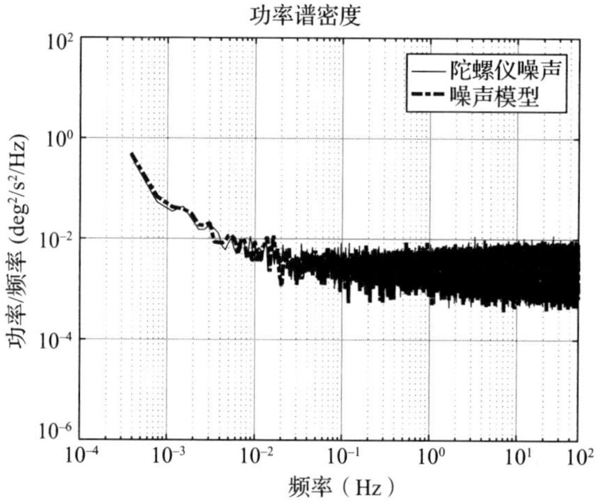

图 2.62　陀螺仪噪声和模型噪声的谱密度

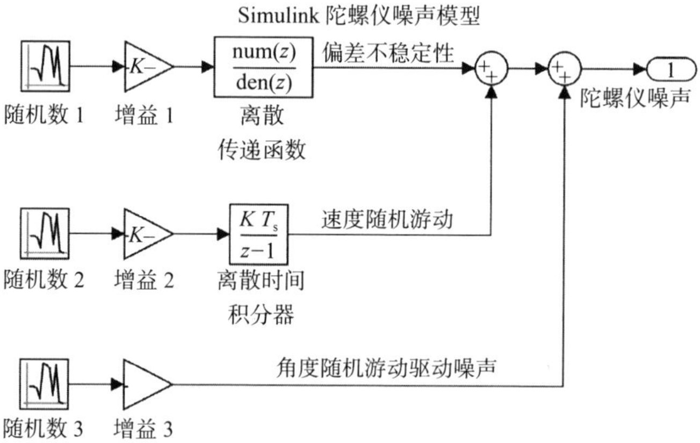

图 2.63　Simulink 陀螺仪模型

2.7.3　随机加速计模型

类似于陀螺仪噪声，MEMS 加速度计噪声可以表示为以下项的总和。

- 偏差不稳定性。加速度计的偏差不稳定通常用 $mg(10^{-3}\times g)$ 来表示，其中 $g=9.806\ 65\ \text{m/s}^2$

为地球引力单位或重力加速度。

- 加速度随机游动（Acceleration Random Walk，ARW）。它是由突然加入的白噪声引起的加速度误差。ARW 通常用 $\mathrm{mg}/\sqrt{\mathrm{h}}$ 来表示，其中 $1\ \mathrm{mg}/\sqrt{\mathrm{h}} = 1.634\ 442\times10^{-4}\mathrm{m/s^2}/\sqrt{\mathrm{s}}$。
- 速度随机游动（Velocity Random Walk，VRW）。它是加速度测量中白噪声引起的速度误差。VRW 由如下一阶微分方程描述：

$$\frac{\mathrm{d}V}{\mathrm{d}t} = w(t)$$

其中 V 表示速度，w 是白色加速噪声。这种噪声的强度通常用 $\mathrm{m/s}/\sqrt{\mathrm{h}}$ 来表示，$1\ \mathrm{m/s}/\sqrt{\mathrm{h}} = 0.016\ 666\ 7\mathrm{m/s}/\sqrt{\mathrm{s}}$。

- 量化误差。这个误差用 g 表示。

为了开发一个加速度计噪声模型，可以采用与陀螺仪情况中相同的方法。这是由于 MEMS 加速度计噪声的 PSD 和 Allan 方差具有与相应的陀螺仪特性相似的特性。

例 2.15　加速度计噪声模型

该噪声模型是用 M– 文件 `accel_model` 得到的。

在给定的情况下，我们使用 ADIS16405 IMS（惯性测量传感器）中的一个加速度计输出的 10^6 个样本，这些样本是以 $f_s = 100\mathrm{Hz}$ 的频率在静止状态下通过测量得到的（见图 2.64）。零均值噪声的标准差为 $\sigma_{x_a} = 3.247\ 324\times10^{-3}g$。

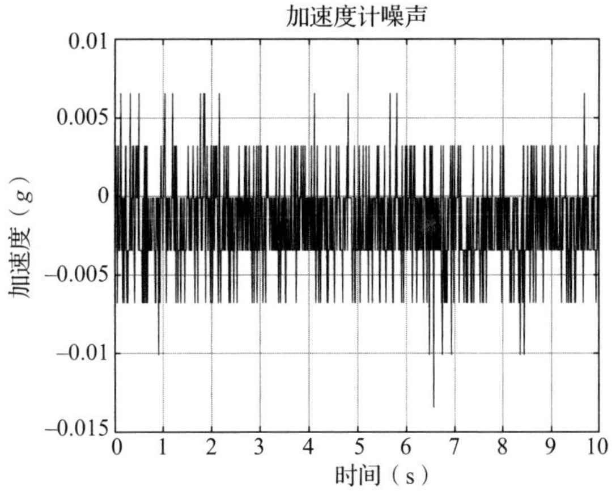

图 2.64　输出加速度计噪声

加速度计噪声建模如下：

$$\tilde{x}_a = x_a^{\mathrm{bias}} + x_a^{\mathrm{arw}} + x_a^{\mathrm{vrw}} \tag{2.109}$$

其中 x_a^{bias}，x_a^{arw} 和 x_a^{vrw} 分别是加速度计偏差不稳定性、加速度随机游动和速度随机游动驱动噪声。未知模型参数偏差不稳定性的时间常数 T_a、偏差不稳定驱动噪声的强度 K_{a_1}、加速度随机游动的强度 K_{a_2}，以及速度随机游动的强度 K_{a_3}。经过 120 次迭代之后，作为优化过程的结果可得

$$T_a = 4\,819.36\ \text{s}$$

$$K_{a_1} = 2.698\,75\ g\sqrt{\text{s}},\ K_{a_2} = 0.002\,066\,06\ g/\sqrt{\text{s}},\ K_{a_3} = 0.003\,031\,17\ gs/\sqrt{\text{s}}$$

加速度计模型（式（2.109））的输出是以 g 为单位测量的。要想获得用 m/s^2 表示的输出，则需将系数 K_{a_1}，K_{a_2} 和 K_{a_3} 乘以 9.806 65。

加速度计噪声 PSD 和模型噪声 PSD 如图 2.65 所示。采用更高阶整形滤波器可以获得更好的结果，但这可能会使噪声模型变得复杂。 □

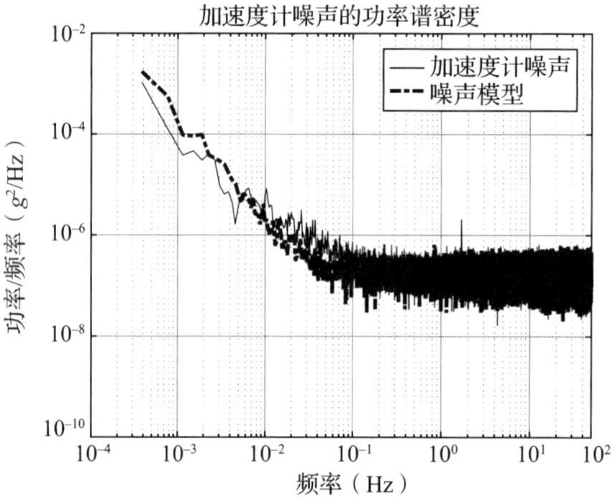

图 2.65 加速度计噪声的频谱密度和模型

在本节的最后我们注意到，在某些情况下，为了降低整个系统的阶次，使用简化的陀螺仪和加速度计噪声是合理的，从而也降低了嵌入式控制器的阶数。例如，在低成本导航系统中，陀螺仪噪声通常仅采用速率随机游动和角度随机游动项建模，而加速度计噪声仅采用速度随机游动项建模。相应的噪声模型可以通过仅使用期望项描述的过程来获得。

2.7.4 传感器数据滤波

本节使用的 MATLAB 文件

文件	描述
filtering_design	单轴姿态估计的卡尔曼滤波器设计
filtering_sim	单轴姿态估计系统的仿真
sim_fusion.slx	Simulink 仿真模型

利用卡尔曼滤波可以将不同传感器获得的数据进行融合，从而比使用单个传感器获得更高的精度，这是基于卡尔曼滤波器的特性以及不同传感器具有独立随机误差这一事实实现的。

例 2.16 单轴姿态估计

考虑使用姿态角测量和陀螺仪速率信息的单轴姿态估计问题。传感器融合模型的框图如图 2.66 所示。陀螺仪输出由参考信号 ω 和附加陀螺仪噪声 $\Delta\omega$ 组成：

$$\tilde{\omega} = \omega + \Delta\omega$$

姿态测量由一个传感器获得，其输出被 $\Delta\theta$ 破坏：

$$\tilde{\theta} = \theta(k) + \Delta\theta$$

陀螺仪和角度测量幅度被用作卡尔曼滤波器的输入，用以产生最优姿态估计 $\hat{\theta}$。量值 $\Delta\hat{\theta} = \theta - \hat{\theta}$ 表示姿态估计误差。

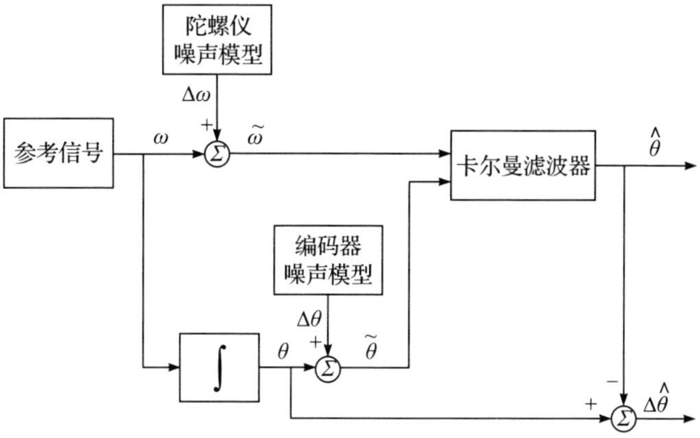

图 2.66　传感器融合模型框图

假设陀螺噪声满足式（2.108）中给出的模型。因此，角速度 $\omega = \dot{\theta}$ 与陀螺仪输出 $\tilde{\omega}$ 的关系如下：

$$\dot{\theta} = \tilde{\omega} - x^{\text{bias}} - x^{\text{rrw}} - x^{\text{arw}} \tag{2.110}$$

其中 x^{bias} 为偏差不稳定性，x^{rrw} 是速率随机游走，x^{arw} 是角度随机游动驱动噪声。需要指出的是，$x(k)^{\text{bias}}$、$x(k)^{\text{rrw}}$ 和 $x(k)^{\text{arw}}$ 是以度为单位进行测量。

式（2.110）被离散化成如下形式：

$$\theta(k+1) = \theta(k) + \Delta T(\tilde{\omega}(k) - x(k)^{\text{bias}} - x(k)^{\text{rrw}} - x(k)^{\text{arw}}) \tag{2.111}$$

其中偏差和速率随机游动分别是如下差分方程的解：

$$x(k+1)^{\text{bias}} = a_d x(k)^{\text{bias}} + b_d K_{g_1} \eta(k)^{\text{bias}} \tag{2.112}$$

$$x(k+1)^{\text{rrw}} = x(k)^{\text{rrw}} + \Delta T K_{g_2} \eta(k)^{\text{rrw}} \tag{2.113}$$

幅度测量的表示形式如下：

$$\tilde{\theta} = \theta(k) + \eta^{\text{enc}} \tag{2.114}$$

其中编码器误差 η^{enc} 代表白色量化噪声。假设使用一个 8 位编码器，量化噪声的强度等于

$$\sigma_{\text{enc}}^2 = q^2 / 12,\ q = 360 / 2^8$$

其中系数 360 对应于以度为单位的测量噪声。

式（2.111）～式（2.114）可写成如下标准形式：

$$
\begin{aligned}
\boldsymbol{x}(k+1) &= \boldsymbol{A}\boldsymbol{x}(k)+\boldsymbol{B}\boldsymbol{u}(k)+\boldsymbol{G}\boldsymbol{v}(k) \\
\boldsymbol{y}(k) &= \boldsymbol{C}\boldsymbol{x}(k)+w(k)
\end{aligned} \tag{2.115}
$$

其中

$$
\begin{aligned}
&\boldsymbol{x}(k)=[\theta(k),\ x(k)^{\text{bias}},\ x(k)^{\text{rrw}}]^{\text{T}} \\
&\boldsymbol{u}(k)=\tilde{\omega}(k) \\
&\boldsymbol{y}(k)=\tilde{\theta}(k) \\
&\boldsymbol{v}(k)=[\eta(k)^{\text{bias}},\ \eta(k)^{\text{rrw}},\ \eta(k)^{\text{arw}}]^{\text{T}}, w(k)=\eta(k)^{\text{enc}}
\end{aligned}
$$

并且

$$
\boldsymbol{A}=\begin{bmatrix} 1 & -\Delta T & -\Delta T \\ 0 & a_d & 0 \\ 0 & 0 & 1 \end{bmatrix},\ \boldsymbol{B}=\begin{bmatrix} \Delta T \\ 0 \\ 0 \end{bmatrix}
$$

$$
\boldsymbol{G}=\begin{bmatrix} 0 & 0 & -\Delta T K_{g_3} \\ b_d K_{g_1} & 0 & 0 \\ 0 & \Delta T K_{g_2} & 1 \end{bmatrix},\ \boldsymbol{C}=[1\ \ 0\ \ 0]
$$

噪声 v 和 w 的协方差由下式给出：

$$
E\{\boldsymbol{v}(k)\boldsymbol{v}_j^{\text{T}}\}=\boldsymbol{V}\delta(j-k),\ E\{\boldsymbol{w}(k)\boldsymbol{w}_j^{\text{T}}\}=\boldsymbol{W}\delta(j-k)
$$

其中 $\boldsymbol{V}=\boldsymbol{I}^3$， $\boldsymbol{W}=\sigma_{\text{enc}}^2$。

式（2.115）用于设计三阶卡尔曼滤波器：

$$
\hat{x}(k+1)=\boldsymbol{A}\hat{\boldsymbol{x}}(k)+\boldsymbol{B}\boldsymbol{u}(k)+\boldsymbol{K}(\boldsymbol{y}(k+1)-\boldsymbol{C}\boldsymbol{A}\hat{\boldsymbol{x}}(k)-\boldsymbol{C}\boldsymbol{B}\boldsymbol{u}(k)) \tag{2.116}
$$

其根据噪声测量值 $\boldsymbol{u}(k)=\tilde{\omega}$， $\boldsymbol{y}(k)=\tilde{\theta}$ 决定了 $\boldsymbol{x}(k)$ 的最优估计 $\hat{\boldsymbol{x}}(k)$。$\boldsymbol{x}(k)-\hat{\boldsymbol{x}}(k)$ 的方差的稳态值

$$
\boldsymbol{P}=E\{(\boldsymbol{x}(k)-\hat{\boldsymbol{x}}(k))(\boldsymbol{x}(k)-\hat{\boldsymbol{x}}(k))^{\text{T}}\}
$$

由相关 Riccati 方程

$$
\boldsymbol{A}\boldsymbol{P}\boldsymbol{A}^{\text{T}}-\boldsymbol{P}+\boldsymbol{V}-\boldsymbol{A}\boldsymbol{P}\boldsymbol{C}^{\text{T}}(\boldsymbol{C}\boldsymbol{P}\boldsymbol{C}^{\text{T}}+\boldsymbol{W})^{-1}\boldsymbol{C}\boldsymbol{P}\boldsymbol{A}^{\text{T}}=0
$$

的正定解 $\boldsymbol{P}$ 给出。

因此，估计误差 $\Delta\hat{\theta}=\theta(k)-\hat{\theta}(k)$ 的预测标准差 σ_{err} 可以确定为元素 $P(1,1)$ 的平方根，由此得到 $\sigma_{\text{err}}=0.040\,478\,5$。需要注意，编码器误差是由标准差 $\sigma_{\text{enc}}=0.405\,949$ 来表示的，其值比 σ_{err} 大 10 倍以上。

在 Simulink 中，使用文件 `sim_fusion.slx` 对式（2.115）和卡尔曼滤波器（式（2.116））进行建模。综合测量是使用真实角速率 $\dot{\theta}=0.015$ deg/s 创建的，进而实际估计误差的标准差为 $\sigma_{\text{err}}=0.040\,227\,5$，其值略小于预测值。

姿态角误差 $\theta-\hat{\theta}$ 与 3σ 界限等于 $\pm0.121\,435$ 的图绘于图 2.67 中，从中可以看出，卡尔

曼滤波器提供了滤波估计，其误差的确被理论上的 3σ 界限所限制。□

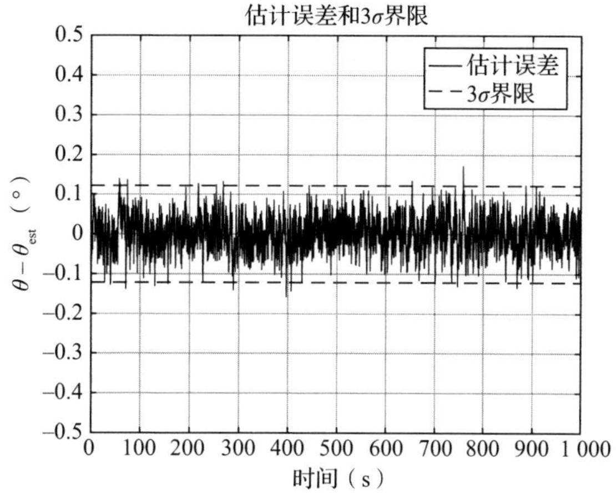

图 2.67　估计误差和界限

2.8　注释和参考文献

数学建模的过程在科学和工程中是必不可少的。控制系统模型的开发是科学研究中一个广阔的领域，关于这个主题有大量文献，例如文献 [2, 20, 59-66]。建立的被控对象模型应考虑结构和参数的不确定性，同时保持模型阶数要低，以便简化控制器设计。

描述小车 – 单摆系统运动方程的详细推导可以在许多文献中找到，如文献 [67] 和文献 [68] 的第 3 章。

非线性模型的线性化几乎在每一本关于控制理论的教材中都可以找到，如文献 [43] 的第 3 章、文献 [62] 的第 4 章、文献 [68] 的第 3 章文献 [69] 的第 2 章都详细描述了这种技巧。

连续时间系统的离散化和各种离散方法的性质也得到了深入研究，可以参考文献 [8, 43, 45] 在文献 [4] 的第 2 章、文献 [8] 的第 11 章、文献 [21] 的第 8 章、文献 [26] 的第 15 章、文献 [43] 的第 12 章以及文献 [45] 的附录 D 中，关于采样频率选择的各种考虑也得到了充分介绍。

随机控制理论在一些教材中得到介绍，如文献 [45] 的第 6 章以及文献 [70-73]。离散时间卡尔曼滤波器由文献 [74] 提出，是现代控制工程中最通用的工具之一。卡尔曼滤波理论在很多书中都有提及，例如文献 [44, 70-71, 73-78]。文献 [79] 值得特别注意，因为它详细考虑了 MATLAB 中卡尔曼滤波的应用。文献 [80] 的第 13 章给出了关于卡尔曼滤波理论的一个非常易读的介绍。

正如文献 [81] 所指出的，控制科学基本上是一门基于模型的学科，控制的性能取决于表示数据的模型的准确性。建立不确定性被控对象模型是鲁棒控制系统设计中的一个重要步骤。遗憾的是，与具有固定结构和参数的被控对象建模相比，不确定性被控对象模型的建立可能要困难得多。

在文献 [82] 的第 10 章中可以找到关于 LFT 性质的详细讨论以及它们在不确定性系统建模中的应用。

文献 [55, 57, 83-84] 中详细描述了陀螺仪和加速度计的系统和随机误差的不同组成。文献 [72, 85-86] 提出了建立 MEMS 传感器噪声模型的技术。为了得到一阶 Gauss-Markov 或更高阶的自回归模型，有时更倾向于利用噪声的自相关函数来代替 PSD。然而，正如文献 [57] 中指出的，相关法对模型是非常敏感的，不适合高阶过程。

第 3 章
性能要求和设计限制

控制器设计旨在提供一个控制信号（控制作用），该信号将迫使被控对象或系统按所期望的方式运行，即根据一组性能要求来改变输出。在经典控制中，性能指标可以根据理想或期望的时域和频域测度给出，例如阶跃响应指标（例如超调量、上升时间、调节时间）、频率响应指标（例如带宽、穿越频率、谐振频率、谐振阻尼），以及根据增益裕度（Gain Margin，GM）和相位裕度（Phase Margin，PM）确定的相对稳定性。此外，在干扰衰减和噪声抑制方面也给出了一些重要指标。一个非常重要的要求就是，在不同的被控对象不确定性存在的情况下实现必要的性能，即确保闭环系统的鲁棒性。

在本章中，我们考虑了一些重要的问题，这些问题涉及闭环线性系统的性能要求以及实现控制目标的基本设计限制。由于在连续时间的情况下有明确的物理解释，性能指标用连续时间形式表示。首先，我们介绍了相对简单的单输入单输出（Single-Input–Single-Output，SISO）系统的情况，这在经典控制理论中是得到充分研究的。此类系统设计中的权衡或折中问题将会详细说明。然后，我们讨论了更加复杂的多输入多输出（Multiple-Input–Multiple-Output，MIMO）系统的情况，通过使用确定性闭环传递函数矩阵的奇异值图来研究其性能。控制器设计中的一个重要问题是不同不确定性存在情况下的闭环系统性能问题。在本章的最后，我们介绍了一些基于小增益定理和结构奇异值（Structured Singular Value，SSV）的不确定性线性系统鲁棒性分析的当代方法的相关知识。

3.1 SISO 闭环系统

本节使用的 MATLAB 函数

函数	描述
loopsens	闭环系统的灵敏度函数

负反馈 SISO 系统的典型框图如图 3.1 所示。它由一个传递函数为 G 的控制被控对象和一个传递函数为 K 的单自由度控制器组成，控制器只有一个输入。闭环系统受参考信号 r、干扰 d 和测量噪声 n 的影响。控制器 $K(s)$ 的输入是 $r-y_m$，其中 $y_m=y+n$ 是测量的输出。

在更一般的情况下，干扰被应用于一个单独的被控对象输入，它反映了其在被控对象某个内部点的作用行为。由于被控对象是线性的，它的输出可以用下式表示：

$$y=G_u(s)u+G_d(s)d$$

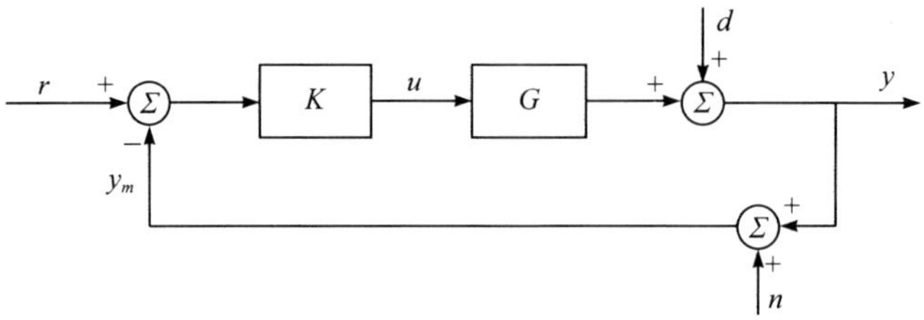

图 3.1 SISO 系统的框图

其中 G_u 和 G_d 是关于控制和扰动的相应传递函数。

这样，系统就简化为图 3.2 所示的形式，这意味着以适当的方式修改干扰，该系统可以再次用图 3.1 中的框图表示。

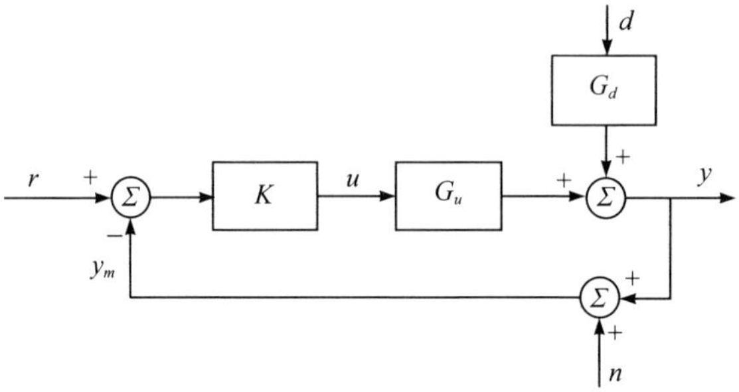

图 3.2 干扰转换为被控对象输出

控制作用（被控对象输入）由下式获得：

$$u = K(s)(r - y - n) \tag{3.1}$$

控制目标是获得一个信号 u（即设计一个控制器 K），使得在干扰 d 和噪声 n 存在的情况下，系统误差 $e := y - r$ 仍然很小。

施加到系统的外部作用具有不同的特征。参考信号 r 和干扰 d 通常具有确定的特征，它们的频谱在低频范围内。测量噪声 n 是一个随机过程，其频谱通常在高频范围内。这些作用的确定是在被控对象函数分析的基础上完成的，也可能需要进行一些实验。

使用反馈控制的原因是：

1）信号中的不确定性——不确定的干扰和不准确的噪声统计特征。

2）被控对象模型的不确定性。

3）被控对象的不稳定性。

第三个原因来自这样一个事实，即不稳定的被控对象只能通过反馈来稳定。

在一般情况下，反馈的使用降低了由信号不确定性和被控对象模型不确定性导致的模型不确定性。

对于图 3.1 所示的系统，被控对象模型由下式描述：

$$y = Gu + d \tag{3.2}$$

将式（3.1）代入式（3.2）可得

$$y = GK(r - y - n) + d$$

或者

$$(I + GK)y = GKr + d - GKn$$

因此，闭环系统响应为

$$y = \underbrace{\frac{GK}{I + GK}}_{T} r + \underbrace{\frac{1}{I + GK}}_{S} d - \underbrace{\frac{GK}{I + GK}}_{T} n \qquad (3.3)$$

系统误差为

$$e = y - r = -Sr + Sd - Tn \qquad (3.4)$$

其中利用了 $T - 1 = -S$ 的事实。对应的被控对象输入是

$$u = KS(r - d - n) \qquad (3.5)$$

此外，我们使用以下符号：

$L = GK$——闭环系统的传递函数

$S = \dfrac{1}{I + GK} = \dfrac{1}{I + L}$——灵敏度函数

$T = \dfrac{GK}{I + GK} = \dfrac{L}{I + L}$——互补灵敏度函数

式（3.3）可以改写为

$$y = Tr + Sd - Tn \qquad (3.6)$$

显然，S 是从干扰到输出的闭环传递函数，T 是从参考信号到输出的闭环传递函数。传递函数 T 则可被认为是噪声传递函数。T 的互补敏感性术语来自恒等式

$$S + T = 1 \qquad (3.7)$$

开环传递函数 L 和敏感度函数 S 及 T 是由传递函数 G 和 K 来确定的，在 MATLAB 中可使用函数 `loopsens` 来完成。

通过使用二自由度控制器可以实现更好的闭环性能。典型的二自由度控制器如图 3.3 所示，它具有独立的参考输入信号 r、测量输出 y_m 以及一个输出 u。线性二自由度控制器可以分解成两个块：

$$K = [K_r \quad K_y]$$

其中 K_y 是反馈部分，K_r 是一个参考预滤波器。因此，可以得到

$$u = K_r r + K_y y_m \qquad (3.8)$$

这种情况下的闭环系统结构如图 3.4 所示。反馈用于减少不确定性影响（干扰和模型误差），而预滤波器确保必要的跟踪精度。

考虑到式（3.8），在二自由度控制器情况下，闭环传递函数可以很容易地被修改。

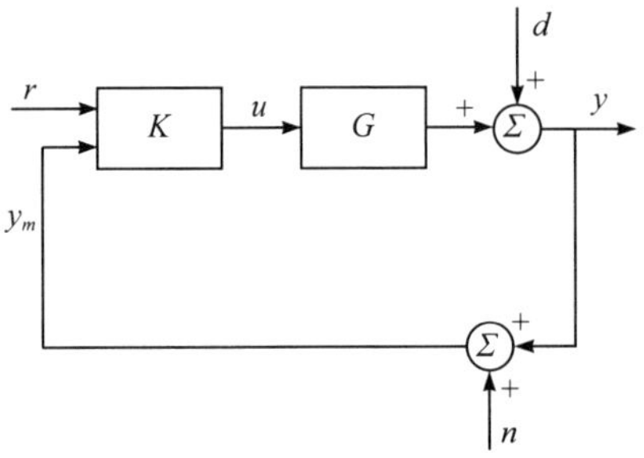

图 3.3 二自由度控制器

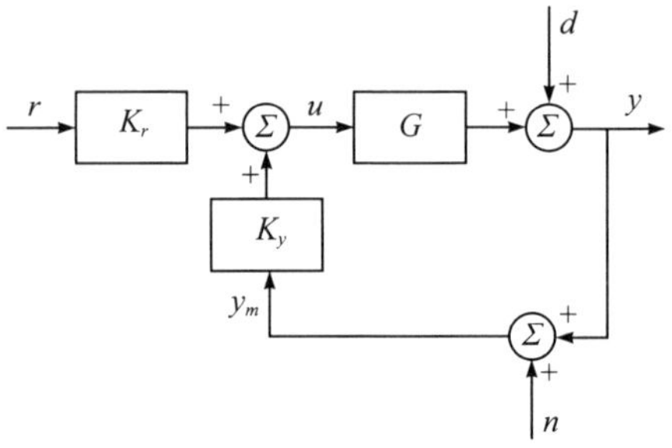

图 3.4 具有预滤波器和反馈的二自由度控制器

3.2 SISO 系统性能指标

本节所使用到的 MATLAB 函数

函数	描述
loopmargin	闭环系统的稳定裕度
bode	伯德频率响应
nyquist	Nyquist 频率响应

3.2.1 时域指标

SISO 系统在阶跃参考情况下的时域性能标准指标如图 3.5 所示。最重要的时域特性如下：

- 超调量：阶跃响应的第一个峰值除以稳态值 y_{ss}。在单位阶跃响应的情况下，超调量由 M 值给出，并以百分比表示。通常，它不应超过 30%。
- 上升时间（t_r）：输出信号达到其稳态值的 90% 所需的时间，应该尽可能小。
- 调节时间（t_s）：单位阶跃响应保持在其稳态值的 5% 以内的最短时间，应该尽可能小。
- 稳态误差（偏移）：输出响应的稳态值与其参考值之间的差，应该尽可能小。

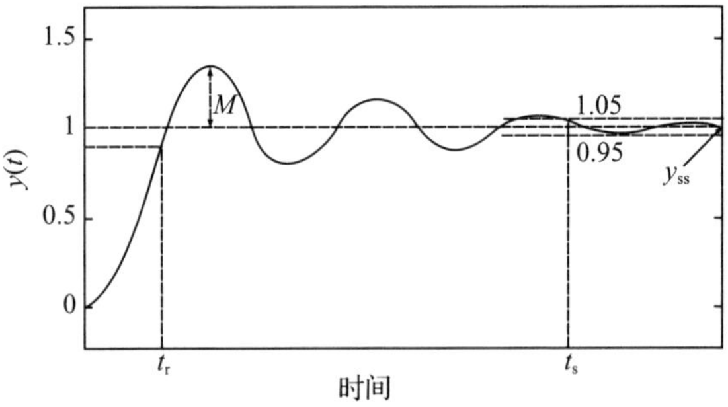

图 3.5 时域性能指标

3.2.2 频域指标

频域中的重要性能指标是 GM 和 PM、灵敏度函数的最大峰值、穿越频率和带宽频率。

令 $L(s)$ 为带负反馈的开环系统的传递函数。开环系统的典型伯德图如图 3.6 所示，其中展示了 GM 和 PM 的概念。

GM 的定义如下：

$$\mathrm{GM}=\frac{1}{|L(\mathrm{j}\omega_{180})|} \tag{3.9}$$

其中相位穿越频率 ω_{180} 是 $L(\mathrm{j}\omega)$ 的相位频率响应穿越 −180° 轴的频率，即

$$\angle L(\mathrm{j}\omega 180)=-180° \tag{3.10}$$

GM 是一个系数，在闭环系统变得不稳定之前，开环增益 $|L(\mathrm{j}\omega)|$ 可能会增加。通常要求 $GM>2=6\mathrm{dB}$。

PM 的定义如下：

$$\mathrm{PM}=\angle L(\mathrm{j}\omega_c)+180° \tag{3.11}$$

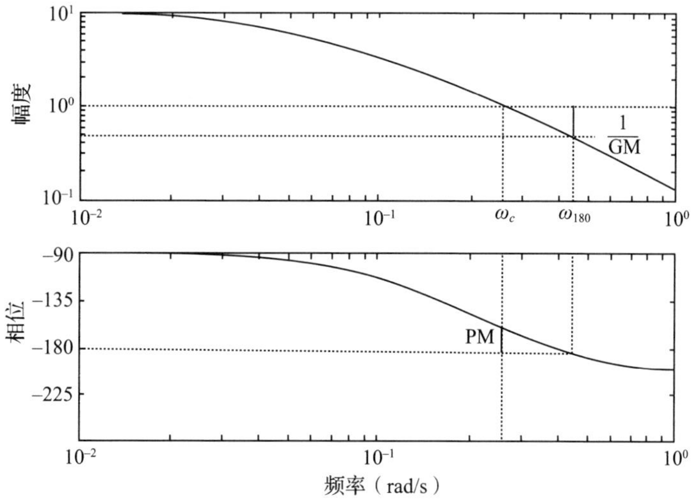

图 3.6　标注 PM 和 GM 的开环系统的伯德图

其中增益穿越频率 ω_c 是 $|L(\mathrm{j}\omega)|$ 第一次从上面穿过 1 的频率，即

$$|L(\mathrm{j}\omega_c)|=1$$

PM 显示在频率 ω_c 处的相位变为 −180° 之前，在频率 ω_c 处可以向 $L(s)$ 添加多少负相位（相位滞后），这对应于闭环不稳定性。通常要求 PM 大于 30°。

替代经典的 GM 和 PM 的方案是圆盘裕度。圆盘裕度是复平面的最大区域，对于该区域内的所有增益和相位变化，使得标称闭环系统是稳定的。圆盘裕度的定义如图 3.7 所示，图中显示了三阶开环系统的 Nyquist 图，其传递函数为

$$L(s)=\frac{0.22s+11}{0.28s^3+1.437s^2+6.6s+18}$$

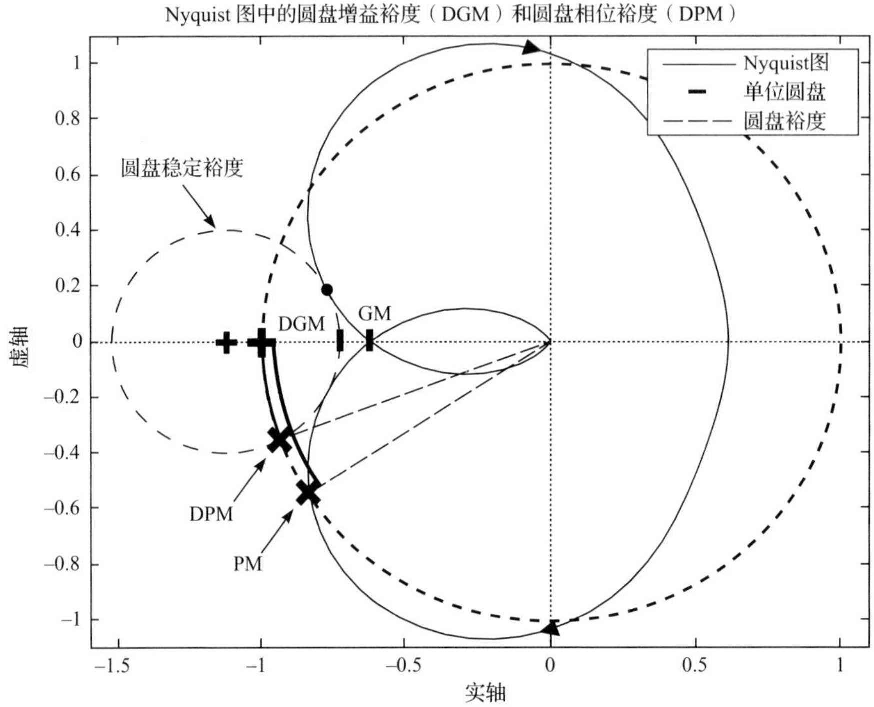

图 3.7　圆盘增益裕度和相位裕度

由 GM 和 PM 指代的穿越点表示的是系统的经典 GM 和 PM，而由圆盘增益裕度（Disk Gain Margin，DGM）和圆盘相位裕度（Disk Phase Margin，DPM）指代的点分别表示圆盘增益和圆盘 PM。圆盘裕度提供了经典 GM 和 PM 的下限 [50]。经典的和圆盘的稳定裕度都可以使用鲁棒控制工具箱函数 `loopmargin` 来确定。

在不确定性系统模型的情况下，使用最坏情况的 GM 和 PM 更合适（参见 3.8 节）。

GM 和 PM 与如下定义的灵敏度和互补灵敏度函数的最大峰值有关：

$$M_s = \max_{\omega} |S(j\omega)|, M_T = \max_{\omega} |T(j\omega)|$$

在文献 [87] 中可以证明，对于 M_T=2（6dB），可以保证 GM≥1.5 和 PM≥29°，并且对于 M_S 也存在类似关系。较大的 M_S 和 M_T 值表明性能差和鲁棒性差。

闭环带宽表征暂态响应速度。将闭环系统视为低通滤波器，更大的带宽意味着更快的响应，因为高频信号在系统输出上通过的速度更快。然而，如 3.3 节所示，带宽的增加也会增加噪声影响和参数变化。

闭环带宽 ω_B 是最高频率，在此频率处 $|T(j\omega)|$ 从上方穿越 $\frac{1}{\sqrt{2}}=0.707(\approx -3\text{dB})$。

可以通过使用灵敏度函数 S 而不是 T 来给出带宽的替代定义。

3.3　SISO 系统设计中的折中

本节使用的 MATLBA 函数

函数	描述
loopmargin	闭环系统的稳定裕度
pole	传递函数极点
zero	传递函数零点和增益
bodemag	伯德幅度图

在本节中，我们简要讨论了对 SISO 系统性能的限制，这些在控制器设计中进行了折中。

3.3.1　对 S 和 T 的限制

如式（3.7）所示，SISO 系统的灵敏度 S 和互补灵敏度 T 满足

$$S+T=1$$

在理想情况下，对于小的跟踪误差和干扰影响，S 应该很小，T 也应该很小以减少测量噪声影响。不幸的是，S 和 T 不能同时变小。对于每个频率 ω，$|S(\mathrm{j}\omega)|$ 或 $|T(\mathrm{j}\omega)|$ 应大于或等于 0.5。这意味着应该对 S 和 T 的频率响应进行整形或重塑，用以实现干扰衰减和噪声抑制之间的折中。

下面的结果阐明了灵敏度函数的局限性：

（伯德积分公式） *假设开环传递函数 $L(s)$ 的极点至少比零点多两个，并且设 $S(s)$ 是灵敏度函数。如果开环传递函数在右半平面有极点 $\{p_i{:}i=1,\cdots,N_p\}$，那么对于闭环稳定性，灵敏度函数必须满足*

$$\int_0^{\infty}\ln|S(\mathrm{j}\omega)|\,\mathrm{d}\omega=\int_0^{\infty}\ln\frac{1}{|1+L(\mathrm{j}\omega)|}\mathrm{d}\omega=\pi\sum_{i}^{Np}\mathrm{Re}(p_i) \tag{3.12}$$

其中 $\mathrm{Re}(p_i)$ 表示极点 p_i 的实部。

式（3.12）表明，如果灵敏度函数在某些频率下变小，它就应该在其他频率下增加，这样 $\ln|S(\mathrm{j}\omega)|$ 的积分才能保持不变。这意味着控制器设计可被视为干扰衰减在不同频率上的重新分布。如果干扰衰减在某些频率范围内得到改善，则在其他频率范围内就会被恶化，这种特性通常称为水床效应。如果 $N_p>0$，则灵敏度减少区域 $(\ln|S(\mathrm{j}\omega)|<0)$ 小于灵敏度增加区域 $(\ln|S(\mathrm{j}\omega)|>0)$，该数量值与从右半平面极点到虚轴的距离之和成正比。这表明，环路增益的一部分本应用于降低灵敏度的，反而却必须用于将不稳定极点拉入左半平面 [88]。

与式（3.12）类似，关于互补灵敏度函数 T 可以证明以下结果：

$$\int_0^{\infty}\frac{\ln|T(\mathrm{j}\omega)|}{\omega^2}\mathrm{d}\omega=\pi\sum_{j}^{N_z}\frac{1}{\mathrm{Re}(z_j)} \tag{3.13}$$

其中 N_z 是右半平面零点的数量。根据式（3.12）和式（3.13），可以得出结论，快的右半平面极点（较大的 $\mathrm{Re}(p_i)$）比慢的极点更差，慢的右半平面零点（较小的 $\mathrm{Re}(z_j)$）比快的零点更差。

3.3.2 右半平面极点和零点

被控对象的极点和零点，尤其是那些在右半平面中的极点和零点（不稳定极点和非最小相位零点）可能对闭环系统动力学产生强烈影响。从经典的根轨迹分析可知，当开环增益趋于无穷大时，闭环极点趋向于开环零点。这就是为什么非最小相位零点的存在会导致大增益情况下系统不稳定。在系统中，小的非最小相位零点是非常危险的，它会严重限制闭环带宽，从而限制闭环响应的速度。

由闭环动力学分析可以得出以下结论[43]。

- 如果主导闭环极点实部的绝对值大于最小的非最小相位开环零点，则时间响应表现为很大的下冲。这就是闭环带宽应设置为小于最小的非最小相位零点的原因。
- 如果主导闭环极点实部的绝对值大于最小的稳定开环零点的绝对值，则会出现明显的超调量。
- 如果主导闭环极点的实部绝对值小于最大的不稳定开环极点的绝对值，则会出现较大的超调量，或者系统误差会迅速改变其符号。这就是为什么闭环带宽应该设置为大于每个不稳定极点的实部。
- 如果主导闭环极点的实部绝对值大于最小的稳定开环极点的绝对值，则会再次出现超调量。

上述情况意味着闭环带宽应该位于较大的不稳定开环极点和最小的非最小相位开环零点之间，即

$$\max_{\mathrm{Re}(P_k)>0} |p_k| < \omega_B < \max_{\mathrm{Re}(z_j)>0} |z_j|$$

如果这个关系不成立，那么闭环系统可能会出现不好的响应。

例 3.1 被控对象极点和零点的影响

考虑以下被控对象模型：

$$G(s)=\frac{s-z}{s(s-p)}$$

闭环极点被配置到 $\{-1,-1,-1\}$。那么对应的控制器是

$$K(s)=K_c\frac{s-z_c}{s-p_c}$$

表 3.1 中给出了 4 种被控对象零极点配置情况下的控制器参数。这些情况下的单位阶跃响应如图 3.8 所示。

表 3.1 不同零极点配置的控制器参数

参数	情况 1	情况 2	情况 3	情况 4
	p=−0.5	p=−0.5	p=0.2	p=0.5
	z=−0.1	z=0.5	z=0.5	z=0.2
K_c	20.625 0	−3.750 0	−18.800 0	32.500 0
p_c	18.125 0	−6.250 0	−22.000 0	29.000 0
z_c	−0.484 8	−0.533 3	−0.106 4	0.153 8

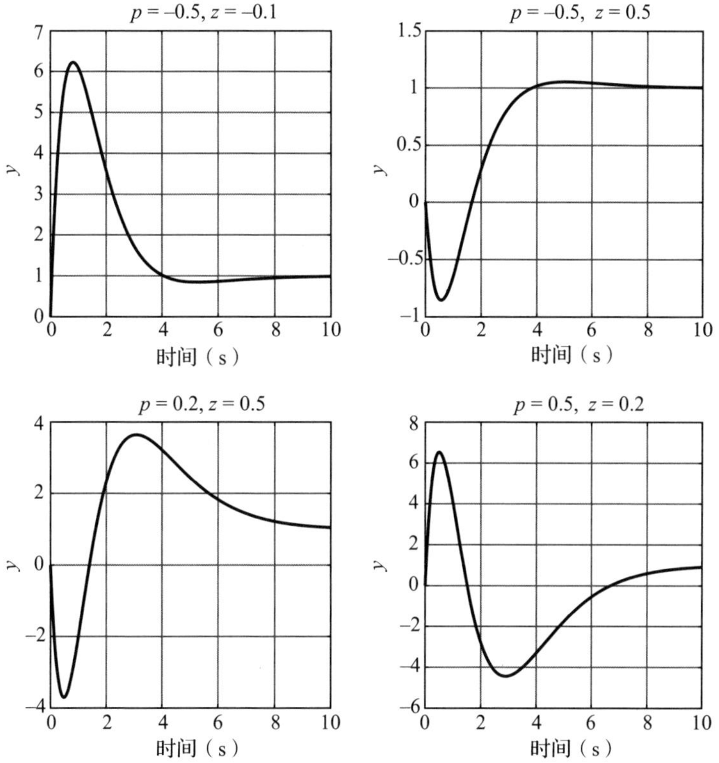

图 3.8 4 个零极点配置的被控对象输出

从得到的响应曲线中可以得出以下结论。

情况 1（非常小的稳定零点）可以看出暂态响应有很大的超调量。

情况 2（非最小相位零点，稳定极点）基于非最小相位零点，有一个较大的下冲。也存在一个小的超调量，因为稳定极点是 −0.5。

情况 3（非最小相位零点，小的不稳定极点）首先，由于存在非最小相位零点，则存在一个较大的下冲。其次，基于不稳定极点，可看到明显的超调量。

情况 4（小的非最小相位零点，大的不稳定极点）在这种情况下，非最小相位零点导致下冲，不稳定极点导致超调量。与情况 3 相比，此时的超调量更大，这是由于不稳定极点位于非最小相位零点的右侧。 □

需要注意的是，开环极点取决于系统的内在动力学，并且会受到被控对象结构变化的影响。与此不同，开环零点取决于传感器和执行器如何与状态耦合。因此，可以通过移动传感器和执行器或通过添加传感器和执行器来影响零点[89]。

3.3.3 时滞引起的限制

被控对象时滞对闭环性能的影响类似于非最小相位零点的影响。

考虑一个涉及时滞 $e^{-\tau s}$ 并且没有非最小相位零点的被控对象 $G(s)$。根据时滞的帕德近

似㊀，可得

$$e^{-\tau s} \approx \frac{1-\tau/2s}{1+\tau/2s}$$

能够得出近似的被控对象在 $2/\tau$ 处具有非最小相位零点。根据上面给出的建议，闭环带宽应满足

$$\omega_c < \frac{1}{\tau} \qquad (3.14)$$

3.3.4 测量噪声引起的限制

如前所述，测量噪声对系统输出和控制作用的影响由式（3.15）和式（3.16）给出：

$$y = -Tn \qquad (3.15)$$

$$u = -KSn \qquad (3.16)$$

从式（3.15）可以看出，如果 $|T(\mathrm{j}\omega)|$ 在频域中很小，噪声对系统输出的有害影响可能会减弱，其中 $|n(\mathrm{j}\omega)|$ 意义重大。由于噪声在高频范围内通常很重要，因此它对闭环带宽施加了上限。

需要指出的是，测量噪声对被控对象输入的影响可能比其对系统输出的影响要强得多。这在图 3.9 中进行了说明，并显示了 G 和 L 的典型特征。

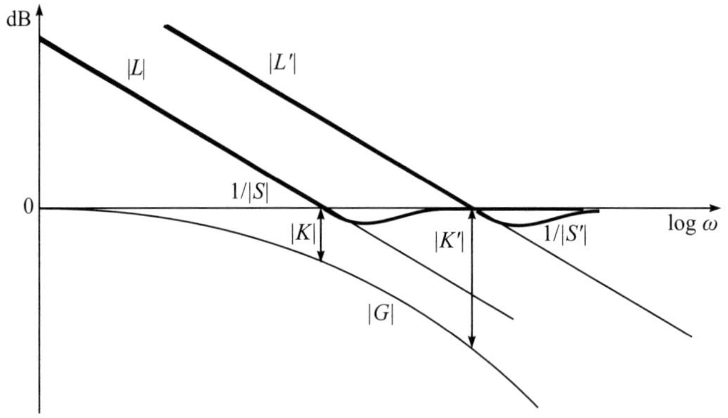

图 3.9 带宽增加导致的噪声放大

从式（3.16）可以看出，在低频范围内，$|L|=|GK|$ 远大于 1，控制作用中的噪声 $n_u \approx -(1/G)n$ 不依赖于控制器 K。然而，在高频范围内，$|L|$ 远小于 1，$n_u \approx -Kn$，这样，如果控制增益很大，可能会导致控制作用中噪声放大。

从图 3.9 可以看出，开环增益从 L 增加到 L' 是以 $|K|$ 增加到 $|K'|$ 为代价获得的，即以对

㊀ 帕德近似（Pade approximation）是有理函数逼近的一种方法，由法国数学家亨利·帕德发明的有理多项式近似法。帕德近似往往比截断的泰勒级数准确，而且当泰勒级数不收敛时，帕德近似往往仍可行，所以多用于计算机数学中。——译者注

被控对象输入产生较大噪声影响为代价获得。噪声强度及其功率增加不仅是因为 $|K'|>|K|$，也是因为噪声功率与带宽成正比。

当噪声很大时，执行器可能会饱和，导致有效增益降低，信号失真增加，系统精度下降。这就是噪声对执行器输入的影响应该受到限制的原因。这通过限制 $|K|$ 来限制开环增益。

3.3.5　干扰引起的限制

根据式（3.6），干扰对系统输出的影响由下式给出：

$$y = Sd$$

假设干扰 d 仅在带宽 B_d 中具有有效或显著功率。在这种情况下，希望在 B_d 范围内具有较小的 $|S(\mathrm{j}\omega)|$ 值。这意味着在这个频率范围内 $S(\mathrm{j}\omega)\approx 0$，$T(\mathrm{j}\omega)\approx 1$。

因此，为了在干扰存在的情况下实现可接受的闭环性能，有必要对闭环带宽设置一个下限。

3.3.6　控制作用引起的限制

在实际系统中，所有执行器都以幅值或速率饱和的形式限制最大输出。由于参考值、干扰或噪声快速变化，控制作用的峰值会出现。如式（3.5）所示，对于一自由度回路，控制器输出由下式给出：

$$u = KS(r-d-n)$$

因为 $KS = T/G$，可得

$$u = \frac{T}{G}(r-d-n) \tag{3.17}$$

由式（3.17）可知，如果闭环带宽远大于被控对象 $G(s)$ 的带宽，则传递函数 $K(s)S(s)$ 将显著放大在 $r(\mathrm{j}\omega)$、$d(\mathrm{j}\omega)$ 和 $n(\mathrm{j}\omega)$ 中的高频分量。

例 3.2　大幅度的控制作用

考虑以下被控对象和控制器，

$$G(s)\frac{1}{(2s+1)(0.5s+1)}$$

$$K(s)\frac{9(0.4s+1)}{0.3s+1}$$

控制作用对参考信号、干扰和噪声的灵敏度由如下传递函数决定：

$$K(s)S(s) = \frac{T(s)}{G(s)} = \frac{3.6s^3+18s^2+26.1s+9}{0.3s^3+1.75s^2+6.4s+10}$$

被控对象、闭环系统和控制作用灵敏度（由 $|K(\mathrm{j}\omega)S(\mathrm{j}\omega)|=|T(\mathrm{j}\omega)/G(\mathrm{j}\omega)|$ 确定）的幅度响应如图 3.10 所示。可以看出，闭环带宽大约是被控对象带宽的 10 倍。这导致高频范围内的控制具有高灵敏度，从而导致在参考信号、干扰或噪声中存在高频分量的情况下产生

大幅度的控制作用。

这样，我们可以得出结论：为了避免执行器饱和，有必要对闭环带宽设置上限。

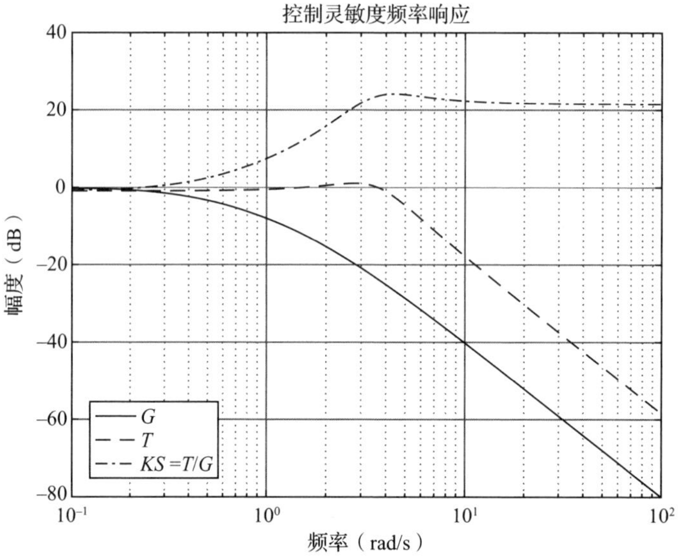

图 3.10　被控对象、闭环系统和控制作用灵敏度的幅度响应

3.3.7　模型误差引起的限制

通常，控制器设计是基于标称被控对象模型进行的，之后添加一定的要求使得相应的闭环系统能够对实际模型和标称模型之间的差异不敏感。闭环系统的这种特性被称为鲁棒性。在 3.7 节和 3.8 节中更详细地研究了存在不同类型不确定性时的闭环鲁棒性。在这里，我们以简化形式来考虑非结构化摄动对闭环动力学的影响。

如第 2 章介绍的，对于 SISO 系统，由非结构化不确定性导致的建模误差可以表示为

$$y(s)=G(s)u(s)=G_{\text{nom}}(s)(1+G_{\Delta}(s))$$

其中 $G_{\text{nom}}(s)$ 是标称被控对象模型，$G(s)$ 是由下式给出的模型乘性误差：

$$G_{\Delta}(s)=\frac{G_{\delta}(s)}{G_{\text{nom}}(s)}=\frac{G(s)-G_{\text{nom}}(s)}{G_{\text{nom}}(s)}$$

标称模型和实际模型之间的差也可以表示为标称闭环灵敏度和实际闭环灵敏度之间的差。如果我们表示标称灵敏度函数如下：

$$S_{\text{nom}}(s)=\frac{1}{1+G_{\text{nom}}(s)K(s)}$$

则在模型误差存在的情况下，可以获得如下实际灵敏度函数：

$$S(s)=S_{\text{nom}}(s)S_{\Delta}(s)$$

其中

$$S_{\Delta}(s)=\frac{1}{1+T_{\mathrm{nom}}(s)G_{\Delta}(s)}$$

通常，标称模型在低频范围内能以足够的精度表示被控对象行为，即在被控对象输入恒定或缓慢变化的情况下。建模精度随着频率的增加而恶化，因为在标称模型中被忽略的动力学特征变得相当可观。这意味着 $|G(\mathrm{j}\omega)|$ 随着频率的增加将变得更加重要。因此，为了在建模误差存在的情况下获得可接受的性能，有必要对闭环带宽设置上限。

我们可以做一总结，即在 SISO 系统的控制器设计中，有必要做出一些折中，这由以下基本限制来决定：

$$S_{\mathrm{nom}}(s)=1-T_{\mathrm{nom}}(s)$$

即干扰仅在 $|T(\mathrm{j}\omega)|\approx 1$ 的频率处被抑制：

$$y(s)=-T_{\mathrm{nom}}(s)n(s)$$

即测量噪声 $n(t)$ 仅在 $|T(\mathrm{j}\omega)|\approx 0$ 的频率处被抑制。

$$u(s)=\frac{T_{\mathrm{nom}}(s)}{G(s)}(r(s)-d(s)-n(s))$$

即较大的控制作用发生在 $|T(\mathrm{j}\omega)|\approx 1$ 但 $|G(\mathrm{j}\omega)|\ll 1$ 的频率处，当闭环系统比被控对象的响应快得多时会发生这种情况：

$$S(s)=S_{\mathrm{nom}}(s)S_{\Delta}(s)$$

其中

$$S_{\Delta}(s)=\frac{1}{1+\mathrm{T}_{\mathrm{nom}}(s)G_{\Delta}(s)}$$

即在模型不准确的频率下对参考信号和干扰的快速响应会危及闭环稳定性。需要注意，建模误差 $G_{\Delta}(s)$ 的幅度和相位在高频范围内通常会增加。

在闭环响应中，强制闭环变得比非最小零点更快将会导致大的下冲。

有必要强调，这些设计折中与控制器设计中使用的方法无关。

例 3.3　控制器设计中的折中

下面的例子说明了控制器设计中的一些折中。

考虑图 3.1 所示的系统，它是二阶被控对象，其传递函数描述为

$$G=\frac{K_{\mathrm{O}}}{T_{\mathrm{O}}^{2}S^{2}+2\xi T_{\mathrm{O}}s+1}$$

其中 $K_{\mathrm{O}}=10$， $T_{\mathrm{O}}=1$， $\xi=0.5$ 。

作为控制器，我们将使用 3 个具有不同增益的超前补偿器：

$$K_{1}=2\times\frac{\tau_{1}s+1}{\tau_{2}s+1},K_{2}=5\times\frac{\tau_{1}s+1}{\tau_{2}s+1},K_{3}=10\times\frac{\tau_{1}s+1}{\tau_{2}s+1}$$

其中 $\tau_1 = 1$， $\tau_2 = 0.02$ 。

3 个控制器作用下的闭环系统的伯德图如图 3.11 所示。可以看出，最大的闭环带宽对应于最高增益控制器（第 3 个控制器）。

对应于控制器 K_1, K_2 和 K_3 的输出闭环响应如图 3.12 所示。随着控制器增益的增加，上升时间减少，但超调量却增加。需要注意，进一步增加控制器增益可能会导致闭环不稳定。

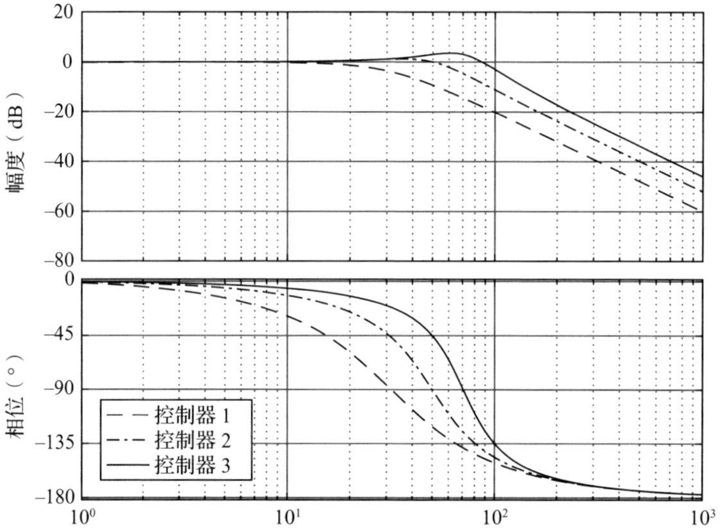

图 3.11 闭环系统的伯德图

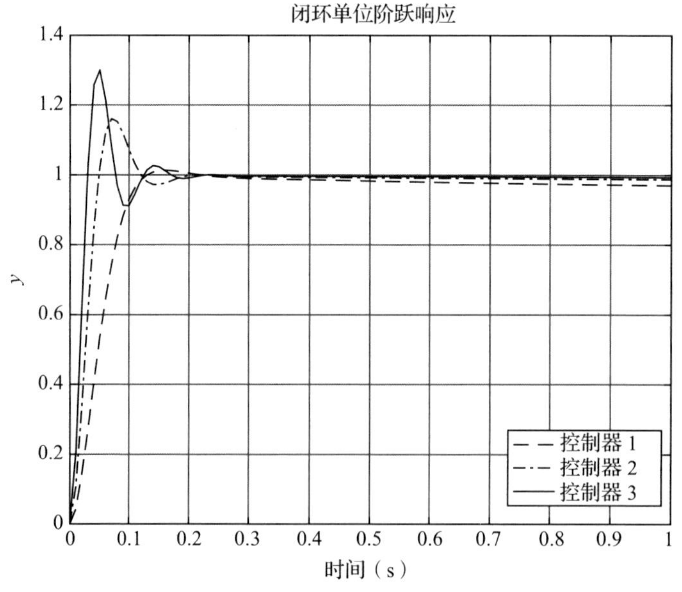

图 3.12 闭环暂态响应

3 个控制器产生的控制作用如图 3.13 所示。第 3 个控制器的最快响应是以初始时刻最大的控制脉冲为代价获得的。这种脉冲可能导致执行器饱和和闭环系统性能不佳。

对应于输出灵敏度函数的幅度响应如图 3.14 所示。对于最高增益（第 3 个控制器）的情况，对应的灵敏度函数在低至 1 rad/s 的低频范围内具有最小值（−40 dB），这意味着使用此控制器时，在该范围内的频谱干扰将被抑制到原来的 1/100。

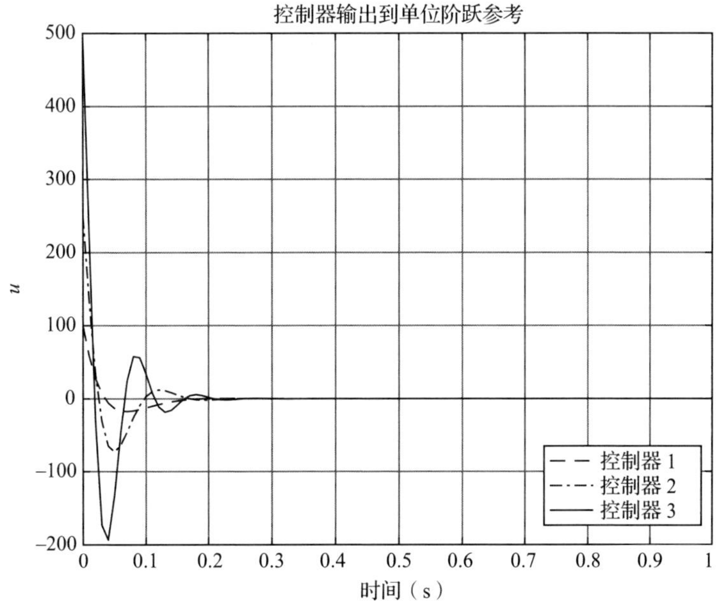

图 3.13　单位阶跃参考的控制器输出

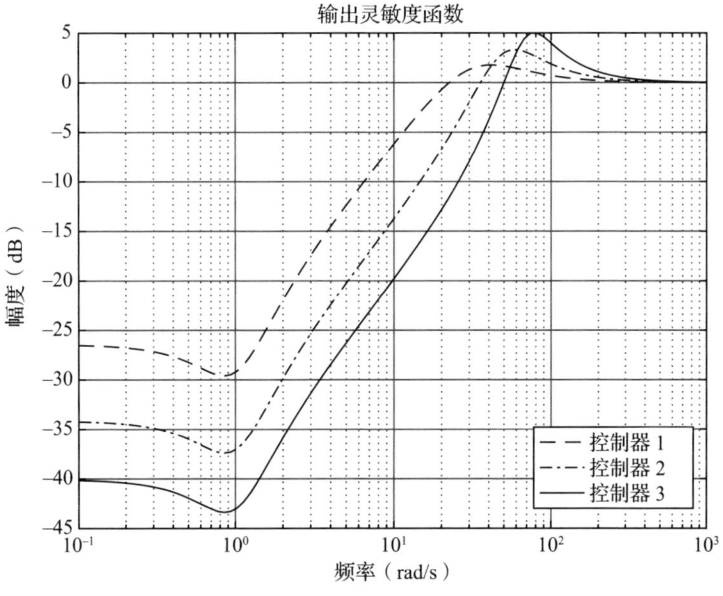

图 3.14　输出灵敏度函数的幅度响应

对单位幅度和频率为 0.2 rad/s 的正弦干扰的暂态响应如图 3.15 所示。在第 3 个控制器的情况下，该响应的幅度等于 0.01，这与输出灵敏度函数的频率分析所预测的一样。

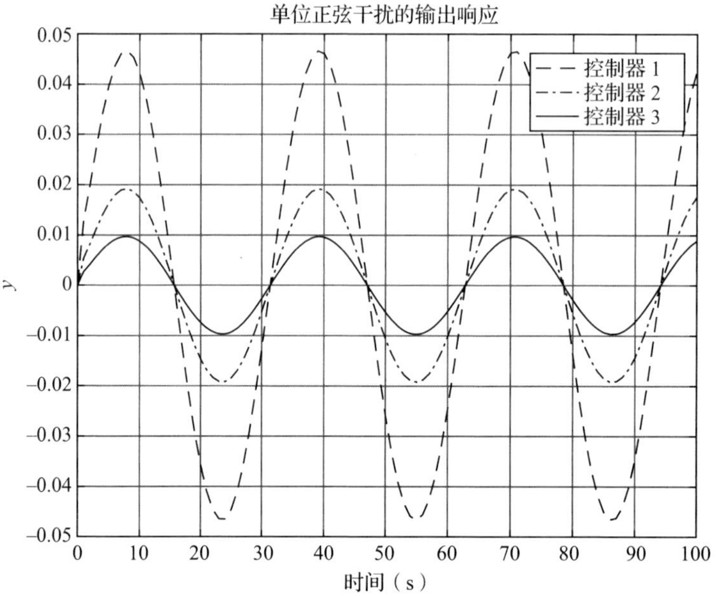

图 3.15　对正弦干扰的暂态响应

最后，考虑测量噪声对系统行为的影响。测量噪声由随机数发生器 `rand` 生成，均值为 0，标准差等于 5.8×10^{-3}。

从图 3.16 所示的暂态响应中可以看出，在第 3 个控制器（最高增益）的情况下，测量噪声的影响最大。这一点也能从互补灵敏度函数（见图 3.11）的幅度响应中得出，其等于噪声传递函数的符号。

在被控对象输入端，测量噪声可能会产生大的噪声，从而导致执行器饱和。对于正在考虑的例子，闭环“测量噪声 – 被控对象输入”的传递函数由下式给出：

$$W_1=-K_1S_1,\ W_2=-K_2S_2,\ W_3=-K_3S_3$$

图 3.17 给出了该回路对 3 个控制器的幅度响应。显然，被控对象输入端的高频噪声幅值将随着控制器增益的增加而增加。

基于测量噪声的原因，被控对象输入端的闭环暂态响应如图 3.18 所示。对于第 3 个控制器，被控对象输入处的噪声强度比测量噪声强度高几倍，并且明显高于系统输出处的噪声强度。 □

由本例中得到的结果可得出以下结论：

- 更高的控制器增益会导致闭环系统有更大的带宽、更快的暂态响应。更高的增益会导致稳态误差更小。
- 更大的带宽可以更好地抑制低频干扰。
- 更大的带宽导致高频噪声被放大。

需要强调的是，这些结论也适用于高阶被控对象。

遗憾的是，更高的增益和更大的带宽可能导致对参数变化的高灵敏度，即纯粹的鲁棒性。这就是为什么控制器设计要在获得良好性能（对干扰和噪声的良好抑制）和良好鲁棒性（对被控对象模型不确定性的低灵敏度）之间进行折中。

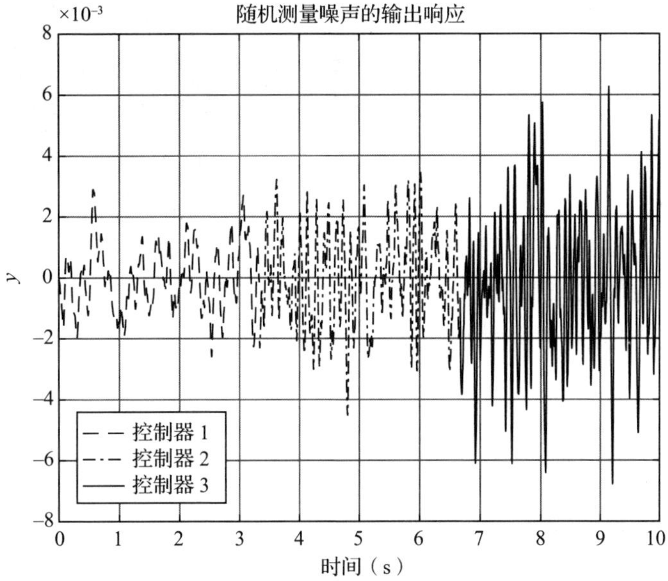

图 3.16 测量噪声引起的输出暂态响应

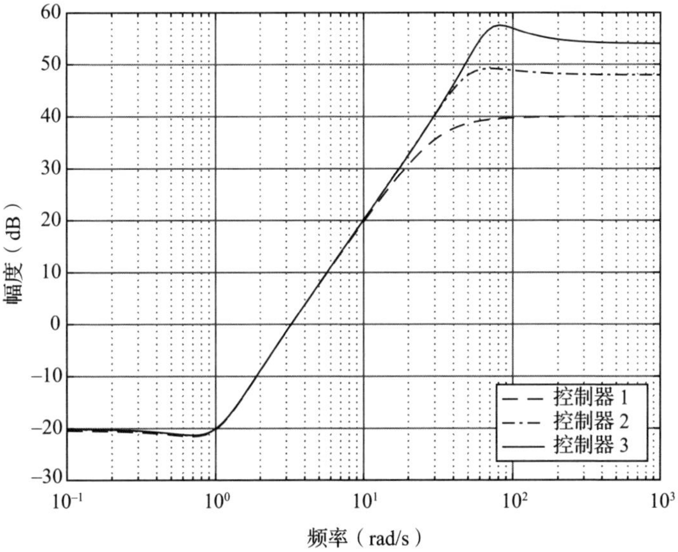

图 3.17 噪声到被控对象输入灵敏度函数

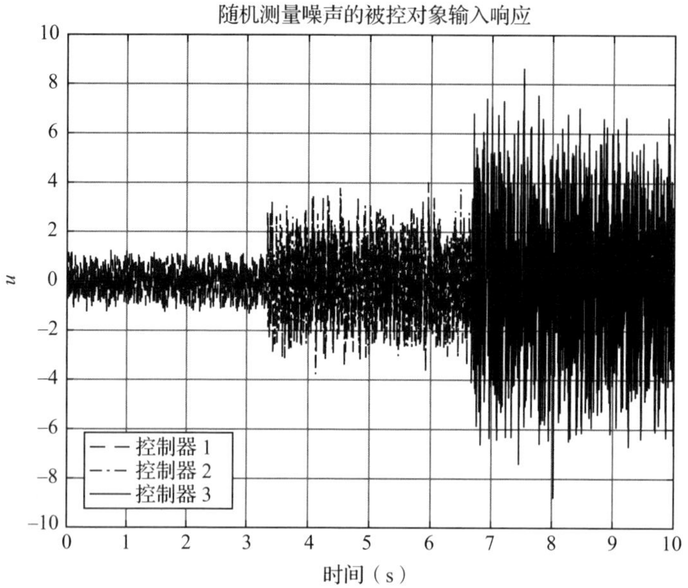

图 3.18　由于测量噪声，被控对象输入端的暂态响应

3.4　MIMO 闭环系统

本节使用的 MATLAB 函数

函数	描述
loopsens	闭环系统的灵敏度函数

MIMO 负反馈系统的框图如图 3.19 所示。该系统由一个 MIMO 被控对象 $\boldsymbol{G}$ 和一个控制器 $\boldsymbol{K}$ 组成，控制器 $\boldsymbol{K}$ 对参考输入 $\boldsymbol{r}$ 、传感器噪声 $\boldsymbol{n}$ 、输入被控对象干扰 $\boldsymbol{d}_{\mathrm{i}}$ 和输出干扰 $\boldsymbol{d}$ 起作用。在一般情况下，所有信号都由向量表示，并且传递函数矩阵 $\boldsymbol{G}$ 和 $\boldsymbol{K}$ 具有适当的维度。

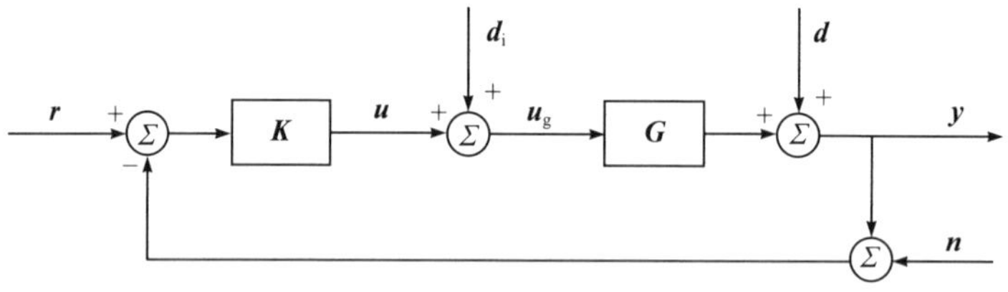

图 3.19　MIMO 负反馈系统框图

方便进一步的考虑，可以分别定义输入回路传递函数矩阵 $\boldsymbol{L}_{\mathrm{i}}$ 和输出回路传递函数矩阵 $\boldsymbol{L}_{\mathrm{o}}$ ：

$$\boldsymbol{L}_{\mathrm{i}}=\boldsymbol{K}\boldsymbol{G},\boldsymbol{L}_{\mathrm{o}}=\boldsymbol{G}\boldsymbol{K}$$

其中 $\boldsymbol{L}_{\mathrm{i}}$ 是在被控对象输入端断开回路时获得的， $\boldsymbol{L}_{\mathrm{o}}$ 是在被控对象输出端断开回路时获得的。输入灵敏度函数定义为从 $\boldsymbol{d}_{\mathrm{i}}$ 到 $\boldsymbol{u}_{\mathrm{g}}$ 的传递函数矩阵：

$$S_i = (I + L_i)^{-1}, u_g = s_i d_i$$

输出灵敏度函数定义为从 d 到 y 的传递函数矩阵：

$$S_o = (I + L_o)^{-1}, y = S_o d$$

输入互补灵敏度矩阵和输出互补灵敏度矩阵分别定义为

$$T_i = I - S_i = L_i(I + L_i)^{-1}$$

$$T_o = I - S_o = L_o(I + L_o)^{-1}$$

$I + L_i$ 被称为输入回差矩阵㊀，而 $I + L_o$ 被称为输出回差矩阵。术语互补用于强调 T 与 S 是互补的，即 $T = I - S$。

需要指出的是，一般情况下，输入和输出的灵敏度函数和回路传递函数是不同的 ($S_o \neq S_i, T_o \neq T_i, L_o \neq L_i$)。

与 SISO 的情况一样，在 MATLAB 中，回路传递函数和闭环灵敏度函数的确定可由函数 `loopsens` 完成。

可以证明闭环系统满足以下关系：

$$y = T_o(r - n) + S_o G d_i + S_o d \tag{3.18}$$

$$r - y = S_o(r - d) + T_o n - S_o G d_i \tag{3.19}$$

$$u = S_i K(r - n) - S_i K d - T_i d_i \tag{3.20}$$

$$u_g = S_i K(r - n) - S_i K d + S_i d_i \tag{3.21}$$

由于 $S_i K = K S_o$，式（3.20）和（3.21）也可以写成：

$$u = K S_o(r - n) - K S_o d - T_i d_i$$

$$u_g = K S_o(r - n) - K S_o d + S_i d_i$$

式（3.18）～式（3.21）在 MIMO 控制系统的分析和设计中起着基础性的作用。例如，式（3.18）表明干扰 d 对系统输出 (y) 的影响可以变“小”，从而使输出灵敏度函数 S_o“变小”。类似地，式（3.21）表明干扰 d_i 对被控对象输入 (u_g) 的影响可以变小，从而使输入灵敏度 S_i 变小。

对于 MIMO 系统，人们更频繁地使用矩阵 L_o, S_o 和 T_o，为简洁起见，有时将其表示为 L, S 和 T。对于 SISO 系统，有 $L_i = L_o = L$，$S_i = S_o = S$，$T_i = T_o = T$。

为了获得更好的性能，类似于 SISO 的情况，一个 MIMO 系统可以包含二自由度控制器。

再次考虑图 3.19 所示的 MIMO 系统。让我们将外部输入信号重新组合到反馈回路中作为 w_1 和 w_2，并将输入信号和控制器重新组合为 e_1 和 e_2。这样，带有被控对象和控制器的反馈回路可以表示为图 3.20。

㊀ 回差矩阵是分析多变量控制系统稳定性能和动态性能的一种重要工具，多变量系统的稳定性和整体性等都与相应的回差矩阵密切相关。——译者注

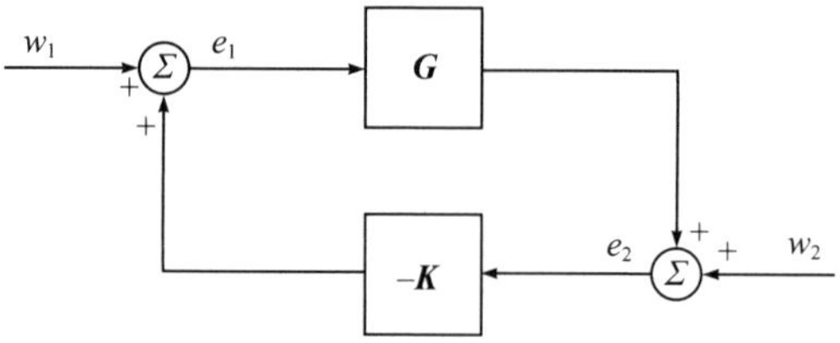

图 3.20 内部稳定性分析框图

假设 $\boldsymbol{G}$ 和 $\boldsymbol{K}$ 的状态空间实现是可稳定且可检测的，如果从输入 (w_1, w_2) 到输出 (e_1, e_2) 的传递函数矩阵是稳定的，那么图 3.20 中的负反馈系统被称为内部稳定的。

$$\begin{bmatrix} \boldsymbol{I} & \boldsymbol{K} \\ -\boldsymbol{G} & \boldsymbol{I} \end{bmatrix}^{-1} = \begin{bmatrix} (\boldsymbol{I}+\boldsymbol{KG})^{-1} & -\boldsymbol{K}(\boldsymbol{I}+\boldsymbol{GK})^{-1} \\ \boldsymbol{G}(\boldsymbol{I}+\boldsymbol{KG})^{-1} & (\boldsymbol{I}+\boldsymbol{GK})^{-1} \end{bmatrix} \tag{3.22}$$

对于所有有界输入 (w_1, w_2)，内部稳定性保证输出 (e_1, e_2) 是有界的。

需要注意的是，对于某些控制器，即使 $\boldsymbol{G}$ 和 $\boldsymbol{K}$ 是真的或正常的传递函数矩阵，式（3.22）中的 2×2 块矩阵也可能不是正则的。这意味着对于某些输入 (w_1, w_2)，关于 (e_1, e_2) 的代数环无法解决，并且反馈环被称为是病态的。具有此类属性的控制器不再进一步考虑。如果 $\boldsymbol{G}$ 或 $\boldsymbol{K}$ 是严格正则的，则适定性得以保障⊖。

为了检查内部稳定性，充分测试式（3.22）中的 4 个传递函数矩阵是否稳定是有必要的。在 $\boldsymbol{G}$ 和 $\boldsymbol{K}$ 稳定的特殊情况下，内部稳定性很容易检查。

令 $\boldsymbol{G}$ 和 $\boldsymbol{K}$ 是稳定的。那么图 3.20 所示的系统是内部稳定的，当且仅当 $(\boldsymbol{I}+\boldsymbol{GK})^{-1}$ 是稳定的，或者说，对于每一个 ω，有

$$\det[\boldsymbol{I}+\boldsymbol{G}(\mathrm{j}\omega)\boldsymbol{K}(\mathrm{j}\omega)] \neq 0 \tag{3.23}$$

式（3.23）表示的是 Nyquist 判据在 MIMO 系统稳定性中的推广。

3.5 MIMO 系统的性能指标

本节使用的 MATLAB 函数

函数	描述
`norm(T,inf)`	传递函数 T 的 $\mathscr{H}_\infty$ 范数

MIMO 情况下的性能分析比 SISO 情况下更复杂，并且会用到矩阵频率响应的奇异值和系统传递函数的 $\mathscr{H}_\infty$ 范数。

3.5.1 使用奇异值进行性能分析

在图 3.19 中，考虑奇异值在 MIMO 系统性能分析中的应用。从式（3.18）～式（3.21）

⊖ 数学术语“适定性”问题来自哈达玛给出的定义，指的是解是存在的、唯一的，解连续依赖于初边值条件。——译者注

可以看出，干扰和噪声对闭环动态的影响取决于传递函数矩阵 $\boldsymbol{G},\boldsymbol{K},\boldsymbol{S}_{\mathrm{i}},\boldsymbol{S}_{\mathrm{o}},\boldsymbol{T}_{\mathrm{i}}$ 和 $\boldsymbol{T}_{\mathrm{o}}$ 的大小。在给定频率范围内，传递函数矩阵 $\boldsymbol{G}$ 的幅度可以通过使用对应的频率响应矩阵 $\boldsymbol{G}(\mathrm{j}\omega)$ 的奇异值来表征。(进一步地，为简洁起见，自变量 $\mathrm{j}\omega$ 将被省略)。令 $n\times m$ 矩阵 $\boldsymbol{M}$ 的奇异值分解（SVD）为（见附录 A)：

$$\boldsymbol{G}=\boldsymbol{U}\boldsymbol{\Sigma}\boldsymbol{V}^{H} \tag{3.24}$$

用 $\boldsymbol{u}_j$ 表示 $\boldsymbol{U}$ 的列向量，称为被控对象的输出方向。这些列向量是正交的，并且具有单位长度：

$$\|\boldsymbol{u}_j\|_2=\sqrt{|u_{j1}|^2+|u_{j2}|^2+\cdots+|u_{jn}|^2}=1$$

$$\boldsymbol{u}_j^H u_j=1, u_i^H u_j=0, i\neq j$$

类似地，用 $\boldsymbol{v}_j$ 表示 $\boldsymbol{V}$ 的列向量也是正交的，称为输入方向。输入和输出方向通过奇异值相关联。为了看到这一点，式（3.24）可写为 $\boldsymbol{G}\boldsymbol{V}=\boldsymbol{U}\boldsymbol{\Sigma}$，对于第 j 列，则有

$$\boldsymbol{G}\boldsymbol{v}_j=\sigma_j\boldsymbol{u}_j \tag{3.25}$$

其中 σ_j 是 $\boldsymbol{G}$ 的第 j 个奇异值。这样，如果我们考虑方向为 $\boldsymbol{v}_j$ 的输入，则输出方向为 $\boldsymbol{u}_j$。由于 $\|\boldsymbol{v}_j\|=1$ 和 $\|\boldsymbol{u}_j\|=1$，则第 j 个奇异值 σ_j 表征矩阵 $\boldsymbol{G}$ 在这个方向上的增益。

式（3.25）可以写成

$$\sigma_j(\boldsymbol{G})=\|\boldsymbol{G}\boldsymbol{v}_j\|_2=\frac{\|\boldsymbol{G}\boldsymbol{v}_j\|_2}{\|\boldsymbol{v}_j\|_2}$$

任何输入方向的最大增益等于最大奇异值：

$$\bar{\sigma}(\boldsymbol{G})=\sigma_1(\boldsymbol{G})=\max_{d\neq 0}\frac{\|\boldsymbol{G}\boldsymbol{d}\|_2}{\|\boldsymbol{d}\|_2}=\frac{\|\boldsymbol{G}\boldsymbol{v}_1\|_2}{\|\boldsymbol{v}_1\|_2}$$

并且任何输入方向的最小增益等于最小奇异值：

$$\underline{\sigma}(\boldsymbol{G})=\sigma_k(\boldsymbol{G})=\min_{d\neq 0}\frac{\|\boldsymbol{G}\boldsymbol{d}\|_2}{\|\boldsymbol{d}\|_2}=\frac{\|\boldsymbol{G}\boldsymbol{v}_k\|_2}{\|\boldsymbol{v}_k\|_2}$$

其中 $k=\min\{n,m\}$。这意味着对于任何输入向量 $\boldsymbol{d}$，都满足

$$\underline{\sigma}(\boldsymbol{G})\leqslant\frac{\|\boldsymbol{G}\boldsymbol{d}\|_2}{\boldsymbol{d}_2}\leqslant\bar{\sigma}(\boldsymbol{G}) \tag{3.26}$$

$\bar{\sigma}(\boldsymbol{G})$ 和 $\underline{\sigma}(\boldsymbol{G})$ 的频率响应图可以看作标量传递函数的幅度图对传递函数矩阵情况的推广。实际上，如果 $\boldsymbol{G}$ 是标量传递函数，则其单个奇异值的频率响应与幅度响应 $|\boldsymbol{G}|$ 是一致的。对于给定频率，最大奇异值和最小奇异值可以被认为是对应传递函数矩阵的最大和最小增益。这为 MIMO 系统的性能分析提供了方便。注意，奇异值不能用于稳定性分析，因为它们仅提供增益信息而不提供相位信息。

在 MATLAB 中，传递函数矩阵的奇异值图由函数 `sigma` 获得。

一个六阶二输入二输出系统的输出灵敏度和互补灵敏度传递函数矩阵的奇异值图如图 3.21 所示。在给定的情况下，这两个矩阵有两个奇异值，即最大值和最小值。

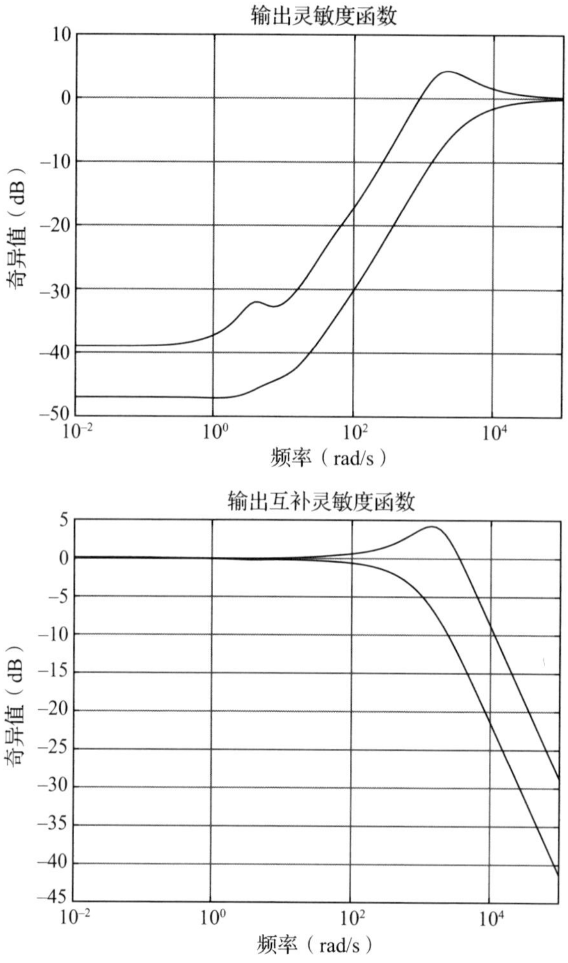

图 3.21　S_o 和 T_o 的奇异值图

SVD 可用于分析和设计具有非平方传递函数矩阵的系统（即输入和输出个数不同的系统）。例如，如果我们有一个输出多于输入的被控对象，那么多出来的输出奇异向量显示了被控对象无法控制的方向。

3.5.2　系统的 $\mathscr{H}_\infty$ 范数

考虑图 3.22 中具有稳定传递函数矩阵 $\boldsymbol{G}$ 的系统。为了评估系统性能，使用一个数字来表征 $\boldsymbol{G}$ 的“增益”是很有用的，即对于单位大小的输入信号 $w(t)$，输出信号 $z(t)$ 的大小是多少。该增益是通过使用适当的系统范数来确定的。为了进行鲁棒性分析和设计，相关的范数就是所谓的 $\mathscr{H}_\infty$ 范数。

进一步地，用信号 2 范数来评估 $z(t)$ 的大小：

$$\| z(t) \|_2 = \sqrt{\sum_i \int_{-\infty}^{\infty} | z_i(\tau) |^2 \mathrm{d}\tau} \tag{3.27}$$

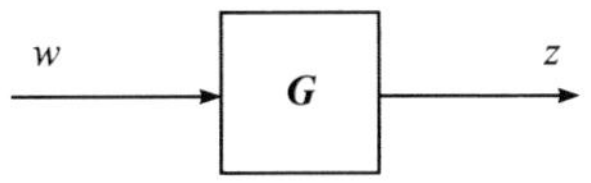

图 3.22　系统 $\boldsymbol{G}$

我们假设 $w(t)$ 是满足 $\| w(t)\|_2=1$ 的任意信号。

$\mathscr{H}_\infty$ 范数定义如下：

$$\|\boldsymbol{G}(s)\|_\infty := \max_{\omega} \bar{\sigma}(\boldsymbol{G}(\mathrm{j}\omega)) \tag{3.28}$$

其中，对于固定频率 ω

$$\sigma(\boldsymbol{G}(\mathrm{j}\omega)) = \max_{w\neq 0} \frac{\| z(\mathrm{j}\omega)\|_2}{\| w(\mathrm{j}\omega)\|_2}$$

是 $\boldsymbol{G}(\mathrm{j}\omega)$ 的诱导矩阵 2 范数。从系统的角度来看，由式（3.28）可以看出，$\mathscr{H}_\infty$ 范数是频率响应特性（最大奇异值的峰值）在整个频率上的“峰值”。需要注意，对于 SISO 系统，灵敏度和补偿灵敏度函数的最大峰值为

$$M_S = \max_{\omega} |S(\mathrm{j}\omega)|, M_T = \max_{\omega} |T(\mathrm{j}\omega)|$$

它们与 $\mathscr{H}_\infty$ 范数有以下关系：

$$M_S = \| S\|_\infty, M_T = \| T\|_\infty$$

$\mathscr{H}_\infty$ 范数在时域中也有多种解释。该范数等于时域中的诱导（最坏情况）2 范数：

$$\|\boldsymbol{G}(s)\|_\infty = \max_{w(t)\neq 0} \frac{\| z(t)\|_2}{\| w(t)\|_2} = \max_{\| w(t)\|_2 =1} \| z(t)\|_2 \tag{3.29}$$

在这个方程中，最坏情况的输入信号 $w(t)$ 是频率为 ω^*、具有某一方向的正弦波，可产生最大增益 $\bar{\sigma}(\boldsymbol{G}(\mathrm{j}\omega^*))$。

$\mathscr{H}_\infty$ 范数满足乘性性质：

$$\| A(s)B(s)\|_\infty \leqslant \| A(s)\|_\infty \| B(s)\|_\infty \tag{3.30}$$

这在鲁棒控制理论中具有重要意义。

$\mathscr{H}_\infty$ 范数还可以根据随机信号的数学期望进行解释，参见文献 [82] 的 4.5 节。

计算系统 $\boldsymbol{G}(s)$ 的 $\mathscr{H}_\infty$ 范数可以使用 $\boldsymbol{G}(\mathrm{j}\omega)$ 的奇异值图和式（3.28）以图形的方式完成。然而，如果系统阻尼较小，或者频率网格不够密集，可能会导致误差。这就是为什么计算 $\|\boldsymbol{G}(s)\|_\infty$ 最好使用 MATLAB 函数 `norm(G,'inf')`，因为该函数执行的是一个迭代状态空间过程。

例 3.4　系统的 $\mathscr{H}_\infty$ 范数

考虑一个 2×2 的传递函数矩阵

$$\boldsymbol{G}(s) = \begin{bmatrix} \dfrac{10(s+1)}{s^2+0.2s+100} & \dfrac{1}{s+1} \\ \dfrac{s+2}{s^2+0.1s+10} & \dfrac{5(s+1)}{(s+2)(s+3)} \end{bmatrix}$$

$\boldsymbol{G}(\mathrm{j}\omega)$ 的奇异值如图 3.23 所示。从最大奇异值可知，它的峰值约为 34dB，这对应于 $\mathscr{H}_\infty$ 范数的值，等于 50.12。更准确的范数计算由如下命令行来完成：

```
norm(G,'inf')
```

并得到

```
ans =

   50.2496
```

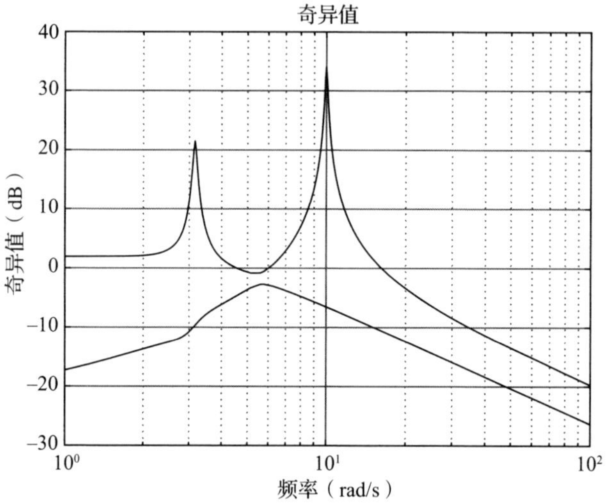

图 3.23　$\boldsymbol{G}(\mathrm{j}\omega)$ 的最大和最小奇异值

3.5.3　Hankel 范数

稳定系统 $\boldsymbol{G}(s)$ 的 Hankel 范数是以如下方式获得的，即当在 $t=0$ 时刻施加输入 $w(t)$，并在 $t>0$ 时测量输出 $z(t)$，选定的 $w(t)$ 使得这些信号的 2 范数的比率最大化：

$$\|\boldsymbol{G}(s)\|_{\mathrm{H}} := \max_{w(t)} \frac{\int_0^{\infty} \|z(\tau)\|_2^2 \,\mathrm{d}\tau}{\int_{-\infty}^{0} \|w(\tau)\|_2^2 \,\mathrm{d}\tau} \tag{3.31}$$

Hankel 范数是从过去的输入到未来的输出的一种诱导范数。可以证明，Hankel 范数等于

$$\|\boldsymbol{G}(s)\|_{\mathrm{H}} = \sqrt{\rho(\boldsymbol{PQ})} \tag{3.32}$$

其中 ρ 是谱半径（最大特征值），$\boldsymbol{P}$ 是可控格拉姆矩阵，$\boldsymbol{Q}$ 是可观测格拉姆矩阵（有关格拉姆阵的定义，请参见附录 B）。对应的 Hankel 奇异值是乘积 $\boldsymbol{PQ}$ 的特征值的正平方根：

$$\sigma_i = \sqrt{\lambda_i(\boldsymbol{PQ})} \tag{3.33}$$

Hankel 范数和 $\mathscr{H}_\infty$ 范数是密切相关的。可以证明

$$\|\boldsymbol{G}(s)\|_{\mathrm{H}} \equiv \sigma_1 \leqslant \|\boldsymbol{G}(s)\|_\infty \leqslant 2\sum_{i=1}^{n} \sigma_i \tag{3.34}$$

这样，Hankel 范数总是小于（或等于）$\mathscr{H}_\infty$范数，这一点可以通过比较式（3.29）和式（3.31）看出。

3.6 MIMO 系统设计中的折中

本节使用的 MATLAB 函数

函数	描述
sigma	MIMO 系统的奇异值图

在本节中，我们根据某些传递函数矩阵的奇异值分析了 MIMO 系统设计中的主要限制和折中。

3.6.1 干扰抑制

在低频范围内（此时 d 和 d_i 很显著的），被控对象输出（y）处的有效干扰抑制要求

$$\bar{\sigma}(\boldsymbol{S}_o) \ll 1 \text{（针对被控对象输出处的干扰，}d\text{）} \tag{3.35}$$

$$\bar{\sigma}(\boldsymbol{S}_o\boldsymbol{G}) \ll 1 \text{（针对被控对象输入处的干扰，}d_i\text{）} \tag{3.36}$$

类似地，在被控对象输入（u_g）处良好的干扰抑制要求

$$\bar{\sigma}(\boldsymbol{S}_i) \ll 1 \text{（针对被控对象输入处的干扰，}d_i\text{）} \tag{3.37}$$

$$\bar{\sigma}(\boldsymbol{S}_i\boldsymbol{K}) \ll 1 \text{（针对被控对象输出处的干扰，}d\text{）} \tag{3.38}$$

式（3.35）和式（3.36）意味着

$$\underline{\sigma}(\boldsymbol{L}_o) \gg 1, \underline{\sigma}(\boldsymbol{G}\boldsymbol{K}) \gg 1 \tag{3.39}$$

$$\underline{\sigma}(\boldsymbol{K}^{-1}) \ll 1, \frac{1}{\underline{\sigma}(\boldsymbol{K})} \ll 1, \underline{\sigma}(\boldsymbol{K}) \gg 1 \tag{3.40}$$

式（3.37）和式（3.38）意味着

$$\underline{\sigma}(\boldsymbol{L}_i) \gg 1,\ \underline{\sigma}(\boldsymbol{K}\boldsymbol{G}) \gg 1 \tag{3.41}$$

$$\bar{\sigma}(\boldsymbol{G}^{-1}) \ll 1,\ \frac{1}{\underline{\sigma}(\boldsymbol{G})} \ll 1,\ \underline{\sigma}(\boldsymbol{G}) \gg 1 \tag{3.42}$$

式（3.39）和式（3.41）可被视为对 SISO 系统高回路增益要求的推广。它们是从式（3.35）和式（3.37）获得的，如下所示。由于 $S_o = (\boldsymbol{I} + \boldsymbol{G}\boldsymbol{K})^{-1}, S_i = (\boldsymbol{I} + \boldsymbol{K}\boldsymbol{G})^{-1}$，根据式（A.20）我们有

$$\frac{1}{\underline{\sigma}(\boldsymbol{G}\boldsymbol{K})+1} \leqslant \bar{\sigma}(\boldsymbol{S}_o) \leqslant \frac{1}{\underline{\sigma}(\boldsymbol{G}\boldsymbol{K})-1} \quad \text{如果}\ \underline{\sigma}(\boldsymbol{G}\boldsymbol{K}) > 1$$

$$\frac{1}{\underline{\sigma}(\boldsymbol{K}\boldsymbol{G})+1} \leqslant \bar{\sigma}(\boldsymbol{S}_i) \leqslant \frac{1}{\underline{\sigma}(\boldsymbol{K}\boldsymbol{G})-1} \quad \text{如果}\ \underline{\sigma}(\boldsymbol{K}\boldsymbol{G}) > 1$$

为简单起见，式（3.40）和式（3.42）是在假设传递函数矩阵 $\boldsymbol{G}$ 和 $\boldsymbol{K}$ 可逆的情况下获得的。

（在矩形传递矩阵的情况下使用伪逆方法，也可以获得相同的条件。）这就有

$$\bar{\sigma}(\boldsymbol{S}_{\mathrm{o}}\boldsymbol{G})=\bar{\sigma}((\boldsymbol{I}+\boldsymbol{G}\boldsymbol{K})^{-1}\boldsymbol{G})\approx\bar{\sigma}(\boldsymbol{K}^{-1})=\frac{1}{\underline{\sigma}(\boldsymbol{K})}\quad \text{如果}\ \underline{\sigma}(\boldsymbol{G}\boldsymbol{K})\gg 1$$

$$\bar{\sigma}(\boldsymbol{S}_{\mathrm{i}}\boldsymbol{K})=\bar{\sigma}((\boldsymbol{I}+\boldsymbol{K}\boldsymbol{G})^{-1}\boldsymbol{K})\approx\bar{\sigma}(\boldsymbol{G}^{-1})=\frac{1}{\underline{\sigma}(\boldsymbol{G})}\quad \text{如果}\ \underline{\sigma}(\boldsymbol{K}\boldsymbol{G})\gg 1$$

这样，在d是显著的频率范围内，为了抑制d，被控对象输出(y)处的有效干扰衰减要求大的输出回路增益$\underline{\sigma}(\boldsymbol{L}_{\mathrm{o}})=\underline{\sigma}(\boldsymbol{G}\boldsymbol{K})\gg 1$；在$d_{\mathrm{i}}$是显著的频率范围内，为了抑制$d_{\mathrm{i}}$，需要大的控制器增益$\underline{\sigma}(\boldsymbol{K})\gg 1$。类似地，在$d_{\mathrm{i}}$是显著的频率范围内，为了衰减$d_{\mathrm{i}}$，被控对象输入$(\boldsymbol{u}_{\mathrm{g}})$处的有效干扰抑制需要大的输入回路增益$\underline{\sigma}(\boldsymbol{L}_{\mathrm{i}})=\underline{\sigma}(\boldsymbol{K}\boldsymbol{G})\gg 1$；在$d$是显著的频率范围内，为了衰减$d$，需要大的被控对象增益$\underline{\sigma}(\boldsymbol{G})\gg 1$。需要注意的是，后者的条件不能通过控制器的设计而改变。

总而言之，干扰抑制对低频范围内的回路增益施加了下限。然而，应该强调的是，回路增益不能在高频率范围内任意地高。这有必要在闭环性能和设计限制之间进行折中。

3.6.2 噪声抑制

闭环 MIMO 系统性能的另一个基本要求是测量噪声抑制。如前所述，较大的$\underline{\sigma}(\boldsymbol{L}_{\mathrm{o}}(\mathrm{j}\omega))$在较大的频率范围内会衰减干扰$d$的影响，但与此同时增加了$n$的影响，因为$T_{\mathrm{o}}\approx 1$并且噪声在相同的频率范围内传播，即

$$y=\boldsymbol{T}_{\mathrm{o}}(r-n)+S_{\mathrm{o}}\boldsymbol{G}d_{\mathrm{i}}+\boldsymbol{S}_{\mathrm{o}}\boldsymbol{d}\approx r-n$$

通常，噪声n在高频范围内是密集的。如 SISO 情况那样，$\boldsymbol{G}$的带宽之外的回路增益很大，即$\underline{\sigma}(L_{\mathrm{o}}(\mathrm{j}\omega))\gg 1$或$\underline{\sigma}(L_{\mathrm{i}}(\mathrm{j}\omega))\gg 1$，而$\bar{\sigma}(\boldsymbol{G}(\mathrm{j}\omega))\ll 1$可能会极大地放大控制作用$(\boldsymbol{u})$中的噪声。事实上，此时，我们有$T_{\mathrm{i}}\approx\boldsymbol{I}$，并假设$\boldsymbol{G}$是可逆的，则有

$$\boldsymbol{u}=\boldsymbol{S}_{\mathrm{i}}\boldsymbol{K}(r-n-d)-\boldsymbol{T}_{\mathrm{i}}\boldsymbol{d}_{\mathrm{i}}=\boldsymbol{T}_{\mathrm{i}}\boldsymbol{G}^{-1}(r-n-d)-\boldsymbol{T}_{\mathrm{i}}\boldsymbol{d}_{\mathrm{i}}\approx\boldsymbol{G}^{-1}(r-n-d)-\boldsymbol{d}_{\mathrm{i}}$$

因为对于ω，$\bar{\sigma}(\boldsymbol{G}(\mathrm{j}\omega))\ll 1$，则有

$$\underline{\sigma}(\boldsymbol{G}^{-1})=\frac{1}{\bar{\sigma}(\boldsymbol{G})}\gg 1$$

因此，当频率范围超过$\boldsymbol{G}$的带宽时，u中的干扰和误差会被放大。类似地，在回路增益较小的频率范围内，控制器增益$\sigma(\boldsymbol{K})$应较小，以避免较大的控制作用和执行器饱和。此时

$\bar{\sigma}(\boldsymbol{L}_{\mathrm{i}}(\mathrm{j}\omega))\ll 1,\boldsymbol{S}_{\mathrm{i}}\approx\boldsymbol{I},\boldsymbol{T}_{\mathrm{i}}\approx 0$

且

$$\boldsymbol{u}=\boldsymbol{S}_{\mathrm{i}}\boldsymbol{K}(r-n-d)-\boldsymbol{T}_{\mathrm{i}}d_{\mathrm{i}}\approx\boldsymbol{K}(r-n-d)$$

3.6.3 模型误差

假设被控对象模型$\boldsymbol{G}$摄动为$(\boldsymbol{I}+\boldsymbol{\Delta})\boldsymbol{G}$，且$\boldsymbol{\Delta}$是稳定的，并假设标称系统是稳定的，即

$\boldsymbol{\Delta}=0$ 时的闭环系统是稳定的，则扰动闭环系统是稳定的，如果多项式

$$\det(\boldsymbol{I}+(\boldsymbol{I}+\boldsymbol{\Delta})\boldsymbol{GK})=\det(\boldsymbol{I}+\boldsymbol{GK})\det(\boldsymbol{I}+\Delta\boldsymbol{T}_{\mathrm{o}})$$

在复平面的右半部分没有零点，则意味着 $\Delta\boldsymbol{T}_{\mathrm{o}}$ 应该很小或 $\bar{\sigma}(\boldsymbol{T}_{\mathrm{o}})$ 在 $\boldsymbol{\Delta}$ 很显著的那些频率上应该很小，这通常是在高频范围内。反过来则意味着，对于这些频率，回路增益 $\bar{\sigma}(L_{\mathrm{o}})$ 应该很小。结论则是，模型误差对高频范围内的回路增益施加了上限。

需要注意，在模型误差存在的情况下，更多关于闭环稳定性和性能分析的介绍将在 3.8 节和 3.9 节中给出。

本节所阐述的内容表明，在某一低频范围 $(0,\omega_l)$，好的性能需要满足条件

$$\underline{\sigma}(\boldsymbol{GK})\gg 1,\ \underline{\sigma}(\boldsymbol{KG})\gg 1,\ \underline{\sigma}(\boldsymbol{K})\gg 1$$

在某一高频范围 $(\omega_{\mathrm{h}},\infty)$，好的鲁棒性和对测量噪声的有效抑制需要满足条件

$$\underline{\sigma}(\boldsymbol{GK})\ll 1,\ \underline{\sigma}(\boldsymbol{KG})\ll 1,\ \underline{\sigma}(\boldsymbol{K})\leqslant \boldsymbol{M}$$

其中 $\boldsymbol{M}$ 是有界的。这些设计要求如图 3.24 所示，可以根据输入回路（使用相应传递函数矩阵的下标 i）和输出回路（使用下标 o）进行解释。

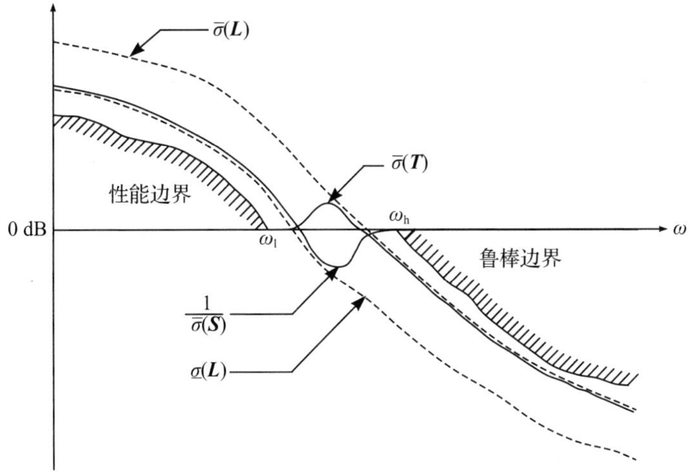

图 3.24　指定期望的 $\boldsymbol{L},\boldsymbol{S},\boldsymbol{T}$ 奇异值

3.7　不确定性系统

本节使用的 MATLAB 函数

函数	描述
`lft`	线性分式变换（LFT）
`lftdata`	不确定性系统的 $\boldsymbol{M}-\boldsymbol{\Delta}$ 分解

系统模型中不确定性动态的存在可能导致标称系统和摄动系统存在显著差异。模型误

差的增加会逐渐使性能恶化，最终可能会导致闭环系统不稳定。因此，在控制器设计期间考虑可能的不确定性并研究它们对闭环行为的影响是非常重要的。首先需要做的，就是得到具有不确定性被控对象的闭环系统的数学模型。

如第 2 章所示，具有不确定性的被控对象（摄动被控对象）$\boldsymbol{G}_p$ 可以用图 3.25 中给出的线性分式变换（Linear Fractional Transformation，LFT）表示。向量 $\boldsymbol{u}_\Delta$ 表示来自不确定性 $\boldsymbol{\Delta}$ 的输入，向量 $\boldsymbol{y}_\Delta$ 表示到不确定性 $\boldsymbol{\Delta}$ 的输出。不确定性被控对象被描述为

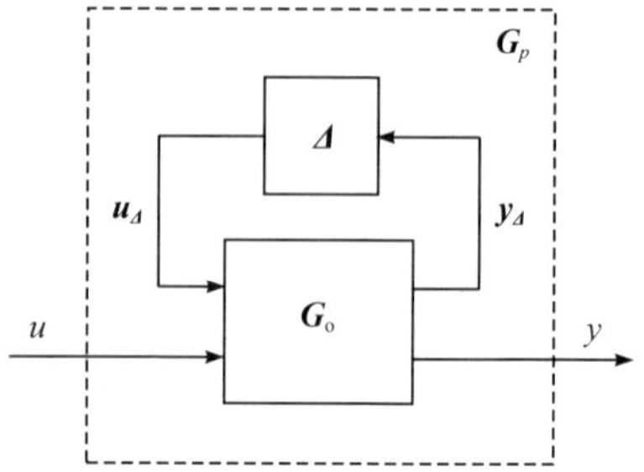

图 3.25　不确定性被控对象的 LFT 表示

$$\boldsymbol{G}_p = \boldsymbol{F}_{\mathrm{U}}(\boldsymbol{G}_{\mathrm{o}}, \boldsymbol{\Delta}) \tag{3.43}$$

其中 $\boldsymbol{F}_{\mathrm{U}}$ 代表上 LFT。具有下 LFT 的等效表示 F_{L} 也是可能的。假设块 $\boldsymbol{\Delta}$ 是稳定的，并且它的元素被缩放，使得

$$\max_{\omega} \bar{\sigma}(\boldsymbol{\Delta}(\mathrm{j}\omega)) \leqslant 1$$

需要注意，后一个条件等效于

$$\|\boldsymbol{\Delta}\|_\infty \leqslant 1$$

在非结构化不确定性的情况下，矩阵 $\boldsymbol{\Delta}$ 没有特殊结构，只代表一个“完整”或“满秩”的块。

具有不确定性被控对象 $\boldsymbol{G}_p$ 和控制器 $\boldsymbol{K}$ 的闭环系统的框图如图 3.26 所示。

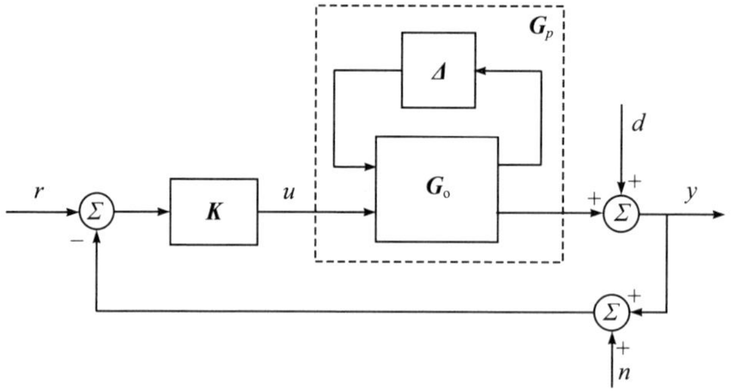

图 3.26　不确定性闭环系统的框图

为了统一表示具有不同结构的闭环系统，我们将使用图 3.27 中给出的标准框图。$\boldsymbol{P}$ 指代的块表示开环系统，包含所有已知元素，如包括标称被控对象模型和加权函数。该模块具有 3 个输入集：来自不确定性的输入 $\boldsymbol{u}_\Delta$、汇集了参考信号、干扰信号和噪声信号的向量 $\boldsymbol{w}$ 以及控制作用 $\boldsymbol{u}$。产成的 3 个输出集分别是：到不确定性的输出 $\boldsymbol{y}_\Delta$、受控输出（误差）$\boldsymbol{z}$ 和测量输出 $\boldsymbol{y}$。这样，不确定性闭环系统被描述为

$$\boldsymbol{z} = \boldsymbol{F}_{\mathrm{U}}(\boldsymbol{F}_{\mathrm{L}}(\boldsymbol{P}, \boldsymbol{K}), \boldsymbol{\Delta})\boldsymbol{w} = \boldsymbol{F}_{\mathrm{L}}(\boldsymbol{F}_{\mathrm{U}}(\boldsymbol{P}, \boldsymbol{\Delta}), \boldsymbol{K})\boldsymbol{w}$$

在本节中，我们的注意力将集中在鲁棒性分析上。这就是为什么控制器 $\boldsymbol{K}$ 可以被认为

是一个已知的系统要素并被合并到开环系统的结构中。令

$$\boldsymbol{M}(s)=\boldsymbol{F}_{\mathrm{L}}(\boldsymbol{P}(s),\boldsymbol{K}(s))=\begin{bmatrix}\boldsymbol{M}_{11}(s) & \boldsymbol{M}_{12}(s)\\ \boldsymbol{M}_{21}(s) & \boldsymbol{M}_{22}(s)\end{bmatrix}$$

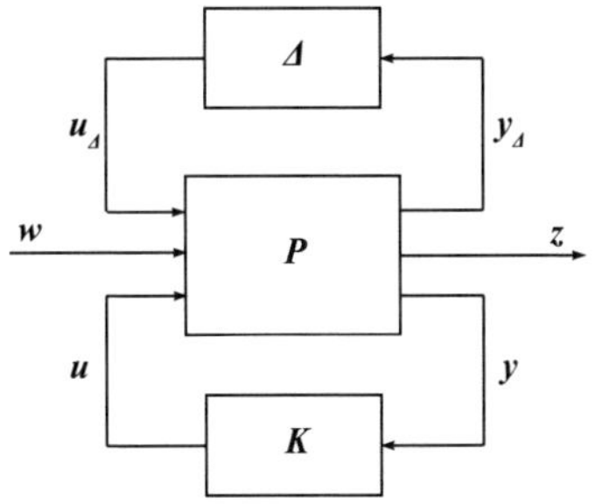

图 3.27　不确定性闭环系统的标准表示

其中 $\boldsymbol{M}_{11}$ 的维数与 $\boldsymbol{\Delta}$ 的维数一致，则图 3.27 中所示的一般框图可简化为图 3.28 中给出的框图，其中

$$z=\boldsymbol{F}_{\mathrm{U}}(\boldsymbol{M},\boldsymbol{\Delta})\boldsymbol{w}=[\boldsymbol{M}_{22}+\boldsymbol{M}_{21}\boldsymbol{\Delta}(I-\boldsymbol{M}_{11}\boldsymbol{\Delta})^{-1}\boldsymbol{M}_{12}]\boldsymbol{w}$$

在考虑鲁棒性时，应注意到外部扰动 w 不影响系统稳定性。这就是为什么在鲁棒稳定性分析中，我们使用图 3.29 所示的框图，其忽略了 $\boldsymbol{M}$ 的下标。图 3.29 中描绘的闭环系统称为 $\boldsymbol{M}-\boldsymbol{\Delta}$ 环。

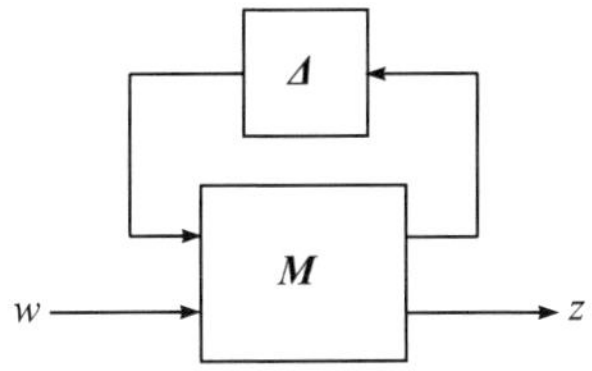

图 3.28　鲁棒分析框图

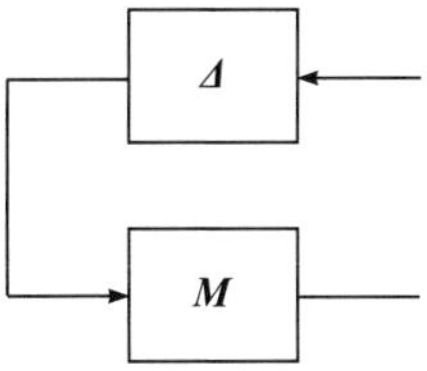

图 3.29　$\boldsymbol{M}-\boldsymbol{\Delta}$ 环

在 MATLAB 中，LFT 互连的构建是使用函数 `lft` 完成的，$\boldsymbol{M}-\boldsymbol{\Delta}$ 分解由函数 `lftdata` 获得。

3.8　鲁棒稳定性分析

本节使用的鲁棒控制工具箱函数

函数	描述
`norm(T,inf)`	传递函数 T 的 $\mathscr{H}_\infty$ 范数
`robuststab`	鲁棒稳定性分析

3.8.1　非结构化不确定性

在非结构化不确定性（“满秩”块 $\boldsymbol{\Delta}$）情况下的鲁棒稳定性分析可以通过使用所谓的小

增益定理来完成（例如，参见文献 [82] 的 9.2 节）。根据该定理，对于所有满足 $\|\boldsymbol{\varDelta}\|_\infty \leqslant 1$ 的 $\boldsymbol{\varDelta}$，图 3.29 中所示的系统 $(\boldsymbol{M})$ 是稳定的，当且仅当 $\|\boldsymbol{M}\|_\infty < 1$。如果 $\boldsymbol{\varDelta}$ 对应于加性或乘性被控对象扰动，那么这提供了一种简单的鲁棒稳定性测试方法。

例 3.5　输入乘性不确定性情况下的鲁棒稳定性

考虑一个具有输入乘性不确定性的闭环系统，如图 3.30 所示，其中矩阵 $\boldsymbol{W}_m$ 是频率相关的加权函数，而 $\boldsymbol{\varDelta}_m$ 是 $\|\boldsymbol{\varDelta}_m\|_\infty = 1$ 的“满秩”块。此时，不确定性被控对象由下式给出：

$$\boldsymbol{G}_p = \boldsymbol{G}(\boldsymbol{I} + \boldsymbol{\varDelta}_m \boldsymbol{W}_m)$$

并可以说明

$$\boldsymbol{M} = -\boldsymbol{W}_m(\boldsymbol{I} + \boldsymbol{KG})^{-1}\boldsymbol{KG} = -\boldsymbol{W}_m \boldsymbol{T}_\mathrm{i}$$

其中 T_i 为输入灵敏度函数，因此，鲁棒稳定性条件为

$$\|\boldsymbol{W}_m T_\mathrm{i}\|_\infty < 1$$

使用 MATLAB 函数 norm 可以轻松检验此条件。□

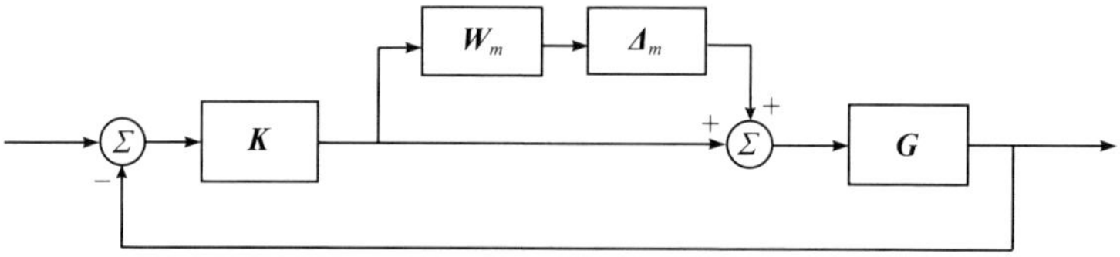

图 3.30　具有输入乘性不确定性的闭环系统

3.8.2　结构化奇异值

存在结构化不确定性时，鲁棒稳定性测试要复杂得多，并且依赖于使用由 $\mu(\cdot)$ 表示的 SSV。进一步地，我们将假设被控对象不确定性包括非结构化不确定性（例如未建模动态或动力学）以及参数变化时的一般情况。根据第 2 章介绍的混合不确定性模型，所有不确定的部分都可以组合成块对角矩阵，闭环系统可以重新排列在图 3.31 所示的标准配置中。存在两种类型的块：重复标量块和满秩块。块维数由 $r_1, r_2, \cdots, r_s; m_1, m_2, \cdots, m_f$ 表示。定义不确定块 $\boldsymbol{\varDelta}$ 为

$$\boldsymbol{\varDelta} = \{\mathrm{diag}[\delta_1 I_{r_1}, \delta_1 I_{r_2}, \cdots, \delta_s I_{r_s}, \boldsymbol{\varDelta}_1, \boldsymbol{\varDelta}_2, \cdots, \boldsymbol{\varDelta}_f] : \delta_i \in \mathbb{C}, \boldsymbol{\varDelta}_j \in \mathbb{C}^{m_j \times m_j}\} \tag{3.44}$$

其中 $\sum_{i=1}^{s} r_i + \sum_{j=1}^{f} m_j = n$， n 是 $\boldsymbol{\varDelta}$ 的维数。所有矩阵 $\boldsymbol{\varDelta}$ 的集合定义为 $\boldsymbol{\varDelta} \subset \mathbb{C}^{n \times n}$。如果相应的不确定性是实数，则重复标量块的参数 δ_i 只能是实数。

SSV 是复矩阵 $\boldsymbol{M}$ 和结构 $\boldsymbol{\varDelta}$ 的函数。μ 的定义是用回路稳定性的条件来完成的，如图 3.31 所示。如果矩阵 $\boldsymbol{M}$ 和 $\boldsymbol{\varDelta}$ 是稳定的，那么根据式（3.23）的 Nyquist 判据，对于每一个 ω，它必然满足

$$\det(\boldsymbol{I} - \boldsymbol{M}(\mathrm{j}\omega)\boldsymbol{\varDelta}(\mathrm{j}\omega)) \neq 0 \tag{3.45}$$

该条件旨在找到最小的结构化摄动 $\boldsymbol{\varDelta}$（以 $\bar{\sigma}(\boldsymbol{\varDelta})$ 来衡量），从而在某个频率 ω 处，有

$$\det(\boldsymbol{I}-\boldsymbol{M}(\mathrm{j}\omega)\boldsymbol{\varDelta}(\mathrm{j}\omega))=0$$

也就是导致闭环不稳定性。

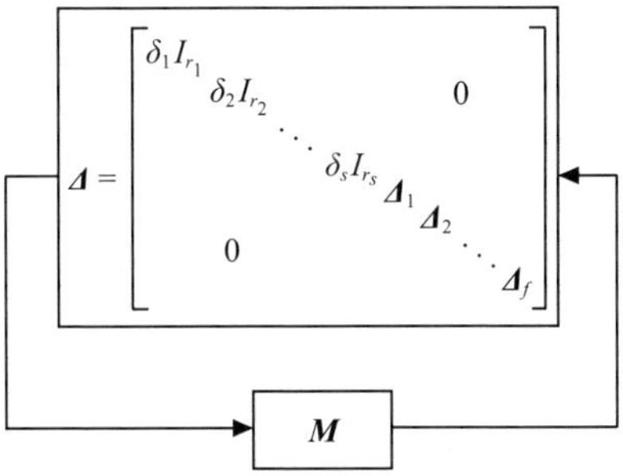

图 3.31　用于定义 μ 的闭环系统

对于 $\boldsymbol{M}\subset\mathbb{C}^{n\times n}$，SSV $\mu_{\Delta}(\boldsymbol{M})$ 定义为

$$\mu_{\Delta}(\boldsymbol{M})\overset{\text{def}}{=}\frac{1}{\min\{\bar{\sigma}(\boldsymbol{\varDelta}):\boldsymbol{\varDelta}\in\mathbf{\Delta},\det(\boldsymbol{I}-\boldsymbol{M}\boldsymbol{\varDelta})=0\}} \tag{3.46}$$

如果不存在 $\boldsymbol{\varDelta}\in\mathbf{\Delta}$ 使得 $\det(\boldsymbol{I}-\boldsymbol{M}\boldsymbol{\varDelta})=0$，则 $\mu_{\Delta}(\boldsymbol{M})\overset{\text{def}}{=}0$。

按照这个定义，$\mu_{\Delta}(\boldsymbol{M})$ 是集合 Δ 中的最小 $\boldsymbol{\varDelta}$ 值（以 2 范数为测度）的倒数，这使得矩阵 $(\boldsymbol{I}-\boldsymbol{M}\boldsymbol{\varDelta})$ 是奇异的。SSV μ 可以看作对具有多个扰动块的结构的鲁棒性的严格估计。

注意，当 $\boldsymbol{\varDelta}\subset\mathbb{C}^{n\times n}$ 时，$\mu_{\Delta}(\boldsymbol{M})=\bar{\sigma}(\boldsymbol{M})$（非结构化不确定性的情况）。因此 $\mu_{\Delta}(\boldsymbol{M})$ 将最大奇异值的概念扩展到结构化不确定性的情况。

对于传递函数所描述的系统，μ 是一个频率相关的函数，在每个频率处都可以进行计算。把 $s=\mathrm{j}\omega$ 代入传递函数矩阵中，可以求得常数复矩阵 $\boldsymbol{M}(\mathrm{j}\omega)$ 的 μ 值。

根据 μ 的定义，可以得出以下结论：

- SSV 不是针对特定摄动定义的，而是针对具有给定结构的整个摄动集定义的。这意味着 μ 不取决于 δ_i 和 $\boldsymbol{\varDelta}_j$ 的具体值，而是分别取决于块数量 s,f 及其维度 r_i,m_j。
- μ 是两个变量的函数：复矩阵 $\boldsymbol{M}$ 和由 $\mathbf{\Delta}$ 定义的结构。对于固定的矩阵 $\boldsymbol{M}$，根据 $\mathbf{\Delta}$ 的不同结构，可以得到不同的 μ 值。此外，记号 $\mu_{\Delta}(\boldsymbol{M})$ 中的符号 $\mathbf{\Delta}$ 有时将被省略。
- μ 的值越小意味着鲁棒性越好。

3.8.3　使用 μ 进行鲁棒稳定性分析

SSV μ 是被用作频域鲁棒性分析的一种工具。令 $\boldsymbol{M}(s)$ 是稳定的传递函数，并假设 $\mathbf{\Delta}$ 是如式（3.44）所示的块结构。然后，可以证明以下结果（参见文献 [82] 的 11.3 节。）

令 $\beta>0$，对于所有稳定传递函数矩阵 $\boldsymbol{\varDelta}\in\mathbf{\Delta}$，且 $\max_{\omega}\bar{\sigma}(\boldsymbol{\varDelta}(\mathrm{j}\omega))<1/\beta$，图 3.32 所示的回路是稳定的，当且仅当

$$\max_{\omega}\mu_{\Delta}(\boldsymbol{M}(\mathrm{j}\omega))\leqslant\beta$$

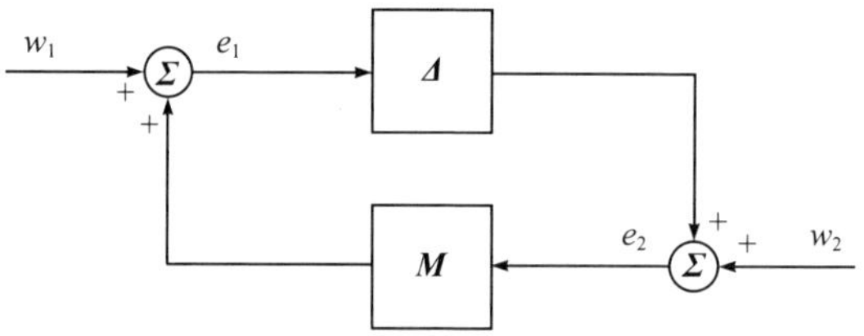

图 3.32　鲁棒稳定性

根据这个结果，μ的频率响应的峰值决定了回路保持稳定的摄动大小。如果不确定性被归一化，使得$\bar{\sigma}(\boldsymbol{\Delta})<1$，则鲁棒稳定性条件被简化为

$$\mu_{\Delta}(\boldsymbol{M}(\mathrm{j}\omega))<1 \tag{3.47}$$

式（3.47）可以改写为

$$\mu(\boldsymbol{M}(\mathrm{j}\omega))\bar{\sigma}(\boldsymbol{\Delta}(\mathrm{j}\omega))<1$$

这可以被解释为考虑了Δ结构的“广义小增益定理”。

除了一些简单的情况外，作为频率相关函数的 SSV μ无法被精确计算。然而，存在确定μ上界和下界的有效算法。这就是为什么关于系统鲁棒稳定性的结论应该根据这些边界来完成。具体来说，让沿着 SSV 上界和下界频率的最大值分别表示为β_{u}和β_{l}，使得下式成立：

$$\beta_{\mathrm{l}}\leqslant\mu_{\Delta}(\boldsymbol{M}(\mathrm{j}\omega))\leqslant\beta_{\mathrm{u}}$$

然后：

- 所考虑的不确定性系统对于所有满足如下条件的结构化不确定性矩阵$\boldsymbol{\Delta}$可以保证稳定：

$$\max_{\omega}\sigma(\boldsymbol{\Delta}(\mathrm{j}\omega))<1/\beta_{\mathrm{u}}$$

- 存在一个特定的结构化转移矩阵$\boldsymbol{\Delta}$使得系统不稳定，这类$\boldsymbol{\Delta}$具有以下性质：

$$\max_{\omega}\bar{\sigma}(\boldsymbol{\Delta}(\mathrm{j}\omega))=\frac{1}{\beta_{\mathrm{l}}}$$

此外，对于归一化不确定性的情况，即

$$\max_{\omega}\bar{\sigma}(\boldsymbol{\Delta}(\mathrm{j}\omega))\leqslant 1$$

则有以下结论：

- 如果$\beta_{\mathrm{u}}<1$，则系统相对于建模的不确定性是鲁棒稳定的。
- 如果$\beta_{\mathrm{l}}<1$，则无法实现鲁棒稳定。
- 如果$\beta_{\mathrm{l}}<1$且$\beta_{\mathrm{u}}>1$，则无法确定稳定性的结论，系统可能不是鲁棒稳定的。

数量值

$$\mathrm{sm}=\frac{1}{\max_{\omega}\mu_{\Delta}(\boldsymbol{M}(\mathrm{j}\omega))}$$

可以被认为是作用于$\boldsymbol{M}$上的、关于结构化不确定性的稳定性鲁棒裕度。大于 1 的稳定性鲁棒裕度意味着对于不确定性 $\boldsymbol{\Delta}$ 的所有可能值，不确定性系统都是稳定的。小于 1 的稳定性鲁棒裕度意味着存在某一容许的 $\boldsymbol{\Delta}$ 使得系统不稳定。使用 μ 的边界，稳定裕度的上界 $\mathrm{sm}_u = 1/\beta_l$ 可以作为 μ 的下界的倒数；稳定裕度的下界 $\mathrm{sm}_l = 1/\beta_u$ 可以以相同的方式从 SSV 的上界获得。

用于鲁棒稳定性分析的鲁棒控制工具箱中的主要工具是函数 `robuststab`，它是基于 SSV 计算的。此函数可用于具有非结构化不确定性、结构化不确定性或混合不确定性系统的稳定性分析。稳定性分析的结果是根据 μ 的上界和下界以及稳定裕度获得的。函数 `robuststab` 还产生结构 `destabunc`，该结构包含最接近于标称值的不确定性参数值的组合，这种组合会在失稳频率 `DestabilizingFrequency` 处造成系统不稳定，需要注意的是，闭环极点就是在 `DestabilizingFrequency` 给出的频率处跨越稳定性边界的（连续时间系统中的虚轴，离散时间系统中的单位圆盘）。

例 3.6　使用 μ 进行鲁棒稳定性分析

考虑一个 SISO 闭环系统，其被控对象具有不确定性参数和未建模动态，它们用输入乘性不确定性来表示。被控对象传递函数为

$$G = \frac{k}{s(T_1 s + 1)(T_2 s + 1)}(1 + W_m \delta)$$

其中 k，T_1 和 T_2 为不确定性参数，δ 为复的不确定性元素，$|\delta| \leqslant 1$，W_m 是不确定性加权函数。被控对象参数的标称值为 $k_{\mathrm{nom}} = 0.4$，$T_{1_{\mathrm{nom}}} = 0.2\mathrm{s}$ 和 $T_{2_{\mathrm{nom}}} = 0.1\mathrm{s}$。这些参数的相对不确定性为 50%，即 $k \in [0.2, 0.6]$，$T_1 \in [0.1, 0.3]$，$T_2 \in [0.05, 0.15]$。假设受未建模动态的影响，最大可能的不确定性在低频范围内为 2%，并在频率为 8 rad/s 时逐渐增加到 100%，最后在高频范围内达到 400%。使用命令 `makeweight` 得到的对应的不确定性加权函数为

$$W_m = \frac{4s + 0.619\,8}{s + 30.99}$$

这样，4×4 不确定性矩阵 $\boldsymbol{\Delta}$ 包含 3 个标量实数块和 1 个标量复数块，3 个标量块分别对应于 k，T_1 和 T_2 中的参数不确定性，而一个复数块 δ 对应于非结构化被控对象的不确定性（未建模动态）。

系统配有一个传递函数形式的控制器

$$K = 10\frac{s + 4}{s + 8}$$

确定这样的控制器是为了确保标称被控对象模型闭环系统的稳定性和期望性能。

该系统的鲁棒稳定性是通过函数 `robuststab` 来分析的，该函数将互补灵敏度 T 作为输入参数或自变量。计算出的 μ 上界和下界如图 3.33 所示。该函数产生的稳定性鲁棒裕度边界为

$$\mathrm{sm}_u = 1.434\,8,\ \ \mathrm{sm}_l = 1.394\,6$$

分别对应于 μ 的边界

$$\beta_l = 0.697\ 0,\ \ \beta_u = 0.717\ 0$$

从稳定裕度边界可知：

- 对于指定的结构和不确定性度，闭环系统是鲁棒稳定的（稳定裕度的下界 $sm_l > 1$）。
- 系统可以容忍小于 139% 的指定不确定性。
- 存在大于指定不确定性 143% 的不确定性，它会使系统失稳。

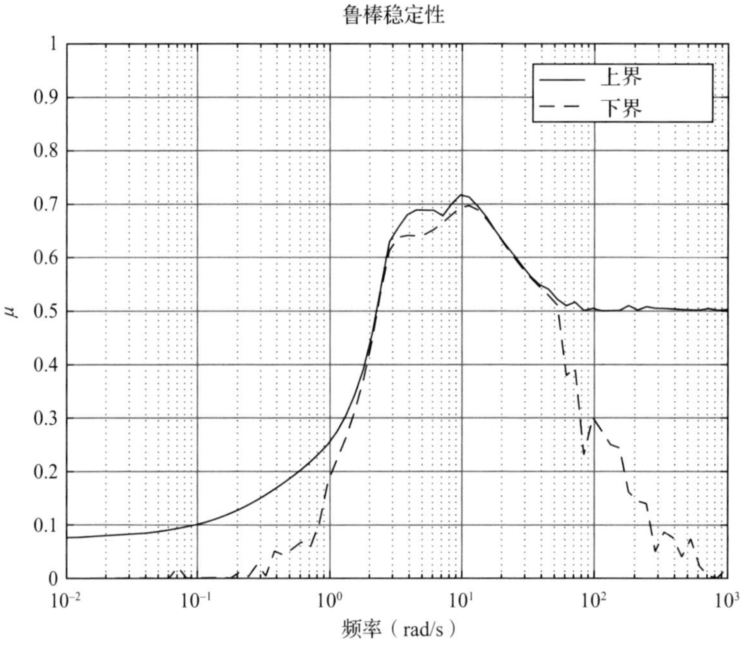

图 3.33 μ的上下界

关于系统鲁棒稳定性的相关结论包含在变量 `report` 中，该变量还包括了稳定性鲁棒裕度相对于不确定性元素的灵敏度信息。在给定的情况下，对稳定裕度影响最大的是未建模动态带来的不确定性；对稳定裕度影响最弱的是时间常数 T_2 带来的不确定性。

使用函数 `usubs`，将破坏稳定的不确定性 `destabunc` 代入互补灵敏度函数中，可以确定所得到的闭环系统是不稳定的，具有一对等于 $0 \pm 11.325\ 8$ 的不稳定极点。 □

3.9 鲁棒性能分析

本节使用的鲁棒控制工具箱函数

函数	描述
`robustperf`	鲁棒性能分析
`wcgain`	最坏情况下的增益
`wcmargin`	最坏情况下的裕度

3.9.1 使用 μ 进行鲁棒性能分析

在参数摄动存在的情况下，外部干扰和噪声对系统动态的影响可能会显著增加。这就是为什么除了鲁棒稳定性之外，在不确定性情况下，还必须确保闭环系统的可接受性能。这就引出了鲁棒性能的概念，即在不确定性参数和信号存在的情况下仍然可以接受的性能。

MIMO 系统的性能可以通过 $\mathscr{H}_\infty$ 范数来表征。具体来说，假设良好的性能相当于

$$\|\boldsymbol{T}\|_\infty \overset{\text{def}}{=} \max_\omega \bar{\sigma}(\boldsymbol{T}(\mathrm{j}\omega)) \leqslant 1$$

其中 $\boldsymbol{T}$ 是某个加权闭环矩阵传递函数，即参与了某些加权函数的闭环传递函数。针对图 3.34 中给出的不确定性系统的鲁棒性能分析的情况，$\boldsymbol{T}$ 被视为从 w 到 z 的不确定性传递函数，使得 $\boldsymbol{T}=F_\mathrm{U}(\boldsymbol{M},\boldsymbol{\Delta})$。性能的定量表征与确定 $F_\mathrm{U}(\boldsymbol{M},\boldsymbol{\Delta})$ 的“大小”有关，其中 $\boldsymbol{\Delta}$ 取所有可能接受的值。更准确地说，如果对所有满足 $\max_\omega \bar{\sigma}(\boldsymbol{\Delta}(\mathrm{j}\omega))<1$ 的摄动 $\boldsymbol{\Delta}\in\mathbf{\Delta}$，LFT 是稳定的，此外，如果对所有这样的摄动，$\|F_U(\boldsymbol{M},\boldsymbol{\Delta})\|_\infty \leqslant 1$ 成立，则称图 3.34 中的 LFT 实现了鲁棒性能。

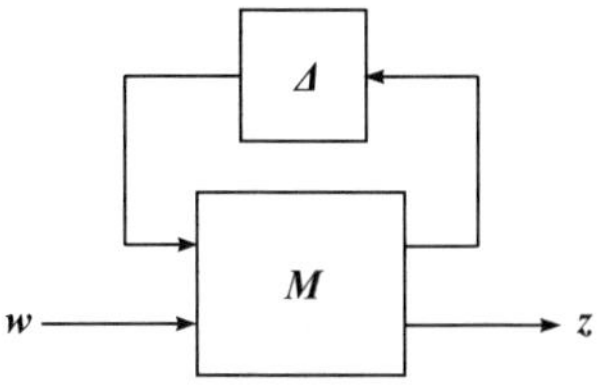

图 3.34　鲁棒性能定义

鲁棒性能分析的思想是将闭环传递函数矩阵的大小与鲁棒稳定性测试联系起来。设 $\boldsymbol{T}$ 是一个给定的稳定系统，输入维度为 n_w，输出维度为 n_z。根据式（3.23）的 Nyquist 判据和小增益定理，$\|\boldsymbol{T}\|_\infty \leqslant 1$ 成立，当且仅当图 3.35 中的反馈回路对于每个满足 $\|\boldsymbol{\Delta}_F(s)\|<1$ 的稳定 $\boldsymbol{\Delta}_F(s)$（维度 $n_w \times n_z$）是稳定的。因此，传递矩阵 $\boldsymbol{T}$ 是很小的 ($\|\boldsymbol{T}\|_\infty \leqslant \beta$)，当且仅当 $\boldsymbol{T}$ 可以容忍所有可容许的稳定摄动 $\boldsymbol{\Delta}_F$（其中 $\|\boldsymbol{\Delta}_F\|<1/\beta$）以避免不稳定。这样，传递矩阵的大小可以使用鲁棒稳定性测试来确定，该测试允许将鲁棒性能问题简化为鲁棒稳定性问题。

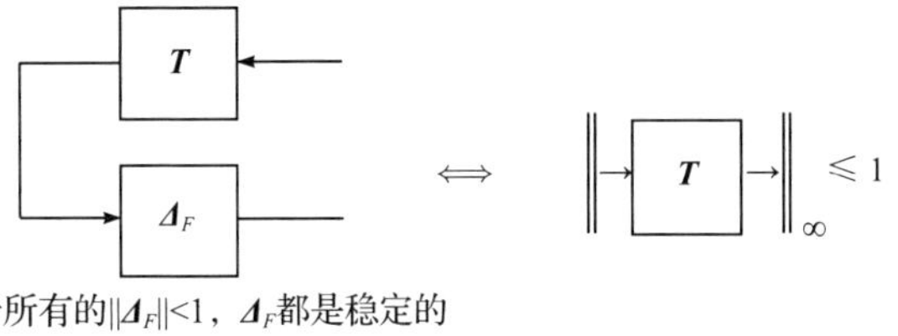

图 3.35　鲁棒稳定性能

根据上述考虑，对于所有满足 $\max_\omega \bar{\sigma}(\boldsymbol{\Delta}(\mathrm{j}\omega))<1$ 的摄动 $\boldsymbol{\Delta}\in\mathbf{\Delta}$，$\|F_U(\boldsymbol{M},\boldsymbol{\Delta})\|_\infty \leqslant 1$ 成立，当且仅当图 3.36 所示的 LFT 对于所有的 $\boldsymbol{\Delta}\in\mathbf{\Delta}$ 和所有稳定的 $\boldsymbol{\Delta}_F$ 是稳定的，其中 $\boldsymbol{\Delta}\in\mathbf{\Delta}$ 和稳定的 $\boldsymbol{\Delta}_F$ 分别满足

$$\max_\omega \bar{\sigma}(\boldsymbol{\Delta}(\mathrm{j}\omega))<1 \text{且} \max_\omega \bar{\sigma}(\boldsymbol{\Delta}_F(\mathrm{j}\omega))<1$$

但这正是 $\boldsymbol{M}$ 在如下形式摄动矩阵下的鲁棒稳定性问题：

$$\boldsymbol{\Delta}_P = \begin{bmatrix} \boldsymbol{\Delta} & 0 \\ 0 & \boldsymbol{\Delta}_F \end{bmatrix}$$

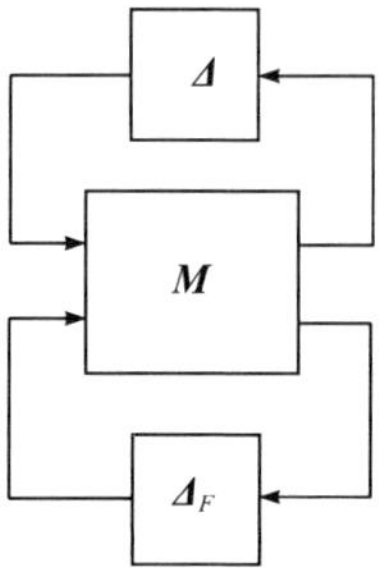

图 3.36 具有增广不确定性的鲁棒稳定性

因此，鲁棒稳定性测试被用于计算 $\mu_{\Delta_P}(\boldsymbol{M}(\mathrm{j}\omega))$ 的更大问题上，以便确定原始问题的鲁棒性能边界。这导致使用了额外（虚构）的不确定性块并确定了增广系统的鲁棒稳定性，从而得出关于原始系统 $\boldsymbol{T} = F_{\mathrm{U}}(\boldsymbol{M},\boldsymbol{\Delta})$ 的鲁棒性能的结论。

假设 μ 的频率响应峰值等于 β，这意味着对于满足 $\max_{\omega} \bar{\sigma}(\boldsymbol{\Delta}_P(\mathrm{j}\omega)) < 1/\beta$ 的所有摄动 $\boldsymbol{\Delta}_P \in \mathbf{\Delta}_P$，该摄动系统是稳定的并且满足 $\| F_{\mathrm{U}}(\boldsymbol{M},\boldsymbol{\Delta}_P)\|_{\infty} \leqslant \beta$。此外，存在一个特定的摄动矩阵 $\boldsymbol{\Delta}_P \in \mathbf{\Delta}_P$，满足 $\max_{\omega} \bar{\sigma}(\boldsymbol{\Delta}_P(\mathrm{j}\omega))=1/\beta$，这使得 $\| F_{\mathrm{U}}(\boldsymbol{M},\boldsymbol{\Delta}_P)\|_{\infty} =\beta$ 或不稳定。

与鲁棒稳定性分析时的情况一样，计算 SSV 的算法能够得到 μ 的上界和下界。让关于 $SSV\,\mu_{\Delta_P}(\boldsymbol{M})$ 的上界和下界频率的最大值分别由 β_{u} 和 β_{l} 表示，则：

- 对于所有不确定性矩阵 $\boldsymbol{\Delta}_P \in \mathbf{\Delta}_P$，其满足

$$\max_{\omega} \bar{\sigma}(\boldsymbol{\Delta}_P(\mathrm{j}\omega)) < \frac{1}{\beta_{\mathrm{u}}}$$

则摄动系统是稳定的且满足 $\|\boldsymbol{T}_{\mathrm{zw}}(s)\|_{\infty} \leqslant \beta_{\mathrm{u}}$。

- 存在一个特定的摄动矩阵 $\boldsymbol{\Delta}_P \in \mathbf{\Delta}_P$，其满足

$$\max_{\omega} \bar{\sigma}(\boldsymbol{\Delta}_P(\mathrm{j}\omega)) = \frac{1}{\beta_{\mathrm{l}}}$$

这会导致 $\|\boldsymbol{T}_{\mathrm{zw}}(s)\|_{\infty} \geqslant \beta_{\mathrm{l}}$ 或不稳定。

对于性能要求 $\|\boldsymbol{T}_{\mathrm{zw}}(s)\|_{\infty} \leqslant 1$ 和归一化不确定性 $\|\boldsymbol{\Delta}\|_{\infty} \leqslant 1$，以下结论成立：

- 如果 $\beta_{\mathrm{u}} < 1$，则系统针对建模不确定性具有鲁棒性能（这也包括鲁棒稳定性）。
- 如果 $\beta_{\mathrm{l}} > 1$，则无法实现鲁棒性能。

显然，如果 $\beta_{\mathrm{l}} < 1$ 且 $\beta_{\mathrm{u}} > 1$，则无法对系统是否达到鲁棒性能做出明确的结论。

在鲁棒性能分析中，与稳定性鲁棒裕度类似，可以引入鲁棒性能裕度的概念。该量值显示了系统具有指定性能的不确定性水平。性能裕度 pm 等于 SSV $\mu_{\Delta_P}(\boldsymbol{M})$ 关于频率的最大值的倒数，即 pm=$1/\beta$。关于稳定裕度的上界 pm_{u} 和下界 pm_{l} 分别由 β_{l} 和 β_{u} 获得，如下所示：

$$\mathrm{pm_u} = \frac{1}{\beta_l}, \ \mathrm{pm_l} = \frac{1}{\beta_u}$$

性能裕度边界可按以下方式来解释：如果 $\mathrm{pm_u} > 1$，系统对建模不确定性具有鲁棒性能；如果 $\mathrm{pm_u} < 1$，则无法实现鲁棒性能；如果 $\mathrm{pm_u} > 1$ 且 $\mathrm{pm_l} < 1$，则无法给出确定结论。

请注意，鲁棒性能裕度小于鲁棒稳定裕度。

在鲁棒控制工具箱中，鲁棒性能分析由函数 robustperf 来完成。该函数生成了为鲁棒性能问题定义的 *SSV* $\mu_{\Delta_P}(\boldsymbol{M})$ 的上界和下界，以及鲁棒性能裕度的上界和下界。函数 robustperf 还产生了不确定性元素值的结构 perfmargunc，该元素值表征了最严重的性能退化。

例 3.7　使用 μ 进行鲁棒性能分析

再次考虑例 3.4 中描述的控制系统。对系统性能的主要要求是：参考信号 (r) 跟踪具有可接受的误差 (e) 并限制控制作用 (u) 的幅度。根据第一个要求，连接 e 和 r 的灵敏度函数 S 在低频范围内应该足够小（r 为低频信号）。根据第二个要求，连接 e 和 u 的传递函数 KS 应该足够小。为了兼顾这两个要求，使用下式作为系统性能指标是合适的：

$$\left\| \begin{bmatrix} W_p S \\ W_u KS \end{bmatrix} \right\|_\infty \tag{3.48}$$

其中 W_p 和 W_u 是加权传递函数。选取加权传递函数

$$W_p = 0.8\frac{s^2 + 18s + 50}{s^2 + 24s + 0.04} \quad W_u = 0.02$$

使得当下列条件满足时，控制系统具有期望的性能，即确保了期望的参考跟踪精度和控制作用的受限幅度：

$$\left\| \begin{bmatrix} W_p S \\ W_u KS \end{bmatrix} \right\|_\infty < 1 \tag{3.49}$$

用于鲁棒性能分析的闭环系统框图如图 3.37 所示，其包括了加权函数 W_p 和 W_u。在给定

$$\boldsymbol{T}_{\mathrm{zw}} = \begin{bmatrix} W_p S \\ W_u KS \end{bmatrix}$$

的情况下，输出向量 $\boldsymbol{z}$ 包含了加权“误差”，以及作为参考信号 r 的输入向量 $\boldsymbol{w}$。

系统模型由函数 sysic 组成。标称闭环系统的 $\mathscr{H}_\infty$ 范数等于 0.877 4，因此满足式（3.49），并且闭环系统达到标称性能。

在频率范围 $[10^{-3}, 10^3](\mathrm{rad/s})$ 中，鲁棒性能通过函数 robustperf 进行了分析。

计算的 $\mu_{\Delta_P}(\boldsymbol{M})$ 的上界和下界如图 3.38 所示，该函数产生的性能裕度边界为

$$\mathrm{pm_u} = 0.669\ 1, \ \mathrm{pm_l} = 0.665\ 6$$

对应于 μ 边界：

$$\beta_l = 1.494\ 4,\ \beta_u = 1.502\ 3$$

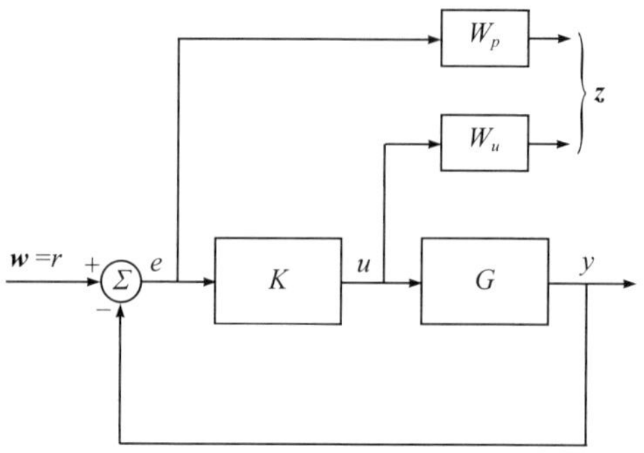

图 3.37 具有性能要求的闭环系统

由于 $pm_u < 1$，对于给定的不确定性，不满足式（3.49）的性能要求，即系统无法实现鲁棒性能。根据获得的结果可知，对于不确定度小于 66.56% 的不确定性，式（3.48）的值小于或等于 1/0.665 6 = 1.502 3。此外，该分析产生了不确定度为 66.91% 的不确定性因素组合，这使得式（3.48）的值大于或等于 1/0.669 1 =1.494 5。

除了有关系统性能的结论外，由 `robustperf` 生成的变量 `report` 还包含有关不确定性元素对稳定裕度的影响信息。在给定的情况下，最大的影响是系数 k 的不确定性。

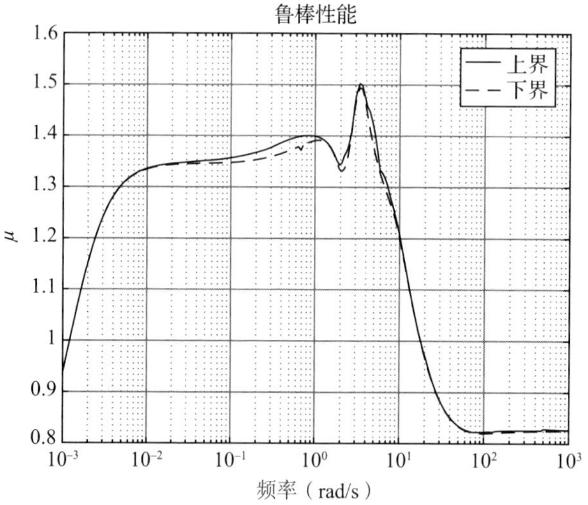

图 3.38 $\mu_{\Delta_p}(\boldsymbol{M})$ 的上界和下界

同样，由 `robustperf` 生成的结构 `perfmargunc` 包含了不确定性元素值，这些值对应于最坏性能退化。使用函数 usubs 将这些元素代入闭环传递函数中，得到 $\|\boldsymbol{T}_{zw}\|_\infty = 1.494\ 4$，正如预期的那样，该值小于 β_u。 □

3.9.2　最坏情况下的增益

可以通过灵敏度或互补灵敏度传递函数矩阵的最大奇异值（$\mathscr{H}_{\infty}$范数）的频率响应的最大限度来近似地评估系统性能。对于不确定性系统，针对允许的不确定性，确定该限度的最大值是有意义的。该值被定义为“最坏情况”增益，代表着频域中可能的最大增益。在不确定性元素的所有允许值内确定最大增益被称为最坏情况下的增益分析。

在鲁棒控制工具箱中，不确定性系统的最坏情况下的增益可由函数 wcgain 确定。它计算最坏增益的上界和下界，并确定一个结构 wcunc，该结构包含了使系统增益最大的不确定性元素值的组合。函数 wcgain 还生成了关于最坏情况增益相对于不确定性元素的灵敏度信息。

例 3.8　最坏情况增益

考虑例 3.6 和例 3.7 中描述的不确定性控制系统。为了确定最坏情况增益，我们将使用函数 wcgain，输入参数为互补灵敏度 T。因此，可得如下最坏情况增益的边界：

下界：2.693 42

上界：2.693 45

在给定情况下，对最坏情况增益产生最大影响的是未建模动态引起的不确定性。

在图 3.39 中，我们展示了对应于 30 种不确定性值随机组合的幅度响应，并将它们与具有最坏情况增益的系统响应进行了比较。

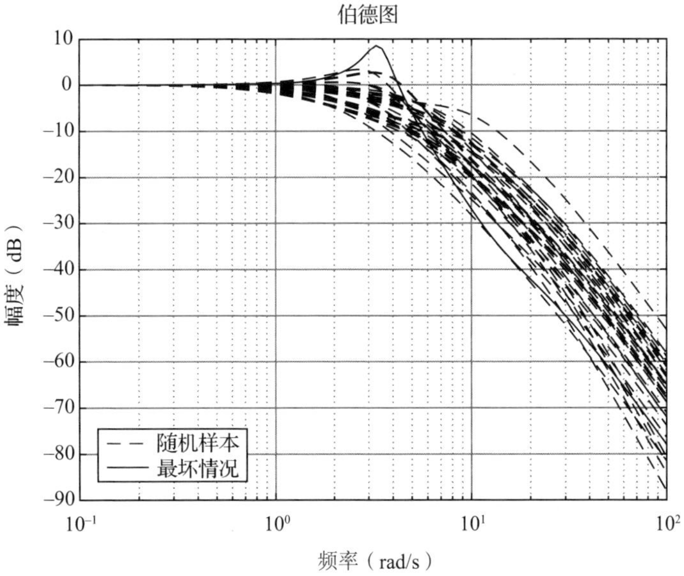

图 3.39　随机和最坏情况下的幅度响应

图 3.40 给出了 30 个随机不确定性值和最坏情况增益下的阶跃响应。

从获得的结果可以看出，被控对象的不确定性会导致闭环系统性能显著退化或下降。在最坏的情况下，暂态响应非常振荡，超调量约为 43%，调节时间几乎比标称闭环系统的大 7 倍。

如果使用灵敏度函数 S 代替互补灵敏度 T，则可以获得关于最坏情况增益的类似结果。 □

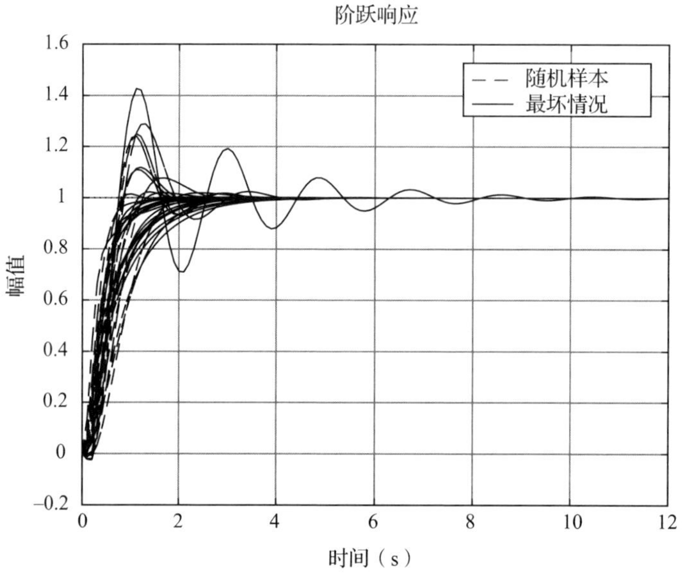

图 3.40　随机和最坏情况的阶跃响应

3.9.3　最坏情况下的裕度

鲁棒性能的另一个要素是最坏情况下的裕度。最坏情况下的裕度定义了最大圆盘裕度，使得对于不确定性的所有可能值以及圆盘内的所有增益和相位的变化，闭环系统都是稳定的（有关圆盘裕度的定义，请参阅 3.2 节）。因此，最坏情况下的裕度确定的结果意味着闭环系统对于给定的不确定性集是稳定的，并且在指定的输入 / 输出环路中存在额外的 GM 和 PM 变化时仍将保持稳定。

在鲁棒控制工具箱中，最坏情况下的裕度是使用函数 `wcmargin` 来计算的。该函数计算反馈回路的最坏情况输入和输出每次循环的 GM/PM 组合，该反馈回路由具有单位负反馈的回路传递矩阵 $\boldsymbol{L}(s)$ 组成。

例 3.9　最坏情况裕度

比较例 3.4 ～例 3.6 中考虑的不确定性系统的传统稳定裕度、圆盘稳定裕度和最坏情况稳定裕度是有益的。需要注意的是，该系统被控对象有 4 个不确定性参数 k，T_1，T_2 和 δ。

传统裕度 cm 和圆盘裕度 dm 是使用函数 `loopmargin` 计算的，所得结果如下：

```
cm =

     GainMargin: 8.9096
    GMFrequency: 9.7399
    PhaseMargin: 69.6771
```

```
     PMFrequency: 1.9757
     DelayMargin: 0.6155
     DMFrequency: 1.9757
          Stable: 1

dm =

      GainMargin: [0.2725 3.6698]
     PhaseMargin: [-59.5149 59.5149]
       Frequency: 4.0185
```

虽然传统的 GM 和 PM（针对标称系统计算的）分别为 8.909 6=18.99dB 和 ±69.677 1°，但圆盘裕度表明，不论对于独立作用的还是同时作用的情况，在 GM 变化高达 0.277 5 和 3.669 8，即 ±11.29dB 以及 PM 变化为 ±59.51° 时，闭环系统仍保持稳定。

最坏情况裕度的计算由函数 wcmargin 来实现。

```
wcmarg =

      GainMargin: [0.7092 1.4099]
     PhaseMargin: [-19.3078 19.3078]
       Frequency: 3.3001
           WCUnc: [1x1 struct]
     Sensitivity: [1x1 struct]
```

对于所有可能定义的不确定性范围，最大允许 GM 高达 0.709 2 和 1.409 9=±2.98dB，PM 变化为 ±19.307 8°。这样，参数 k，T_1，T_2 和 δ 的变化可能会导致闭环稳定裕度显著降低。

3.10　鲁棒性分析中的数值问题

本节使用的鲁棒控制工具箱函数

函数	描述
mussv	结构化奇异值的计算

如本章前几节所述，不确定性闭环系统的鲁棒性由相应 SSV μ 的峰值大小来表征。因为只有在某些特殊情况下才能计算 μ 的确切值，所以可以通过使用 SSV 的上界来找到保证鲁棒性特性的结果。这就是为什么稳定性鲁棒性分析和性能鲁棒性分析的可靠性取决于 μ 计算所达到的精度。例 3.10 表明对于某些系统，μ 上界的计算误差可能非常大。

例 3.10　计算 μ 中的数值问题

考虑由如下微分方程描述的二阶系统：

$$\frac{d^2y}{dt^2}+a_1\frac{dy}{dt}+a_2y=b_1u \tag{3.50}$$

假设系数 a_1 和 a_2 分别具有相对不确定性 p_1 和 p_2，因此这些系数可以表示为

$$a_1=\bar{a}_1(1+p_1\delta_1),\ a_2=\bar{a}_2(1+\delta_1),\ |\delta_1|\leqslant 1,|\delta_2|\leqslant 1$$

其中 a_1 和 a_2 是相应系数的标称值。

不确定性参数系统的框图如图 3.41 所示，其中：

$$\boldsymbol{M}_1=\begin{bmatrix}0 & \bar{a}_1\\ p_1 & \bar{a}_1\end{bmatrix},\ \boldsymbol{M}_2=\begin{bmatrix}0 & \bar{a}_2\\ p_2 & \bar{a}_2\end{bmatrix}$$

需要注意，矩阵 $\boldsymbol{M}_1$ 和 $\boldsymbol{M}_2$ 不是唯一的，不确定性系数的其他表示也是可能的。

引入变量 $x_1=y$， $x_2=\dot{y}$，式（3.50）可描述为状态空间形式：

$$\begin{aligned}&\dot{x}_1=\dot{x}_2,\\&\dot{x}_2=-\bar{a}_2x_1-\bar{a}_1x_2-p_1u_{\delta_1}-p_2u_{\delta_2}+b_1u,\\&y_{\delta_1}=\bar{a}_1x_2,\\&y_{\delta_2}=\bar{a}_2x_1\end{aligned}\tag{3.51}$$

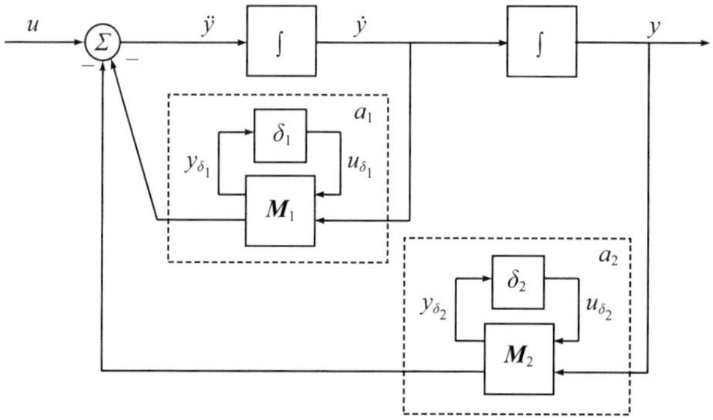

图 3.41　不确定性二阶系统框图

对于 $u=0$，经过拉普拉斯变换后的式（3.51）为

$$\begin{bmatrix}y_{\delta_1}(s)\\ y_{\delta_2}(s)\end{bmatrix}=\boldsymbol{M}(s)\begin{bmatrix}u_{\delta_1}(s)\\ u_{\delta_2}(s)\end{bmatrix}\tag{3.52}$$

其中

$$\boldsymbol{M}(s)=\begin{bmatrix}\dfrac{\bar{a}_1p_1s}{s^2+\bar{a}_1s+\bar{a}_2} & \dfrac{\bar{a}_1p_2s}{s^2+\bar{a}_1s+\bar{a}_2}\\ \dfrac{-\bar{a}_2p_1}{s^2+\bar{a}_1s+\bar{a}_2} & \dfrac{\bar{a}_2p_2}{s^2+\bar{a}_1s+\bar{a}_2}\end{bmatrix}$$

式（3.52）可以表示为图 3.42 所示的 $\boldsymbol{M}-\boldsymbol{\Delta}$ 回路，其中

$$\boldsymbol{\Delta}=\begin{bmatrix}\delta_1 & 0\\ 0 & \delta_2\end{bmatrix}$$

在给定的情况下，集合 $\boldsymbol{\Delta}$ 由所有对角 2×2 矩阵组成，其对角元素的值介于 -1 和 1 之间。

为了导出对应于稳定性鲁棒性分析的 SSV μ 的解析表达式，有必要找到 $\det(\boldsymbol{I}-\boldsymbol{M}(\mathrm{j}\omega)\boldsymbol{\Delta}(\mathrm{j}\omega))$ 的一个表达式。因此，我们得到

$$\det(\boldsymbol{I}-\boldsymbol{M}(\mathrm{j}\omega)\boldsymbol{\Delta}(\mathrm{j}\omega))=(\bar{a}_2-\omega^2+\mathrm{j}\bar{a}_1\omega+\mathrm{j}\delta_1\bar{a}_1p_1\omega)\times \frac{(\bar{a}_2-\omega^2+\mathrm{j}\bar{a}_1\omega+\delta_2\bar{a}_2p_2)}{(\bar{a}_2-\omega^2+\mathrm{j}\bar{a}_1\omega)^2}+\frac{\mathrm{j}\delta_1\delta_2\bar{a}_1\bar{a}_2p_1p_2\omega}{(\bar{a}_2-\omega^2+\mathrm{j}\bar{a}_1\omega)^2} \tag{3.53}$$

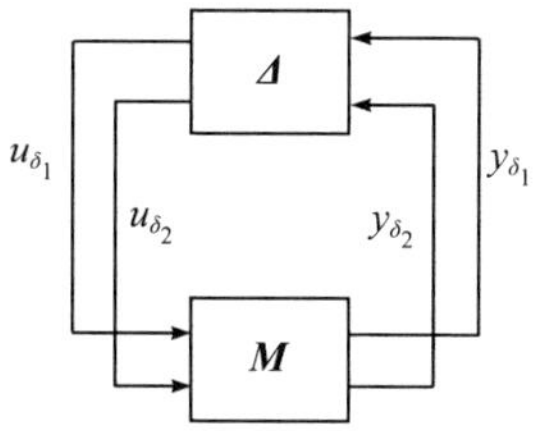

图 3.42 对应鲁棒稳定性分析的 $\boldsymbol{M}-\boldsymbol{\Delta}$ 回路

设置 $\det(\boldsymbol{I}-\boldsymbol{M}(\mathrm{j}\omega)\boldsymbol{\Delta}(\mathrm{j}\omega))=0$，我们发现 $\boldsymbol{M}-\boldsymbol{\Delta}$ 回路是不稳定的，条件是不确定性 δ_1 和 δ_2 满足：

$$\delta_1^*=\frac{1}{p_1},\ \delta_2^*=\frac{\bar{a}_2-\omega^2}{\bar{a}_2p_2} \tag{3.54}$$

因此，导致式（3.50）不稳定的最小不确定性大小为

$$\boldsymbol{\Delta}_{\min}=\begin{bmatrix}\delta_1^* & 0\\ 0 & \delta_2^*\end{bmatrix}$$

$\boldsymbol{\Delta}_{\min}$ 的最大奇异值等于 $\max\{|\delta_1^*|,|\delta_2^*|\}$，因此，$\mu$ 的确切值是频率 ω 的函数，由下式给出：

$$\mu_{\Delta}(\boldsymbol{M})=\frac{1}{\max\{|\delta_1^*|,|\delta_2^*|\}} \tag{3.55}$$

对具有以下参数的 3 个二阶系统，比较由式（3.55）确定的 μ 的精确值和由鲁棒控制工具箱中的函数 mussv 计算得到的 μ 的上界：

系统1 $\bar{a}_1=2,\ \bar{a}_2=20,\ b_1=1$

系统2 $\bar{a}_1=0.3,\ \bar{a}_2=100,\ b_1=1$

系统3 $\bar{a}_1=0.1,\ \bar{a}_2=190,\ b_1=1$

对于所有系统，我们假设相对不确定性 $p_1=0.5, p_2=0.5$。

由式（3.55）计算的 3 个系统 μ 的确切值如图 3.43 所示。μ 的值不超过 0.5，因此这些系统对于满足 $|\delta_1|<2.0,|\delta_2|<2.0$ 的所有摄动都保持稳定。这与二阶系统的稳定性分析是一致的，即具有正系数 a_1 和 a_2 的二阶系统总是稳定的。

由 mussv 计算的 3 个系统的 μ 的上界如图 3.44 所示。系统 2 和系统 3 的边界精度非常低，根据计算值可知，这些系统对于给定的摄动不是鲁棒稳定的。当然，对于指定的相对不确定性，情况并非如此。计算出的 μ 上界误差大是因为相应的系统受到轻微的阻尼影响。下面给出 3 个系统的阻尼比 ζ：

系统 1	$\zeta=0.223\,6$
系统 2	$\zeta=0.015\,0$
系统 3	$\zeta=0.003\,6$

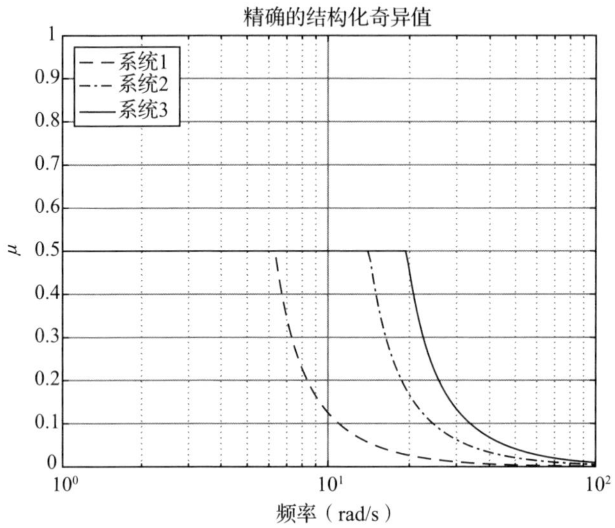

图 3.43　结构化奇异值的精确值

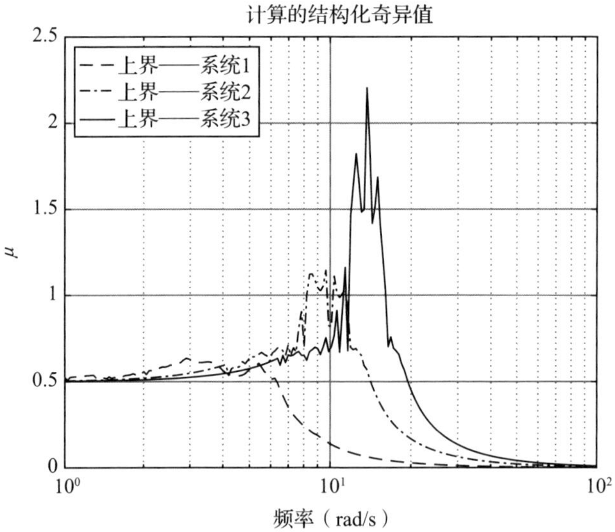

图 3.44　结构化奇异值的计算值

由此可以看出，μ 上界的计算误差随着阻尼比的减小而增大，从而得出关于系统鲁棒性的错误结论。□

如果使用 LMI 求解器来求解与 μ 上界相关的优化问题，那么与 μ 计算相关的数值困难可以被消除。这允许使用半定规划的方法来找到更准确的 μ 上界。LMI 求解器的实现是通过使用带有选项“a”的函数 mussv 来完成的。使用这样的选项，计算出的 μ 上界实际上与 μ 的精确值一致。

3.11　注释和参考文献

本章介绍的内容可从许多来源获得。SISO 系统的经典控制理论在一些优秀的教科书中进行了详尽的阐述，如文献 [43, 62, 68-69, 90]。反馈系统理论的基础入门在文献 [89] 中进行了介绍。基于 $\mathscr{H}_\infty$ 方法的 SISO 系统理论的现代方法在文献 [87, 91-92] 中进行了介绍。SISO 系统设计中的限制和折中在文献 [43, 87-89, 93-96] 中进行了讨论。文献 [97] 完全致力于讨论滤波和控制问题的基本限制。基于频域方法的多变量系统理论在文献 [87, 98-100] 中都有介绍。MIMO 系统设计的局限性在文献 [43, 82, 101] 中进行了讨论。鲁棒控制的现代理论可以在文献 [82, 87, 99, 102-104] 中找到。实用的稳定性鲁棒性和性能鲁棒性分析是基于 SSV μ 的计算的。正如文献 [105] 中所示，在混合实数和复数不确定性的情况下，μ 计算的计算复杂度属于 NP 难问题。这表明在一般情况下，确定 μ 的计算量以指数级依赖问题的大小。因此，即使对于中等规模的问题（少于 100 个实参数），追求精确的 μ 计算方法也是毫无意义的。文献 [106-108] 中提出了确定 μ 上下界的有效计算方法。文献 [109] 中对计算 SSV 下界的现有算法进行了比较。

第4章
控制器设计

控制器综合可能是嵌入式控制系统设计中最困难和最耗时的阶段。在本章中，我们介绍了可以在嵌入式系统中成功实现的5种不同离散时间控制器的设计和分析。为了比较控制器的特性，将它们以单精度方式应用到同一个系统，即第2章中介绍的小车–单摆系统。该系统具有特殊性，导致一些设计方法难以实现。我们的主要目标之一是研究被控对象不确定性存在时的相应闭环系统的行为。

正如第1章所讨论的，离散时间控制器的设计可以通过两种截然不同的方式进行。一种方式是在连续时间内设计控制器，然后再导出它的离散形式。另一种方式是离散化连续时间被控对象模型并在离散时间域内执行设计。在本章中，我们采用第二种方法。在这种情况下，由于性能指标有明确的物理解释，因此性能指标通常以连续时间形式来表示。在被控对象离散化之后，计算离散时间控制器，该控制器可以直接用于仿真或实时控制。使用这种方法可以避免在将连续时间控制器转换为离散时间时引入误差。

本章中考虑的控制器在选择上有些主观，但我们试图包括在实践中得到验证的调节器。按复杂性和鲁棒性增加的顺序对它们进行描述。首先，我们讨论了经典的比例积分导数（Proportional-Integral-Derivative，PID）控制器[⊖]的特性，该控制器由于其简单的实现而被广泛使用，尽管它对被控对象变化的鲁棒性不够强。接下来，我们提出了一个线性二次高斯（Linear Quadratic Gaussian，LQG）控制器，它包含了线性二次调节器（Linear Quadratic Regulator，LQR）并使用了卡尔曼滤波器获得的状态估计。当应用于有色噪声的情况时，LQG控制器设计可能会遇到一些需要简单讨论的数值困难。类似性能的控制器包含LQR和$\mathscr{H}_\infty$滤波器。这3个控制器是根据时域中制定的性能要求设计的。结果表明，通过使用频

⊖ PID的另一种表示方式是Proportion Integration Differentiation，这种表示的译文是比例–积分–微分，但是在本书中，作者是用proportional-integral-derivative（导数）来表示PID，为了与常用的称谓一直，也可译为比例–积分–微分。事实上，结合后面的PID具体表达式，就译者来看，本书作者的写法derivative是合理的，这就涉及导数（derivative）和微分（differential）的区别了。导数是描述函数变化的快慢，微分是描述函数变化的程度。导数是函数的局部性质，一个函数在某一点的导数描述了这个函数在这一点附近的变化率。而微分是一个函数表达式，用于自变量产生微小变化时计算因变量的近似值。显然，在概念上二者是存在差异的，尽管在实际应用中，二者所取得的控制效果是一致的。——译者注

域内性能指标设计的 $\mathscr{H}_\infty$ 控制器或 μ 调节器[⊖]，可以获得更好的闭环系统鲁棒性结果。最后，我们通过 5 个控制器的硬件在环（Hardware-In-the-Loop，HIL）仿真中给出了相应结果。

在我们的表述中，我们不讨论由极点配置所设计的状态调节器和状态观测器的实现问题，因为在作者看来，它们不能始终确保必要的闭环性能和鲁棒性。此外，我们不介绍鲁棒回路整形过程，这些已经在文献 [50,110] 中被详细考虑了。其他设计方法在本章末尾给出的注释和参考文献中进行了描述。

4.1　PID 控制器

本节使用的 MATLAB 文件

文件	描述
PID_controller_design.m	PID 控制器的设计
err_fun.m	评估优化性能指标
discrete_PID_pendulum.slx	生成用于优化的输出和控制
unc_lin_model.m	生成不确定性小车 – 单摆模型
sim_PID_pendulum_nominal.m	标称系统的仿真
clp_PID_pendulum.slx	闭环系统的 Simulink 模型
PID_robstab.m	鲁棒稳定性分析
PID_wcp.m	频率响应和最坏情况增益分析
sim_MC_PID.m	蒙特卡罗仿真
PID_controller_open_loop.slx	开环连接的 PID 控制器的 Simulink 模型

由于其简单性和清晰的物理解释，PID 控制器及其修改形式在实际控制算法中被最广泛地应用。通常，它们在单个嵌入式设备或具有数十个控制器的工业工厂中实现。有大量文献专门介绍单输入单输出（Single-Input-Single-Output，SISO）和多输入多输出（Multiple-Input-Multiple-Output，MIMO）被控对象的 PID 控制器设计方法。在 MIMO 被控对象中，由于不同输入和输出之间的相互作用，PID 控制器的调整成为一个难题。对于此类被控对象，最常用的控制方案是分散式 PID 控制。遗憾的是，当控制输出个数多于输入个数的非最小相位或不稳定被控对象时（被控对象具有矩形或非方的传递矩阵），分散式 PID 控制有一些缺点。在这种情况下，可以使用优化方法进行 PID 控制器整定。这种方法的主要优点是，它可以与线性或非线性 MIMO 模型一起使用，并且数值优化可以通过性能指标优化方

⊖ 调节器，英文对应 regulator、adjuster、governor、controller、conditioner，是一种通过各种方法和途径改变某一参数、某个环境下需求的仪器。它将生产过程参数的测量值与给定值进行比较，得出偏差后根据一定的调节规律产生输出信号推动执行器消除偏差量，使该参数保持在给定值附近或按预定规律变化。而控制器是对整个控制系统进行偏差调节，从而使被控变量的实际值与工艺要求的预定值一致。不同的控制规律适用于不同的生产过程，必须合理选择相应的控制规律，否则控制器将达不到预期的控制。在复杂的系统中，控制器是由多个调节器组成的；而在单闭环系统中，调节器和控制器具有相同的作用，往往不加以区分。——译者注

法之间的多种不同组合来完成。主要缺点是控制系统的鲁棒稳定性和鲁棒性能得不到保证。

在本节中，我们将介绍 PID 控制器整定的优化方法。控制器的目标是，在干扰和噪声存在的情况下，确保准确的参考跟踪和调节。结果表明，PID 控制器保证了标称控制系统的良好性能，但在被控对象模型变化时不能保证良好的性能。

具有 PID 控制器的闭环系统的基本结构如图 4.1 所示。PID 控制器设计可简要介绍如下。假设时不变被控对象由微分状态方程和代数输出方程描述：

$$\begin{aligned}\dot{\boldsymbol{x}}(t) &= \boldsymbol{f}(x,u,v,t)\\ \boldsymbol{y}(t) &= \boldsymbol{h}(x,u,w,t)\end{aligned} \tag{4.1}$$

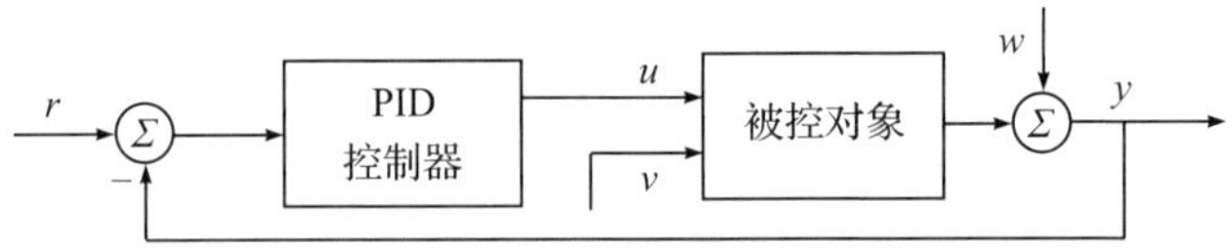

图 4.1 具有 PID 控制器的闭环系统

其中 $\boldsymbol{x}(t)$ 是状态向量，$\boldsymbol{y}(t)$ 是测量向量，$\boldsymbol{v}(t)$，$\boldsymbol{w}(t)$ 分别是过程噪声和测量噪声；$f(\cdot)$，$h(\cdot)$ 是光滑的非线性函数。在设计过程中，可以使用在 $\boldsymbol{v}(t)=0$，$\boldsymbol{w}(t)=0$ 的情况下从式（4.1）获得的确定性模型，以及带有噪声的模型（式（4.1））。需要注意，可以使用如下线性随机或确定性状态空间模型来代替上述模型：

$$\begin{aligned}\dot{\boldsymbol{x}}(t) &= \boldsymbol{A}\boldsymbol{x}(t)+\boldsymbol{B}\boldsymbol{u}(t)+\boldsymbol{v}(t)\\ \boldsymbol{y}(t) &= \boldsymbol{C}\boldsymbol{x}(t)+\boldsymbol{w}(t)\end{aligned} \tag{4.2}$$

其中 $\boldsymbol{A},\boldsymbol{B},\boldsymbol{C}$ 是具有适当维度的常数矩阵。式（4.2）可以通过线性化模型（式（4.1））或通过附录 D 和第 2 章中描述的辨识方法来获得。

PID 控制器由下式描述：

$$\boldsymbol{u}(t)=K_{\mathrm{p}}\left(\boldsymbol{e}(t)+\frac{1}{T_{\mathrm{i}}}\int_0^t \boldsymbol{e}(\tau)\mathrm{d}\tau+T_{\mathrm{d}}\frac{\mathrm{d}\boldsymbol{e}(t)}{\mathrm{d}t}\right) \tag{4.3}$$

其中 $\boldsymbol{e}(t)=\boldsymbol{r}(t)-\boldsymbol{y}(t)$ 是误差；$K_{\mathrm{p}},T_{\mathrm{i}}$ 和 T_{d} 分别是比例增益、积分时间常数和导数时间常数㊀。经过拉普拉斯变换后，式（4.3）的形式为

$$\boldsymbol{u}(s)=K_{\mathrm{p}}\left(\boldsymbol{e}(s)+\frac{1}{T_{\mathrm{i}}s}\boldsymbol{e}(s)+T_{\mathrm{d}}s\boldsymbol{e}(s)\right) \tag{4.4}$$

式（4.4）中的控制器是理想化的控制器，在实际中无法实现。应该进行一些修改以获得对实际实现有用的控制器。式（4.3）中微分项的一个缺点是它在高频下具有高增益，这意味着测量噪声会产生很大的控制信号变化，这对执行器来说是不希望的。这种影响可以通过一阶低通滤波器导数项 $NT_{\mathrm{d}}s/(s+N)$ 而不是理想导数项 $T_{\mathrm{d}}s$ 的实现来减少。大值的滤波器极点 N 表示截止频率高。理想的导数项是在 $N\to\infty$ 时获得的。通常，N 取值范围为

㊀ 在现有的很多中文教材中，T_{d} 被称作微分时间常数。事实上，从式（4.3）的第 3 项可知，它是一个导数项，因此被称作导数时间常数更合理。在本书中译者严格按照原作者的表述进行翻译。——译者注

2 ～ 100。理想 PID 控制器实际实现中的另一个显著缺点是积分器饱和。这种情况是在控制信号达到执行器限制时出现的（需要注意的是，我们对执行器有限制，例如，阀门不能完全打开或完全关闭，并且电气驱动也有速度限制）。然后，只要执行器保持饱和，控制信号就会保持在其极限值，与被控对象的输出无关。由于误差不为 0，因此积分项也会建立起来。控制器输出和积分项可能会变得非常大。即使误差变化时，控制信号也将保持饱和，并且控制器输出回落到饱和范围内也需要很长时间。结果就是被控对象输出与参考值之间可能会产生很大偏差，并且调节时间变得非常长。这种情况就称为积分器饱和。有许多方法可以减少积分器饱和效应。图 4.2 给出了一种有用的方法，其中 PID 控制器具有额外的条件反馈。该反馈形成的信号是 PID 控制器输出 $\boldsymbol{u}(t)$ 和执行器饱和数学模型 $\boldsymbol{u}_{\text{sat}}(t)$ 输出之间的加权差。

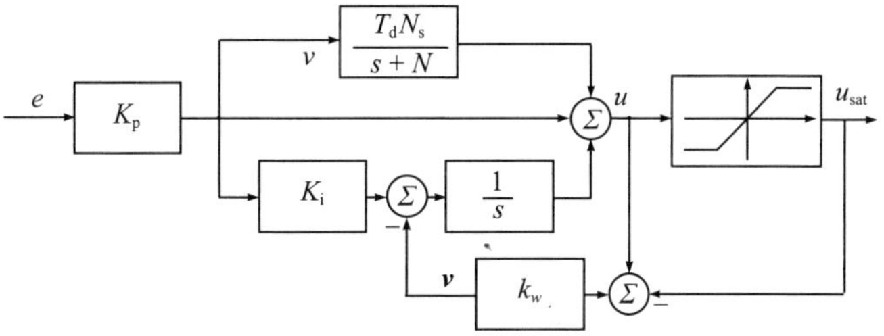

图 4.2 在导数和抗饱和情况下具有低通滤波器的 PID 控制器

因此，实际中，导数项中有一阶低通滤波器和具有抗饱和算法的实用 PID 控制器可描述为

$$u(s)=K_{\text{p}}\left(e(s)+\frac{T_{\text{d}}N_{\text{s}}}{s+N}e(s)\right)+(K_{\text{p}}K_{\text{i}}e(s)-K_w v(s))\frac{1}{s} \tag{4.5}$$

其中 $K_{\text{i}}=1/T_{\text{i}}$ 是积分增益，k_w 是条件反馈增益，$v(s)=u(s)-u_{\text{sat}}(s)$。当没有饱和时，信号 $v(s)$ 为 0，则条件反馈对控制系统没有影响。当控制信号饱和时，信号 $v(s)$ 在积分前，从误差 $e(s)$ 中减去 $v(s)$。这样，积分项的值和控制器的输出被降低，进而饱和效应被减少。控制器输出被复位的速率取决于条件反馈增益 k_w。较大的 k_w 值确保积分器快速复位，但 k_w 不能太大，因为测量噪声会引起不希望的复位或振荡，振荡信号的常值幅度等于执行器饱和数学模型的上下界之间的差值。k_w 通常选择为分数 $1/T_{\text{i}}$。

在嵌入式控制系统中，PID 控制器算法是在数字微控制器中实现的。为此，式（4.5）必须转换为离散时间形式。PID 控制器项的离散化有很多种技术。在这里，我们使用后向欧拉（Euler）方法对滤波导数项进行离散化，使用前向 Euler 方法对积分项进行离散化。因此，离散时间描述的 PID 控制器由下式给出：

$$u(z)=K_{\text{p}}\left(e(z)+\frac{T_{\text{d}}N(z-1)}{(1+NT_{\text{s}})-1}e(z)\right)+(K_{\text{p}}K_{\text{i}}e(s)-K_w v(z))\frac{T_{\text{s}}}{z-1} \tag{4.6}$$

其中 $v(s)=u(s)-u_{\text{sat}}(s)$。

式（4.1）或式（4.2）的 PID 控制器设计问题在于找到合适的参数值 $\boldsymbol{\phi}=[K_{\text{p}},K_{\text{i}},T_{\text{d}},N,K_{\text{w}}]^{\text{T}}$，

以确保期望的控制系统性能。在 MIMO 被控对象的情况下，我们应该找到下面的值：

$$\boldsymbol{\phi}=[K_{p_{11}},K_{i_{11}},T_{d_{11}},N_{11},K_{w_{11}},K_{p_{21}},K_{i_{21}},T_{d_{21}},N_{21},k_{w_{21}},\cdots,K_{p_{\mathrm{rm}}},K_{i_{\mathrm{rm}}},T_{d_{\mathrm{rm}}},N_{\mathrm{rm}},k_{w_{\mathrm{rm}}}]^{\mathrm{T}}$$

其中 $K_{p_{ij}},K_{i_{11}},T_{d_{ij}},N_{ij},K_{w_{ij}}$ 是第 i 个被控对象输出和第 j 个被控对象输入之间的 PID 控制器参数。

在 PID 控制器参数优化后，应该用获得的最优参数来测试控制系统的鲁棒稳定性和性能。最常用的性能指标是

$$J(\phi)=\sum_{i=0}^{t}e(i,\phi)^{\mathrm{T}}\boldsymbol{Q}e(i,\phi)+\sum_{i=0}^{t}u(i,\phi)^{\mathrm{T}}\boldsymbol{R}u(i,\phi) \tag{4.7}$$

其中 $\boldsymbol{Q}$ 和 $\boldsymbol{R}$ 是具有适当维数的对称半正定矩阵。矩阵 $\boldsymbol{Q}$ 和 $\boldsymbol{R}$ 的对角元素可以根据误差信号和控制信号分量的相对重要性来选择。例如，如果设计人员知道参考信号和第一个输出之间的误差比其他误差更重要，那么相比于 $\boldsymbol{Q}$ 的其他元素，选取的 $Q(1,1)$ 元素应该大一些。通常，矩阵 $\boldsymbol{R}$ 选择为 $\boldsymbol{R}=\rho\boldsymbol{I}$， $\rho>0$ 。那么，较大的系数值 ρ 意味着控制信号在性能指标（式（4.7））中的相对权重就大，从而保证了控制信号的小幅度和慢的暂态响应。最优 PID 控制器参数可通过下式获得：

$$\phi_{\mathrm{opt}}=\min_{\phi}J(\phi) \tag{4.8}$$

可以通过各种传统的和现代的优化方法来最小化性能指标。当非线性被控对象模型可以得到或目标函数具有多个局部极小值时，可以使用全局优化方法，例如，模拟退火、模式搜索和遗传算法（Genetic Algorithm，GA）等方法特别有用。GA 是一种基于自然选择的解决优化问题的方法，自然选择是推动生物进化的过程。GA 反复修改个体解的种群。在每一步，从当前种群中选择个体作为“父母”，并使用它们生育“孩子”作为下一代。在连续的几代中，种群向最优解“进化”。GA 与经典优化算法的主要区别在于两个方面：它在每次迭代时生成点的种群。种群中的最佳点接近最优解；它通过使用随机数生成器的计算来选择下一个种群。GA 的另一个优点是初始种群是由均匀随机生成器创建的。因此，设计者无须设置初始 PID 控制器参数。由于初始种群随机生成，建议多次运行优化程序，然后就可以使用所获得的最优解。

例 4.1　小车－单摆系统的 PID 控制器设计

考虑第 2 章中介绍的小车－单摆系统的 PID 控制器的设计。由被控对象和 PID 控制器组成的闭环系统框图如图 4.3 所示。小车位置和摆角由 12 位编码器测量，产生的测量噪声分别为 w_1 和 w_2 。

描述四阶连续时间被控对象的状态空间方程为

$$\begin{aligned}\dot{\boldsymbol{x}}(t)&=f(x,u,t)\\ \boldsymbol{y}(t)&=h(x,w,t)\end{aligned} \tag{4.9}$$

其中 $\boldsymbol{x}(t)=[p,\theta,\dot{p},\dot{\theta}]^{\mathrm{T}}$， $\boldsymbol{y}(t)=[p,\theta]^{\mathrm{T}}$， $\boldsymbol{w}(t)=[w_1(t),w_2(t)]^{\mathrm{T}}$ 以及 $p(t),\dot{p}(t),\theta(t),\dot{\theta}(t)$ 分别是小车位置、小车速度、摆角和摆角速度。式（4.9）中的函数由下式给出：

$$f(x,u,t)=\begin{bmatrix} \dot{p} \\ \dot{\theta} \\ \dfrac{m^2l^2g\sin(\theta)\cos(\theta)-mlI_t\dot{\theta}^2\sin(\theta)-I_tf_c\dot{p}-f_plm\cos(\theta)\dot{\theta}+I_tk_Fu}{\text{den}} \\ \dfrac{M_tmlg\sin(\theta)-m^2l^2\sin(\theta)\cos(\theta)\dot{\theta}^2-f_cml\cos(\theta)\dot{p}}{\text{den}} \\ \dfrac{f_pM_t\dot{\theta}+ml\cos(\theta)k_Fu}{\text{den}} \end{bmatrix}$$

$$h(x,w,t)=\begin{bmatrix} 1 & 0 & 0 & 0 \\ 0 & 1 & 0 & 0 \end{bmatrix}\begin{bmatrix} p \\ \theta \\ \dot{p} \\ \dot{\theta} \end{bmatrix}+\begin{bmatrix} w_1(t) \\ w_2(t) \end{bmatrix}$$

其中，$\boldsymbol{I}_t=\boldsymbol{I}+ml^2,\boldsymbol{M}_t=M+m,\text{den}=M_tI_t-ml^2$。表 4.1 中给出了被控对象参数及其容差。

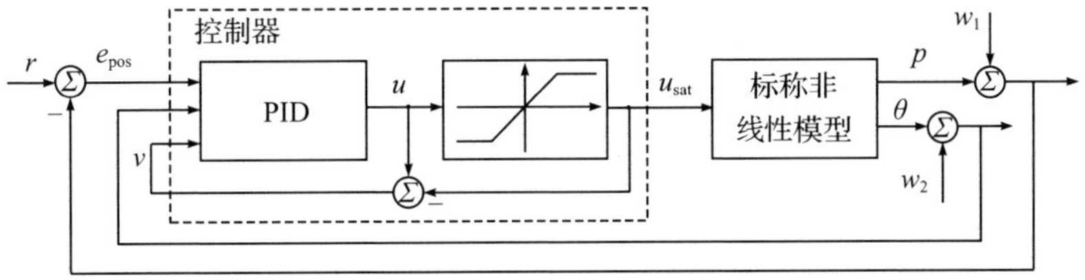

图 4.3　小车 – 单摆系统的 PID 控制器

表 4.1　小车 – 单摆模型参数和容差

参数	描述	值	单位	容差
m	等效单摆质量	0.104	kg	
M	等效小车质量	0.768	kg	± 10.0
l	从底座到系统质心的距离	0.174	m	
I	摆的惯性矩	2.83×10^{-3}	kgm^2	± 20.0
f_c	动态小车摩擦系数	0.5	Ns/m	± 20.0
f_p	旋转摩擦系数	6.65×10^{-5}	Nm・s/rad	± 20.0
k_F	控制力与 PWM 信号比	9.4	N	

所设计的 PID 控制器具有三输入一输出。第一个输入是小车位置误差，第二个是摆角，第三个输入是控制器输出 u 与执行器饱和数学模型输出 u_{sat} 之间的差。控制信号由下式设置：

$$u(z)=\begin{bmatrix} K_{p_{\text{pos}}} & -K_{p_\theta} & 0 \\ 0 & -K_{p_\theta}K_{i_\theta}\dfrac{T_s}{z-1} & \dfrac{T_s}{z-1} \\ \dfrac{K_{p_{\text{pos}}}T_{d_{\text{pos}}}N_{\text{pos}}(z-1)}{(1+N_{\text{pos}}T_s)z-1} & -\dfrac{K_{p_\theta}T_{d_\theta}N_\theta(z-1)}{(1+N_{\text{pos}}T_s)z-1} & 0 \end{bmatrix}e(z) \tag{4.10}$$

其中 $e(z)=[e_{\text{pos}}(z),\theta(z),v(z)]^{\text{T}}$， $e_{\text{pos}}(z)=r_{\text{pos}}(z)-p(z)$ 是小车位置误差， $T_{\text{s}}=0.01\text{s}$ 是采样时间，$K_{p_\theta},K_{i_\theta},T_{d_\theta},N_\theta,K_{p_{\text{pos}}},T_{d_{\text{pos}}},N_{\text{pos}}$ 分别是多输入单输出 PID 控制器的系数。从式（4.10）可以看出，为了稳定摆角，使用了具有抗饱和机制的 PID 控制器，而为了控制小车位置，使用了 PD 控制器。控制器参数的向量设置为

$$\boldsymbol{\phi}=[K_{p_\theta},K_{i_\theta},T_{d_\theta},N_\theta,K_{p_{\text{pos}}},T_{d_{\text{pos}}},N_{\text{pos}}] \tag{4.11}$$

包含在向量 $\boldsymbol{\phi}$ 中的参数值是通过最小化性能指标（式（4.7））获得的，其中：

$$\boldsymbol{Q}=\begin{bmatrix}1 & 0 & 0\\ 0 & 1 & 0\\ 0 & 0 & 0\end{bmatrix},R=0$$

由于我们无法设置向量 $\boldsymbol{\phi}$ 的“好的”初始值，并且由于式（4.9）的非线性，性能指标（式（4.7））的最小化由 GA 完成。该算法由 MATLAB 全局优化工具箱（MATLAB Global Optimization Toolbox）中的函数 ga 来实现。GA 的初始种群由随机生成器创建。基于这个事实，有时算法可能返回局部极小值。如果使用更多的个体或运行多次程序，那么这种可能性会显著降低。

小车 – 单摆系统的 PID 控制器设计是由 M– 文件 PID_controller_design 完成的，该文件使用了 MATLAB 函数 ga。适应度函数（式（4.7））由用户定义的 MATLAB 函数 err_fun.m 计算，而小车位置误差和摆角由 Simulink 模型 discrete_PID_pendulum.slx 来计算。请注意，GA 连续地计算了当前种群中每个个体的适应度函数。然而，如果使用所谓的向量化适应度函数，则该算法运行得非常快，因为对当前种群中的所有个体，适应度函数的计算是一次性同时完成的。执行了 15 次优化程序，初始种群为 300 个个体，并采用了适应度函数的“向量化”选项。

PID 控制器参数值、性能指数（式（4.7））和每次优化运行的执行代数如表 4.2 所示。从 1、3、8、11 和 12 次运行中可以看出，几乎获得了相同的、小值的性能指数，这表明成功最小化。对于其他次运行，适应度函数值很大，优化过程没有达到全局极小值。此外，这些解中的一些值不能稳定控制系统。在所有运行中，优化过程结束是因为适应度值的平均变化小于设定的容许误差，这就意味着找到了全局或局部极小值。分别由第 1 次、第 11 次和第 12 次运行所得到的参数构成的闭环系统具有实数极点，该极点在最后一位小数中大于 1，例如第 11 次运行得到的系统参数的闭环极点为 1.000 000 000 000 003。显然，这是一个数值问题，如果控制器在微控制器上实现，则可能会导致闭环系统不稳定。因此，在第 14 次运行中获得的参数被选为控制器设计任务的解。带有 PID 控制器的闭环系统由 Simulink 文件 clp_PID_pendulum.slx 来模拟。

PID 控制器模型如图 4.4 所示。考虑到控制器将在具有浮点单元的处理器上运行，它的实现是通过单精度算法来完成的。

表 4.2　PID 控制器设计迭代

运行序号	n_{gen}	$J(\phi)$	K_{p_θ}	K_{i_θ}	T_{d_θ}	N_θ	$K_{p_{pos}}$	$T_{d_{pos}}$	N_{pos}
1	171	8.73×10^{1}	2.77	0.50	0.25	30.00	−0.03	0.35	13.35
2	68	1.61×10^{8}	−7.87	0.13	7.07	2.67	10.63	10.28	28.70
3	83	8.75×10^{1}	4.85	0.56	0.13	29.98	−0.07	0.09	8.78
4	76	1.61×10^{8}	−9.70	0.06	3.93	2.02	8.75	9.08	29.14
5	138	1.61×10^{8}	3.76	−0.12	−7.44	2.43	4.70	9.34	29.19
6	70	1.61×10^{8}	−3.81	0.12	8.29	2.50	7.81	7.50	29.46
7	84	1.61×10^{8}	−7.98	0.05	2.82	2.43	8.37	6.73	28.80
8	126	8.77×10^{1}	6.08	0.59	0.09	30.00	−0.09	0.00	10.70
9	245	1.19×10^{8}	−8.72	0.07	−0.29	18.03	2.66	3.11	25.30
10	85	1.61×10^{8}	−5.02	0.16	8.39	3.19	9.02	10.07	29.35
11	166	8.75×10^{1}	5.28	0.56	0.12	30.00	−0.08	0.07	7.23
12	85	8.76×10^{1}	5.48	0.58	0.10	30.00	−0.08	0.02	30.00
13	109	1.61×10^{8}	−3.60	0.17	8.78	3.19	7.54	9.06	29.07
14	112	6.30×10^{3}	7.30	9.63	1.24	21.49	0.23	−7.28	14.66
15	112	1.38×10^{3}	−8.13	0.95	−0.44	13.42	8.02	2.07	9.82

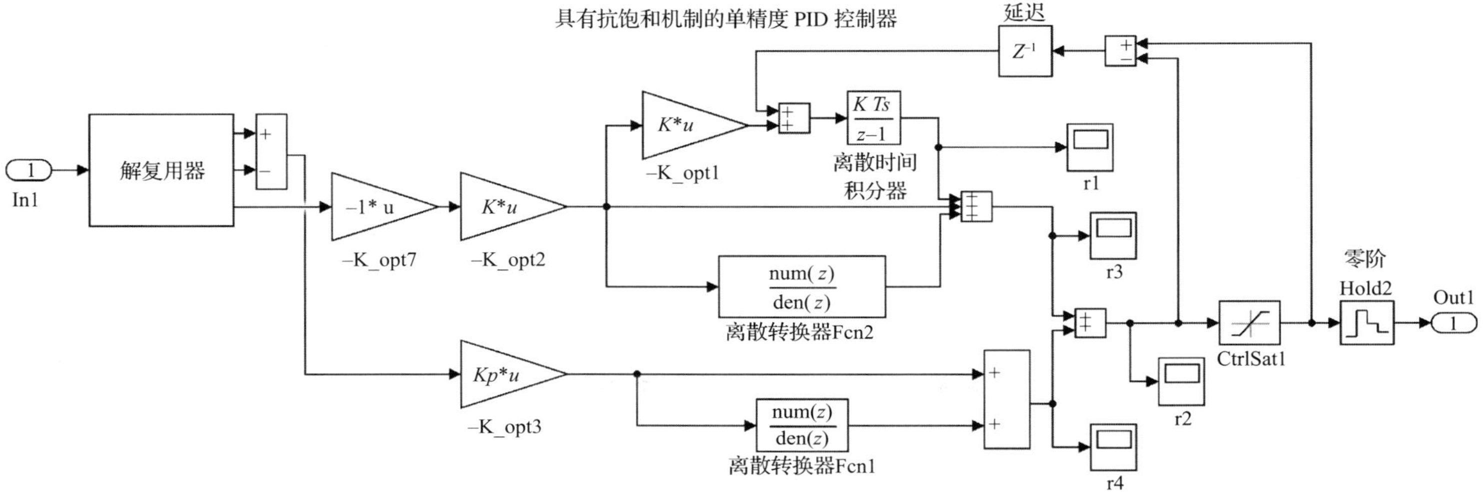

图 4.4　具有抗饱和机制的 PID 控制器的 Simulink 模型

图 4.5 ～图 4.7 给出了对 0.5m 和 −0.5m 阶跃参考信号的标称闭环系统的仿真结果。就小车位置来说，控制系统性能良好，调节时间约为 9s，超调量可以忽略不计。摆角的偏差约为 1°，这已经足够小了，但需要注意的是，量化误差引起的噪声影响摆角大小。这种噪声影响也可以在控制作用中看到，这对执行器来说是不希望的。噪声对控制作用的影响可以被减小，要么使用更高位的模数转换器（Analog-to-Digital Converter，ADC）、要么限制闭环带宽，或者通过使用像卡尔曼滤波器和 $\mathscr{H}_\infty$ 滤波器那样的最优滤波器进行滤波。

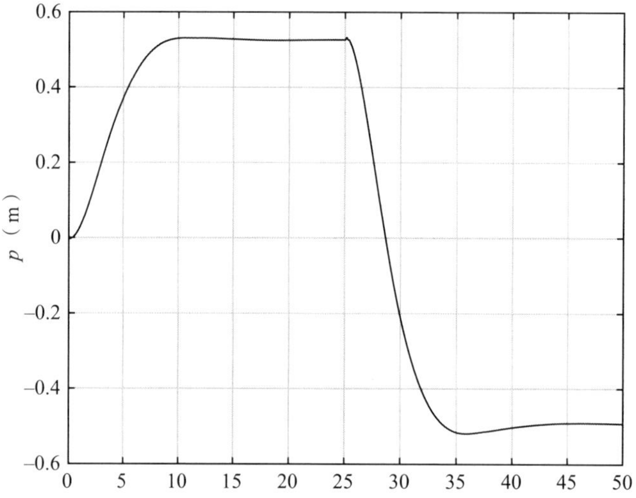

图 4.5　小车位置

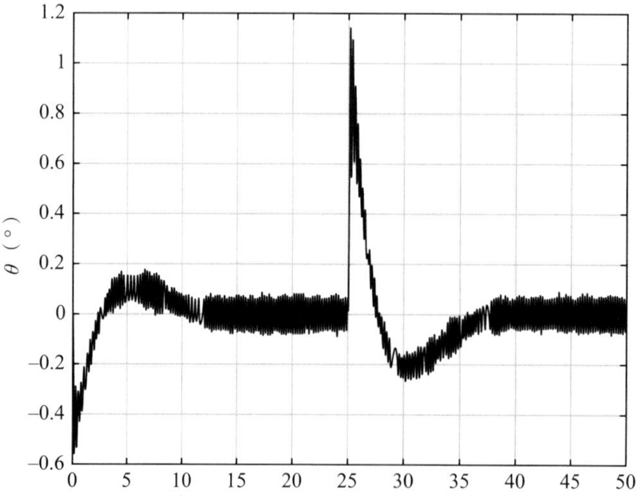

图 4.6　摆角

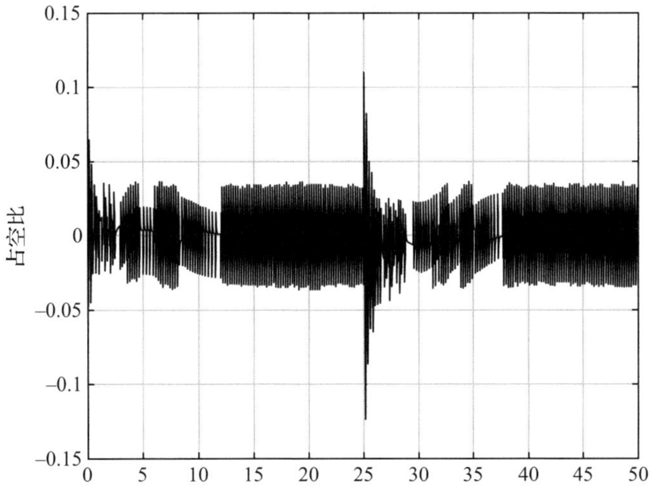

图 4.7 控制作用

标称控制系统具有良好的性能，但由于采用了 PID 控制器整定方法，鲁棒稳定性和鲁棒性能无法得到保证，进而应该进行鲁棒稳定性分析。经典稳定裕度和圆盘稳定裕度计算结果分别如下：

```
cm =
    GainMargin: [0.131614125528137 1.298114244837111]
    GMFrequency: [1.086189627370737 31.275983301257536]
    PhaseMargin: 6.806361997034553
    PMFrequency: 26.389644674786840
    DelayMargin: [0.450151672729292 1]
    DMFrequency: [26.389644674786840 3.141592653589793e+02]
         Stable: 1

dm =

    GainMargin: [0.896753236434440 1.115133973729581]
    PhaseMargin: [-6.231460596250620 6.231460596250620]
    Frequency: 27.204496764576167
```

1.298° 的增益裕度和 6.806° 的相位裕度已经足够大。额外的鲁棒稳定性分析由 M–文件 `PID_robstab.m` 完成，生成以下报告：

```
REPORT =

Uncertain system is robustly stable to modeled uncertainty.
 -- It can tolerate up to 125% of the modeled uncertainty.
 -- A destabilizing combination of 128% of the modeled uncertainty
                                                       was found.
 -- This combination causes an instability at 31.3 rad/seconds.
 -- Sensitivity with respect to the uncertain elements are:
     'I' is 9%.  Increasing 'I' by 25% leads to a 2% decrease
                                                   in the margin.
     'M' is 0%.  Increasing 'M' by 25% leads to a 0% decrease
                                                   in the margin.
```

```
'f_c' is 4%.  Increasing 'f_c' by 25% leads to a 1% decrease
                                          in the margin.
'f_p' is 0%.  Increasing 'f_p' by 25% leads to a 0% decrease
                                          in the margin.
```

该报告显示控制系统是鲁棒稳定的。对应于鲁棒稳定性的结构奇异值μ的峰值为 0.798（见图 4.8）。因此，稳定性鲁棒裕度 $\mathrm{sm}=1/0.798=1.25$，使得系统可以容忍高达 125% 的建模不确定性。具有非线性被控对象模型的闭环系统的鲁棒稳定性通过使用蒙特卡罗分析进行了说明，它由程序 `sim_MC_PID.m` 完成，该程序获得了表 4.1 中给出的不确定性参数的 10 个随机组合的暂态响应。

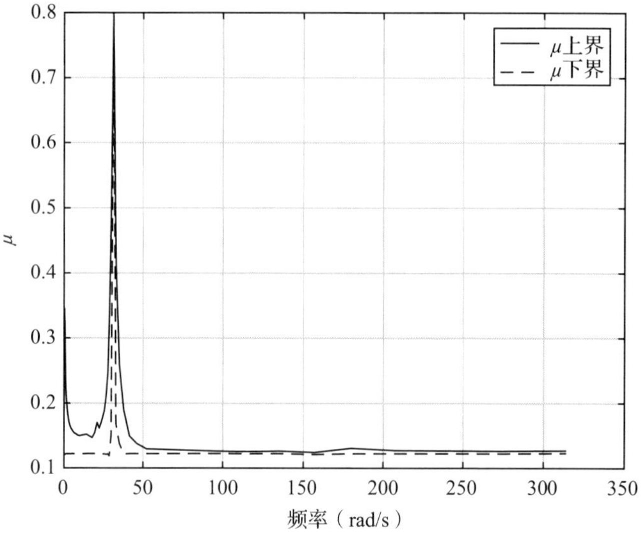

图 4.8 鲁棒稳定

蒙特卡罗仿真的结果如图 4.9 和图 4.10 所示。可以看出，具有非线性模型的闭环系统是鲁棒稳定的，但没有达到鲁棒性能。对于某些仿真，暂态响应在 25s 内无法达到稳态值（见图 4.11），因为噪声对控制作用有显著影响。小车 – 单摆闭环系统的最差性能可通过频域中的最大可能增益（“最坏情况”增益）进行评估。最坏情况下的分析是由 M– 文件 `PID_wcp.m` 完成的，它利用了鲁棒控制工具箱中的 `wcgain` 函数。互补灵敏度函数中的结构 wcunc 被替换了，该结构包含了使系统增益最大化的不确定性元素值组合。对于 30 个不确定性参数随机样本和最坏情况增益，关于小车位置的闭环系统的幅度图如图 4.12 所示。对于最坏情况的不确定性，获得的闭环系统带宽 0.42 rad/s 相对较小。图 4.13 和图 4.14 分别给出了关于小车位置和摆角的闭环暂态响应。可以看出，系统具有几乎相同的非周期性暂态响应，摆角与 0 的偏差足够小。M–文件 `PID_wcp` 使用开环传递矩阵 $\boldsymbol{L}(s)$ 还计算了闭环系统的最坏情况增益裕度。所得结果如下：

```
wcmarg =

    GainMargin: [0.896631324710085 1.115285594470323]
```

```
    PhaseMargin: [-6.239204284065615 6.239204284065615]
      Frequency: 27.085636561297559
          WCUnc: [1x1 struct]
    Sensitivity: [1x1 struct]
```

这意味着，对于所有可能定义的不确定性范围，最大允许增益裕度高达 0.896 6 和 1.115 3 = ±0.947dB，相位裕度变化为 ±6.239°。该结果与鲁棒稳定性分析的结果一致。

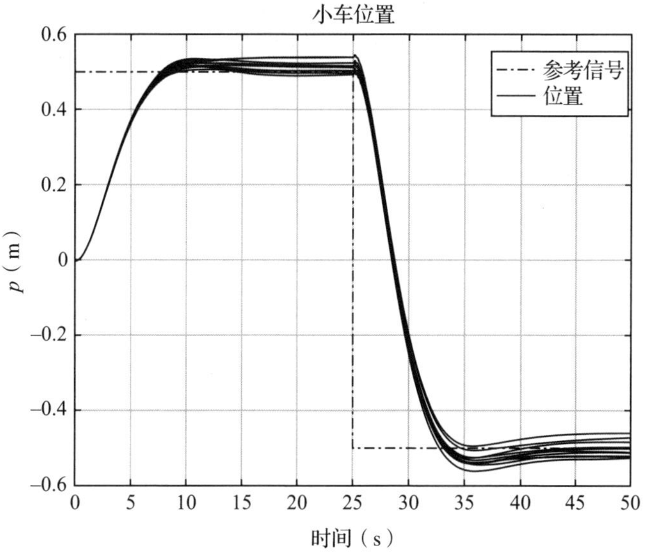

图 4.9　由蒙特卡罗仿真获得的小车位置

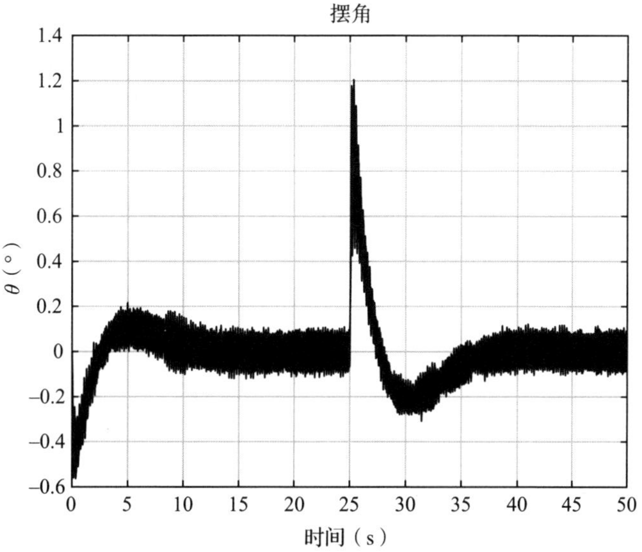

图 4.10　由蒙特卡罗仿真获得的摆角

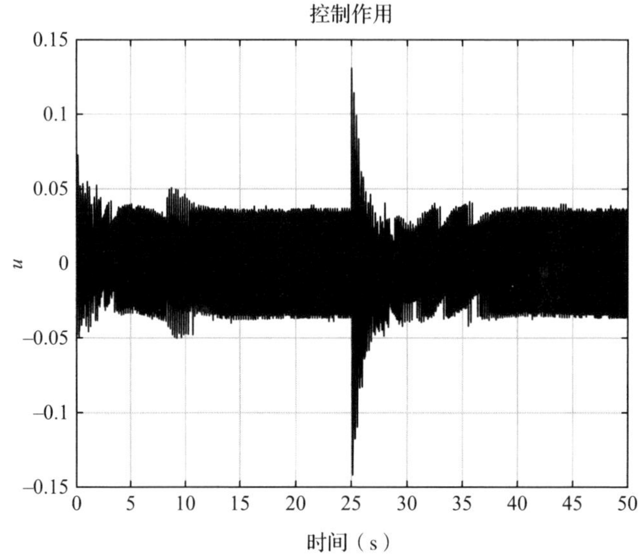

图 4.11　由蒙特卡罗仿真获得的控制作用

在图 4.15 中，我们给出了控制作用对参考信号和编码器噪声的闭环灵敏度的幅度图。可以看出，测量摆角 θ 中的噪声比测量小车位置 p 中的噪声更显著。控制作用对摆角中的噪声的灵敏度在较宽的频率范围内是显著的，尤其是在高频范围内。7.4dB 的峰值意味着在这个频率范围内，控制器会增加 2 倍以上的摆角噪声。需要注意的是，此峰值位于 θ 中的噪声是显著的范围内。这与具有非线性模型的闭环系统蒙特卡罗仿真所得到的结果一致，并导致不期望的控制作用变化（见图 4.11）。

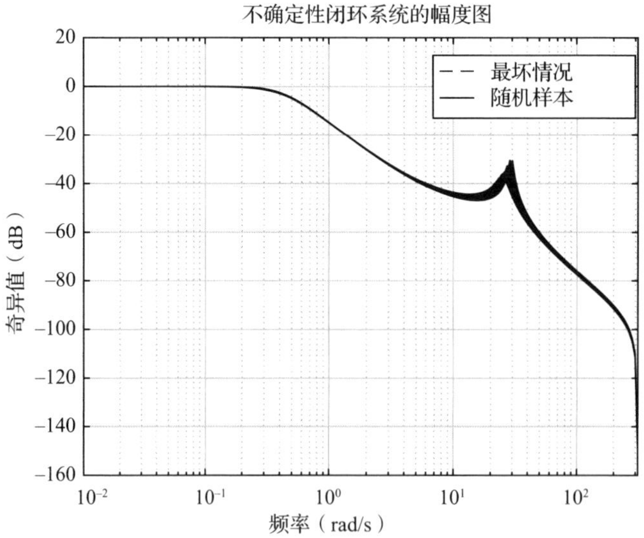

图 4.12　最坏情况闭环系统增益

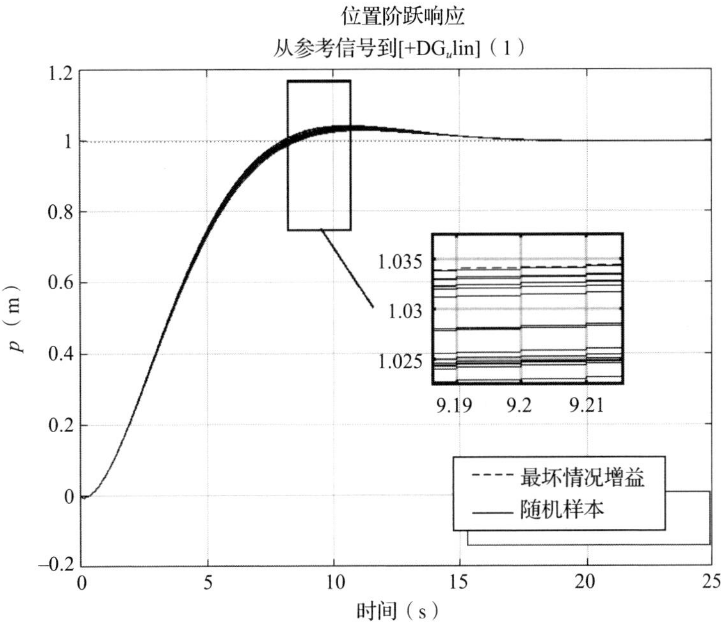

图 4.13　最坏情况小车位置

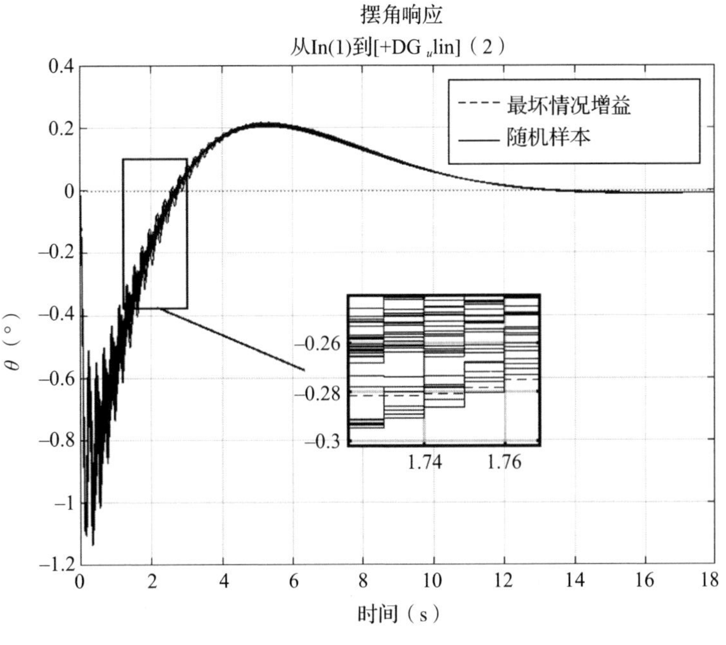

图 4.14　最坏情况摆角

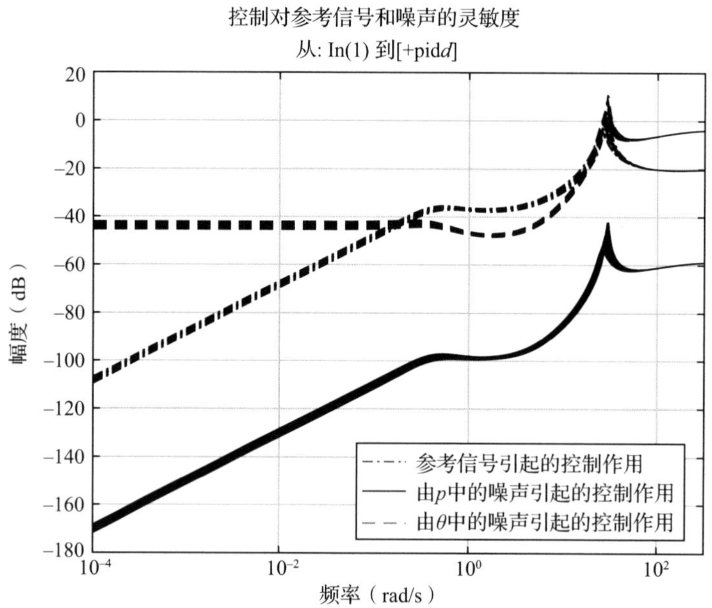

图 4.15 控制对参考信号和噪声的灵敏度

4.2 带积分作用的 LQG 控制器

本节使用的 MATLAB 文件

基本 LQG 控制器的文件	描述
LQG_design	LQG 控制器的设计
LQG_robstab	鲁棒稳定性分析
dfrs_LQG	频率响应
sim_LQG	仿真
sim_MC_LQG	蒙特卡罗仿真
带有偏置补偿的 LQG 控制器文件	**描述**
LQG_bias_design	LQG 控制器的设计
LQG_bias_robstab	鲁棒稳定性分析
dfrs_LQG_bias	频率响应
sim_LQG_bias	仿真
sim_MC_LQG_bias	蒙特卡罗仿真
LQG_bias_wcp	最坏情况增益

在本节中，我们将介绍带有卡尔曼滤波器状态估计和积分作用的两种形式的 LQG 控制器。这些控制器的目的是确保在干扰和噪声存在的情况下进行准确的跟踪和调节。结果表明，这种控制器的基本版本在标称被控对象模型的情况下能够得到令人满意的结果，但当被控对象模型变化时可能会导致较差的性能。这就是为什么在含有不确定性被控对象模型

的情况下通过向卡尔曼滤波器状态向量中添加额外状态来完成偏置补偿，并如各种示例所示，这可能会显著提高闭环系统的鲁棒性。

4.2.1　离散时间 LQG 控制器

带有 LQG 控制器的闭环系统的基本结构包括 LQR 和卡尔曼滤波器，如图 4.16 所示。LQR 的设计旨在最小化二次性能指标，而卡尔曼滤波器的设计是在过程噪声 v 和测量噪声 w 存在的情况下产生最佳系统状态估计。对系统误差 e 进行积分是为了抑制恒定干扰或实现设定点调节特性（在阶跃参考信号 r 的情况下实现零稳态误差）。

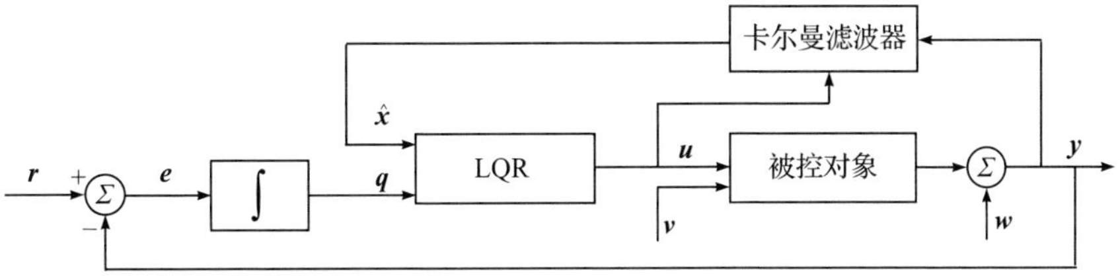

图 4.16　带积分作用的 LQG 控制

离散时间 LQG 控制器设计可简要介绍如下。假设时不变系统由差分状态和输出方程描述：

$$\begin{aligned} \boldsymbol{x}(k+1) &= A\boldsymbol{x}(k) + B\boldsymbol{u}(k) + \boldsymbol{v}(k) \\ \boldsymbol{y}(k) &= G\boldsymbol{x}(k) + \boldsymbol{w}(k) \end{aligned} \tag{4.12}$$

其中 $\boldsymbol{x}(k)$ 是状态向量，$\boldsymbol{y}(k)$ 是测量向量，$\boldsymbol{v}(k),\boldsymbol{w}(k)$ 分别是过程噪声和测量噪声；$\boldsymbol{A},\boldsymbol{B},\boldsymbol{C}$ 是具有适当维度的常数矩阵。假设 $\boldsymbol{v}(k),\boldsymbol{w}(k)$ 是平稳独立的零均值高斯白噪声，协方差分别为

$$E\{\boldsymbol{v}(k)\boldsymbol{v}(j)^{\mathrm{T}}\} = \boldsymbol{V}\delta(j-k),\ E\{\boldsymbol{w}(k)\boldsymbol{w}(j)^{\mathrm{T}}\} = \boldsymbol{W}\delta(j-k)$$

其中 $E\{;\}$ 是数学期望，$\delta(\cdot)$ 是单位脉冲函数，$\boldsymbol{V},\boldsymbol{W}$ 是已知的协方差矩阵。

式（4.12）的离散时间 LQG 问题在于找到优化控制 $\boldsymbol{u}=\boldsymbol{u}_{\mathrm{opt}}$ 以最小化二次性能指数：

$$J = \boldsymbol{E}\left\{\sum_{0}^{\infty} \boldsymbol{x}(k)^{\mathrm{T}}\boldsymbol{Q}\boldsymbol{x}(k) + \boldsymbol{u}(k)^{\mathrm{T}}\boldsymbol{R}\boldsymbol{u}(k)\right\} \tag{4.13}$$

其中 $\boldsymbol{Q}$ 是对称正半定矩阵，$\boldsymbol{R}$ 是对称正定矩阵。

众所周知，根据分离原理 [44,73,111]，LQG 问题可被分解为两个子问题，即设计最优控制律

$$\boldsymbol{u}(k) = -\boldsymbol{K}_{\mathrm{opt}}\boldsymbol{x}(k) \tag{4.14}$$

使得如下系统实现 LQR：

$$\begin{aligned} \boldsymbol{x}(k+1) &= \boldsymbol{A}\boldsymbol{x}(k) + \boldsymbol{B}\boldsymbol{u}(k) \\ \boldsymbol{y}(k) &= \boldsymbol{C}\boldsymbol{x}(k) \end{aligned} \tag{4.15}$$

以及设计随机系统（式（4.12））的最优状态估计器（卡尔曼滤波器）(参见 2.4 节)：

$$\hat{\boldsymbol{x}}(k+1) = \boldsymbol{A}\hat{\boldsymbol{x}}(k) + \boldsymbol{B}\boldsymbol{u}(k) + \boldsymbol{L}(\boldsymbol{y}(k+1) - \boldsymbol{C}\boldsymbol{A}\hat{\boldsymbol{x}}(k) - \boldsymbol{C}\boldsymbol{B}\boldsymbol{u}(k)) \tag{4.16}$$

最小化（式（4.13））的、系统（式（4.12））的最优控制则由如下状态估计反馈控制律

给出：

$$\boldsymbol{u}(k) = -\boldsymbol{K}_{\text{opt}}\hat{\boldsymbol{x}}(k) \tag{4.17}$$

该最优控制器能稳定闭环系统。

在求解 LQG 问题中出现的两个增益矩阵 $\boldsymbol{K}_{\text{opt}}$ 和 $\boldsymbol{L}$，可以通过求解如下两个矩阵代数 Riccati 方程来确定。

如果矩阵对 $(\boldsymbol{A},\boldsymbol{B})$ 是可稳定的并且矩阵对 $(\boldsymbol{Q}^{1/2},\boldsymbol{A})$ 是可检测的，则式（4.14）中的最优增益矩阵 K_{opt} 可确定为

$$K_{\text{opt}} = (\boldsymbol{R}+\boldsymbol{B}^{\text{T}}\boldsymbol{S}\boldsymbol{B})^{-1}\boldsymbol{B}^{\text{T}}\boldsymbol{S}\boldsymbol{A}$$

其中 $\boldsymbol{S}$ 是如下离散时间矩阵 Riccati 方程的半正定解：

$$\boldsymbol{A}^{\text{T}}\boldsymbol{S}\boldsymbol{A}-\boldsymbol{S}+\boldsymbol{Q}-\boldsymbol{A}^{\text{T}}\boldsymbol{S}\boldsymbol{B}(\boldsymbol{R}+\boldsymbol{B}^{\text{T}}\boldsymbol{S}\boldsymbol{B})^{-1}\boldsymbol{B}^{\text{T}}\boldsymbol{S}\boldsymbol{A}=0$$

在这种情况下，由此得到的闭环系统是渐近稳定的 $\boldsymbol{A}-\boldsymbol{B}\boldsymbol{K}_{\text{opt}}$ 的特征值在复平面的单位圆内）。此外，对于所有输入，闭环系统保证了相应的增益裕度和相位裕度。

如果矩阵对 $(\boldsymbol{A},\boldsymbol{V}^{1/2})$ 是可稳定的并且矩阵对 $(\boldsymbol{C},\boldsymbol{A})$ 是可检测的，则卡尔曼滤波器（式（4.16））的最优增益矩阵 $\boldsymbol{L}$ 可确定为

$$\boldsymbol{L}=\boldsymbol{P}\boldsymbol{C}^{\text{T}}(\boldsymbol{C}\boldsymbol{P}\boldsymbol{C}^{\text{T}}+\boldsymbol{W})^{-1}$$

其中 $\boldsymbol{P}$ 是如下矩阵 Riccati 方程的半正定解：

$$\boldsymbol{A}\boldsymbol{P}\boldsymbol{A}^{\text{T}}-\boldsymbol{P}+\boldsymbol{V}-\boldsymbol{A}\boldsymbol{P}\boldsymbol{C}^{\text{T}}(\boldsymbol{C}\boldsymbol{P}\boldsymbol{C}^{\text{T}}+\boldsymbol{W})^{-1}\boldsymbol{C}\boldsymbol{P}\boldsymbol{A}^{\text{T}}=0$$

在这种情况下，卡尔曼滤波器是稳定的 $(\boldsymbol{I}-\boldsymbol{L}\boldsymbol{C})\boldsymbol{A}$ 的特征值在复平面的单位圆内），即当 $k\to\infty$ 时，$E\{\hat{\boldsymbol{x}}(k)\}\to E\{\boldsymbol{x}(k)\}$，误差协方差为

$$E\{(\boldsymbol{x}(k)-\hat{\boldsymbol{x}}(k))(\boldsymbol{x}(k)-\hat{\boldsymbol{x}}(k))^{\text{T}}\}=\boldsymbol{P}$$

因此，矩阵 $\boldsymbol{P}$ 的元素可用于评估状态估计 $\hat{\boldsymbol{x}}(k)$ 的误差协方差。

与单独使用 LQR 控制的情况相反，上述 LQG 设计不能保证闭环系统的稳定裕度，因为系统中包含了 LQ 调节器和卡尔曼滤波器。

在 MATLAB 中，最优状态调节器（式（4.14））是使用函数 `dlqr` 来计算的，离散时间卡尔曼滤波器是使用函数 `kalman` 来设计的。函数 `kalman` 针对如下一般描述的系统设计一个卡尔曼滤波器：

$$\begin{aligned}\boldsymbol{x}(k+1)&=\boldsymbol{A}\boldsymbol{x}(k)+\boldsymbol{B}\boldsymbol{u}(k)+\boldsymbol{G}\boldsymbol{v}(k)\\ \boldsymbol{y}(k)&=\boldsymbol{C}\boldsymbol{x}(k)+\boldsymbol{H}\boldsymbol{v}(k)+\boldsymbol{w}(k)\end{aligned}$$

其中过程噪声 $\boldsymbol{v}(k)$ 和测量噪声 $\boldsymbol{w}(k)$ 可以相关。函数 `dlqr` 和 `kalman` 可由函数 `lqg` 来替代，`lqg` 确定了整个 LQG 控制器。函数 `lqg` 还可以选择在控制器中包含积分作用。

现在考虑如何在控制器中包含积分作用。众所周知，如果被控对象增益准确已知或被控对象的运行没有输出干扰，则传统的 LQG 控制器可以确保零稳态控制系统误差。实际上，输出干扰总是存在，而且被控对象增益中也经常存在不确定性。这就是在 LQG 控制器

中实施积分作用的重要原因。

系统误差 $\boldsymbol{e}(k)$ 的离散时间积分的近似值可以通过如下差分方程来计算：

$$\boldsymbol{q}(k+1)=\boldsymbol{q}(k)+\boldsymbol{T}_{\mathrm{s}}\boldsymbol{e}(k)=\boldsymbol{q}(k)+T_{\mathrm{s}}(\boldsymbol{r}(k)-\boldsymbol{y}(k)) \quad (4.18)$$

其中 $\boldsymbol{q}(k)$ 具有 $\boldsymbol{y}(k)$ 的维度，T_{s} 是采样间隔。将此方程与式（4.15）相结合，得到增广系统：

$$\begin{aligned}\bar{\boldsymbol{x}}(k+1)&=\bar{\boldsymbol{A}}\bar{\boldsymbol{x}}(k)+\bar{\boldsymbol{B}}\boldsymbol{u}(k)+\bar{\boldsymbol{G}}\boldsymbol{r}(k)\\ \boldsymbol{y}(k)&=\bar{\boldsymbol{C}}\bar{\boldsymbol{x}}(k)\end{aligned} \quad (4.19)$$

其中，状态向量为

$$\bar{\boldsymbol{x}}(k)=\begin{bmatrix}\boldsymbol{x}(k)\\ \boldsymbol{q}(k)\end{bmatrix}$$

矩阵为

$$\bar{\boldsymbol{A}}=\begin{bmatrix}\boldsymbol{A} & 0\\ -T_{\mathrm{s}}\boldsymbol{C} & \boldsymbol{I}\end{bmatrix},\bar{\boldsymbol{B}}=\begin{bmatrix}\boldsymbol{B}\\ 0\end{bmatrix},\bar{\boldsymbol{C}}=[\boldsymbol{C} \quad 0],\bar{\boldsymbol{G}}=\begin{bmatrix}0\\ T_{\mathrm{s}}\boldsymbol{I}\end{bmatrix} \quad (4.20)$$

如果原系统（式（4.12））是可镇定的，且原系统在单位圆上没有零点，则可以证明系统（式（4.19））是可镇定的。因此，将向量 $\bar{\boldsymbol{x}}(k)$ 作为状态向量，式（4.19）可以根据二次性能指标进行优化。因此，可以得到如下形式的最优控制律：

$$\boldsymbol{u}(k)=-\boldsymbol{K}_{\mathrm{o}}\bar{\boldsymbol{x}}(k)=-\boldsymbol{K}_{x}\boldsymbol{x}(k)-\boldsymbol{K}_{q}\boldsymbol{q}(k)$$

其中，最优状态反馈矩阵

$$\boldsymbol{K}_{\mathrm{o}}=[\boldsymbol{K}_{x} \quad \boldsymbol{K}_{q}]$$

是根据向量 $\boldsymbol{x}(k)$ 和 $\boldsymbol{q}(k)$ 的维数进行划分的。这样，所获得的最优控制律是被控对象和积分器状态的反馈。

带积分作用的 LQR 控制器可以通过函数 `dlqr` 再次设计，但必须使用矩阵 $\bar{\boldsymbol{A}},\bar{\boldsymbol{B}}$ 代替矩阵 $\boldsymbol{A},\boldsymbol{B}$。

4.2.2　有色测量噪声

如果过程和测量噪声是有色的，则必须通过相应的整形滤波器的动态来增广原系统动态。正如下面所示，这可能会导致数值计算困难。

考虑有色测量噪声 w 的情况。该噪声可以表示为整形滤波器的输出：

$$\begin{aligned}\boldsymbol{\psi}(k+1)&=\boldsymbol{A}_{w}\boldsymbol{\psi}(k)+\boldsymbol{B}_{w}\boldsymbol{\eta}(k)\\ \boldsymbol{w}(k)&=\boldsymbol{C}_{w}\boldsymbol{\psi}(k)+\boldsymbol{D}_{w}\boldsymbol{\eta}(k)\end{aligned} \quad (4.21)$$

其输入是白噪声 $\boldsymbol{\eta}(k)$，协方差为

$$E\{\boldsymbol{\eta}(k)\boldsymbol{\eta}(j)^{\mathrm{T}}\}=\boldsymbol{I}\delta(j-k)$$

其中，协方差矩阵 $\boldsymbol{I}$ 是单位矩阵，其维数等于 $\boldsymbol{\eta}(k)$ 的维数。结合式（4.12）和式（4.21），得到

$$\begin{gathered}\begin{bmatrix}\boldsymbol{x}(k+1)\\\boldsymbol{\psi}(k+1)\end{bmatrix}=\begin{bmatrix}\boldsymbol{A} & 0\\0 & \boldsymbol{A}_w\end{bmatrix}\begin{bmatrix}\boldsymbol{x}(k)\\\boldsymbol{\psi}(k)\end{bmatrix}+\begin{bmatrix}\boldsymbol{B}\\0\end{bmatrix}\boldsymbol{u}(k)+\begin{bmatrix}\boldsymbol{I} & 0\\0 & \boldsymbol{B}_w\end{bmatrix}\begin{bmatrix}\boldsymbol{v}(k)\\\boldsymbol{\eta}(k)\end{bmatrix}\\\boldsymbol{y}(k)=[\boldsymbol{C}\quad\boldsymbol{C}_w]\begin{bmatrix}\boldsymbol{x}(k)\\\boldsymbol{\psi}(k)\end{bmatrix}+\begin{bmatrix}0 & 0\\0 & \boldsymbol{D}_w\end{bmatrix}\begin{bmatrix}\boldsymbol{v}(k)\\\boldsymbol{\eta}(k)\end{bmatrix}\end{gathered}\tag{4.22}$$

令

$$\tilde{\boldsymbol{x}}(k)=\begin{bmatrix}\boldsymbol{x}(k)\\\boldsymbol{\psi}(k)\end{bmatrix},\ \tilde{\boldsymbol{v}}(k)=\begin{bmatrix}\boldsymbol{v}(k)\\\boldsymbol{\eta}(k)\end{bmatrix}$$

以及

$$\begin{gathered}\tilde{\boldsymbol{A}}=\begin{bmatrix}\boldsymbol{A} & 0\\0 & \boldsymbol{A}_w\end{bmatrix},\tilde{\boldsymbol{B}}=\begin{bmatrix}\boldsymbol{B}\\0\end{bmatrix},\tilde{\boldsymbol{C}}=[\boldsymbol{C}\quad\boldsymbol{C}_w]\\\tilde{\boldsymbol{G}}=\begin{bmatrix}\boldsymbol{I} & 0\\0 & \boldsymbol{B}_w\end{bmatrix},\tilde{\boldsymbol{H}}=\begin{bmatrix}0 & 0\\0 & \boldsymbol{D}_w\end{bmatrix}\end{gathered}\tag{4.23}$$

式（4.22）可写为

$$\begin{gathered}\tilde{\boldsymbol{x}}(k+1)=\tilde{\boldsymbol{A}}\tilde{\boldsymbol{x}}(k)+\tilde{\boldsymbol{B}}\boldsymbol{u}(k)+\tilde{\boldsymbol{G}}\tilde{\boldsymbol{v}}(k)\\\boldsymbol{y}(k)=\tilde{\boldsymbol{G}}\tilde{\boldsymbol{x}}(k)+\tilde{\boldsymbol{H}}\tilde{\boldsymbol{v}}(k)\end{gathered}\tag{4.24}$$

其中

$$E\{\tilde{\boldsymbol{v}}(k)\tilde{\boldsymbol{v}}(k)^{\mathrm{T}}\}=E\left\{\begin{bmatrix}\boldsymbol{v}(k)\\\boldsymbol{\eta}(k)\end{bmatrix}[\boldsymbol{v}(k)^{\mathrm{T}}\quad\boldsymbol{\eta}(k)^{\mathrm{T}}]^{\mathrm{T}}\right\}=\begin{bmatrix}\boldsymbol{V} & 0\\0 & \boldsymbol{I}\end{bmatrix}$$

通过这种方式，我们获得了没有测量噪声的增广系统（式（4.24））。由于测量噪声方差矩阵 $\boldsymbol{W}$ 是非奇异矩阵，因此不可能使用 Riccati 方程的解来为此类系统设计卡尔曼滤波器。不依赖于状态向量增广的替代解在文献 [44] 的 2.7.3 节和文献 [78] 的 7.2.3 节中进行了介绍。一个简单的解可获得如下。

不用估计式（4.24）的状态，设计卡尔曼滤波器来估计以下系统的状态：

$$\begin{gathered}\tilde{\boldsymbol{x}}(k+1)=\tilde{\boldsymbol{A}}\tilde{\boldsymbol{x}}(k)+\tilde{\boldsymbol{B}}\boldsymbol{u}(k)+\tilde{\boldsymbol{G}}\tilde{\boldsymbol{v}}(k)\\\boldsymbol{y}(k)=\tilde{\boldsymbol{C}}\tilde{\boldsymbol{x}}(k)+\tilde{\boldsymbol{H}}\tilde{\boldsymbol{v}}(k)+\tilde{\boldsymbol{w}}(k)\end{gathered}\tag{4.25}$$

其中，矩阵 $\boldsymbol{W}=E\{\boldsymbol{w}(k)\boldsymbol{w}(k)^{\mathrm{T}}\}$ 选取为 $10^{-p}\boldsymbol{I}$ 的形式，p 是一个充分大的正数。显然，这相当于在系统方程中引入了一个小的测量噪声。请注意，以这种方式选择的矩阵 $\boldsymbol{W}$ 是完全合适的，这样对它求逆不会造成问题。获得这个简单解的代价就是卡尔曼滤波器产生的估计不再是最优的，因为滤波器应该对抗额外的虚构噪声。幸运的是，这个噪声可以选取得足够小。

例 4.2　小车 – 单摆系统的 LQG 控制器设计

考虑第 2 章中描述的小车 – 单摆系统，设计一个具有积分作用的 LQG 控制器。由被控对象和控制器组成的闭环系统框图如图 4.17 所示。被控对象的输入是小车电动机执行器的控制信号，被控对象的输出是小车的位置 p 和摆角 θ。控制系统的目标是在噪声和干扰存在的情况下保持小车位置等于参考值，同时将摆稳定在倒立位置。变量 p 和 θ 由 12 位编码器测量，该编码器产生测量噪声，小车速度 $\dot{p}$ 和摆角速度 $\dot{\theta}$ 不能被测量。这使得有必要通过使用控制器中的卡尔曼滤波器来找到系统状态的估计。小车位置误差由离散时间积分器积分，并作为附加系统状态包含在 LQR 设计中。

描述四阶连续时间被控对象的状态空间方程为

$$\boldsymbol{x}_c(t) = \boldsymbol{A}_c\boldsymbol{x}_c(t) + \boldsymbol{B}_c\boldsymbol{u}(t)$$
$$\boldsymbol{y}_c(t) = \boldsymbol{C}_c\boldsymbol{x}_c(t)$$

其中

$$\boldsymbol{x}_c(t) = [p\ \theta\ \dot{p}\ \dot{\theta}],\ \boldsymbol{y}_c(t) = [p\ \theta]^{\mathrm{T}}$$

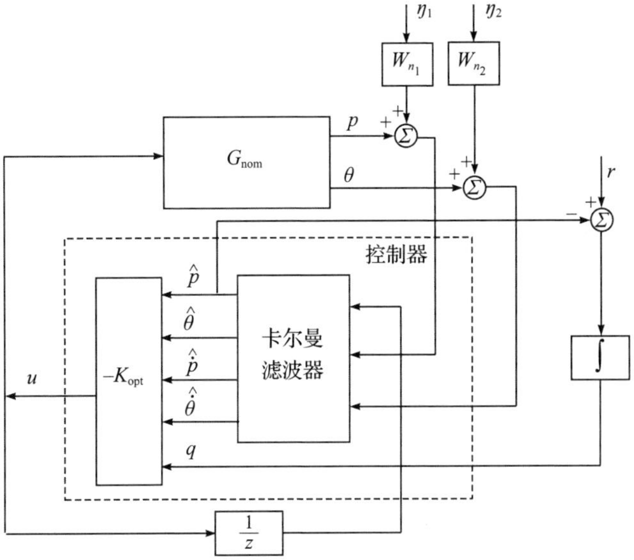

图 4.17　小车 – 单摆系统的 LQG 控制器

矩阵 $\boldsymbol{A}_c,\boldsymbol{B}_c,\boldsymbol{C}_c$ 如下：

$$\boldsymbol{A}_c\begin{bmatrix} 0 & 0 & 1 & 0 \\ 0 & 0 & 0 & 1 \\ 0 & m^2l^2g/\mathrm{den} & -f_cI_t/\mathrm{den} & -f_plm/\mathrm{den} \\ 0 & M_tmgl/\mathrm{den} & -f_cml/\mathrm{den} & -f_pM_t/\mathrm{den} \end{bmatrix}$$

$$\boldsymbol{B}_c = k_F\begin{bmatrix} 0 \\ 0 \\ I_t/\mathrm{den} \\ lm/\mathrm{den} \end{bmatrix}$$

$$\boldsymbol{C}_c = \begin{bmatrix} 1 & 0 & 0 & 0 \\ 0 & 1 & 0 & 0 \end{bmatrix}$$

其中表 4.1 给出了被控对象参数及其容差（tolerances）。

小车 – 单摆系统的 LQG 控制器设计由 M– 文件 `LQG_design` 完成。

在采样间隔 T_s=0.01s 时，获得的标称离散时间被控对象模型（式（4.15））具有状态向量

$$\boldsymbol{x}(k)=[p(k)\theta(k)\dot{p}(k)\dot{\theta}(k)]^{\mathrm{T}}$$

以及矩阵（保留 4 位小数）

$$\boldsymbol{A}=\begin{bmatrix}1 & 3.281\,5\times10^{-4} & 9.969\,5\times10^{-3} & 9.713\,5\times10^{-8}\\ 0 & 1.001\,6\times10^{0} & -9.242\,4\times10^{-5} & 1.000\,5\times10^{-2}\\ 0 & 6.557\,8\times10^{-3} & 9.939\,0\times10^{-1} & 3.035\,8\times10^{-5}\\ 0 & 3.169\,1\times10^{-1} & -1.847\,0\times10^{-2} & 1.001\,5\times10^{0}\end{bmatrix}$$

$$\boldsymbol{B}=\begin{bmatrix}7.852\,1\times10^{-4}\\ 2.377\,1\times10^{-3}\\ 1.568\,9\times10^{-1}\\ 4.750\,6\times10^{-1}\end{bmatrix},\ \boldsymbol{C}=\begin{bmatrix}1 & 0 & 0 & 0\\ 0 & 1 & 0 & 0\end{bmatrix}$$

LQR 设计中使用的五阶增广被控对象离散时间模型具有式（4.19）的形式，其状态向量为

$$\bar{\boldsymbol{x}}(k)=[p(k)\theta(k)\dot{p}(k)\dot{\theta}(k)q(k)]^{\mathrm{T}}$$

其中 $q(k)$ 是位置误差积分的离散时间近似值，由差分方程（4.18）获得。矩阵 $\bar{\boldsymbol{A}},\bar{\boldsymbol{B}},\bar{\boldsymbol{C}}$ 根据式（4.20）确定。请注意，增广状态矩阵 $\bar{\boldsymbol{A}}$ 在单位圆上有两个特征值。选取如下的加权矩阵

$$\boldsymbol{Q}=\mathrm{diag}(1,1\,000,100,1\,000,10\,000),\ \ \boldsymbol{R}=1\,000$$

以便获得满意的闭环暂态响应，且控制作用小于 0.5。

针对矩阵 $\bar{\boldsymbol{A}},\bar{\boldsymbol{B}},\boldsymbol{Q},\boldsymbol{R}$，LQR 设计得到的最优反馈矩阵为

$$K_{\mathrm{O}}=[-2.977\,9,7.223\,0,-1.849\,3,1.515\,6,2.413\,1]$$

设计的卡尔曼滤波器考虑了编码器产生的量化噪声 n_1 和 n_2，编码器分别用来测量小车的位置和摆角。如第 2 章所示，n_1 和 n_2 可被看作白噪声，方差分别等于

$$V_1=\frac{0.235}{2^{12}}\frac{1}{\sqrt{12}},\quad V_2=\frac{2\pi}{2^{12}}\frac{1}{\sqrt{12}}$$

然而，在卡尔曼滤波器设计中，我们假设 p 和 θ 中的噪声分别由单位方差输入白噪声 η_1 和 η_2 的一阶整形滤波器产生。选取的整形滤波器传递函数为

$$W_{n_1}(s)=V_1\frac{5s+50}{0.01s+1},\quad W_{n_2}(s)=V_2\frac{5s+10}{0.01s+1}$$

在低频范围内，这些整形滤波器产生用于逼近编码器噪声 n_1 和 n_2 的输出（见图 4.18）。在高频范围内，滤波器输出的强度增加，以便用来考虑物理系统中的其他噪声，如执行器噪声等。

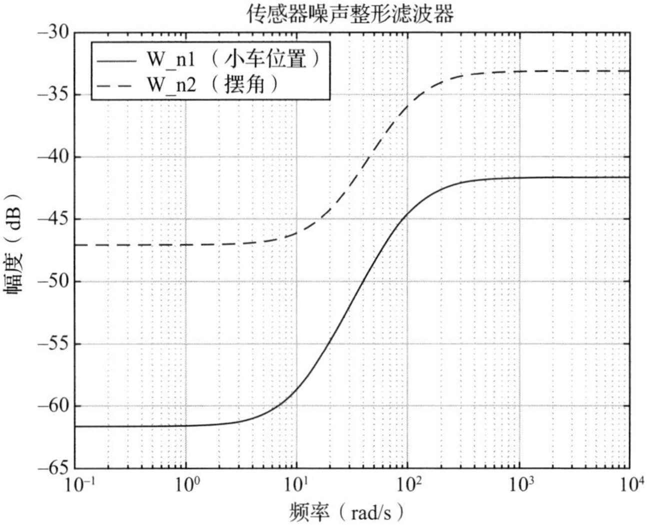

图 4.18　噪声整形滤波器的幅度图

在给定的情况下，可得

$$\tilde{\boldsymbol{v}} = \boldsymbol{\eta} = \begin{bmatrix} \eta_1 \\ \eta_2 \end{bmatrix}$$

根据式（4.24），可得如下六阶系统：

$$\tilde{\boldsymbol{x}}(k+1) = \tilde{\boldsymbol{A}}\tilde{\boldsymbol{x}}(k) + \tilde{\boldsymbol{B}}\boldsymbol{u}(k) + \tilde{\boldsymbol{G}}\boldsymbol{\eta}(k)$$
$$\boldsymbol{y}(k) = \tilde{\boldsymbol{C}}\tilde{\boldsymbol{x}}(k) + \tilde{\boldsymbol{H}}\boldsymbol{\eta}(k)$$

其中

$$\tilde{\boldsymbol{x}}(k) = \begin{bmatrix} \boldsymbol{x}(k) \\ \boldsymbol{\psi}(k) \end{bmatrix}$$

$\boldsymbol{\psi}(k)$ 是一个向量。包含了整形滤波器的状态，且

$$E\{\boldsymbol{\eta}(k)\boldsymbol{\eta}(k)^{\mathrm{T}}\} = \boldsymbol{I} = \begin{bmatrix} 1 & 0 \\ 0 & 1 \end{bmatrix}$$

根据式（4.23），系统矩阵可确定为

$$\tilde{\boldsymbol{A}} = \left[\begin{array}{cccc|cc} & & & & 0 & 0 \\ & \boldsymbol{A} & & & 0 & 0 \\ & & & & 0 & 0 \\ & & & & 0 & 0 \\ \hline 0 & 0 & 0 & 0 & 3.678\,8\times10^{-1} & 0 \\ 0 & 0 & 0 & 0 & 0 & 3.678\,8\times10^{-1} \end{array}\right]$$

$$\tilde{\boldsymbol{B}}=\begin{bmatrix}B\\ \hline 0\\ 0\end{bmatrix},\quad \tilde{\boldsymbol{C}}=\left[\boldsymbol{C}\left|\begin{matrix}-7.453\,0\times10^{-1} & 0\\ 0 & -1.771\,3\times10^{0}\end{matrix}\right.\right]$$

$$\tilde{\boldsymbol{G}}=\begin{bmatrix}0 & 0\\ 0 & 0\\ 0 & 0\\ 0 & 0\\ \hline 6.321\,2\times10^{-3} & 0\\ 0 & 6.321\,2\times10^{-3}\end{bmatrix}$$

$$\tilde{\boldsymbol{H}}=\begin{bmatrix}8.281\,1\times10^{-3} & 0\\ 0 & 2.214\,1\times10^{-2}\end{bmatrix}$$

由于系统方程中没有正式的测量噪声，因此测量噪声的方差矩阵 $\boldsymbol{W}$ 可选择为

$$\boldsymbol{W}=10^{-3}\begin{bmatrix}1 & 0\\ 0 & 1\end{bmatrix}$$

设计的卡尔曼滤波器是六阶的，其最优增益矩阵为

$$\boldsymbol{L}=\begin{bmatrix}4.025\,3\times10^{-5} & 1.718\,4\times10^{-3}\\ 2.138\,1\times10^{-3} & 9.127\,8\times10^{-2}\\ 2.256\,3\times10^{-4} & 9.632\,5\times10^{-3}\\ 1.198\,5\times10^{-2} & 5.116\,5\times10^{-1}\\ 3.671\,6\times10^{-2} & -9.525\,4\times10^{-5}\\ -2.756\,9\times10^{-4} & 6.063\,4\times10^{-2}\end{bmatrix}$$

协方差矩阵 $\boldsymbol{P}$ 的对角元素为

$$\{4.47\times10^{-8},1.26\times10^{-4},1.40\times10^{-6},3.96\times10^{-3},4.45\times10^{-5},3.86\times10^{-5}\}$$

并可用于确定估计 $\hat{\boldsymbol{x}}(k)$ 的误差界限。特别地，对应于均方误差，$\dot{\theta}$ 的估计具有最大误差界限，其值等于 0.062 9rad/s。

带有 LQG 控制器的闭环系统由 Simulink 文件 `clp_LQG.slx` 来仿真。控制器模型如图 4.19 所示。控制器包括卡尔曼滤波器、最优反馈矩阵和离散时间位置误差积分器。单位采样延迟因素的存在反映了这样的事实：在 k 时刻的估计中，我们可以使用 $k-1$ 时刻的控制作用 u 的值（没有延迟因素会导致代数环⊖出现在仿真图中）。考虑到控制器将在具有浮点运算单元的处理器上实现，卡尔曼滤波器的实现是在状态空间中使用单精度算法完成的（见图 4.20）。

⊖ 在数字计算中，输入信号决定输出信号，同时输出信号也决定输入信号，数字计算的时序性导致没有输出信号无法计算输入信号，没有输入信号也无法计算输出信号，形成一个死锁（deadlock）或死循环，这就是代数环。简单地说，代数环其实就是一个输入信号包含输出信号，同时输出信号也包含输入信号的特殊反馈回路。解决方案是在代数环回路中增加记忆（memory）或者延迟（delay）模块。——译者注

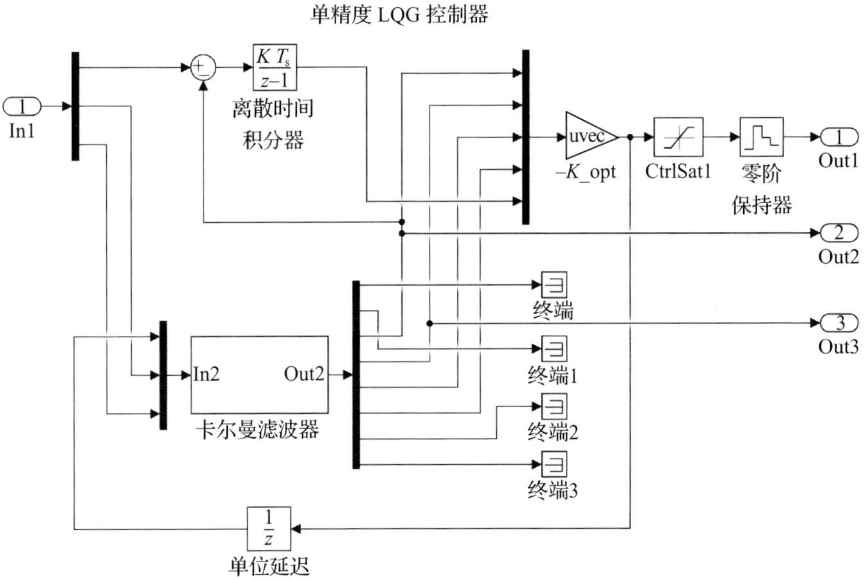

图 4.19 LQG 控制器的 Simulink 模型

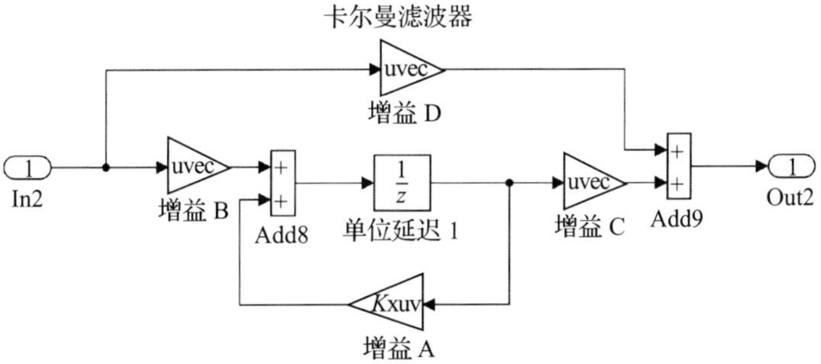

图 4.20 卡尔曼滤波器的 Simulink 模型

对幅度大小为 0.5 m 和 −0.5 m 的阶跃参考信号，图 4.21 和图 4.22 显示了标称闭环系统的仿真结果。由于采用了积分作用控制器，小车位置的稳态误差为 0。需要注意的是，基于量化误差的原因，小车位置和摆角的测量是不连续函数，尽管如此，由卡尔曼滤波器获得的相应估计是光滑的。LQG 调节器中的控制作用如图 4.23 所示。

现在考虑闭环系统的鲁棒性，传统稳定裕度和圆盘稳定裕度分别如下：

```
cm =

     GainMargin: [2.1494 9.0235e+03]
    GMFrequency: [2.2527 87.9130]
    PhaseMargin: 60.6182
    PMFrequency: 0.8368
    DelayMargin: 126.4363
    DMFrequency: 0.8368
         Stable: 1
```

```
dm =

     GainMargin: [0.4802 2.0826]
    PhaseMargin: [-38.7026 38.7026]
      Frequency: 2.0360
```

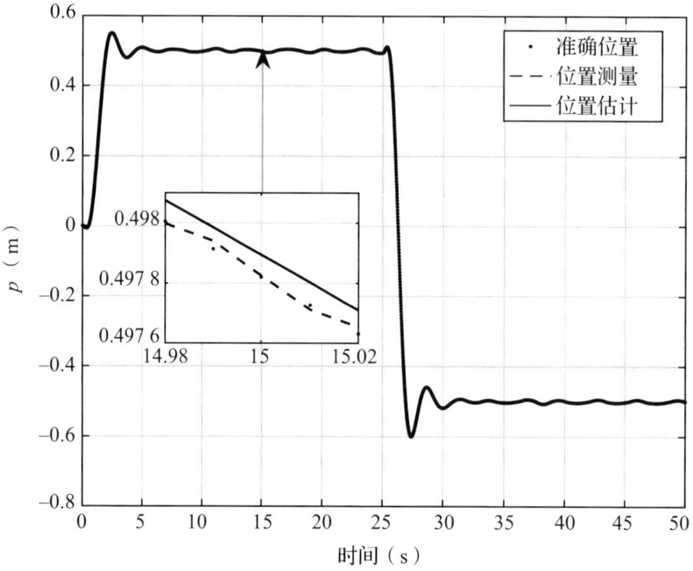

图 4.21　小车位置

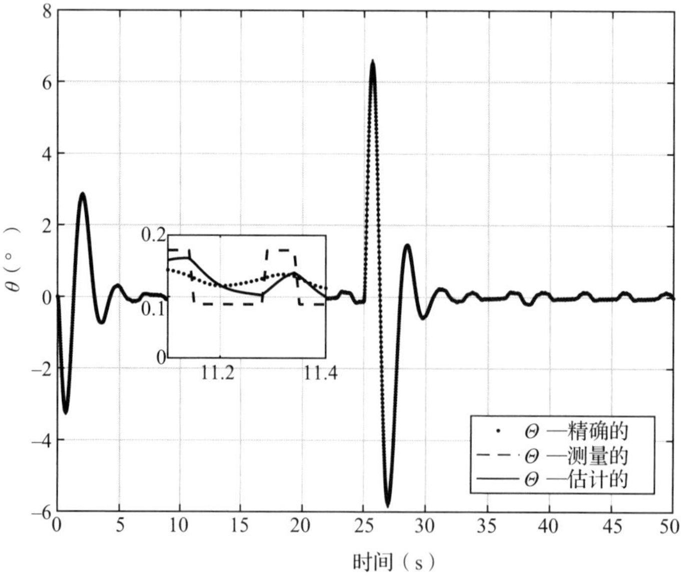

图 4.22　摆角

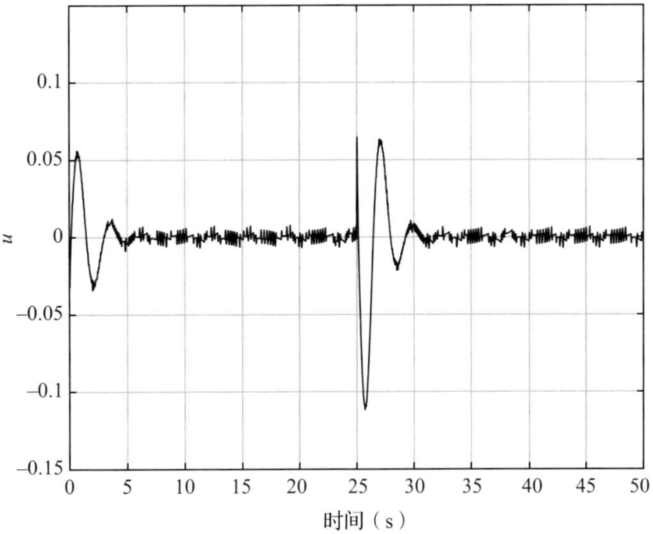

图 4.23　控制作用

显然，增益裕度和相位裕度是令人满意的。然而，由 M– 文件 LQG_robstab 完成的不确定性系统的鲁棒稳定性分析则给出了如下报告：

```
report =

Assuming nominal UFRD system is stable...
Uncertain system is possibly not robustly stable to modeled
                                                 uncertainty.
 -- It can tolerate up to 91% of the modeled uncertainty.
 -- A destabilizing combination of 104% of the modeled uncertainty
                                                   was found.
 -- This combination causes an instability at 3.02 rad/seconds.
 -- Sensitivity with respect to the uncertain elements are:
     'I' is 0%.  Increasing 'I' by 25% leads to a 0% decrease
                                               in the margin.
     'M' is 3%.  Increasing 'M' by 25% leads to a 1% decrease
                                               in the margin.
     'f_c' is 7%.  Increasing 'f_c' by 25% leads to a 2% decrease
                                               in the margin.
     'f_p' is 0%.  Increasing 'f_p' by 25% leads to a 0% decrease
                                               in the margin.
```

该报告显示，在表 4.1 给出的参数容差下，闭环系统不是鲁棒稳定的。在给定的情况下，结构奇异值 μ 的峰值（对应于鲁棒稳定性分析）大于 1（见图 4.24）。

利用蒙特卡罗分析，图 4.25 显示了闭环系统较差的鲁棒性。该分析是由程序 sim_MC_LQG 来完成的，该程序给出了表 4.1 中所列的不确定性参数的 10 种随机组合的暂态响应。当模型变化时，较大的稳态误差是卡尔曼滤波器产生的状态估计误差较大造成的（卡尔曼滤波器是为标称被控对象模型设计的）。需要注意，存在一些不确定的参数组合使得闭环系统不稳定，正如鲁棒稳定性分析所揭示的那样。 □

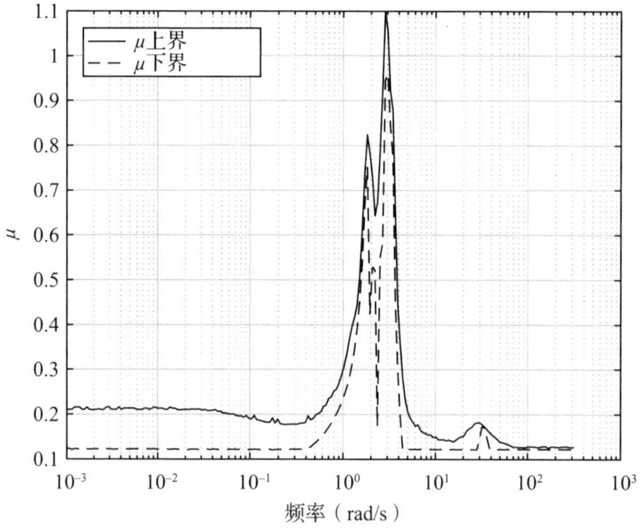

图 4.24 鲁棒稳定性

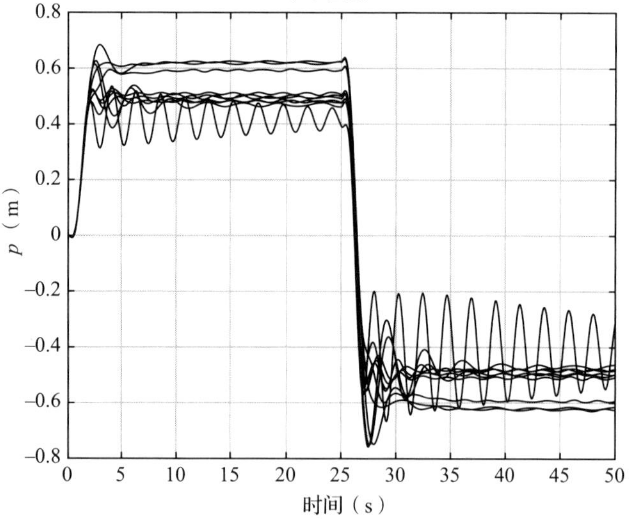

图 4.25 蒙特卡罗仿真得到的小车位置

4.2.3 带偏置补偿的 LQG 控制器

带有 LQG 控制器的不确定性闭环系统的稳态误差可以通过在状态向量中加入偏置分量来消除，这些状态向量由卡尔曼滤波器估计，并用于补偿被控对象模型变化时的估计误差。这种方法还提高了闭环系统的整体鲁棒性。

对于某些 i，假设我们希望去除变量 $\boldsymbol{x}_i(k)$ 中的稳态误差。我们用 $\boldsymbol{x}_i(k)+\boldsymbol{\beta}(k)$ 的和来替换状态向量的第 i 个分量，其中 $\boldsymbol{\beta}(k)$ 造成了 $\boldsymbol{x}_i(k)$ 中的偏差。变量 $\boldsymbol{\beta}(k)$ 可以建模为如下形式的

随机游动过程，

$$\boldsymbol{\beta}(k+1)=\boldsymbol{\beta}(k)+g_b\boldsymbol{\xi}(k) \tag{4.26}$$

其中，$\boldsymbol{\xi}(k)$ 是白噪声输入，$E\{\boldsymbol{\xi}(k)\boldsymbol{\xi}(j)\}=1\delta(k-j)$，$g_b$ 是某个小常数。一旦我们获得了一个估计值 $\boldsymbol{x}_i(k)+\boldsymbol{\beta}(k)$，它就可以用于最优控制的计算。因此，必须为系统设计给定情况下的卡尔曼滤波器：

$$\begin{gathered}\begin{bmatrix}\boldsymbol{x}(k+1)\\ \boldsymbol{\beta}(k+1)\end{bmatrix}=\begin{bmatrix}\tilde{\boldsymbol{A}} & \tilde{\boldsymbol{a}}\\ 0 & 1\end{bmatrix}\begin{bmatrix}\boldsymbol{x}(k)\\ \boldsymbol{\beta}(k)\end{bmatrix}+\begin{bmatrix}\tilde{\boldsymbol{B}}\\ 0\end{bmatrix}\boldsymbol{u}(k)+\begin{bmatrix}\tilde{\boldsymbol{G}} & 0\\ 0 & g_b\end{bmatrix}\begin{bmatrix}\boldsymbol{\eta}(k)\\ \boldsymbol{\xi}(k)\end{bmatrix}\\ \boldsymbol{y}(k)=\left[\begin{array}{c|c}\tilde{\boldsymbol{C}} & \begin{matrix}0\\ \vdots\\ 0\end{matrix}\end{array}\right]\begin{bmatrix}\boldsymbol{x}(k)\\ \boldsymbol{\beta}(k)\end{bmatrix}+\left[\begin{array}{c|c}\tilde{\boldsymbol{H}} & \begin{matrix}0\\ \vdots\\ 0\end{matrix}\end{array}\right]\begin{bmatrix}\boldsymbol{\eta}(k)\\ \boldsymbol{\xi}(k)\end{bmatrix}\end{gathered} \tag{4.27}$$

其中

$$\tilde{\boldsymbol{a}}=\begin{bmatrix}0\\ \vdots\\ 1\\ \vdots\\ 0\end{bmatrix}\leftarrow i$$

$$E\begin{bmatrix}\boldsymbol{\eta}(k)\\ \boldsymbol{\xi}(k)\end{bmatrix}[\boldsymbol{\eta}(j)^{\mathrm{T}}\boldsymbol{\xi}(j)^{\mathrm{T}}]=\begin{bmatrix}I & 0\\ 0 & 1\end{bmatrix}\delta(k-j)$$

如果相应的增广系统是可检测的，则可以以类似的方式去除其他状态向量分量的稳态误差。

例 4.3　小车 – 单摆系统偏置补偿 LQG 控制器的设计

考虑如何为小车 – 单摆系统设计具有积分作用的 LQG 控制器，用于小车位置的稳态误差。

LQG 控制器由 M– 文件 `LQG_bias_design` 来设计。当 $i=1$ 时，使用式（4.27）来设计卡尔曼滤波器，并取

$$\boldsymbol{V}=\begin{bmatrix}\boldsymbol{\eta}(k)\\ \xi(k)\end{bmatrix}[\boldsymbol{\eta}(k)]^{\mathrm{T}}\quad \boldsymbol{\xi}(k)=\boldsymbol{I}_3,\ \ \boldsymbol{W}=10^{-3}\begin{bmatrix}1 & 0\\ 0 & 1\end{bmatrix}$$

常数 g_b 经实验确定为 0.01。获得的滤波器是七阶的，最优增益矩阵为

$$\boldsymbol{L}=\begin{bmatrix}7.420\,7\times10^{-1} & 2.269\,8\times10^{-5}\\ 1.233\,1\times10^{-5} & 9.131\,2\times10^{-2}\\ 1.301\,2\times10^{-6} & 9.636\,1\times10^{-3}\\ 6.911\,8\times10^{-5} & 5.118\,4\times10^{-1}\\ 1.089\,1\times10^{-2} & -3.626\,7\times10^{-7}\\ -1.589\,9\times10^{-6} & 6.063\,0\times10^{-2}\\ 2.027\,2\times10^{-1} & -8.076\,0\times10^{-5}\end{bmatrix}$$

偏置补偿情况下的闭环系统框图如图 4.26 所示。相应的 Simulink 控制器模型如图 4.27 所示。

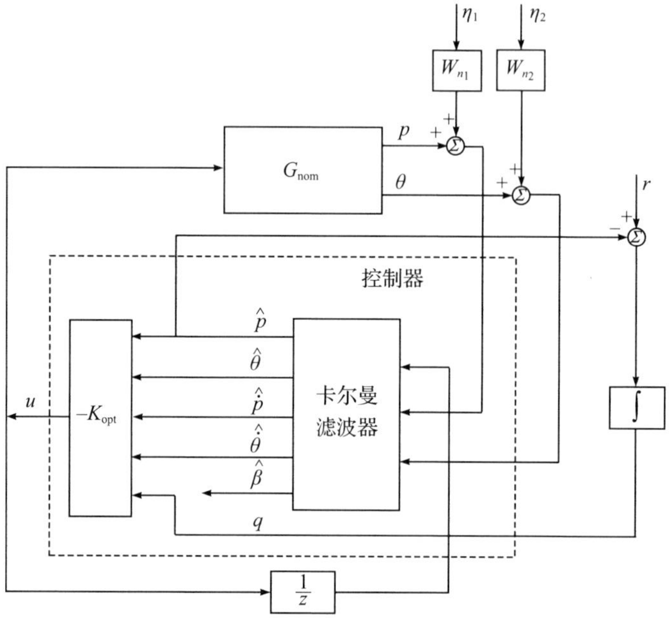

图 4.26 带有偏置补偿的小车 – 单摆系统的 LQG 控制器

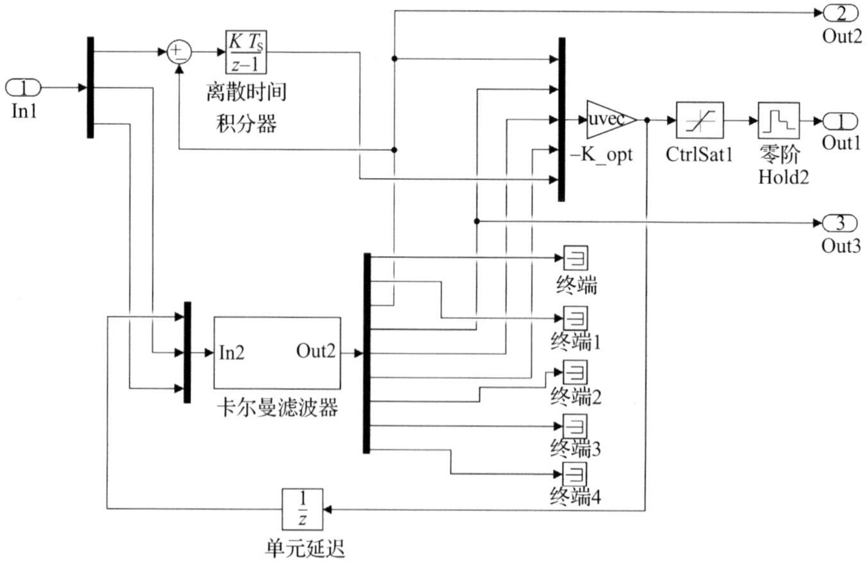

图 4.27 带有偏置补偿的 LQG 控制器的 Simulink 模型

由 M- 文件 `sim_MC_LQG_bias` 获得的闭环系统的蒙特卡罗仿真结果如图 4.28 ～图 4.30 所示。可以看出，小车位置没有稳态误差。

偏置补偿情况下结构奇异值 μ 的频率响应图如图 4.31 所示。μ 的峰值等于 0.892，这保证了闭环系统具有鲁棒稳定性，即对于不确定性被控对象参数的每个组合，系统仍保持稳定。稳定性鲁棒裕度 $\mathrm{sm}=1/0.892=1.12$，这样，系统可以容忍高达 112% 的建模不确定性。

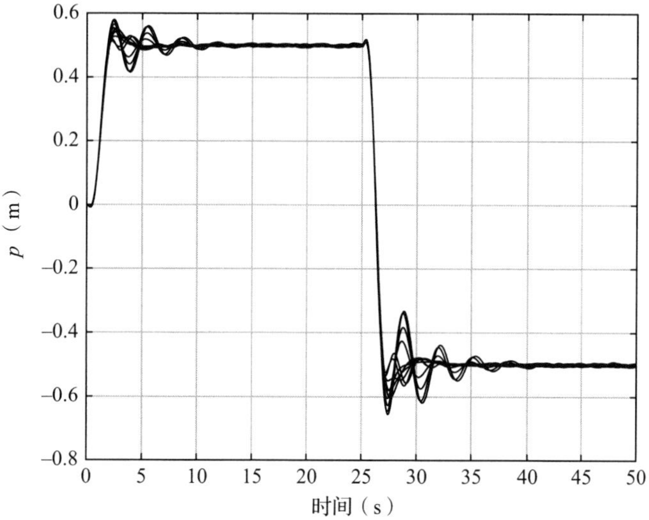

图 4.28　偏置补偿情况下的蒙特卡罗仿真：小车位置

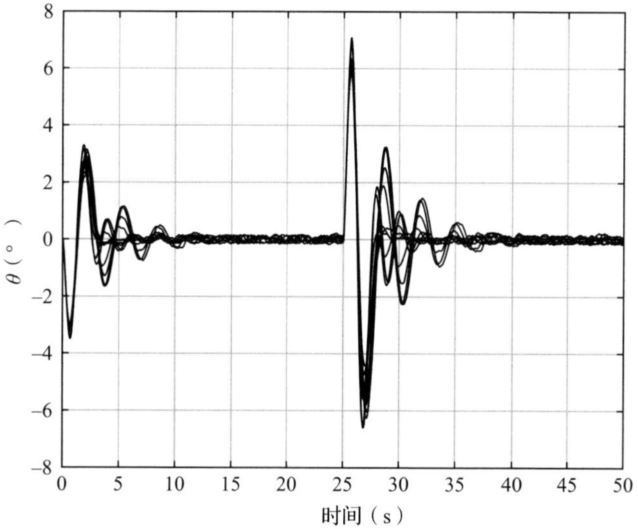

图 4.29　偏置补偿情况下的蒙特卡罗仿真：摆角

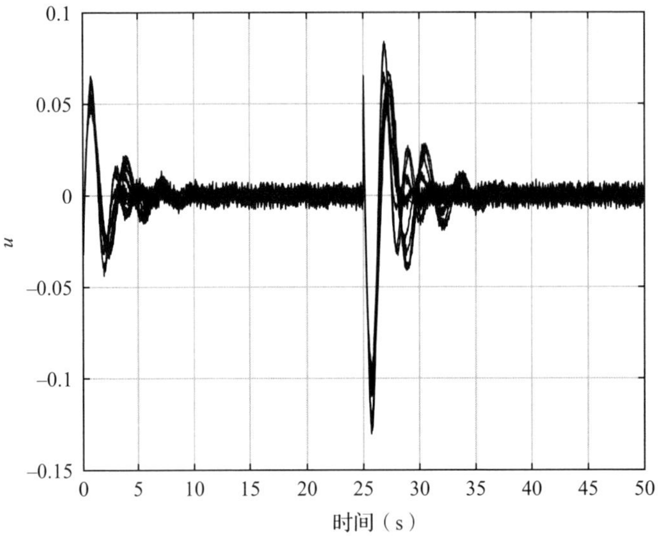

图 4.30　偏置补偿情况下的蒙特卡罗仿真：控制作用

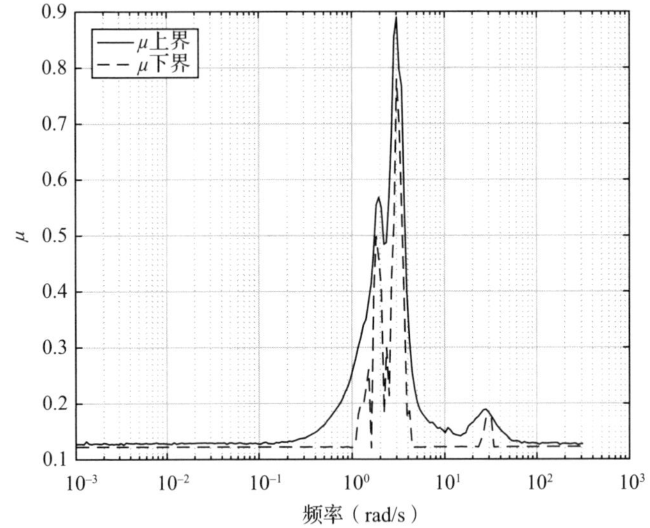

图 4.31　偏置补偿情况下的鲁棒稳定性

小车 – 单摆闭环系统的最差性能可通过频域中可能的最大增益（“最坏情况”增益）来进行评估。最坏情况分析由 M– 文件 LQG_bias_wcp 完成，该文件利用了鲁棒控制工具箱中的 wcgain 函数。在互补灵敏度函数中，结构 wcunc 被替代了，该结构包含了使系统增益最大化的不确定性元素值组合。

对于 30 个不确定性参数的随机样本和最坏情况增益，关于小车位置的闭环系统幅度图如图 4.32 所示。幅度响应的峰值为 10.02 dB，这会导致振荡暂态响应。最坏情况下的带宽为 1.99 rad/s。

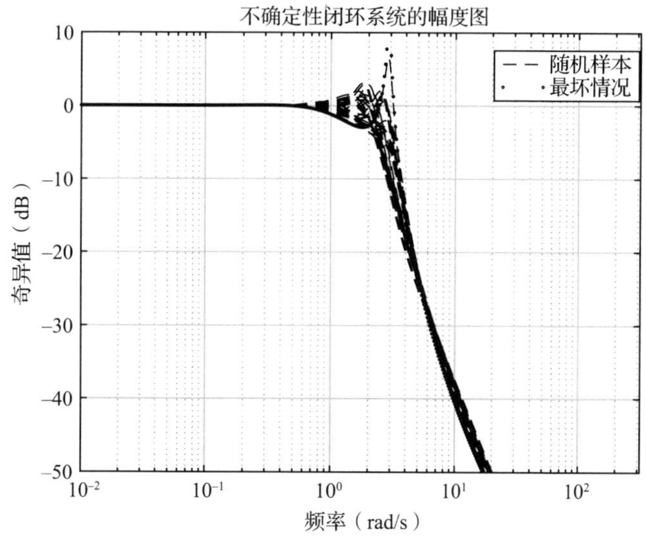

图 4.32　最坏情况下的闭环系统增益

图 4.33 和图 4.34 分别给出了关于小车位置和摆角的闭环暂态响应。可以看出，闭环系统接近于不稳定。

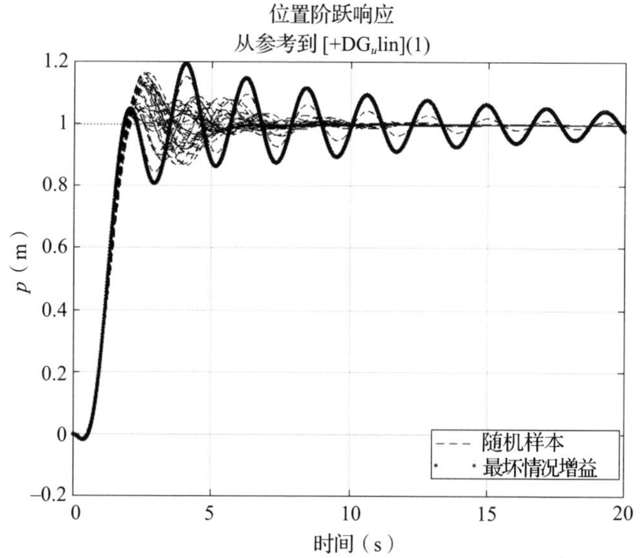

图 4.33　最坏情况下的小车位置

M- 文件 LQG_bias_wcp 还使用回路传递矩阵 $\boldsymbol{L}(s)$ 计算了闭环系统的最坏情况下的增益裕度。所得结果如下：

```
wcmarg =

     GainMargin: [0.7823 1.2782]
```

```
PhaseMargin: [-13.9246 13.9246]
  Frequency: 2.9152
      WCUnc: [1x1 struct]
Sensitivity: [1x1 struct]
```

因此，即使在最坏的情况下，相位裕度也约为 13.9°，这与鲁棒稳定性分析的结果一致。

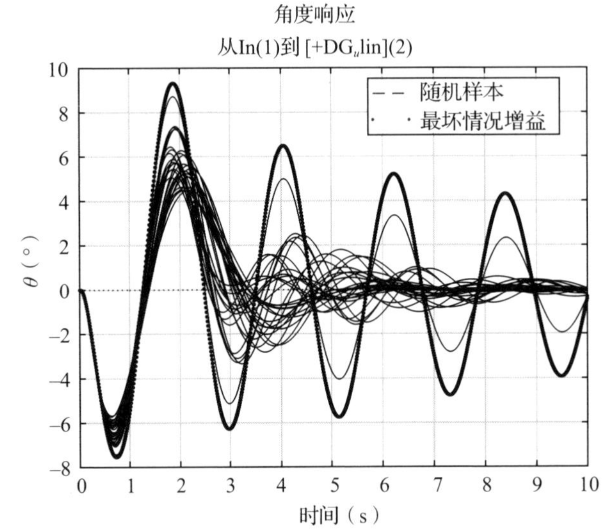

图 4.34　最坏情况下的摆角

图 4.35 中显示了控制作用对参考信号和编码器噪声的闭环灵敏度幅度图。可以看出，测量摆角 θ 时的噪声比测量小车位置 p 时的噪声对控制的影响更大。　□

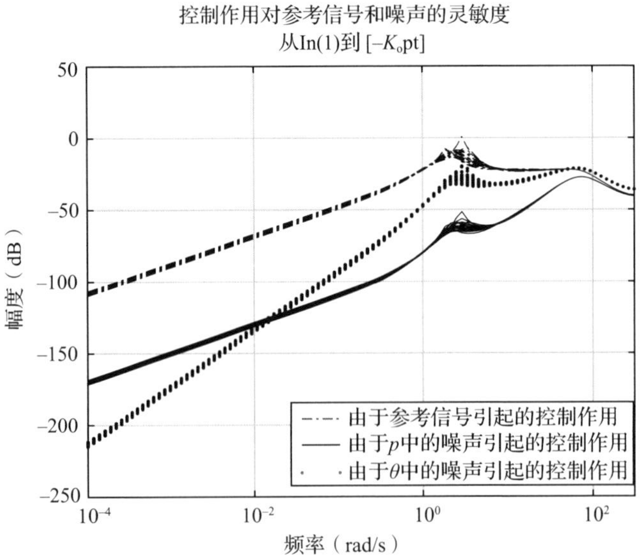

图 4.35　控制作用对参考信号和编码器噪声的灵敏度

4.3　带 $\mathscr{H}_\infty$ 滤波器的 LQ 调节器

本节使用的 MATLAB 文件

带有 $\mathscr{H}_\infty$ 滤波器的基本 LQ 调节器的文件	描述
LQR_Hinf_design	LQ 调节器和 $\mathscr{H}_\infty$ 滤波器的设计
LQR_Hinf_robstab	鲁棒稳定性分析
dfrs_LQR_Hinf	频率响应
sim_LQR_Hinf	仿真
sim_MC_LQR_Hinf	蒙特卡罗仿真
带有 $\mathscr{H}_\infty$ 滤波器描述和偏置补偿的 LQ 调节器文件	**描述**
LQR_Hinf_bias_design	LQ 调节器和 $\mathscr{H}_\infty$ 滤波器的设计
LQR_Hinf_bias_robstab	鲁棒稳定性分析
dfrs_LQR_Hinf_bias	频率响应
sim_LQR_Hinf_bias	仿真
sim_MC_LQR_Hinf_bias	蒙特卡罗仿真
LQR_Hinf_bias_wcp	最坏情况增益

在本节中，我们介绍了一个具有积分作用的 LQR，它使用了由 $\mathscr{H}_\infty$ 滤波器获得的状态估计。由于被控对象不确定性可能导致稳态误差，因此，类似于使用卡尔曼滤波器的情况，这里使用了额外的滤波器状态以消除估计偏差。以小车 – 单摆系统为例，与卡尔曼滤波器相比，采用这种控制器可以获得更好的闭环鲁棒性。

4.3.1　离散时间 $\mathscr{H}_\infty$ 滤波器

考虑时不变离散时间系统

$$\begin{aligned} \boldsymbol{x}(k+1) &= \boldsymbol{A}\boldsymbol{x}(k)+\boldsymbol{B}\boldsymbol{u}(k)+\boldsymbol{v}(k) \\ \boldsymbol{y}(k) &= \boldsymbol{C}\boldsymbol{x}(k)+\boldsymbol{w}(k) \end{aligned} \tag{4.28}$$

其中 $\boldsymbol{v}(k)$ 和 $\boldsymbol{w}(k)$ 是噪声。这些噪声可能是随机的，可能具有未知的统计量和非零均值。为了用于获得式（4.28）的估计，$\mathscr{H}_\infty$ 滤波器的一个显著特征是 $\boldsymbol{v}(k)$ 和 $\boldsymbol{w}(k)$ 可能是确定性扰动。这样，$\mathscr{H}_\infty$ 滤波器不会对过程和测量噪声的统计数据做出任何假设，尽管这些信息可能用于该滤波器的设计（如果这些信息可以获得）。

进一步，令

$$\|\boldsymbol{x}\|=\sqrt{\boldsymbol{x}^{\mathrm{T}}\boldsymbol{x}} \qquad \|\boldsymbol{x}\|_{\boldsymbol{Q}}=\sqrt{\boldsymbol{x}^{\mathrm{T}}\boldsymbol{Q}\boldsymbol{x}}$$

用于分别指代向量 $\boldsymbol{x}$ 的 2 范数和 $\boldsymbol{x}$ 的 $\boldsymbol{Q}$ 加权范数，其中 $\boldsymbol{Q}$ 是正定矩阵。
我们的目标是找到状态向量 $\boldsymbol{x}(k)$ 的估计 $\hat{\boldsymbol{x}}(k)$，使得

$$J=\lim_{N\to\infty}\frac{\sum_{k=0}^{N-1}\|\boldsymbol{x}(k)-\hat{\boldsymbol{x}}(k)\|^2}{\sum_{k=0}^{N-1}\left(\|\boldsymbol{v}(k)\|_{V^{-1}}^2+\|\boldsymbol{w}(k)\|_{W^{-1}}^2\right)}<\gamma \tag{4.29}$$

其中 $\boldsymbol{V}$ 和 $\boldsymbol{W}$ 是设计者选择的对称正定矩阵，γ 是一个小的正标量。

不等式（4.29）可以从博弈论的角度来解释，参见文献 [78] 的 11.3 节。$\mathscr{H}_\infty$ 滤波器的设计可被认为是自然界与设计者之间的博弈。自然界的最终目标是通过巧妙地选择干扰 $\boldsymbol{v}(k)$ 和 $\boldsymbol{w}(k)$ 来最大化估计误差 $(\boldsymbol{x}(k)-\hat{\boldsymbol{x}}(k))$。成本函数 J 的形式是防止自然界使用无限大幅度的 $\boldsymbol{v}(k)$ 和 $\boldsymbol{w}(k)$。相反，通过选择使成本函数 J 最大化的适当信号 $\boldsymbol{v}(k)$，$\boldsymbol{w}(k)$，人们假设自然界会积极寻求方法来尽可能降低状态估计。这样，当自然界选择的 $\boldsymbol{v}(k)$，$\boldsymbol{w}(k)$ 使得成本函数最大化时，$\mathscr{H}_\infty$ 滤波器就是最坏情况下的滤波器。同样，设计者必须设法找到一种估计策略来最小化 $(\boldsymbol{x}(k)-\hat{\boldsymbol{x}}(k))$，这使得 $\mathscr{H}_\infty$ 滤波器设计成为极小极大（minimax）问题。

矩阵 $\boldsymbol{V}$ 和 $\boldsymbol{W}$ 起到与卡尔曼滤波器设计中相应的协方差矩阵类似的作用。如果过程噪声 $\boldsymbol{v}(k)$ 和测量噪声 $\boldsymbol{w}(k)$ 是分别具有协方差矩阵 $\boldsymbol{V}$ 和 $\boldsymbol{W}$ 的零均值白噪声，则这些矩阵可用于 $\mathscr{H}_\infty$ 滤波器的设计。在确定性干扰的情况下，可以分别根据 $\boldsymbol{v}(k)$ 和 $\boldsymbol{w}(k)$ 分量的相对重要性来选择 $\boldsymbol{V}$ 和 $\boldsymbol{W}$ 的元素。例如，如果设计者先验地知道干扰 $\boldsymbol{v}(k)$ 的第二个元素很大，那么相对于 $\boldsymbol{V}$ 的其他元素，$V(2,2)$ 的元素应该选择得大一些。滤波器特性也取决于标量参数 γ 的值。减小 γ 的值会增加估计精度，但可能会导致估计响应不佳，甚至会引起滤波器不稳定。

最优 $\mathscr{H}_\infty$ 滤波器的形式为

$$\hat{\boldsymbol{x}}(k+1)=\boldsymbol{A}\hat{\boldsymbol{x}}(k)+\boldsymbol{B}\boldsymbol{u}(k)+\boldsymbol{A}\boldsymbol{L}(\boldsymbol{y}(k)-\boldsymbol{C}\hat{\boldsymbol{x}}(k)) \tag{4.30}$$

其中滤波器增益矩阵 $\boldsymbol{L}$ 确定为 [78]

$$\boldsymbol{L}=\boldsymbol{P}[\boldsymbol{I}-\gamma^{-1}\boldsymbol{P}+\boldsymbol{C}^{\mathrm{T}}\boldsymbol{W}^{-1}\boldsymbol{C}\boldsymbol{P}]^{-1}\boldsymbol{C}^{\mathrm{T}}\boldsymbol{W}^{-1}$$

且 $\boldsymbol{P}$ 是离散时间矩阵代数 Riccati 方程的正定解：

$$\boldsymbol{A}\boldsymbol{P}\boldsymbol{A}^{\mathrm{T}}-\boldsymbol{P}+\boldsymbol{V}-\boldsymbol{A}\boldsymbol{P}[(\boldsymbol{C}^{\mathrm{T}}\boldsymbol{W}^{-1}\boldsymbol{C}-\gamma^{-1}\boldsymbol{I})^{-1}+\boldsymbol{P}]^{-1}\boldsymbol{P}\boldsymbol{A}^{\mathrm{T}}=0$$

这个方程可以通过 MATLAB 中的函数 `Dare` 进行数值求解。矩阵 $\boldsymbol{P}$ 将是 $\mathscr{H}_\infty$ 滤波器问题的解，如果下面的条件成立：

$$\boldsymbol{P}^{-1}-\gamma^{-1}\boldsymbol{I}+\boldsymbol{C}^{\mathrm{T}}\boldsymbol{W}^{-1}\boldsymbol{C}>0$$

这个条件对 γ 施加了一个下界限制，可以通过迭代过程在数值上找到它。以这种方式找到的 $\mathscr{H}_\infty$ 滤波器是稳定的，即矩阵 $\boldsymbol{A}(\boldsymbol{I}-\boldsymbol{L}\boldsymbol{C})$ 的特征值在单位圆内。

很容易证明，如果我们设置 $\gamma\to\infty$，则 $\mathscr{H}_\infty$ 滤波器简化为卡尔曼滤波器。这就是为什么当式（4.29）中的性能指标 J 设置为 ∞ 时，卡尔曼滤波器可以被认为是 $\mathscr{H}_\infty$ 滤波器。因此，我们得出的结论是，虽然卡尔曼滤波器最小化了估计误差的方差，但就限制最坏情况估计误差而言，它并没有提供任何保证。

将 $\mathscr{H}_\infty$ 滤波器与卡尔曼滤波器进行比较，可以看到 $\mathscr{H}_\infty$ 滤波器是卡尔曼滤波器的鲁棒形式。在这方面，$\mathscr{H}_\infty$ 滤波器理论给出了鲁棒（robustify）卡尔曼滤波器的最优方法 [78]。

现在考虑有色测量噪声 $\boldsymbol{w}(k)$ 的情况。根据式（4.24），这种情况下的增广被控对象方程表示为

$$\begin{aligned}\boldsymbol{x}(k+1)&=\boldsymbol{A}\boldsymbol{x}(k)+\boldsymbol{B}\boldsymbol{u}(k)+\boldsymbol{G}\boldsymbol{v}(k)\\ \boldsymbol{y}(k)&=\boldsymbol{C}\boldsymbol{x}(k)+\boldsymbol{H}\boldsymbol{v}(k)\end{aligned} \tag{4.31}$$

其中矩阵 $\boldsymbol{G}$ 和 $\boldsymbol{H}$ 的元素取决于整形滤波器的参数。式（4.31）具有式（4.28）的形式，过程噪声和测量噪声由下式给出：

$$\tilde{\boldsymbol{v}}(k)=\boldsymbol{G}\boldsymbol{v}(k),\ \ \tilde{\boldsymbol{w}}(k)=\boldsymbol{H}\boldsymbol{v}(k)$$

这些噪声的协方差矩阵分别是

$$\tilde{\boldsymbol{V}}=E\{\tilde{\boldsymbol{v}}(k)\tilde{\boldsymbol{v}}(k)^{\mathrm{T}}\}=\boldsymbol{G}E\{\boldsymbol{v}(k)\boldsymbol{v}(k)^{\mathrm{T}}\}G^{\mathrm{T}}=\boldsymbol{G}\boldsymbol{V}\boldsymbol{G}^{\mathrm{T}}$$
$$\tilde{\boldsymbol{W}}=E\{\tilde{\boldsymbol{w}}(k)\tilde{\boldsymbol{w}}(k)^{\mathrm{T}}\}=\boldsymbol{H}E\{\boldsymbol{w}(k)\boldsymbol{w}(k)^{\mathrm{T}}\}\boldsymbol{H}^{\mathrm{T}}=\boldsymbol{H}\boldsymbol{V}\boldsymbol{H}^{\mathrm{T}}$$

如果 $\boldsymbol{V}$ 是一个正定矩阵，但矩阵 $\boldsymbol{G}$ 和 $\boldsymbol{H}$ 不是行满秩的，那么矩阵 $\tilde{\boldsymbol{V}}$ 和 $\tilde{\boldsymbol{W}}$ 将是半正定的，不能按照式（4.29）的要求求逆。例如，当 $\boldsymbol{v}(k)$ 的维度小于 $\boldsymbol{x}(k)$ 和 $\boldsymbol{y}(k)$ 的维度时，就会出现这种情况。假设 $(\boldsymbol{A},\boldsymbol{G})$ 对是可稳定的并且 $(\boldsymbol{C},\boldsymbol{A})$ 对是可检测的，在这种情况下，有可能找到一个对应于修改的成本函数 J 的稳定 $\mathscr{H}_\infty$ 滤波器。

例 4.4　小车 – 单摆系统带 $\mathscr{H}_\infty$ 滤波器的 LQ 调节器设计

再次考虑小车 – 单摆系统，其基于卡尔曼滤波器的控制器设计已经在例 4.2 和例 4.3 中给出。在特定情况下，我们将使用例 4.2 中设计的具有积分作用的 LQ 调节器，但将采用 $\mathscr{H}_\infty$ 滤波器而不是卡尔曼滤波器。

图 4.36 给出了带有 LQ 调节器和 $\mathscr{H}_\infty$ 滤波器的闭环系统的框图。

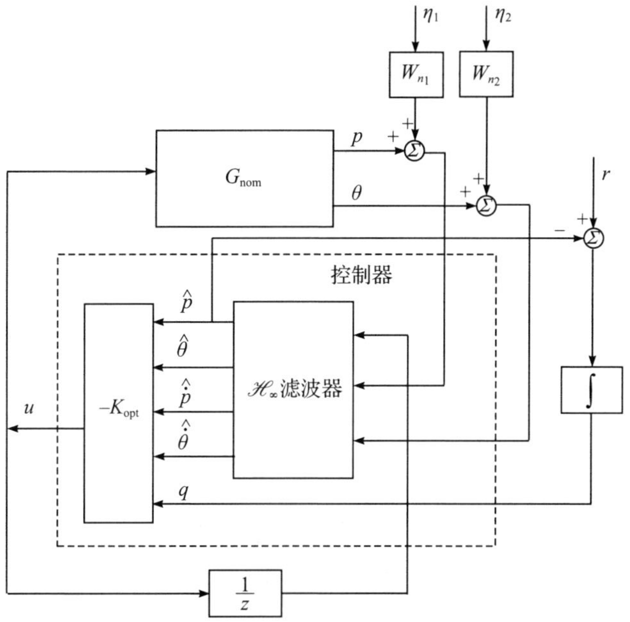

图 4.36　小车 – 单摆系统带 $\mathscr{H}_\infty$ 滤波器的 LQ 调节器

在给定的情况下，对应于小车位置和摆角编码器噪声的协方差矩阵 $\boldsymbol{V}$ 由 $\boldsymbol{V}=\boldsymbol{I}_2$ 给出，矩阵 $\tilde{\boldsymbol{V}}=\boldsymbol{G}\boldsymbol{V}\boldsymbol{G}^{\mathrm{T}}$ 是半正定矩阵，矩阵 $\tilde{\boldsymbol{W}}=\boldsymbol{H}\boldsymbol{V}\boldsymbol{H}^{\mathrm{T}}$ 是正定矩阵。数值实验表明，在给定的情况下，对于大于 $\gamma_{\min}=0.027\,026\,723\,0$ 的 γ 值，存在稳定的 $\mathscr{H}_\infty$ 滤波器。

在图 4.37 ～图 4.39 中，我们展示了 γ=0.6,0.035,0.027 6 时所设计的 3 个 $\mathscr{H}_\infty$ 滤波器作用下的摆角 θ的暂态响应。由于量化引起的测量不连续性，在计算 θ的估计中出现了小的暂态响应。随着 γ的减小，这些估计的振荡幅度会增加，导致 γ=0.027 6 时所得的估计值不可接受。这就是要取适当的 γ值的原因，这里取 $\gamma = 0.035$。对应这个 γ值的 $\mathscr{H}_\infty$滤波器的增益矩阵为（保留 4 位小数位）：

$$
\boldsymbol{L}=\begin{bmatrix}
1.029\,6\times10^{-3} & 8.251\,6\times10^{-3}\\
5.468\,9\times10^{-2} & 4.383\,0\times10^{-1}\\
5.771\,3\times10^{-3} & 4.625\,3\times10^{-2}\\
3.065\,5\times10^{-1} & 2.456\,8\times10^{0}\\
-3.546\,3\times10^{-1} & 3.939\,1\times10^{-3}\\
9.421\,5\times10^{-3} & -5.012\,0\times10^{-2}
\end{bmatrix}
$$

滤波器的极点，即 $\boldsymbol{A}(\boldsymbol{I}_6-\boldsymbol{LC})$ 的特征值为（保留 15 位小数位）：

0.642 285 107 769 573
0.270 513 164 545 753
0.286 068 842 806 314
0.999 999 996 295 013
0.994 286 462 995 327
0.945 008 902 468 039

需要注意，有一个极点非常靠近单位圆，这在 $\mathscr{H}_\infty$设计中很常见。

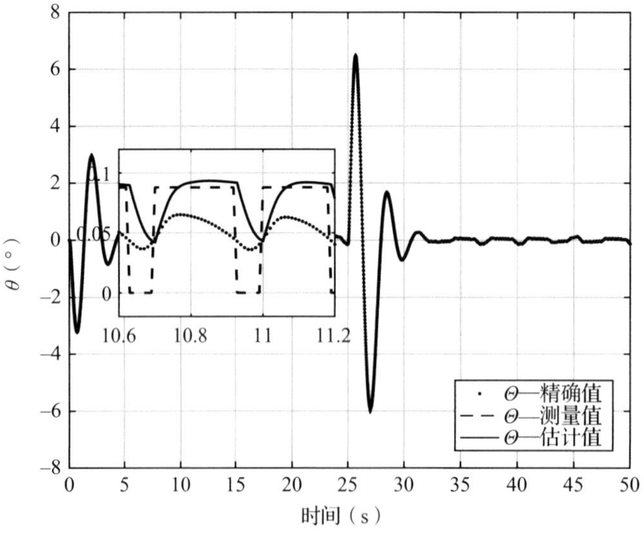

图 4.37　$\gamma = 0.6$ 时的摆角

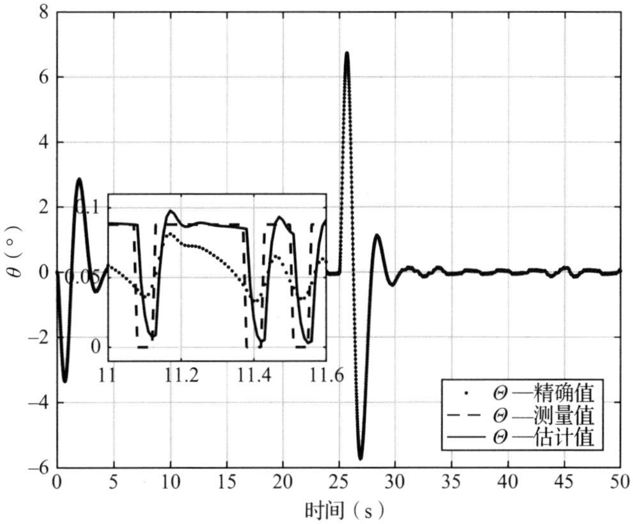

图 4.38　$\gamma = 0.035$ 时的摆角

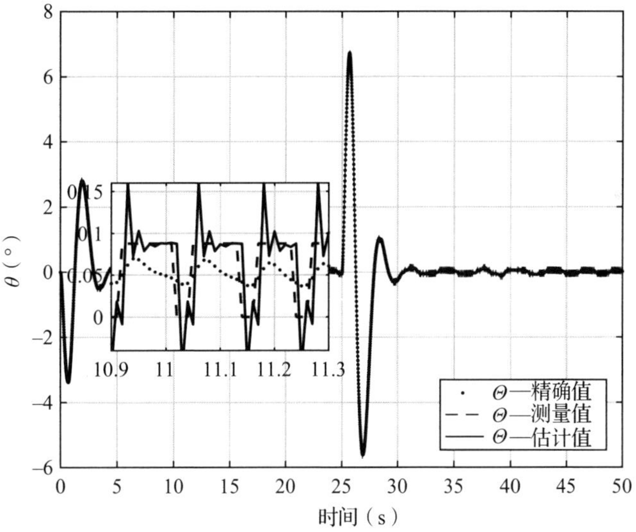

图 4.39　$\gamma = 0.0276$ 时的摆角

不确定性闭环系统稳定性分析对应的结构奇异值 μ 频率如图 4.40 所示。与卡尔曼滤波器实现的情况不同，基于 $\mathscr{H}_\infty$ 滤波器的闭环系统对于假定的被控对象不确定性是鲁棒稳定的。最坏情况下的稳定裕度被确定为

```
wcmarg =

     GainMargin: [0.7325 1.3652]
    PhaseMargin: [-17.5557 17.5557]
      Frequency: 1.8865
```

```
        WCUnc: [1x1 struct]
  Sensitivity: [1x1 struct]
```

□

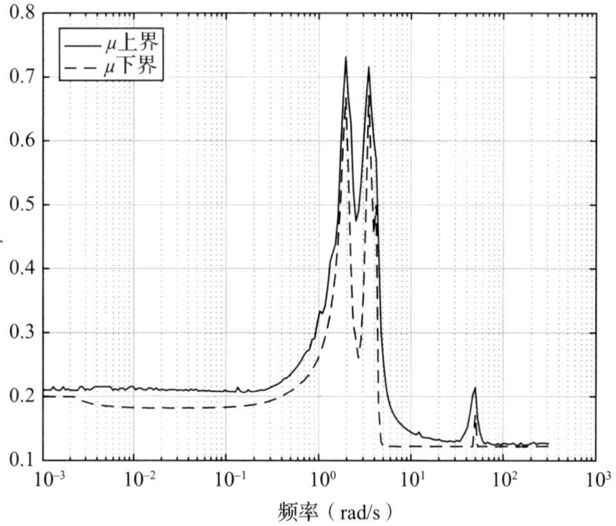

图 4.40　$\gamma = 0.035$ 时的鲁棒稳定性

4.3.2　带偏置补偿的 $\mathscr{H}_\infty$ 滤波器

与卡尔曼滤波器类似，$\mathscr{H}_\infty$ 滤波器是为标称系统模型设计的。在被控对象不确定的情况下，此滤波器获得的估计可能包含一些偏差，这将导致闭环系统的稳态误差。与 4.2 节中使用的技术类似，可以通过用附加状态增广 $\mathscr{H}_\infty$ 滤波器方程来估计偏差，以获得准确的状态估计。为此，我们可以分别使用形如式（4.26）和式（4.27）的偏置方程和增广系统方程。

例 4.5　小车 – 单摆系统的带有 $\mathscr{H}_\infty$ 滤波器和偏置补偿的 LQ 调节器设计

小车 – 单摆系统的带有积分作用和 $\mathscr{H}_\infty$ 滤波器的 LQ 调节器框图如图 4.41 所示。控制器是使用 M– 文件 `LQR_Hinf_bias_design` 设计的。与卡尔曼滤波器实现的情况一样，位置估计偏差 β 是通过使用附加状态确定的，该附加状态添加到系统状态向量中。增广状态由七阶 $\mathscr{H}_\infty$ 滤波器估计，这就可以消除当被控对象模型变化时出现的位置稳态误差。

在图 4.42 ～图 4.44 中，我们展示了带有 LQ 调节器、$\mathscr{H}_\infty$ 滤波器和偏置补偿的小车 – 单摆闭环系统的蒙特卡罗仿真结果，其中使 M– 文件 `sim_MC_LQR_Hinf_bias` 计算了 10 种不确定性参数组合。显然，偏置补偿可以消除小车位置稳态误差。

对应于闭环系统鲁棒稳定性分析的结构奇异值 μ 的频率图如图 4.45 所示。闭环系统实现了鲁棒稳定性，μ 的峰值等于 0.516。这意味着系统可以容忍高达 194% 的建模不确定性。

闭环系统的最坏情况频率响应和时间响应由 M– 文件 `LQR_Hinf_bias_wcp` 来计算。不确定性参数的 30 个随机样本和最坏情况增益下的小车位置闭环传递函数的幅度图如图 4.46 所示。幅度响应的峰值为 2.5 dB，该值是可以接受的；最坏情况下的闭环带宽为 1.9 rad/s。

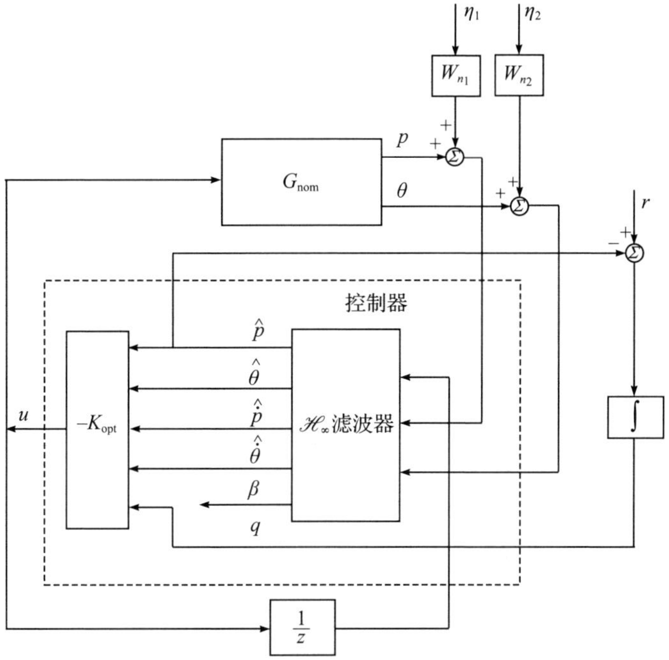

图 4.41　带有偏置补偿的小车－单摆系统的基于 $\mathscr{H}_\infty$ 滤波器的 LQ 调节器

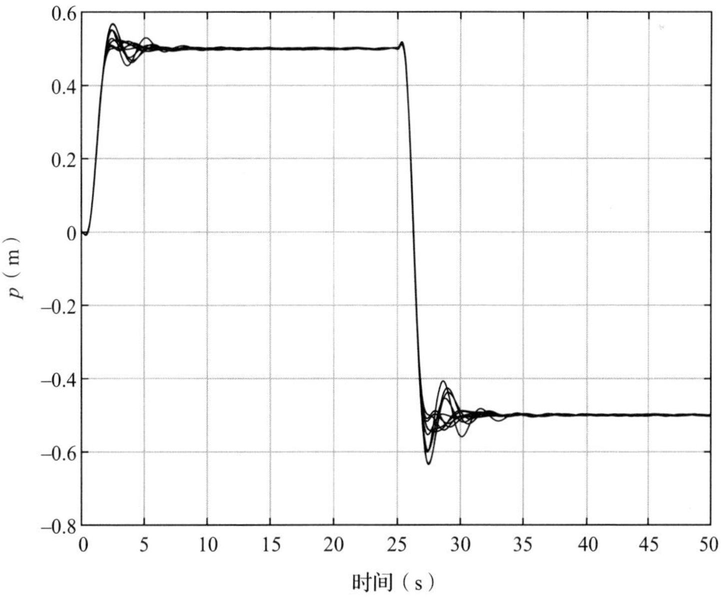

图 4.42　偏置补偿情况下的蒙特卡罗仿真：小车位置

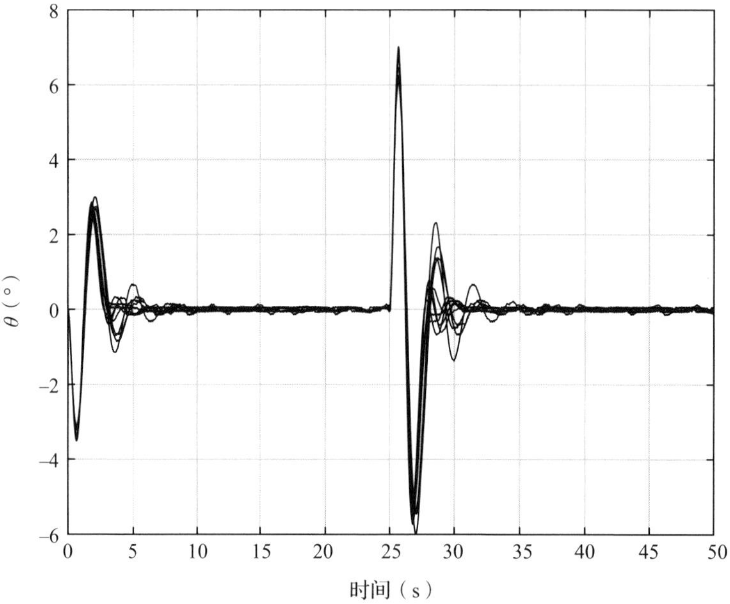

图 4.43　偏置补偿情况下的蒙特卡罗仿真：摆角

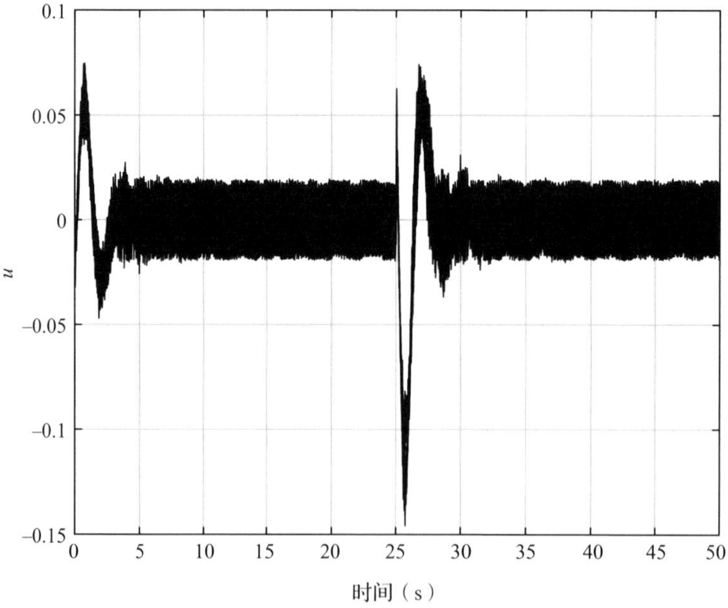

图 4.44　偏置补偿情况下的蒙特卡罗仿真：控制作用

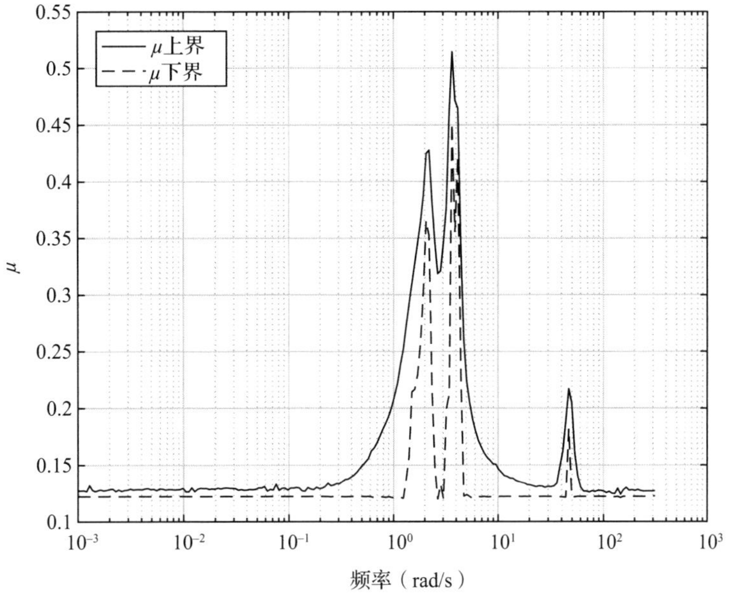

图 4.45　偏置补偿情况下的鲁棒稳定性

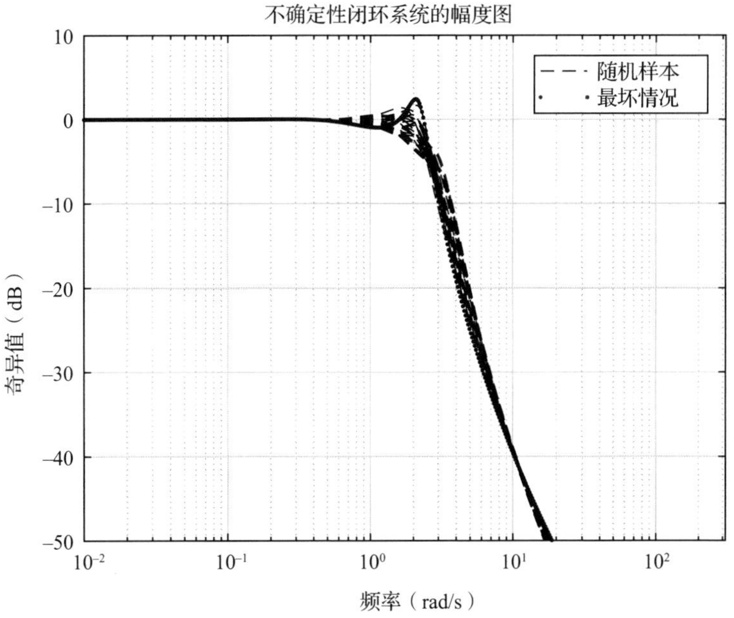

图 4.46　最坏情况下闭环系统增益

图 4.47 和图 4.48 分别给出了小车位置和摆角的最坏情况下闭环暂态响应。

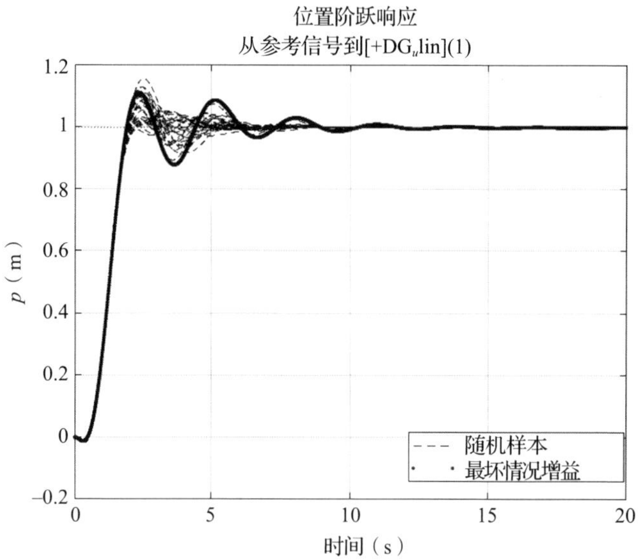

图 4.47　最坏情况下小车位置

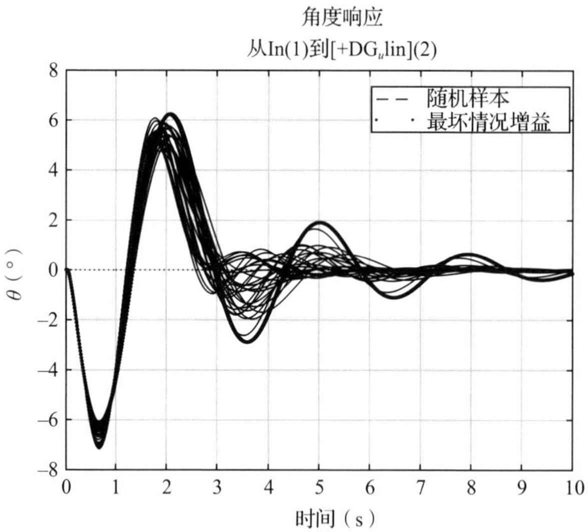

图 4.48　最坏情况下摆角

最坏情况下的增益和相位稳定裕度计算如下：

```
wcmarg =

     GainMargin: [0.5670 1.7637]
    PhaseMargin: [-30.8951 30.8951]
      Frequency: 2.1331
          WCUnc: [1x1 struct]
    Sensitivity: [1x1 struct]
```

这些值明显大于基于卡尔曼滤波器的闭环系统的相应稳定裕度。

控制作用对参考信号和编码器噪声的灵敏度的幅度图如图 4.49 所示，该图类似于卡尔曼滤波器实现情况下的控制灵敏度图（见图 4.35）。□

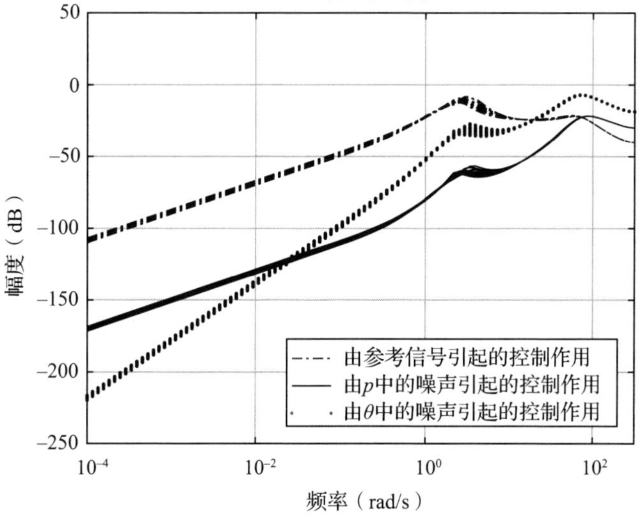

图 4.49　控制对参考信号和编码器噪声的灵敏度

4.4　$\mathscr{H}_\infty$设计

本节中使用的 MATLAB 文件

$\mathscr{H}_\infty$设计文件	描述
hinf_design	$\mathscr{H}_\infty$控制器的设计
hinf_robust_analysis	鲁棒稳定性和鲁棒性能分析
dfrs_hinf	频率响应
sim_hinf	仿真
sim_MC_hinf	蒙特卡罗仿真
hinf_wcp	最坏情况增益

在本节中，我们考虑将 $\mathscr{H}_\infty$ 优化应用到稳定控制器的设计中，该控制器能够确保有效的干扰衰减和噪声抑制。为了与之前的控制器表示相一致，我们给出了 $\mathscr{H}_\infty$ 离散时间控制器的设计公式。

4.4.1　$\mathscr{H}_\infty$设计问题

为了表述一般的 $\mathscr{H}_\infty$ 设计问题，我们将使用图 4.50 所示的框图。在此表示中，“外部输入” w 是输入到系统的所有信号的 m_1 维向量，“误差” z 是表征闭环系统行为所必需的所有信号（误差）的p_1维向量。这两个向量都可能包含了一些抽象分量，这些抽象分量在数学定义上有意义，但不代表它们在某个系统测量点上是真实存在的信号。这里的u是控制信号的m_2维向量，y是可测量输出的p_2维向量。P表示n阶广义被控对象模型，K是控制器。

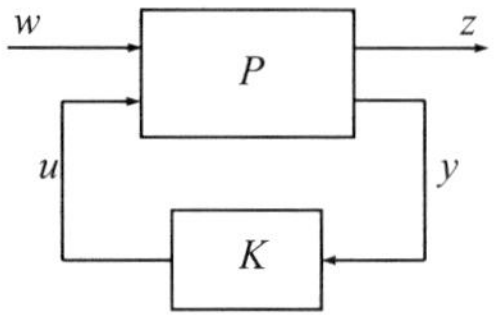

图 4.50 $\mathscr{H}_\infty$控制问题

令广义时不变被控对象模型P的状态空间描述由线性差分方程给出：

$$\begin{aligned} x(k+1) &= \boldsymbol{A}x(k) + \boldsymbol{B}_1 w(k) + \boldsymbol{B}_2 u(k) \\ z(k) &= \boldsymbol{C}_1 x(k) + \boldsymbol{D}_{11} w(k) + \boldsymbol{D}_{12} u(k) \\ y(k) &= \boldsymbol{C}_2 x(k) + \boldsymbol{D}_{21} w(k) + \boldsymbol{D}_{22} u(k) \end{aligned} \tag{4.32}$$

图 4.50 中的闭环系统由以下方程描述：

$$\begin{aligned} \begin{bmatrix} z \\ y \end{bmatrix} &= \boldsymbol{P}(z)\begin{bmatrix} w \\ u \end{bmatrix} \\ u &= K(z)y \end{aligned} \tag{4.33}$$

其中传递函数矩阵$\boldsymbol{P}(z)$被划分为

$$\boldsymbol{P}(z) = \begin{matrix} p_1\{ \\ p_2\{ \end{matrix}\begin{bmatrix} P_{11}(z) & P_{12}(z) \\ \underbrace{P_{21}(z)}_{m_1} & \underbrace{P_{22}(z)}_{m_2} \end{bmatrix}$$

被控对象传递函数矩阵$\boldsymbol{P}(z)$可由状态空间描述方程式（4.32）来确定：

$$\boldsymbol{P}(z) = \begin{matrix} n\{ \\ p_1\{ \\ p_2\{ \end{matrix}\left[\begin{array}{c|cc} \boldsymbol{A} & \boldsymbol{B}_1 & \boldsymbol{B}_2 \\ \hline \boldsymbol{C}_1 & \boldsymbol{D}_{11} & \boldsymbol{D}_{12} \\ \underbrace{\boldsymbol{C}_2}_{n} & \underbrace{\boldsymbol{D}_{21}}_{m_1} & \underbrace{\boldsymbol{D}_{22}}_{m_2} \end{array}\right]$$

传递函数$\boldsymbol{P}(z)$由标称被控对象模型得出，但可能包含一些加权函数，具体取决于待解决的问题。从w到z的闭环系统传递函数矩阵由下线性分式变换（Lower Linear Fractional Transformation，Lower LFT）给出：

$$z = F_\ell(P,K)w \tag{4.34}$$

其中

$$F_\ell(P,K) = P_{11} + P_{12}K(I - P_{22}K)^{-1}P_{21}$$

$\mathscr{H}_\infty$最优控制的标准问题是找到所有稳定控制器K，使其最小化：

$$\| F_\ell(P,K) \|_\infty = \max_{\theta\in(-\pi,\pi]} \bar{\sigma}(F_\ell(P,K)(e^{j\theta})$$

即求解优化问题：

$$\min_{K \text{ stabilizing}} \| F_\ell(P,K) \|_\infty \tag{4.35}$$

$\mathscr{H}_\infty$ 范数在系统性能方面有几个重要的解释，其中之一是 $\mathscr{H}_\infty$ 范数的最小化就是使 $F_\ell(P,K)(e^{j\theta})$ 的最大奇异值的峰值最小。在时域中它还可被解释为诱导 2 范数，用以表征最坏情况。设 $z = F_\ell(P,K)w$ ，则

$$\| F_\ell(P,K) \|_\infty = \max_{w \neq 0} \frac{\| z \|_2}{\| w \|_2} \tag{4.36}$$

其中

$$\| z \|_2 = \sqrt{\sum_{k=-\infty}^{\infty} z(k)^{\mathrm{T}} z(k)}$$

是离散时间向量信号 z 的 2 范数。

实际上，对于 $\mathscr{H}_\infty$ 问题，通常不必要获得严格的最优控制器，设计一个次优控制器在理论上和计算上会更简单一些，即在 $\mathscr{H}_\infty$ 范数意义上接近最优控制器的控制器。令 $\gamma_{\min}$ 是所有稳定控制器 K 中使得 $F_\ell(P,K)$ 有最小值的。那么，$\mathscr{H}_\infty$ 次优控制问题是，对于给定的 $\gamma > \gamma_{\min}$ ，找到一个稳定控制器 K ，使得

$$F_\ell(P,K) < \gamma$$

如果我们希望有一个最优控制器能使获得的 $\gamma_{\min}$ 达到指定的容差范围，则可以对 γ 采用二分法，直到其值足够准确。这将导致一个可能需要几个步骤的迭代过程。

目前，求解 $\mathscr{H}_\infty$ 连续时间或离散时间次优问题的数值方法有两种。第一种方法是基于求解两个 n 阶不定矩阵代数 Riccati 方程的算法。这种方法每步的计算复杂度为 n^3 阶，是高维问题的唯一实用选择。然而，它可能与一些数值困难有关，尤其是当 γ 接近 $\gamma_{\min}$ 时。第二种方法将 $\mathscr{H}_\infty$ 问题嵌入线性矩阵不等式（Linear Matrix Inequality，LMI）中，然后采用半定规划方法来找到 $\gamma_{\min}$ [112]。LMI 方法允许消除一些与基于 Riccati 的方法相关的数值困难，但它们的计算复杂度为 n^6 阶，这使得它们仅适用于低维问题。

下面简要介绍的 $\mathscr{H}_\infty$ 次优设计算法 [99]，是连续时间 $\mathscr{H}_\infty$ 优化中使用的著名 Glover-Doyle 算法 [113] 的离散时间形式。基于该算法的 $\mathscr{H}_\infty$ 次优控制问题的解是在以下假设下找到的：

A1　$(\boldsymbol{A},\boldsymbol{B}_2)$ 是可稳定的，$(\boldsymbol{C}_2,\boldsymbol{A})$ 是可检测的；

A2　$\begin{bmatrix} \boldsymbol{A}-e^{j\theta}\boldsymbol{I}_n & \boldsymbol{B}_2 \\ \boldsymbol{C}_1 & \boldsymbol{D}_{12} \end{bmatrix}$ 是列满秩的，对所有 $\theta \in (-\pi,\pi]$ ；

A3　$\begin{bmatrix} \boldsymbol{A}-e^{j\theta}\boldsymbol{I}_n & \boldsymbol{B}_1 \\ \boldsymbol{C}_2 & \boldsymbol{D}_{21} \end{bmatrix}$ 是行满秩的，对所有 $\theta \in (-\pi,\pi]$ ；

A4　$\boldsymbol{D}_{22} = 0$ 。

假设 A1 用来保证控制器 K 的存在性。假设 A2 和 A3 保证最优控制器在单位圆上没有极点或零点对消[⊖]。优化问题不需要假设 A4，但它显著简化了次优控制器计算中使用的表达式。如果矩阵 $\boldsymbol{D}_{22}$ 非零，则可以构造一个等效的 $\mathscr{H}_\infty$ 问题，在此等效问题中将其化为零。

为了简化求解，还做如下假设：

A5 矩阵 $\boldsymbol{D}_{12}$ 列满秩，即 $\boldsymbol{D}_{12}{}^{\mathrm{T}}\boldsymbol{D}_{12} > 0$，

A6 矩阵 $\boldsymbol{D}_{21}$ 行满秩，即 $\boldsymbol{D}_{21}{}^{\mathrm{T}}\boldsymbol{D}_{21} > 0$。

令

$$\bar{\boldsymbol{C}} = \begin{bmatrix} \boldsymbol{C}_1 \\ 0 \end{bmatrix},\ \bar{\boldsymbol{D}} = \begin{bmatrix} \boldsymbol{D}_{11} & \boldsymbol{D}_{12} \\ \boldsymbol{I}_{m_1} & 0 \end{bmatrix}$$

以及定义

$$\boldsymbol{J} = \begin{bmatrix} I_{p_1} & 0 \\ 0 & -\gamma^2 I_{m_1} \end{bmatrix},\ \hat{\boldsymbol{J}} = \begin{bmatrix} I_{m_1} & 0 \\ 0 & -\gamma^2 I_{m_2} \end{bmatrix},\ \tilde{\boldsymbol{J}} = \begin{bmatrix} I_{m_1} & 0 \\ 0 & -\gamma^2 I_{p_1} \end{bmatrix}$$

令 $\boldsymbol{X}_\infty$ 为如下离散时间 Riccati 方程的解：

$$\boldsymbol{X}_\infty = \bar{\boldsymbol{C}}^{\mathrm{T}}\boldsymbol{J}\bar{\boldsymbol{C}} + \boldsymbol{A}^{\mathrm{T}}\boldsymbol{X}_\infty\boldsymbol{A} - \boldsymbol{L}^{\mathrm{T}}\boldsymbol{R}^{-1}\boldsymbol{L} \tag{4.37}$$

其中

$$\boldsymbol{R} = \bar{\boldsymbol{D}}^{\mathrm{T}}\boldsymbol{J}\bar{\boldsymbol{D}} + \boldsymbol{B}^{\mathrm{T}}\boldsymbol{X}_\infty\boldsymbol{B} =: \begin{bmatrix} \boldsymbol{R}_1 & \boldsymbol{R}_2^{\mathrm{T}} \\ \boldsymbol{R}_2 & \boldsymbol{R}_3 \end{bmatrix}$$

$$\boldsymbol{L} = \bar{\boldsymbol{D}}^{\mathrm{T}}\boldsymbol{J}\bar{\boldsymbol{C}} + \boldsymbol{B}^{\mathrm{T}}\boldsymbol{X}_\infty\boldsymbol{A} =: \begin{bmatrix} \boldsymbol{L}_1 \\ \boldsymbol{L}_2 \end{bmatrix}$$

假设存在一个 $m_2 \times m_2$ 矩阵 $\boldsymbol{V}_{12}$ 使得

$$\boldsymbol{V}_{12}^{\mathrm{T}}\boldsymbol{V}_{12} = \boldsymbol{R}_3$$

以及假设存在一个 $m_1 \times m_1$ 矩阵 $\boldsymbol{V}_{21}$ 使得

$$\boldsymbol{V}_{21}^{\mathrm{T}}\boldsymbol{V}_{21} = -\gamma^{-2}\nabla,\ \nabla = \boldsymbol{R}_1 - \boldsymbol{R}_2^{\mathrm{T}}\boldsymbol{R}_3^{-1}\boldsymbol{R}_2 < 0$$

定义矩阵

$$\begin{bmatrix} \boldsymbol{A}_t & \tilde{\boldsymbol{B}}_t \\ \boldsymbol{C}_t & \tilde{\boldsymbol{D}}_t \end{bmatrix} =: \left[\begin{array}{c|c} \boldsymbol{A}_t & \tilde{\boldsymbol{B}}_{t_1}\tilde{\boldsymbol{B}}_{t_2} \\ \hline \boldsymbol{C}_{t_1} & \tilde{\boldsymbol{D}}_{t_{11}}\tilde{\boldsymbol{D}}_{t_{12}} \\ \boldsymbol{C}_{t_2} & \tilde{\boldsymbol{D}}_{t_{21}}\tilde{\boldsymbol{D}}_{t_{22}} \end{array}\right]$$

⊖ 零点对消指的是当零点与极点十分接近时（一般两点距离小于这两点与其他零点或极点的距离的 1/10 ～ 1/5），称该两点对消。即出现类似分子与分母一样的情况时相消，分子为零点，分母为极点。——译者注

$$
=\left[\begin{array}{c|cc} A-B_1\nabla^{-1}L_\nabla & B_1V_{21}^{-1} & 0 \\ \hline V_{12}R_3^{-1}(L_2-R_2\nabla^{-1}L_\nabla) & V_{12}R_3^{-1}R_2V_{21}^{-1} & I \\ C_2-D_{21}\nabla^{-1}L_\nabla & D_{21}V_{21}^{-1} & 0 \end{array}\right]
$$

其中

$$
L_\nabla = L_1 - R_2^{\mathrm{T}}R_3^{-1}L_2
$$

令 Z_∞ 为如下离散时间 Riccati 方程的解：

$$
Z_\infty = \tilde{B}_t\hat{J}\tilde{B}_t^{\mathrm{T}} + A_tZ_\infty A_t^{\mathrm{T}} - M_tS_t^{-1}M_t^{\mathrm{T}} \tag{4.38}
$$

其中

$$
S_t = \tilde{D}_t\hat{J}\tilde{D}_t^{\mathrm{T}} + C_tZ_\infty C_t^{\mathrm{T}} =: \begin{bmatrix} S_{t_1} & S_{t_2} \\ S_{t_2}^{\mathrm{T}} & S_{t_3} \end{bmatrix}
$$

$$
M_t = \tilde{B}_t\hat{J}\tilde{D}_t^{\mathrm{T}} + A_tZ_\infty C_t^{\mathrm{T}} =: [M_{t_1} M_{t_2}]
$$

进一步我们将分别称式（4.37）和式（4.38）为 X-Riccati 方程和 Z-Riccati 方程。

正如在文献 [99] 中证明的那样，存在一个稳定控制器满足

$$
\| F_\ell(P,K) \|_\infty < \gamma
$$

当且仅当

1）Riccati 方程（4.37）存在一个解，满足

$$
X_\infty \geqslant 0
$$

$$
R_1 - R_2^{\mathrm{T}}R_3^{-1}R_2 = \nabla < 0
$$

使得 $A-BR^{-1}L$ 是渐近稳定的。

2）Riccati 方程（式（4.38））存在一个解，使得

$$
Z_\infty \geqslant 0
$$

$$
S_{t_1} - S_{t_2}S_{t_3}^{-1}S_{t_2}^{\mathrm{T}} < 0
$$

且 $A_t - M_tS_t^{-1}C_t$ 是渐近稳定的。

在这种情况下，实现目标的控制器是

$$
\begin{aligned} \hat{x}(k+1) &= A_t\hat{x}(k) + B_2u(k) + M_{t_2}S_{t_3}^{-1}(y(k) - C_{t_2}\hat{x}(k)) \\ V_{12}u(k) &= -C_{t_1}\hat{x}(k) - S_{t_2}S_{t_3}^{-1}(y(k) - C_{t_2}\hat{x}(k)) \end{aligned} \tag{4.39}
$$

由此得到

$$
K_0 = \left[\begin{array}{c|c} A_t - B_2V_{12}^{-1}(C_{t_1} - S_{t_2}S_{t_3}^{-1}C_{t_2}) - M_{t_2}S_{t_3}^{-1}C_{t_2} & -B_2V_{12}^{-1}S_{t_2}S_{t_3}^{-1} + M_{t_2}S_{t_3}^{-1} \\ \hline -V_{12}^{-1}(C_{t_1} - S_{t_2}S_{t_3}^{-1}C_{t_2}) & -V_{12}^{-1}S_{t_2}S_{t_3}^{-1} \end{array}\right]
$$

这就是所谓的中央控制器，它具有与广义被控对象 $P(z)$ 相同数量的状态。

从式（4.39）可以看出，$\mathscr{H}_\infty$控制器具有类似于连续时间情况下的观测器结构，参见文献 [82] 的 16.8 节和文献 [87] 的 9.3 节。向量 $\hat{\boldsymbol{w}}(k)^* = \nabla^{-1}\boldsymbol{L}_\nabla\hat{\boldsymbol{x}}(k)$ 可以解释为最坏情况干扰（外部输入 w）估计，乘积

$$\boldsymbol{C}_{t_2}\hat{\boldsymbol{x}}(k) = \boldsymbol{C}_2\hat{\boldsymbol{x}}(k) - \boldsymbol{D}_{21}\nabla^{-1}\boldsymbol{L}_\nabla\hat{\boldsymbol{x}}(k) = \boldsymbol{C}_2\hat{\boldsymbol{x}}(k) - \boldsymbol{D}_{21}\hat{\boldsymbol{w}}(k)^*$$

表示最坏情况观测器输入的估计㊀。

这样，$\mathscr{H}_\infty$次优控制问题的求解与 LQG 问题的求解类似，需要求解两个 Riccati 方程。如果 $\gamma \to \infty$，则 Riccati 方程（式（4.37）和式（4.38））趋向于 LQG 问题中对应的 Riccati 方程。

如果想要一个控制器获得的 $\gamma_{\min}$ 达到指定阈值，则可以对 γ 使用二分法（所谓的 γ 迭代），直到获得足够准确的值。提出的算法对 γ 的每个值进行测试，以确定它是小于还是大于 $\gamma_{\min}$。

可以证明，如果 γ 增加到一定的值，则由 $\mathscr{H}_\infty$ 优化算法生成的控制器收敛到一个 LQG 控制器。

鲁棒控制工具箱中 $\mathscr{H}_\infty$（次）最优控制器的设计由函数 `hinfsyn` 完成，该函数可用于连续时间和离散时间系统的综合。该函数可以确定基于两个 Riccati 方程（默认算法）或 LMI 实现的 $\mathscr{H}_\infty$控制器。它使用二分法来找到 $\gamma_{\min}$，并且有一个选项可以显示有关当前迭代步骤的信息。

应该注意的是，原则上，离散时间 $\mathscr{H}_\infty$次优设计问题可以通过连续时间设计算法来解决，通过如下双线性变换将离散时间广义被控对象转化为等效连续时间对象：

$$z = \frac{1+1/2sh}{1-1/2sh}$$

对于任何 $h>0$，此变换将 z 平面中的单位圆盘映射到 s 平面的左半部分（通常，h 选择为等于离散时间系统的采样周期）。以这种方式设计的连续时间控制器通过使用逆变换（Tustin 近似）再转换回离散时间形式：

$$s = \frac{2}{h}\frac{z-1}{z+1}$$

从数值的角度来看，不推荐使用这种间接方法来解决离散时间 $\mathscr{H}_\infty$问题。

4.4.2 混合灵敏度 $\mathscr{H}_\infty$控制

混合灵敏度是一种设计过程的名称，其中，灵敏度传递函数 $\boldsymbol{S} = (\boldsymbol{I}+\boldsymbol{GK})^{-1}$ 与一个或多

㊀ 控制理论中的大多数概念是基于传感器来测量被控量的，事实上采用近乎完美的反馈信号的这一假设通常是不成立的，我们所使用的传感器有的信号没法测量，有的信号测量会引入误差，因此我们需要应对这些情况。观测器可以用来补充或者取代控制系统中的传感器，所谓观测器并不是一种具体的器件，而是指结合感知信号与控制系统其他信息产生观测信号的一种算法，可以理解成一段程序，在有些情况下，观测器也可以用来提高系统性能，减少采样延迟。当然，观测器技术也不是万能的，它增加了系统的复杂性，并且需要计算资源，同实际传感器相比，它的鲁棒性可能会差，但是熟练运用观测器仍然会带来许多好处。——译者注

个其他闭环传递函数（例如 $\boldsymbol{KS}$ 或互补灵敏度函数 $\boldsymbol{T}=1-\boldsymbol{S}$）一起被整形 [87]。这是一种有效的方法，它允许将几个频域要求合并到控制器设计中，以便在性能和鲁棒性之间实现理想的折中。

首先考虑图 4.51 所示的跟踪问题。外部输入是参考信号 r，误差信号分别是向量 $\boldsymbol{z}_1=-\boldsymbol{W}_1 e=\boldsymbol{W}_1(r-y)$ 和向量 $\boldsymbol{z}_2=-\boldsymbol{W}_2 u$。考虑到 $\boldsymbol{S}$ 是向量 r 和向量 $-e$ 之间的传递函数矩阵，乘积 $\boldsymbol{KS}$ 是向量 $\boldsymbol{r}$ 和控制向量 $\boldsymbol{u}$ 之间的传递函数矩阵，我们有向量 $\boldsymbol{z}_1=\boldsymbol{W}_1\boldsymbol{S}r$ 和向量 $\boldsymbol{z}_2=\boldsymbol{W}_2\boldsymbol{KS}r$。稳定的最小相位传递函数矩阵 $\boldsymbol{W}_1$ 和 $\boldsymbol{W}_2$ 表示加权滤波器，用于整形矩阵 $\boldsymbol{S}$ 和 $\boldsymbol{KS}$。通过适当地整形，灵敏度函数矩阵 $\boldsymbol{S}$ 允许在低频范围内获得小的跟踪误差 e，而整形矩阵 $\boldsymbol{KS}$ 可以限制控制器的增益和带宽，从而限制控制能量。这些目标可以通过选择 $\boldsymbol{W}_1(z)$ 为低通滤波器和选择 $\boldsymbol{W}_2(z)$ 为高通滤波器来实现。注意，在一般情况下，$\boldsymbol{W}_1(z)$ 和 $\boldsymbol{W}_2(z)$ 可以设置为以对角形式选择的传递函数矩阵。控制器的设计是通过求解如下 $\mathscr{H}_\infty$ 优化问题来完成的：

$$\min_{K\ \text{stabilizing}}\left\|\begin{bmatrix}\boldsymbol{W}_1\boldsymbol{S}\\ \boldsymbol{W}_2\boldsymbol{KS}\end{bmatrix}\right\|_\infty$$

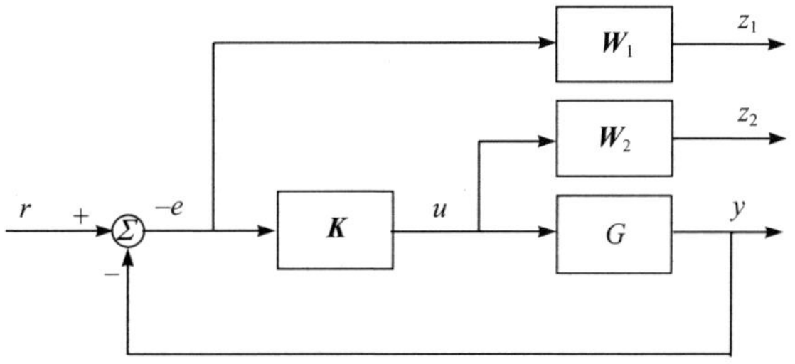

图 4.51 混合灵敏度设置

如果下列条件能够实现：

$$\left\|\begin{bmatrix}\boldsymbol{W}_1\boldsymbol{S}\\ \boldsymbol{W}_2\boldsymbol{KS}\end{bmatrix}\right\|_\infty<1 \tag{4.40}$$

那么必然能够得出

$$\bar{\sigma}(S(\mathrm{e}^{\mathrm{j}\theta}))\leqslant\underline{\sigma}(\boldsymbol{W}_1^{-1}(\mathrm{e}^{\mathrm{j}\theta})) \tag{4.41}$$

$$\bar{\sigma}(K(\mathrm{e}^{\mathrm{j}\theta})S(\mathrm{e}^{\mathrm{j}\theta}))\leqslant\underline{\sigma}(\boldsymbol{W}_2^{-1}(\mathrm{e}^{\mathrm{j}\theta})) \tag{4.42}$$

因此，传递函数矩阵 $\boldsymbol{W}_1^{-1}$ 和 $\boldsymbol{W}_2^{-1}$ 分别确定了灵敏度函数矩阵 $\boldsymbol{S}$ 和 $\boldsymbol{KS}$ 的形状，即不同频率下的幅度。改变加权函数矩阵 $\boldsymbol{W}_1$ 和 $\boldsymbol{W}_2$，可以在同一时间使用小幅度的控制作用来获得所需的跟踪精度。

混合敏感度问题可以用一般形式来表述，如图 4.52 所示。控制器输入为 $v=r-y$，误差信号定义为 $\boldsymbol{z}=[\boldsymbol{z}_1^{\mathrm{T}},\boldsymbol{z}_2^{\mathrm{T}}]^{\mathrm{T}}$，其中 $\boldsymbol{z}_1=\boldsymbol{W}_1(r-y)$，$\boldsymbol{z}_2=\boldsymbol{W}_2 u$。可以证明 $\boldsymbol{z}_1=\boldsymbol{W}_1 Sr$，$\boldsymbol{z}_2=\boldsymbol{W}_2\boldsymbol{KS}r$。广义被控对象 $\boldsymbol{P}$ 的元素由下式给出：

$$\boldsymbol{P}_{11}=\begin{bmatrix}\boldsymbol{W}_1\\0\end{bmatrix},\ \boldsymbol{P}_{12}=\begin{bmatrix}-\boldsymbol{W}_1\boldsymbol{G}\\\boldsymbol{W}_2\end{bmatrix}$$
$$\boldsymbol{P}_{21}=\boldsymbol{I},\qquad \boldsymbol{P}_{22}=-\boldsymbol{G}$$

其中矩阵 $\boldsymbol{P}$ 被划分成块，使得

$$\begin{bmatrix}z_1\\z_2\\\hline v\end{bmatrix}=\begin{bmatrix}\boldsymbol{P}_{11}&\boldsymbol{P}_{12}\\\boldsymbol{P}_{21}&\boldsymbol{P}_{22}\end{bmatrix}\begin{bmatrix}r\\u\end{bmatrix}$$

闭环系统被描述为 $z=F_\ell(\boldsymbol{P},\boldsymbol{K})r$，其中

$$F_\ell(\boldsymbol{P},\boldsymbol{K})=\begin{bmatrix}\boldsymbol{W}_1\boldsymbol{S}\\\boldsymbol{W}_2\boldsymbol{KS}\end{bmatrix}$$

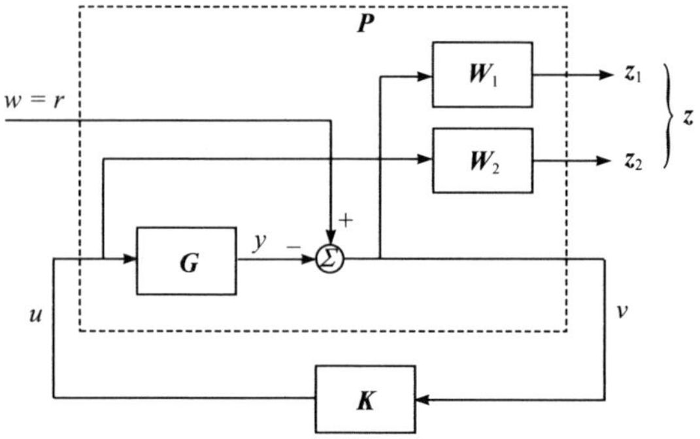

图 4.52 标准形式的 S/KS 灵敏度最小化

现在假设，在被控对象输出存在非结构乘性扰动的情况下，希望获得良好的跟踪性能。这意味着我们希望在适当的频率范围内减小灵敏度 S 和互补灵敏度 T。这就导致了如下的 $\mathscr{H}_\infty$ 优化问题：

$$\min_K\left\|\begin{bmatrix}\boldsymbol{W}_1S\\\boldsymbol{W}_2T\end{bmatrix}\right\|_\infty \tag{4.43}$$

其中，$\boldsymbol{W}_1$ 和 $\boldsymbol{W}_2$ 是适当选择的加权滤波器，且滤波器 $\boldsymbol{W}_1$ 再次选择为低通滤波器。由于不确定性随着频率的增加而增加，因此通常选择滤波器 $\boldsymbol{W}_2$ 为高通滤波器。

混合灵敏度设计问题（式（4.43））可表示为标准的 $\mathscr{H}_\infty$ 优化问题，如图 4.53 所示。在给定的情况下，我们确定一个控制器 $\boldsymbol{K}(z)$ 来稳定闭环系统并最小化 $\|F_\ell(\boldsymbol{P},\boldsymbol{K})\|_\infty$，其中，$F_\ell(\boldsymbol{P},\boldsymbol{K})$ 是从 r 到 $[z_1^{\mathrm{T}},z_2^{\mathrm{T}}]^{\mathrm{T}}$ 的闭环传递函数矩阵，由下式给出：

$$F_\ell(\boldsymbol{P},\boldsymbol{K})=\begin{bmatrix}\boldsymbol{W}_1\boldsymbol{S}\\\boldsymbol{W}_2(\boldsymbol{I}-\boldsymbol{S})\end{bmatrix}$$

广义被控对象 $\boldsymbol{P}$ 被确定为

$$\boldsymbol{P}_{11}=\begin{bmatrix}\boldsymbol{W}_1\\0\end{bmatrix},\ \boldsymbol{P}_{12}=\begin{bmatrix}-\boldsymbol{W}_1\boldsymbol{G}\\\boldsymbol{W}_2\boldsymbol{G}\end{bmatrix}$$
$$\boldsymbol{P}_{21}=I,\qquad \boldsymbol{P}_{22}=-\boldsymbol{G}$$

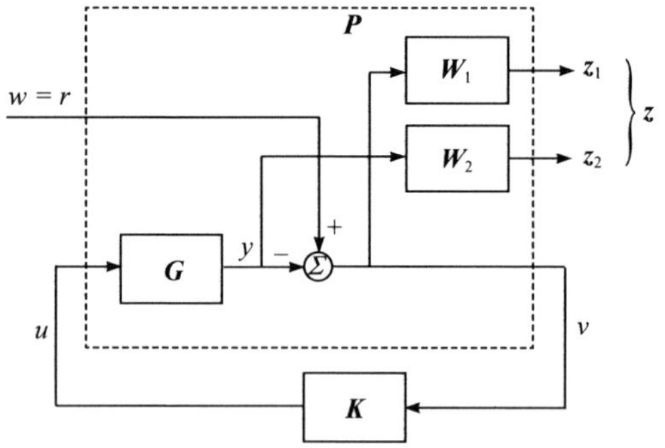

图 4.53 标准形式的 S/T 灵敏度最小化

如果我们获得 $\|F_\ell(\boldsymbol{P},\boldsymbol{K})\|_\infty<1$，则下式成立：

$$\begin{aligned}&\bar{\sigma}(\boldsymbol{S}(\mathrm{e}^{\mathrm{j}\theta}))\leqslant\underline{\sigma}(\boldsymbol{W}_1^{-1}(\mathrm{e}^{\mathrm{j}\theta}))\\&\bar{\sigma}(\boldsymbol{T}(\mathrm{e}^{\mathrm{j}\theta})\boldsymbol{S}(\mathrm{e}^{\mathrm{j}\theta}))\leqslant\underline{\sigma}(\boldsymbol{W}_2^{-1}(\mathrm{e}^{\mathrm{j}\theta}))\end{aligned} \tag{4.44}$$

在更一般的情况下，可以找到一个稳定控制器 $\boldsymbol{K}$ 来最小化加权混合灵敏度的 $\mathscr{H}_\infty$ 范数：

$$\left\| \begin{bmatrix} \boldsymbol{W}_1\boldsymbol{S} \\ \boldsymbol{W}_2\boldsymbol{KS} \\ \boldsymbol{W}_3\boldsymbol{T} \end{bmatrix} \right\|_\infty$$

这允许同时对矩阵 $\boldsymbol{K}$，$\boldsymbol{KS}$ 和 $\boldsymbol{T}$ 进行“惩罚”。该设计可以使用鲁棒控制工具箱中的函数 mixsyn 来完成。

4.4.3　二自由度控制器

上面考虑的混合灵敏度方法可以扩展到二自由度控制器的设计。含有这种控制器的一种可能结构如图 4.54 所示。

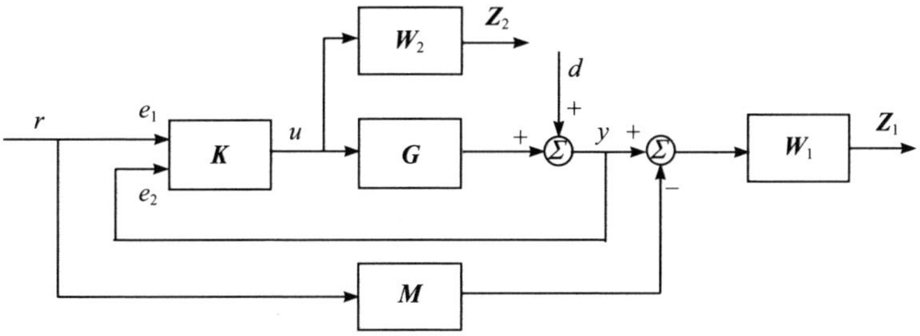

图 4.54　二自由度控制器

该系统的参考信号为 r，输出扰动为 r，两个输出误差为 z_1 和 z_1。系统 $\boldsymbol{M}$ 是闭环系统应与之匹配的理想模型。

在给定的情况下，控制器 $\boldsymbol{K}$ 由用于干扰衰减的反馈控制器 $\boldsymbol{K}_y$ 和用于实现期望闭环性能的预滤波器 $\boldsymbol{K}_r$ 组成，并表示为

$$\boldsymbol{K} = [\boldsymbol{K}_r \ \boldsymbol{K}_y]$$

传递函数矩阵 $\boldsymbol{K}_r$ 和 $\boldsymbol{K}_y$ 可参照如下方法获得。

闭环系统可以用图 4.50 所示的标准问题的形式来表示。该系统描述为

$$\begin{bmatrix} \boldsymbol{z}_1 \\ \boldsymbol{z}_2 \\ \hline \boldsymbol{e}_1 \\ \boldsymbol{e}_2 \end{bmatrix} = \left[\begin{array}{cc|c} -\boldsymbol{W}_1\boldsymbol{M} & \boldsymbol{W}_1 & \boldsymbol{W}_1\boldsymbol{G} \\ 0 & 0 & \boldsymbol{W}_2 \\ \hline I & 0 & 0 \\ 0 & I & G \end{array}\right] \begin{bmatrix} r \\ d \\ \hline u \end{bmatrix}$$

闭环传递函数矩阵由下式给出：

$$\boldsymbol{T}_{\mathrm{zw}} = \begin{bmatrix} \boldsymbol{W}_1(\boldsymbol{S}_{\mathrm{o}}\boldsymbol{GK}_r - \boldsymbol{M}) & \boldsymbol{W}_1\boldsymbol{S}_{\mathrm{o}} \\ \boldsymbol{W}_2\boldsymbol{S}_{\mathrm{i}}\boldsymbol{K}_r & \boldsymbol{W}_2\boldsymbol{K}_y\boldsymbol{S}_{\mathrm{o}} \end{bmatrix}$$

其中输入和输出灵敏度分别等于

$$S_{\mathrm{i}} = (\boldsymbol{I} - \boldsymbol{K}_y\boldsymbol{G})^{-1}, \quad S_{\mathrm{o}} = (\boldsymbol{I} - \boldsymbol{GK}_y)^{-1}$$

同样，目标是获得使 T_{zw} 的 $\mathscr{H}_\infty$ 范数最小的稳定控制器 $\boldsymbol{K}$。表 4.3 中描述了应该被最小化的 4 个函数。

表 4.3 需要最小化的 $\mathscr{H}_\infty$ 函数

函数	描述
$\boldsymbol{W}_1(\boldsymbol{S}_o\boldsymbol{G}\boldsymbol{K}_r-\boldsymbol{M})$	实际和理想闭环系统之间的加权差
$\boldsymbol{W}_1\boldsymbol{S}_o$	加权输出灵敏度
$\boldsymbol{W}_2\boldsymbol{S}_i\boldsymbol{K}_r$	由参考信号引起的加权控制作用
$\boldsymbol{W}_2\boldsymbol{K}_y\boldsymbol{S}_o$	由干扰引起的加权控制作用

表 4.3 中，$\boldsymbol{W}_1$ 和 $\boldsymbol{W}_2$ 是频率相关的加权函数，分别称为加权性能函数和加权控制函数。选择函数 $\boldsymbol{W}_1$ 为低通滤波器，以确保在期望的低频范围内系统动态与模型之间的紧密性，选择函数 $\boldsymbol{W}_2$ 为高通滤波器，以便在高频范围内限制控制作用。

模型 $\boldsymbol{M}$ 通常设置为对角形式：

$$\boldsymbol{M}=\begin{bmatrix}\boldsymbol{M}_1 & 0 & \cdots & 0\\ 0 & \boldsymbol{M}_2 & \cdots & 0\\ \vdots & \vdots & \ddots & \vdots\\ 0 & 0 & \cdots & \boldsymbol{M}_{p_2}\end{bmatrix}$$

以便实现系统输出的解耦。对角块 $\boldsymbol{M}_i, i=1,\cdots,p_2$ 通常设置为具有期望时间常数和阻尼的二阶滞后环节。

二自由度控制器的设计是以向量 $\boldsymbol{v}=[r^{\mathrm{T}}, y^{\mathrm{T}}]^{\mathrm{T}}$ 作为控制器的输入来完成的。

4.4.4 $\mathscr{H}_\infty$ 设计中的数值问题

如果 A1 ～ A6 中的某些假设不满足，则 $\mathscr{H}_\infty$ 设计可能会出现数值困难。出现问题的一个常见原因，尤其是在混合灵敏度设计中，是不满足假设 A2、A3 和 A5、A6。根据这些假设，我们有：

❑ 矩阵

$$\begin{matrix} n\{ \\ p_1\{ \end{matrix}\underbrace{\begin{bmatrix}\boldsymbol{A} & \boldsymbol{B}_2\\ \boldsymbol{C}_1 & \boldsymbol{D}_{12}\end{bmatrix}}_{n\quad m_2}$$

必须是列满秩的，即秩等于 $n+m_2$。

❑ 矩阵

$$\begin{matrix} n\{ \\ p_2\{ \end{matrix}\underbrace{\begin{bmatrix}\boldsymbol{A} & \boldsymbol{B}_1\\ \boldsymbol{C}_2 & \boldsymbol{D}_{21}\end{bmatrix}}_{n\quad m_1}$$

必须是行满秩的，即秩等于 $n+p_2$。

❑ $p_1\times m_2$ 矩阵 $\boldsymbol{D}_{12}$ 的秩必须是 m_2（列满秩）。

❑ $p_2 \times m_1$ 矩阵 $\boldsymbol{D}_{21}$ 的秩必须是 p_2（行满秩）。

由上述条件可知，$\mathscr{H}_\infty$ 次优控制问题的求解需要满足如下条件：

$$p_1 \geqslant m_2 \tag{4.45}$$

$$p_2 \leqslant m_1 \tag{4.46}$$

即误差信号的数量应该大于控制的数量，测量的数量应该小于外部输入的数量。请注意，这些只是满足假设的必要（但不是充分）条件。如果不满足条件（式（4.45）或式（4.46）），则有必要分别增加误差信号的数量 p_2 或增加外部输入信号的数量 m_1 。

矩阵 $\boldsymbol{D}_{12}$ 为列满秩且矩阵 $\boldsymbol{D}_{21}$ 为行满秩的 $\mathscr{H}_\infty$ 优化问题称为正则的。如果这些矩阵中的任何一个是秩亏的，则相应的 $\mathscr{H}_\infty$ 问题称为奇异的，无法使用 Riccati 的方法来求解。在这种情况下，有必要使用其他方法，例如 LMI 方法。在实际中，经常使用另一种技术来正则化问题，即对矩阵 $\boldsymbol{D}_{12}$ 或 $\boldsymbol{D}_{21}$ 施加微小摄动以增加它们的秩。不幸的是，这可能会导致 Riccati 方程求解中使用的某些矩阵出现病态，并可能在结果中引入大的舍入误差。此外，如文献 [114] 中所述，这种正则化技术可能会导致 γ 的值急剧下降到 $\gamma_{\min}$ 以下，从而导致 $\mathscr{H}_\infty$ 控制器产生较差的闭环稳定性。

例 4.6　小车 – 单摆系统 $\mathscr{H}_\infty$ 控制器设计

考虑为小车 – 单摆系统设计具有积分作用的二自由度 $\mathscr{H}_\infty$ 控制器。请注意，此系统的 LQR 和 LQG 控制器已经在例 4.2 ～例 4.5 中设计了。

具有性能加权函数和控制加权函数的闭环系统框图如图 4.55 所示。为了有更清晰的物理解释，设计问题被表述为连续时间问题，但控制器是在离散时间设计的。由于 $\mathscr{H}_\infty$ 设计框架通常不会产生积分控制，因此添加了小车位置误差的积分以消除位置稳态误差。设计目标是确定一个二自由度 $\mathscr{H}_\infty$ 控制器，以最小化小车位置误差和摆角振荡。为此，我们将使用小车位置、摆角和小车位置误差的积分作为反馈信号来实施混合灵敏度设计。$\mathscr{H}_\infty$ 设计是由 M– 文件 `hinf_design` 使用标称被控对象模型完成的。误差信号 z_1 是通过使用如下性能加权函数来“惩罚”小车位置误差、摆角速度和小车位置误差的积分而获得的：

$$\boldsymbol{W}_p(s)=\begin{bmatrix} \dfrac{4s+1}{8s+0.05} & 0 & 0 \\ 0 & \dfrac{10s+2}{10s+0.01} & 0 \\ 0 & 0 & \dfrac{10s+2}{10s+0.01} \end{bmatrix}$$

误差信号 z_2 使用如下加权函数来“惩罚”控制作用：

$$\boldsymbol{W}_u(s)=\frac{0.08s+0.1}{0.01s+1}$$

性能加权函数的倒数（或逆）的幅度图如图 4.56 所示，控制加权函数的倒数（或逆）的幅度图如图 4.57 所示。广义被控对象 P 的阶数为 11， $m_1=3, m_2=1, p_1=4, p_2=4$ 。在采样间隔 $T_s=0.01\text{s}$ 时对开环互连对象进行离散化，并在执行函数 `hinfsyn` 后，可以得到

```
[a b1;c2 d21] does not have full row rank at s=0
```

在给定的情况下，条件 $p_2 \leqslant m_1$ 不满足，因此假设 A3 不成立。为了增加如下矩阵的行秩：

$$\boldsymbol{M}_2=\begin{bmatrix} A & B_1 \\ C_2 & D_{21} \end{bmatrix}$$

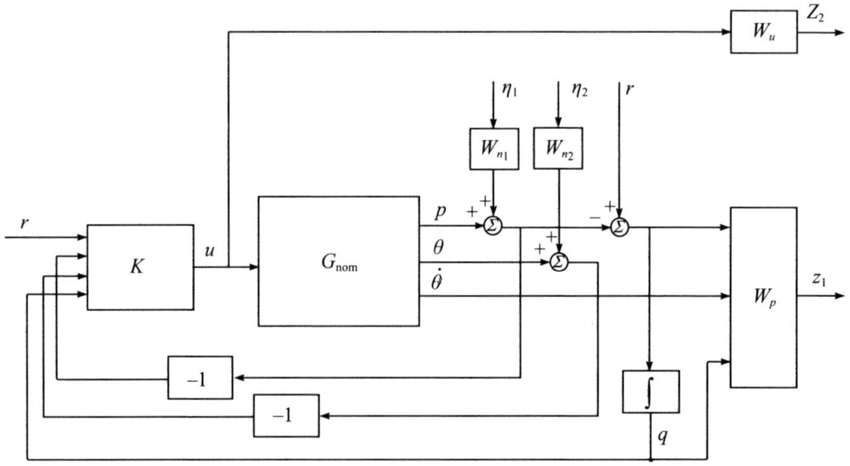

图 4.55　具有 $\mathscr{H}_\infty$ 控制器和性能加权函数的闭环系统

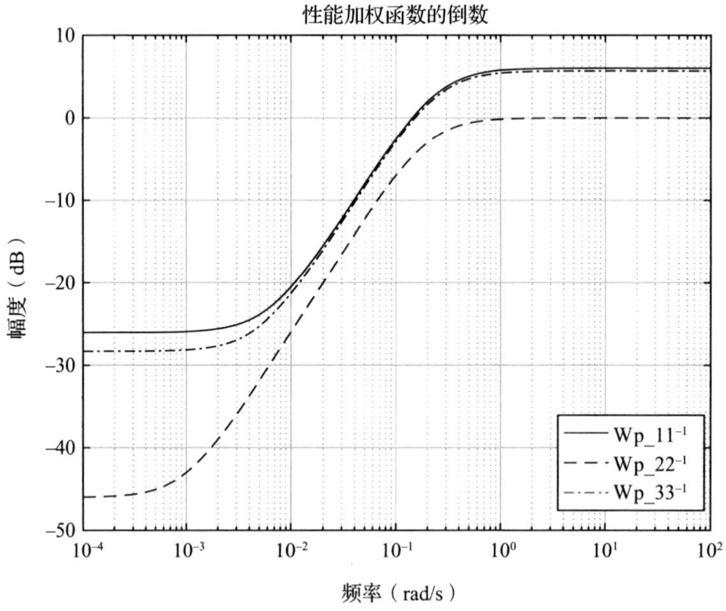

图 4.56　性能加权函数的倒数

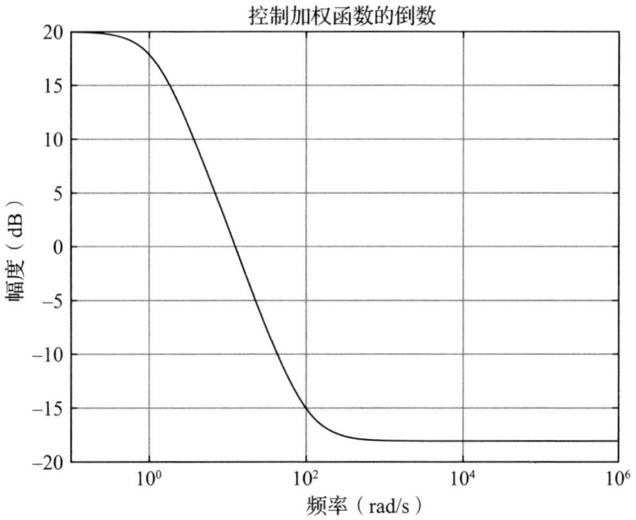

图 4.57　控制加权函数的倒数

我们将增加外部输入的数量 m_1，把一个较小的、假的（或人为的）白噪声 n_3 添加到控制作用中，其方差等于 10^{-3}。添加此噪声不会显著改变 $\mathscr{H}_\infty$ 问题，但会导致秩 $M_2=15$，从而可以获得一个解。现在我们收到来自 `hinfsyn` 的以下报告：

```
Resetting value of Gamma min based on D_11, D_12, D_21 terms

Test bounds:       0.4994 <  gamma   <=   67108864.0000

  gamma     hamx_eig  xinf_eig  hamy_eig   yinf_eig    nrho_xy    p/f
6.711e+07    5.0e-06   0.0e+00   5.0e-06  -3.0e-05#   0.0000     f
Gamma max, 67108864.0000, is too small !!
Resetting value of Gamma min based on D_11, D_12, D_21 terms

Test bounds:       0.4994 <  gamma   <=       0.5158

  gamma     hamx_eig  xinf_eig  hamy_eig   yinf_eig    nrho_xy    p/f
    0.516    5.0e-06 -4.6e-08   5.0e-06    -9.5e-10    0.0112     p
    0.508    4.1e-18# ********   5.0e-06   -3.5e-12   ********     f

 Gamma value achieved:      0.5158
```

函数 `hinfsyn` 确定了 $\gamma_{\min}=0.515\ 8$ 时的一个控制器。然而，对于这个控制器，闭环系统在 1.007 6 处有一个极点，即这个系统是不稳定的。在此给定的情况下，矩阵 $\boldsymbol{D}_{21}$ 是秩亏的（秩 $\boldsymbol{D}_{21}=3<p_2$），$\mathscr{H}_\infty$ 优化问题是奇异的，这导致 $\gamma_{\min}$ 下降，低于确保闭环稳定性的最小值。

使用 LMI 方法寻找 $\mathscr{H}_\infty$ 控制器可以避免给定情况下的数值困难。使用 LMI 方法，函数 `hinfsyn` 生成以下报告：

```
Minimization of gamma:

Solver for linear objective minimization under LMI constraints
```

```
 Iterations   :   Best objective value so far

      1
      2
      .
      .
      .
     50                 0.974273
     51                 0.969438
     52                 0.969438
***              new lower bound:     0.964951
 Result:  feasible solution of required accuracy
          best objective value:     0.969438
          guaranteed absolute accuracy:  4.49e-03
          f-radius saturation:  0.732% of R =  1.00e+08
```

在这种情况下，闭环系统是稳定的，γ的真实最小值等于 0.969 4。请注意，如果将 LMI 方法应用于原始问题，将获得相同的结果，因为 LMI 方法不强加上面给出的秩条件。得到的控制器是 11 阶的，缺点是不稳定，它的一个极点在 1.012 4。

通过 M–文件 hinf_robust_analysis 获得的具有 $\mathscr{H}_\infty$控制器的闭环系统的鲁棒稳定性和鲁棒性能分析结果分别如图 4.58 和图 4.59 所示。闭环系统对于被控对象的不确定性是鲁棒稳定的，但没有实现鲁棒性能，这是因为 $\mathscr{H}_\infty$设计没有直接考虑被控对象不确定性这一事实的结果。

闭环系统的蒙特卡罗仿真结果如图 4.60 ～图 4.62 所示。可以看出，由于系统的鲁棒性，针对不同被控对象参数获得的相应小车位置和摆角轨迹被限制在相对狭窄的区域内，摆角摆动不超过 7.5°。

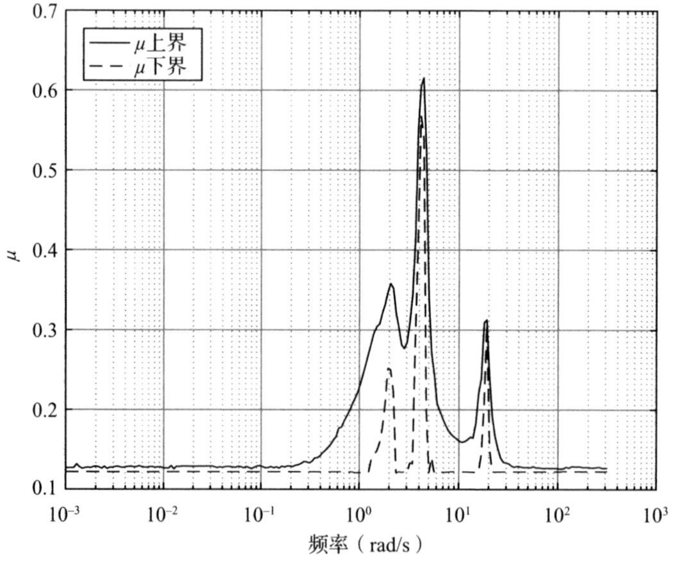

图 4.58　鲁棒稳定性

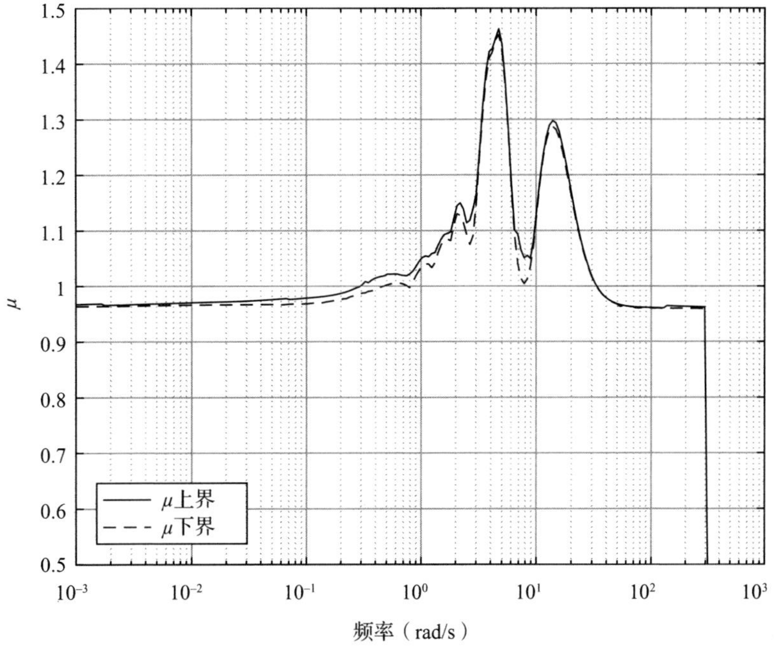

图 4.59　鲁棒性能

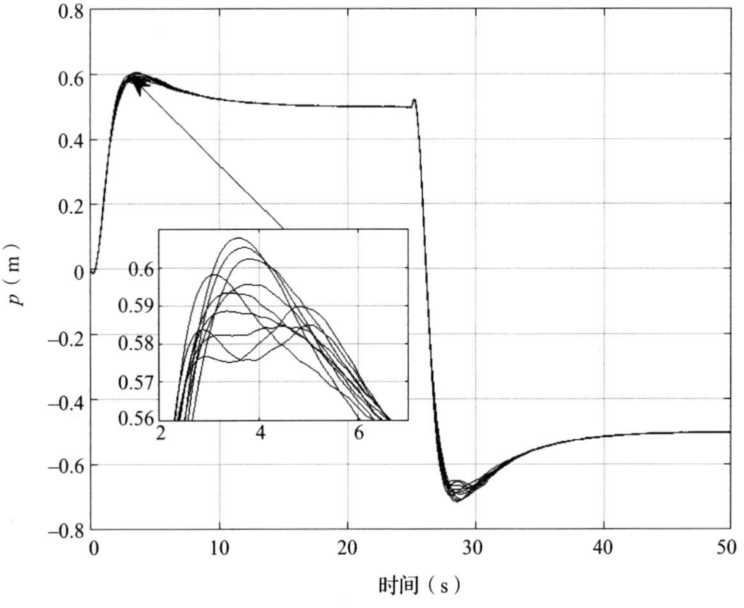

图 4.60　蒙特卡罗仿真：小车位置

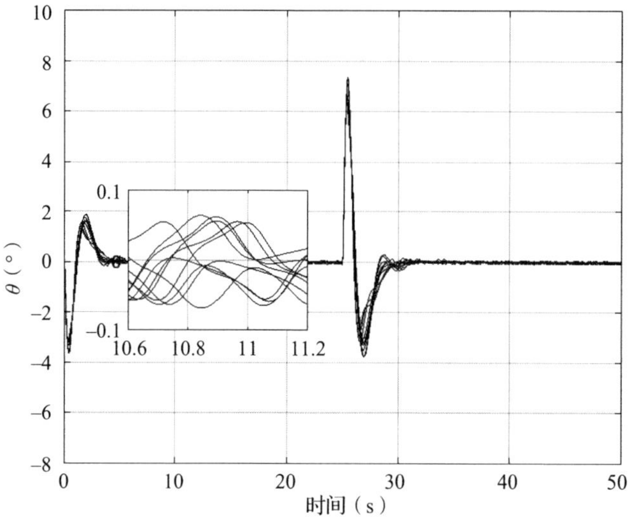

图 4.61 蒙特卡罗仿真：摆角

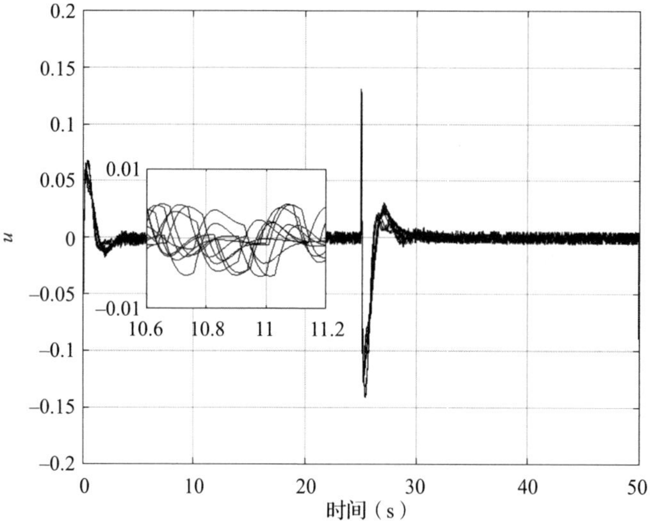

图 4.62 蒙特卡罗仿真：控制作用

M– 文件 hinf_wcp 分析了最坏情况下不确定性的闭环系统特性。从图 4.63 所示的最坏情况幅度图可见，闭环带宽为 1.40 rad/s，这小于 LQG 和 LQR 控制器情况下的带宽。最坏情况下小车位置和摆角分别如图 4.64 和图 4.65 所示，最坏情况下的稳定裕度为

```
wcmarg =

     GainMargin: [0.9194 1.0877]
```

```
PhaseMargin: [-4.8091 4.8091]
  Frequency: 4.5597
      WCUnc: [1x1 struct]
Sensitivity: [1x1 struct]
```

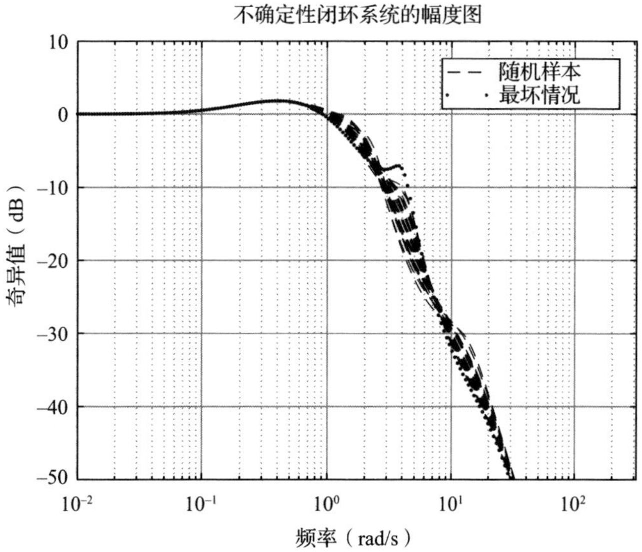

图 4.63　最坏情况增益

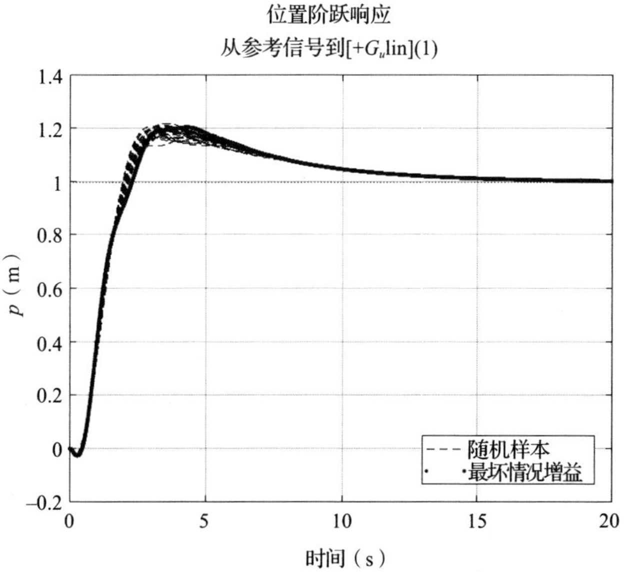

图 4.64　最坏情况下小车位置

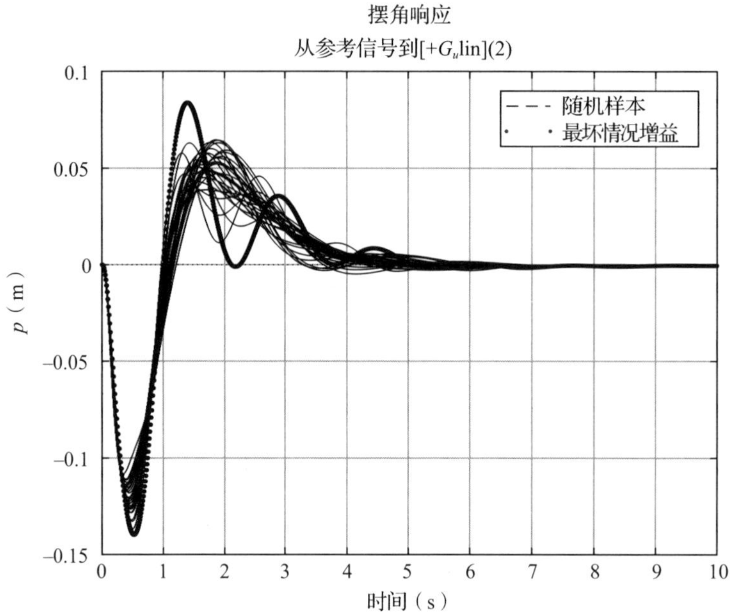

图 4.65　最坏情况下摆角

控制对外部信号（参考信号和噪声）的灵敏度如图 4.66 所示。由于采用了混合灵敏度设计，该灵敏度相对较低。

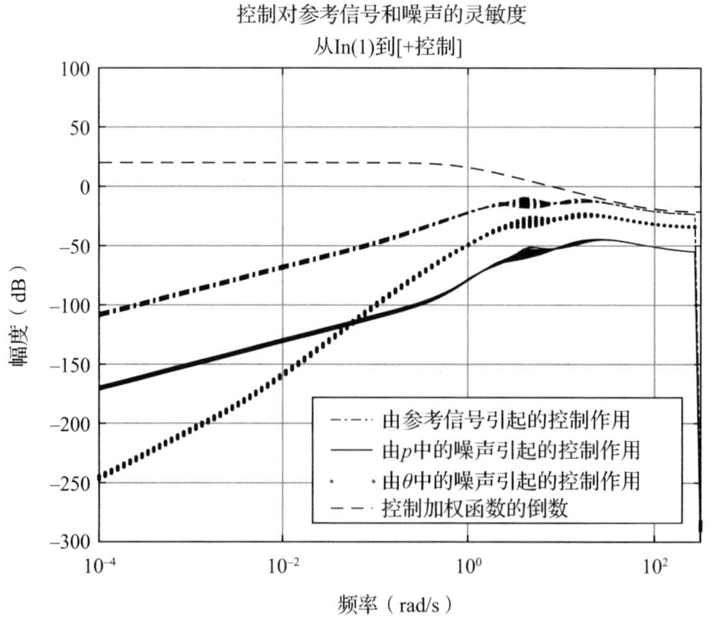

图 4.66　控制对参考信号和噪声的灵敏度

4.5　μ 综合

本节使用的 MATLAB 文件

μ 综合所用的文件	描述
unc_approx_model	不确定性模型近似
olp_mu_reg	开环互连
mu_design	控制器 μ 综合
mu_robust_analysis	鲁棒稳定性和鲁棒性能分析
mu_reg_comparison	不同阶 μ 控制器的比较
dfrs_mu	频率响应
sim_mu	仿真
sim_MC_mu	蒙特卡罗仿真
mu_wcp	最坏情况增益

在本节中，我们考虑多变量被控对象稳定控制器的 μ 综合。结果表明，这种综合可能会产生一些相关的严重问题，这与存在大量的多种参数不确定性有关。这些问题可以通过一些不确定性模型的简化来消除，从而获得可接受的解。小车－单摆系统的例子说明，与本章前面部分使用的其他控制器类型相反，带有 μ 控制器的闭环系统可以同时获得鲁棒稳定性和鲁棒性能。

4.5.1　μ 综合问题

为了将结构奇异值 μ 的理论应用到控制系统设计中，控制问题以 LFT 的形式表示，如图 3.27 所示，为方便起见，在图 4.67 中再重复一次。由 $\boldsymbol{P}$ 表示的系统是开环互连的，它包含所有已知元素，包括标称被控对象模型以及不确定性加权函数。块 $\boldsymbol{\Delta}$ 是集合 $\mathbf{\Delta}$ 的不确定性元素，它参数化了整个模型的不确定性。控制器用 $\boldsymbol{K}$ 表示。$\boldsymbol{P}$ 的输入是 3 个信号集：来自不确定性的输入 u_Δ，在 n_w 维向量 $\boldsymbol{w}$ 中收集的参考信号、干扰信号和噪声信号，以及控制作用 $\boldsymbol{u}$。$\boldsymbol{P}$ 生成了 3 个输出集：到不确定性的输出 $\boldsymbol{y}_\Delta$，n_z 维向量的受控输出（误差）$\boldsymbol{z}$ 和测量输出向量 $\boldsymbol{y}$（见图 4.68）。

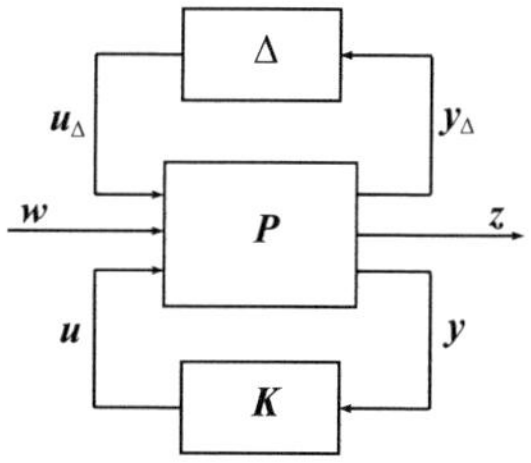

图 4.67　不确定性闭环系统的标准表示

必须控制的系统集由 LFT 描述（为了明确起见，我们假设是离散时间情况）：

$$\left\{F_{\mathrm{U}}(\boldsymbol{P},\boldsymbol{\Delta}):\boldsymbol{\Delta}\in\mathbf{\Delta},\max_{\theta\in(-\pi,\pi]}\sigma[\boldsymbol{\Delta}(\mathrm{e}^{\mathrm{j}\theta})]\leqslant 1\right\}$$

设计目标是确定一个控制器 $\boldsymbol{K}$ 来稳定标称系统，使得对于所有 $\boldsymbol{\Delta}\in\mathbf{\Delta}$，$\max_{\theta\in(-\pi,\pi]}\bar{\sigma}[\boldsymbol{\Delta}(\mathrm{j}\omega)]\leqslant 1$，闭环系统是稳定的，并满足

$$\|F_{\mathrm{U}}[F_L(\boldsymbol{P},\boldsymbol{K}),\boldsymbol{\Delta}]\|_\infty<1$$

对于任意给定的 $\boldsymbol{K}$，可以通过使用下 LFT $F_{\mathrm{IL}}(\boldsymbol{P},\boldsymbol{K})$ 上的鲁棒性能测试来检查该性能准

则。针对如下增广不确定性结构，应该进行鲁棒性能测试：

$$\boldsymbol{\Delta}_P := \left\{ \begin{bmatrix} \boldsymbol{\Delta} & 0 \\ 0 & \boldsymbol{\Delta}_F \end{bmatrix} : \boldsymbol{\Delta} \in \mathbf{\Delta}, \boldsymbol{\Delta}_F \in \mathbb{C}^{n_w \times n_z} \right\}$$

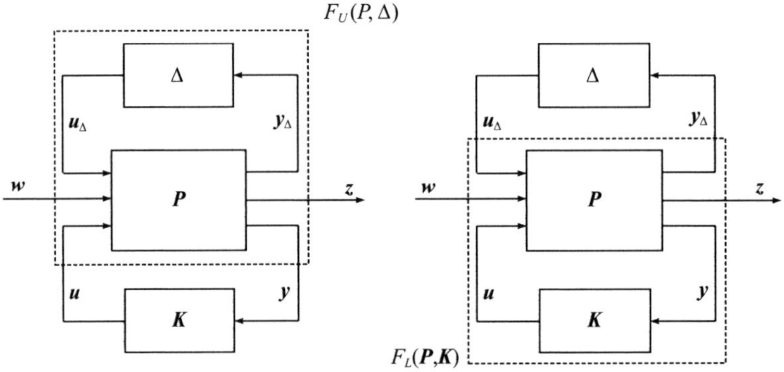

图 4.68 闭环系统的两种不同变换

具有控制器 K 的系统实现了鲁棒性能，当且仅当

$$\mu_{\mathbf{\Delta}_P}(F_L(\boldsymbol{P},\boldsymbol{K})(\mathrm{e}^{\mathrm{j}\theta})) < 1$$

其中 $\mathbf{\Delta}_p$ 是所有块对角矩阵 $\boldsymbol{\Delta}_P$ 的集合。

μ 综合的目标是，在所有稳定控制器 $\boldsymbol{K}$ 的集合上，最小化闭环传递函数矩阵 $F_L(\boldsymbol{P},\boldsymbol{K})$ 的峰值 $\mu_{\mathbf{\Delta}_P}(.)$，这可以写成如下形式：

$$\min_{\substack{\boldsymbol{K} \\ \text{stabilizing}}} \min_{\theta\in(-\pi,\pi]} \mu_{\mathbf{\Delta}_P}(F_L(\boldsymbol{P},\boldsymbol{K})(\mathrm{e}^{\mathrm{j}\theta})) \tag{4.47}$$

优化问题（式（4.47））如图 4.69 所示。

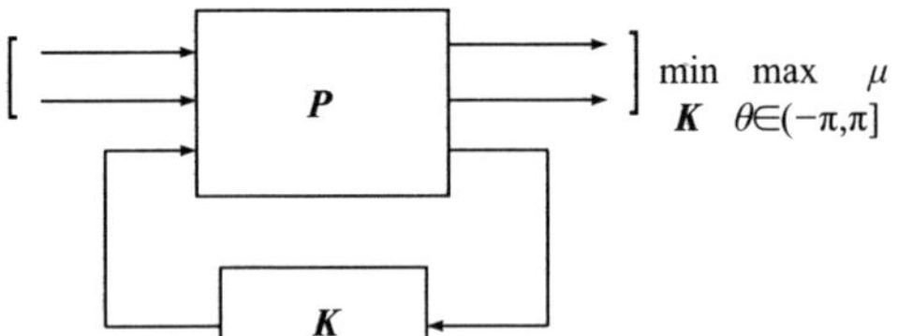

图 4.69 μ 综合

4.5.2 用 μ 的上界替换 μ

μ 综合问题的一个可能解可以通过用其上界替换 $\mu_{\mathbf{\Delta}_P}(.)$ 来获得。对于常数传递函数矩阵 $\boldsymbol{M} = F_L(\boldsymbol{P},\boldsymbol{K})(\mathrm{e}^{\mathrm{j}\theta})$ 和不确定性结构 $\mathbf{\Delta}_p$，$\mu_{\mathbf{\Delta}_P}(\boldsymbol{M})$ 的上界是最优比例缩放的最大奇异值：

$$\mu_{\boldsymbol{\Delta}_P}(\boldsymbol{M}) \leqslant \inf_{D \in \mathbb{D}} \bar{\sigma}(\boldsymbol{DMD}^{-1})$$

在这个不等式中，对于每个 $\boldsymbol{D} \in \mathbb{D}$，$\boldsymbol{\Delta}_P \in \mathbf{\Delta}_P$，$D$ 是具有 $\boldsymbol{D\Delta_P}=\boldsymbol{\Delta_P D}$ 特性的矩阵集合。需要注意，如果矩阵 $\boldsymbol{P}$ 具有完整的 $m_i \times m_i$ 复数块 Δ_i，则矩阵 $\boldsymbol{D}$ 的对应块是形式 $d_i I_{m_i}$ 的对角块。然而，如果 $\boldsymbol{\Delta_P}$ 是一个标量块 $\delta_j I_{m_j}$，那么 $\boldsymbol{D}$ 的对应块是一个满秩的 $m_j \times m_j$ 块 $\boldsymbol{D}_j$。

使用结构奇异值的上界相当于在系统回路中引入了缩放矩阵 $\boldsymbol{D}$ 和 $\boldsymbol{D}^{-1}$，如图 4.70 所示。这些矩阵的引入提供了额外的自由度，可用于控制器设计。

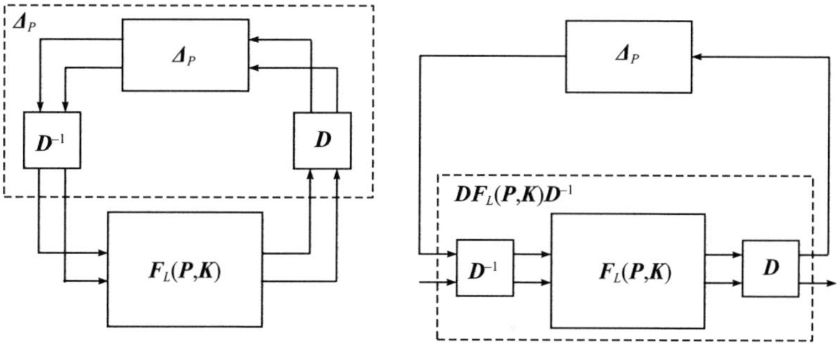

图 4.70　引入缩放矩阵

使用这个上界，式（4.47）中的优化问题被重新表述为

$$\min_{\substack{K \\ \text{stabilizing}}} \max_{\theta \in (-\pi,\pi]} \min_{\boldsymbol{D}_\omega \in \mathbb{D}} \bar{\sigma}[\boldsymbol{D}_\omega F_L(\boldsymbol{P},\boldsymbol{K})(\mathrm{e}^{\mathrm{j}\theta})\boldsymbol{D}_\omega^{-1}] \tag{4.48}$$

在这个式子中，$\boldsymbol{D}$ 上的最小值代表的是确定了结构奇异值 $\mu[\boldsymbol{F}_L(\boldsymbol{P},\boldsymbol{K})(\mathrm{e}^{\mathrm{j}\theta})]$ 的近似值。缩放矩阵 $\boldsymbol{D}_\omega$ 是从缩放矩阵 $\boldsymbol{D}$ 的集合中选择的，对于每个 ω 都是独立的。因此，我们有

$$\min_{\substack{\boldsymbol{K} \\ \text{stabilizing}}} \min_{\boldsymbol{D}_\omega \in \mathbb{D}} \max_{\theta \in (-\pi,\pi]} \bar{\sigma}[\boldsymbol{D}_\omega \boldsymbol{F}_L(\boldsymbol{P},\boldsymbol{K})(\mathrm{e}^{\mathrm{j}\theta})\boldsymbol{D}_\omega^{-1}] \tag{4.49}$$

使用 $\mathscr{H}_\infty$ 范数的概念，式（4.49）写为

$$\min_{\substack{\boldsymbol{K} \\ \text{stabilizing}}} \min_{\boldsymbol{D}_\omega \in \boldsymbol{D}} \| \boldsymbol{D}_\omega \boldsymbol{F}_L(\boldsymbol{P},\boldsymbol{K})\boldsymbol{D}_\omega^{-1} \|_\infty \tag{4.50}$$

考虑单个矩阵 $\boldsymbol{D} \in \mathbb{D}$ 和复矩阵 $\boldsymbol{M}$。假设 $\boldsymbol{U}$ 是与 $\boldsymbol{D}$ 结构相同的复矩阵，满足 $\boldsymbol{U}^*\boldsymbol{U} = \boldsymbol{UU}^* = \boldsymbol{I}$。$\boldsymbol{U}$ 的每个块都是酉矩阵（在实数情况下是正交的）。乘以正交矩阵不影响最大奇异值，因此：

$$\bar{\sigma}[(\boldsymbol{UD})\boldsymbol{M}(\boldsymbol{UD})^{-1}] = \bar{\sigma}[(\boldsymbol{UD})\boldsymbol{MD}^{-1}\boldsymbol{U}^*] = \bar{\sigma}(\boldsymbol{DMD}^{-1})$$

这样，用 $\boldsymbol{UD}$ 替换 $\boldsymbol{D}$ 并没有改变 μ 的上界。在每个块 $\boldsymbol{D}$ 的相位中使用这种自由度，我们将式（4.50）中频率相关的缩放（或标度）矩阵 $\boldsymbol{D}_\omega$ 限制为实有理的、稳定的最小相位传递函

数 $\hat{\boldsymbol{D}}(z)$，而不影响最小值。需要注意的是，μ 上界的计算表示的是一个可以有效求解的凸优化问题。

新的优化问题变为

$$\min_{\substack{\boldsymbol{K}\\ \text{stabilizing}}} \min_{\substack{\hat{\boldsymbol{D}}(z)\in\mathbb{D}\\ \text{stable,}\\ \text{minimum phase}}} \|\hat{\boldsymbol{D}}\boldsymbol{F}_L(\boldsymbol{P},\boldsymbol{K})\hat{\boldsymbol{D}}^{-1}\|_\infty \tag{4.51}$$

该优化问题通过一个被称为 DK 迭代的迭代方法来求解。图 4.71 中给出了说明该优化问题的框图。

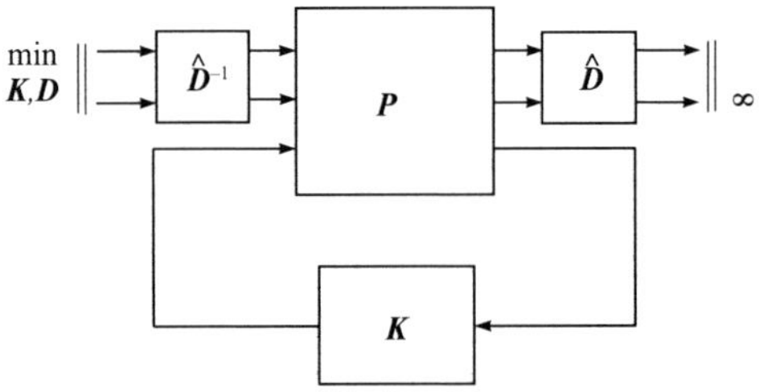

图 4.71 用 μ 的上界替换 μ

4.5.3 DK 迭代

4.5.3.1 DK 迭代第一步：保持 D 固定

式（4.51）中的优化问题很难解决，因为它有两个独立的矩阵参数 $\boldsymbol{K}$ 和 $\hat{\boldsymbol{D}}$。为了找到这个问题的近似解，首先将 $\boldsymbol{D}(z)$ 视为一个固定的、稳定的、最小相位的实有理传递函数矩阵 $\hat{\boldsymbol{D}}(z)$。这使得解决下列优化问题成为可能：

$$\min_{\substack{\boldsymbol{K}\\ \text{stabilizing}}} \|\hat{\boldsymbol{D}}\boldsymbol{F}_L(\boldsymbol{P},\boldsymbol{K})\hat{\boldsymbol{D}}^{-1}\|_\infty \tag{4.52}$$

定义 $\boldsymbol{P}_D$ 为图 4.72 所示的系统。式（4.52）中的优化问题等价于

$$\min_{\substack{\boldsymbol{K}\\ \text{stabilizing}}} \|\boldsymbol{F}_L(\boldsymbol{P}_D,\boldsymbol{K})\|_\infty$$

因为 $\boldsymbol{P}_D$ 在这一步是已知的，所以这个优化问题恰好是一个 $\mathscr{H}_\infty$ 优化问题：

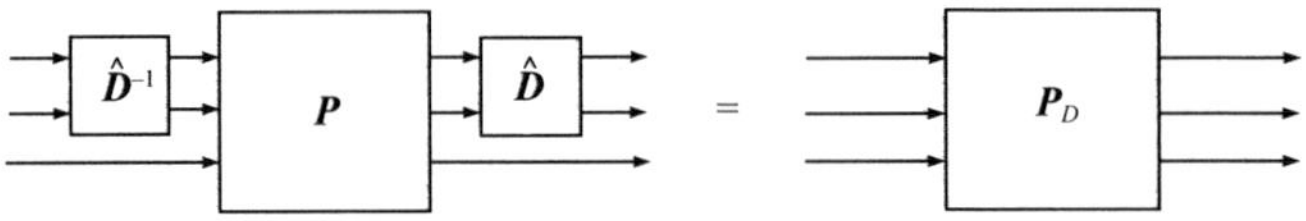

图 4.72 吸收有理缩放矩阵 $\boldsymbol{D}$

4.5.3.2 DK 迭代的第二步：保持 K 固定

在 $\boldsymbol{K}$ 保持不变的情况下，对 $\boldsymbol{D}$ 的优化通过以下两步完成：

1）在一个大的、有限的频率集上寻找最优的、频率依赖的缩放矩阵 $\boldsymbol{D}$（这是计算 $\boldsymbol{\mu}$ 的上界）。

2）用稳定的、最小相位的、实的、有理的传递函数 $\hat{\boldsymbol{D}}$ 来逼近这个最优的频率依赖缩放矩阵。

这两步过程被认为是一种足够可靠的寻找 $\boldsymbol{D}$ 的方法。这个过程的各个步骤都是用现有的基于快速傅里叶变换和最小二乘法的逼近算法来有效地执行。

DK 迭代是一种有效的 μ 综合算法，通常可以成功运行。这些迭代最严重的限制就是它们可能会收敛到局部最小值，这不一定是全局最小值。这是因为 μ 综合不是凸优化问题，并且不能保证迭代会找到最小值 μ。尽管有这些缺点，但 DK 迭代是目前唯一可用的设计方法，它可以获得具有实被控对象和复被控对象不确定性的闭环系统的鲁棒性能。

DK 迭代的 μ 综合在鲁棒控制工具箱中通过函数 `dksyn` 实现，该函数可用于连续时间系统和离散时间系统。

4.5.4 $\boldsymbol{\mu}$ 综合中的数值问题

当不确定性块的数量足够小时，μ 综合的 DK 迭代效果很好。不幸的是，在结构不确定的情况下，多个实不确定性的数量通常很大，即使对于具有少量参数的低阶系统也是如此。这可能需要大量的近似，以至于相应的计算问题变得无法追踪。在这种情况下，可能不可避免地使用单个加性或乘性复不确定度来近似某些或全部实不确定性。显然，这种近似在 μ 综合中引入了一些保守性，但在大多数情况下，如果仔细选择性能加权函数，它可以获得可接受的解。另一个困难是与 DK 迭代的收敛性差有关，当相应的 $\mathscr{H}_\infty$ 设计问题是奇异的或病态的时候。这些问题可以通过小车 – 单摆系统的 μ 综合来说明，该系统的 $\mathscr{H}_\infty$ 设计已经在上一节中介绍过。

例 4.7　小车 – 单摆系统的 $\boldsymbol{\mu}$ 综合

使用混合灵敏度设计，考虑小车 – 单摆系统的具有积分作用的二自由度控制器的 μ 综合。

具有性能加权函数和控制加权函数的闭环系统框图如图 4.73 所示。该图与 $\mathscr{H}_\infty$ 设计中使用的图相同，只是我们将使用不确定性模型 G_{unc} 代替标称被控对象模型 G_{nom}。在设计中，我们将使用连续时间加权函数

$$
\boldsymbol{W}_p(s)=\begin{bmatrix} 0.95\dfrac{4s+1}{8s+0.05} & 0 & 0 \\ 0 & 1.6\dfrac{5s+1}{10s+0.01} & 0 \\ 0 & 0 & \dfrac{4s+1}{10s+0.05} \end{bmatrix}
$$

$$
\boldsymbol{W}_u(s)=\frac{0.08s+0.1}{0.01s+1}
$$

它类似于 $\mathscr{H}_\infty$ 设计中使用的相应加权函数。

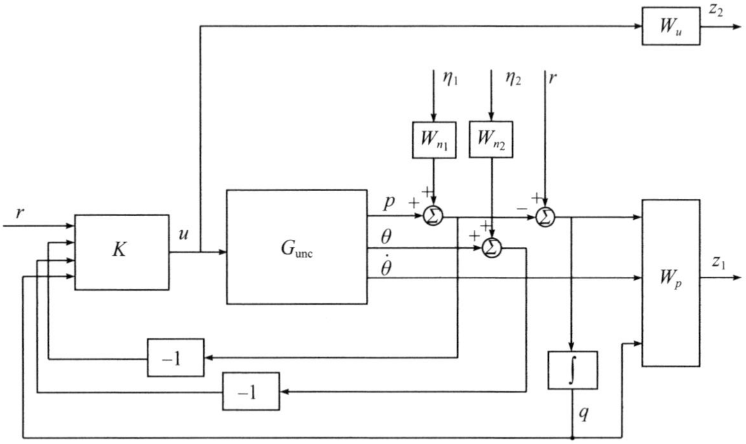

图 4.73　带有 μ 控制器和加权函数的闭环系统

在 μ 综合中，我们使用小车 – 单摆系统的被控对象模型，该模型包含不确定性参数，即多重数为 10 的等效小车质量 M、多重数为 10 的摆惯性矩 I 、多重数为 2 的动态小车摩擦系数 f_c 和多重数为 2 的旋转摩擦系数 f_p 。这导致不确定性矩阵 Δ_P 具有 24 个实块和 1 个复块 Δ_F 。因此，在 DK 迭代的第二步，有必要找到两个 10×10 重复标量块和两个 2×2 缩放矩阵 $\boldsymbol{D}$ 的元素的近似值，这需要在每次迭代中执行 208 次近似。由于每个近似都涉及多个频率的计算，大的工作量使得问题难以解决。对于当前正在考虑的例子，由于数值计算困难，程序 dksyn 在逼近第一个 10×10 块期间就停止了工作。试图对包含 M 和 I 不确定性的各个块进行近似，不会得出结果，这就是为什么 M 、I 和 f_c 的所有标量不确定性同时由单个输入乘性不确定性来近似。(由于参数 f_p 的值很小，因此用它的标称值代替。)

M, I 和 f_c 的相对不确定性的上界如图 4.74 所示。不确定性由 M– 文件 unc_approx_model 计算，每个参数的 4 个值共占 $4^3 = 64$ 个不确定性值。相对不确定性的上界通过 4 阶传递函数 W_m 的幅度响应以足够的精度来近似，这可以获得形如 $G_{\rm unc} = G_{\rm nom}(1+W_m\delta)$ 的不确定性模型，其中 δ 是标量复参数，$\|\delta\| \leqslant 1$ 。这样，被控对象模型的标量重复不确定性被单个的复输入乘性不确定性所取代。

从控制 u 到小车位置 p 以及从控制 u 到摆角 θ 的近似传递函数的伯德图分别如图 4.75 和图 4.76 所示。可以看出，与对应的精确参数不确定性的图相比，对应于近似复不确定性的图被限制在稍宽的区域，这反映了近似保守性。

对于具有多个输入和多个输出的被控对象，也可以通过非结构（复）不确定性来近似参数不确定性。如果被控对象输入的数量 n_u 大于被控对象输出的数量 n_y ，那么使用输出乘性不确定性作为近似是有利的；而在 n_u 小于 n_y 的情况下，最好使用输入乘性不确定性。

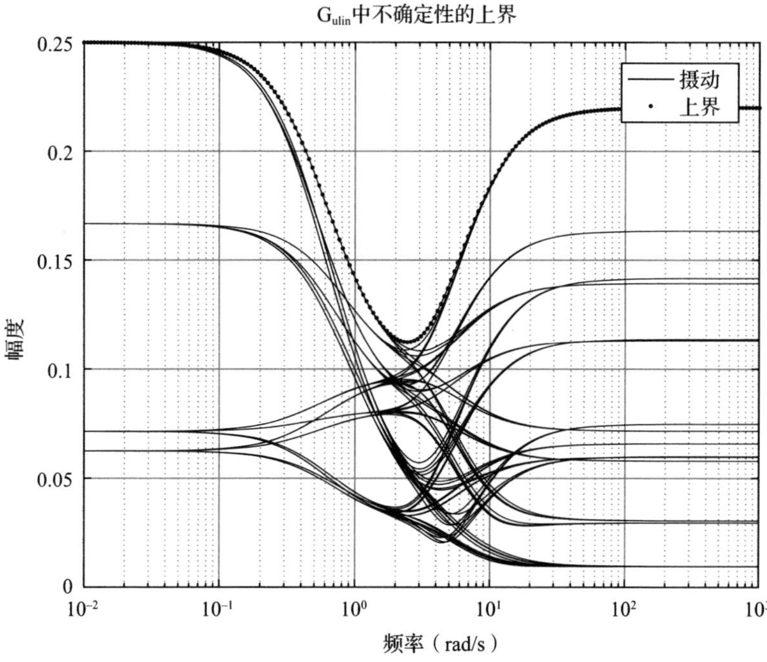

图 4.74　实参数不确定性的上界

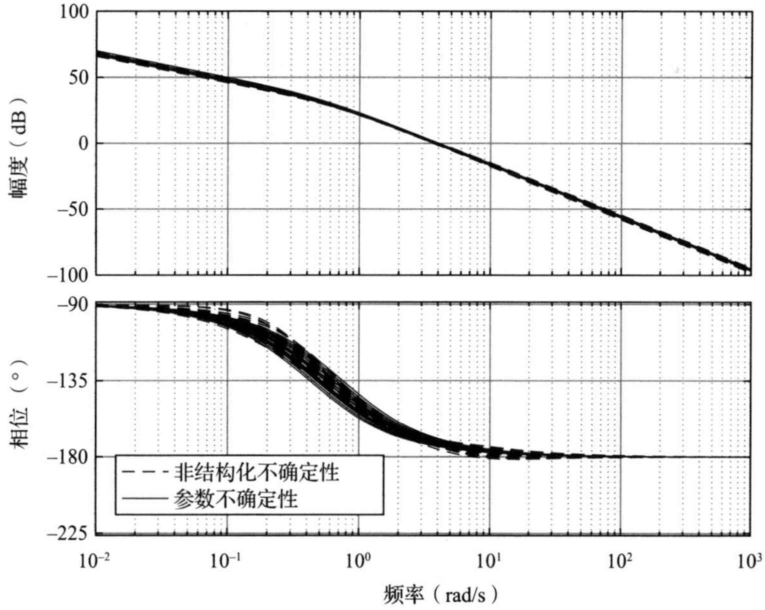

图 4.75　从 u 到 p 的传递函数的伯德图

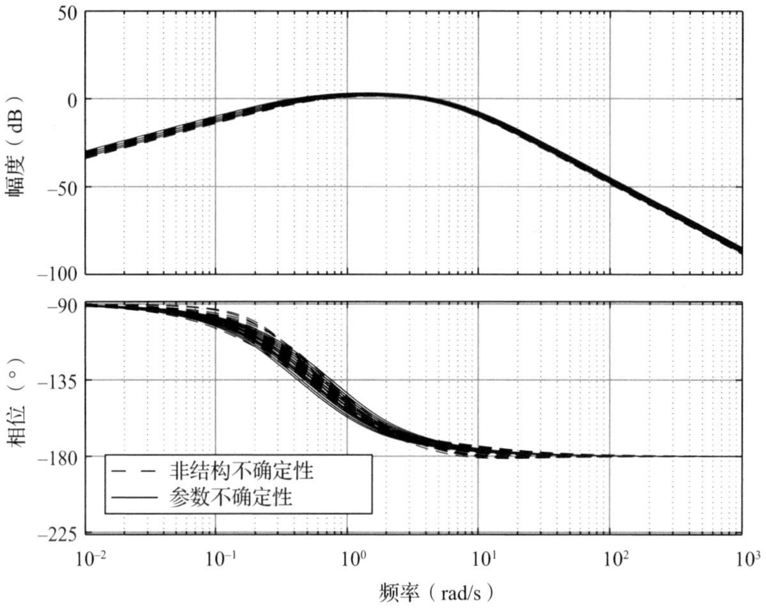

图 4.76 从 u 到 θ 的传递函数的伯德图

带有近似不确定性被控对象的小车－单摆系统的 μ 综合由 M- 文件 olp_mu_reg 和 mu_design 完成。第一个文件确定设计所需的 11 阶开环互连设计，而第二个文件使用函数 dksyn 实现 DK 迭代。为了便于迭代开始，第一次迭代是使用 $\mathscr{H}_\infty$ 控制器进行的，该控制器由函数 hinfsyn 使用 LMI 选项来设计。从 dksyn 中导出了以下报告，展示了迭代进度：

```
Iteration Summary
--------------------------------------------------------------------
Iteration #                 2        3        4        5        6
Controller Order           25       25       21       21       25
Total D-Scale Order        10       10        6        6       10
Gamma Achieved          0.935    0.895    0.872    0.934    1.080
Peak mu-Value           0.933    0.894    0.871    0.920    1.073
```

由于 μ 的峰值在第 4 步最小，因此采用本步确定的控制器是合理的。然而，稳定性测试表明，带有该控制器的标称闭环系统是不稳定的。这样结果是基于这样的事实：开环互连 P 的状态空间实现的矩阵 $\boldsymbol{D}_{21}$ 不是行满秩的，这不满足 $\mathscr{H}_\infty$ 设计步骤中的假设 A6。计算中引入的浮点误差使该矩阵显示为满秩矩阵，但它是病态的，这导致 μ 的计算上限降至可能的最小值以下，从而导致非稳定控制器。这就是为什么在给定的情况下，我们采用第 3 步计算的控制器，对应于 μ 的最小值等于 0.894。该控制器稳定了闭环系统，保证了不确定性系统的鲁棒稳定性和鲁棒性能。需要注意，虽然开环互连系统是 11 阶的，但设计的控制器是 25 阶的。为此，控制器阶数 n_c 被减少，分别获得了 10 阶和 5 阶控制器。

在图 4.77 和图 4.78 中，我们分别给出了 3 个控制器 $(n_c = 25,10,5)$ 在鲁棒稳定性和鲁棒性能分析情况下的结构奇异值图。需要注意的是，鲁棒性分析是针对具有实参数不确定性的原始不确定性模型进行的。显然，5 阶控制器不是一个合适的选择，因为它不能保证闭环系统的鲁棒性能。进一步，我们将使用 10 阶控制器，这将导致闭环系统的特性接近于具有 25 阶控制器的系统特性。对于 10 阶控制器，在鲁棒稳定性分析情况下，μ的值为 0.332，在性能鲁棒性分析的情况下 μ的值为 0.963。

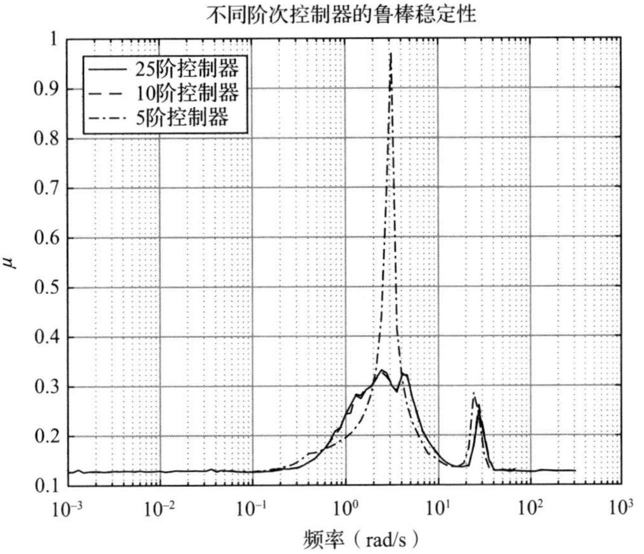

图 4.77 25 阶、10 阶和 5 阶 μ 控制器的鲁棒稳定性

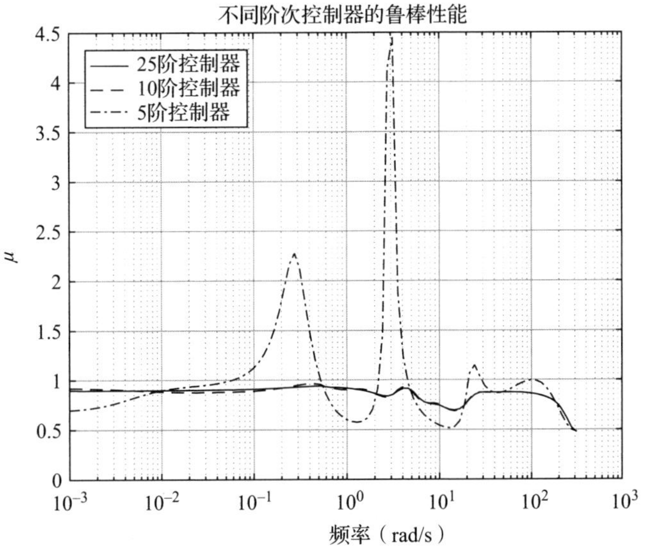

图 4.78 25 阶、10 阶和 5 阶 μ 控制器的鲁棒性能

图 4.79 和图 4.80 显示了带有 μ 控制器的闭环系统的蒙特卡罗分析结果。小车位置和摆

角受限于非常狭窄的区域，这是闭环系统鲁棒性能的结果。

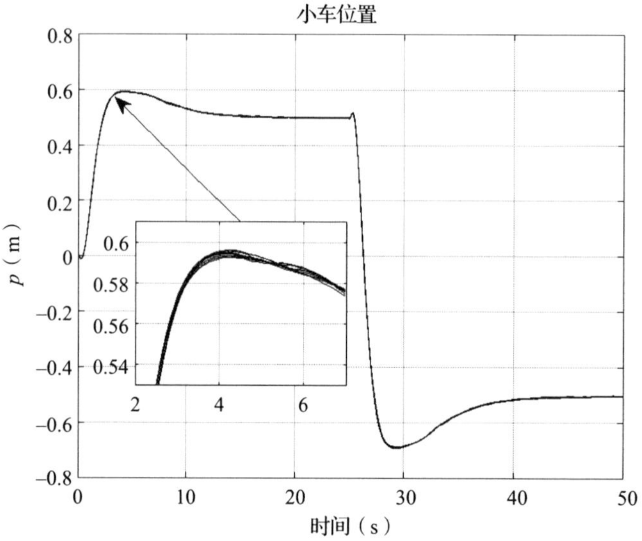

图 4.79　蒙特卡罗仿真：小车位置

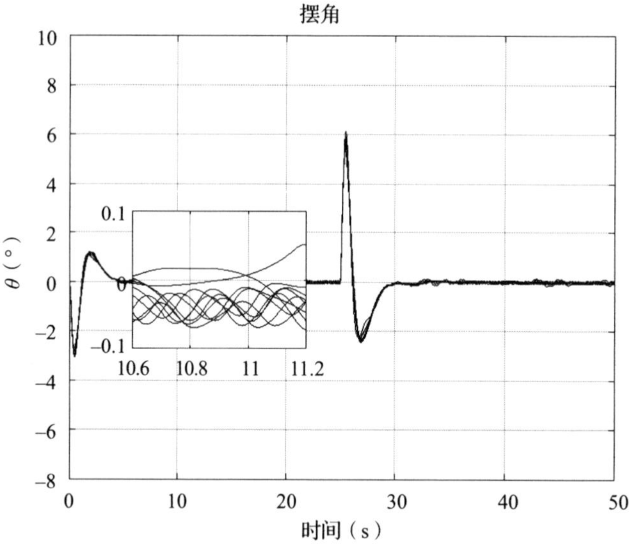

图 4.80　蒙特卡罗仿真：摆角

最坏情况不确定性下的闭环系统幅度响应如图 4.81 所示。闭环带宽等于 1.40 rad/s，与 $\mathscr{H}_\infty$ 控制器情况时的一样。

图 4.82 和图 4.83 分别显示了 30 个随机不确定性参数值的最坏情况下小车位置阶跃响应和最坏情况下摆角响应以及相应响应。最坏情况下的稳定裕度是

```
wcmarg =

     GainMargin: [0.6668 1.4997]
    PhaseMargin: [-22.6104 22.6104]
      Frequency: 4.3827
          WCUnc: [1x1 struct]
    Sensitivity: [1x1 struct]
```

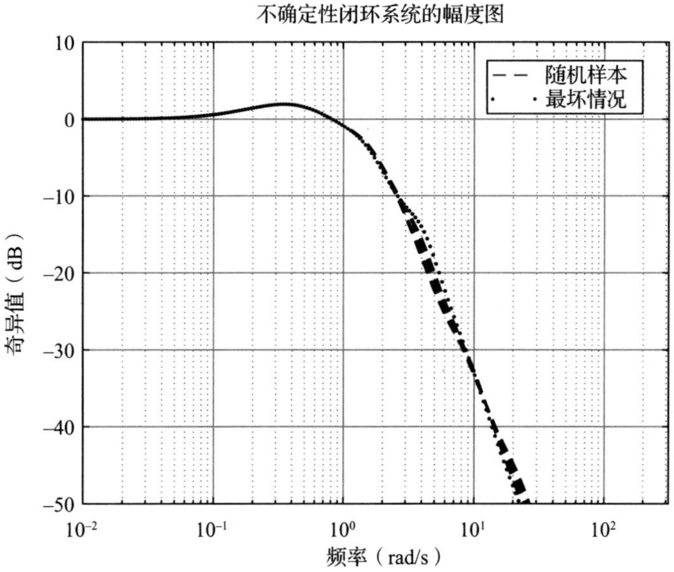

图 4.81　最坏情况增益

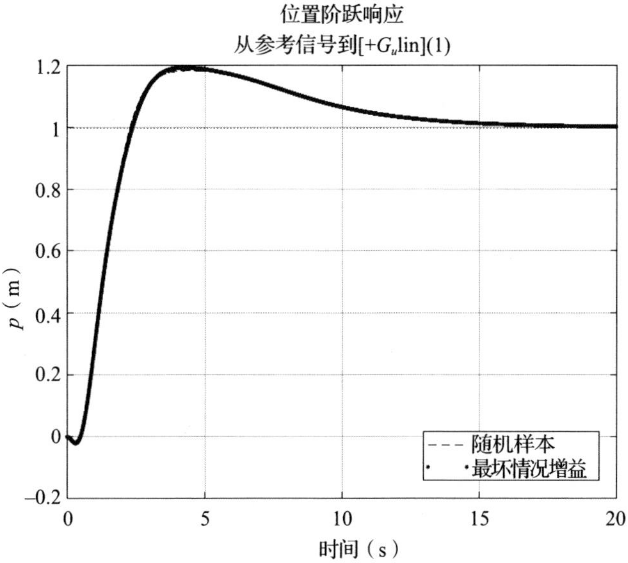

图 4.82　最坏情况小车位置

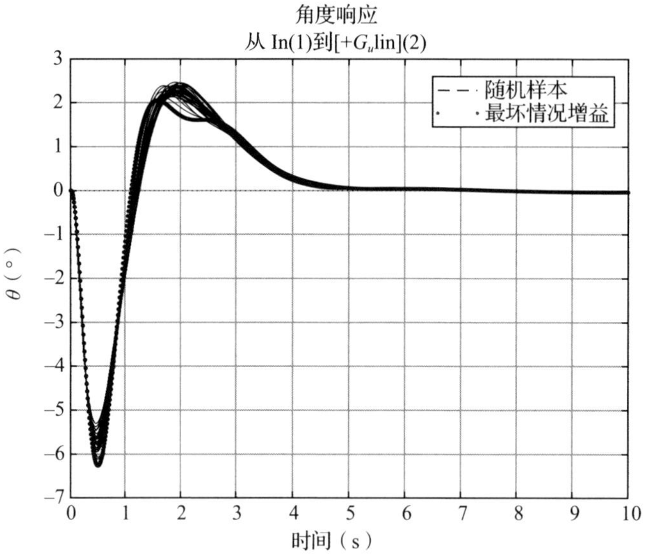

图 4.83　最坏情况摆角

最后，在图 4.84 中显示了控制对小车位置参考和测量噪声的灵敏度。从该图中可以看出，被控对象输入端处的噪声影响是足够小的。

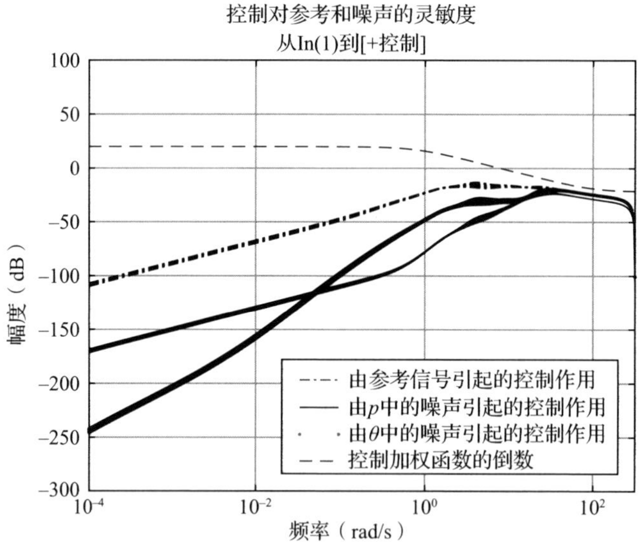

图 4.84　控制对参考和噪声的灵敏度

4.6　控制器比较

在小车－单摆系统的情况下，不同控制器的一些闭环特性的比较在表 4.4 中给出。(需要注意，LQG 控制器和具有 $\mathscr{H}_\infty$ 滤波器的 LQR 控制器采用的是带有偏置补偿的版本。）表 4.4 第 3 列中显示的稳定性鲁棒性裕度是通过 μ – 分析计算得到的。

表 4.4　小车 – 单摆系统的控制器对比

控制器	阶次	稳定鲁棒裕度	最坏情况下增益裕度	最坏情况下相位裕度（°）	最坏情况下带宽（rad/s）
PID	3	1.25	1.12	± 6.24	0.42
LQG	7	1.12	1.28	± 13.9	1.99
LQR +$\mathscr{H}_\infty$滤波器	7	1.94	1.76	± 30.9	1.90
$\mathscr{H}_\infty$	11	1.62	1.09	± 4.8	1.40
μ	10	3.01	1.50	± 22.6	1.40

在 PID 控制器的情况下，可接受的鲁棒性是以最小闭环带宽为代价获得的，导致了最慢的暂态响应。与 PID 控制器相比，LQG 控制器（LQ 调节器 + 卡尔曼滤波器）由于有最大的带宽而获得了最快的暂态响应。然而，LQG 控制器在最坏情况下裕度相对较小。对于所考虑的被控对象，在闭环性能对比方面，具有 $\mathscr{H}_\infty$ 滤波器的 LQ 调节器表现出比 LQG 控制器更好的鲁棒性。该控制器作用下的最坏情况增益和相位裕度在所比较的 5 个控制器中最大。令人惊讶的是，与具有 $\mathscr{H}_\infty$ 滤波器的 LQ 调节器相比，$\mathscr{H}_\infty$ 控制器具有更差的鲁棒性和更小的带宽。由此得出结论：结合 LQR 和 $\mathscr{H}_\infty$ 状态估计滤波器的控制器可以成功替代 $\mathscr{H}_\infty$ 控制器。正如预期的那样，闭环系统的最佳鲁棒性是通过 μ 控制器实现的。我们应该记住，这些特性可能需要大量计算才能获得，以找到 μ 综合中使用的适当加权函数。需要注意，与线性二次控制器相比，$\mathscr{H}_\infty$ 和 μ 控制器具有更小的带宽，这反映了控制器设计中性能和鲁棒性之间的折中。

4.7　HIL 仿真

本节使用的 MATLAB 文件

PID 控制器文件	描述
`sim_HIL_SCI_PID.m`	PID 控制器 HIL 仿真的 M– 文件
`HIL_SCI_simulation_PID.slx`	PID 控制器 HIL 仿真的主机 Simulink 文件
`HIL_SCI_target_PID.slx`	PID 控制器 HIL 仿真的目标 Simulink 文件

LQG 控制器文件	描述
`sim_HIL_SCI_LQG.m`	LQG 控制器 HIL 仿真的 M– 文件
`HIL_SCI_simulation_LQG.slx`	LQG 控制器 HIL 仿真的主机 Simulink 文件
`HIL_SCI_target_LQG.slx`	LQG 控制器 HIL 仿真的目标 Simulink 文件

LQ 调节器和 $\mathscr{H}_\infty$滤波器文件	描述
`sim_HIL_SCI_LQR_Hinf.m`	LQ 调节器和 $\mathscr{H}_\infty$滤波器 HIL 仿真的 M– 文件
`HIL_SCI_simulation_LQR_Hinf.slx`	LQ 调节器和 $\mathscr{H}_\infty$滤波器 HIL 仿真的主机 Simulink 文件
`HIL_SCI_target_LQR_Hinf.slx`	LQ 调节器和 $\mathscr{H}_\infty$滤波器 HIL 仿真的目标 Simulink 文件

$\mathscr{H}_\infty$控制器文件	描述
sim_HIL_SCI_Hinf.m	$\mathscr{H}_\infty$控制器 HIL 仿真的 M– 文件
HIL_SCI_simulation_Hinf.slx	用于 $\mathscr{H}_\infty$控制器 HIL 仿真的主机 Simulink 文件
HIL_SCI_target_Hinf.slx	$\mathscr{H}_\infty$控制器 HIL 仿真的目标 Simulink 文件

μ 控制器文件	描述
sim_HIL_SCI_mu.m	μ 控制器 HIL 仿真的 M– 文件
HIL_SCI_simulation_mu.slx	μ 控制器 HIL 仿真的主机 Simulink 文件
HIL_SCI_target_mu.slx	μ 控制器 HIL 仿真的目标 Simulink 文件

闭环系统 HIL 仿真的一般框图如图 4.85 所示。带有干扰和噪声的被控对象、执行器和传感器动态在主 PC 上以双精度建模。相应的控制器以单精度嵌入目标处理器中。

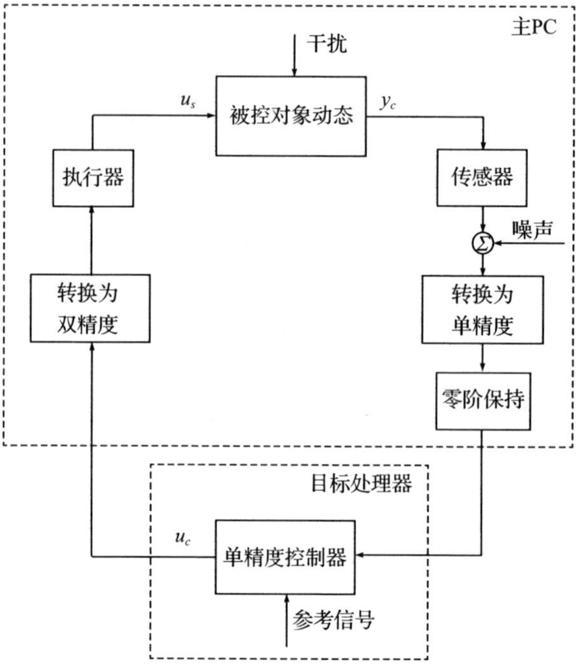

图 4.85　闭环系统 HIL 仿真

考虑闭环小车 – 单摆控制系统的 HIL 仿真。主机 Simulink 模型（见图 4.86）包含闭环系统的两种情况。在图 4.86 的底部，标称被控对象模型由主机实现的单精度控制器控制。在图 4.86 的上部，最坏情况下被控对象模型是由基于 TMS320F28335 数字信号控制器的目标实现控制器控制。在给定的情况下，只有被控对象模型是由主机实现的，而其输入和输出信号通过异步串行连接与目标进行通信。因此，目标被表示为虚拟或物理 COM 端口，可以从 Simulink 模型通过驱动程序块串行配置、数据发送和数据接收来访问。

虽然被控对象模型是用双精度算法实现的，但它的控制器是以单精度甚至定点算法工作的，相应的数据类型转换块是不同数字表示格式之间的接口。用户可以选择几个截断舍入选项并观察其运算效果。零阶保持块将连续时间被控对象的输出离散化，然后再将其发送到硬件目标，硬件目标本质上工作在离散时间域。

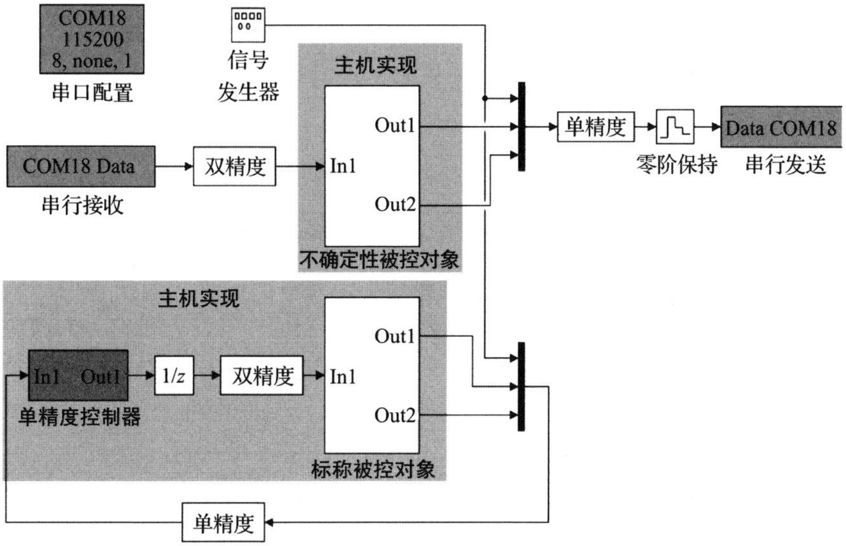

图 4.86 小车 – 单摆控制的主机 HIL Simulink 模型

目标硬件平台中的控制器实现接收被控对象输出的数据，计算下一个控制作用并将其发送回主机（见图 4.87）。

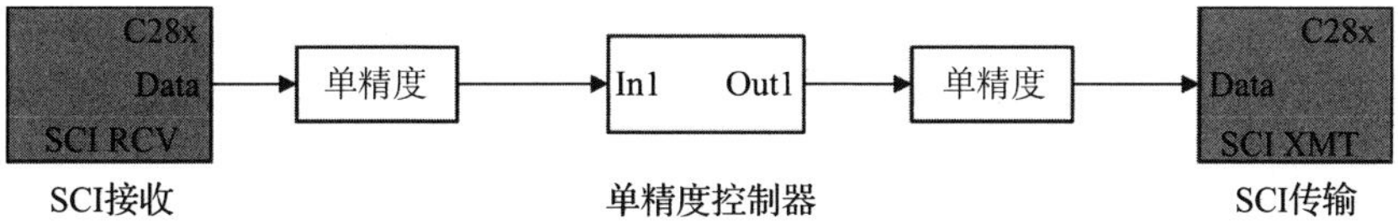

图 4.87 小车 – 单摆控制系统的目标 HIL Simulink 模型

TMS320F28335 微控制器具有用于异步通信的专用 SCI 模块，可从带有相应驱动程序块的 Simulink 模型访问该模块。主机和目标配置的数据速率、消息长度、停止位、奇偶校验等必须匹配才能成功通信。例如，数据速率为 115 200 位 / s，所以

$$
\begin{aligned}
115\,200 \text{ 位 / s} &= 14\,400 \text{ 字节 / s} = 3600\text{（单精度）字 / s} \\
&= 36\text{（单精度）字 / 时钟周期}
\end{aligned} \tag{4.53}
$$

其中 $T_s = 0.01\text{s}$。使用这种数据速率，在采样间隔过去之前，可以在每个方向上传输大约 30 个单精度数字。然而，这是一个理论上的最大值，实际可达到的速率约为每秒 15 个信号值。

倒立摆的控制算法以单精度的方式表示为相应的 Simulink 块。图 4.88 中的模型表示 μ 控制器，带有适用于目标代码生成的 Simulink 块。矩阵增益、单位延迟和求和块支持控制信号计算。饱和和零阶保持块对信号的幅值和采样时间施加限制。与主机实现类似，预处

理适用于从串行端口接收的数据。

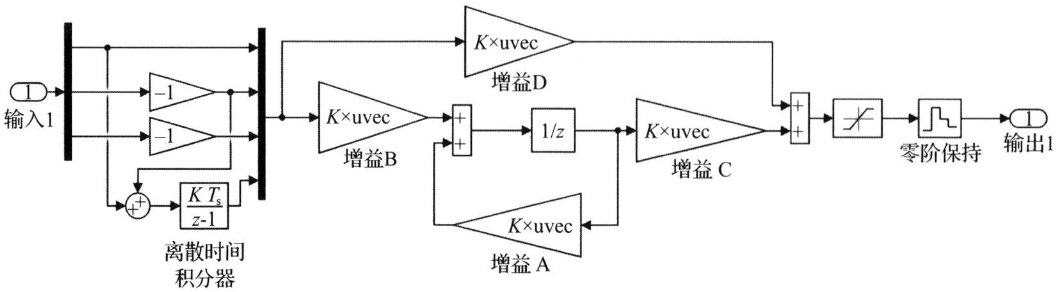

图 4.88 代码生成的数据流模型。倒立摆和小车的 10 阶 μ 控制器

接着，我们展示了 5 种不同控制器作用下的小车 – 单摆系统 HIL 仿真的实验数据——PID、LQG、带有 $\mathscr{H}_\infty$ 状态估计器的 LQR、$\mathscr{H}_\infty$ 调节器和 μ 调节器。带有 $\mathscr{H}_\infty$ 滤波器控制器的 LQG 和 LQR 是通过偏置补偿实现的。在 LQG 控制器的情况下，考虑小车 – 单摆系统的 HIL 仿真。此时的 HIL 实验工作流程如下：

- 编译目标模型 `HIL_SCI_target_LQG.slx` 以构建可执行 .out 文件，用于嵌入式系统。生成中间件 `.c` 和 `.h` 文件，代表 Simulink 模型功能。所有文件都位于名为 `HIL_SCI_target_LQG_ticcs` 的独立文件夹中。子文件夹 `CustomMW` 包含可执行文件 `HIL_SCI_target_LQG.out`。
- 启动代码调试器（Code Composer Studio，CCS）集成开发环境（IDE）。在 CCS 和目标处理器之间建立连接（首先将平台连接到主 PC 的 USB 端口，然后从 CSS 逻辑访问目标处理器内存），指示目标处理器开始执行加载的程序。
- 运行文件 `sim_HIL_SCI_LQG.m`，该文件执行主机 Simulink 程序 `HIL_SCI_simulation_LQG.slx`。

其他控制器的 HIL 仿真工作流程与上面描述的类似。

如前所述，小车 – 单摆系统控制设计的目的是使摆稳定在竖直位置上，并使期望小车位置和测量小车位置之间的跟踪误差最小。在信号层面，小车 – 单摆系统可以看作控制输入 u 和系统输出小车位置 p 和摆角 θ 之间的低频滤波器。因此，闭环中的任何正弦振荡在信号 u 中比在信号 θ 和信号 p 中表现得更明显。同时，因为存在与 θ 相关的低惯性和不稳定极点，所以 θ 的动力学速度比 p 快。因此，实验结果支持可以支撑 u 对模型扰动的敏感性大于 θ 的敏感性，而 θ 的敏感性又大于 p 的敏感性。

首先考虑 PID 控制器的仿真结果。如 4.6 节所述，PID 调节器的特点是瞬态响应最慢。从图 4.89 中可以看出，小车位置的稳定时间超过 10s。该调节器具有较好的鲁棒性。摆锤与垂直位置的偏差很小，不超过 1.2°。

LQG 控制器使摄动系统产生最大的振荡响应，这在小车位置和摆角测量中很明显（见图 4.90）。同时，系统对标称参数的响应根本没有振荡。LQG 控制策略仅假设零均值高斯干扰作用于系统端口，而隐含的优化问题没有考虑确定性干扰，这个确定性干扰将是应用参数摄动的等效信号表示。

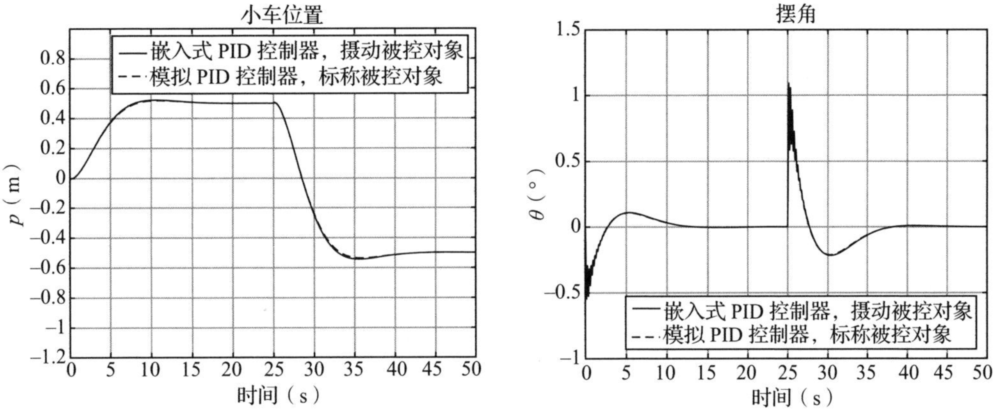

图 4.89 小车 – 单摆系统 PID 控制器的 HIL 仿真

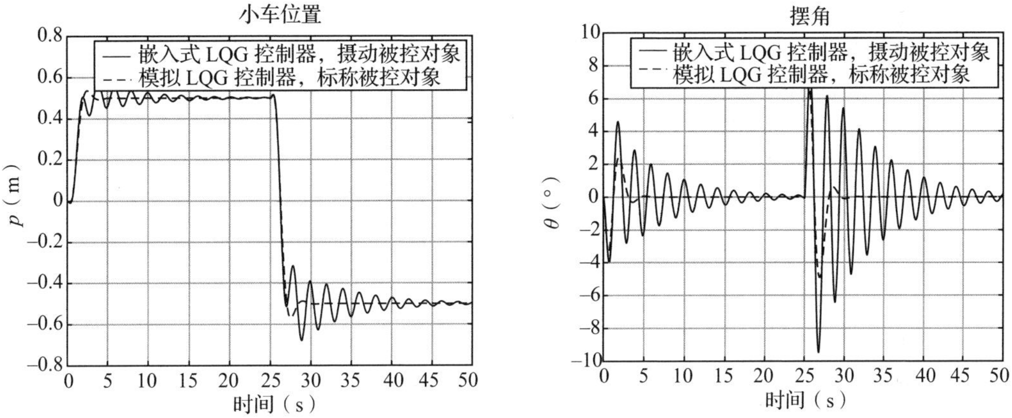

图 4.90 小车 – 单摆系统 LQG 控制器的 HIL 仿真

将 $\mathscr{H}_\infty$ 状态观测器引入 LQR 调节器中可导致参数摄动的显著衰减（见图 4.91）。状态反馈矩阵从优化问题中计算得到，这类似于 LQG 的情况；然而，$\mathscr{H}_\infty$ 观测器的作用是最小化最大状态估计误差，而不是像卡尔曼滤波器和 LQG 控制那样最小化估计误差的标准差。正如人们所期望的那样，在一定程度上，更准确的状态估计可以补偿标称动态和摄动动态之间的偏差。

与线性二次控制中使用的优化成本函数不一样，$\mathscr{H}_\infty$ 和 μ 控制器的设计使用了不同的优化成本值函数。这些控制器的底层结构同样是基于线性观测器的状态反馈，但是通过不同的标准进行调整。$\mathscr{H}_\infty$ 控制器最小化外部干扰到误差信号的传递矩阵的 $\mathscr{H}_\infty$ 范数，用来描述偏离标称性能的程度。由于标称被控对象的参数摄动可以表示为等效的外部干扰，因此 $\mathscr{H}_\infty$ 控制器将有效地衰减输出误差（见图 4.92）。

由于 μ 控制器直接考虑了小车 – 单摆系统的线性模型中呈现的不确定性，与其他设计的控制器相比，闭环响应是振荡最小的（见图 4.93）。控制器最小化结构奇异值 μ，该值描述了使闭环系统不稳定的最大参数摄动。

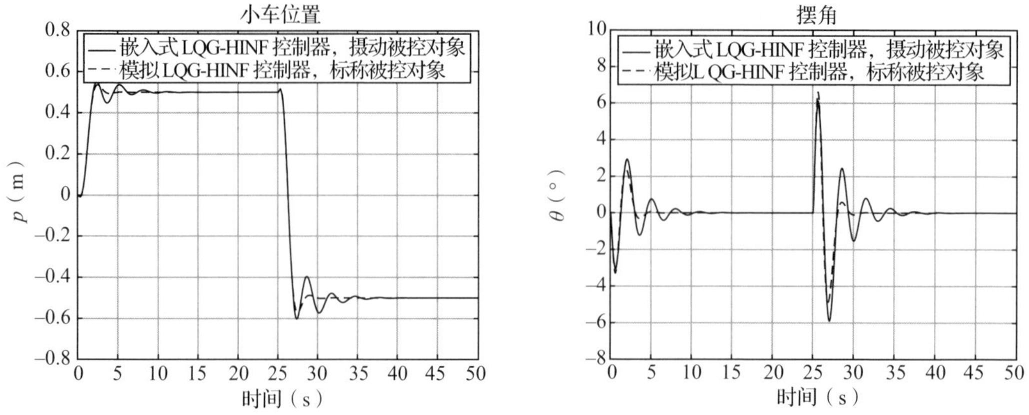

图 4.91　小车 – 单摆系统基于 $\mathscr{H}_\infty$ 观测器的 LQR 控制器的 HIL 仿真

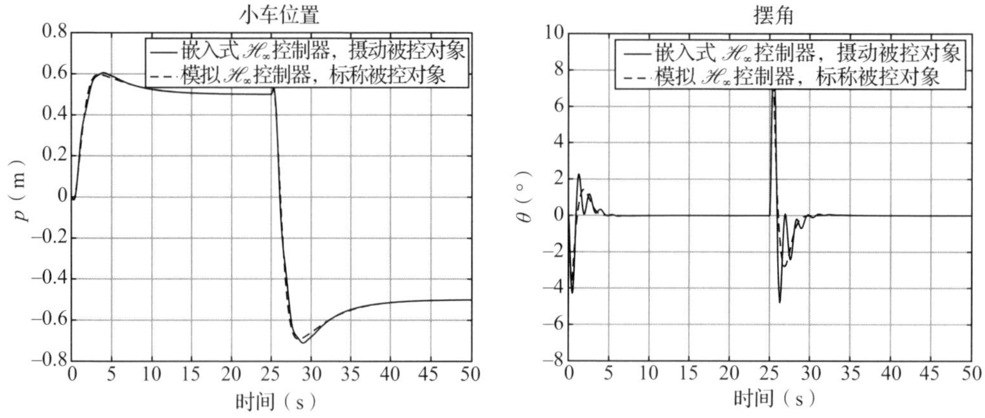

图 4.92　小车 – 单摆系统 $\mathscr{H}_\infty$ 控制器的 HIL 仿真

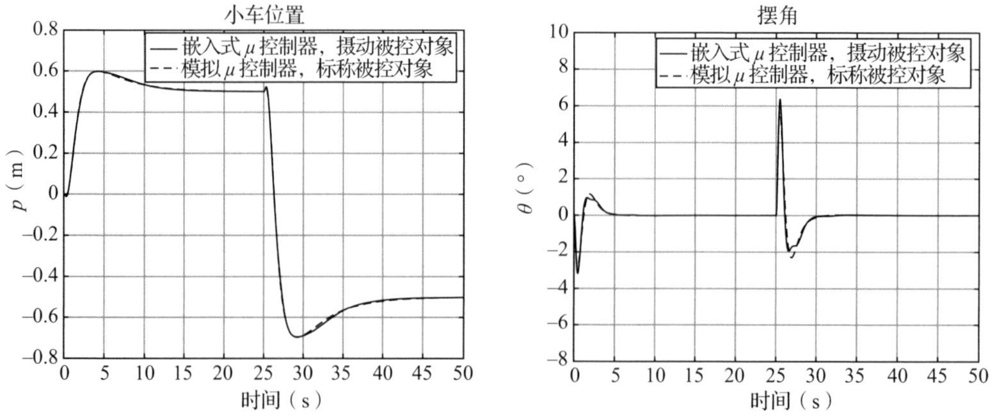

图 4.93　小车 – 单摆系统 μ 控制器的 HIL 仿真

4.8 注释和参考文献

控制器设计是控制理论中一个富有成果的领域，其思想和成果极其丰富。在本章中，我们仅介绍了一些有关实际可实现的控制器的设计结果。

PID 控制器可能是最流行的控制设备。PID 控制理论的基础知识在文献 [89] 的第 10 章中进行了介绍。PID 控制器设计及其实际实现的详细介绍可以在许多书籍中找到，例如，可参见文献 [115-117]。大量的 PI 和 PID 调整规则在文献 [118] 中进行了整理和汇总，在专利、软件包和商业硬件模块中的 PID 控制器的功能和调整方法的概述可在文献 [119] 中找到。用于多变量过程的分散式和集中式 PID 控制在文献 [120] 中进行了描述，基于 FPGA 的 PID 控制器实现在文献 [121] 中进行了讨论。最后，PID 控制的前景在文献 [122] 中进行了讨论。

如文献 [45] 的 5.5 节所述，LQR 问题的解可能是现代控制理论中最重要的结果之一，并且对最优控制系统的设计具有深远影响。LQR 控制理论始于卡尔曼 [123] 的开创性论文，其详细介绍可以在许多优秀书籍中找到，例如文献 [43, 45, 71, 99, 111, 124]。

随机系统的 LQG 理论基于线性二次优化和卡尔曼滤波，它们在很多书籍中都有介绍，可参见文献 [44, 70, 73, 75-78]。

与全状态 LQR 相比，在 LQG 控制器中引入卡尔曼滤波器可能会导致闭环稳定裕度显著缩小。在这种情况下，可以使用所谓的回路传输恢复（LTR）过程（参见文献 [125-126]），它允许在一定程度上“恢复”LQR 稳定裕度。此过程的实际实施仅限于传输零点在复平面左半部分（最小相位系统）和方形传递函数的系统。

$\mathscr{H}_\infty$ 滤波理论的综合说明在文献 [44, 78, 99] 中进行了介绍。

$\mathscr{H}_\infty$ 设计和 μ 综合的详细展示在文献 [82, 87, 99, 102-103] 中可以找到。使用 $\mathscr{H}_\infty$ 综合的回路整形设计过程在文献 [127] 中进行了介绍。基于 LMI 方法进行 $\mathscr{H}_\infty$ 设计的理论和数值算法在文献 [112, 114, 128-130] 中进行了介绍。$\mathscr{H}_\infty$ 设计中的数值问题在文献 [131-133] 中进行了探讨。

第 5 章

案例研究 1：水箱物理模型的嵌入式控制

本节使用的 MATLAB 文件

文件	描述
ident_tank.m	水箱被控对象辨识
experiment_ident_tank.mat	用于水箱辨识的测量输入 / 输出数据
tank_static_characteristic.slx	用于静态特性测量的代码生成
tank_LQR_LQG_design.m	水位 LQG 控制器的设计
tank_Hinf_design.m	水位 $\mathscr{H}_\infty$ 控制器的设计
frs_and_time_response_LQG.m	具有 LQG 控制器的闭环系统的频率响应图和时间响应图
frs_and_time_response_Hinf.m	具有 $\mathscr{H}_\infty$ 控制器的闭环系统的频率响应图和时间响应图
LQR_sim.slx	具有 LQR 控制器的闭环系统仿真
LQG_sim.slx	具有 LQG 控制器的闭环系统仿真
Hinf_sim.slx	具有 $\mathscr{H}_\infty$ 控制器的闭环系统仿真
Kalman_Hinf.slx	具有 $\mathscr{H}_\infty$ 控制器的闭环系统输出信号的离线滤波
LQG_cl_data.mat	基于 LQG 控制器的实验测量数据
Hinf_cl_data.mat	基于 $\mathscr{H}_\infty$ 控制器的实验测量数据

本章介绍用于水箱模型中液位控制的低成本嵌入式系统的开发和实验评估。被控对象是由 Lucas Nülle 公司生产的水箱物理实验室模型 [134]。设计 $\mathscr{H}_\infty$ 控制器将液位控制在很广的范围内，然后在低成本控制套件 Arduino Mega 2560 [135] 中实现控制算法。在 MATLAB/Simulink 环境中开发的软件用于生成控制代码，并且开发了一些额外的简单硬件设备。这些设备给模拟信号提供适当的电压水平（电位），以便于在水箱物理模型和控制套件之间进行交换。通过附录 D 中描述的一种辨识技术，基于实验数据导出的线性离散时间黑箱模型来设计控制器。这种技术的主要优点是获得了被控对象和噪声的低阶模型。噪声模型用于设计合适的卡尔曼滤波器，以显著降低控制信号对噪声的灵敏度，这对于正确利用执行器非常重要。闭环系统的仿真结果以及基于所设计控制器的实时实现所获得的实验结果也都获得了，并且在整个工作范围内这些结果都验证了嵌入式控制系统的性能。

本章结构如下。5.1 节介绍有关用于控制水箱水位的嵌入式系统的硬件配置信息。水箱模型的推导和验证见 5.2 节。在 5.3 节和 5.4 节中，使用该模型设计线性二次高斯（LQG）控制器和 $\mathscr{H}_\infty$ 控制器。5.5 节给出实验结果以及仿真结果的比较。控制器设计、代码生成和控制器评估的过程是基于 MATLAB 和 Simulink 完成的。

5.1　嵌入式控制系统的硬件配置

水箱水位控制的嵌入式系统设计方案如图 5.1 所示。该系统由水箱、分压器、DIP 簧片继电器和 Arduino Mega 2560 套件组成。控制的目的是将水位设置为期望的水平，而不考虑通过出口阀流出的水量。期望的水位由参考信号设定，并通过水泵控制进水流量，水位由液位传感器测量。

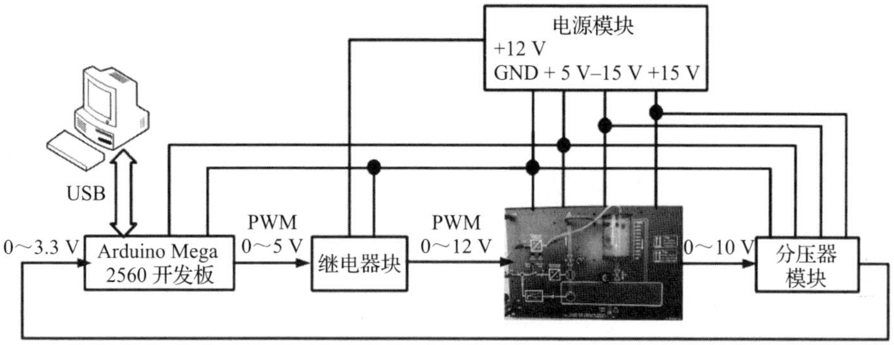

图 5.1　水箱水位控制系统

5.1.1　水箱

Lucas Nülle 公司生产的水箱如图 5.2 所示，其中：（1）为液位传感器输出；（2）为调节液位传感器偏置和增益的旋钮；（3）为带有液位刻度的水箱；（4）为手动出口阀，可用于产生负载干扰；（5）为手动进口阀；（6）为流速传感器；（7）为流速传感器输出；（8）为水泵操纵变量输入；（9）为水泵，将水箱中的水从位于较低高度的蓄水池中抽走；（10）为蓄水池；（11）为出口阀，用于排空水箱。为了控制水位，我们将脉宽调制（PWM）信号输入（8）来操纵水泵电压以改变进水流量，该信号应具有 10V 的高电平和 0V 的低电平。水箱中的水位由液位传感器（1）测量，该传感器产生 0 ～ 10V 范围内的输出信号。

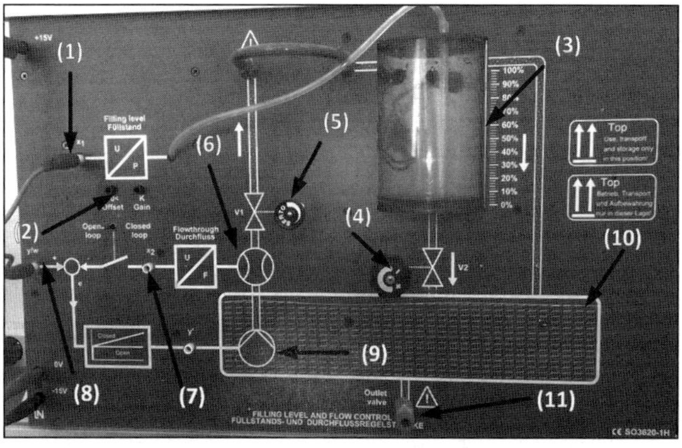

图 5.2　水箱模型

5.1.2 Arduino Mega 2560

Arduino Mega 2560 开发板如图 5.3 所示。它是最受欢迎的低成本微控制器套件之一[135]，可用于各种被控对象的自动控制。Arduino Mega 2560 是一个基于微控制器 ATmega2560 的套件，有 54 个数字输入 / 输出引脚、16 个模拟输入、4 个 UART（硬件串行端口）、一个 16 MHz 晶体振荡器、一个 USB 连接、一个电源插孔、一个 ICSP 接头和一个复位按钮，共有 15 个数字输出可用作 PWM 输出。该套件包含支持微控制器所需的一切：用一个 USB 数据线可简单地将其连接到计算机上；通过主机 USB 端口或使用 AC-DC 适配器或电池为其供电；提供各种通信接口。Mega 2560 开发板与大多数为 Uno 和以前的开发板设计的 Shield 相兼容。表 5.1 给出了控制器套件的简要技术指标。

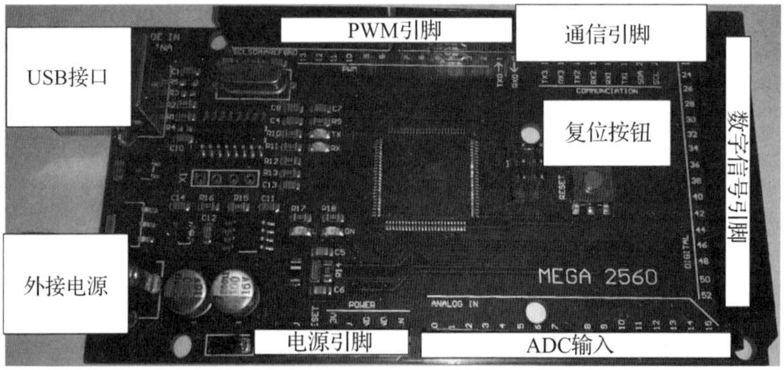

图 5.3 Arduino Mega 2560 套件

表 5.1 Arduino Mega 2560 套件技术指标

微控制器	ATmega2560	微控制器	ATmega2560
工作电压	5V	3.3V 引脚的直流电流	50mA
输入电压（推荐）	7 ～ 12V	闪存	256 KB
输入电压范围	6 ～ 20V	SRAM	8 KB
数字 I/O 引脚	54（15PWM 输出）	EEPROM	4 KB
模拟输入	16	时钟速度	16MHz
每个 I/O 引脚的直流电流	20mA		

ATmega 2560 微控制器具有用于存储代码的 256 KB 闪存、8 KB 的 SRAM 和 4 KB 的 EEPROM。使用适当的配置功能，Mega 上的 54 个数字引脚中的每一个都可以用作输入或输出，并且它们的工作电压为 5V。每个引脚可以按照建议的工作条件提供或接收 20mA 的电流，并具有一个 20 ～ 50kΩ 的内部上拉电阻（默认情况下是断开的）。最大电流不得超过 40mA，以避免对微控制器造成永久性损坏。一些数字引脚具有特殊功能，比如提供串行通信、SPI 通信、外部中断和 PWM 输出。Mega 2560 有 16 个模拟输入，每个输入提供 10 b 的分辨率（即 1024 个不同的值）。默认情况下，测量范围是从地（ground）电位到 5V。

为了通过 PWM 信号调节水泵电压来控制水箱内的水位，我们应该有高电平 10V 和低电平 0V 的信号。Mega 2560 的数字引脚产生的 8 位 PWM 信号，其频率为 490Hz，高电平为 5V，低电平为 0V。因此，它应该被放大到高电平 10V，这是由 DIP 簧片继电器完成的。嵌入式系统的控制信号是整数，该值被写入 PWM 输出，取值范围是 0 ～ 255。

水位传感器的输出信号取值范围为 0 ～ 10V，而 Arduino Mega 2560 的 ADC 转换器的范围为 0 ～ 5V。因此，应该对传感器电压信号进行划分，这由分压器来完成，分压器将传感器电压从 0 ～ 10V 的范围线性变换到 0 ～ 3.3V 的范围。10 位 ADC 生成范围为 0 ～ 1023 的整数，但对应于 100% 水位的分压器输出信号值约为 3.3V。这意味着从 ADC 获得的最大整数是 676。因此，控制变量可以取 0 ～ 676 范围内的整数值。

Arduino Mega 2560 开发板可以使用免费的 Arduino Software (IDE) 进行编程，也可以借助 Simulink Coder [9] 和适用于 Arduino Hardware 的 Simulink Support 包从 MATLAB/Simulink 环境中自动生成源代码并将其嵌入开发板中 [136]。

5.1.3　分压器

分压器如图 5.4 所示。它将水位传感器的输出信号从 0 ～ 10V 的范围线性划分到 0 ～ 3.3V。电路图如图 5.5 所示。分压器的设计是基于 TL-082 JFET 输入运算放大器和无源电子元器件的，这些元器件提供了期望的特性。分压器的输出连接到 Arduino Mega 2560 开发 板的 ADC 输入。

图 5.4　分压器

5.1.4　继电器块

设计的继电器块如图 5.6 所示，它基于 DIP 簧片继电器 1A72-12L。继电器根据 Arduino Mega 2560 开发板产生的 5V PWM 信号切换 12V 电源电压，如图 5.7 所示。继电器块的输出连接到水泵的调节输入。

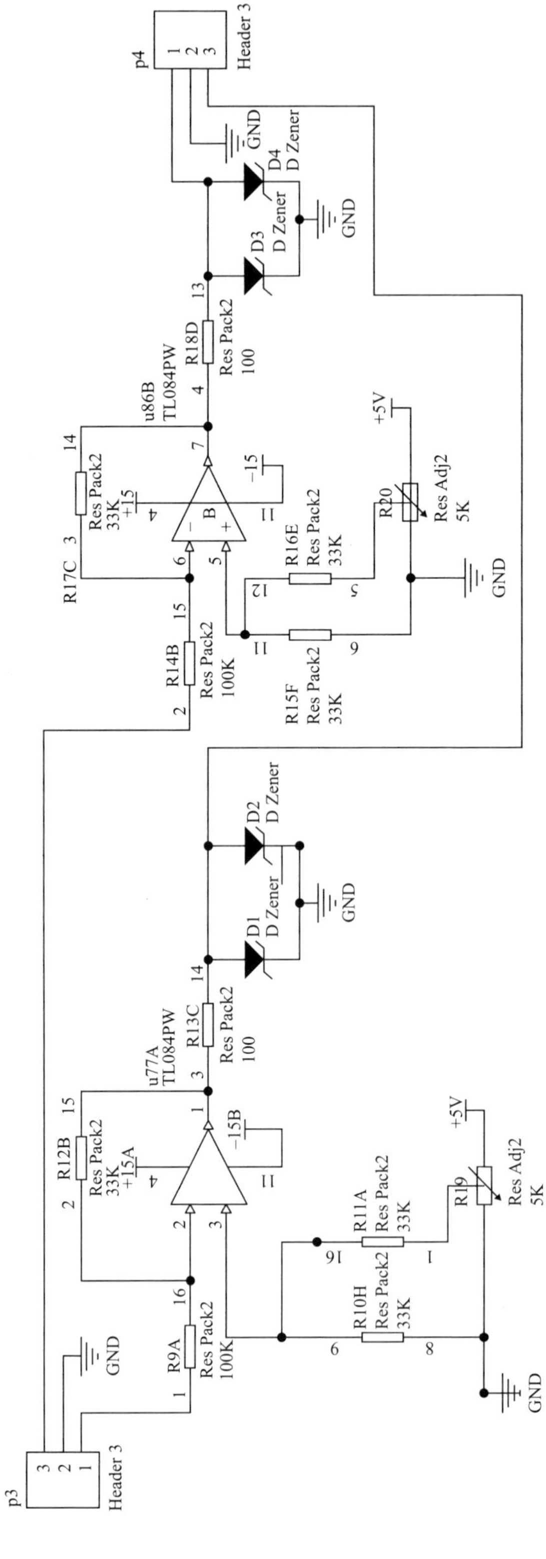
p4
Header 3
GND
D4
D Zener
D3
D Zener
R18D
Res Pack2
100
u86B
TL084PW
R17C
Res Pack2
33K
+15
−15
R14B
Res Pack2
100K
R16E
Res Pack2
33K
R15F
Res Pack2
33K
R20
Res Adj2
5K
+5V
D2
D Zener
D1
D Zener
R13C
Res Pack2
100
u77A
TL084PW
R12B
Res Pack2
33K
+15A
−15B
R9A
Res Pack2
100K
R11A
Res Pack2
33K
R10H
Res Pack2
33K
R19
Res Adj2
5K
p3
Header 3

图 5.5 分压器电路图

图 5.6　继电器块

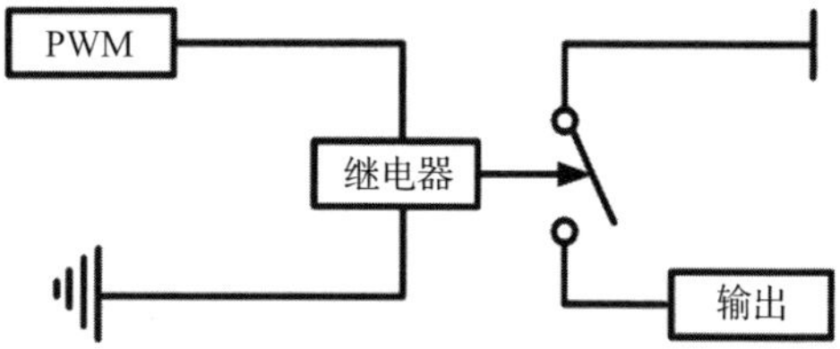

图 5.7　继电器块示意图

5.2　被控对象辨识

为了确定水箱的数学模型，可以应用物理建模或辨识方法。物理建模需要深入了解被控对象的物理知识以及大量先验信息，例如，泵的特性和出口阀的液压阻力。由于缺乏先验信息，在本研究中，我们倾向于使用辨识方法获得的数值模型。使用辨识模型的另一个原因是，除了水箱动态之外，该模型还考虑了水位传感器和水泵的动态，这有助于描述被控对象。此外，通过辨识，我们可以获得噪声的模型，该模型可以用来设计合适的最优滤波器，如卡尔曼滤波器。

在执行辨识过程之前，应该先测量被控对象的静态特性，这将确定出水位变化范围，在该范围内可通过 8b PWM 信号操纵水泵电压来控制水位。为了测量静态特性，在 MATLAB/Simulink 环境中开发了一个专用仿真图，如图 5.8 所示，它使用“Arduino Hardware 的 Simulink 支持包”这个库中的模拟输入块和 PWM 块。借助 Simulink Coder [9] 和 Arduino Hardware 的 Simulink 支持包 [136]，代码由这个软件生成，并嵌入在 Arduino Mega 2560 开发板中。代码生成的属性配置和 Arduino 块的配置将在 5.4 节中更详细地讨论。输入信号是 PWM 信号的占空比，可以取 0 ～ 100% 范围内的值。因此，要将输入信号转换为 8b 整数，应该将其乘以缩放系数 $K_{pwm} = 255/100$。被控对象输出信号是水箱中的水位，其取值范围也是 0 ～ 100%。由于分压器的特性，从 10b ADC 得到的最大整数值等于 676，这意味着我们应该乘以缩放系数 $K_{oum} = 100/676$。被控对象的静态特性如图 5.9 所示，输入 / 输出信号的稳态值如表 5.2 所示。

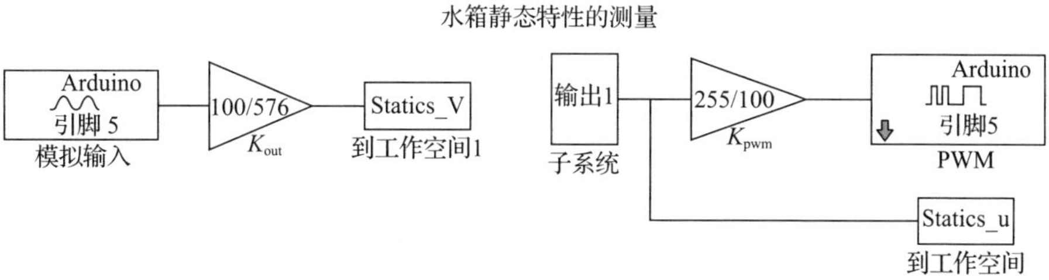

图 5.8　水箱静态特性测量的 Simulink 框图

表 5.2　被控对象输入 / 输出的稳态值

输入信号（%）	0	20	40	50	53	56	59	62	67	77	87
输出信号（%）	0	0	0	4	6	7	12	17	39	67	91

从图 5.9 中可以看出，对于在 58% ～ 100% 范围内的输入信号值，被控对象具有线性特征，同时，水泵具有 58% 的死区宽度。为使用线性被控对象模型并通过线性控制器来控制水位，应该避免执行器死区，这可以通过将 58% 的常值添加到输入信号中来实现。静态特性表明，我们可以在整个工作范围内控制水位，占空比系数在 59% ～ 100% 之间。

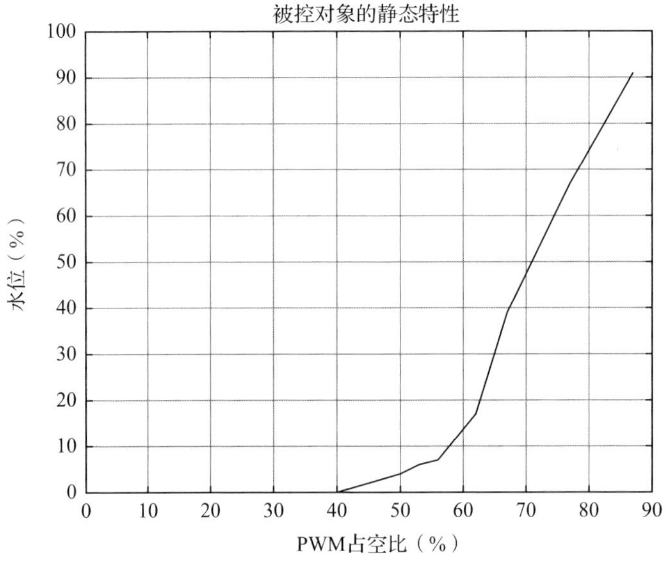

图 5.9　水箱静态特性

被控对象辨识是通过附录 D 中描述的一些方法完成的，目标是获得水箱的线性黑箱模型，该模型能够充分描述整个工作范围内的被控对象动态和噪声。为了获得这样的模型，我们设计了开环辨识实验。在阶跃输入信号的情况下，水位在大约 300 s 内达到稳态值。因此我们选择足够小的采样时间 $T_s = 0.5$ s。在辨识实验的前 630 s 内应用 75% 的恒定输入信号，该值大约等于执行器线性范围的中间值。因此，水位达到大约 62% 的稳态值。在前 630 s 之后，随机二进制信号（RBS）被添加到恒定输入信号中，该恒定输入信号提供辨识信号的持续激励。RBS 是通过中继高斯白噪声过滤得到的。RBS 的幅值选择为 ±15%，因此输入信号取 60% 和 90% 这两个值。以这种方式，输入信号的整个线性范围都得到了利用。辨识实验代码生成的 Simulink 方案是 `Ident_tank.slx`，测得的输入 / 输出数据如图 5.10 所示。尽管如此，我们仅在前 630 s 内使用了常值输入信号，可以看出，被控对象输出明显受到噪声的破坏。该噪声包括电源噪声、测量噪声和输出信号 A/D 转换产生的噪声。

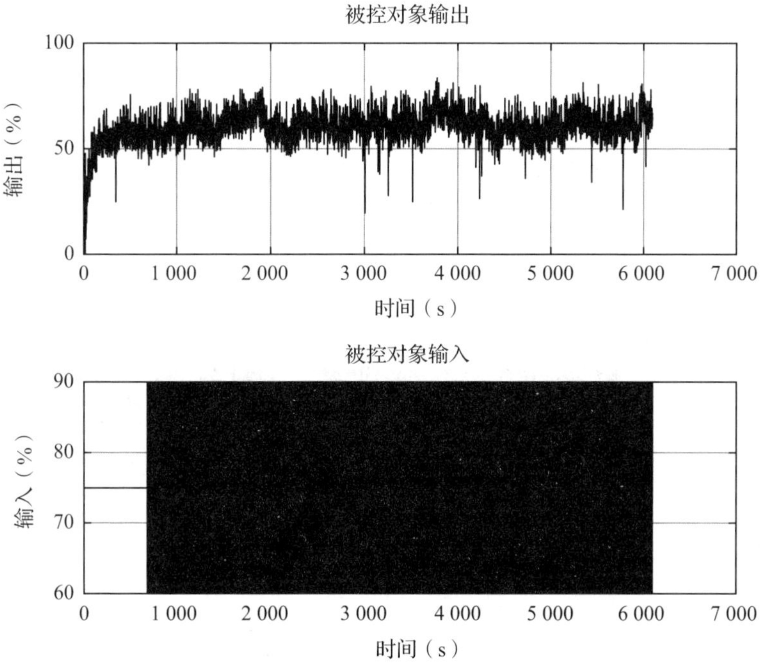

图 5.10　测量的输入 / 输出数据

在使用测得的输入 / 输出数据进行辨识之前，应先将与常值输入信号对应的那部分数据分割出来，余下的数据应集中在一起。然后，可以形成两个数据集，第一个用于模型估计，第二个用于模型验证。接下来的步骤是检查输入信号的持久激励水平并绘制数据集（见图 5.11 和图 5.12）。这些是由下列命令行完成的：

```
load('experiment_ident_tank.mat')
y = y(3000:end);
u = u(3000:end);
y = y-mean(y);
u = u-mean(u);
yestimate = (y(1000:2000));
uestimate = (u(1000:2000));
yval = (y(2001:3000));
uval = (u(2001:3000));
IdentData = iddata(yestimate,uestimate,0.5);
ValidateData = iddata(yval,uval,0.5);
figure()
idplot(IdentData), grid
title('Estimation Data');
figure()
idplot(ValidateData), grid
title('Validation Data');
pexcit(IdentData,1000)
```

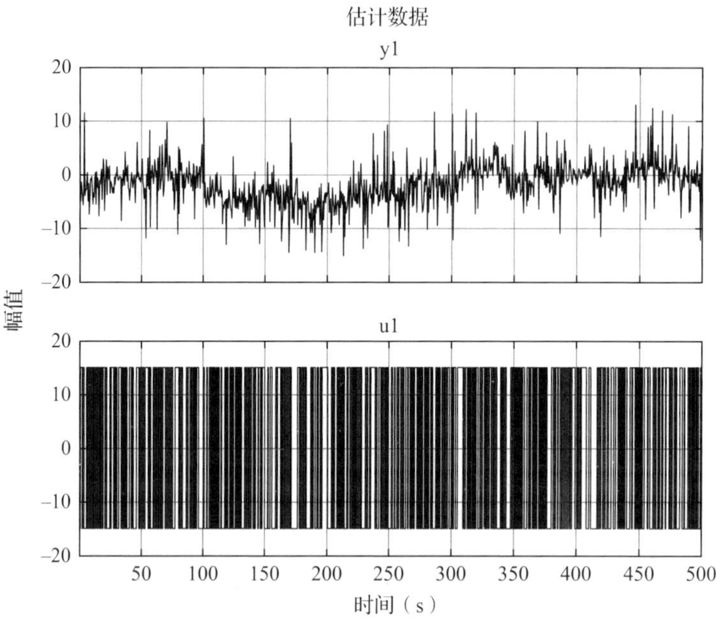

图 5.11 估计输入 / 输出数据

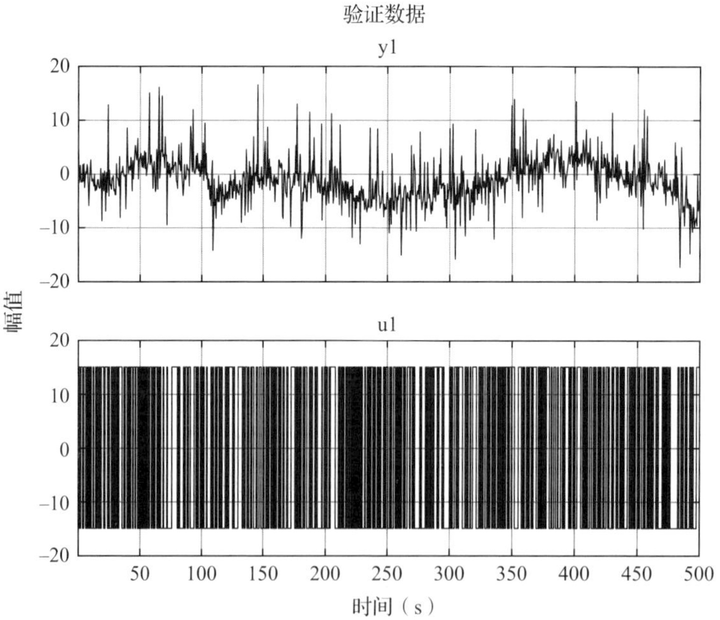

图 5.12 验证输入 / 输出数据

输入信号的激励水平为 500，这意味着我们可以从估计数据集中估计多达 500 个参数。该过程可以从具有很少设计参数的简单黑箱模型的估计开始。这种模型是附录 D 中带有自由参数化的状态空间模型（D.65）。我们选择估计状态空间模型（D.65），因为它的形式可直接用 MATLAB 进行卡尔曼滤波器设计。假设可能的模型阶次在 1 ~ 5，则形成了 5 个状态空间模型的模型集。该集合中最佳模型的阶次由 MATLAB 函数 n4sid 来确定，其命令行如下：

```
n4sid(IdentData,1:5)
```

得到的 Hankel 奇异值结果图如图 5.13 所示。可以看出，最佳模型阶次为 1。然后，通过以下命令行估计附录 D 中的一阶状态空间模型（D.65）：

```
opt = ssestOptions('SearchMethod','lm');
sys_ss = ssest(IdentData,1,'Ts',0.5,opt)
```

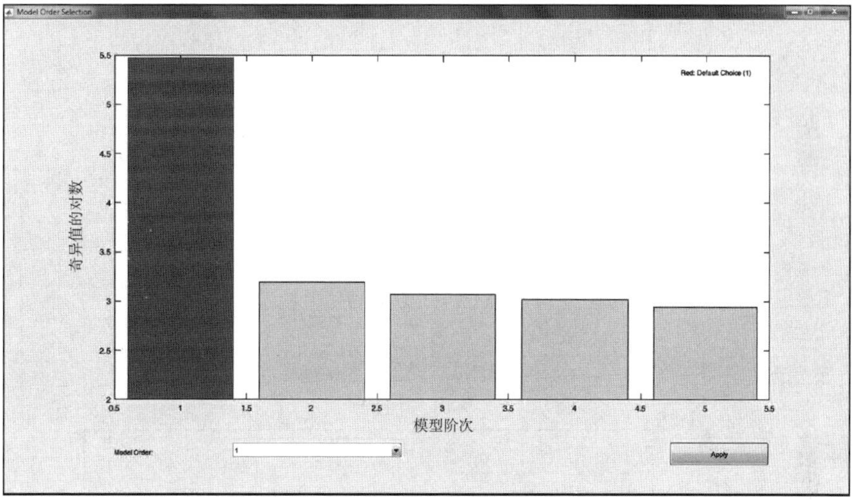

图 5.13　状态空间模型的 Hankel 奇异值

我们得到一个全新的模型，其相关参数为

$$A = 0.944\,2,\ B = 1.887\times10^{-4},\ D = 0,\ K = 2.89\times10^{-4} \tag{5.1}$$

下一步是对估计的状态空间模型进行验证测试。残差测试由以下命令行完成：

```
figure()
resid(sys_ss,ValidateData), grid
title('Residuals correlation of state space model')
figure()
resid(sys_ss,ValidateData,'fr'), grid
title('Residuals frequency response of state space model')
```

白化和独立性测试的结果如图 5.14 所示。控制信号和残差之间估计的高阶有限脉冲响应模型的频率响应以及 99% 的置信区间如图 5.15 所示。从图 5.14 可以看出，得到的模型通过了两次测试，这意味着该模型能够充分描述水箱动态，并且噪声模型也是足够的。从图 5.15 可以看出，在整个感兴趣的频率范围内，输入信号和残差之间没有显著的动态关系。辨识模型输出与实测水位之间的比较如图 5.16 所示，它是通过以下命令行完成的：

```
figure()
compare(sys_ss,ValidateData),grid
title('Comparison between model and measured output signals')
```

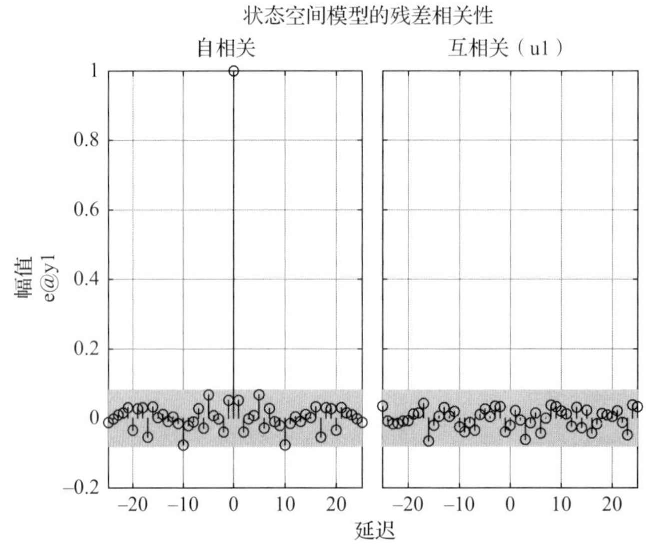

图 5.14　状态空间模型的残差检验

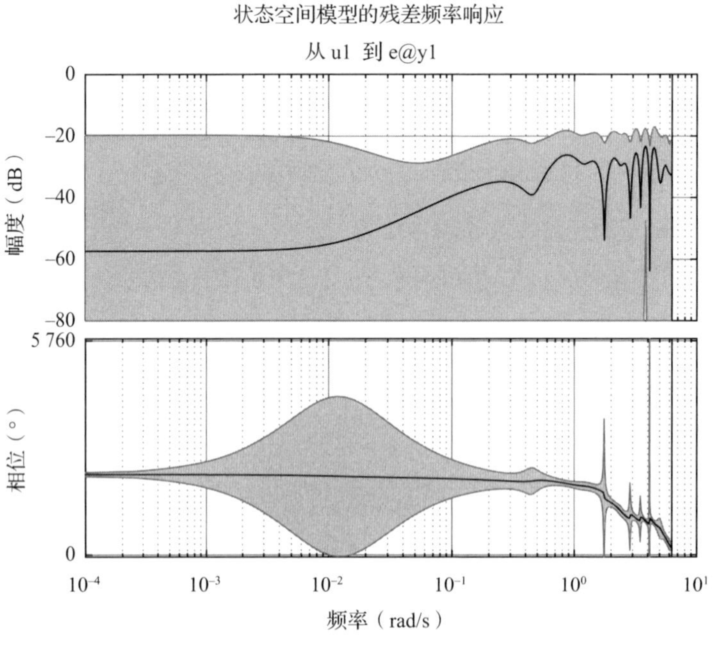

图 5.15　残差到输入信号的频率响应

水位的度量（式（D.71））值是 FIT = 15.33%，乍一看这不是很好的结果，但从图 5.16

中可以看出，估计模型足够好地捕获了被控对象的慢动态特性。模型阶跃响应与实测阶跃响应之间的比较再次证实了这一点，如图 5.17 所示。该测量的阶跃响应是在 75% 的输入信号下获得的，它们之间的比较是通过如下命令行完成的：

```
load('experiment_ident_tank.mat')
t1 = 0:0.5:0.5*999;
y_sim = sim(sys_ss,u(1:1000)-58.5);
t_sim = 0:0.5:0.5*(length(y_sim)-1)
figure(23)
plot(t1,y(1:1000),'k',t_sim,y_sim,'k+'),grid
legend('Measured step response','Model step response')
```

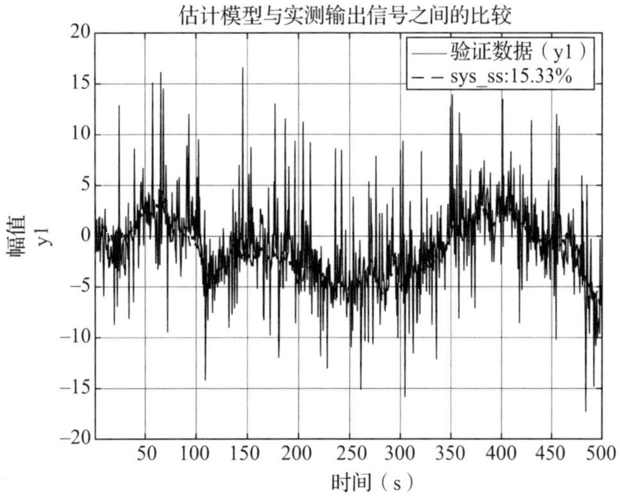

图 5.16　估计模型水位与实测水位

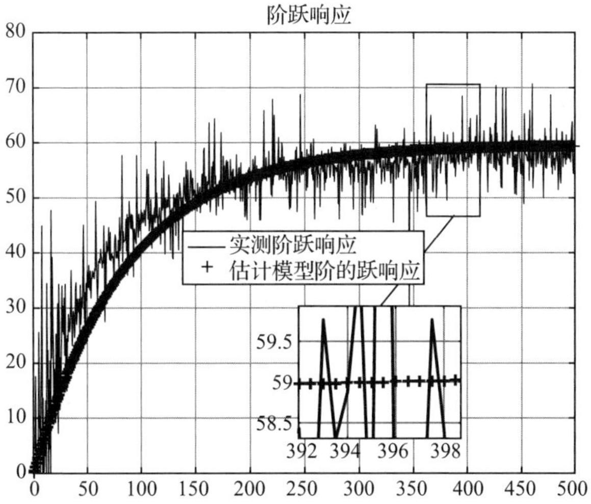

图 5.17　估计模型的阶跃响应和实测阶跃响应

图 5.17 再次表明，在测量数据中有明显的噪声。这就是选择低度量值（式（D.71））的原因。从噪声（模型残差）到模型输出的伯德图如图 5.18 所示，它是由下面的命令行完成的：

```
sys_aug = ss(sys_ss,'augmented')
figure()
bodemag(sys_aug(1,2)),grid
title('Noise to model output frequency response')
```

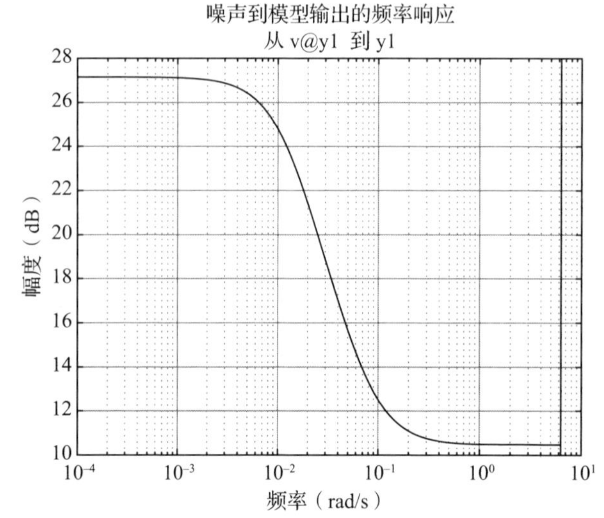

图 5.18 噪声到模型输出的频率响应

可以看出，噪声在整个感兴趣的频率范围内被放大了。

作为辨识的结果，我们获得了一个一阶状态空间模型，该模型能够充分好地描述被控对象和噪声动态。可以看出，被控对象显著地被噪声破坏了，但通过使用噪声模型，我们可以减少噪声对被控对象行为的影响。在下一节中，被控对象动态模型将用于控制器设计，而噪声模型将用于卡尔曼滤波器设计。

5.3 LQR 和 LQG 控制器设计

带 LQR 控制器的水位控制系统结构图如图 5.19 所示。具有积分作用的 LQR 控制器的设计是在估计的一阶水箱模型的确定性部分的基础上完成的：

$$\begin{aligned}\boldsymbol{x}(k+1)&=\boldsymbol{A}\boldsymbol{x}(k)+\boldsymbol{B}\boldsymbol{u}(k)+K_n e(k)\\ \boldsymbol{y}(k)&=\boldsymbol{C}\boldsymbol{x}(k)+e(k)\end{aligned} \tag{5.2}$$

其中矩阵 $\boldsymbol{A}$, $\boldsymbol{B}$ 和 $\boldsymbol{C}$ 的值由式（5.1）可得。为了在 LQR 控制器中包含积分作用，考虑如下系统误差离散时间积分的近似：

$$\boldsymbol{x}_i(k+1)=\boldsymbol{x}_i(k)+T_\mathrm{s}\mathrm{err}(k)=\boldsymbol{x}_i(k)+T_\mathrm{s}\boldsymbol{r}(k)-\boldsymbol{y}(k)) \tag{5.3}$$

其中 $\boldsymbol{x}_i(k)$ 是系统误差 $\mathrm{err}(k)=\boldsymbol{r}(k)-\boldsymbol{y}(k)$ 的积分，$T_\mathrm{s}=0.5\mathrm{s}$ 是采样时间，$\boldsymbol{r}(k)$ 是参考信号。

结合式（5.2）和式（5.3），得到增广系统为

$$\begin{aligned}\bar{\boldsymbol{x}}(k+1)&=\bar{\boldsymbol{A}}\bar{\boldsymbol{x}}(k)+\bar{\boldsymbol{B}}\boldsymbol{u}(k)+\bar{\boldsymbol{G}}\boldsymbol{r}(k)\\ \boldsymbol{y}(k)&=\bar{\boldsymbol{C}}\bar{\boldsymbol{x}}(k)\end{aligned}\tag{5.4}$$

其中

$$\bar{\boldsymbol{x}}(k)=\begin{bmatrix}\boldsymbol{x}(k)\\ \boldsymbol{x}_i(k)\end{bmatrix},\ \bar{\boldsymbol{A}}=\begin{bmatrix}\boldsymbol{A} & 0\\ -T_s\boldsymbol{C} & 1\end{bmatrix},\ \bar{\boldsymbol{B}}=\begin{bmatrix}\bar{\boldsymbol{B}}\\ 0\end{bmatrix},\ \bar{\boldsymbol{C}}=\begin{bmatrix}\bar{\boldsymbol{C}}0\end{bmatrix},\ \bar{\boldsymbol{G}}=\begin{bmatrix}0\\ T_s\end{bmatrix}$$

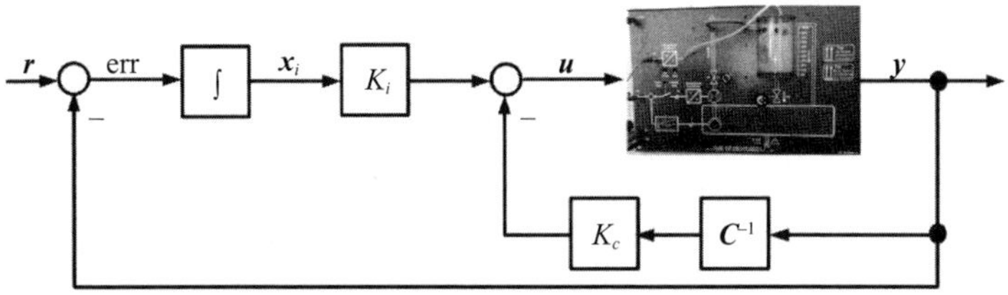

图 5.19　带有 LQR 控制器的水位控制系统

最优控制律的形式为

$$\boldsymbol{u}(k)=-K_c\boldsymbol{x}(k)+K_i\boldsymbol{x}_i(k)\tag{5.5}$$

其中 K_c 和 K_i 为控制系数。注意，不需要设计状态观测器，因为式（5.2）是一阶的，状态可通过以下方式获得：

$$\boldsymbol{x}(k)=\boldsymbol{C}^{-1}\boldsymbol{y}(k)\tag{5.6}$$

通过 MATLAB 文件 `Tank_lqr_lqg_design.m`，在如下给定的 `Q` 和 `R` 的情况下，LQR 控制器的设计得以完成：

$$\boldsymbol{Q}=\begin{bmatrix}1.5 & 0\\ 0 & \boldsymbol{C}^{\mathrm{T}}\boldsymbol{C}\end{bmatrix},\ \boldsymbol{R}=1$$

测量输出中存在的显著噪声决定了需要减少噪声对水位的影响，尤其是对执行器的影响。这可以通过卡尔曼滤波器来完成。带有 LQG 控制器的水位控制系统结构图如图 5.20 所示，其包含了 LQ 调节器和卡尔曼滤波器。设计的卡尔曼滤波器由下式描述：

$$\begin{aligned}\hat{x}(k)&=(\boldsymbol{A}-\boldsymbol{K}_f\boldsymbol{C}\boldsymbol{A})\hat{x}(k-1)+(\boldsymbol{B}-\boldsymbol{K}_f\boldsymbol{C}\boldsymbol{B})u(k-1)+\boldsymbol{K}_f y(k)\\ \hat{y}(k)&=\boldsymbol{C}\hat{x}(k)\end{aligned}\tag{5.7}$$

其中 $\hat{x}(k)$ 为状态估计，$\hat{y}(k)$ 为水位估计，K_f 为卡尔曼滤波器增益。根据

$$\begin{aligned}u(k)&=-K_c\hat{x}(k)+K_i\hat{x}_i(k)\\ \hat{x}_i(k+1)&=\hat{x}_i(k)+T_s(r(k)-\hat{y}(k))\end{aligned}\tag{5.8}$$

LQG 控制器形成控制信号。

注意，因为式（5.2）中没有额外的输出噪声，所以式（5.7）的卡尔曼滤波器是针对方差等于 0.001 的虚拟输出噪声设计的（小方差情况）。通过 MATLAB 文件 `tank_lqr_lqg_design.m`，使用 MATLAB 函数 `kalman` 完成了卡尔曼滤波器设计。

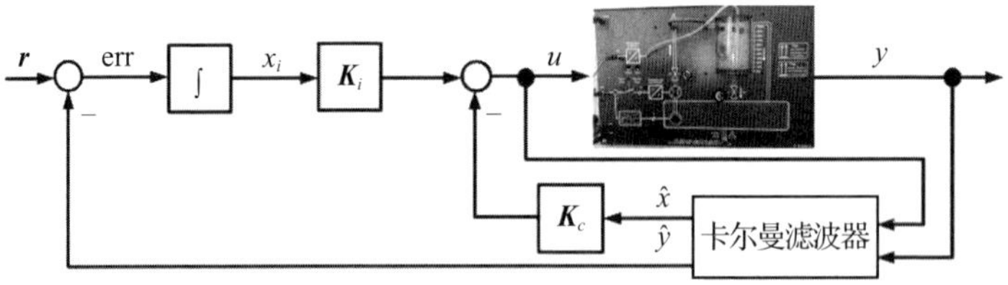

图 5.20 带有 LQG 控制器的水位控制系统

现在我们在频域和时域中比较一下所设计的 LQR 和 LQG 控制器的特性。闭环系统的幅度图如图 5.21 所示，控制信号对模型噪声的灵敏度如图 5.22 所示。正如预期的那样，这两个控制器作用下的闭环系统具有相同的特性，因为频率响应是针对零初始条件计算的。可以看出，闭环带宽约为 0.085 rad/s，这比被控对象带宽大得多。闭环系统将能跟踪频率高达 0.085 rad/s 的参考信号，且无稳态误差。带有 LQR 控制器的闭环系统的控制信号对高频噪声非常敏感，因此，对于该系统，噪声会被控制器放大，从而导致控制信号中出现幅值较大的、不期望的振荡。在实际应用中，这可能会导致执行器损坏。另外，由于卡尔曼滤波器的过滤特性，采用 LQG 控制器的闭环系统的控制信号对高频模型噪声不敏感。

图 5.23 给出了参考信号、精确（无噪声）输出信号和带有 LQG 控制器的闭环系统卡尔曼滤波器输出信号估计。图 5.24 给出了精确被控对象状态和估计状态。图 5.25 给出了带有 LQR 和 LQG 控制器的闭环系统的控制信号。可以看出，带有 LQG 控制器的系统在整个工作范围内能够跟踪参考信号，调节时间大约为 100 s，是被控对象阶跃响应调节时间的 1/3，超调量可以忽略不计。卡尔曼滤波器正确估计被控对象的输出和状态。图 5.25 表明了带有卡尔曼滤波器的系统的优点。由于水泵死区为 58%，LQG 控制器的控制信号不能超过 42%，这是最大的允许值。在实际实验中，我们将在控制器产生的控制信号上增加 58%。这样，我们将只在执行器的线性区域工作。根据图 5.22 所示的频率响应，LQR 控制器的控制信号有很多高频振荡，超过了最大允许值。这样，在实际应用中，可能会发生执行器的损坏。

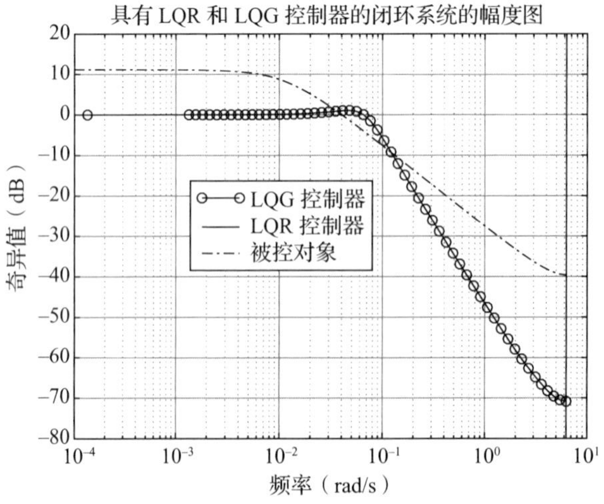

图 5.21 闭环系统幅度图

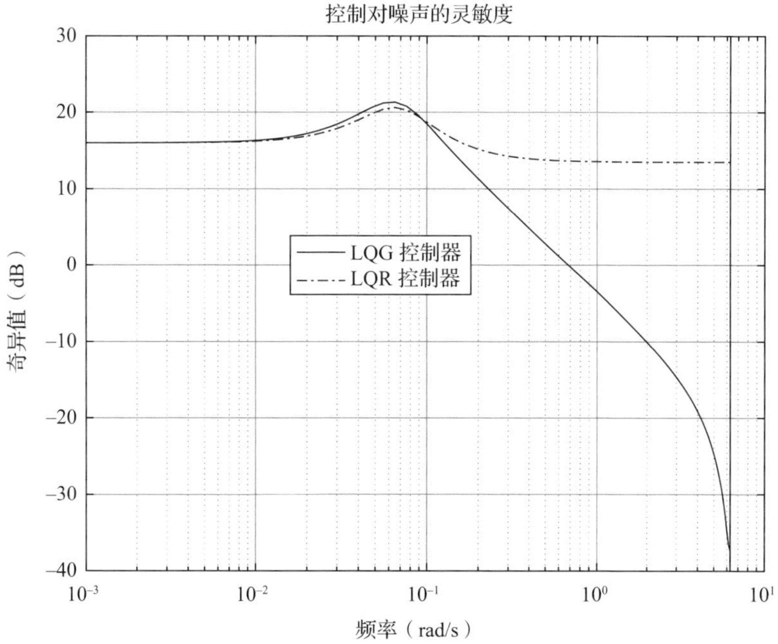

图 5.22　控制信号对模型噪声的灵敏度

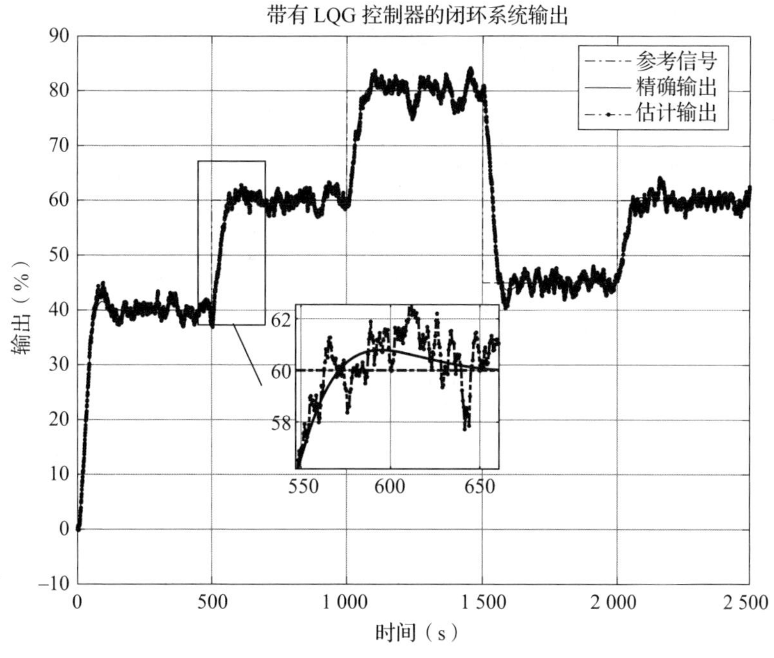

图 5.23　带有 LQG 控制器的系统精确输出和估计输出信号

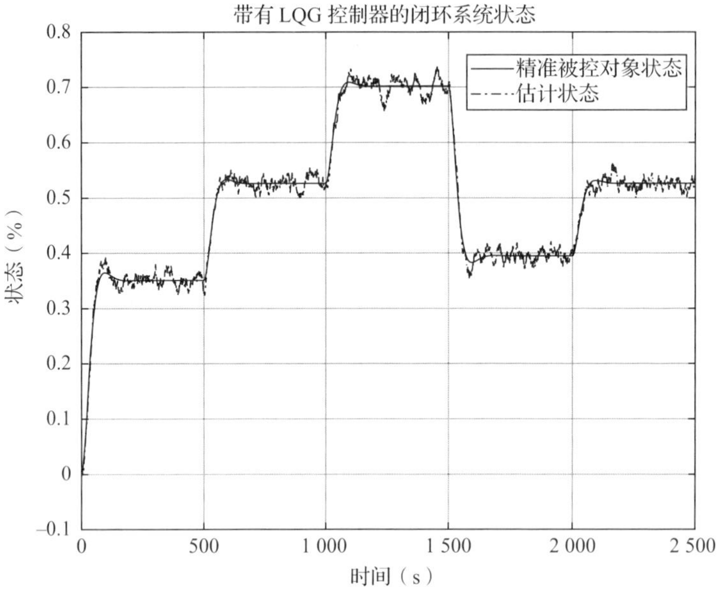

图 5.24　带有 LQG 控制器的系统精确被控对象状态和估计状态

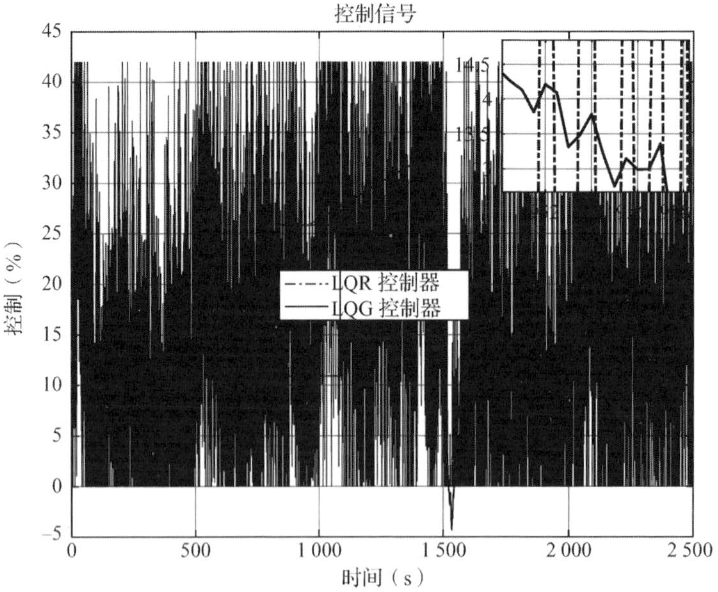

图 5.25　带有 LQG 和 LQR 控制器的系统控制信号

5.4　$\mathscr{H}_\infty$控制器设计

为了获得闭环系统的良好性能，我们将设计一个二自由度 $\mathscr{H}_\infty$ 控制器。控制系统框图如图 5.26 所示，其中 e_p 和 e_u 是加权闭环系统输出，d 是输出扰动。由 $\mathscr{H}_\infty$ 综合确定的控制器的目的是保证闭环系统在扰动存在的情况下保持稳定性和系统性能，并在整个工作范围内提供良好的参考跟踪能力。为简化设计过程，我们不考虑模型噪声 $e(k)$，但该噪声将用于闭环系统的性能分析。为了获得更好的参考跟踪，我们在控制器中引入了系统误差积分。为了将设计的控制器嵌入 Arduino Mega 2560 开发板中，这里采用了离散时间 $\mathscr{H}_\infty$ 综合，采样时间为 0.5 s。

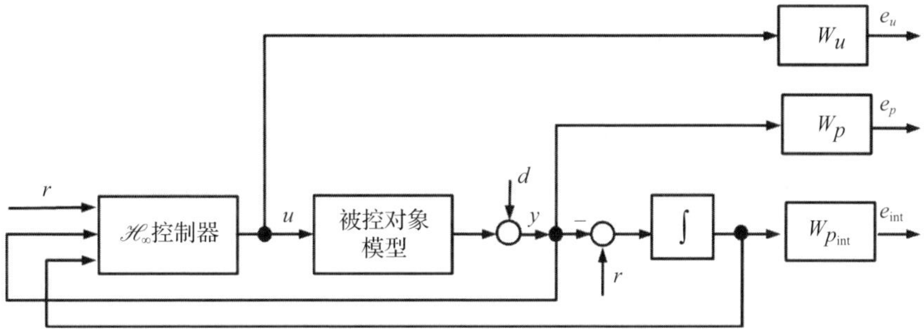

图 5.26　$\mathscr{H}_\infty$ 控制器设计情况下的闭环系统框图

令

$$\boldsymbol{y}_c=[y_m \mathrm{err}_{\mathrm{int}}]^{\mathrm{T}} \tag{5.9}$$

是输出反馈向量，其中 $y_m=y+d$ 是测量输出，下面的量值

$$\begin{aligned}\mathrm{err}_{\mathrm{int}}&=W_{\mathrm{int}}(r-y_m)\\W_{\mathrm{int}}&=\frac{T_{\mathrm{s}}}{z-1}\end{aligned} \tag{5.10}$$

是系统误差的离散时间积分。假设控制器传递矩阵 $\boldsymbol{K}$ 表示为

$$\boldsymbol{K}=[\boldsymbol{K}_r \boldsymbol{K}_{y_c}] \tag{5.11}$$

其中 $\boldsymbol{K}_r$ 是控制器预滤波传递矩阵：

$$\boldsymbol{K}_{y_c}=[\boldsymbol{K}_y \boldsymbol{K}_{\mathrm{int}}] \tag{5.12}$$

是输出反馈传递矩阵。矩阵 $\boldsymbol{K}_c$ 根据 y_m 和 $\mathrm{err}_{\mathrm{int}}$ 的维度进行划分。然后，根据以下表达式计算控制作用和测量输出：

$$\begin{aligned}\boldsymbol{u}&=\boldsymbol{K}\begin{bmatrix}r\\y_c\end{bmatrix}=\boldsymbol{K}_r r+\boldsymbol{K}_y y_m+\boldsymbol{K}_{\mathrm{int}}\mathrm{err}_{\mathrm{int}}\\\boldsymbol{y}_m&=\boldsymbol{G}u+d\end{aligned} \tag{5.13}$$

很容易证明，加权闭环系统输出满足如下方程：

$$\begin{bmatrix}e_p\\e_{\mathrm{int}}\\e_u\end{bmatrix}=\boldsymbol{T}_{\mathrm{cl}}\begin{bmatrix}r\\d\end{bmatrix}$$

$$\boldsymbol{T}_{\mathrm{cl}}=\begin{bmatrix}\boldsymbol{W}_p\boldsymbol{S}_1 & \boldsymbol{W}_p(1+S_2)\\ \boldsymbol{W}_{p_{\mathrm{int}}}\boldsymbol{W}_{\mathrm{int}}(1-S_1) & -\boldsymbol{W}_{p_{\mathrm{int}}}\boldsymbol{W}_{\mathrm{int}}(1+S_2)\\ \boldsymbol{W}_u(\boldsymbol{K}_r+\boldsymbol{K}_{\mathrm{int}}\boldsymbol{W}_{\mathrm{int}}(1+S_1) & \boldsymbol{W}_u(\boldsymbol{K}_y+\boldsymbol{K}_{\mathrm{int}}\boldsymbol{W}_{\mathrm{int}})(1+S_2)\end{bmatrix} \tag{5.14}$$

其中

$$S_1=\frac{G(\boldsymbol{K}_r+\boldsymbol{K}_{\mathrm{int}}\boldsymbol{W}_{\mathrm{int}})}{1+G(\boldsymbol{K}_{\mathrm{int}}\boldsymbol{W}_{\mathrm{int}}-K_y)},S_2=\frac{G(K_y-\boldsymbol{K}_{\mathrm{int}}\boldsymbol{W}_{\mathrm{int}})}{1+G(\boldsymbol{K}_{\mathrm{int}}\boldsymbol{W}_{\mathrm{int}}-K_y)} \tag{5.15}$$

像往常一样，$\mathscr{H}_\infty$ 控制器设计问题就是找到稳定次优控制器 K，使得

$$\|\boldsymbol{T}_{\mathrm{cl}}\|_\infty<\gamma \tag{5.16}$$

其中 $\boldsymbol{T}_{\mathrm{cl}}$ 是从外部输入信号 r 和 d 到输出信号 e_p 、 e_{int} 和 e_u 的传递矩阵，并且 $\gamma>\gamma_{\min}$。正标量 $\gamma_{\min}$ 用于在所有稳定控制器 $\boldsymbol{K}$ 上使得 $\|\boldsymbol{T}_{\mathrm{cl}}\|_\infty$ 获得的最小值。加权传递函数矩阵 $\boldsymbol{W}_p$， $\boldsymbol{W}_{p_{\mathrm{int}}}$ 和 $\boldsymbol{W}_u$ 反映了不同频率范围的相对重要性，使得性能要求获得满足。确定 $\gamma\leqslant 1$ 情况下的稳定控制器 $\boldsymbol{K}$，意味着传递矩阵 $\boldsymbol{W}_p$， $\boldsymbol{W}_{p_{\mathrm{int}}}$ 和 $\boldsymbol{W}_u$ 施加的性能要求得到满足。$\mathscr{H}_\infty$ 控制器的设计是通过使用 MATLAB 函数 `hinfsyn` 的 MATLAB 文件 `Tank_Hinf_design.m` 完成的，该过程适用于各种性能加权函数的选择。经过多次实验后，性能加权函数（在连续时间情况下）被选择为

$$\boldsymbol{W}_p=\frac{0.5s+0.8}{5s+0.24},\ \boldsymbol{W}_{p_{\mathrm{int}}}=0.03,\ \boldsymbol{W}_u=\frac{2(s+100)}{s+(1\,000)} \tag{5.17}$$

从式（5.17）可以看出，传递函数 $\boldsymbol{W}_p$ 为低通滤波器；传递函数 $\boldsymbol{W}_{p_{\mathrm{int}}}$ 为常数，这不会增加控制器的阶数；传递函数 $\boldsymbol{W}_u$ 为具有适当带宽的高通滤波器，以便对控制作用的频谱施加约束。在最小化范数（式（5.16））之后，当 γ = 0.999 7 时，我们得到了一个 4 阶稳定 $\mathscr{H}_\infty$ 控制器，这意味着满足性能要求。

在频域和时域中对设计的 $\mathscr{H}_\infty$ 控制器和 LQG 控制器进行了比较。两个控制器作用下的闭环系统的幅度图如图 5.27 所示。图 5.28 描述了两个控制器作用下控制信号对模型噪声的灵敏度。可以看出，$\mathscr{H}_\infty$ 控制器作用下的系统带宽约为 0.11 rad/s，高于 LQG 控制器作用下的系统带宽。这意味着 $\mathscr{H}_\infty$ 控制器作用下的系统的阶跃响应将比 LQG 控制器作用下的系统响应更快。$\mathscr{H}_\infty$ 控制器作用下的闭环系统的控制信号比 LQG 控制器作用下的系统对噪声更敏感，这可能会导致控制信号的振荡。

带有 $\mathscr{H}_\infty$ 和 LQG 控制器的闭环系统的参考信号和精确（无噪声）输出信号如图 5.29 所示。根据式（5.2），图 5.30 中展示了模型噪声 $e(k)$ 情况下相同闭环系统的控制信号。

从图中可以看出，两个系统在整个工作范围内都能很好地跟踪参考信号。$\mathscr{H}_\infty$ 系统的阶跃响应比 LQG 系统的阶跃响应快，这一点与系统带宽的情况相一致。$\mathscr{H}_\infty$ 系统实现了大约 70 s 的调节时间，没有超调，根据被控对象物理特性，这一点很重要。两个系统的控制作用是相似的。它们不超过最大允许值 42%。$\mathscr{H}_\infty$ 系统的控制作用比 LQG 系统的控制作用具有更大的振荡，这是由图 5.28 所示的灵敏度引起的。

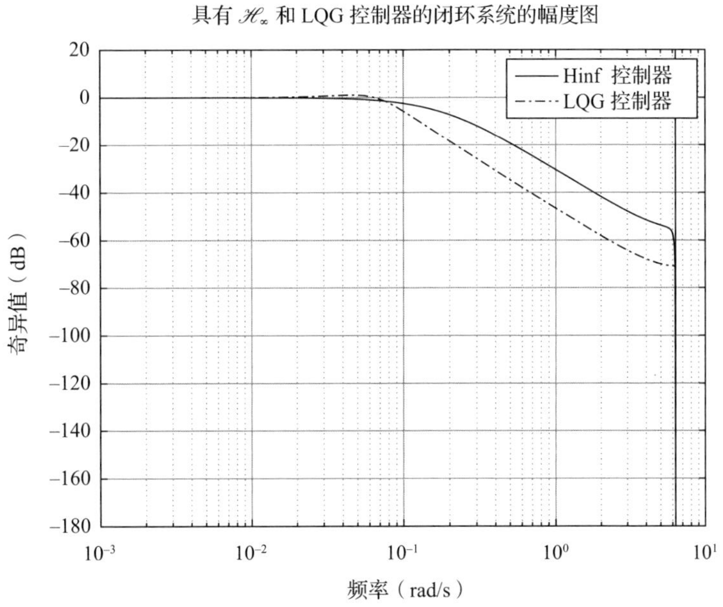

图 5.27　闭环系统幅度图

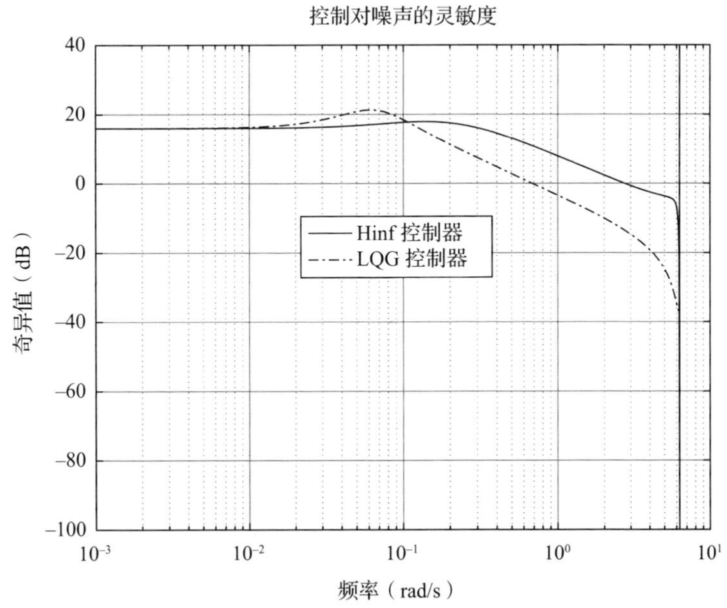

图 5.28　控制信号对模型噪声的灵敏度

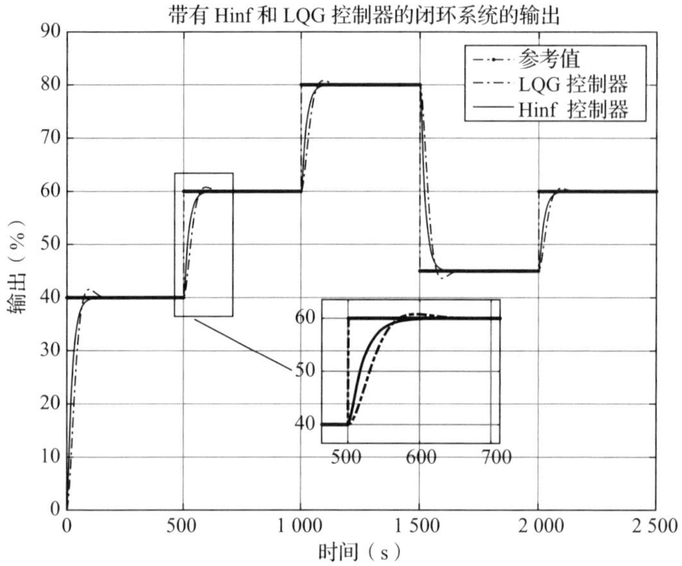

图 5.29　带有 $\mathscr{H}_\infty$ 和 LQG 控制器的系统精确输出信号

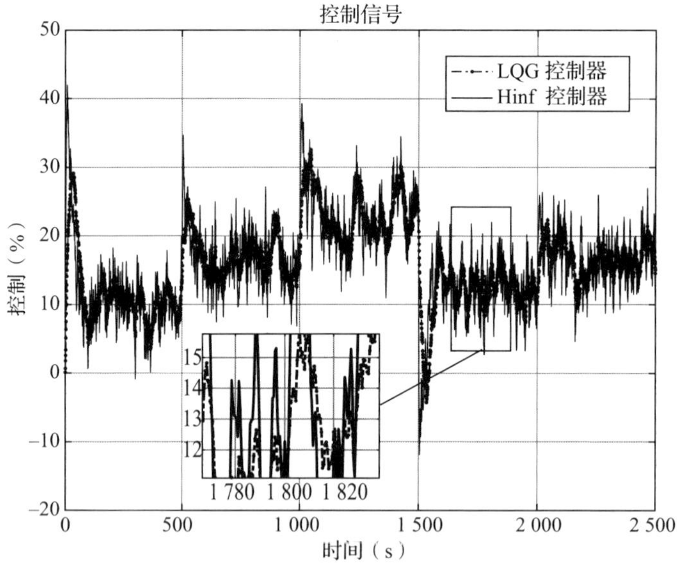

图 5.30　带有 $\mathscr{H}_\infty$ 和 LQG 控制器的噪声情况下的系统控制信号

5.5 实验评估

在 MATLAB/Simulink 环境中开发了专用软件来实现所设计的 LQG 和 $\mathscr{H}_\infty$ 控制器的

水位控制代码。借助于 Simulink Coder [9]、Embedded Coder [34]、Arduino IDE 1.6.12 [137] 和 Simulink Support Package for Arduino Hardware v.16.1.2 [136]，由这个专用软件生成的代码被嵌入微控制器 ATmega2560 中。代码生成技术的主要优点是控制算法的编码时间非常短，减少了开发算法的整体测试和验证的时间，以及相对容易实现的复杂的控制算法。用于生成水位 LQG 控制代码的软件框图如图 5.31 所示。

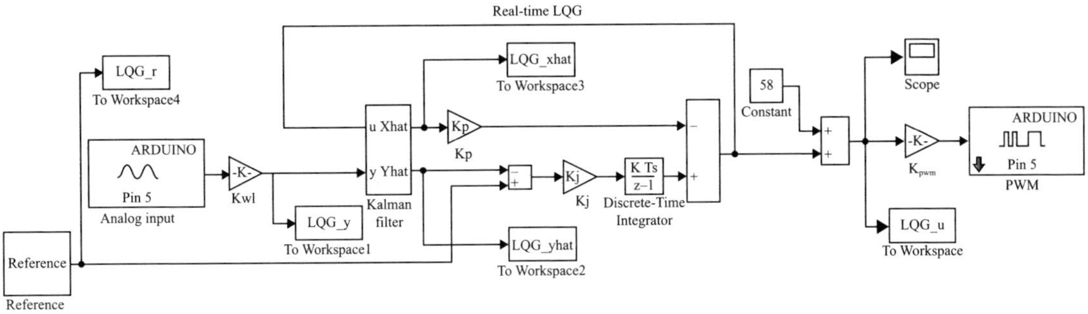

图 5.31　生成 LQG 控制代码的 Simulink 框图

图 5.31 中的示意图包括“模拟输入”和 PWM 块，它们取自专用库 Simulink Support Package for Arduino Hardware。为了给 Arduino 硬件生成代码，应该完成 Simulink 图的一些额外配置，这些配置可通过图 5.32 所示的“配置参数”菜单来执行，并通过“仿真菜单”完成。首先，用户应选择一个硬件开发板，例如 Arduino Mega 2560，如图 5.32 所示。下一步是配置一些特定的属性，例如构建选项、主板连接、外部模式等。要在微控制器中生成和嵌入代码并运行此代码，应选择构建选项为“构建、加载和运行”，也应该配置主板连接。在我们的例子中，连接是通过 USB 接口进行的，Windows 会找到一个硬件板作为设备，并通过某个虚拟 COM 端口连接。然后，“主板连接菜单”（见图 5.33）中的虚拟 COM 端口数应与 Windows 设备管理器中的虚拟 COM 端口数相同。为了在主机和 Arduino 板之间交换数据，Simulink 模型应该运行在“外部模式”。该模式允许改变控制程序中变量的实时值，并从微控制器获取实时数据。当硬件通过 USB 接口连接到主机时，通信模式的“外部模式”属性应设置为“串行”，如图 5.34 所示。Simulink 编码器（Coder）使用“配置参数”菜单中的信息来适当地模拟模型并为特定工作环境生成可执行代码。

图 5.31 中的模拟输入块，其接口如图 5.35 所示，用于设置 ADC 输出通道数（引脚数）和采样时间。PWM 块，其接口如图 5.36 所示，用于设置 PWM 输出通道数。生成的信号具有大约 490 Hz 的频率。模拟输入块给出 `uint10` 类型的数字，即 0 ～ 1023 之间的数字，这个数字代表了实际水位的信息。要在控制算法中使用这个数字，应将其转换为双精度型并进行适当的标度缩放。由于分压器的静态特性，得到的 `uint10` 类型数字为 676，其对应于 100% 水位。因此，将得到的整数转换为水位的比例系数为 $K_{wl}=100/676$。PWM 块接受 0 ～ 255 之间的整数作为输入。输入值 0 产生 0% 的占空比，输入值 255 产生 100% 的占空比。控制信号是介于 0% 和 100% 之间的双精度类型的数字。此数字应被转换为 `uint8` 类型并进行适当缩放，因此，比例系数为 $K_{pwm}=255/100$。

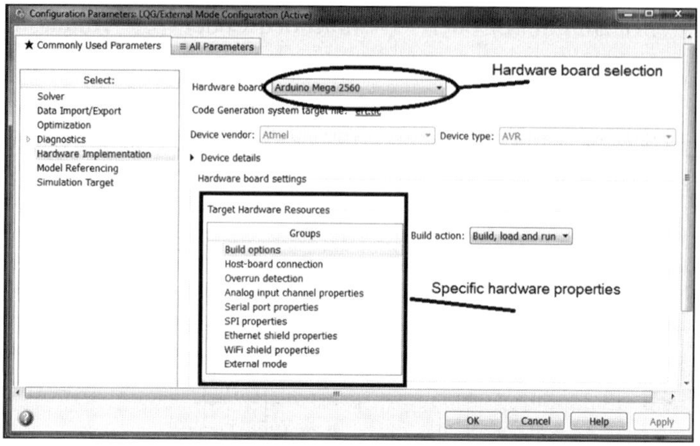

图 5.32　Simulink 环境下的硬件配置

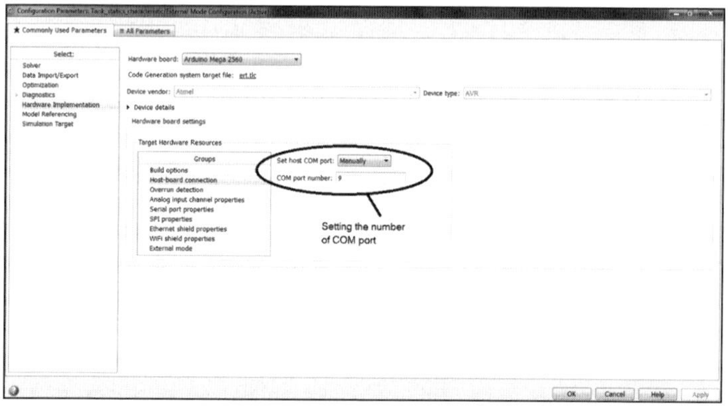

图 5.33　主板连接配置

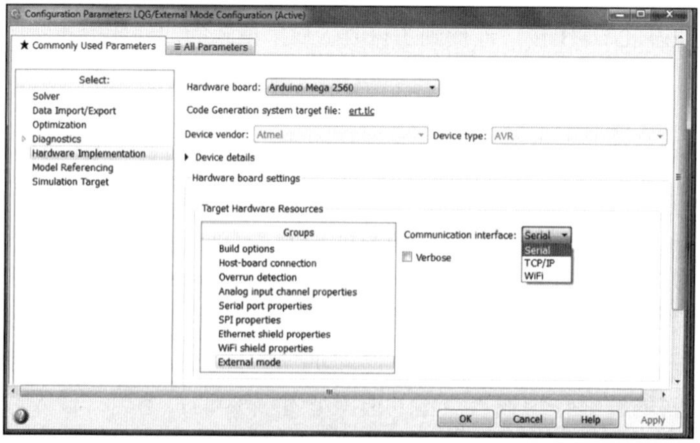

图 5.34　外模通信接口配置

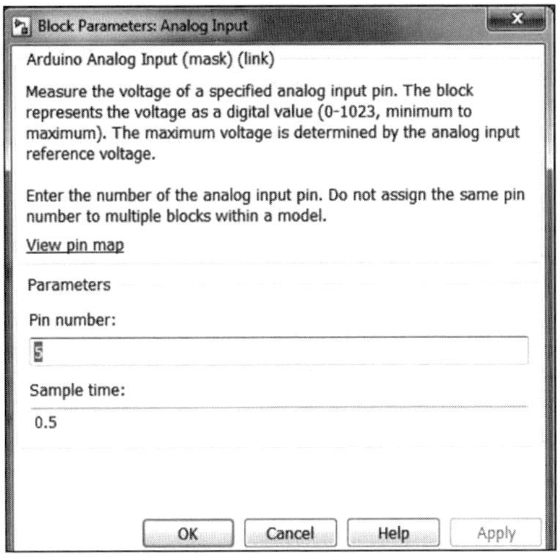

图 5.35　模拟输入块接口

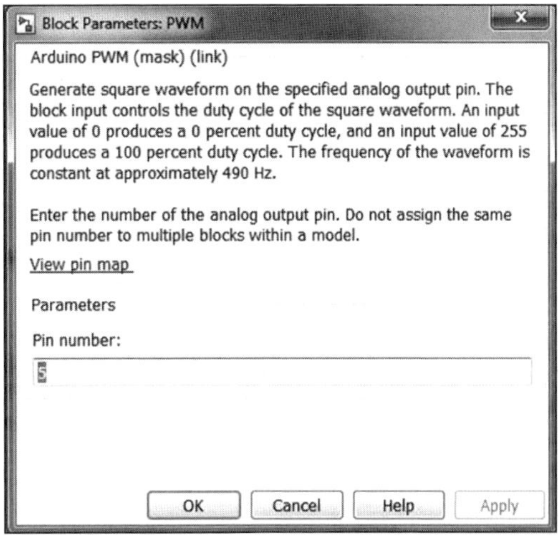

图 5.36　PWM 块接口

需要注意，从 ADC 获得的最大数字是 676，这意味着在反馈中我们仅使用大约 9 b 而不是可能的 10 b。如上所述，水泵的静态特性具有大约 58% 的死区。为了在执行器的线性范围内工作，将 58% 的常值添加到控制器产生的控制信号中。然后，控制器产生的信号在 0 ～ 42% 范围内，该信号对应于 107 个不同的占空比值。因此，我们通过大约 7 b PWM 而不是 8 b PWM 来控制水位。

我们对所设计的控制器进行了多次实验，每次实验的持续时间为 2500 s。参考信号根据以下表达式在很宽的工作范围内变化：

$$r=\begin{cases}40\% & 0\leqslant t<500\\60\% & 500\leqslant t<1000\\80\% & 1\,000\leqslant t<1500\\45\% & 1\,500\leqslant t<2000\\60\% & 2000\leqslant t<2500\end{cases}\tag{5.18}$$

首先考虑使用 LQG 控制器的实验，将实验结果和仿真结果进行比较。图 5.37 分别给出了参考信号、从实验中由卡尔曼滤波器估计的水位和从仿真中得到的精确（无噪声）水位。图 5.38 分别给出了仿真中的精确控制信号和实验中的控制信号，图 5.39 分别给出了实验中的测量输出和估计输出。可以看出，测量输出信号中存在非常明显的噪声，该噪声包括测量噪声、电源噪声和 ADC 转换噪声。尽管如此，卡尔曼滤波器可以很好地平滑系统输出（见图 5.39），这意味着通过辨识获得的模型是可行的。仿真的精确输出与实验的估计输出之间的完美接近性证实了这一说法（见图 5.37）。带有 LQG 控制器的控制系统在整个工作范围内都具有非常好的性能。图 5.37 中描绘的所有暂态响应的调节时间约为 70 s，是被控对象阶跃响应持续时间的 1/4，超调量可以忽略不计。这对于水箱非常重要，因为超调量意味着额外的水量将流过水箱。由于对输出信号和被控对象状态的滤波，控制信号具有足够小的振荡。因此，执行器可以正常、安全地工作。控制信号未达到 100% 的最大值。

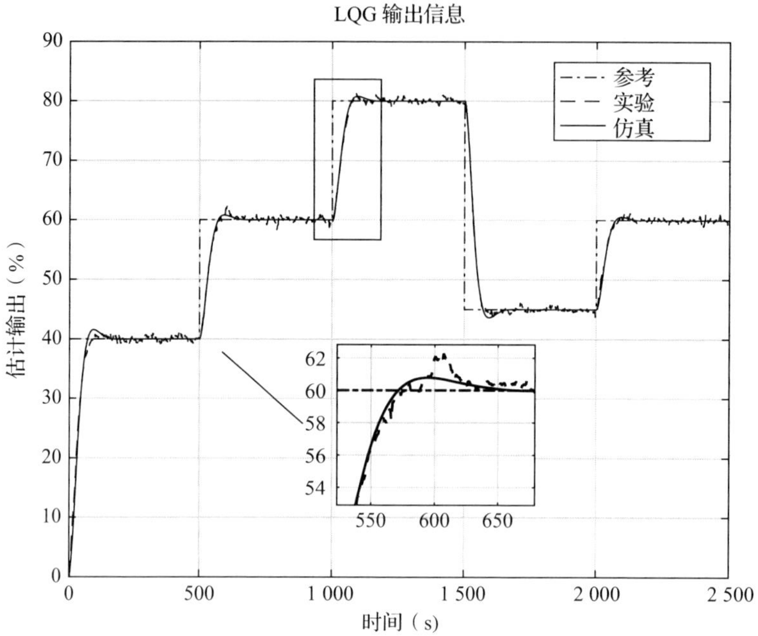

图 5.37　LQG 系统实验和仿真的输出信号

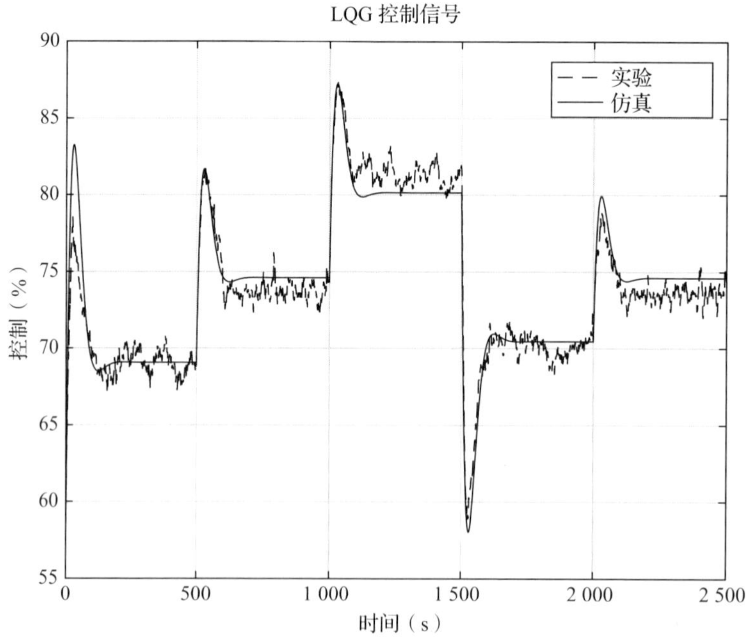

图 5.38　LQG 系统实验和仿真的控制信号

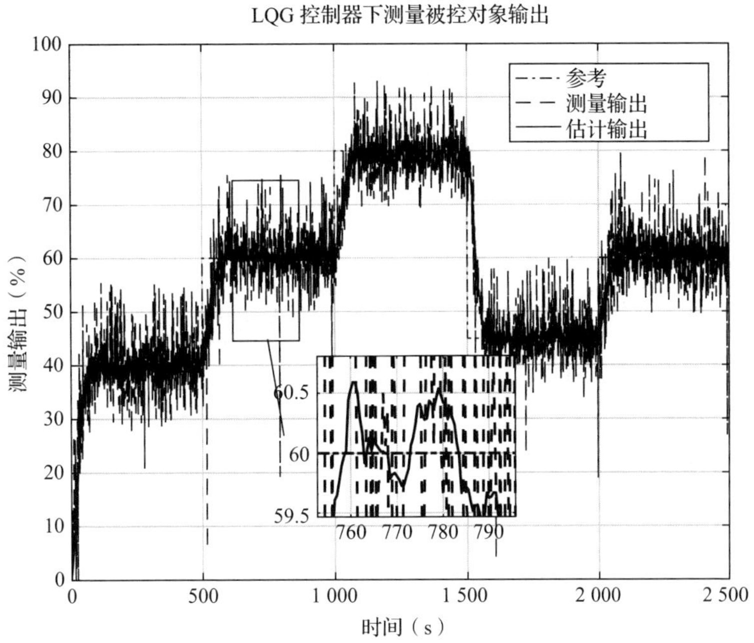

图 5.39　LQG 系统的测量输出和估计输出

让我们考虑 $\mathscr{H}_\infty$ 控制器的实验结果。图 5.40 分别给出了参考信号、来自实验的输出信号和来自仿真的精确（无噪声）输出信号。图 5.41 分别描绘了来自实验和仿真的控制信号。可以看出，测量噪声非常强。尽管如此，输出仍能很好地跟踪参考信号，而且调节时间也足够小，并且没有暂态响应的超调量。同样，实验结果与没有噪声的仿真结果非常接近。虽然系统没有卡尔曼滤波器，但控制信号没有大的振荡。这是因为我们有观测器，它是 $\mathscr{H}_\infty$ 控制器的一部分。观测器对被控对象状态进行估计并在反馈中使用这些估计。该观测器与某个卡尔曼滤波器具有相似的方程 [参见式（4.39）]。出于比较目的，使用用于 LQG 控制的卡尔曼滤波器对带有 $\mathscr{H}_\infty$ 控制器的系统的测量输出信号进行离线滤波（实验后）。LQG 控制器作用下的系统估计输出信号与 $\mathscr{H}_\infty$ 控制器作用下的系统滤波后的输出信号的比较如图 5.42 所示。

从图 5.42 中可以看出，输出信号非常相似。对于大多数暂态响应，$\mathscr{H}_\infty$ 系统的调节时间略小于 LQG 系统的调节时间。例如，在 500 ～ 1000s 时间范围内的暂态响应，$\mathscr{H}_\infty$ 系统的调节时间约为 60 s，而 LQG 系统的调节时间约为 70s。此外，$\mathscr{H}_\infty$ 系统的所有暂态响应都没有超调量。比较 LQG 和 $\mathscr{H}_\infty$ 控制器的阶次，LQG 控制器具有优势：LQG 控制器的阶次为 2，而 $\mathscr{H}_\infty$ 控制器的阶次为 4。

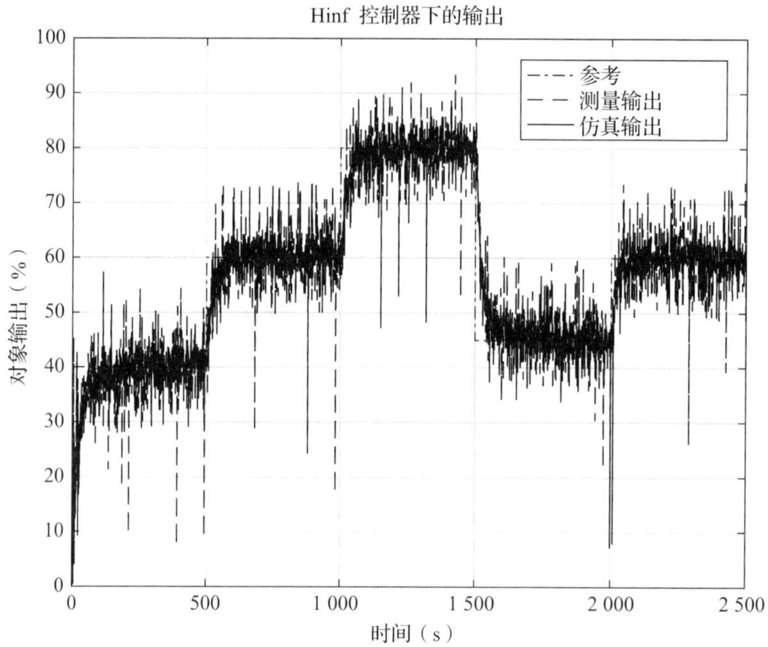

图 5.40 $\mathscr{H}_\infty$ 系统的测量输出和仿真输出

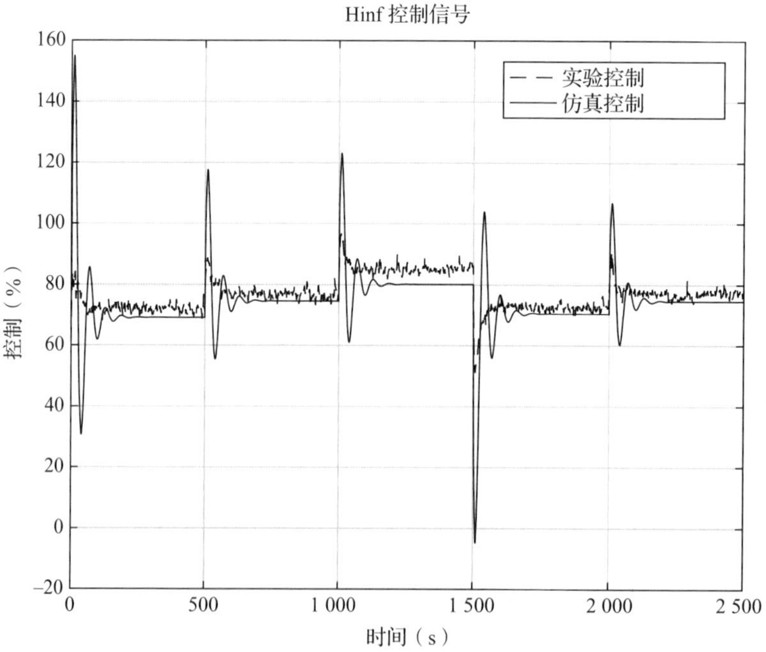

图 5.41 $\mathscr{H}_\infty$ 系统实测控制作用和仿真控制作用

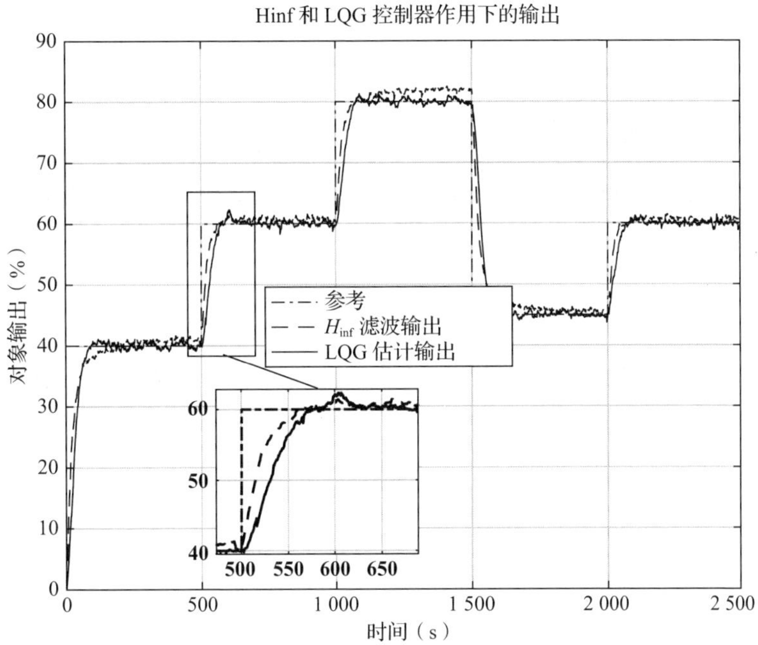

图 5.42　带滤波的 $\mathscr{H}_\infty$ 系统输出和 LQG 系统估计输出

5.6　注释和参考文献

箱槽液位控制是很多工业应用中普遍存在的问题。这些应用涉及食品加工、化学工业过程、农业和营养学领域。因此，自动液位控制系统是工业控制和嵌入式控制实验室中流行的实验装置之一，更多信息可以参见文献 [68，138]。液位控制问题的普遍性和实际重要性促使作者设计了一种低成本的嵌入式系统，用于箱槽物理模型中的液位控制。

第 6 章

案例研究 2：微型直升机的鲁棒控制

本案例研究的目的是详细介绍微型直升机高阶积分姿态控制器的 μ 综合，并展示直升机控制系统硬件在环（HIL）仿真的结果。为悬停而设计的 μ 控制器允许在 15% 的输入乘性不确定性存在的情况下有效抑制强风干扰。这里添加了一个简单的位置控制器以确保在 3D 空间中跟踪期望的轨迹。HIL 仿真的结果与 Simulink 中直升机控制系统双精度仿真的结果接近。结果表明，即使在悬停时直升机变量与其配平值（trim value）之间存在较大偏差，控制系统也具有可接受的性能。开发的软件平台可以轻松实现不同的传感器、伺服执行器和控制律，并在不同干扰、噪声和参数变化存在的情况下研其究闭环系统行为。

直升机控制器是在以下假设下设计的：

- 直升机模型围绕悬停的配平 / 参考条件进行线性化，因此所得线性系统是时不变的，即被控对象参数被视为常数。
- 由于逼近误差、被忽略的动力学和非线性，直升机的数学描述存在不确定性，通过在被控对象输入处添加乘性不确定性将其考虑在内。
- 假设角度和速率的测量是从惯性导航系统（Inertial Navigation System，INS）获得并由卡尔曼滤波器进行平滑处理，因此与风干扰对控制系统的影响相比，测量噪声对控制系统的影响较小。这就是这些噪声在设计中被忽略但在闭环非线性系统的仿真中被考虑在内的原因。

控制器设计是在文献 [139] 中提出的微型直升机 X-Cell 60 SE 的复杂非线性模型的基础上进行的。本案例推导了微型直升机的解析线性模型，并将其频率响应与数值线性模型的响应进行了比较，以此来验证该模型。μ 控制器是通过数字信号处理器（Digital Signal Processor，DSP）实现的，其性能在风干扰和传感器噪声存在的非线性直升机被控对象的 Simulink 模型上进行了测试。直升机控制系统的 HIL 仿真结果证实了控制器的能力，能够在参数变化和足够强的干扰下确保良好的暂态响应。

本章由 3 部分组成。在 6.1 节中，我们介绍了用于控制器设计和闭环系统仿真的直升机模型。首先，描述了一类非线性 13 阶模型，之后讨论了该模型的解析线性化和数值线性化。考虑输入乘性不确定性可能达到 15% 的一个不确定性线性直升机模型。该模型在 6.2 节中用于设计一个 μ 控制器来稳定直升机的角运动。μ 控制器确保不确定性闭环系统的鲁棒稳定性和鲁棒性能。设计一个简单的比例导数调节器来实现直升机质心的位置控制。6.3 节针对 3D 空间中的圆周运动，介绍了在中等风干扰作用下积分直升机控制的 HIL 仿真结果。HIL 仿真是使用数字信号控制器完成的，它揭示了实际控制算法的准确性，并检查不同干扰、噪声和参数值情况下的非线性系统性能。

本章的介绍基于文献 [140]。

6.1 直升机模型

本节使用的 MATLAB 文件

文件	描述
heli_model.m	非线性直升机动态建模的 S 函数
trim_val_heli.m	查找直升机变量的配平值
lin_heli_model.m	计算解析线性化直升机模型
num_lin_heli.m.m	使用 Simulink 数值线性化直升机模型进行
comp_freq_heli.m.m	线性化直升机模型频率响应的比较
mod_heli.m	不确定性线性直升机模型

6.1.1 非线性直升机模型

在本章中，我们使用文献 [139] 中介绍的具有主旋翼和尾旋翼的高机动微型直升机的解析非线性模型。该模型包含了直升机的刚体动力学、纵向和横向主旋翼振动（翼动）动力学、旋翼速度以及发动机调速器中使用的旋翼速度跟踪误差的积分。用简化的表达式来确定作用在直升机上的分力和力矩。采用文献 [141] 中基于动量理论的迭代策略，用于计算推力系数和流入比，它们是空速、旋翼速度和总俯仰角的函数。由此产生的直升机模型是 13 阶的，相关符号说明在表 6.1 中给出。在本节中，我们只介绍描述非线性直升机动力学的主要方程，请读者参考文献 [139, 142]，在这些文献中给出了微型直升机模型及其参数辨识的详细描述。

表 6.1　符号说明

符号	描述	单位
ϕ, θ, ψ	滚转角、俯仰角和偏航角	rad
p, q, r	滚转角、俯仰角和偏航速率	rad/s
u, v, w	纵向、横向和法向速度	m/s
V_x, V_y, V_z	地固东北地（NED）坐标系下的速度	m/s
$V=\sqrt{V_x^2+V_y^2+V_z^2}$	总速度	m/s
x, y, z	NED 坐标系中的位置坐标	m
$\boldsymbol{C}_b^e$	从机身坐标到 NED 坐标系的方向余弦矩阵	
h	飞行高度，$h=\lvert z\rvert$	m
a_1, b_1	纵向和横向翼动角	rad
$\Omega_{mr}, \Omega_{nom}, \Omega_c$	主旋翼速度、标称主旋翼速度和主旋翼速度参考值	rad/s
ω_i	主旋翼速度跟踪误差积分	rad

（续）

符号	描述	单位
T_{mr}	主旋翼推力	N
X, Y, Z	沿 X, Y 和 Z 机身坐标轴施加的力	N
L, M, N	关于 X, Y 和 Z 机身坐标轴的力矩	N · m
Q_e, Q_{mr}, Q_{tr}	发动机扭矩、主旋翼扭矩和尾桨扭矩	N · m
P_e^{max}	发动机最大功率	W
δ_{col}	主旋翼桨叶的总俯仰角	rad
$\delta_{lon}, \delta_{lat}$	主旋翼桨叶的周期俯仰角	rad
δ_{tr}	尾旋翼桨叶的俯仰角	rad
δ_t	发动机节流阀设置	rad
$u_{wind}, v_{wind}, w_{wind}$	沿 X, Y 和 Z 机身坐标轴的风速	m/s
m	直升机质量	kg
g	重力加速度	m/s^2
ρ	空气密度	kg/m^3
I_{xx}, I_{yy}, I_{zz}	滚动、俯仰和偏航转动惯量	kg m^2
γ_{fb}	稳定杆锁号	
R_{mr}	主旋翼半径	m
I_{rot}	主旋翼总转动惯量	kg · m^2
R_{tr}	尾旋翼半径	m
n_{tr}	尾旋翼与主旋翼传动比	
μ_a	前进比 / 进速比	
μ_z	正常气流分量	
$A_{\delta_{lon}}^{nom}, B_{\delta_{lat}}^{nom}$	在标称主旋翼速度下，从循环输入到主旋翼振动角的稳态纵向增益和横向增益	rad/rad
τ_e	带有稳定杆时的旋翼时间常数	
K_p	发动机调速器的比例增益	s/rad
K_i	发动机调速器的积分增益	1/rad
$w_{servo}^{col}, w_{servo}^{lon}, w_{servo}^{lat}$	总伺服和周期伺服的传递函数	
w_{servo}^{tr}	尾部总伺服的传递函数	
x_h	线性化模型的状态向量	
y_h	线性化模型的输出向量	
u_c	控制器输出向量	
u_s	伺服执行器输出向量	
K_{p1}, K_{p2}, K_{p3}	位置 PD 调节器的比例系数	
K_{d1}, K_{d2}, K_{d3}	位置 PD 调节器的导数系数	
u_z, u_x, u_y	位置控制器输出	

在机身坐标系中表征直升机运动的主要变量如图 6.1 所示。Newton-Euler 方程描述了刚体平移和直升机角运动，忽略了惯性的交叉乘积。

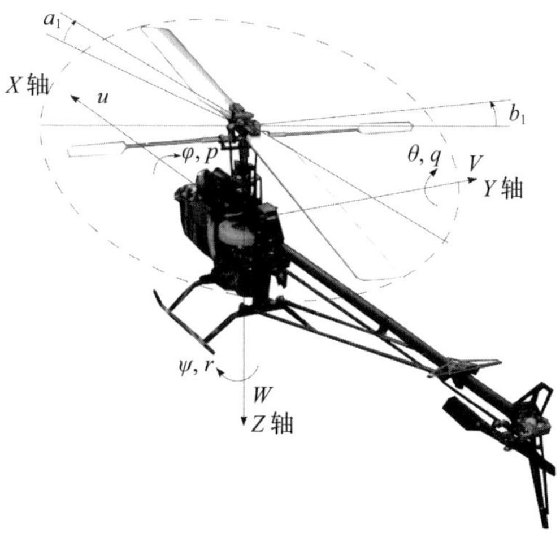

图 6.1　直升机机体中的变量

平移速度方程：

$$
\begin{aligned}
\dot{u} &= vr - wq - g\sin(\theta) + X / m \\
\dot{v} &= wp - ur + g\sin(\phi)\cos(\theta) + Y / m \\
\dot{w} &= uq - vp + g\cos(\phi)\cos(\theta) + Z / m
\end{aligned} \tag{6.1}
$$

角速率方程：

$$
\begin{aligned}
\dot{p} &= qr(I_{yy} - I_{zz}) / I_{xx} + L / I_{xx} \\
\dot{q} &= pr(I_{zz} - I_{xx}) / I_{yy} + M / I_{yy} \\
\dot{r} &= pq(I_{xx} - I_{yy}) / I_{zz} + N / I_{zz}
\end{aligned} \tag{6.2}
$$

Euler 角方程：

$$
\begin{aligned}
\dot{\phi} &= p + \sin(\phi)\tan(\theta)q + \cos(\phi)\tan(\theta)r \\
\dot{\theta} &= \cos(\phi)q - \sin(\phi)r \\
\dot{\psi} &= (\sin(\phi) / \cos(\theta)q + (\cos(\phi) / \cos(\theta))r
\end{aligned} \tag{6.3}
$$

X, Y, Z 轴的力表示为

$$X = X_{\mathrm{mr}} + X_{\mathrm{fus}},\quad Y = Y_{\mathrm{mr}} + Y_{\mathrm{fus}} + Y_{\mathrm{tr}} + Y_{\mathrm{vf}},\quad Z = Z_{\mathrm{mr}} + Z_{\mathrm{fus}} + Z_{\mathrm{ht}}$$

其中下标 mr，fus，tr，vf 和 ht 表示相应的力分量（分力）分别属于主旋翼、机身、尾旋翼、垂直尾翼和水平稳定器（或尾翼）。与主旋翼有关的分力是主旋翼推力 T_{mr} 和翼动角 a_1, b_1：

$$X_{\mathrm{mr}} = -T_{\mathrm{mr}}\sin(a_1),\quad Y_{\mathrm{mr}} = T_{\mathrm{mr}}\sin(b_1),\quad Z_{\mathrm{mr}} = -T_{\mathrm{mr}}\cos(a_1)\cos(b_1)$$

主旋翼推力由下式确定：

$$T_{\mathrm{mr}} = C_{T\rho}(\Omega_{\mathrm{mr}} R_{\mathrm{mr}})^2 \pi R_{\mathrm{mr}}^2$$

其中推力系数 C_T 是总桨距角（或总俯仰角）δ_{col} 的函数，前进比为

$$\mu_a = \sqrt{(u-u_{\text{wind}})^2+(v-v_{\text{wind}})^2} / (\Omega_{\text{mr}} R_{\text{mr}})$$

法向气流分量为

$$\mu_z = (v - v_{\text{wind}}) / (\Omega_{\text{mr}} R_{\text{mr}})$$

上述表达式表明，主旋翼推力以及相关的分力强依赖于风速 $u_{\text{wind}}, v_{\text{wind}}$ 和 w_{wind}。机身力 $X_{\text{fus}}, Y_{\text{fus}}, Z_{\text{fus}}$ 以及垂直尾翼产生的侧向力 Y_{vf} 和水平尾翼产生的力 Z_{ht} 依赖于机身中心的压力速度 $u-u_{\text{wind}}, v-v_{\text{wind}}, w-w_{\text{wind}}$。尾旋翼推力的确定与主旋翼推力的情况类似，取决于尾旋翼桨叶的桨距（或俯仰角）角 δ_{tr} 以及风速。

沿 X、Y、Z 轴的力矩表示为

$$L = L_{\text{mr}} + L_{\text{vf}} + L_{\text{tr}}, \quad M = M_{\text{mr}} + M_{\text{ht}}, \quad N = -Q_{\text{e}} + N_{\text{vf}} + N_{\text{tr}}$$

其中主旋翼滚转力矩 L_{mr} 和俯仰力矩 M_{mr} 是主旋翼推力和翼动角的函数，Q_{e} 是发动机扭矩（顺时针方向），滚转力矩 L_{vf} 和偏航力矩 N_{vf} 与垂直尾翼产生的侧向力 Y_{vf} 成正比，滚转力矩 L_{tr} 和偏航力矩 N_{tr} 与尾旋翼推力 Y_{tr} 成正比，俯仰力矩 M_{ht} 与水平尾翼产生的力 Z_{ht} 成正比。

作用在直升机机身上的分力和力矩的详细描述可参照文献 [139,141,143]。

主旋翼动力学由以下方程建模：

$$\dot{\Omega}_{\text{mr}} = \dot{r} + (Q_e - Q_{\text{mr}} - n_{\text{tr}} Q_{\text{tr}}) / I_{\text{rot}} \tag{6.4}$$

在这个方程中，发动机扭矩

$$Q_e = \left(\frac{P_e^{\max}}{\Omega_{\text{mr}}}\right)\delta_t$$

可以通过改变发动机节流阀设置 δ_t 来改变，主旋翼产生的偏航力矩由下式给出：

$$Q_{\text{mr}} = C_Q \rho (\Omega_{\text{mr}} R_{\text{mr}})^2 \pi R_{\text{mr}}^3$$

其中 C_Q 是扭矩系数，尾旋翼扭矩由下式确定：

$$Q_{\text{tr}} = C_{Q_{\text{tr}}} \rho (\Omega_{\text{tr}} R_{\text{tr}})^2 \pi R_{\text{tr}}^3$$

其中 $C_{Q_{\text{tr}}}$ 是尾旋翼扭矩系数。

旋翼的速度是通过发动机调速器来稳定的，该调速器是由下式描述的比例积分反馈控制器实现的：

$$\begin{aligned} \delta_t &= K_{p\cdot}(\Omega_c - \Omega_{\text{mr}}) + K_{i\cdot}\omega_i \\ \dot{\omega}_i &= \Omega_c - \Omega_{\text{mr}} \end{aligned} \tag{6.5}$$

考虑到风力的影响，主旋翼的纵向和横向翼动动力学由两个一阶微分方程来表示：

$$\begin{aligned} \dot{a}_1 &= -q + \left(-a_1 + \frac{\partial a_1}{\partial \mu_a}\frac{u-u_{\text{wind}}}{\Omega_{\text{mr}} R_{\text{mr}}} + \frac{\partial a_1}{\partial \mu_z}\frac{w-w_{\text{wind}}}{\Omega_{\text{mr}} R_{\text{mr}}} + A_{\delta_{\text{lon}}}\delta_{\text{lon}}\right) / \tau_e \\ \dot{b}_1 &= -p + \left(-b_1 - \frac{\partial b_1}{\partial \mu_v}\frac{v-v_{\text{wind}}}{\Omega_{\text{mr}} R_{\text{mr}}} + B_{\delta_{\text{lat}}}\delta_{\text{lat}}\right) / \tau_e \end{aligned} \tag{6.6}$$

其中从周期输入主旋翼翼动角的稳态纵向和横向增益由下式确定：

$$A_{\delta_{\mathrm{lon}}} = A_{\delta_{\mathrm{lon}}}^{\mathrm{nom}}(\varOmega_{\mathrm{mr}} / \varOmega_{\mathrm{nom}})^2$$
$$B_{\delta_{\mathrm{lat}}} = B_{\delta_{\mathrm{lat}}}^{\mathrm{nom}}(\varOmega_{\mathrm{mr}} / \varOmega_{\mathrm{nom}})^2$$

翼动导数 $(\partial a_1 / \partial \mu_a),(\partial b_1 / \partial \mu_v) = (-\partial a_1 / \partial \mu_a),(\partial a_1 / \partial \mu_z)$ 分别关于前进比 μ_a 和法向气流分量 μ_z 之间的关系可由文献 [139] 中给出的简化表达式给出，并且

$$\tau_e = \frac{16.0}{(\gamma_{\mathrm{fb}} \varOmega_{\mathrm{mr}})}$$

为了控制直升机的速度和位置，还需要机体固定参考系（body fixed reference frame）和地固（earth fixed）（即惯性）参考系中速度之间的关系。用于将机体坐标系表示的向量转换为惯性坐标系表示的向量的方向余弦矩阵定义如下：

$$\boldsymbol{C}_b^e = \begin{bmatrix} c\theta c\psi & s\phi s\theta c\psi - c\phi s\psi & c\phi s\theta c\psi + s\phi s\psi \\ c\theta s\psi & s\phi s\theta s\psi + c\phi c\psi & c\phi s\theta s\psi - s\phi c\psi \\ -s\theta & s\phi c\theta & c\phi c\theta \end{bmatrix}$$

其中 s 和 c 分别表示 sin(・) 和 cos(・)。那么，可得如下必然联系：

$$\begin{bmatrix} V_x \\ V_y \\ V_z \end{bmatrix} = \boldsymbol{C}_b^e \begin{bmatrix} u \\ v \\ w \end{bmatrix} \tag{6.7}$$

NED 坐标系中的位置坐标由下式确定：

$$\dot{x} = V_x,\quad \dot{y} = V_y,\quad \dot{z} = V_z$$

由式（6.2）～式（6.7）表示的非线性直升机模型是由 MATLAB S- 函数 `heli_model` 实现的，用于配平和数值被控对象线性化㊀。

直升机控制是通过发送到伺服作动器（执行器）的信号来完成的，伺服作动器以适当的方式改变控制作用 $\delta_{\mathrm{col}},\delta_{\mathrm{lon}},\delta_{\mathrm{lat}}$ 和 δ_{tr}。假设总角和周期角的伺服具有相同的传递函数：

$$w_{\mathrm{servo}}^{\mathrm{lol}}(s) = w_{\mathrm{servo}}^{\mathrm{lon}}(s) = w_{\mathrm{servo}}^{\mathrm{lat}}(s) = \frac{s / T_z + 1}{s / T_p + 1} \frac{\omega_n^2}{s^2 + 2\zeta\omega_n s + \omega_n^2} \tag{6.8}$$

而尾旋翼伺服传递函数 $w^{\mathrm{tr}}{}_{\mathrm{servo}}$ 取为

$$w_{\mathrm{servo}}^{\mathrm{tr}}(s) = \frac{\omega_{\mathrm{tr}}^2}{s^2 + 2\zeta_{\mathrm{tr}}\omega_{\mathrm{tr}} s + \omega_{\mathrm{tr}}^2} \tag{6.9}$$

伺服作动器的参数如下 [139]：

$$T_z = 104,\quad T_p = 33,\quad \omega_n = 36,\quad \omega_{\mathrm{tr}} = 14\pi,\quad \zeta = 0.5,\quad \zeta_{\mathrm{tr}} = 0.6$$

㊀ 配平是为了解出稳定飞行时，直升机的姿态和各种操纵机构的操纵量。配平参数包括总矩、横向周期变矩、纵向周期变矩、尾旋翼力矩、俯仰角和偏航角等。——译者注

由式（6.2）～式（6.7）描述的直升机动力学与伺服作动器的动态相结合，获得了如图 6.2 所示的扩展被控对象动态。

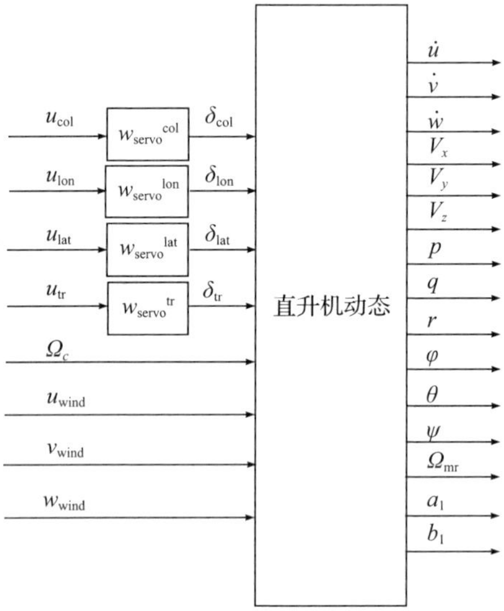

图 6.2　扩展直升机动态

6.1.2　线性化模型

对方程（6.2）～式（6.6）进行解析线性化，以产生姿态控制器设计所需的时不变状态空间模型。线性化是通过在每个变量 v 与其配平值 v^{trim} 的偏差 $\Delta v = v - v^{trim}$ 的参数中取泰勒级数展开的线性项来完成的。这就需要计算偏导数，这些偏导数决定了与相应参数有关的展开式的线性项。使用非线性模型 `heli_model` 和 MATLAB 函数 `trim_val_heli`，从非线性直升机模型中找到状态和输入向量分量的配平值后，对悬停进行线性化。由于在确定配平值时有一定的自由度，我们设置

$$u^{trim} = 0.001\,\mathrm{m/s},\quad v^{trim} = 0.001\,\mathrm{m/s},\quad w^{trim} = 0\,\mathrm{m/s},\quad \Omega_{mr}^{trim} = 167\,\mathrm{rad/s}$$

请注意，将 u^{trim} 和 v^{trim} 的值设置为略大于零，以避免在配平过程中出现数值计算困难。因此，我们获得了以下有关悬停的配平值：

$$P^{trim} = 0\,\mathrm{rad/s},\quad q^{trim} = 0\,\mathrm{rad/s},\quad r^{trim} = 0\,\mathrm{rad/s}$$
$$\phi^{trim} = 0.087\,3\,\mathrm{rad},\quad \theta^{trim} = -3.3\times10^{-6}\,\mathrm{rad},\quad \psi^{trim} = 0\,\mathrm{rad}$$
$$\omega_i^{trim} = 29.17\,\mathrm{rad},\quad a_1^{trim} = 0\,\mathrm{rad},\quad b_1^{trim} = 8.48\times10^{-3}\,\mathrm{rad}$$
$$\delta_{col}^{trim} = 0.096\,7\,\mathrm{rad},\quad \delta_{lon}^{trim} = 0.0\,\mathrm{rad},\quad \delta_{lat}^{trim} = 0.020\,\mathrm{rad},\quad \delta_{tr}^{trim} = -0.248\,8\,\mathrm{rad}$$

需要注意，尾旋翼桨叶俯仰角的配平值比较大，这是由于需要抵消主旋翼扭矩，以便沿 Z 轴稳定直升机机身。

下面，对式（6.2）～式（6.6）的线性化进一步简化。考虑到在稳态下满足 $p = q = r = 0$，

式（6.2）被线性化为

$$\begin{aligned}\Delta\dot{u}&=v\Delta r-w\Delta q-g\cos(\theta)\Delta\theta+\Delta X/m\\\Delta\dot{v}&=w\Delta p-u\Delta r+g\cos(\phi)\cos(\theta)\Delta\phi-g\sin(\phi)\sin(\theta)\Delta\theta+\Delta Y/m\\\Delta\dot{w}&=u\Delta q-v\Delta p-g\sin(\phi)\cos(\theta)\Delta\phi-g\cos(\phi)\sin(\theta)\Delta\theta+\Delta Z/m\end{aligned}\qquad(6.10)$$

其中，作用力展开项中的线性项部分由下式给出：

$$\begin{aligned}\Delta X=&X^u\Delta u+X^{u_{\text{wind}}}\Delta u_{\text{wind}}+X^v\Delta v+X^{v_{\text{wind}}}\Delta v_{\text{wind}}+X^w\Delta w+X^{w_{\text{wind}}}\Delta w_{\text{wind}}+\\&X^{\Omega_{\text{mr}}}\Delta\Omega_{\text{mr}}+X^{\delta_{\text{col}}}\Delta\delta_{\text{col}}+X^{a_1}\Delta a_1\\\Delta Y=&Y^u\Delta u+Y^{u_{\text{wind}}}\Delta u_{\text{wind}}+Y^v\Delta v+Y^{v_{\text{wind}}}\Delta v_{\text{wind}}+Y^w\Delta w+Y^{w_{\text{wind}}}\Delta w_{\text{wind}}+\\&Y^p\Delta p+Y^q\delta q+Y^r\Delta r+Y^{\Omega_{\text{mr}}}\Delta\Omega_{\text{mr}}+Y^{\delta_{\text{col}}}\Delta\delta_{\text{col}}+Y^{\delta_{\text{tr}}}\Delta\delta_{\text{tr}}+Y^{b_1}\Delta b_1\\\Delta Z=&Z^u\Delta u+Z^{u_{\text{wind}}}\Delta u_{\text{wind}}+Z^v\Delta v+Z^{v_{\text{wind}}}\Delta v_{\text{wind}}+Z^w\Delta w+Z^{w_{\text{wind}}}\Delta w_{\text{wind}}+\\&Z^q\delta q+Z^{\Omega_{\text{mr}}}\Delta\Omega_{\text{mr}}+Z^{\delta_{\text{col}}}\Delta\delta_{\text{col}}+Z^{a_1}\Delta_{a_1}+Z^{b_1}\Delta b_1\end{aligned}$$

并且在变量的配平值附近计算了偏导数，用上标表示。这些导数的表达式都包含在内，可以在文件 `lin_heli_model` 中找到。

线性化后，式（6.3）具有如下简单形式：

$$\begin{aligned}\Delta\dot{p}&=\frac{\Delta L}{I_{xx}}\\\Delta\dot{q}&=\frac{\Delta M}{I_{yy}}\\\Delta\dot{r}&=\frac{\Delta N}{I_{zz}}\end{aligned}\qquad(6.11)$$

其中

$$\begin{aligned}\Delta L=&L^u\Delta u+L^{u_{\text{wind}}}\Delta u_{\text{wind}}+L^v\Delta v+L^{v_{\text{wind}}}\Delta v_{\text{wind}}+L^w\Delta w+L^{w_{\text{wind}}}\Delta w_{\text{wind}}+\\&L^p\Delta p+L^q\delta q+L^r\Delta r+L^{\Omega_{\text{mr}}}\Delta\Omega_{\text{mr}}+L^{\delta_{\text{col}}}\Delta\delta_{\text{col}}+L^{\delta_{\text{tr}}}\Delta\delta_{\text{tr}}+L^{b_1}\Delta b_1\\\Delta M=&M^u\Delta u+M^{u_{\text{wind}}}\Delta u_{\text{wind}}+M^v\Delta v+M^{v_{\text{wind}}}\Delta v_{\text{wind}}+M^w\Delta w+M^{w_{\text{wind}}}\Delta w_{\text{wind}}+\\&M^q\delta q+M^{\Omega_{\text{mr}}}\Delta\Omega_{\text{mr}}+M^{\delta_{\text{col}}}\Delta\delta_{\text{col}}+M^{a_1}\Delta a_1\\\Delta N=&N^u\Delta u+N^{u_{\text{wind}}}\Delta u_{\text{wind}}+N^v\Delta v+N^{v_{\text{wind}}}\Delta v_{\text{wind}}+N^w\Delta w+N^{w_{\text{wind}}}\Delta w_{\text{wind}}+\\&N^p\Delta p+N^q\delta q+N^r\Delta r+N^{\Omega_c}\Delta\Omega_c+N^{\Omega_{\text{mr}}}+\Delta\Omega_{\text{mr}}+N^{\delta_{\text{col}}}\Delta\delta_{\text{col}}+N^{\delta_{\text{tr}}}\Delta\delta_{\text{tr}}\end{aligned}$$

Euler 角方程式（6.4）被线性化为

$$\begin{aligned}\Delta\dot{\phi}&=\Delta p+\sin(\phi)\tan(\theta)\Delta q+\cos(\phi)\tan(\theta)\Delta r\\\Delta\dot{\theta}&=\cos(\phi)\Delta q-\sin(\phi)\Delta r\\\Delta\dot{\psi}&=\left(\frac{\sin(\phi)}{\cos(\theta)}\right)\Delta q+\left(\frac{\cos(\phi)}{\cos(\theta)}\right)\Delta r\end{aligned}\qquad(6.12)$$

线性化后，式（6.4）的形式为

$$\begin{aligned}\Delta\dot{\Omega}_{\mathrm{mr}} &= \Omega^{u}\Delta u+\Omega^{u_{\mathrm{wind}}}+\Delta u_{\mathrm{wind}}+\Omega^{v}\Delta v+\Omega^{v_{\mathrm{wind}}}\Delta v_{\mathrm{wind}}+\\ &\quad \Omega^{w}\Delta w+\Omega^{w_{\mathrm{wind}}}\Delta w_{\mathrm{wind}}+\Omega^{p}\Delta p+\Omega^{q}\Delta q+\Omega^{r}_{\mathrm{mr}}\Delta r+\\ &\quad \Omega^{\Omega_{\mathrm{mr}}}\Delta\Omega_{\mathrm{mr}}+\Omega^{\omega_i}\Delta\omega_i+\Omega^{\Omega_c}\Delta\Omega_c+\Omega^{\delta_{\mathrm{col}}}\Delta\delta_{\mathrm{col}}+\Omega^{\delta_{\mathrm{tr}}}\Delta\delta_{\mathrm{tr}}\end{aligned} \tag{6.13}$$

最后，翼动角的线性化方程为（6.6）为

$$\begin{aligned}\Delta\dot{a}_1 &= -\Delta q-\Delta a_1/\tau_e+\left(\frac{\partial a_1}{\partial\mu_a}\frac{\Delta u-\Delta u_{\mathrm{wind}}}{\Omega_{\mathrm{mr}}R_{\mathrm{mr}}}+\frac{\partial a_1}{\partial\mu_z}\frac{\Delta w-\Delta w_{\mathrm{wind}}}{\Omega_{\mathrm{mr}}R_{\mathrm{mr}}}\right)/\tau_e-\\ &\quad \left(\frac{\partial a_1}{\partial\mu_a}\frac{u-u_{\mathrm{wind}}}{\Omega_{\mathrm{mr}}^2R_{\mathrm{mr}}}+\frac{\partial a_1}{\partial mu_z}\frac{w-w_{\mathrm{wind}}}{\Omega_{\mathrm{mr}}^2R_{\mathrm{mr}}}\right)\Delta\Omega_{\mathrm{mr}}/\tau_e+A^{\mathrm{nom}}_{\delta_{\mathrm{lon}}}\Delta\delta_{\mathrm{lon}}/\tau_e+\\ &\quad 2A^{\mathrm{nom}}_{\delta_{\mathrm{lon}}}\Omega_{\mathrm{mr}}\delta_{\mathrm{lon}}/(\tau_e\Omega^2_{\mathrm{nom}})\Delta\Omega\\ \Delta\dot{b}_1 &= -\Delta p-\Delta b_1/\tau_e-\left(\frac{\partial b_1}{\partial\mu_v}\frac{\Delta v-\Delta v_{\mathrm{wind}}}{\Omega_{\mathrm{mr}}R_{\mathrm{mr}}}-\frac{\partial b_1}{\partial\mu_v}\frac{v-v_{\mathrm{wind}}}{\Omega^2_{\mathrm{mr}}R_{\mathrm{mr}}}\right)\Delta\Omega_{\mathrm{mr}}/\tau_e+\\ &\quad B^{\mathrm{nom}}_{\delta_{\mathrm{lat}}}\Delta\delta_{\mathrm{lat}}/\tau_e+2B^{\mathrm{nom}}_{\delta_{\mathrm{lat}}}\Omega_{\mathrm{mr}}\delta_{\mathrm{lat}}/(\tau_e\Omega^2_{\mathrm{nom}})\Delta\Omega\end{aligned} \tag{6.14}$$

将状态向量定义为

$$\Delta x_h=[\Delta u,\Delta v,\Delta w,\Delta p,\Delta q,\Delta r,\Delta\phi,\Delta\theta,\Delta\psi,\Delta\Omega_{\mathrm{mr}},\Delta\omega_i,\Delta a_1,\Delta b_1]^{\mathrm{T}}$$

控制向量为

$$\Delta u_s=[\Delta\delta_{\mathrm{col}},\Delta\delta_{\mathrm{lon}},\Delta\delta_{\mathrm{lat}},\Delta\delta_{\mathrm{tr}}]^{\mathrm{T}}$$

干扰向量为

$$\Delta\mathrm{dist}=[\Delta u_{\mathrm{wind}},\Delta v_{\mathrm{wind}},\Delta w_{\mathrm{wind}}]^{\mathrm{T}}$$

输出向量为

$$\Delta y_h=[\Delta\dot{u},\Delta\dot{v},\Delta\dot{w},\Delta u,\Delta v,\Delta w,\Delta p,\Delta q,\Delta r,\Delta\phi,\Delta\theta,\Delta\psi,a_1,b_1]^{\mathrm{T}}$$

则式（6.10）～式（6.14）表示的是线性化直升机模型：

$$\begin{aligned}\Delta\dot{x}_h &= \boldsymbol{A}\Delta x_h+\boldsymbol{B}\begin{bmatrix}\Delta u_s\\ \Omega_c\\ \Delta_{\mathrm{dist}}\end{bmatrix}\\ \Delta y_h &= \boldsymbol{C}\Delta x_h+\boldsymbol{D}\begin{bmatrix}\Delta u_s\\ \Delta\Omega_c\\ \Delta_{\mathrm{dist}}\end{bmatrix}\end{aligned} \tag{6.15}$$

其中 $\boldsymbol{A}$, $\boldsymbol{B}$, $\boldsymbol{C}$ 和 $\boldsymbol{D}$ 分别是维度为 13×13, 13×8, 14×13 和 14×8 的矩阵。这样，对于偏离配平值很小的情况，直升机动力学由 8 个输入（5 个控制作用和 3 个干扰）和 14 个输出的

13 阶线性模型描述。为了简单起见，进一步省略符号 Δ，并记住，向量 $\boldsymbol{x}_h, \boldsymbol{u}_s, \boldsymbol{y}_h$ 的元素表示的是相应变量与其配平值的偏差，并且矩阵 $\boldsymbol{A}, \boldsymbol{B}, \boldsymbol{C}, \boldsymbol{D}$ 的元素是在相关变量的配平值处计算得到的。线性化的直升机模型由 M 函数 `lin_heli_model` 获得。计算是针对文献 [139] 中给出的 X-Cell 60 SE 直升机的参数进行的。直升机的基本参数如表 6.2 所示。

表 6.2　直升机基本参数

参数	值	参数	值
m	8.2 kg	R_{mr}	0.775 m
I_{xx}	0.18 kg · m^2	R_{tr}	0.13 m
I_{yy}	0.34 kg · m^2	n_{tr}	4.66
I_{zz}	0.28 kg · m^2	$A_{\delta_{\mathrm{lon}}}^{\mathrm{nom}}$	4.2 rad/rad
I_{rot}	0.095 kg · m^2	$B_{\delta_{\mathrm{lat}}}^{\mathrm{nom}}$	4.2 rad/rad
γ_{fb}	0.8	K_p	0.01 s/rad
Ω_{nom}	167 rad/s	K_i	0.02 1/rad

式（6.15）可以在频域中表示为

$$y_h(s) = \boldsymbol{G}_{\mathrm{heli}} \begin{bmatrix} u_s(s) \\ \Omega_c(s) \\ \mathrm{dist}(s) \end{bmatrix} \tag{6.16}$$

其中直升机传递函数矩阵 $\boldsymbol{G}_{\mathrm{heli}}$ 由矩阵 $\boldsymbol{A}, \boldsymbol{B}, \boldsymbol{C}, \boldsymbol{D}$ 确定为

$$\boldsymbol{G}_{\mathrm{heli}}(s) = \boldsymbol{C}(s\boldsymbol{I} - \boldsymbol{A})^{-1}\boldsymbol{B} + \boldsymbol{D}$$

直升机模型的线性化需要进行大量的手工计算，这可能会出现误差。这就是为什么使用基于 S 函数 `heli_model` 构建的 Simulink 模型 `linmod_heli.slx` 通过数值线性化来检查获得的模型。数值线性化是使用 M 函数 `num_lin_heli` 完成的，该函数执行了 MATLAB 函数 `linmod`。

与数值模型相比，解析线性模型的优势在于它可以方便地计算一组给定的直升机参数的模型矩阵。此外，解析描述可用于获得所谓的参数依赖模型参见文献 [112] 的第 2 章，该模型取决于速度和高度等参数，这些参数可能随时间发生较大变化。

通过将各个输入 / 输出通道的频率响应与数值线性化模型的相应频率响应进行比较，可以验证解析线性化直升机模型（式（6.15））。

利用 M - 文件 `comp_freq_heli`，得到了解析和数值线性化模型的对应于从控制作用和干扰到 Euler 角的传递函数的频率响应。在图 6.3 和图 6.4 中，我们展示了两种模型相对于角度 θ 的频率响应的比较。可以看出，两种模型的频率响应实际上是一致的。

需要指出的是，如果相应的配平条件能够提前找到的话，解析线性化的直升机模型不仅可以用于悬停，还可以用于不同的平移速度。

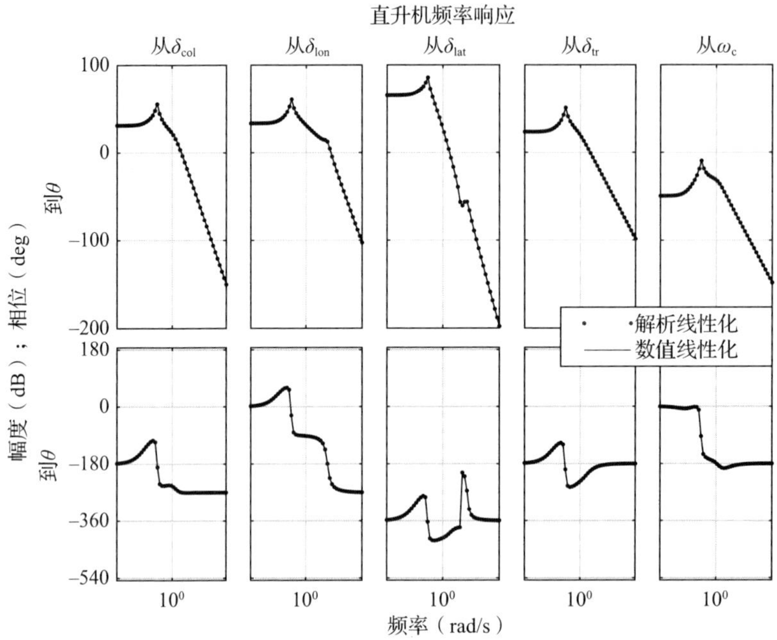

图 6.3　解析和数值线性化模型的频率响应——控制对 θ 的作用

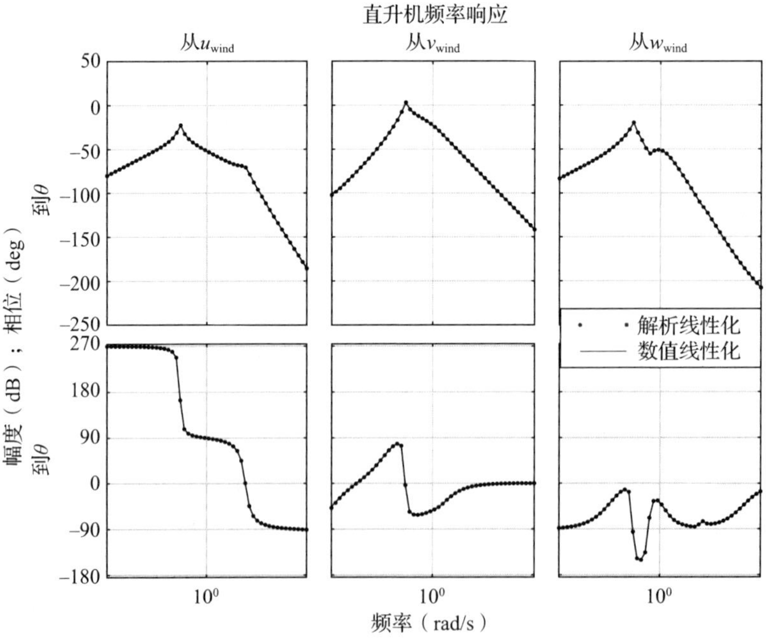

图 6.4　解析和数值线性化模型的频率响应——干扰对 θ 的作用

6.1.3　不确定性模型

式（6.16）被认为是直升机动力学的标称模型。为了考虑被忽略的直升机动力学、近似误差和配平条件的变化，我们向控制向量 $\boldsymbol{u}_s$ 的每个分量添加乘性不确定性，如图 6.5 所示。假定每个量 $\delta_i, i=1,\cdots,4$ 应该是一个增益有界的、不确定性线性时不变对象，其满足

$$|\delta_i| \leqslant 0.15,\quad i=1,\cdots,4$$

这样，每个控制分量中的不确定性可能达到 15%。更多的不确定性可以考虑更大的模型误差、参数变化和非线性，但此时用单个的时不变控制器来解决的话会变得非常困难。需要注意，不确定性不会随频率变化，这在某种程度上是一个保守的假设。做这种假设的原因是缺乏关于频域内模型精度的知识。得到的不确定性被控对象由如下传递函数矩阵描述：

$$\boldsymbol{G}(s)=\boldsymbol{C}_{\text{heli}}(s)\begin{bmatrix} 1+\delta_1 & 0 & 0 & 0 & 0\,0\,0\,0 \\ 0 & 1+\delta_2 & 0 & 0 & 0\,0\,0\,0 \\ 0 & 0 & 1+\delta_3 & 0 & 0\,0\,0\,0 \\ 0 & 0 & 0 & 1+\delta_4 & 0\,0\,0\,0 \\ 0 & 0 & 0 & 0 & 1\,0\,0\,0 \\ 0 & 0 & 0 & 0 & 0\,1\,0\,0 \\ 0 & 0 & 0 & 0 & 0\,0\,1\,0 \\ 0 & 0 & 0 & 0 & 0\,0\,0\,1 \end{bmatrix} \tag{6.17}$$

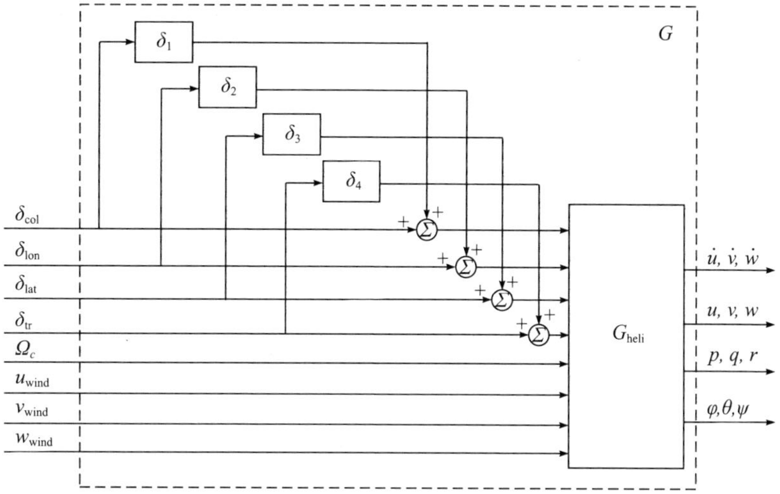

图 6.5　不确定性被控对象的结构

这样，不确定性直升机模型被描述为一个连续时不变的控制被控对象，其方程如下：

$$\boldsymbol{y}_h=\boldsymbol{G}(s)\begin{bmatrix} u_s \\ \Omega_c \\ \text{dist} \end{bmatrix} \tag{6.18}$$

与标称模型类似，不确定性直升机模型有 8 个输入、14 个输出和 13 个状态。该模型可以通过使用 M– 文件 mod_heli 找到。

对于 30 个输入不确定性 $\delta_i, i=1,\cdots,4$ 的随机值，通过使用控制作用 u_s 和 Euler 角之间的传递函数，获得了不确定性被控对象奇异值的频率响应图，如图 6.6 所示。奇异值的频率响应表明，直升机传递函数矩阵中存在一个积分器。

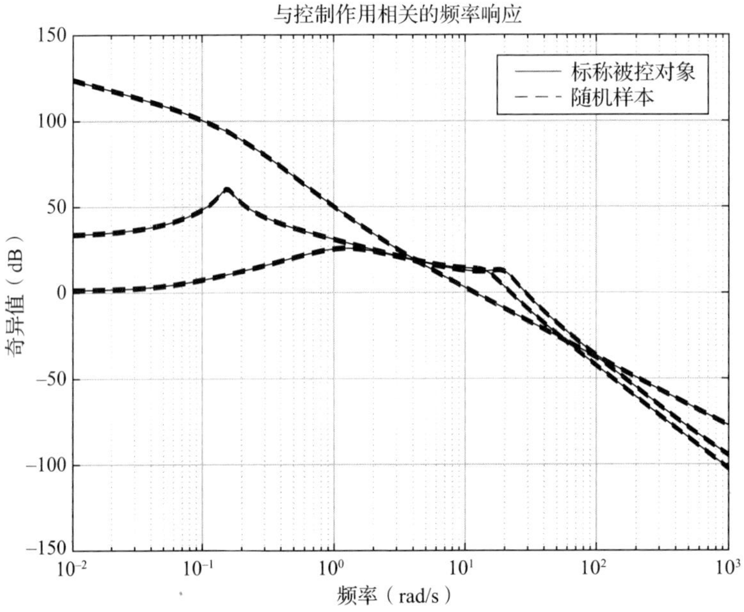

图 6.6　被控对象奇异值

6.2　姿态控制器的 μ 综合

本节使用的 MATLAB 文件

文件	描述
dlp_heli.m	为直升机控制系统生成开环连接
design_heli	直升机姿态控制器的 μ 综合
dmu_heli	鲁棒稳定性和鲁棒性能分析
dfrs_heli	闭环系统的频率响应
dmcs_heli	不确定性闭环系统的时间响应

考虑到直升机平移运动的动力学慢于其角运动的动力学，直升机控制系统在两个层面上进行设计，可参见文献 [144]。首先，设计了一种积分型三通道（integral three channel）μ 控制器，旨在确保角运动的鲁棒稳定性和鲁棒性能。该控制器可确保在风扰动和被控对象不确定性存在的情况下，Euler 角与其配平值的偏差很小。然后，设计了一个简化的位置控制器，它由位置和高度通道中的 3 个比例导数（Proportional-Derivative, PD）调节器组成。

因此，直升机控制被分解为两个环：用于姿态控制的快速环和用于平移运动控制的相对慢的环。

6.2.1　性能要求

姿态直升机控制闭环系统框图，包括不确定性直升机模型、反馈和控制器，以及反映性能要求的元件，如图 6.7 所示。这种控制的目的是在输入干扰 dist 和模型不确定性存在的情况下，保持姿态角 ϕ,θ,ψ 接近它们的参考值 $\phi_{\text{ref}},\theta_{\text{ref}},\psi_{\text{ref}}$。设计图包括一个参考模型 M，该模型用于设置期望的直升机响应。直升机控制是通过使用来自 Euler 角 ϕ,θ,ψ 和角速率 p,q,r 的反馈来完成的。为了提高精度，假设有关测量变量的信息是从配备卡尔曼滤波器的机载 INS 中获得的。正如本章开头所提到的，假设与风扰动的影响相比，测量噪声对控制系统的影响可以忽略不计，这将在后面的仿真中得到证实，这也是为什么不考虑噪声抑制。

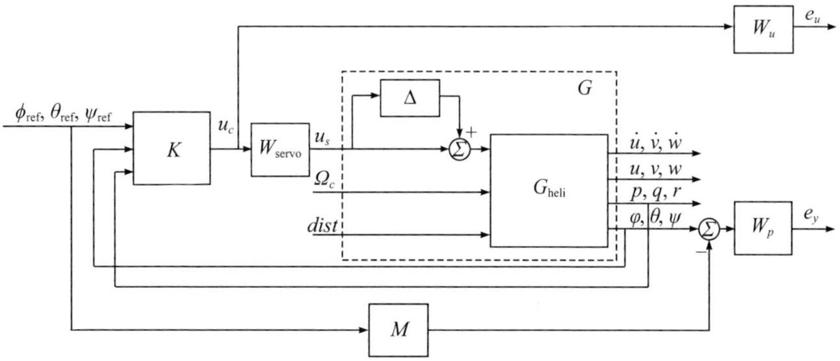

图 6.7　具有性能要求的闭环系统框图

传递函数矩阵 $\boldsymbol{G}_{\text{heli}}$ 表示标称直升机模型。矩阵

$$\Delta = \begin{bmatrix} \delta_1 & 0 & 0 & 0 \\ 0 & \delta_2 & 0 & 0 \\ 0 & 0 & \delta_3 & 0 \\ 0 & 0 & 0 & \delta_4 \end{bmatrix}$$

包含表示输入乘性模型不确定性的增益有界不确定性。

控制器输出

$$\boldsymbol{u}_c = \left[u_c^{\text{col}}, u_c^{\text{lon}}, u_c^{\text{lat}}, u_c^{\text{tr}}\right]^{\text{T}}$$

是伺服作动器的输入。传递函数矩阵

$$\boldsymbol{W}_{\text{servo}} = \begin{bmatrix} w_{\text{servo}}^{\text{col}}(s) & 0 & 0 & 0 \\ 0 & w_{\text{servo}}^{\text{lon}}(s) & 0 & 0 \\ 0 & 0 & w_{\text{servo}}^{\text{lat}}(s) & 0 \\ 0 & 0 & 0 & w_{\text{servo}}^{\text{tr}}(s) \end{bmatrix}$$

包含相应伺服作动器的传递函数。

为了获得闭环系统的良好性能，我们将采用一个二自由度控制器。控制的作用可根据如下表达式生成：

$$\boldsymbol{u}_c=[\boldsymbol{K}_r\boldsymbol{K}_y]\begin{bmatrix}\boldsymbol{r}_c\\\boldsymbol{y}_c\end{bmatrix}=\boldsymbol{K}_r\boldsymbol{r}_c+\boldsymbol{K}_y\boldsymbol{y}_c \tag{6.19}$$

其中

$$\boldsymbol{r}_c=[\phi_{\text{ref}},\theta_{\text{ref}},\psi_{\text{ref}}]^{\text{T}}$$

是参考向量，而

$$\boldsymbol{y}_c=[\phi,\theta,\psi,p,q,r]^{\text{T}}$$

是输出反馈向量，$\boldsymbol{K}_r$ 是 4×3 前置滤波器传递函数矩阵，$\boldsymbol{K}_y$ 是 4×6 输出反馈传递函数矩阵。控制作用应使伺服作动器的输出不超过下列值：

$$\delta_{\text{col}}^{\max}=0.183\text{ rad},\quad \delta_{\text{lon}}^{\max}=0.096\text{ rad},\quad \delta_{\text{lat}}^{\max}=0.096\text{ rad},\quad \delta_{\text{tr}}^{\max}=0.38\text{ rad}$$

这些值对应于伺服饱和情况。

该系统有两个输出向量信号（$\boldsymbol{e}_y$ 和 $\boldsymbol{e}_u$）。块 $\boldsymbol{M}$ 是理想动力学模型的 3 × 3 传递函数矩阵，设计的闭环系统应与之匹配。

反馈变量的方程可以表示为

$$\boldsymbol{y}_c=\boldsymbol{G}_u\boldsymbol{u}_s+\boldsymbol{G}_\Omega\boldsymbol{\Omega}_c+\boldsymbol{G}_d d \tag{6.20}$$

其中 $\boldsymbol{G}_u$ 是与来自伺服作动器的控制信号相关的传递函数矩阵，$\boldsymbol{G}_\Omega$ 是与发动机速度参考相关的传递函数矩阵，$\boldsymbol{G}_d$ 是与干扰相关的被控对象传递函数矩阵。(此处及以后，为简洁起见，干扰向量用 d 表示。) 矩阵 $\boldsymbol{G}_u,\boldsymbol{G}_\Omega,\boldsymbol{G}_d$ 是从不确定性直升机模型（式（6.18））的传递函数矩阵 $\boldsymbol{G}$ 中获得的。

考虑到反馈向量 $\boldsymbol{y}_c$ 的结构，可以得到

$$\boldsymbol{e}_y=\boldsymbol{W}_p^c(\boldsymbol{y}_c-\boldsymbol{M}^c\boldsymbol{r}_c)$$

其中

$$\boldsymbol{W}_p^c=[\boldsymbol{W}_p\ 0_{3\times3}],\quad \boldsymbol{M}^c=\begin{bmatrix}M\\0_{3\times3}\end{bmatrix}$$

借助于式（6.19）和式（6.20），具有性能要求的闭环系统的简化框图如图 6.8 所示。加权闭环系统输出 $\boldsymbol{e}_y$ 和 $\boldsymbol{e}_u$ 满足方程

$$\begin{bmatrix}\boldsymbol{e}_y\\\boldsymbol{e}_u\end{bmatrix}=\begin{bmatrix}\boldsymbol{W}_p^c(\boldsymbol{S}_{\text{o}}\boldsymbol{G}_u\boldsymbol{W}_{\text{servo}}\boldsymbol{K}_r-\boldsymbol{M}^c) & \boldsymbol{W}_p^c\boldsymbol{S}_{\text{o}}\boldsymbol{G}_d & \boldsymbol{W}_p^c\boldsymbol{S}_{\text{o}}\boldsymbol{G}_\Omega\\ \boldsymbol{W}_u\boldsymbol{S}_{\text{i}}\boldsymbol{K}_r & \boldsymbol{W}_u\boldsymbol{S}_{\text{i}}K_y\boldsymbol{G}_d & \boldsymbol{W}_u\boldsymbol{S}_{\text{i}}K_y\boldsymbol{G}_\Omega\end{bmatrix}\begin{bmatrix}r_c\\d\\\boldsymbol{\Omega}_c\end{bmatrix} \tag{6.21}$$

其中矩阵 $\boldsymbol{S}_{\text{i}}=(\boldsymbol{I}-\boldsymbol{K}_y\boldsymbol{K}_u\boldsymbol{W}_{\text{servo}})^{-1}$ 是输入灵敏度传递函数矩阵，$\boldsymbol{S}_{\text{o}}=(\boldsymbol{I}-\boldsymbol{G}_u\boldsymbol{W}_{\text{servo}}\boldsymbol{K}_y)^{-1}$ 是输出灵

敏度传递函数矩阵。

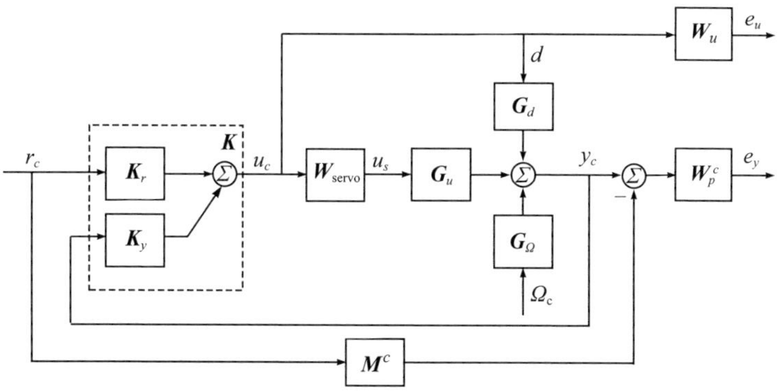

图 6.8　闭环系统的简化框图

进一步，旋翼速度参考值 $\boldsymbol{\Omega}_c$ 被视为常数，对于所考虑的直升机，其值取为 $\boldsymbol{\Omega}_c = 167\text{rad/s}$。

对于所有可能的不确定性被控对象模型 $\boldsymbol{G}$，性能标准要求从外部输入信号 $\boldsymbol{r}_c, \boldsymbol{d}$ 和 $\boldsymbol{\Omega}_c$ 到输出信号 $\boldsymbol{e}_y$ 和 $\boldsymbol{e}_u$ 的传递函数矩阵在 $\|.\|_\infty$ 定义下要很小。传递函数矩阵 $\boldsymbol{W}_p$ 和 $\boldsymbol{W}_u$ 用于反映不同频率范围的相对重要性，在此范围内应满足性能要求。表 6.3 描述了构成扩展系统输入和输出之间传递函数矩阵的 6 个传递函数矩阵。

表 6.3　需要最小化的 ∞ 函数

函数	描述
$W_p^c(\boldsymbol{S}_o G_u \boldsymbol{W}_{servo} \boldsymbol{K}_r - \boldsymbol{M}^c)$	实际和理想闭环系统之间的加权差
$W_p^c S_o G_d$	对干扰的加权灵敏度
$W_p^c S_o G_\Omega$	对旋翼速度参考值的加权灵敏度
$W_u S_i K_r$	由角度参考值产生的加权控制作用
$W_u S_i K_y G_d$	由干扰产生的加权控制作用
$W_u S_i K_y G_\Omega$	由旋翼速度参考值产生的加权控制作用

姿态直升机控制的设计问题，就是在参考值和测量输出 $\boldsymbol{K} = [K_r, K_y]$ 中找到一个线性控制器 $K(s)$，以确保闭环系统的以下特性：

鲁棒稳定性：如果闭环系统对于所有可能的对象模型 $\boldsymbol{G}$ 都是内部稳定的，则闭环系统实现了鲁棒稳定性。

鲁棒性能：闭环系统应该对所有 $\boldsymbol{G}$ 保持内部稳定，此外每个被控对象模型 $\boldsymbol{G}$ 都应该满足性能标准

$$\left\| \begin{bmatrix} \boldsymbol{W}_p^c(\boldsymbol{S}_o \boldsymbol{G}_u \boldsymbol{W}_{servo} \boldsymbol{K}_r - \boldsymbol{M}^c) & \boldsymbol{W}_p^c \boldsymbol{S}_o \boldsymbol{G}_d & \boldsymbol{W}_p^c \boldsymbol{S}_o \boldsymbol{G}_\Omega \\ \boldsymbol{W}_u \boldsymbol{S}_i \boldsymbol{K}_r & \boldsymbol{W}_u \boldsymbol{S}_i \boldsymbol{K}_y \boldsymbol{G}_d & \boldsymbol{W}_u \boldsymbol{S}_i \boldsymbol{K}_y \boldsymbol{G}_\Omega \end{bmatrix} \right\|_\infty < 1 \tag{6.22}$$

6.2.2　控制器设计

与 μ 综合问题相关的闭环系统框图如图 6.9 所示。矩阵 $\boldsymbol{P}$ 是扩展开环系统的传递函数矩

阵，它由不确定性被控对象模型加上伺服作动器、匹配模型和性能加权函数组成。它有 11 个输入（$\boldsymbol{r}_c, \boldsymbol{d}, \boldsymbol{\Omega}_c, \boldsymbol{u}_c$）和 13 个输出（$\boldsymbol{e}_y, \boldsymbol{e}_u, \boldsymbol{\phi}, \boldsymbol{\theta}, \boldsymbol{\psi}, \boldsymbol{p}, \boldsymbol{q}, \boldsymbol{r}$）。

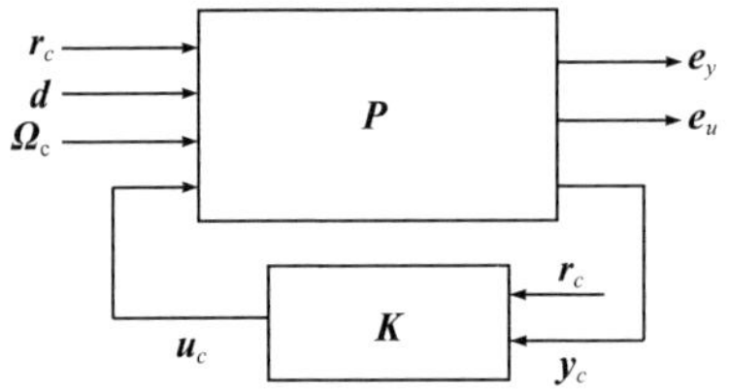

图 6.9　μ综合框图

可以通过采样频率 $f_s = 100\text{Hz}$ 的数字信号控制器实时实现到被控对象的控制作用，从而采用 μ 综合在该采样频率下设计离散时间控制器。为此，标称开环系统的传递函数矩阵在这个采样频率下进行离散化，并假设被控对象输入端存在零阶保持。

设 $\boldsymbol{N}_d(z)$ 为离散化标称开环系统的传递函数矩阵，用 $\boldsymbol{P}_d(z) = \boldsymbol{F}_U(\boldsymbol{N}_d, \boldsymbol{\Delta})$ 表示不确定性开环系统的传递函数矩阵。块结构 $\boldsymbol{\Delta}_{\boldsymbol{P}_d}$ 定义为

$$\boldsymbol{\Delta}_{\boldsymbol{P}_d} := \left\{ \begin{bmatrix} \boldsymbol{\Delta} & 0 \\ 0 & \boldsymbol{\Delta}_F \end{bmatrix} : \boldsymbol{\Delta} \in \mathbb{C}^{4\times4},\ \boldsymbol{\Delta}_F \in \mathbb{C}^{7\times7} \right\}$$

矩阵 $\boldsymbol{\Delta}_{\boldsymbol{P}_d}$ 的第一个块对应于在直升机模型中包含的 4 × 4 输入乘性不确定性。第二个块 $\boldsymbol{\Delta}_F$ 是一个虚构的 7×7 不确定性块，用于将性能要求包含到 μ 综合方法的框架中。该块的输入是加权误差信号 $\boldsymbol{e}_y$ 和 $\boldsymbol{e}_u$，输出是外生信号 $\boldsymbol{r}_c, \boldsymbol{d}$ 和 $\boldsymbol{\Omega}_c$。

μ 综合的目的是找到一个离散时间稳定控制器 $\boldsymbol{K}_d$，使得对于每个频率 $\omega \in [0, \pi/T_s]$，其中 $T_s = 2\pi/f_s$，结构奇异值 μ 满足条件

$$\mu_{\boldsymbol{\Delta}_{\boldsymbol{P}_d}}[\boldsymbol{F}_L(\boldsymbol{N}_d, \boldsymbol{K}_d)(\mathrm{j}\omega)] < 1$$

其中 $\boldsymbol{F}_L(\boldsymbol{N}_d, \boldsymbol{K}_d)$ 是离散时间闭环系统的传递函数矩阵。满足此条件可保证闭环系统的鲁棒性能，即对于所有具有 $\|\boldsymbol{\Delta}_{\boldsymbol{P}_d}\|_\infty < 1$ 的不确定性 $\Delta_{\boldsymbol{P}_d}$，有

$$\| \boldsymbol{F}_u[\boldsymbol{F}_L(\boldsymbol{N}_d, \boldsymbol{K}_d), \boldsymbol{\Delta}_{\boldsymbol{P}_d}] \|_\infty < 1$$

由于使用的是开环系统的离散时间模型，因此含有控制器 $\boldsymbol{K}_d$ 的闭环系统的稳定性就得到了保证。

理想匹配模型的传递函数矩阵 $\boldsymbol{M}$ 应为对角矩阵，以抑制 3 个通道之间的相互作用，并取为

$$\boldsymbol{M}(s) = \begin{bmatrix} w_{m1} & 0 & 0 \\ 0 & w_{m2} & 0 \\ 0 & 0 & w_{m3} \end{bmatrix}$$

其中

$$w_{m1} = \frac{1}{0.40^2 s^2 + 2 \times 0.40 \times 0.7 s + 1}$$

$$w_{m2} = \frac{1}{0.35^2 s^2 + 2 \times 0.35 \times 0.7 s + 1}$$

$$w_{m3} = \frac{1}{0.25^2 s^2 + 2 \times 0.25 \times 0.7 s + 1}$$

模型传递函数对应于滚转、俯仰和偏航通道的期望闭环带宽，分别等于 2.5 rad/s,2.86 rad/s 和 4.0 rad/s。

对几个性能加权函数进行 μ 综合，以确保系统性能和鲁棒性之间良好平衡。根据实验结果，我们选择性能加权函数

$$W_p(s) = \begin{bmatrix} 4.5\dfrac{10^{-3}s+1}{10^{-2}s+1} & 0 & 0 \\ 0 & 5.0\dfrac{10^{-3}s+1}{10^{-2}s+1} & 0 \\ 0 & 0 & 10.0\dfrac{10^{-3}s+1}{10^{-2}s+1} \end{bmatrix}$$

和控制加权函数

$$W_u(s) = \begin{bmatrix} \dfrac{0.02s+1}{10^{-4}s+1} & 0 & 0 & 0 \\ 0 & \dfrac{0.02s+1}{10^{-4}s+1} & 0 & 0 \\ 0 & 0 & \dfrac{0.02s+1}{10^{-4}s+1} & 0 \\ 0 & 0 & 0 & \dfrac{0.02s+1}{10^{-4}s+1} \end{bmatrix}$$

选取性能加权函数作为低通滤波器，以抑制频率高达 20 rad/s 的系统和模型之间的差（见图 6.10）。选择控制加权函数作为高通滤波器，以对频率高于 10 rad/s 的控制作用分量施加约束（见图 6.11）。

在找到离散化模型 $N_d(z)$ 时，传递函数矩阵 $G(s), M(s), W_p(s)$ 和 $W_u(s)$ 可被转换为离散时间形式。

设计中使用的开环互连由文件 `dlp_heli` 完成。μ 综合是通过使用 MATLAB 函数 `dksyn` 的 M– 文件 `design_heli` 来执行的。D-K 迭代的结果如表 6.4 所示。在第 4 次迭代后获得最佳控制器，其阶数为 41 阶（在给定的情况下，函数 `dksyn` 在第 4 次迭代后自动停止）。需要指出的是，这种阶数的控制器对 μ 综合方法来说是典型的，是同时满足性能和鲁棒性要求的必要性的结果。通常的做法是减少控制器的阶数，采用一些降阶的方法。在给定的情况下，可以在不牺牲闭环性能和鲁棒性的情况下，将控制器阶数降到 30。这是由以下命令行完成的：

```
Kd_30 = reduce(Kd,30)
```

进一步，我们使用 30 阶控制器来研究闭环系统特性。

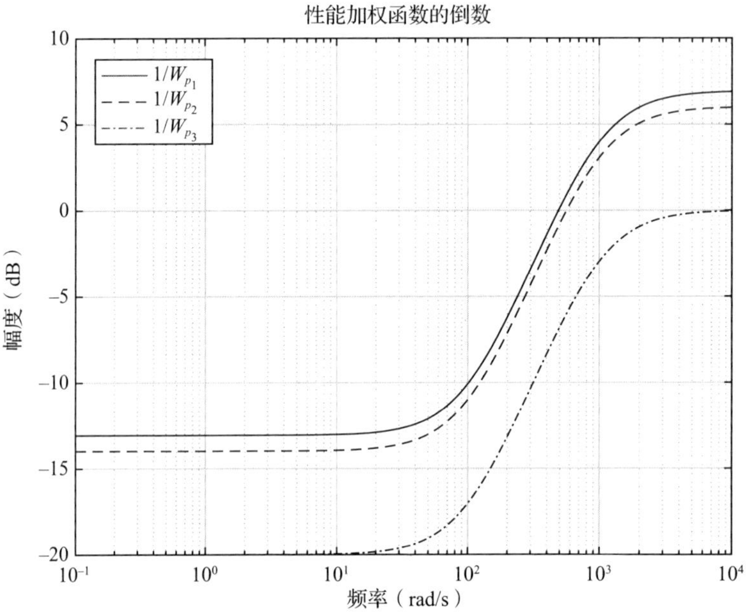

图 6.10　性能加权函数的幅度响应

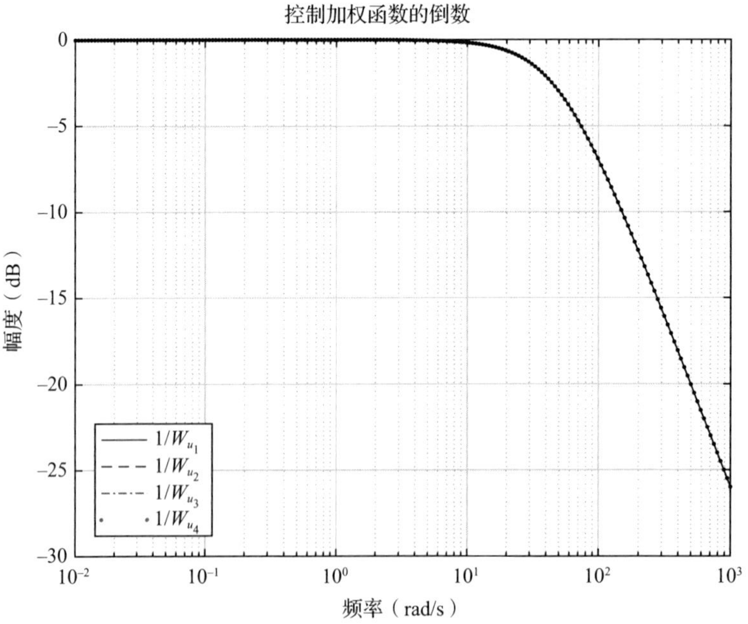

图 6.11　控制加权函数的幅度响应

表 6.4　μ综合的结果

迭代次数	控制器阶数	μ 的最大值
1	37	1.089
2	47	0.993
3	41	0.993
4	41	0.991

6.2.3　频率响应

用于闭环分析的离散时间系统框图如图 6.12 所示。注意，带有上标 D 的传递函数矩阵是连续时间系统模型传递函数矩阵的离散时间对应矩阵。在分析中，我们考虑了设计中被忽略的角度和角速率中测量噪声的影响，测量噪声如下：

$$\boldsymbol{\eta}=[\eta_\phi,\eta_\theta,\eta_\psi,\eta_p,\eta_q,\eta_r]^{\mathrm{T}}$$

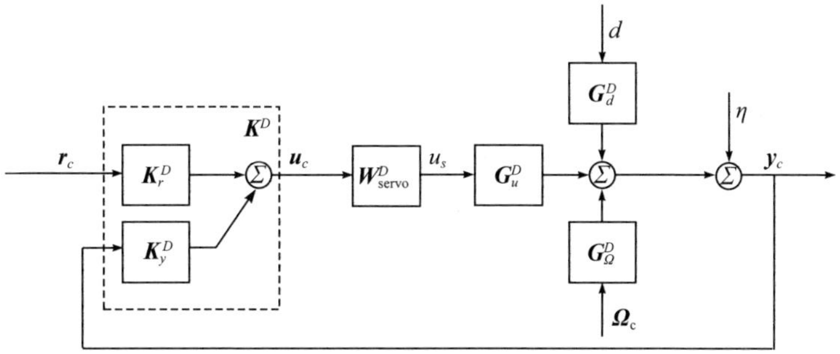

图 6.12　离散时间闭环系统框图

首先，考虑由 M– 文件 dmu_heli 确定的闭环离散时间系统的鲁棒性。图 6.13 中，我们给出了对应于闭环系统鲁棒稳定性分析的结构奇异值 $\boldsymbol{\mu}_\Delta \boldsymbol{F}_L(\boldsymbol{N}_d,\boldsymbol{K}_d)$ 的频率响应。由于 μ 在频率范围内的最大值为 0.322 3，因此不确定性系统可以承受高达 310% 的建模不确定性，即闭环系统的鲁棒稳定裕度为 310%。

鲁棒性能分析对应的结构奇异值的频率响应如图 6.14 所示。闭环系统对所有不确定的被控对象模型和干扰都具有鲁棒性能。

离散时间闭环系统的频率响应通过使用 M– 文件 dfrs_heli 获得。

30 阶 μ 控制器的奇异值频率响应图如图 6.15 所示。由于控制器有 9 个输入和 4 个输出，其在频域中的行为由 4 个奇异值的频率响应来表示。

在 30 个被控对象不确定性随机值作用下，闭环传递函数矩阵的奇异值频率响应如图 6.16 所示。可以看出，对于高达 10 rad/s 的频率，闭环系统频率响应接近模型 $\boldsymbol{M}$ 的频率响应，这是实现鲁棒性能的结果。滚转、俯仰和偏航通道的闭环带宽分别等于 2.3 rad/s，2.8 rad/s 和 3.9 rad/s，接近模型规定的相应值。扰动到输出传递函数矩阵的奇异值频率响应如图 6.17 所示。从图中可以看出，低频干扰衰减超过 300 倍（50dB），这保证了闭环系统在显著风扰存在时的良好响应。

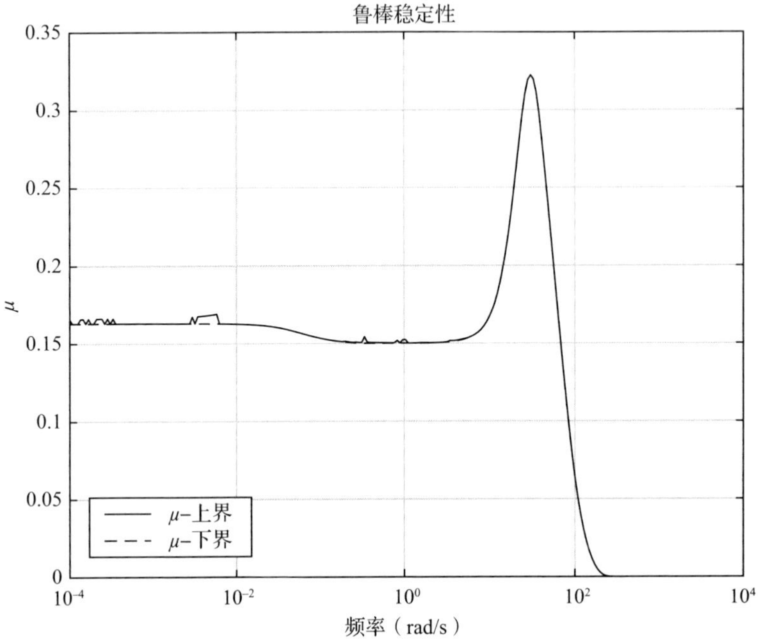

图 6.13　闭环系统的鲁棒稳定性

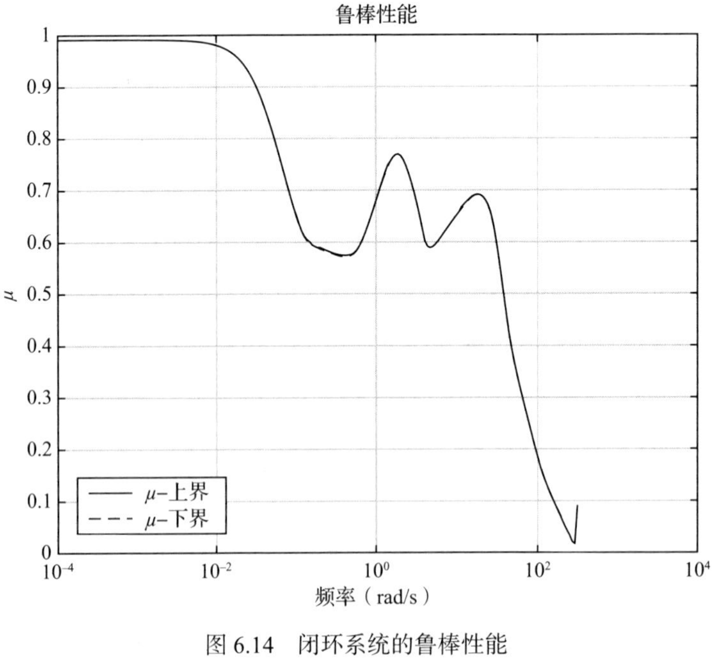

图 6.14　闭环系统的鲁棒性能

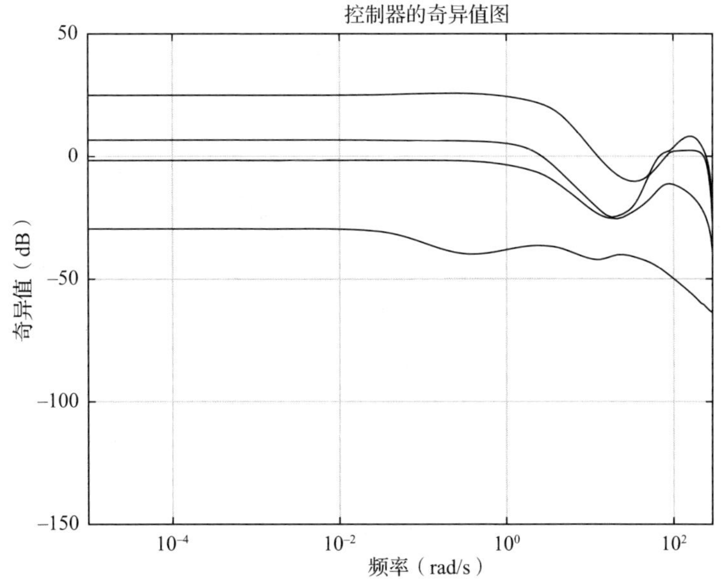

图 6.15　μ 控制器的频率响应

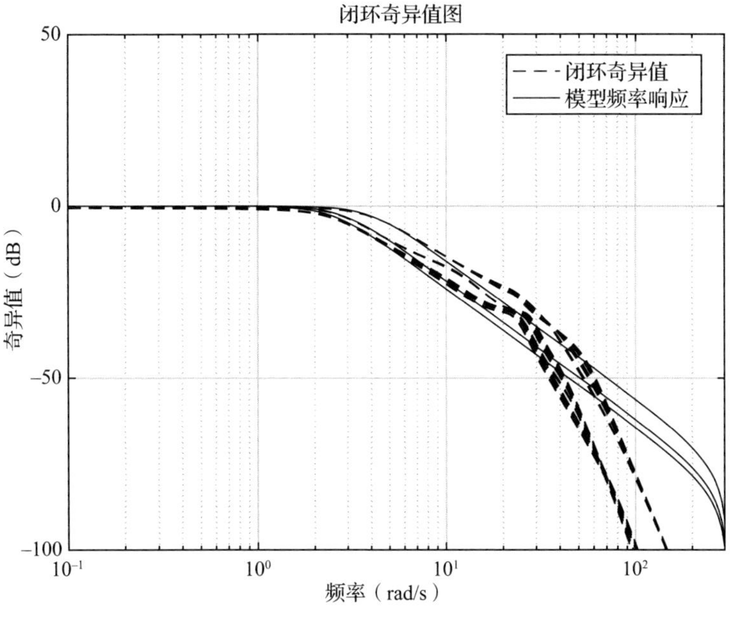

图 6.16　闭环系统和模型 $\boldsymbol{M}$ 的频率响应

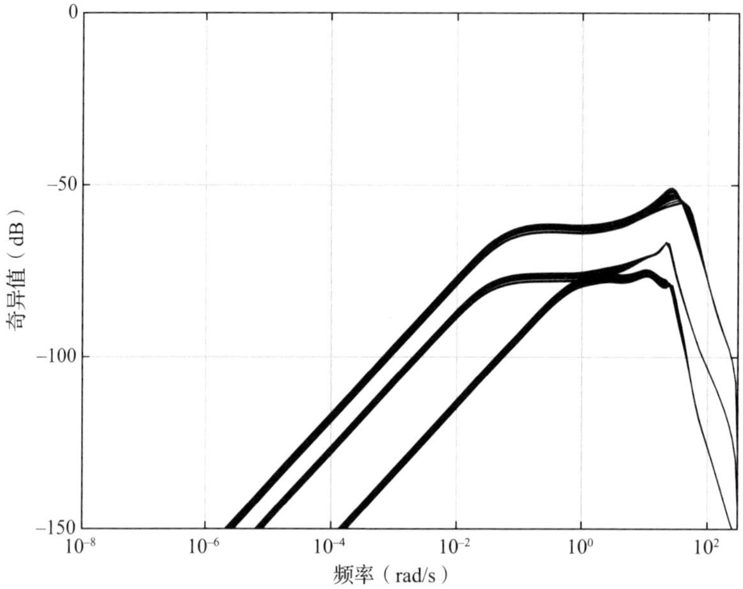

图 6.17 输出对干扰的灵敏度

从图 6.18 和图 6.19 可以看出，测量噪声对闭环系统的输出和控制的影响很小。因此，在控制器设计期间，噪声抑制没有包含在性能要求中。

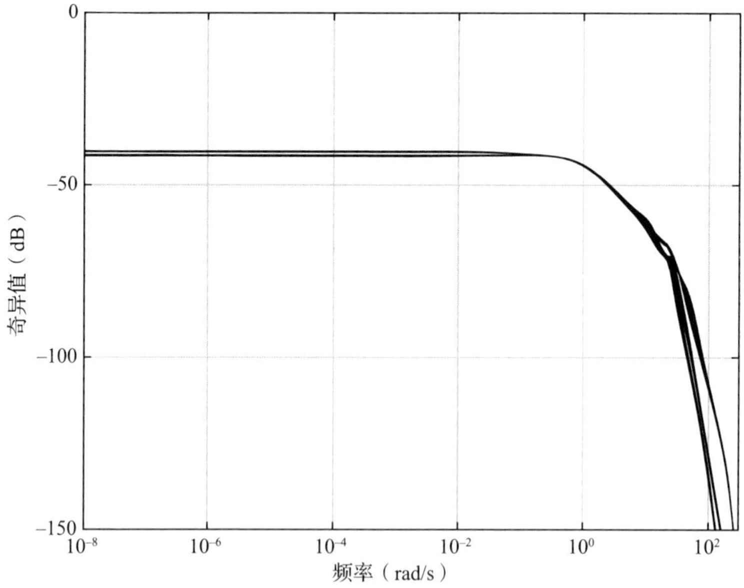

图 6.18 输出对测量噪声的灵敏度

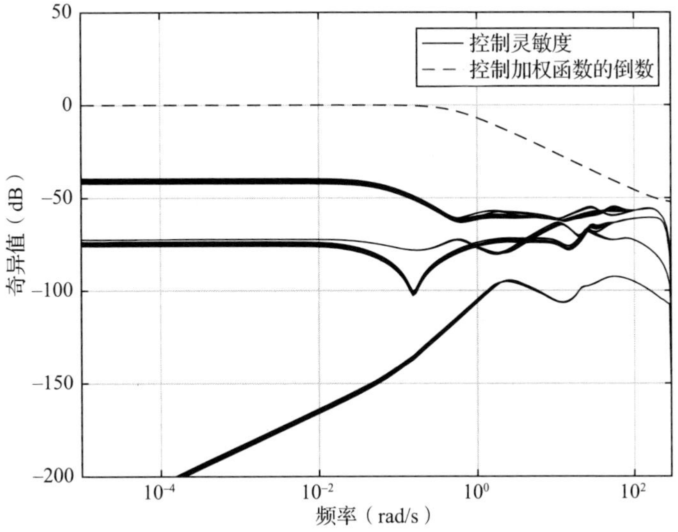

图 6.19　控制作用对测量噪声的灵敏度

不确定性闭环系统最坏情况下的一次回路增益和相位裕度通过使用鲁棒控制工具箱中的函数 wcmargin 来确定，消除控制器的参考通道。该函数计算输入和输出端的圆盘裕度，以便对于圆盘内部的所有增益和相位变化，标称闭环系统仍能保持稳定。从输出端的最坏情况边界可知，我们获得如下的滚转、俯仰和偏航通道结果：

```
phi_loop_margin =

     GainMargin: [0.1210 8.2662]
    PhaseMargin: [-76.2044 76.2044]
      Frequency: 5.6285
          WCUnc: [1x1 struct]
    Sensitivity: [1x1 struct]


theta_loop_margin =

     GainMargin: [0.1129 8.8548]
    PhaseMargin: [-77.1134 77.1134]
      Frequency: 8.7824
          WCUnc: [1x1 struct]
    Sensitivity: [1x1 struct]


psi_loop_margin =

     GainMargin: [0.0777 12.8780]
    PhaseMargin: [-81.1196 81.1196]
      Frequency: 6.2048
          WCUnc: [1x1 struct]
    Sensitivity: [1x1 struct]
```

显然，最大的增益和相位裕度是偏航通道。

6.2.4 线性系统的暂态响应

现在考虑由阶跃参考输入引起的不确定性闭环系统的暂态响应。选择如下参考幅值：

$$\phi_{\text{ref}}=10°，\ \theta_{\text{ref}}=-10°，\ \psi_{\text{ref}}=15°$$

针对 30 个不确定性的随机值，M- 文件 dmcs_heli 给出了采样数据闭环系统的阶跃响应，如图 6.20 ～图 6.22 所示。显然，闭环系统对不确定性不太敏感。响应曲线具有小的超调量并且稳态误差小于 0.9°，这在实践中是可以接受的。如果设计中假定的不确定性水平更小一些，则可以获得更小的稳态误差。请注意，图中所示的角度 ϕ,θ,ψ 不是表征非线性被控对象的相应实际角度，而是代表这些角度与其各自配平值之间的偏差。

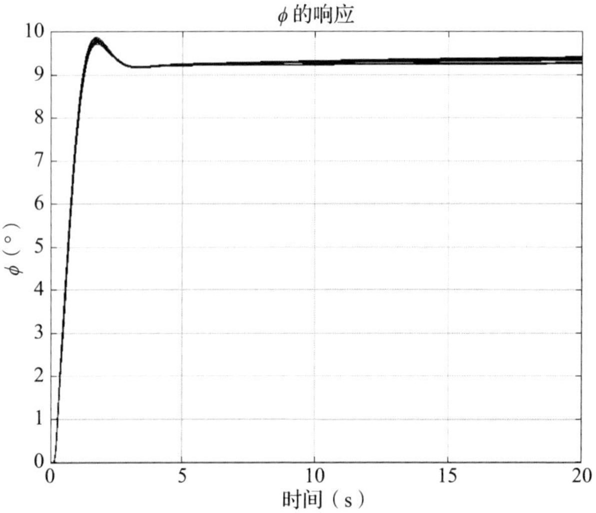

图 6.20　滚转角 ϕ 的响应

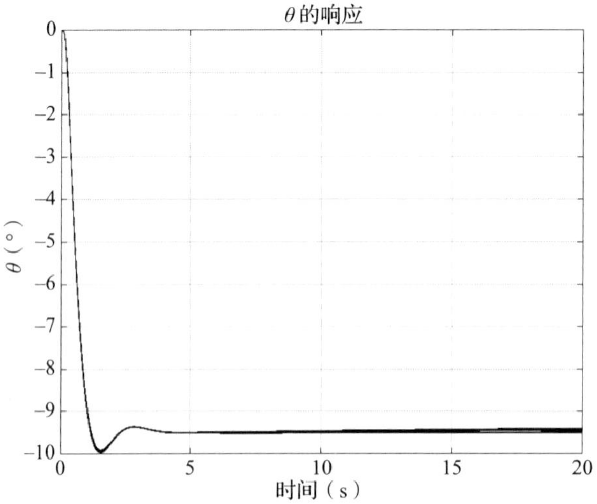

图 6.21　俯仰角 θ 的响应

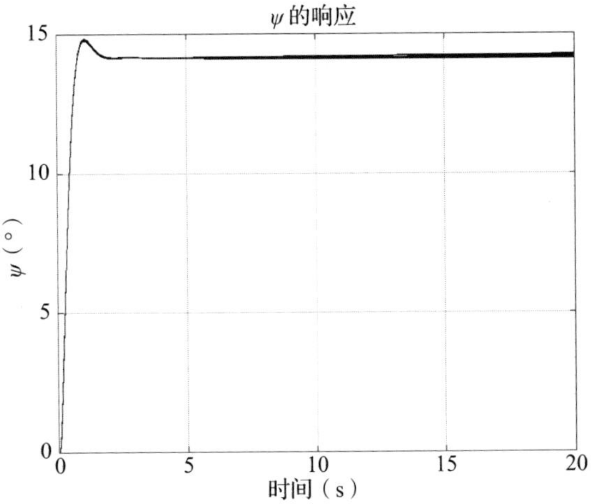

图 6.22　偏航角 ψ的响应

6.2.5　位置控制器设计

一旦直升机的姿态运动被稳定下来，就可以通过使用 3 个简单 PD 调节器将直升机平移到所需的空间点，PD 调节器产生必要的控制作用。为了设计这样的调节器，我们将采用一种类似于文献 [145] 中提出的技术，并基于直升机平移运动的近似描述。

假设角度 ϕ 和 θ 很小（即 $\sin\phi \approx \phi, \sin\theta \approx \theta$），并且乘积 uq 和 vp 可以忽略不计，则式（6.7）可以近似表示为

$$\begin{aligned} V_x &= w(\cos\phi\cos\psi)\theta \\ V_y &= -w(\cos\psi)\phi \\ V_z &= w\cos\phi\cos\theta \end{aligned} \qquad (6.23)$$

其中，根据式（6.2），可得

$$\dot{w} = Z/m + g\cos\phi\cos\theta \qquad (6.24)$$

与主旋翼推力相比，忽略沿 Z 轴的机身和垂直尾翼力，我们有 $Z \approx -T_{\rm mr}$，它与式（6.24）一起表明，期望的高度可能是通过适当改变总俯仰 $\delta_{\rm col}$ 来达到的。类似地，水平面中的期望位置 x 和 y 可以分别通过调节俯仰角和滚转角 θ 和 ϕ 的适当偏差来达到。式（6.23）意味着将以下的 PD 调节器作用输入伺服作动器：

$$\begin{aligned} u_z &= \frac{K_{p1}(z_{\rm ref} - z) - K_{d1}V_z}{\cos\phi\cos\theta} \\ u_x &= \frac{K_{p2}(x_{\rm ref} - x) - K_{d2}V_x}{\cos\phi\cos\psi} \\ u_y &= \frac{K_{p3}(y_{\rm ref} - y) - K_{d3}V_y}{\cos\psi} \end{aligned} \qquad (6.25)$$

其中 $x_{\rm ref}, y_{\rm ref}, z_{\rm ref}$ 是 3D 空间中期望的位置坐标，K_{d1}, K_{d2}, K_{d3} 是 PD 调节器的比例系数，K_{d1},

K_{d2},K_{d3} 是 PD 调节器的导数系数，选择这些参数用以确保直升机运动的期望动态以及达到规定的位置。控制定律（式（6.25））能够将直升机的平移运动与其角运动近似解耦，并独立控制沿 X,Y 和 Z 轴的运动。

确保期望位置的控制作用 u_z,u_x,u_y 被添加到 μ 控制器的相应输出中，用以稳定姿态运动，如图 6.23 所示。位置控制器 K_{pos} 采用 PD 调节器（式（6.25））。在给定的情况下，发现以下调节器系数是合适的（保留 3 位有效数字）：

$$K_{p1}=-0.531,\ K_{p2}=-0.069\,5,\ K_{p3}=0.022\,5$$
$$K_{d1}=-0.032\,7,\ K_{d2}=-0.102,\ K_{d3}=0.035\,5$$

这些系数是通过优化程序找到的，以提供期望的暂态响应形式和小的调节时间。这些系数符号的选择是为了确保相应控制回路的稳定性。

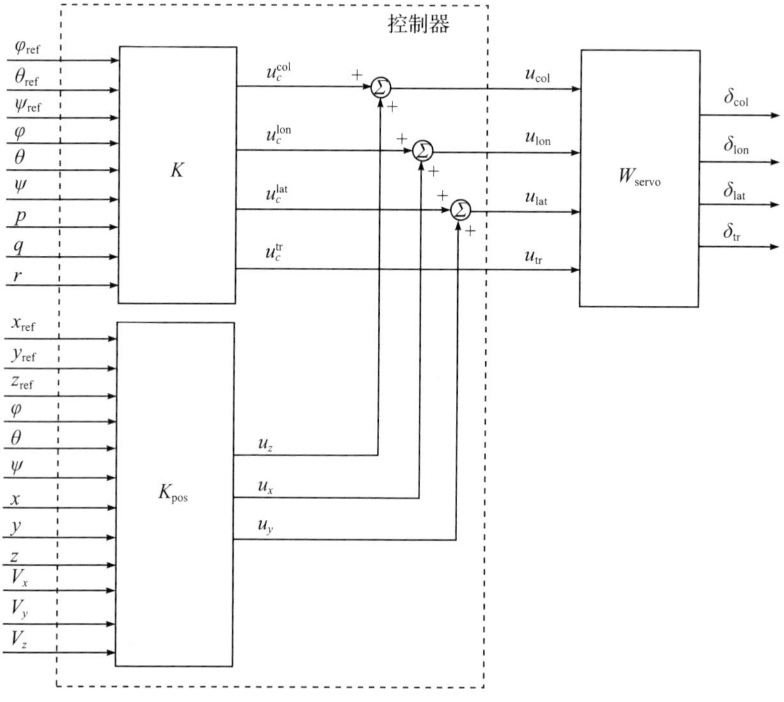

图 6.23　直升机控制器结构

6.3　HIL 仿真

本节使用的 MATLAB 文件

文件	描述
sim_heli_double.slx	双精度非线性系统的 Simulink 模型
sim_heli_single.slx	实现单精度控制器的非线性系统的 Simulink 模型

（续）

文件	描述
sim_HIL_SCI_heli.m	直升机控制系统的 HIL 仿真和结果的可视化
HIL_SCI_heli.slx	在主 PC 上执行的双精度扩展直升机动力学 Simulink 模型
HIL_SCI_target_heli.slx	嵌入在 DSC 中的单精度直升机控制器的 Simulink 模型

6.3.1　非线性系统仿真

具有离散时间 μ 控制器的非线性闭环系统的暂态响应可以通过使用 MATLAB 的双精度算法和 Simulink 模型 `sim_heli_double` 来获得。线性控制器产生的控制作用被添加到为悬停而确定的控制作用的配平值中。为了避免在直升机微分方程的积分中使用变步长，非线性直升机动力学以采样间隔 $T_s = 0.01\text{s}$ 进行离散化。如第 2 章所述，这是通过采用求解 ODE 的 `Bogacki` 和 `Shampine` 方法来完成的。直升机模型是用 MATLAB 嵌入式功能块实现的，它允许用 C 语言编译 Simulink 模型中包含的 MATLAB 函数，这显著提高了仿真过程的速度。

非线性模型中的风模拟是使用文献 [146-149] 中指定的低空 Dryden Wind Turbulence Model 完成的。风模型是使用有限带宽的白噪声和适当的数字系统差分方程来实现的。

根据 Dryden 模型，湍流是由速度谱定义的随机过程。沿 X,Y 和 Z 轴的风速功率谱密度由下式给出：

$$\Phi_u(\Omega) = \sigma_u^2 \frac{2L_u}{\pi V} \frac{1}{1+(L_u\Omega)^2}$$

$$\Phi_v(\Omega) = \sigma_v^2 \frac{L_v}{\pi V} \frac{1+3(L_v\Omega)^2}{(1+(L_v\Omega)^2)^2}$$

$$\Phi_w(\Omega) = \sigma_w^2 \frac{L_w}{\pi V} \frac{1+3(L_w\Omega)^2}{(1+(L_w\Omega)^2)^2}$$

其中 $\delta_u,\delta_v,\delta_w$ 是对应的湍流强度，L_u,L_v,L_w 是阵风长度大小，Ω是空间频率。垂直长度大小和湍流强度可以假设为 $L_w = |z|$ 以及 $\delta_w = 0.1w_{20}$。此处，w_{20} 是在 20 英尺（6m）高处以节为单位的给定风速（1 节 = 0.514 444 444 m/s）。阵风长度的大小可以由下式中给出：

$$L_w = h$$

$$L_u = \frac{L_w}{(0.177+0.000\,823h)^{1.2}}$$

$$L_v = L_u$$

湍流强度由下式计算：

$$\sigma_w = 0.1w_{20}$$

$$\sigma_u = \frac{\sigma_w}{(0.177+0.000\,823h)^{0.4}}$$

$$\sigma_v = \sigma_u$$

对于 20 英尺的高处：轻度湍流的风速为 15 节；中度湍流的风速为 30 节；剧烈湍流的风速为 45 节。在仿真中，我们进一步使用值 w_{20}=30 节，其对应于中等湍流。

考虑以速度 V 飞行的运载工具通过空间频率为 Ω（rad/m）的冻结湍流场的情景，此时的 Ω 和圆周频率 ω（rad/s）之间的关系为 $\omega = \Omega V$。这样，可以得出如下形式的风速（单位为英尺 / 秒）差分方程：

$$\begin{aligned}
u_{\text{wind}}(k+1) &= \left(1-\frac{V}{L_u}T_s\right)u_{\text{wind}}(k)+\sqrt{\frac{2V}{L_u}}T_s\sigma_u\eta_u \\
v_{\text{wind}}(k+1) &= \left(1-\frac{V}{L_v}T_s\right)v_{\text{wind}}(k)+\sqrt{\frac{2V}{L_v}}T_s\sigma_v\eta_v \\
w_{\text{wind}}(k+1) &= \left(1-\frac{V}{L_w}T_s\right)w_{\text{wind}}(k)+\sqrt{\frac{2V}{L_w}}T_s\sigma_w\eta_w
\end{aligned} \tag{6.26}$$

其中 η_u,η_v,η_w 是单位方差的有限带宽白噪声。

风速由 M–文件 `wind_model` 来计算，噪声 η_u,η_v,η_w 由 Simulink 有限带宽白噪声（Simulink Band-Limited White Noise）块生成。由于风速是地固惯性系中的向量，因此，使用方向余弦矩阵将计算出的风速转换为机体坐标中的向量。

非线性系统仿真还涉及测量误差的仿真，这些测量误差在控制器设计过程中常被忽略。这些测量误差的建模是在如下假设下完成的：假设测量的 Euler 角 ϕ,θ,ψ 和角速率 p,q,r 是由采用卡尔曼滤波的 INS 获得的。这意味着测量变量中的误差可以被视为白噪声，进而可以使用 Simulink Band-Limited White Noise 块对其进行建模。这里，假设角度的测量精度为 1°，速率的测量精度为 0.1 deg/s。

Simulink 模型 `sim_heli_single` 能够计算暂态响应，并假设控制器使用单精度算法工作。非线性系统的仿真结果以及闭环系统的 HIL 仿真结果将在下一节介绍。

6.3.2 HIL 仿真设置

用于直升机控制系统 HIL 仿真的硬件平台包括主 PC（上位机）、配备德州仪器 TMS320F28335 数字信号控制器（DSC）的 eZdspF28335 启动器套件（与第 4 章中用于 HIL 仿真的相同）。DSC 的工作频率为 150 MHz，可以使用 FPU（浮点单元）执行单精度（32 位）计算。控制算法被嵌入并在目标 DSC 上以 100 Hz 的频率运行。RS-232 接口用于主 PC 和目标 DSC 之间的通信，该接口配置为 115 200bps。串行通信的输入延迟 20 ～ 30 ms，而目标 DSC 和主 PC 计算它们的输出信号的速度则快得多。这就是闭环系统的仿真不能实时进行，而必须使用协议方式进行串行通信的原因。根据嵌入式编码器（Embedded Coder）中使用的协议，主机和目标机之间必须实现软件握手（software handshaking）。发送方发送“SEND 消息”，表示准备发送；接收端返回“READY 消息”，表示准备接收。之后发送方发送数据，当发送完成时发送一个校验和（用于校验数据项的和）。DSC 将包含 10 B 的数据帧（控制信号）发送到主机。一旦主 PC 机接收到来自 DSC 的数据，它就会反馈一个由 26B 组成的数据帧（传感器信号）。通过这种方式，在通信延迟存在的情况下，控制器就可以完全实时地独立工作。

闭环直升机控制系统的 HIL 仿真框图如图 6.24 所示。为了获得更真实的结果，直升机模型采用双精度浮点运算进行模拟，处理器工作采用单精度运算，来自 INS 的信号以及去往伺服作动器的信号均假定为 32b 单精度数。为了减少主机和目标处理器之间的通信负担，参考轨迹在嵌入式控制器内部在线计算。

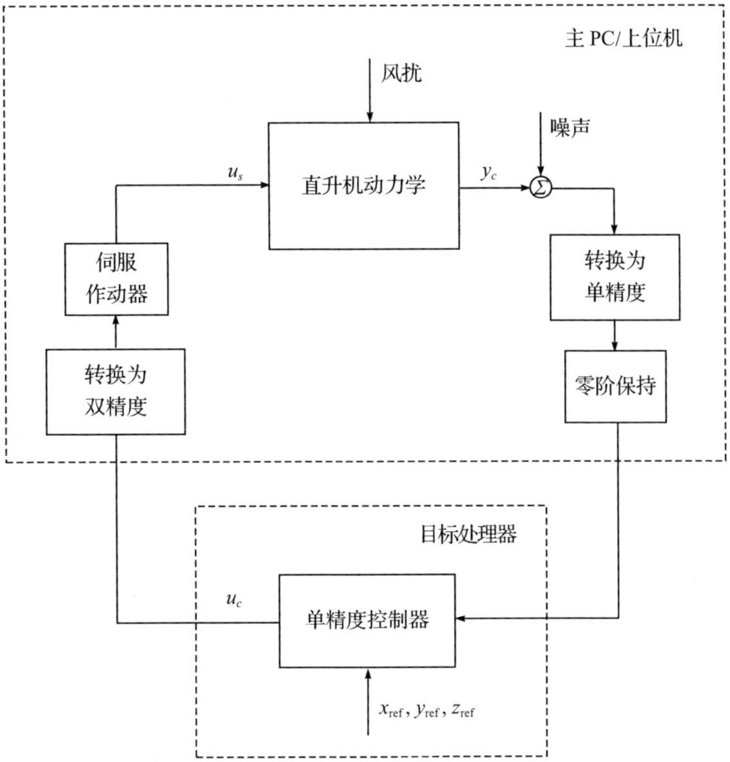

图 6.24 闭环直升机控制系统 HIL 仿真

因此，使用了 3 个直升机控制系统的仿真模型，即：

模型 1 Simulink 模型 `sim_heli_double`，在所有计算中仅使用双精度运算。

模型 2 Simulink 模型 `sim_heli_single`，实现单精度运算以仿真 DSC 计算、传感器和伺服作动器信号。

模型 3 Simulink 模型 `HIL_SCI_heli`，使用双精度运算模拟 PC 上的直升机模型；Simulink 模型 `HIL_SCI_target_heli`，使用单精度运算来计算目标 DSC 的控制作用。

模型 1 和模型 2 仅在主 PC 上实现，而模型 3 在主 PC 和 DSC 上实现。主机和 DSC 均以相同采样频率（等于 100 Hz）执行计算，如控制器设计中所假设的那样。所有模型都使用固定步长积分的系统差分方程。在后面，我们将比较模型 1 和模型 3 获得的结果，以评估使用单精度计算对 DSC 以及传感器和执行器信号的影响。模型 2 用于验证自动生成的控制代码，使用该模型所得到的结果与 HIL 仿真得到的结果非常接近。仿真结果保存在主 PC 上，并在 MATLAB 中可视化。

6.3.3 HIL仿真结果

直升机控制系统的HIL仿真是针对3D空间中不同的期望轨迹进行的，包括悬停、运动到空间的期望点以及在给定高度的圆周运动。仿真是在闭环系统的全部非线性模型上进行的，包括扩展的直升机动力学、内环姿态控制以及风干扰和测量噪声存在情况下的外环位置控制。导致位置发生变化的原因是飞行器动力学、风干扰、传感器噪声和浮点误差。在本节中，我们将介绍3D空间中圆周运动的结果。

期望的轨迹设置为水平面上直径为100 m的圆形路径：

$$x(t) = A\sin(2\pi ft),\ y(t) = A\sin(2\pi ft + \pi/2)$$

$A = 50$ m，$f = 0.02$ Hz 以及由下式描述的垂直平面中的运动：

$$z(t) = -2t \text{ m},\ t < 10 \text{ s}$$
$$-20 \text{ m},\ t \geqslant 10 \text{ s}$$

初始条件选择为

$$x(0) = 0\text{m},\ y(0) = 50\text{m},\ z(0) = 0\text{m}$$

飞行时间设置为100 s。在此期间，直升机以大于6 m/s的平均速度进行两圈飞行。

飞行过程中作用在直升机上的风速分量如图6.25所示。

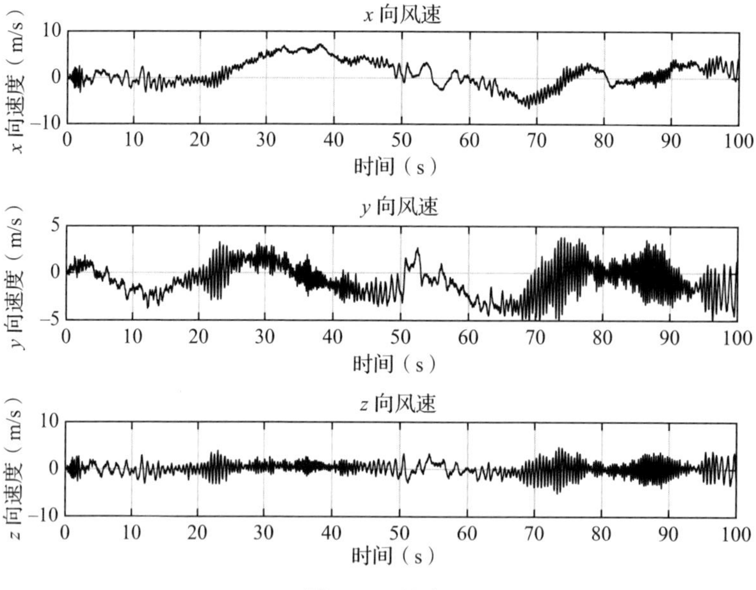

图6.25 风速

沿x、y、z轴的相应暂态响应如图6.26所示。不受作用在直升机上的风干扰的影响，在期望轨迹上的运动运行得足够精确。

Euler角和横向翼动角的暂态响应如图6.27～图6.30所示。俯仰角θ出现了显著的初始偏差，这是由剧烈的输入δ_{lon}引起的，以将车辆初始运动调整到期望轨迹。由于需要确保在相应轴上有适当的速度，Euler 角也存在一些周期性偏差。在平移运动过程中，ϕ,θ,ψ 与其相应的配平值的偏差会改变线性化被控对象模型，但由于较大的鲁棒稳定裕度（310%），这种变化不会显著影响直升机运动。

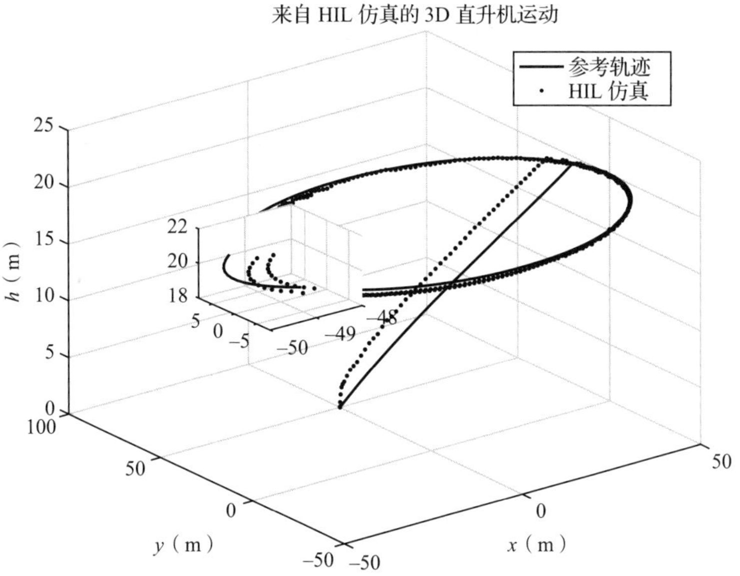

图 6.26　3D 直升机运动

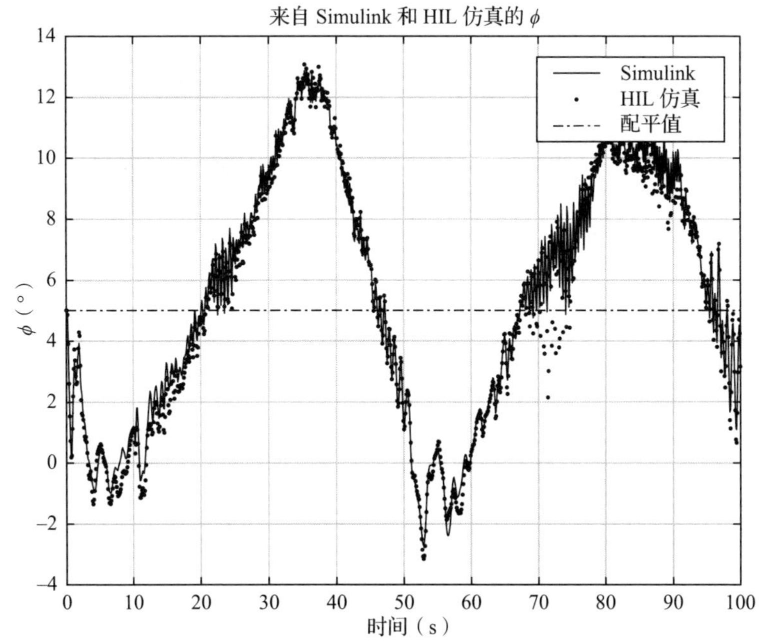

图 6.27　圆周运动时 ϕ 的响应

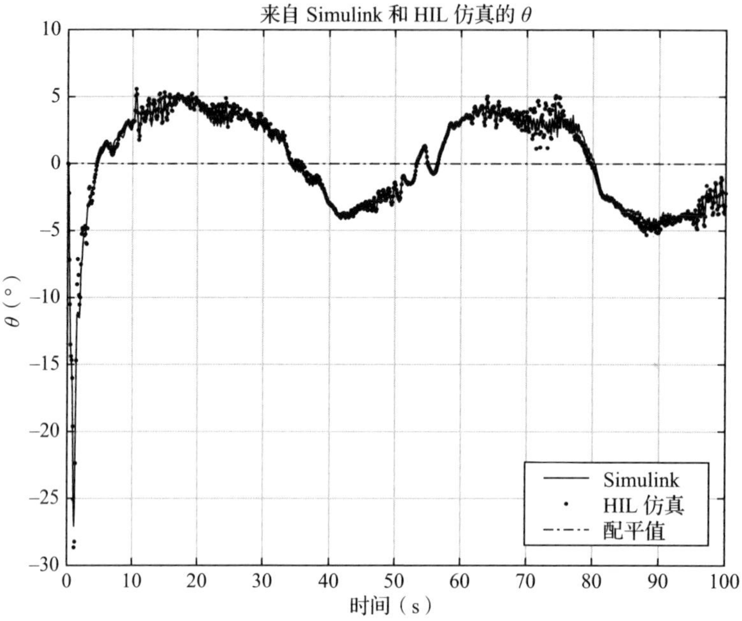

图 6.28　位置变化时 θ的响应

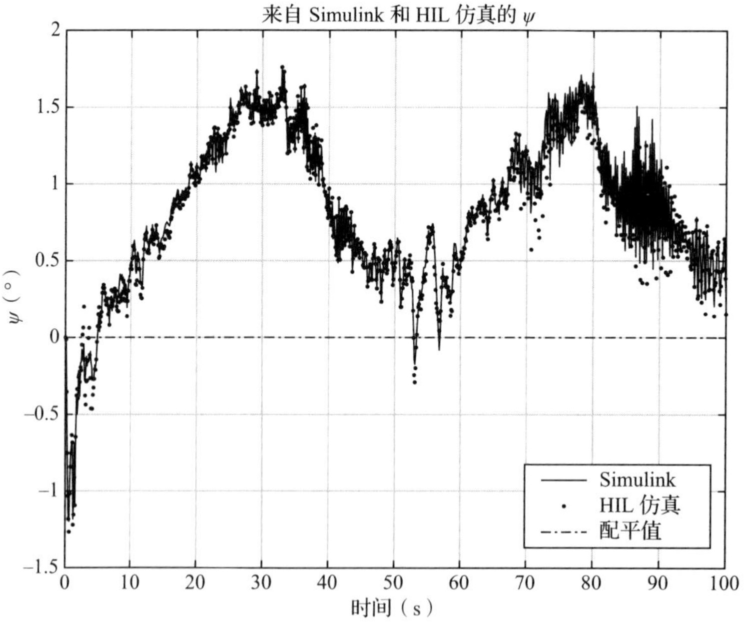

图 6.29　位置变化时 ψ的响应

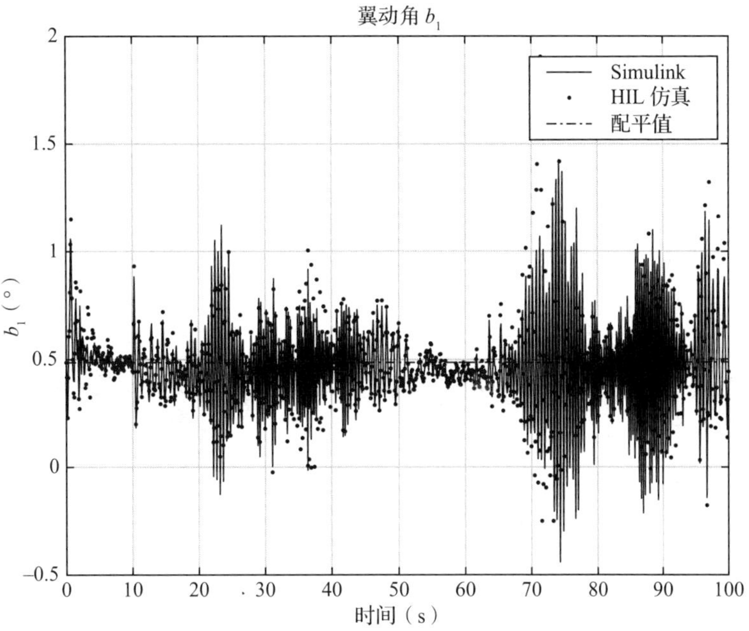

图 6.30　位置变化时横向翼动角 b_1 的响应

确保沿 x、y、z 轴进行必要平移的控制作用如图 6.31 ～图 6.34 所示。由于风干扰具有非零均值，这些控制作用小于它们相应的最大允许值，并且有一些小的偏移。

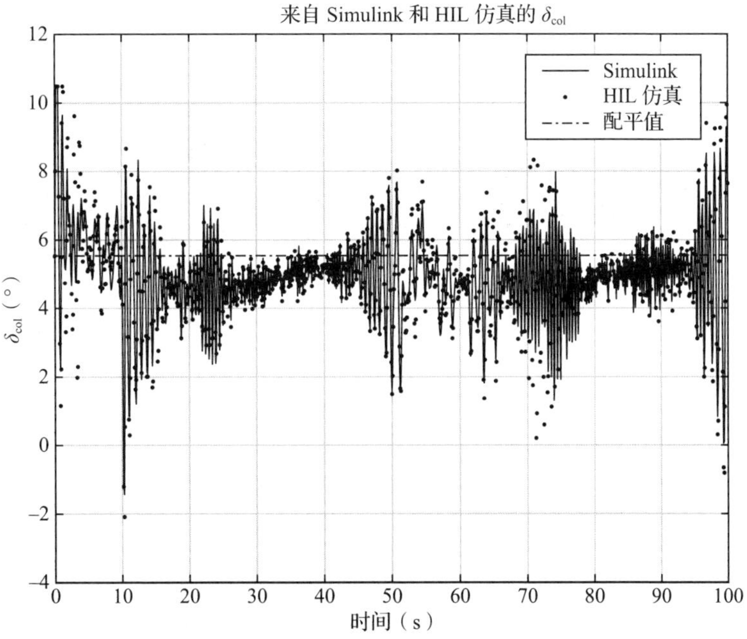

图 6.31　位置变化时的总俯仰角

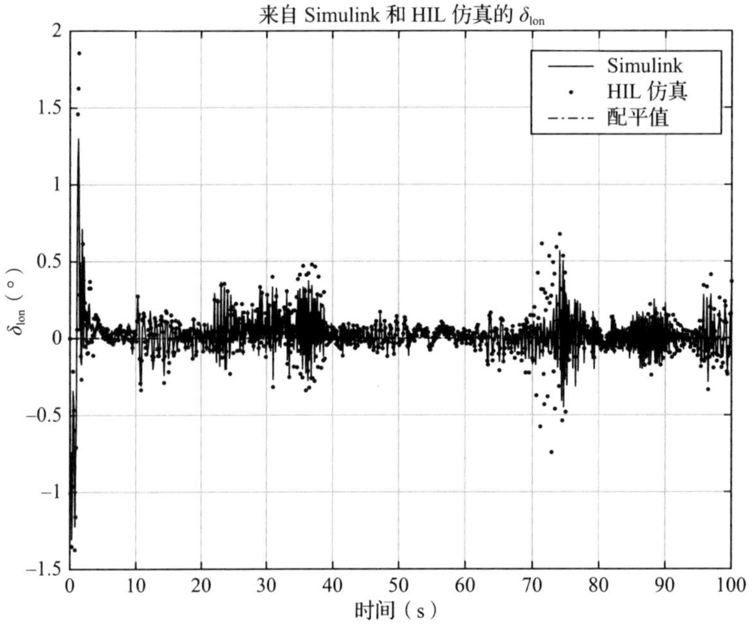

图 6.32　位置变化时的纵向周期俯仰角

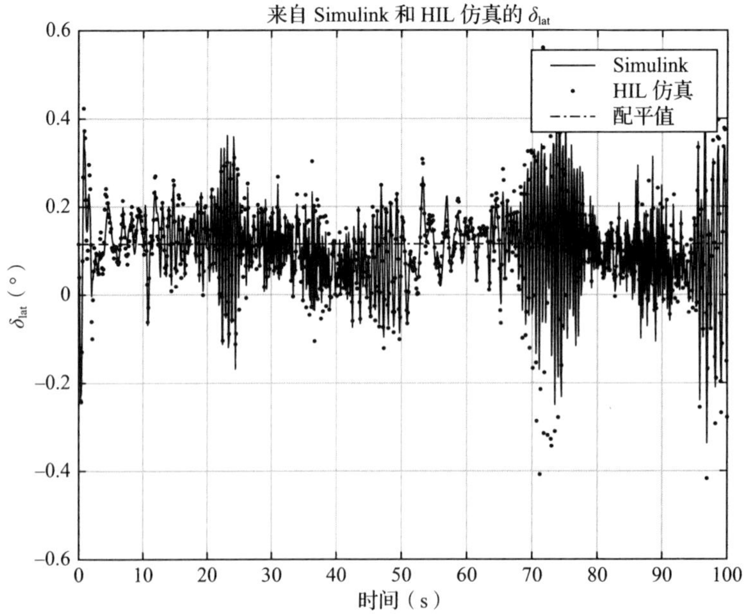

图 6.33　位置变化时的横向周期俯仰角

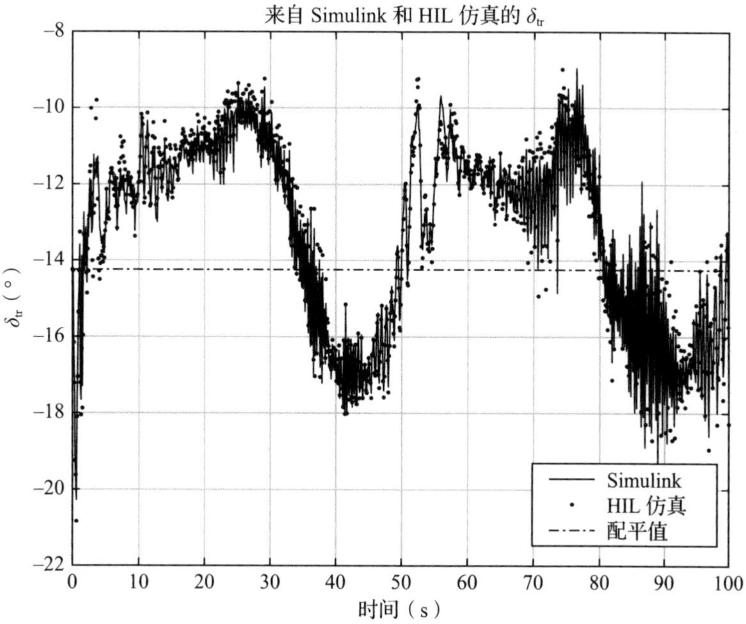

图 6.34　位置变化时的尾旋翼俯仰角

为了获取仿真精度，我们计算了由 HIL 仿真确定的变量之间的误差的平均值和标准差，并使用双精度运算评估相应变量。所考虑的圆周运动的结果如表 6.5 所示，其中上标 M_1 和 M_3 分别表示使用模型 1 和模型 3 计算的变量。这两个模型产生的结果非常接近，意味着嵌入在 DSC 中的算法产生的控制作用与预期的 μ 综合得到的控制作用非常接近。

表 6.5　模拟误差

数量	均值	标准差	单位
$x^{M3}-x^{M1}$	6.81×10^{-3}	5.79×10^{-2}	m
$y^{M3}-y^{M1}$	1.36×10^{-2}	6.08×10^{-2}	m
$z^{M3}-z^{M1}$	-8.93×10^{-3}	2.15×10^{-2}	m
$\phi^{M3}-\phi^{M1}$	-1.04×10^{-1}	3.11×10^{-1}	deg
$\theta^{M3}-\theta^{M1}$	7.92×10^{-2}	3.37×10^{-1}	deg
$\psi^{M3}-\psi^{M1}$	-3.11×10^{-3}	5.33×10^{-2}	deg
$a_1^{M3}-a_1^{M1}$	3.56×10^{-8}	1.56×10^{-1}	deg
$b_1^{M3}-b_1^{M1}$	-5.62×10^{-4}	1.09×10^{-1}	deg
$\delta_{col}^{M3}-\delta_{col}^{M1}$	-2.44×10^{-2}	5.63×10^{-1}	deg
$\delta_{lon}^{M3}-\delta_{lon}^{M1}$	1.90×10^{-3}	6.34×10^{-2}	deg
$\delta_{lat}^{M3}-\delta_{lat}^{M1}$	5.74×10^{-5}	4.16×10^{-2}	deg
$\delta_{tr}^{M3}-\delta_{tr}^{M1}$	9.31×10^{-2}	4.19×10^{-1}	deg

如前所述，设计的 μ 控制器适用于悬停。根据实验，它也可用于在足够大的区域内改变直升机的位置。

本章获得的结果表明，数字信号处理器可以成功地应用于高阶鲁棒直升机控制器。μ 控制器的实现可以获得线性化闭环系统的鲁棒稳定性和鲁棒性能，这是其他类型的控制器难以实现的。μ控制器可以提高系统性能，尤其是在参数变化足够大和干扰强的情况下。

6.4 注释和参考文献

适用于小型无人直升机的控制设计和仿真的动力学模型有很多来源，例如文献 [143, 150-154]。这些模型基于全尺寸直升机开发的第一性原理动力学模型（参见文献 [141, 155]），考虑了微型直升机的特殊特性。

鲁棒直升机控制通常基于 $\mathscr{H}_\infty$优化或μ综合，参见文献 [151,156]。$\mathscr{H}_\infty$回路整形（loop shaping）应用于 Yamaha R-50 直升机的悬停控制，并在实际飞行中得到验证，如 La Civita 等人所述[157]。Boukhnifer、Chaibet 和 Larouci[158] 使用了相同的方法来控制 3- 自由度微型直升机，而 Postlethwaite[159] 和 Kureemun[160] 等也使用了相同的方法，用于对全尺寸 Bell 412 直升机的纵向和横向动力学进行鲁棒控制。Cai 等人[161] 设计出一个结合降阶观测器和状态反馈的 $\mathscr{H}_\infty$控制律，并成功实现对小型无人直升机的控制。Shim[162] 报告了在 Yamaha R-50 直升机上成功实施了μ综合设计，Yuan 和 Katupitiya[163] 也描述了类似的设计。在这两种情况下，都使用了由 Mettler[143] 开发的线性化直升机模型，并且在直升机模型中假设输入乘性不确定性为 10%。Yuan 和 Katupitiya[163] 设计的控制器是 28 阶的。

如果直升机速度发生较大变化，则可能无法使用单个线性时不变控制器在整个操作范围内实现高性能，甚至无法保证闭环稳定性。在这种情况下，采用*增益调度*技术是合适的，参见文献 [164]，该技术成功地用于控制不确定性或时变系统。该技术涉及为参数空间的不同区域而设计的一系列控制器的实现，以保证该区域的稳定性和其他一些性能。在系统运行期间，控制器根据实时测量的物理参数而改变，该物理参数能够检测在相应时刻系统在哪个区域工作。

第 7 章
案例研究 3：两轮机器人的鲁棒控制

两轮机器人控制系统的设计是对设计者的一个挑战。机器人在水平面和垂直面的运动是由一个非线性模型来描述的，推导该模型可能是一项困难的工作。该模型的线性化会导致不稳定的非最小相位被控对象，该对象在参数变化、噪声和干扰存在的情况下应该被稳定。

本案例介绍了两轮机器人垂直稳定控制的两个控制器的设计和实验评估。第一个控制器是经典的线性二次高斯（Linear Quadratic Gaussian，LQG）控制器，17 阶的卡尔曼滤波器用于状态估计。该控制器保证了闭环系统的鲁棒稳定性和良好的标称性能。第二个控制器是 μ 控制器，既保证了鲁棒稳定性又保证了鲁棒性能。由于缺乏精确的解析机器人模型，控制器的设计是基于实验数据的闭环辨识得到的模型。用一个输入乘性不确定性来近似机器人的不确定性，这个不确定性使得 μ 控制器为 44 阶，随后再降低到 30 阶。基于独立二阶卡尔曼滤波得到偏航角估计，基于此估计采用比例积分（Proportional-Integral，PI）控制器控制偏航运动。在 MATLAB/Simulink 环境下开发了一个软件，用于生成控制代码，该代码可嵌入在德州仪器数字信号控制器 TMS320F28335 中。在本案例中同时给出了闭环系统的仿真结果和所设计控制器的实时实现实验结果。理论研究和实验结果证实，闭环系统对于与所辨识的机器人模型相关的不确定性具有鲁棒性。

本章结构组织如下。在 7.1 节中，我们简要描述了实验两轮机器人。7.2 节考虑了使用闭环辨识过程推导的机器人模型。在 7.3 节中，基于所获得的模型，我们导出了具有输入乘性不确定性表示的不确定性被控对象描述。在 7.4 节中，利用机器人标称模型设计了一个 LQG 控制器，该控制器包含了具有 17 阶卡尔曼滤波器的线性二次调节器。在 7.5 节中，利用不确定性机器人模型设计 μ 控制器，保证了相应闭环系统的鲁棒稳定性和鲁棒性能。两种控制器在频域中的比较将在 7.6 节中进行。两种控制器的实验评估结果见 7.7 节。

本章的内容介绍基于文献 [165] 的结果。

7.1 机器人描述

两轮机器人在自平衡模式下的总体视图如图 7.1 所示。机器人是静态不稳定的，它通过在适当的方向旋转轮子从而达到平衡。我们假设机器人在平面上移动。

机器人运动的示意图如图 7.2 所示。机器人在垂直平面上的运动用倾斜角 φ 表示，在水平面上的运动用车轮平均角 $\theta=(\theta_L+\theta_R)/2$ 表示，其中 θ_L 和 θ_R 分别为左、右车轮角。用偏航角 ψ 来描述绕垂直轴的运动。

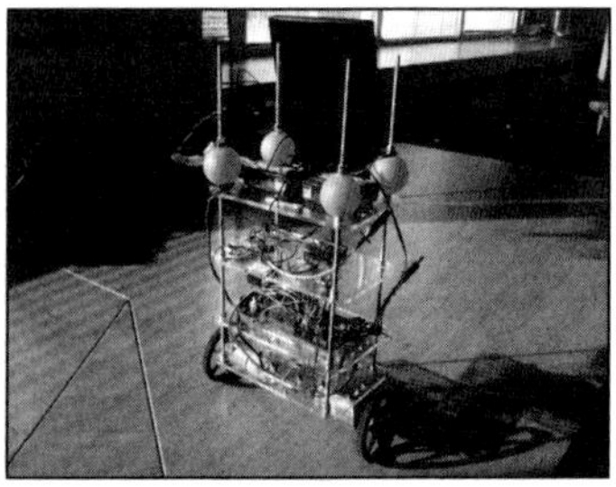

图 7.1　两轮机器人

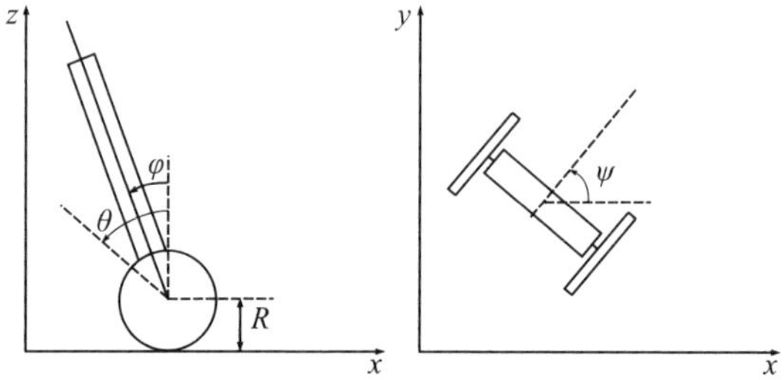

图 7.2　在垂直和水平平面上运动的机器人

该机器人由 4 个垂直连接的塑料平台构成。底部平台安装有两个 12V DC 有刷驱动电动机（brushed drive motor），以及 29∶1 齿轮箱、车轮和用于测量车轮角度的磁正交编码器。功率放大器 qik2s12v10 接收来自数字信号控制器（Digital Signal Controller，DSC）的命令并控制电动机。下一个平台是 Spectrum Digital（频谱数字）eZdspTMF28335 开发板，其支持德州仪器的 DSC TMS320F28335。机器人控制器和数据采集（Data AcQuisition，DAQ）系统嵌入在 DSC 中，而使用惯性测量装置 ADIS16405 实现稳定，该测量装置包含 3 个正交轴微型机电陀螺仪。该惯性测量装置安装在第三个平台上。机器人由位于最上面平台上的三芯聚合物 LiPo 12V 锂电池提供动力。电机的输入信号为脉宽调制（Pulse Width Modulated，PWM）占空比和方向指令，通过 RS232 链路发送到功率放大器，形成电机的 PWM 电压波形。实时测量的信号是车轮角速率（$\dot{\theta}_L,\dot{\theta}_R$）、车身倾斜率（$\dot{\varphi}$）、车身偏航率（$\dot{\psi}$）。实时 DAQ 系统是以蓝牙模块为核心，围绕无线通信信道组建的。

机器人和陀螺轴的相互配置如图 7.3 所示。ϕ_g,ψ_g 分别表示在陀螺传感器轴上测量的倾斜角和偏航角。从图中可以看出，$\phi=-\phi_g,\psi=-\psi_g$。

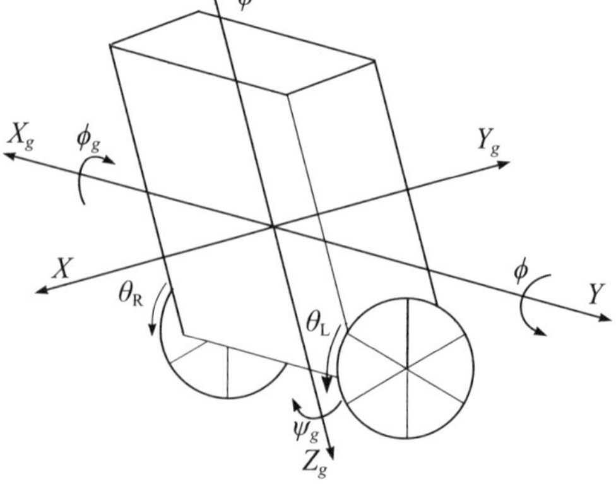

图 7.3　机器人与陀螺轴的相互配置

两轮机器人控制系统框图如图 7.4 所示。基于陀螺传感器测量角速率 $\dot{\phi}$（以及积分后，即倾斜角 ϕ）的信号和测量车轮转角 θ_L，θ_R 的信号，对 DC 驱动电动机的控制作用 u_L, u_R 的计算是以单精度实现的。DC 电动机的控制由 PWM 信号实现。在垂直稳定的情况下，两个电动机的控制信号相同。通过在左、右电动机控制信号中增加一个信号和减去一个同样的信号，来实现机器人绕垂直轴转动（偏航运动）。机器人转向信号是由基于偏航角 ψ 反馈的一个独立的 PI 调节器产生的，该偏航角由一个二阶卡尔曼滤波器来估计。这种方法基于偏航运动的动力学与垂直平面运动的动力学相分离的假设，并且该方法的有效性通过实验得到了验证。

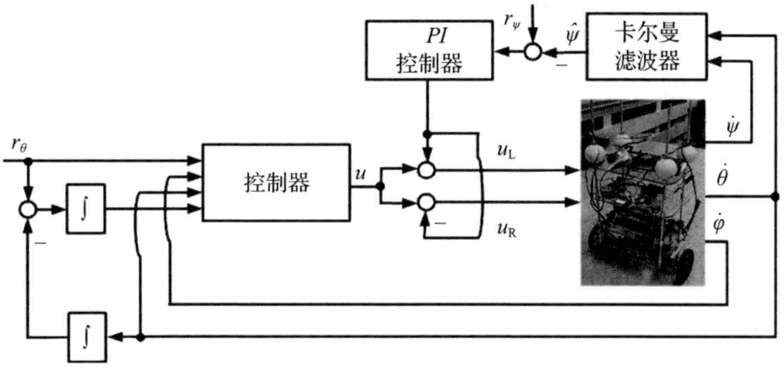

图 7.4　两轮机器人控制系统框图

附录 E 介绍了 IMU ADIS16405 和 DSC TMS320F28335 之间的接口，附录 F 介绍了旋转编码器的操作。

7.2　机器人模型的闭环辨识

本节使用的 MATLAB 文件

文件	描述
ident_robot.m	在垂直面内的机器人动力学辨识的 M- 文件
ident_psidot_thetadot.m	围绕垂直轴的机器人动力学辨识的 M- 文件
ident_thetadot_u1.m	左轮动力学辨识的 M- 文件
ident_thetadot_u2.m	右轮动力学辨识的 M- 文件

为了确定机器人的数学模型，可以应用物理建模或辨识方法。标准的假设是理想刚体动力学、平坦的水平地面、无车轮打滑、无摩擦 [166]。根据第一原理建模 [167-170]，在确定线性化描述和容易推导不确定性模型方面有很多优势，然而，这需要对被控对象的物理知识和大量的先验信息有深刻了解。由于缺乏可靠的解析模型，在本研究中，我们倾向于使用通过辨识过程得到的数值模型。使用辨识模型的另一个原因是，这种模型除了考虑机器人的机体动力学外，还考虑了传感器、执行器和电动机的动力学，这有助于描述被控对象。对机器人与垂直位置的小偏差进行辨识，以便于得到线性化的被控对象模型。因此，我们

使用附录 D 中描述的方法。

一般情况下，机器人在垂直平面和水平平面上的运动是相互联系的，因此，机器人被控对象模型应被视为是多变量的。然而，实验表明，机器人机体在垂直平面上的动力学与绕垂直轴旋转的动力学之间存在微弱的相互作用。偏航运动对垂直平面内动力学的影响可以用相对缓慢的扰动来表示，该扰动可以通过垂直平面运动的鲁棒控制器有效地抑制。因此，为了简化机器人动力学，我们可以假设，垂直平面内的运动与偏航角的变化无关，这允许通过两个单独的单输入单输出系统来近似机器人被控对象。7.7 节中的闭环实验证实了这一假设，并能够避免多变量被控对象辨识和高阶多变量控制器的设计。

垂直平面上的机器人动力学和车轮动力学由一个单输入单输出被控对象模型来表示，如图 7.5 所示。用 $G_{\dot{\phi}u}$ 表示的子系统反映了垂直平面运动的动力学特性，用 $G_{\dot{\theta}\dot{\phi}}$ 表示的子系统反映的是车轮的动力学特性。需要注意的是，尽管用这种方法简化了辨识问题，但它仍然可能会给不确定性被控对象模型的推导带来困难。

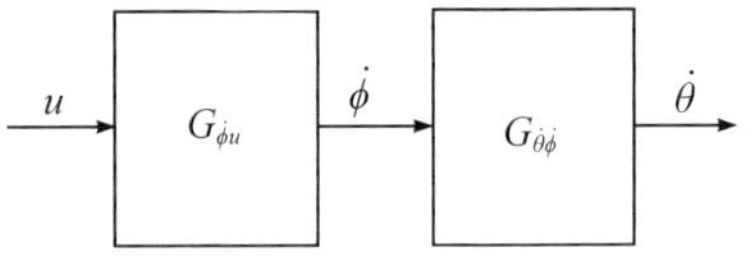

图 7.5　机器人动力学表示

关于两轮机器人线性离散时间模型的辨识，目前已有一些文献报道。在文献 [171] 中，动力学由五阶 ARX 模型描述；在文献 [172] 中，提出了三阶状态空间辨识模型。通过辨识获得的控制模型的优点以及对这类两轮机器人模型缺乏足够的相关结果，促使我们研究本节所述机器人的不确定性模型。

如前所述，两轮机器人是一个内在不稳定系统，需要在闭环环境下进行辨识实验。在这种情况下，如果输入 / 输出数据具有足够的信息，且理想的系统动态在模型集中，则采用预测误差法比较合适。通常，第一个需要达到的要求是，向控制器输出添加外部持续激励信号；第二个需要达到的要求是，首先估计高阶模型，然后使用适当的技术来降低模型阶数。

用于辨识图 7.5 中被控对象的实验设置如图 7.6 所示。稳定调节器控制信号受到激励信号的干扰，该激励信号是随机二进制信号（Random Binary Signal，RBS）。激励信号是由 MATLAB 随机发生器产生的高斯白噪声作为馈入的继电器产生的输出。RBS 的幅值选择为 ± 15%，因此，控制信号保持在线性区域内，使机器人足够倾斜而不坠落。

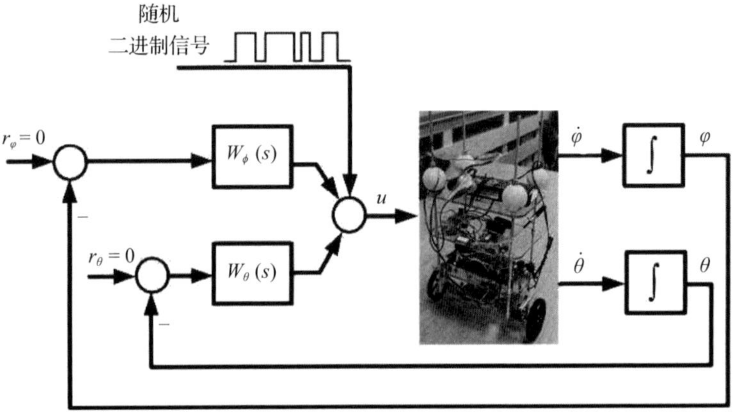

图 7.6　闭环辨识设置

为了用直接闭环辨识（direct closed-loop identification）方法确定足够精确的模型，根据图 7.6 所示的框图，“软”的稳定控制器是重要的。这意味着在 PI 控制器的情况下，比例项应该低，而积分项应足以保持其与工作点的较小误差。两轮机器人的稳定控制器由两个反馈回路组成——一个用于机身倾斜角 ϕ，另一个用于车轮角度 $\theta=(\theta_{\mathrm{L}}+\theta_{\mathrm{R}})/2$。控制器的传递函数选择如下：

$$
\begin{aligned}
W_{\phi}(s)&=\frac{15(s+2.5)}{s}\\
W_{\theta}(s)&=\frac{0.002(10s+1)^{2}(3s+1)}{s^{3}}
\end{aligned}
\tag{7.1}
$$

PI 控制器用于机身倾斜角稳定。车轮角度稳定控制器由 PI 部分和两个附加积分器组成。此外，还包含了两个实零点，以便在频域内对这些积分器进行适当补偿，以保持闭环稳定性。为了减少车轮角度位置的误差，应该包含更多积分器。如果只使用标准 PI，那么车轮角位置误差将稳步增加。

辨识中使用的实验数据被分为两组。第一组用于模型参数估计，第二组用于模型验证。采样时间 $T_{\mathrm{s}}=0.005\ \mathrm{s}$，测量次数 $N=1000$。使用 MATLAB 的系统辨识工具箱（System Identification Toolbox）[173] 中的 `pexcit` 函数，对两组数据样本的输入的持续激励度进行测试。第一组数据样本的持续激励度为 999，而第二组数据样本的持续激励度为 500。

在图 7.7 和图 7.8 中，给出了用于机器人模型辨识的实验数据。

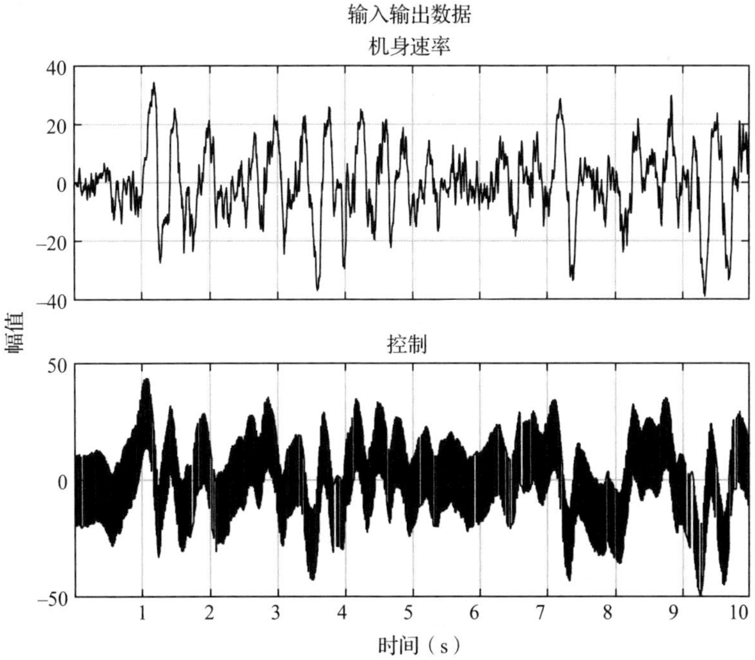

图 7.7　$G_{\dot{\phi}u}$ 辨识的实验数据

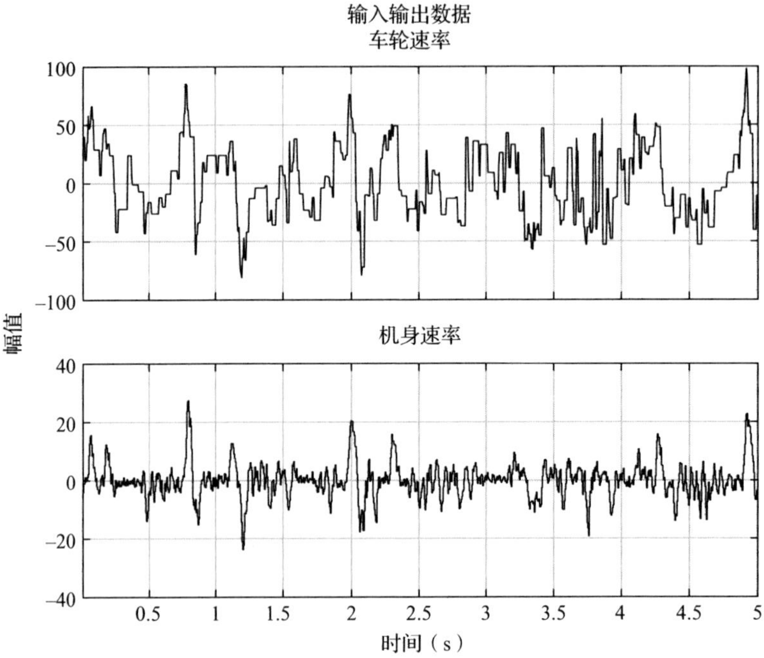

图 7.8　$G_{\dot{\theta}\dot{\phi}}$ 辨识的实验数据

假设从 u 到 $\dot{\phi}$ 和从 $\dot{\phi}$ 到 $\dot{\theta}$ 之间呈线性关系。因此，可以应用不同类型的随机多项式模型。如附录 D 所示，最通用的离散时间模型为

$$A(q)y(k)=\frac{B(q)}{F(q)}u(k-n_k)+\frac{C(q)}{D(q)}e(k) \tag{7.2}$$

其中

$$A(q)=1+\sum_1^{n_a}a_kq^{-k},B(q)=\sum_1^{n_b}b_kq^{-k+1},C(q)=1+\sum_1^{n_c}c_kq^{-k}$$

$$D(q)=1+\sum_1^{n_d}d_kq^{-k},F(q)=1+\sum_1^{n_f}f_kq^{-k}$$

是关于延迟算子 q^{-1} 的多项式。模型参数为 a_i,b_i,c_i,d_i,f_i，并且 n_a,n_b,n_c,n_d,n_f 是多项式阶数。延迟次数为 n_k。过程 $e(k)$ 是均值为 0、强度为 σ_e^2 的高斯白噪声。

此外，我们还利用了 ARX 模型、ARMAX 模型和 BJ 模型，分别由下式表示：

$$\text{ARX：}A(q)y(k)=B(q)u(k-n_k)+e(k) \tag{7.3}$$

$$\text{ARMAX：}A(q)y(k)=B(q)u(k-n_k)+C(q)e(k) \tag{7.4}$$

$$\text{BJ：}y(k)=B(q)/F(q)u(k-n_k)+C(q)/D(q)e(k) \tag{7.5}$$

通常，第一个估计模型是 ARX，因为它相对简单。另外，它是用线性最小二乘法进行的估计。如果 ARX 模型没有通过验证测试，则使用 ARMAX 或 BJ 模型。

7.2.1　从 u 到 $\dot{\phi}$ 的动态模型

ARX 模型（式（7.3））的估计需要了解结构参数信息。为此，使用系统辨识工具箱中的 `arxstruc` 函数检查了一组 500 个 ARX 模型。多项式 $A(q)$ 和 $B(q)$ 的阶数在 1 ～ 10 之间变化，延迟数从 1 ～ 5 不等。结构参数的选择遵循 3 个准则：模型损失函数、赤池（Akaike）信息指数和里萨南（Rissanen）指数（见附录 D）。基于这些准则，从 500 个 ARX 模型中只选择 3 个模型展开进一步辨识。通过如下 4 次验证测试对它们的参数进行了统计估计：

1）模型残差的自相关和互相关检验。

2）从输入信号到模型残差的估计模型的对数幅频响应测试。

3）由模型残差计算的 Akaike 预测误差

$$\text{FPE} = \frac{1}{N}\sum_{k=1}^{N} e^2(k)\frac{1+d/N}{1-d/N}$$

其中 d 为估计参数的个数。

4）用指标

$$\text{FIT} = 100\times\left[1-\frac{\|\hat{y}-y\|_2}{\|y-\bar{y}\|_2}\right]\%$$

来比较模型输出与测量输出，其中 $\hat{y}$ 为模型输出，y 为测量输出，$\bar{y}$ 为 y 的均值。

在所有情况下，用于验证的实验数据集不同于用于参数估计的数据集。测试 1 和测试 2 决定模型是否有效。在各种有效模型中，FPE 最小、FIT 最大的模型为最佳模型。

在我们的例子中，3 个选定的 ARX 模型没有通过测试 1，因为自相关函数穿过了滞后 10 的置信区间。因此，所选的 ARX 模型必须被放弃。

下一步是 ARMAX 模型（式（7.4））估计，由系统辨识工具箱中的函数 `armax` 完成。所选的结构参数为 n_a=10, n_b=10, n_c=10, n_k=3。图 7.9 显示了该模型的零点和极点及其 99% 的置信区间。存在一些零点置信区间与极点置信区间的交集，这也是模型降阶的动机。因此，结构参数为 n_a=7, n_b=7, n_c=7, n_k=3 的 ARMAX 模型被估计出来。

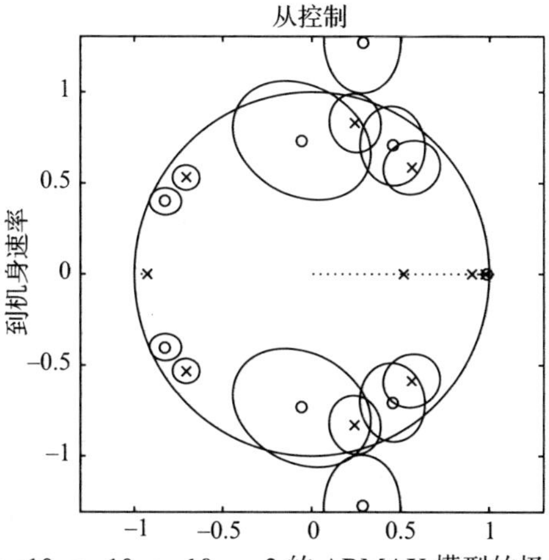

图 7.9　n_a=10, n_b=10, n_c=10, n_k=3 的 ARMAX 模型的极点和零点

表 7.1 比较了两种估计的 ARMAX 模型的性能。从这两个 ARMAX 模型中可以看出，基于测试 1 ～ 4，结构参数为 n_a=7, n_b=7, n_c=7, n_k=3 的模型被选取，该模型适用于控制器设计。

表 7.1 从 u 到 $\dot{\phi}$ 的子系统模型的性能

模型	FIT	FPE
ARMAX n_a =10, n_b =10, n_c=10, n_k =3	46.36	7.85
ARMAX n_a =7, n_b =7, n_c =7, n_k =3	49.78	7.57

图 7.10 和图 7.11 给出了 $n_a=7, n_b=7, n_c=7, n_k=3$ 的模型的一些验证结果。该模型通过了模型残差的自相关和互相关函数的检验。因此，参数估计是无偏的，机器人动力学和 $\dot{\phi}$ 噪声动力学的模型是满足要求的。

在图 7.12 中，我们给出了残差和输入信号 u 之间的模型的对数响应，该响应在置信区间内，这验证了所选模型能满足设计要求的说法。

通过辨识得到的 ARMAX 模型假设为标称模型，具有如下形式：

$$\dot{\phi}(z) = G_{\dot{\phi}u,\mathrm{nom}}(z)u(z) + v_{\dot{\phi}}(z) \tag{7.6}$$

其中 $G_{\dot{\phi}u,\mathrm{nom}}(z)$ 是从 u 到 $\dot{\phi}$ 的标称传递函数，噪声 $v_{\dot{\phi}}$ 是在辨识过程中获得的，其反映了模型中的不确定性。在给定的情况下，有

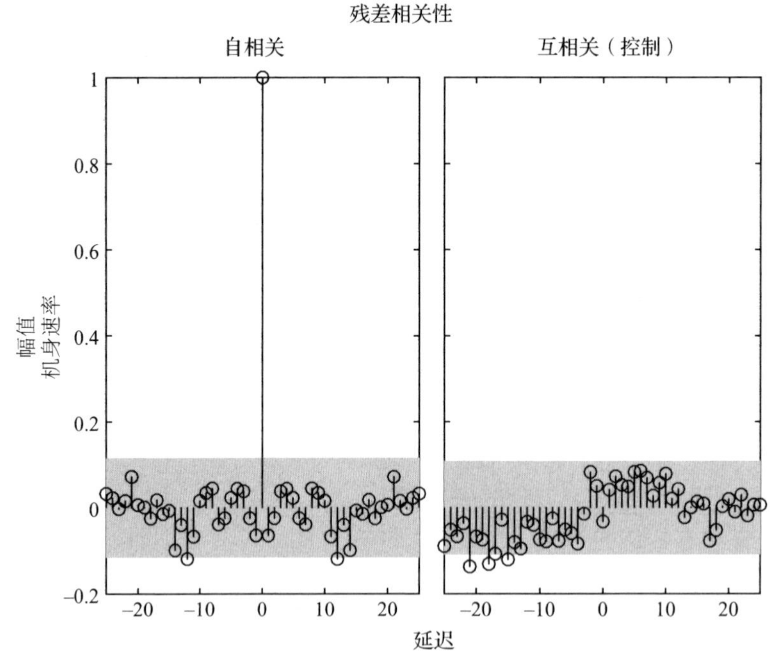

图 7.10 n_a=7, n_b=7, n_c=7, n_k=3 的 ARMAX 模型的残差相关检验

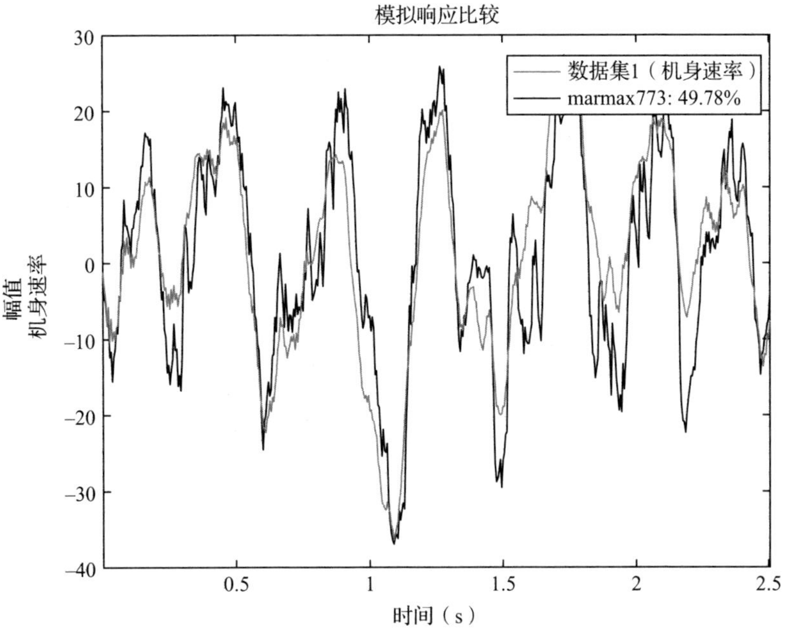

图 7.11　ARMAX 模型和测量数据的响应

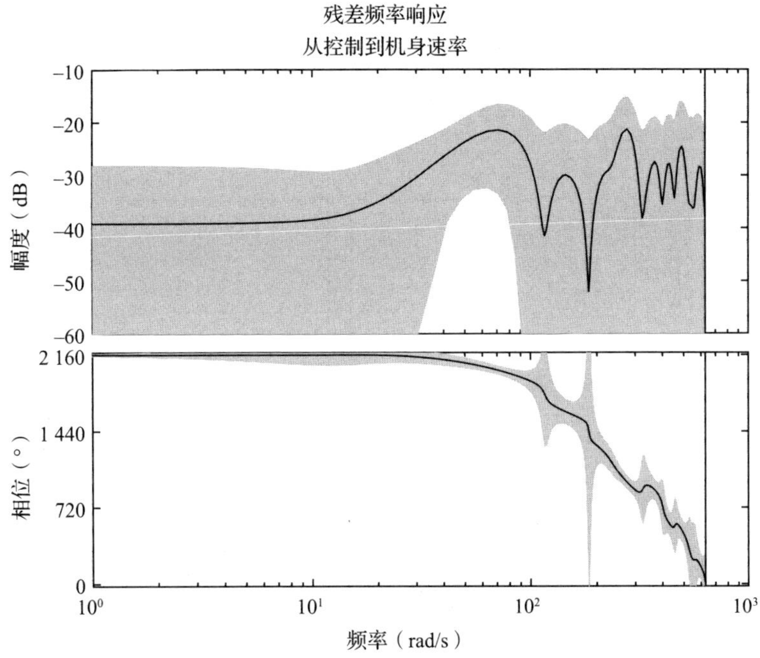

图 7.12　ARMAX 模型的残差对数响应

$$G_{\dot{\phi}u,\text{nom}}(z)=\frac{0.030\,6z^6+0.003\,992\,z^5+0.018\,37z^4+0.021\,22z^3-}{z^2(z^7-0.776\,8z^6-1.502z^5+0.892\,9z^4+}\cdots\rightarrow$$
$$\leftarrow\cdots\frac{-0.023\,72z^2-0.043\,51z-0.002\,676}{+1.218z^3-0.627\,3z^2-0.581\,5z+0.382\,3)} \tag{7.7}$$

噪声 $v_{\dot{\phi}}$ 表示为

$$v_{\dot{\phi}}(z)=N_{\dot{\phi}}(z)n_{\dot{\phi}}(z) \tag{7.8}$$

其中

$$N_{\dot{\phi}}(z)=\frac{z^7+0.315z^6-1.236z^5-0.661\,6z^4+0.472\,9z^3+}{z^7-0.776\,8z^6-1.502z^5+0.892\,9z^4+}\cdots\rightarrow$$
$$\leftarrow\cdots\frac{+0.317\,8z^2-0.069\,6z-0.025\,62}{+1.218z^3-0.627\,3z^2-0.581\,5z+0.382\,3}$$

是已经确定的整形滤波器，使得 $n_{\dot{\phi}}$ 为白噪声。

7.2.2 从 $\dot{\phi}$ 到 $\dot{\theta}$ 的动态模型

在这种情况下，所检验的 ARX 或 ARMAX 模型均未通过残差自相关检验。因此，所有的 ARX 和 ARMAX 模型都被弃用，而 BJ 模型（式（7.5））作为估计模型更有一般性。利用系统辨识工具箱中的函数 `bj` 估计 BJ 模型，其结构参数为

$$n_b=3,n_f=3,n_c=3,n_d=3,n_k=1$$

BJ 模型的验证测试结果如图 7.13 和图 7.14 所示。

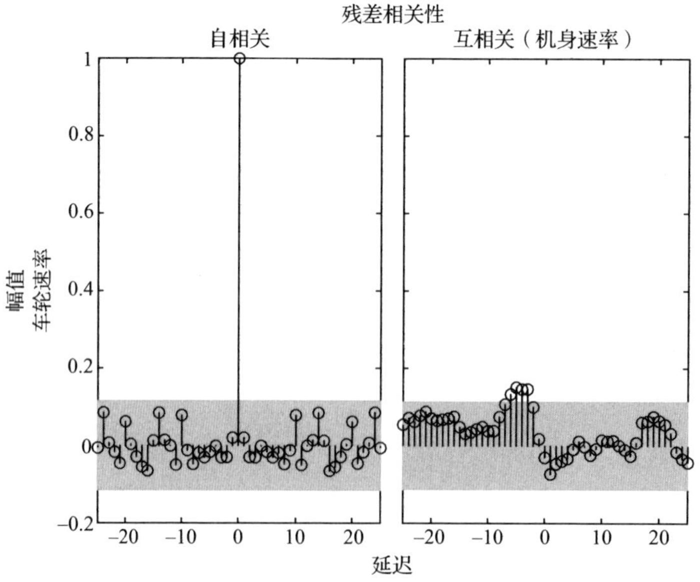

图 7.13　BJ 模型的残差相关检验

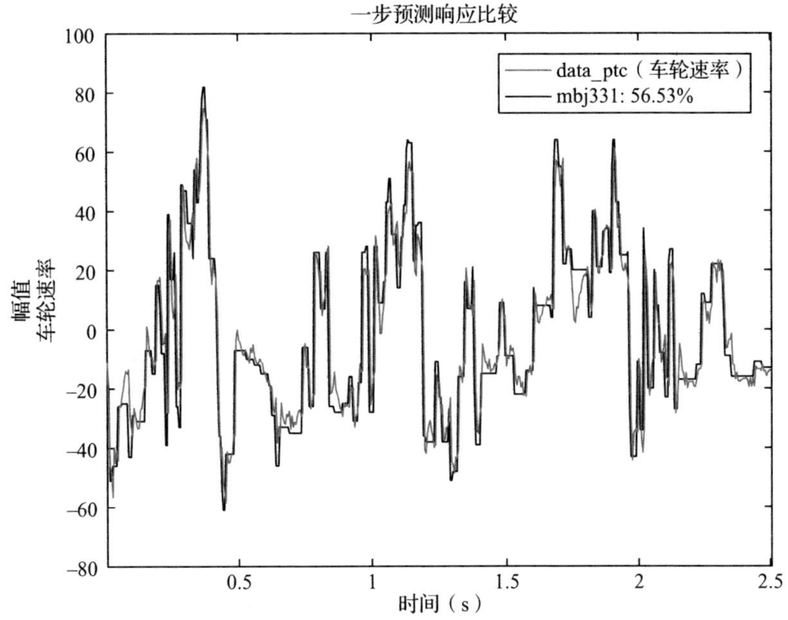

图 7.14　BJ 模型和测量数据的响应

在图 7.15 中，给出了残差与机身速率 ϕ 之间的模型对数响应。可以看出，这个响应在置信区间内。

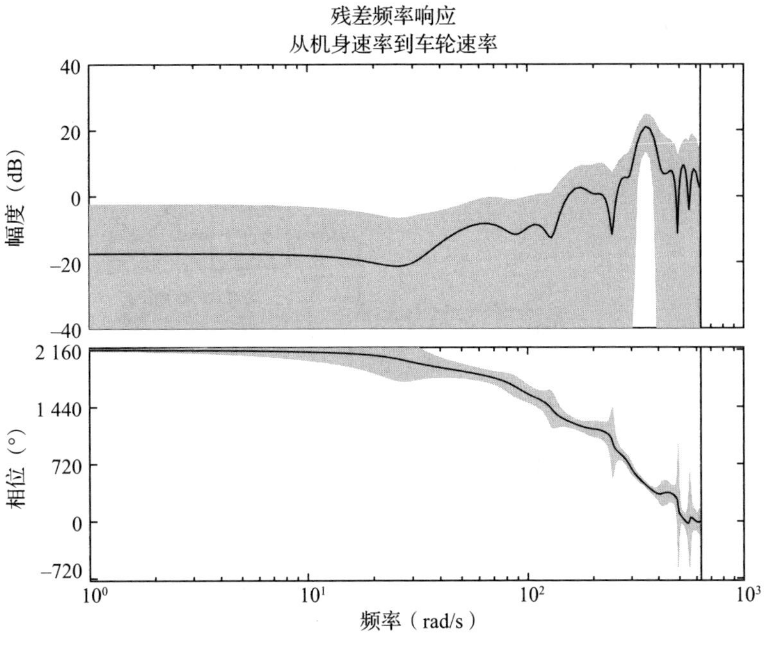

图 7.15　BJ 模型的残差对数响应

从 $\dot{\phi}$ 到 $\dot{\theta}$ 的子系统由下列方程描述：

$$\dot{\theta}(z)=G_{\dot{\theta}\dot{\phi},\mathrm{nom}}(z)\dot{\phi}(z)+v_{\dot{\theta}}(z) \tag{7.9}$$

其中

$$G_{\dot{\theta}\dot{\phi},\mathrm{nom}}(z)=\frac{0.677\,5z^2-0.700\,7z-0.177\,3}{z^3-1.047z^2-0.509\,4z+0.556\,1} \tag{7.10}$$

是标称传递函数，$v_{\dot{\phi}}$ 是噪声，反映了模型不确定性。该噪声可以表示为

$$v_{\dot{\theta}}(z)=N_{\dot{\theta}}(z)n_{\dot{\theta}}(z) \tag{7.11}$$

其中，选定的整形滤波器为

$$N_{\dot{\theta}}(z)=\frac{z^3-1.516z^2+0.829\,4z-0.144\,8}{z^3-2.344z^2+2.081z-0.732\,9}$$

使得 $n_{\dot{\theta}}$ 为白噪声。需要注意的是，传递函数 $G_{\dot{\phi}u,\mathrm{nom}}(z)$ 和 $G_{\dot{\theta}\dot{\phi},\mathrm{nom}}(z)$ 均为非最小相位的，不利于控制器的设计。

有必要指出，所得到的不确定性模型并非唯一的。如果使用具有不同测量值的数据集，则可能获得具有不同整形滤波器的模型，这是所采用的辨识方法的特性造成的。

7.2.3 偏航运动的动态模型

如前所述，偏航运动的动力学被认为是独立于垂直平面运动的动力学。通过使用可调参数模型的暂态响应的优化过程，可以评估机器人偏航运动模型。这需要一个闭环实验，其中机器人垂直稳定，偏航运动被启动。

实验设置如图 7.16 所示。

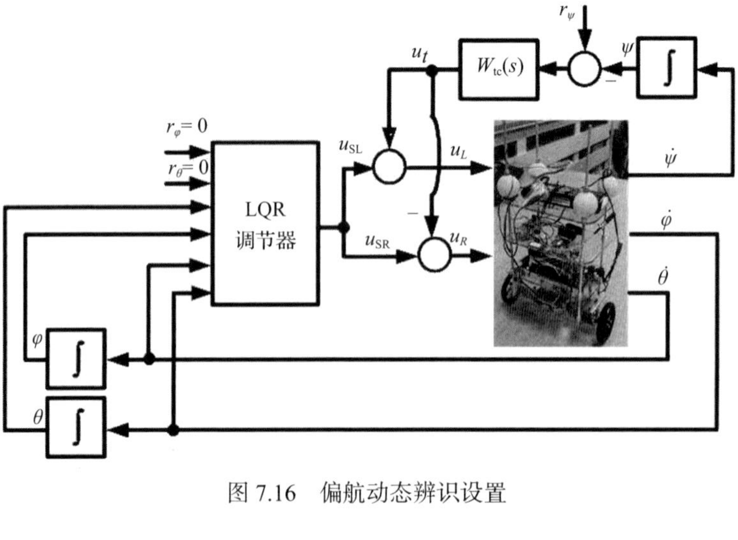

图 7.16 偏航动态辨识设置

基于估计的 ARMAX 和 BJ 模型，本实验采用 LQR 调节器可实现垂直和纵向稳定。对于两个电动机，控制信号是一样的，即 $u_{\mathrm{SL}} = u_{\mathrm{SR}} = u_s$。此外，基于 ψ 角的反馈，PI 调节器控制偏航运动，其传递函数为

$$W_{\mathrm{tc}}(s) = \frac{2s + 0.01}{s}$$

$W_{\mathrm{tc}}(s)$ 的输出为信号 u_t，将该信号与左电动机的控制信号 u_{L} 相加，而在右电动机的控制信号 u_{R} 中减去该信号，这样的效果是机器人绕垂直轴旋转。因此，对于这两个控制信号，可以得到

$$u_{\mathrm{L}} = u_s - u_t, u_{\mathrm{R}} = u_s + u_t$$

假设绕垂直轴的运动由如下线性关系描述：

$$\psi(s) = G_{\dot{\psi}\dot{\theta}_{\mathrm{L}}}(s) G_{\dot{\theta}_{\mathrm{L}}u_{\mathrm{L}}}(s) u_{\mathrm{L}}(s) + G_{\dot{\psi}\dot{\theta}_{\mathrm{R}}}(s) G_{\dot{\theta}_{\mathrm{R}}u_{\mathrm{R}}}(s) u_{\mathrm{R}}(s)$$

一阶模型被确定下来，其描述了 u_{L} 和 $\dot{\theta}_{\mathrm{L}}$、$u_{\mathrm{R}}$ 和 $\dot{\theta}_{\mathrm{R}}$ 以及 $\dot{\theta}_{\mathrm{L}}$、$\dot{\theta}_{\mathrm{R}}$ 与 $\dot{\psi}$ 之间的动力学关系。优化中使用的二次成本函数为

$$\begin{aligned}
J_{\dot{\theta}_{\mathrm{L}}u_{\mathrm{L}}} &= \frac{1}{M}\sum_{i=1}^{M}(\dot{\theta}_{m_{\mathrm{L}}}(i) - \dot{\theta}_{\mathrm{L}}(i))^2 \\
J_{\dot{\theta}_{\mathrm{R}}u_{\mathrm{R}}} &= \frac{1}{M}\sum_{i=1}^{M}(\dot{\theta}_{m_{\mathrm{R}}}(i) - \dot{\theta}_{\mathrm{R}}(i))^2 \\
J_{\dot{\psi}} &= \frac{1}{M}\sum_{i=1}^{M}(\dot{\psi}_m(i) - \dot{\psi}(i))^2
\end{aligned} \tag{7.12}$$

因此，得到如下偏航模型传递函数：

$$G_{\dot{\theta}_{\mathrm{L}}u_{\mathrm{L}}}(s) = \frac{8.586\,7}{0.132\,8s + 1},\ G_{\dot{\theta}_{\mathrm{R}}u_{\mathrm{R}}}(s) = \frac{8.727\,0}{0.118\,6s + 1}$$
$$G_{\dot{\psi}\dot{\theta}_{\mathrm{L}}}(s) = \frac{2.004}{0.011\,9s + 1},\ G_{\dot{\psi}\dot{\theta}_{\mathrm{R}}}(s) = \frac{2.009}{0.011\,9s + 1}$$

在图 7.17 中，给出了优化中使用的两个控制信号。在图 7.18 和图 7.19 中，比较了测量信号和模型输出信号。二次成本函数（式（7.12））的最小值为

$$J_{\dot{\theta}_{\mathrm{L}}u_{\mathrm{L}}} = 297.877,\ J_{\dot{\theta}_{\mathrm{R}}u_{\mathrm{R}}} = 87.184,\ J_{\dot{\psi}} = 3.896$$

从这些图中可以看出，获得的模型能足够精确地描述绕垂直轴的旋转动力学（见图 7.20）。

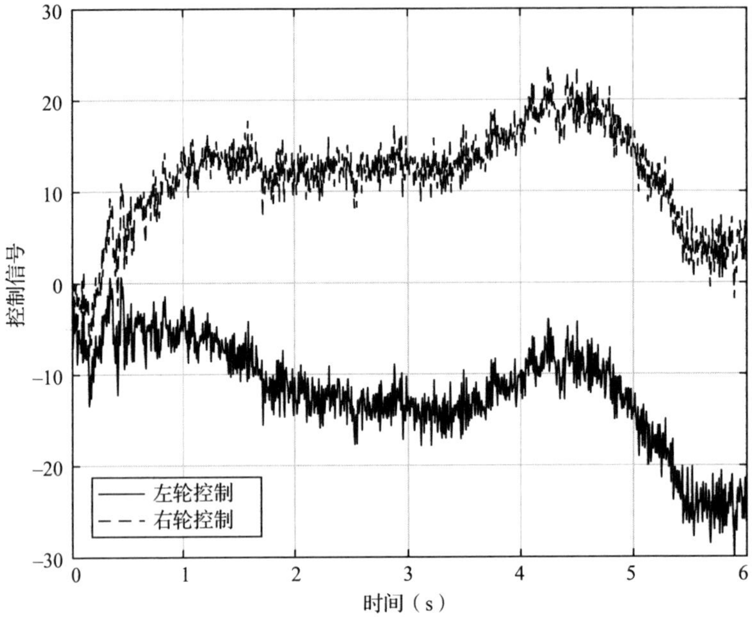

图 7.17　控制信号

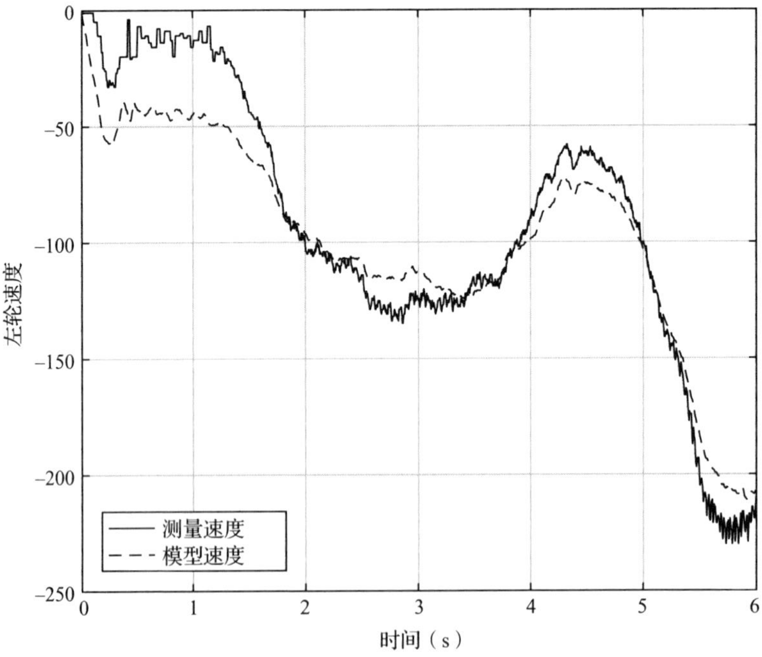

图 7.18　左轮速度

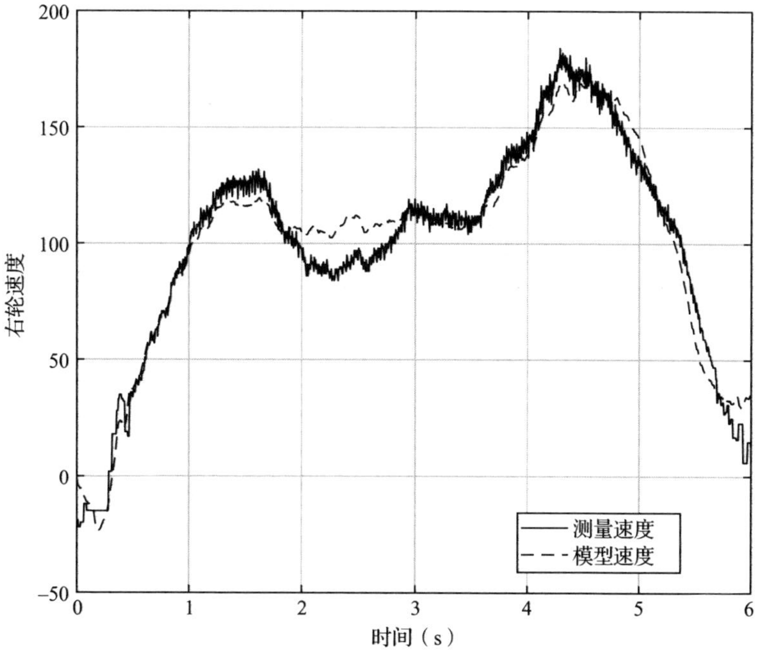

图 7.19　右轮速度

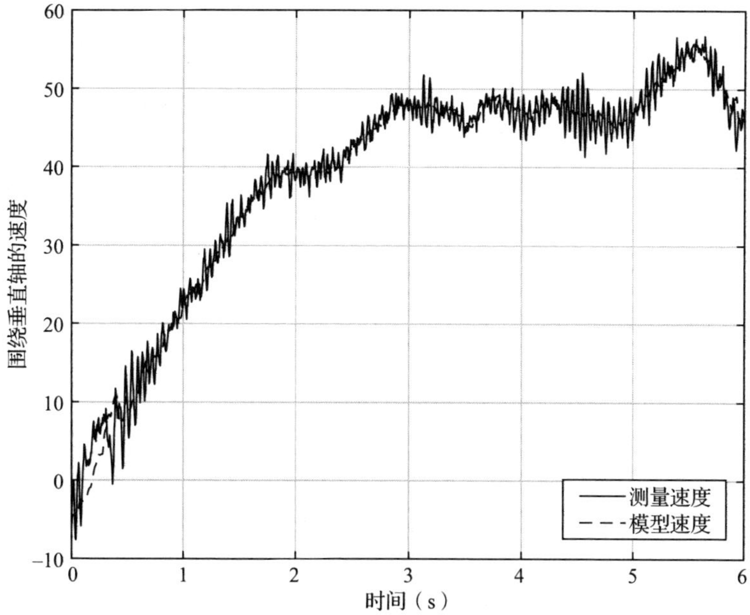

图 7.20　围绕垂直轴的速度

7.3 不确定性模型的推导

本节使用的 MATLAB 文件

文件	描述
unc_model_opt.m	寻找更准确的不确定性模型（$G_{\dot{\phi}u}$ 和 $G_{\dot{\theta}\dot{\phi}}$ 分别为 12 阶和 10 阶）
unc_model.m	寻找降阶不确定性模型（$G_{\dot{\phi}u}$ 和 $G_{\dot{\theta}\dot{\phi}}$ 分别为 9 阶和 5 阶）
ident_unc.m	确定标称模型和不确定性模型频率响应的 3σ 置信区间

7.3.1 基于信号的不确定性表示

基于式（7.6）和式（7.9），不确定性机器人模型可以表示为图 7.21 所示。因为不确定性是由噪声信号表示的，我们将这个模型称为基于信号的不确定性表示的模型。进一步地，我们假设 $n_{\dot{\phi}}$ 和 $n_{\dot{\theta}}$ 是具有单位方差的白噪声。无须进行额外计算，可以直接从辨识过程中获得该模型。

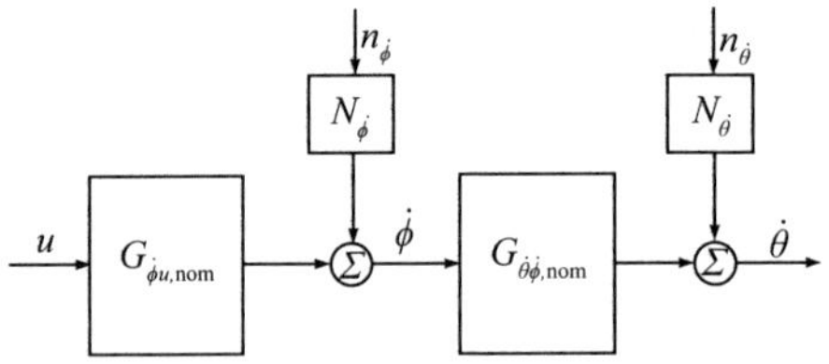

图 7.21　基于信号不确定性表示的机器人模型

7.3.2 输入乘性不确定性表示

通过辨识得到的无偏参数估计条件保证了精确参数值包含在参数估计的置信区间内，概率接近 1。这使得我们可以导出具有标量不确定性的参数不确定性模型。这些不确定性的数量等于估计参数的数量。对于 $n_a=7$, $n_b=7$, $n_c=7$, $n_k=3$ 的 ARMAX 模型，不确定性的数量等于 21，这使得该模型的实现不可行。因此，对于含有非结构（复数的）不确定性的传递函数 $G_{\dot{\phi}u}$ 和 $G_{\dot{\theta}\dot{\phi}}$，人们更倾向于推导其具有输入乘性不确定性模型的原因。基于参数置信区间，可得到频域内与标称模型的最大相对偏差。为了推导出具有乘性不确定性的模型，通过 M– 文件 `un_model_opt` 中的优化过程，分别用 12 阶和 10 阶传递函数表示的整形滤波器来逼近这些推导环节。然而，在 7.4 节 μ 控制器的设计中，我们采用了一个降阶不确定性模型，该模型中 $G_{\dot{\phi}u}$ 和 $G_{\dot{\theta}\dot{\phi}}$ 的传递函数分别为 9 阶和 5 阶。采用 M– 文件 `un_opt_model` 实现的高阶不确定性模型被用于 LQG 和 μ 控制器的鲁棒性分析中。

$G_{\dot{\phi}u}$ 和 $G_{\dot{\theta}\dot{\phi}}$ 的最大相对不确定性及其低阶近似分别如图 7.22 和图 7.23 所示。注意，不确定的最大值出现在更高频率范围内。该近似用于确定相应的输入乘性不确定性表示中的加权整形滤波器。得到的两个被控对象子系统的不确定性模型如下：

$$G_{\dot{\phi}u}(z) = G_{\dot{\phi}u,\text{nom}}(z)(1+W_{\dot{\phi}}(z)\Delta_{\dot{\phi}}), \tag{7.13}$$

$$G_{\dot{\theta}\dot{\phi}}(z) = G_{\dot{\theta}\dot{\phi},\text{nom}}(z)(1+W_{\dot{\theta}}(z)\Delta_{\dot{\theta}}), \tag{7.14}$$

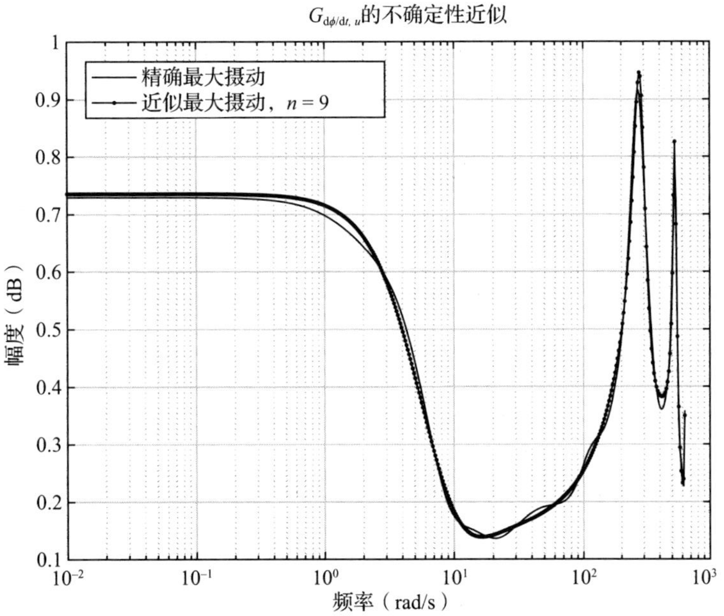

图 7.22　$G_{\dot{\phi}u}$ 中相对不确定性的 9 阶近似

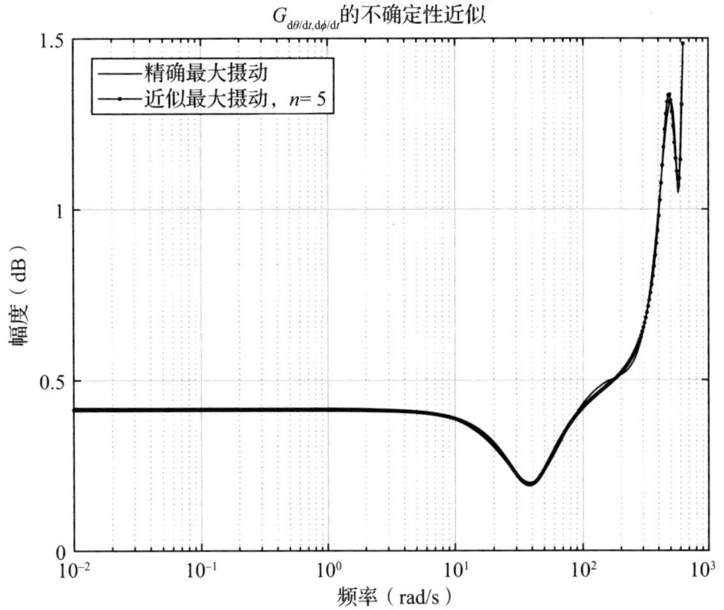

图 7.23　$G_{\dot{\theta}\dot{\phi}}$ 中相对不确定性的 5 阶近似

其中 $W_{\dot{\phi}(z)}$，$W_{\dot{\theta}(z)}$ 是整形滤波器，$\Delta_{\dot{\phi}}$，$\Delta_{\dot{\theta}}$ 是标量不确定性，满足

$$|\Delta_{\dot{\phi}}|<1,\ |\Delta_{\dot{\theta}}|<1$$

具有输入乘性不确定性的机器人模型如图 7.24 所示。

不确定性模型 $G_{\dot{\phi}u}$ 和 $G_{\dot{\theta}\dot{\phi}}$ 的伯德图如图 7.25 和图 7.26 所示。

图 7.24 中给出的模型用于 7.5 节中描述的机器人 μ 控制器设计。

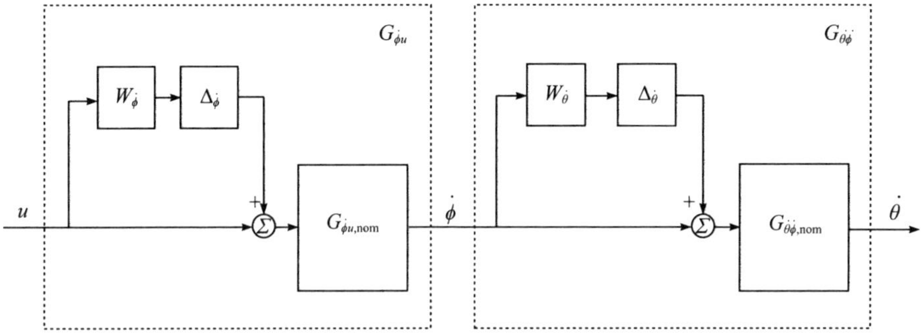

图 7.24　具有输入乘性不确定性表示的机器人模型

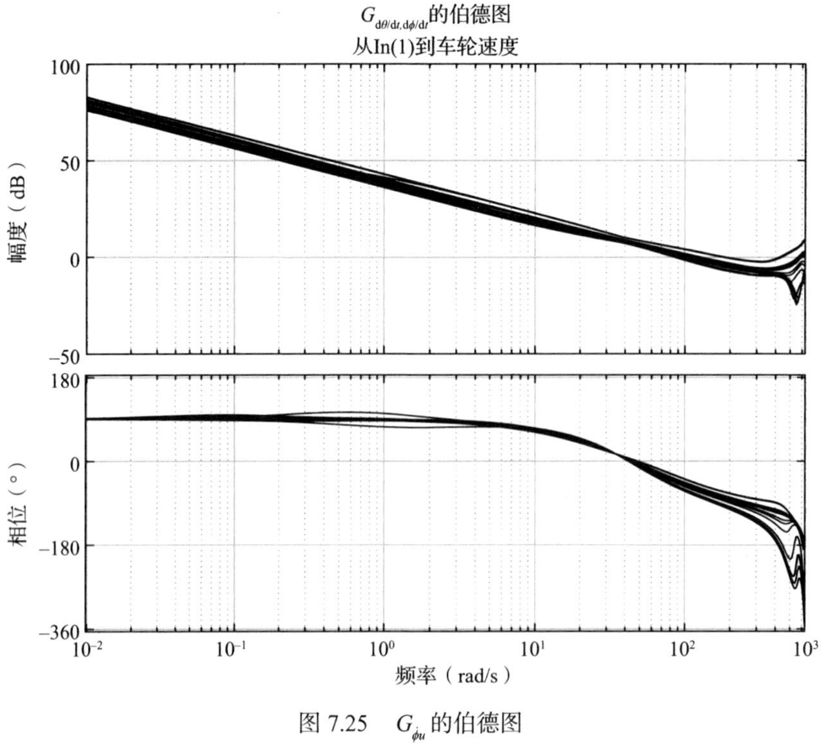

图 7.25　$G_{\dot{\phi}u}$ 的伯德图

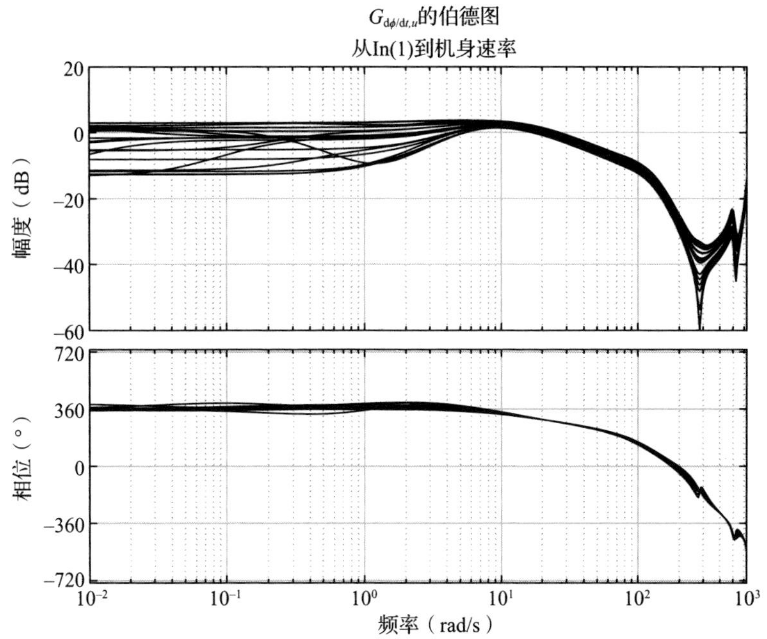

图 7.26　$G_{\dot{\theta}\dot{\phi}}$ 的伯德图

7.4　LQG 控制器设计

本节使用的 MATLAB 文件

文件	描述
LQG_kalman_phi.m	LQG 控制器的设计
dfrs_LQG	LQG 控制器的频率响应
kalman_filter_phi.slx	倾斜角卡尔曼滤波器的仿真
kalman_psi_sim.slx	偏航角卡尔曼滤波器的仿真

利用图 7.21 所示的基于信号的不确定性表示的模型，首先考虑 LQG 机器人控制器的设计。

具有 LQG 调节器的机器人控制系统的框图如图 7.27 所示。系统状态由卡尔曼滤波器 KF 进行估计，由线性二次调节器 LQR 产生控制作用。通过卡尔曼滤波器 $KF_{\dot{\psi}}$ 获得偏航角速度 $\dot{\psi}$ 的估计值 $\hat{\dot{\psi}}$。PI 控制器 PI_{ψ} 用于确保偏航动力学的预期性能。

在采样频率 $f_s = 200$ Hz 时，通过 DSC 实时实现对被控对象的控制作用。因此，采用 LQG 设计来确定在此采样频率下的离散时间控制器。

在 LQR 设计中，$G_{\dot{\phi}u,\mathrm{nom}}(z)$ 和 $G_{\dot{\theta}\dot{\phi},\mathrm{nom}}(z)$ 的 ARMAX 模型和 BJ 模型分别由如下状态方程表示：

$$\begin{aligned} x_{\dot{\phi}}(k+1) &= A_{\dot{\phi}}x_{\dot{\phi}}(k) + B_{\dot{\phi}}u(k) + J_{\dot{\phi}}v_{\dot{\phi}}(k) \\ \dot{\phi}(k) &= C_{\dot{\phi}}x_{\dot{\phi}}(k) + H_{\dot{\phi}}v_{\dot{\phi}}(k) \end{aligned} \tag{7.15}$$

$$
\begin{aligned}
X_{\dot{\Theta}}(k+1) &= A_{\dot{\Theta}}x_{\dot{\Theta}}(k)+B_{\dot{\Theta}}u(k)+J_{\dot{\Theta}}v_{\dot{\Theta}}(k)\\
\dot{\Theta}(k) &= C_{\dot{\Theta}}x_{\dot{\Theta}}(k)+H_{\dot{\Theta}}v_{\dot{\Theta}}(k)
\end{aligned}
\tag{7.16}
$$

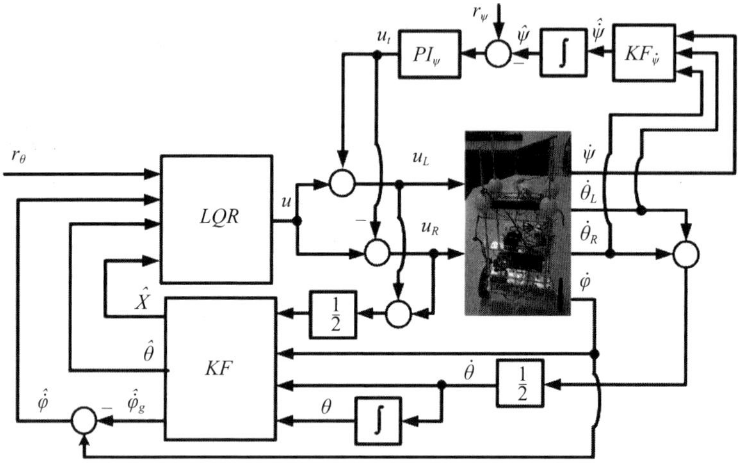

图 2.27　具有 LQG 调节器的闭环系统框图

其中 $\boldsymbol{x}_{\dot\phi},\boldsymbol{x}_{\dot\Theta}$ 分别是维度为 9 和 6 的状态向量，$v_{\dot\phi},v_{\dot\Theta}$ 为单位方差的离散高斯白噪声，$\boldsymbol{A}_{\dot\phi},\boldsymbol{B}_{\dot\phi},\boldsymbol{J}_{\dot\phi},\boldsymbol{C}_{\dot\phi},\boldsymbol{H}_{\dot\phi},\boldsymbol{A}_{\dot\Theta},\boldsymbol{B}_{\dot\Theta},\boldsymbol{J}_{\dot\Theta},\boldsymbol{C}_{\dot\Theta},\boldsymbol{H}_{\dot\Theta}$ 为适当维数的、包含了模型参数的常数矩阵。噪声 $v_{\dot\phi},v_{\dot\Theta}$ 是在辨识过程中得到的，并反映了模型中的不确定性。这些噪声也被表示为具有输入乘性不确定性的模型，并用于频域分析。

用一阶差分方程来描述不可测的车轮角：

$$
\theta(k+1)=\theta(k)+T_s\dot\theta(k) \tag{7.17}
$$

其中 T_s 是采样时间。以下状态方程也包含在被控对象描述中：

$$
x_{\dot\phi_i}(k+1)=x_{\dot\phi_i}(k)-T_s\dot\phi(k) \tag{7.18}
$$

$$
x_i(k+1)=x_i(k)+T_s(r_\theta(k)-\theta(k)) \tag{7.19}
$$

其中 r_θ 为车轮参考角度。这些方程可以分别计算 $\dot\phi$ 和跟踪误差 $r_\theta-\theta$ 的离散时间积分的近似值。这两种积分都用于线性二次调节器的设计，以确保在垂直面内的有效稳定和零稳态跟踪误差。通过这种方式，可以得到 18 阶的整个被控对象方程，其形式如下：

$$
\begin{aligned}
\boldsymbol{x}(k+1) &= \boldsymbol{A}\boldsymbol{x}(k)+\boldsymbol{B}\boldsymbol{u}(k)+\boldsymbol{J}\boldsymbol{v}(k)\\
\boldsymbol{y}(k) &= \boldsymbol{C}\boldsymbol{x}(k)+\boldsymbol{H}\boldsymbol{v}(k)
\end{aligned}
\tag{7.20}
$$

其中

$$
\boldsymbol{x}=[x_{\dot\phi}^{\mathrm{T}}x_{\dot\Theta}^{\mathrm{T}}\Theta x_{\dot\phi_i}x_i]^{\mathrm{T}},\boldsymbol{y}=[\dot\phi\ \dot\Theta\ \Theta\ \phi]^{\mathrm{T}},\boldsymbol{v}=[v_{\dot\phi}v_{\dot\Theta}]^{\mathrm{T}}
$$

并且通过式（7.15）～式（7.19）可得到矩阵 $\boldsymbol{A},\boldsymbol{B},\boldsymbol{J},\boldsymbol{C},\boldsymbol{H}$。

控制器设计的目标是最小化二次性能指标：

$$J(u)=\sum_{k=0}^{\infty}[\boldsymbol{x}(k)^{\mathrm{T}}\boldsymbol{Q}\boldsymbol{x}(k)+\boldsymbol{u}(k)^{\mathrm{T}}\boldsymbol{R}\boldsymbol{u}(k)] \tag{7.21}$$

其中 $\boldsymbol{Q}$ 和 $\boldsymbol{R}$ 是待选择的正定矩阵，以确保闭环系统具有可接受的暂态响应。

如第 4 章所示，相对于式（7.20）最小化式（7.21），所得到的最优控制由下式给出：

$$\boldsymbol{u}(k)=-\boldsymbol{K}\boldsymbol{x}(k) \tag{7.22}$$

其中最优反馈矩阵 $\boldsymbol{K}$ 由下式得到：

$$\boldsymbol{K}=(\boldsymbol{R}+\boldsymbol{B}^{\mathrm{T}}\boldsymbol{P}\boldsymbol{B})^{-1}\boldsymbol{B}^{\mathrm{T}}\boldsymbol{P}\boldsymbol{A} \tag{7.23}$$

且矩阵 $\boldsymbol{P}$ 是离散时间矩阵代数 Riccati 方程：

$$\boldsymbol{A}^{\mathrm{T}}\boldsymbol{P}\boldsymbol{A}-\boldsymbol{P}-\boldsymbol{A}^{\mathrm{T}}\boldsymbol{P}\boldsymbol{B}(\boldsymbol{R}+\boldsymbol{B}^{\mathrm{T}}\boldsymbol{P}\boldsymbol{B})^{-1}\boldsymbol{B}^{\mathrm{T}}\boldsymbol{P}\boldsymbol{A}+\boldsymbol{Q}=0 \tag{7.24}$$

的正定解。求解 Riccati 方程（式（7.24））和确定增益矩阵 $\boldsymbol{K}$（式（7.23））可由 MATLAB 中的函数 `dlqr` 来实现。

按照 $\boldsymbol{x}_{\dot{\phi}},\boldsymbol{x}_{\dot{\Theta}},\Theta,\boldsymbol{x}_{\dot{\phi}_i},\boldsymbol{x}_i$ 的维数来划分矩阵 $\boldsymbol{K}$：

$$\boldsymbol{K}=[\boldsymbol{K}_{\dot{\phi}}\boldsymbol{K}_{\dot{\Theta}}\boldsymbol{K}_{\Theta}\boldsymbol{K}_{\dot{\phi}i}\boldsymbol{K}_{xi}]$$

由于式（7.20）的状态 $\boldsymbol{x}(k)$ 是不可获得的，所以，最优控制（式（7.22））由下式实现：

$$\boldsymbol{u}(k)=-\boldsymbol{K}_{\dot{\phi}}\hat{x}_{\dot{\phi}}(k)-\boldsymbol{K}_{\dot{\Theta}}\hat{x}_{\dot{\Theta}}(k)-\boldsymbol{K}_{\Theta}\hat{\Theta}(k)-\boldsymbol{K}_{\dot{\phi}_i}\hat{x}_{\dot{\phi}_i}(k)-\boldsymbol{K}_{x_i}\hat{x}_i(k) \tag{7.25}$$

其中 $\hat{x}_{\dot{\phi}}(k)$, $\hat{x}_{\dot{\Theta}}(k)$ 分别是 $\boldsymbol{x}_{\dot{\phi}}(k)$, $\boldsymbol{x}_{\dot{\Theta}}(k)$ 的估计值，并且

$$\hat{x}_{\dot{\phi}_i}(k+1)=\hat{x}_{\dot{\phi}_i}(k)-T_s\hat{\dot{\phi}}(k) \tag{7.26}$$

$$\hat{x}_i(k+1)=\hat{x}_i(k)+T_s(r_{\Theta}(k)-\hat{\Theta}(k)) \tag{7.27}$$

分别是 $x_{\dot{\phi}_i}(k),x_i(k)$ 的估计。利用卡尔曼滤波器得到 $\hat{\dot{\phi}}(k)$ 和 $\hat{\Theta}(k)$ 的估计结果。特别地，$\hat{\dot{\phi}}(k)$ 可由下式获得：

$$\hat{\dot{\phi}}(k)=\dot{\phi}(k)-\hat{\dot{\phi}}_g(k) \tag{7.28}$$

其中，$\dot{\phi}(k)$ 是测量的倾斜角速率，$\hat{\dot{\phi}}_g(k)$ 是速率陀螺仪偏差的估计值。通过附加方程

$$\dot{\phi}_g(k+1)=\dot{\phi}_g(k)+J_g v_{\dot{\phi}g}(k) \tag{7.29}$$

可以建立陀螺仪偏差 $\dot{\phi}_g$ 的模型，其中 $v_{\dot{\phi}g}$ 是单位方差的高斯白噪声，系数 J_g 通过实验确定为 $J_g=10^4$ 以获得 $\dot{\phi}$ 的良好估计。结合式（7.15）～式（7.17）和式（7.29），为如下的 17 阶系统设计卡尔曼滤波器：

$$\begin{aligned}\boldsymbol{x}_f(k+1)&=\boldsymbol{A}_f\boldsymbol{x}_f(k)+\boldsymbol{B}_f\boldsymbol{u}(k)+\boldsymbol{J}_f v_f(k)\\ \boldsymbol{y}_f(k)&=\boldsymbol{C}_f\boldsymbol{x}_f(k)+\boldsymbol{H}_f\boldsymbol{v}_f(k)\end{aligned} \tag{7.30}$$

其中

$$x_f = [x_{\dot{\phi}}^{\mathrm{T}} x_{\dot{\Theta}}^{\mathrm{T}} \Theta \phi_g]^{\mathrm{T}}, y_f = [\dot{\phi}\ \dot{\Theta}\ \Theta\phi_g]^{\mathrm{T}}, v_f = [v_{\dot{\phi}} v_{\dot{\Theta}} v_g]^{\mathrm{T}}$$

$\boldsymbol{A}_f, \boldsymbol{B}_f, \boldsymbol{J}_f, \boldsymbol{C}_f, \boldsymbol{H}_f$是相应维数的矩阵。

式（7.30）的离散时间卡尔曼滤波器如下：

$$\begin{aligned}\hat{\boldsymbol{x}}_f(k+1) &= \boldsymbol{A}_f\hat{\boldsymbol{x}}_f(k) + \boldsymbol{B}_f\boldsymbol{u}(k) + \boldsymbol{K}_f(\boldsymbol{y}_f(k+1) - \boldsymbol{C}_f\boldsymbol{A}_f\hat{\boldsymbol{x}}_f(k) - \boldsymbol{C}_f\boldsymbol{B}_f\boldsymbol{u}(k)) \\ \hat{\boldsymbol{y}}_f(k) &= \boldsymbol{C}_f\hat{\boldsymbol{x}}_f(k)\end{aligned} \tag{7.31}$$

滤波器矩阵 $\boldsymbol{K}_f$为

$$\boldsymbol{K}_f = \boldsymbol{D}_f\boldsymbol{C}_f^{\mathrm{T}}(\boldsymbol{C}_f\boldsymbol{D}_f\boldsymbol{C}_f^{\mathrm{T}} + 10^{-5})^{-1} \tag{7.32}$$

其中，矩阵 $\boldsymbol{D}_f$是离散时间矩阵代数 Riccati 方程

$$\boldsymbol{A}_f\boldsymbol{D}_f\boldsymbol{A}_f^{\mathrm{T}} - \boldsymbol{D}_f - \boldsymbol{A}_f\boldsymbol{D}_f\boldsymbol{C}_f^{\mathrm{T}}(\boldsymbol{C}_f\boldsymbol{D}_f\boldsymbol{C}_f^{\mathrm{T}} + 10^{-5})^{-1}\boldsymbol{C}_f\boldsymbol{D}_f\boldsymbol{A}_f^{\mathrm{T}} + \boldsymbol{J}_f\boldsymbol{D}_{v_f}\boldsymbol{J}_f^{\mathrm{T}} = 0 \tag{7.33}$$

的半正定解，矩阵 $\boldsymbol{D}_{v_f} = \boldsymbol{I}_3$是噪声 v_f的方差。注意，在式（7.32）和式（7.33）中，式（7.30）中的零输出噪声方差等于 10^{-5}，以避免相应矩阵的奇异性。由 MATLAB 的 `kalman` 函数计算矩阵 $\boldsymbol{K}_f$。

用于计算估计式（7.26）的量 $\hat{\dot{\phi}}(k)$ 可由式（7.28）获得，其中 $\hat{\dot{\phi}}_g(k)$ 是状态估计 $\hat{x}_f$的最后一个元素。

图 7.28 显示了所设计的 LQG 控制器相对于输入 r、$\dot{\phi}$ 和 $\dot{\theta}$ 的幅度响应。

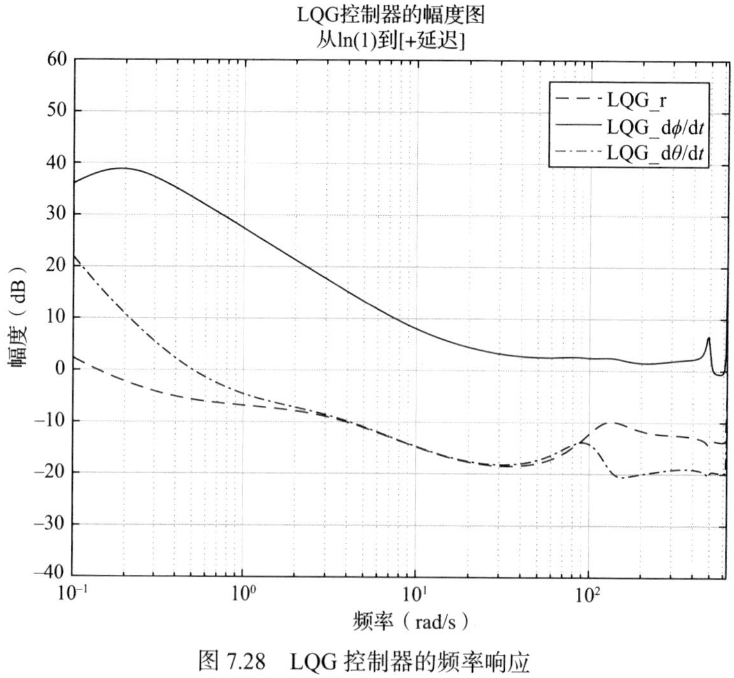

图 7.28　LQG 控制器的频率响应

如前所述，还设计了偏航运动的 PI 控制器，与测量倾斜率 $\dot{\phi}$ 相同类型的陀螺仪来测量

偏航角速度 $\dot{\psi}$。该陀螺仪包含了噪声 ψ_g，该噪声由附加方程

$$\dot{\psi}_g(k+1)=\dot{\psi}_g(k)+J_g v_{\dot{\psi}_g}(k) \tag{7.34}$$

来建模，其中 $v_{\dot{\psi}_g}$ 是单位方差的高斯白噪声，系数 J_g 用之前所述方法来确定。设计一个二阶卡尔曼滤波器，以获得足够精确的偏航角 $\hat{\psi}$ 估计。

在图 7.29 中，我们给出了用于偏航运动控制的闭环系统。由系数 $K_P=2$ 和 $K_I=0.01$ 的 PI 调节器分别产生左、右电机的控制作用 u_L, u_R，这些系数能够确保足够快速和准确的偏航运动动力学。将 LQG 控制器发出的控制信号 u_{LQG} 添加到两个电机信号中。

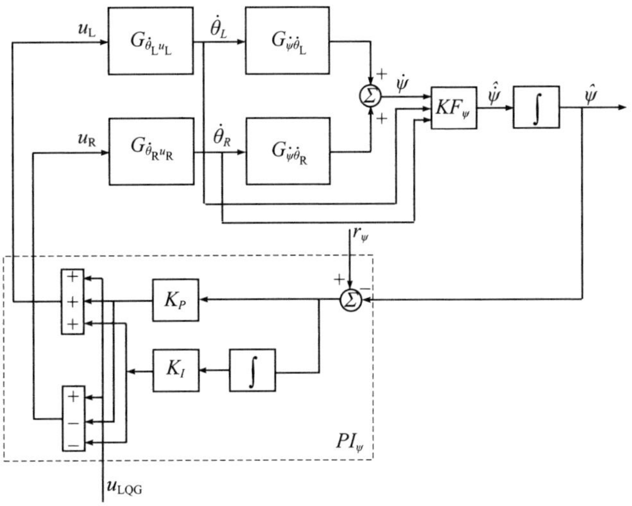

图 7.29　偏航运动控制框图

7.5　μ 控制器设计

本节使用的 MATLAB 文件

文件	描述
olp_robot_2dof.m	确定 μ 合成的开环互连
unc_model.m	确定降阶不确定性模型
dms_robot_2dof.m	执行 D-K 迭代
dfrs_mu.m	获得带有 μ 控制器的闭环系统的频率响应
clp_mu_sys.slx	闭环系统的 Simulink 模型

μ 控制器是基于具有输入乘性不确定性表示的机器人模型设计的，如图 7.24 所示。

为了获得闭环系统的良好性能，我们将实现一个二自由度控制器。在这种情况下，连续时间闭环系统的框图如图 7.30 所示，r_θ 为车轮参考角，e_p, e_u 为加权闭环系统输出。由 μ 综合确定的控制器 K，其目的是保证闭环系统在输入乘性不确定性存在时的鲁棒稳定性和

鲁棒性能。为了获得更好的位置精度，在控制器中引入了集成跟踪误差 $\mathrm{err} = r_\theta - \theta$的反馈。

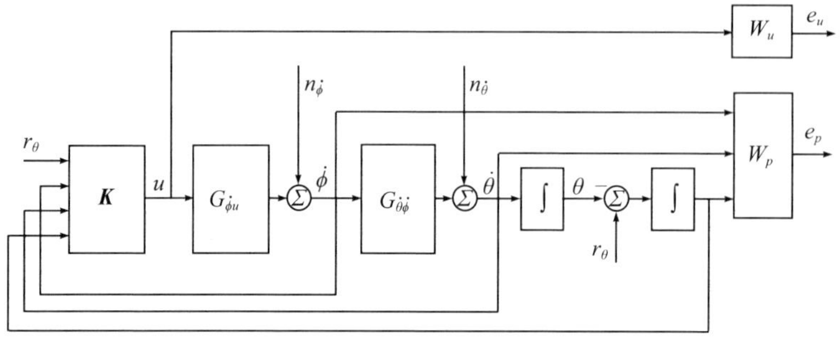

图 7.30　μ 综合情况下的闭环系统框图

令

$$\boldsymbol{y}_c = \left[\dot\phi, \dot\theta, \int(r_\theta - \theta)\right]^{\mathrm{T}}$$

为输出反馈向量，其中 $\int(r_\theta - \theta)$ 表示用前向欧拉（Euler）法对差值 $r_\theta - \theta$进行离散积分。假设控制器传递函数矩阵 $\boldsymbol{K}$ 表示为

$$\boldsymbol{K} = [\boldsymbol{K}_r \boldsymbol{K}_y]$$

其中 K_r 为控制器预滤波器传递函数，另有

$$\boldsymbol{K}_y = [K_{\dot\phi} K_{\dot\theta} K_{\int\mathrm{err}}]$$

为输出反馈传递函数矩阵。矩阵 $\boldsymbol{K}_y$ 是根据 $\dot\phi, \dot\theta, \int(r_\theta - \theta)$ 的维数划分的。然后，控制作用按下式计算：

$$\begin{aligned} \boldsymbol{u} &= \boldsymbol{K}\begin{bmatrix} r_\theta \\ \boldsymbol{y}_c \end{bmatrix} \\ &= \boldsymbol{K}_r r_\theta + K_{\dot\phi}\dot\phi + K_{\dot\theta}\dot\theta + k_{\int\mathrm{err}}\int(r_\theta - \theta) \end{aligned} \tag{7.35}$$

使用以下表示符号

$$\boldsymbol{G}_{\mathrm{int}}(z) = \frac{T_{\mathrm{s}}}{z-1}$$

$$\boldsymbol{G}_u(z) = \begin{bmatrix} 1 \\ \boldsymbol{G}_{\dot\theta\dot\phi}(z) \\ -\boldsymbol{G}_{\mathrm{int}}(z)^2 \boldsymbol{G}_{\dot\theta\dot\phi}(z) \end{bmatrix} \boldsymbol{G}_{\dot\phi u}(z),\ \boldsymbol{G}_{n_{\dot\phi}}(z) = \begin{bmatrix} 1 \\ \boldsymbol{G}_{\dot\theta\dot\phi}(z) \\ -\boldsymbol{G}_{\mathrm{int}}(z)^2 \boldsymbol{G}_{\dot\theta\dot\phi}(z) \end{bmatrix}$$

$$\boldsymbol{G}_{n_{\dot\theta}}(z) = \begin{bmatrix} 0 \\ 1 \\ -\boldsymbol{G}_{\mathrm{int}}(z)^2 \end{bmatrix},\ \boldsymbol{G}_{r_\theta}(z) = \begin{bmatrix} 0 \\ 0 \\ \boldsymbol{G}_{\mathrm{int}}(z) \end{bmatrix}$$

其中 $T_s=0.005\ \mathrm{s}$ 是采样周期，闭环系统由以下方程描述：

$$y_c=G_{r_\theta}r_\theta+G_u u+G_{n_{\dot\phi}}n_{\dot\phi}+G_{n_{\dot\theta}}n_{\dot\theta} \tag{7.36}$$

$$u=K_r r_\theta+k_y y_c \tag{7.37}$$

加权闭环系统误差 e_p, e_u 满足以下等式：

$$\begin{bmatrix}e_p\\ e_u\end{bmatrix}=\begin{bmatrix}\boldsymbol{W}_p S_o(G_{r_\theta}+G_u K_r) & \boldsymbol{W}_p S_o G_{n_{\dot\phi}} & \boldsymbol{W}_p S_o G_{n_{\dot\theta}}\\ \boldsymbol{W}_u S_i(K_r+K_y G_{r_\theta}) & \boldsymbol{W}_u S_i K_y G_{n_{\dot\phi}} & \boldsymbol{W}_u S_i K_y G_{n_{\dot\theta}}\end{bmatrix}\begin{bmatrix}r_\theta\\ n_{\dot\phi}\\ n_{\dot\theta}\end{bmatrix} \tag{7.38}$$

其中 $S_i=(\boldsymbol{I}-\boldsymbol{K}_y\boldsymbol{G}_u)^{-1}$ 是输入灵敏度传递函数，$S_o=(\boldsymbol{I}-\boldsymbol{G}_u\boldsymbol{K}_y)^{-1}$ 是输出灵敏度传递函数矩阵。

通常，对于所有可能的不确定性被控对象模型，控制器设计中使用的性能指标要求从外部输入信号 $r_\theta, n_{\dot\phi}$ 和 $n_{\dot\theta}$ 到输出信号 e_p 和 e_u 的传递函数矩阵在 $\|\cdot\|_\infty$ 的意义下要小。这会导致小的加权信号 $\dot\phi, \dot\theta, \int(r_\theta-\theta)$ 和小的控制作用 u。传递函数矩阵 $\boldsymbol{W}_p$ 和 $\boldsymbol{W}_u$ 反映了应满足性能要求的不同频率范围的相对重要性。

μ 综合用于选择性能加权函数，以保证系统性能和鲁棒性之间达到良好平衡。经过多次实验，选取性能加权函数（在连续时间情况下）为低通滤波器

$$\boldsymbol{W}_p(s)=\begin{bmatrix}52.2\dfrac{0.05s+1}{s+1} & 0 & 0\\ 0 & 0.029\dfrac{0.6s+1}{0.007s+1} & 0\\ 0 & 0 & 4.7\dfrac{4s+1}{125s+1}\end{bmatrix}$$

而控制加权函数为高通滤波器：

$$\boldsymbol{W}_u(s)=\frac{s/0.07+1}{s/200+1}/30\ 000$$

由于在给定情况下，被控对象不确定性考虑的是相应的输入乘性不确定性，因此传递函数 $N_{\dot\phi}, N_{\dot\theta}$ 被设置为 1，$n_{\dot\phi}=n_{\dot\theta}=0$。然而，为了获得更好的 D-K 迭代收敛性，两个 2 范数等于 10^{-4} 的较小噪声被分别加到角速度 $\dot\phi$ 和 $\dot\theta$ 中。使用鲁棒控制工具箱中的函数 `dksyn` 完成 μ 综合。第三次迭代后，μ 的最大值减小到 0.736，得到的最终控制器为 44 阶。在不降低闭环性能的情况下，使用鲁棒控制工具箱中的命令 `reduce` 将控制器阶数降低到 30 阶。

关于输入 r，$\dot\phi, \dot\theta, \int\mathrm{err}$ 的控制器幅度图如图 7.31 所示。

需要注意的是，所提出的鲁棒控制律是在 MATLAB 中使用双精度（64b）浮点运算设计的。在我们的例子中，这个控制律被嵌入使用单精度（32b）运算的处理器中。这种情况可能会影响离散时间闭环系统的行为。例如，当以单精度运算实现时，一些控制器可能变得不稳定，这在实践中是不期望的。因此，在设计之后，应检查控制器在单精度下的稳定性。

μ控制器包含了与 LQG 控制器相同的偏航运动 PI 调节器。

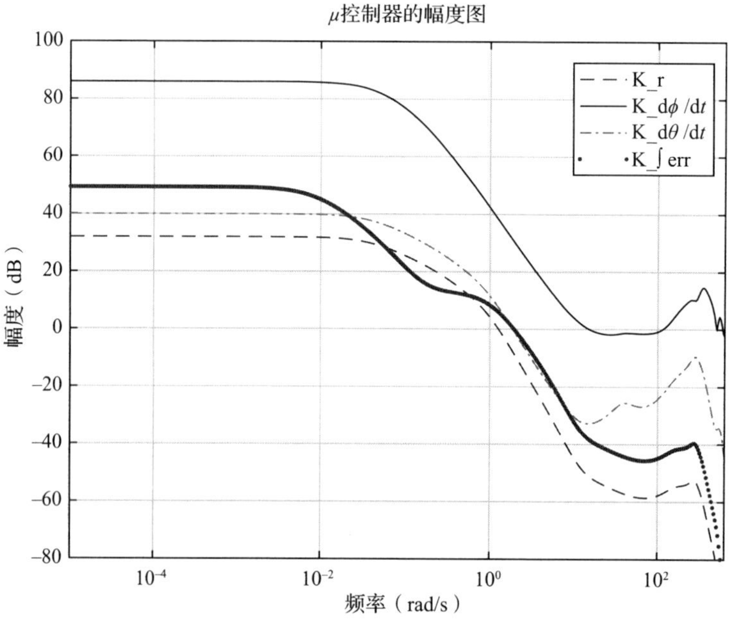

图 7.31　μ 综合情况下的控制器幅度图

7.6　设计控制器的比较

本节使用的 MATLAB 文件

文件	描述
dfrs_mu_uncertain.m	确定 LQG 和 μ 控制器的频率响应
robust_comparison.m	确定 LQG 和 μ 控制器的鲁棒稳定性和鲁棒性能
comparison_experiments.m	比较两种控制器的实验结果

在本节中，我们比较设计的两种控制器的频域特性。在 μ 控制器的情况下，我们使用由函数 `reduce` 得到的 30 阶近似的控制器。

闭环系统的伯德图如图 7.32 所示。可以看出，对于两种控制器，闭环带宽约为 1 rad/s，且 LQG 控制器具有更大的带宽。

在图 7.33 和图 7.34 中，分别给出了 $\dot{\phi}$ 和 $\dot{\theta}$ 中的测量噪声对控制作用 u 的影响。结果表明，$\dot{\phi}$ 中的噪声影响要比 $\dot{\theta}$ 中的噪声影响大得多。

在图 7.35 和图 7.36 中，分别给出了两个控制器作用下的闭环系统的鲁棒稳定性和鲁棒性能对应的结构奇异值的上界图。在这两种情况下，分析中都使用了具有输入乘性不确定性的被控对象模型。对于两种控制器，系统都能对机器人模型辨识所对应的不确定性实现鲁棒稳定性。对于这两种控制器，使用了与 μ 综合中相同的加权函数进行了鲁棒性能分析。

因此，在使用 μ 控制器的情况下，能够获得更好的性能裕度。对机器人模型辨识所对应的不确定性，带有卡尔曼滤波器的 LQR 调节器无法实现鲁棒性能。

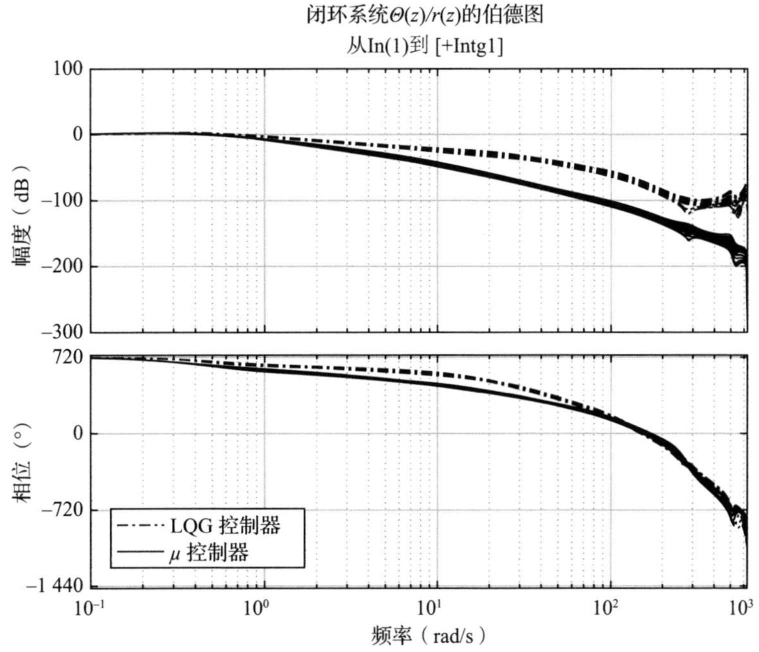

图 7.32　闭环系统的伯德图

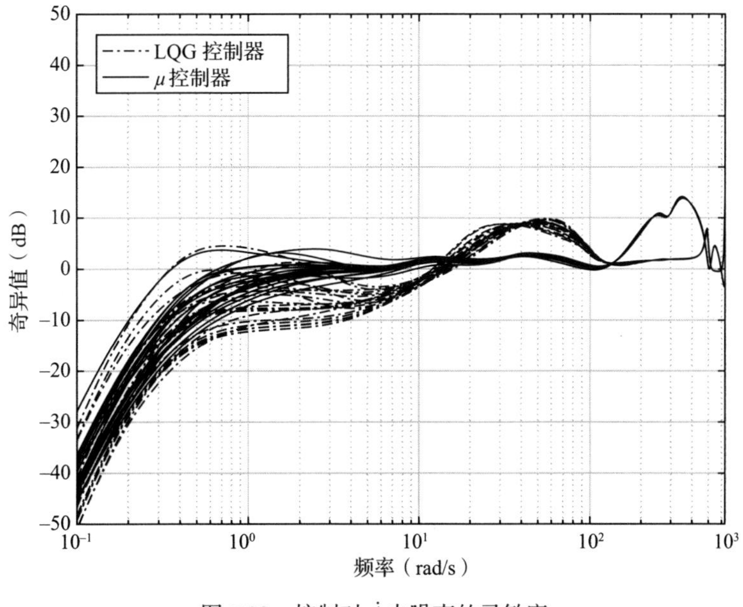

图 7.33　控制对 $\dot{\phi}$ 中噪声的灵敏度

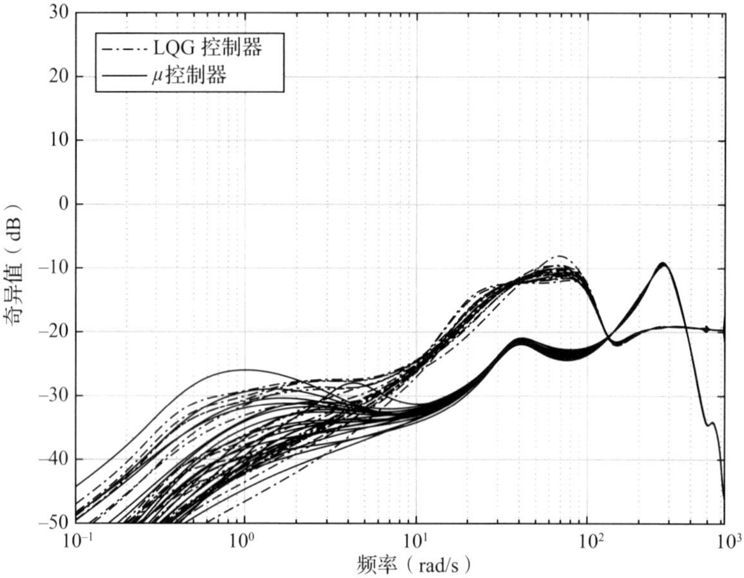

图 7.34　控制对 $\dot{\theta}$ 中噪声的灵敏度

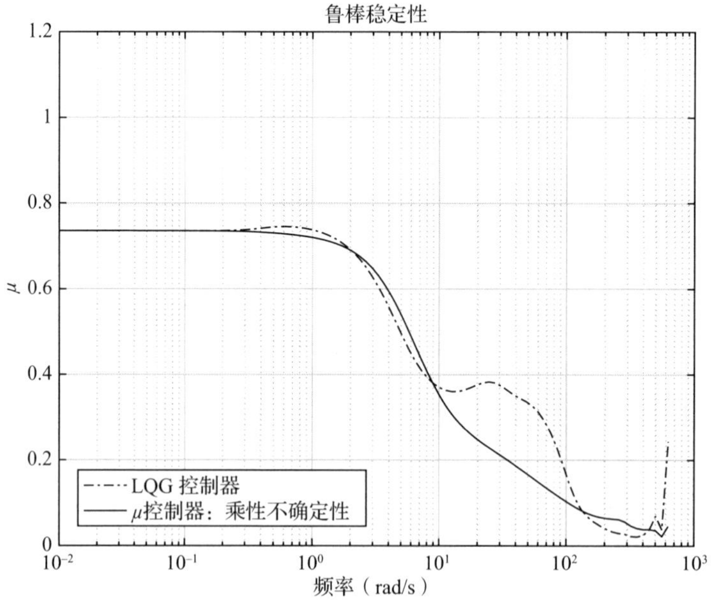

图 7.35　闭环系统的鲁棒稳定性

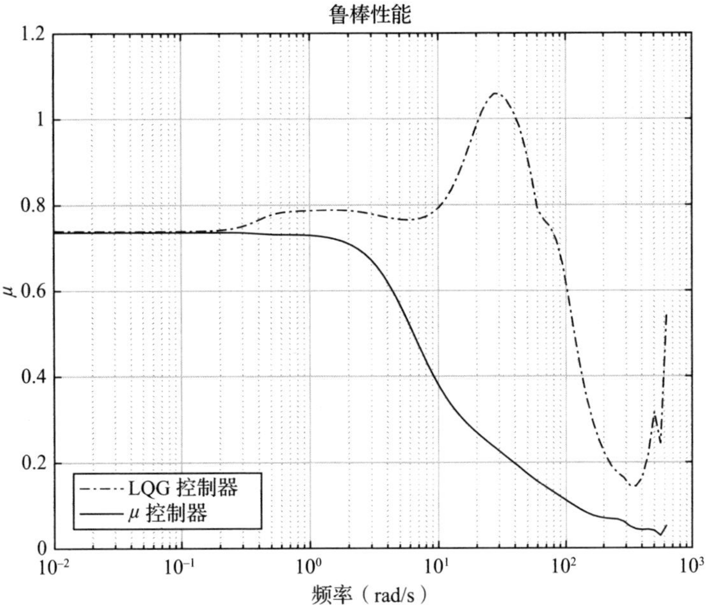

图 7.36　闭环系统的鲁棒性能

至于 μ 综合的不足，包括很难选择加权函数以及 D-K 迭代可能不能收敛到稳定控制器。通常，μ 控制器是高阶的，在性能不变差的情况下应大力降低阶次。

7.7　实验评估

本节使用的 MATLAB 文件

文件	描述
DSP_controller_ver2lqrc.slx	Simulink LQG 控制器模型
DSP_controller_ver21.slx	Simulink μ 控制器模型
DSP_OP_ver2.slx	数据采集的接口程序

在 MATLAB/Simulink 环境下开发了控制系统仿真方案和专用软件，用以实现所设计的两个控制器的机器人控制代码。借助于 Simulink Coder[9]、Embedded Coder[34] 和 Code Composer Studio，从这个专用软件生成代码，并将这个代码嵌入德州仪器 TMS320F28335 数字信号控制器中 [174]。

这里对所设计的两种控制器进行了多次实验，并对所获得的实验结果进行了比较。在本节中，我们给出了与跟踪车轮轨迹相关的结果，这些预定义的轨迹如表 7.2 所示。每个实验持续时间为 400 s。参考轮的速度在特定的轨迹中是恒定的，在不同的实验中，选取车轮速度分别为 $\dot{\theta}_{\text{ref}} = 25,35$ 和 50 rad / s 。实验是在实验室的地板上进行的，地板上覆盖着陶瓷尾翼（ceramic tails)，由于尾翼之间的间隙很小，因此会产生额外的小干扰。

表 7.2 车轮角度参考轨迹

t(s)	θ_{ref}(°)
$0 \leqslant t < 10$	0
$10 \leqslant t < 10+1000/\dot{\theta}_{ref}$	$\dot{\theta}_{ref}(t-10)$
$10+1000/\dot{\theta}_{ref} \leqslant t < 140$	1000
$140 \leqslant t < 140+2000/\dot{\theta}_{ref}$	$1000-\dot{\theta}_{ref}(t-140)$
$140+2000/\dot{\theta}_{ref} \leqslant t < 320$	−1,000
$320 \leqslant t < 320+1000/\dot{\theta}_{ref}$	$-1000+\dot{\theta}_{ref}(t-320)$
$320 \leqslant t \leqslant 400$	0

在每个实验中，偏航角参考值如表 7.3 所示变化。

表 7.3 偏航角参考值

t(s)	ψ_{ref} (°)
$0 \leqslant t<60$	0
$60 \leqslant t<80$	$5(t-60)$
$80 \leqslant t<100$	100
$100 \leqslant t<120$	$100-5(t-100)$
$120 \leqslant t<400$	0

首先考虑车轮速度为 25 deg/s 时 LQG 控制器的实验结果。从图 7.37 和图 7.38 可以看出，车轮能够准确地跟踪车轮参考轨迹，并且机器人能够保持良好的垂直位置。用 $\hat{\psi}(k)$ 代替 $\psi(k)$，以保证机器人可以绕垂直轴进行精确旋转。需要注意的是，基于陀螺仪噪声的积分作用，$\psi(k)$ 的测量值的偏差随着时间而增加（见图 7.39）。

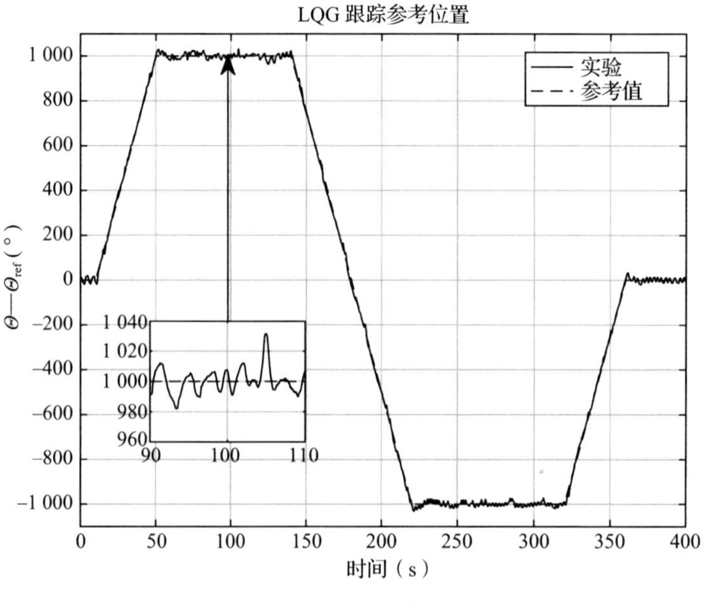

图 7.37 LQG 跟踪参考位置

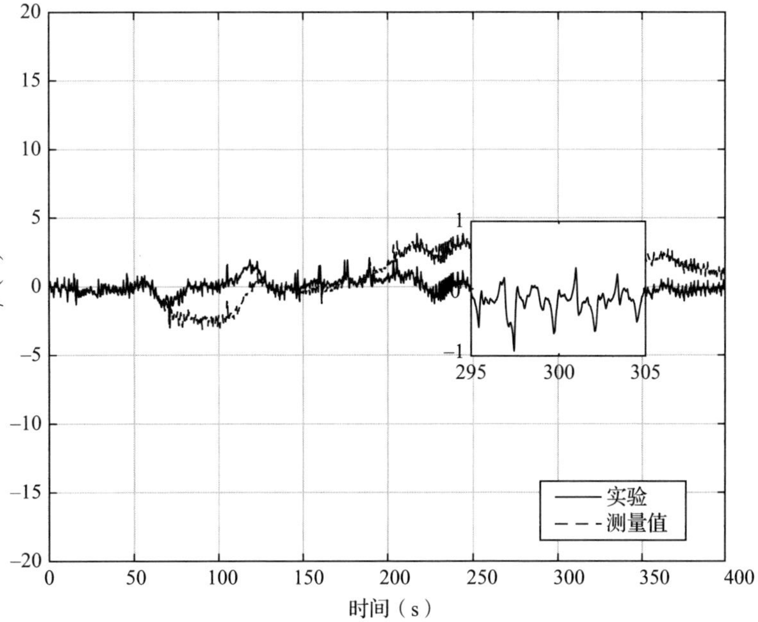

图 7.38　LQG– 机身倾斜角度

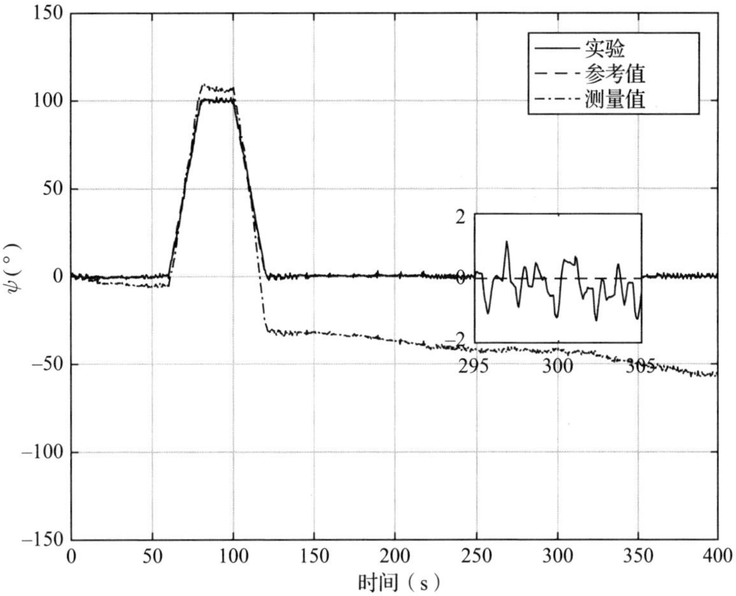

图 7.39　LQG 跟踪参考偏航角

现在比较一下 LQG 和 μ 控制器作用下的系统的暂态响应。

在图 7.40 中，我们比较了两个控制器在 $\dot{\theta}_{\text{ref}} = 25$ rad/s 时车轮角度的变化（为了更清楚地表示，从这里及之后的时间显示都是 $t \leqslant 100$ s 的实验结果）。可以看出，在这两种情况下，跟踪误差相对较小。在 μ 控制器的情况下存在一些小的振荡，这可以解释为是由于控制器增益较大以及齿轮箱中存在死区。此外，在 $t = 60$ s 到 $t = 80$ s 之间的时间段内，两个控制器都存在一些可以忽略不计的振荡幅度增加，这应是该时间段内参考偏航角变化导致的。

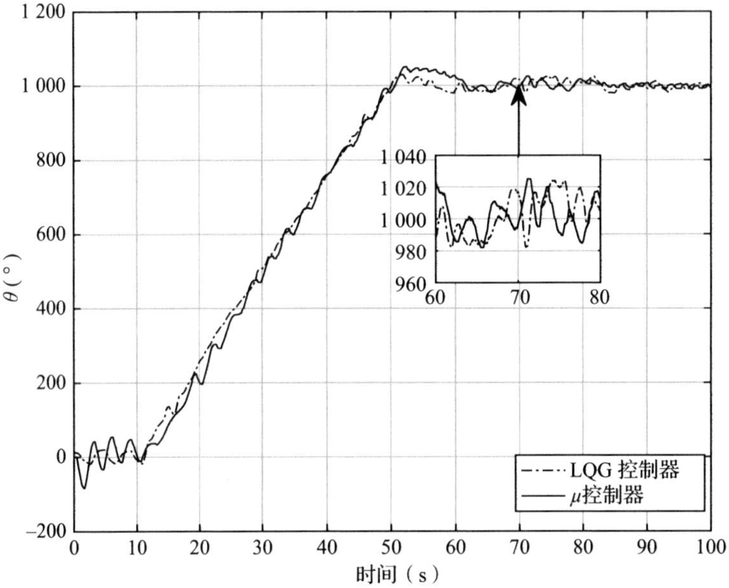

图 7.40 跟踪参考车轮角

图 7.41 比较了相同实验中车身倾斜角度的变化。在非零初始条件导致的暂态响应消失后，两个控制器作用下的倾斜角保持在小于 1°。测量的角度 ϕ 包含一个偏差，通过使用 17 阶卡尔曼滤波器，离线（对于 μ 控制器）和在线（对于 LQG 控制器）消除该偏差。有趣的是，在 μ 控制器的情况下，这种偏差不影响机器人的垂直稳定性，这可能是由于这种控制器作用下的闭环系统具有良好的滤波特性。这就是为什么在给定的情况下，在 μ 控制器中包含了卡尔曼滤波器却不能改善闭环系统性能。

由于使用了卡尔曼滤波器，偏航运动期间的跟踪误差也很小，如图 7.42 所示。

最后，两个控制器的控制作用没有超过 25 U（1 U 的控制作用对应于电机的 0.094 V)，最大允许值等于 50U（见图 7.43）。

在表 7.4 中，我们使用车轮速度 $\dot{\theta}_{\text{ref}} = 25$ deg/s 和持续时间等于 400 s（对应于 80 000 次样本测量）的实验数据，给出了表征机器人沿参考轨迹运动的变量的均方值。变量 $\sigma(\Delta X)$ 表示机器人位置误差的均方值，计算公式为 $\sigma(\Delta X) = R\sigma(\theta - \theta_{\text{ref}})\pi/180$，$R = 0.04$ m 。为了避免非零初始条件的影响，在计算均方值时，去除了对应于每个实验前 10 s 的前 2000 个样本。两个控制器都表现良好。LQG 控制器在车轮角和倾斜角的跟踪方面产生了较好的结果，但在偏航运动方面给出了较差的精度。LQG 控制器的精度越高，鲁棒性越差。此外，与 LQG 控制器相比，μ 控制器在偏航运动中具有更好的精度，这可以解释为 μ 控制器能够更强地抑制垂直稳定通道的影响。然而，需要注意的是，这些结论是基于 3 个参考轨迹在有限持续时间内的少量实验得出的，在更普遍的情况下可能不成立。

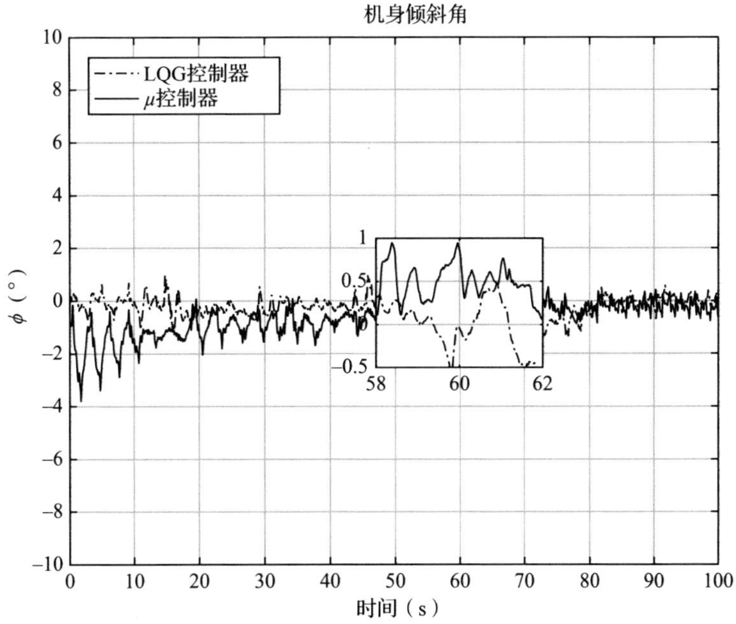

图 7.41　机身倾斜角

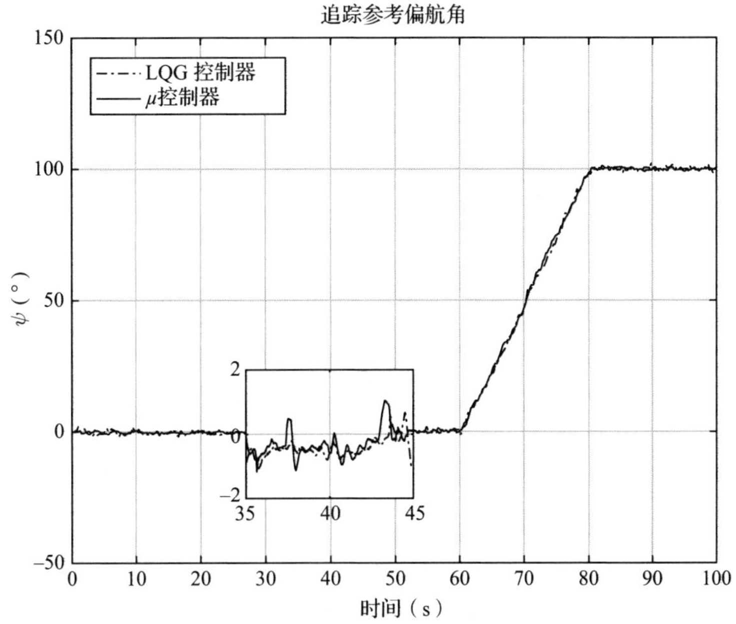

图 7.42　跟踪参考偏航角

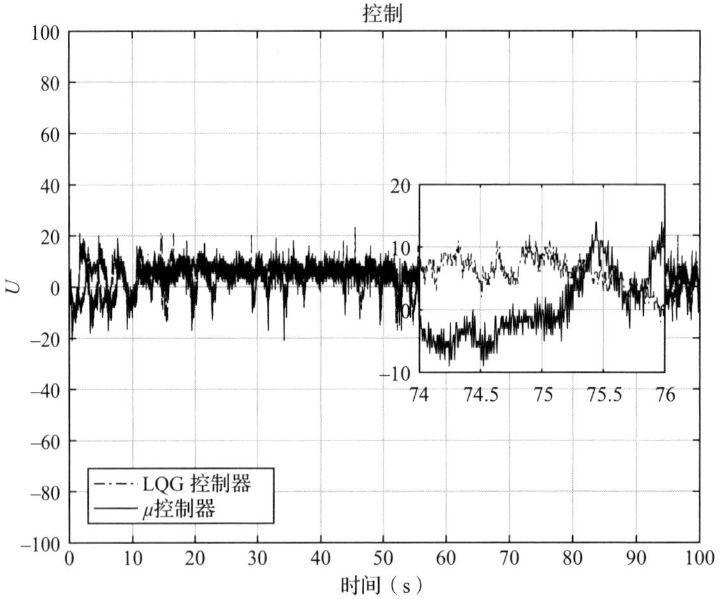

图 7.43 控制作用

表 7.4 不同速度下的控制器性能

控制器	$\sigma(\theta-\theta_{ref})$ (°)	$\sigma(\Delta X)$ (m)	$\sigma(\phi)$ (°)	$\sigma(\psi-\psi_{ref})$ (°)	$\sigma(u)$
LQG	1.19×10^{1}	8.27×10^{-3}	5.48×10^{-1}	9.88×10^{-1}	6.57×10^{0}
μ	1.97×10^{1}	1.38×10^{-2}	1.10×10^{0}	6.35×10^{-1}	5.89×10^{0}

通过使用由垂直稳定和偏航运动控制组成的多变量被控对象模型，可以进一步改善闭环系统性能。确定这种模型可能需要采用多变量系统的辨识方法，并可能增加控制器的阶数。

7.8 注释和参考文献

双轮机器人具有许多特点，无论是从理论还是实践角度都具有一定的挑战性。美国赛格威公司（Segway Inc.）生产的赛格威个人运输车（SegwayPersonal Transporter，SegwayPT）是基于自平衡两轮机器人理念的最受欢迎的商业产品 [175]。一些 SegwayPT 的最高速度为 20km/h，电池充电一次可行驶 39km。另一种机器人，两轮自平衡机器人 NXTway-GS[176]，建立在 LEGO Mindstorms NXT 开发工具包的基础上，广泛应用于教育领域。此外，远程呈现和视频会议两轮机器人 Double[177] 是这类机器人的一个有趣的例子。

两轮机器人的动力学类似于倒立摆动力学，因此它们在本质上是不稳定的，应该使用一个控制系统围绕垂直位置对其进行稳定。两轮机器人控制领域的一些结果的详细回顾可参见文献 [166]。不同类型的比例 – 积分 – 导数（参见文献 [178-180]），线性二次控制（参见文献 [181-183]）或者极点配置控制律（参见文献 [184-185]）通常被采用，以期实现机器人的垂直稳定和水平面上机器人的期望位置。为此，模型预测控制在文献 [186] 中得到了研究，几种模糊逻辑控制器被提出来，可参见文献 [187-188]。基于非线性控制的方法在文献 [170, 189-190] 中进行了讨论。然而，在不确定性和干扰存在的情况下，使用这些控制器很难甚至不可能保证闭环系统的鲁棒稳定性和鲁棒性能。关于两轮机器人的鲁棒控制，已经有一些相关文献。为了实现鲁棒性，采用的方法有 $\mathscr{H}_\infty$ 控制（参见文献 [167,191-192]）、扰动观测器（参见文献 [193]）或滑模控制（参见文献 [194-195]）等。众所周知，μ 控制器的优点是既能保证闭环系统的鲁棒稳定性，又能保证闭环系统的鲁棒性能，可参见文献 [82, 87]。实现两轮机器人稳定的高阶 μ 控制律的一个障碍是，所需的实时软件的开发、测试和验证的困难，这非常依赖于所使用的数字控制器平台的类型。在 MATLAB/Simulink 程序环境 [9] 中采用自动代码生成和嵌入技术已经大大减少了这些困难。

附录 A
矩阵分析基础

在本附录中，我们总结了书中所使用的关于矩阵分析的一些标准结果。

本附录中使用的 MATLAB 函数

函数	描述
Inv	非奇异矩阵的逆
eig	矩阵特征值
svd	奇异值分解
rank	矩阵的秩
norm	向量、矩阵或系统的范数

A.1 向量和矩阵

一个包含 n 个元素的复值列向量 $\boldsymbol{v}$ 可表示为

$$\boldsymbol{v}=\begin{bmatrix} v_1 \\ v_2 \\ \vdots \\ v_n \end{bmatrix}$$

其中 v_i，$i=1,\cdots,n$ 是复值标量。形式上，如果 $\boldsymbol{v}$ 是复值向量，我们可以写为 $\boldsymbol{v}\in\mathbb{C}^n$。如果 $\boldsymbol{v}$ 是实值向量，则记为 $\boldsymbol{v}\in\mathbb{R}^n$。行向量 $\boldsymbol{v}^{\mathrm{T}}=[v_1,v_2,\cdots,v_n]$ 为向量 $\boldsymbol{v}$ 的转置。

考虑一个带有元素 $a_{ij}=\mathrm{Re}a_{ij}+j\mathrm{Im}\,a_{ij}$ 的 $n\times m$ 复值矩阵 $\boldsymbol{A}$，其中，n 为行数（$\boldsymbol{A}$ 为传递函数矩阵时，代表的是“输出”个数），m 为列数（“输入”的个数）。形式上，若 $\boldsymbol{A}$ 是一个复矩阵，我们记 $\boldsymbol{A}\in\mathbb{C}^{n\times m}$；若 $\boldsymbol{A}$ 是一个实矩阵，我们写成 $\boldsymbol{A}\in\mathbb{R}^{n\times m}$。如果矩阵 $\boldsymbol{A}$ 是方阵（n=m），我们说 $\boldsymbol{A}$ 是 n 阶矩阵。

所有元素等于 0 的矩阵称为零矩阵，当需要指出它的维数大小时，用 0 或 $\mathbf{0}_{n\times m}$ 表示。如果 $i\neq j$ 时，$a_{ij}=0$，则带有元素 a_{ij} 的矩阵 $\boldsymbol{A}$ 为对角矩阵。对角元素为 1 的方对角阵称为单位矩阵，用 $\boldsymbol{I}$ 表示（或表示为 $\boldsymbol{I}_n$，如果有必要指出其阶数）。

矩阵 $\boldsymbol{A}$ 的转置用 $\boldsymbol{A}^{\mathrm{T}}$ 表示（元素 a_{ji} 在 (i,j) 位置），$\bar{\boldsymbol{A}}$（元素为 $\mathrm{Re}a_{ij}-j\mathrm{Im}\,a_{ij}$）表示 $\boldsymbol{A}$ 的共轭，$\boldsymbol{A}$ 的共轭转置（厄米特共轭）为 $\boldsymbol{A}^{\mathrm{H}}:=\bar{\boldsymbol{A}}^{\mathrm{T}}$（元素为 $a_{ji}-j\mathrm{Im}\,a_{ji}$）。矩阵 $\boldsymbol{A}$ 的迹 $\mathrm{Tr}(\boldsymbol{A})$ 是

其对角元素的和，而 det $\boldsymbol{A}$ 代表矩阵 $\boldsymbol{A}$ 的行列式。

定义 $n\times m$ 矩阵 $\boldsymbol{A}$ 与矩阵 $\boldsymbol{B}$ 的克罗内克乘积为

$$\boldsymbol{A}\otimes\boldsymbol{B}=\begin{bmatrix} a_{11}\boldsymbol{B} & a_{12}\boldsymbol{B} & \cdots & a_{1m}\boldsymbol{B} \\ a_{21}\boldsymbol{B} & a_{22}\boldsymbol{B} & \cdots & a_{2m}\boldsymbol{B} \\ \vdots & \vdots & \ddots & \vdots \\ a_{n1}\boldsymbol{B} & a_{n2}\boldsymbol{B} & \cdots & a_{nm}\boldsymbol{B} \end{bmatrix}$$

如果有一个矩阵 $\boldsymbol{A}^{-1}\in\mathbb{C}^{n\times n}$ ($\boldsymbol{A}$ 的逆) 使得 $\boldsymbol{A}\boldsymbol{A}^{-1}=I$，则称方阵 $\boldsymbol{A}\in\mathbb{C}^{n\times n}$ 是非奇异的。在这种情况下，同样有 $\boldsymbol{A}^{-1}\boldsymbol{A}=I$。只要存在 $\boldsymbol{A}^{-1}$，则 $\boldsymbol{A}^{-1}$ 是唯一的。若 $\boldsymbol{A}^{-1}$ 不存在，则 $\boldsymbol{A}$ 为奇异矩阵。如果 $\boldsymbol{A}\in\mathbb{C}^{n\times n}$ 是非奇异的，并且 $\boldsymbol{b}\in\mathbb{C}^{n}$，则 $\boldsymbol{x}=\boldsymbol{A}^{-1}\boldsymbol{b}$ 是线性系统 $\boldsymbol{A}\boldsymbol{x}=\boldsymbol{b}$ 的唯一解。

若 $\boldsymbol{Q}^{\mathrm{T}}=\boldsymbol{Q}$，则方阵 $\boldsymbol{Q}$ 是对称的，若 $\boldsymbol{Q}^{\mathrm{H}}=\boldsymbol{Q}$，则方阵 $\boldsymbol{Q}$ 为厄米特矩阵。对于所有非零向量 $\boldsymbol{x}\in\mathbb{C}$，有 $\boldsymbol{x}^{\mathrm{H}}\boldsymbol{Q}\boldsymbol{x}>0$，则称厄米特矩阵是正定的。正定矩阵是非奇异的。对于所有 $\boldsymbol{x}\in\mathbb{C}$，若 $\boldsymbol{x}^{\mathrm{H}}\boldsymbol{Q}\boldsymbol{x}\geqslant 0$，则称厄米特矩阵是半正定的。如果 $\boldsymbol{Q}^2=\boldsymbol{P}$，则矩阵 $\boldsymbol{Q}$ 称为半正定矩阵 $\boldsymbol{P}$ 的平方根，这表示为 $\boldsymbol{Q}=\sqrt{\boldsymbol{P}}$。若

$$\boldsymbol{U}^{\mathrm{H}}\boldsymbol{U}=I \tag{A.1}$$

则复矩阵 $\boldsymbol{U}$ 是酉矩阵。若矩阵 $\boldsymbol{U}$ 是酉矩阵，则 $\boldsymbol{U}\boldsymbol{U}^{\mathrm{H}}=I$ 并且 $\boldsymbol{U}^{-1}=\boldsymbol{U}^{\mathrm{H}}$。

若

$$\boldsymbol{U}^{\mathrm{T}}\boldsymbol{U}=I \tag{A.2}$$

则实矩阵 $\boldsymbol{U}$ 是正交的。如果矩阵 $\boldsymbol{U}$ 是正交的，那么 $\boldsymbol{U}^{-1}=\boldsymbol{U}^{\mathrm{T}}$。

A.2 特征值和特征向量

特征值和特征向量。设 $\boldsymbol{A}$ 为 $n\times n$ 复矩阵，特征值 λ_i，$i=1,2,\cdots,n$，是矩阵 $\boldsymbol{A}$ 的 n 阶特征方程

$$\det(\lambda\boldsymbol{I}-\boldsymbol{A})=0 \tag{A.3}$$

的 n 个根。对应于特征值 λ_j 的 (右) 特征向量 $\boldsymbol{v}_j$ 是

$$(\boldsymbol{A}-\lambda_i)\boldsymbol{v}_j=0\Leftrightarrow\boldsymbol{A}\boldsymbol{v}_j=\lambda_j\boldsymbol{v}_j \tag{A.4}$$

的非平凡解⊖($\boldsymbol{v}_j\neq 0$)。

对应的左特征向量 $\boldsymbol{w}_i$ 满足

$$\boldsymbol{w}_j^{\mathrm{H}}(\boldsymbol{A}-\lambda_j\boldsymbol{I})=0\Leftrightarrow\boldsymbol{w}_j^{\mathrm{H}}\boldsymbol{A}=\lambda_j\boldsymbol{w}_j^{\mathrm{H}} \tag{A.5}$$

注意 $\boldsymbol{A}$ 的左特征向量是 $\boldsymbol{A}^{\mathrm{H}}$ 的（右）特征向量。

⊖ 数学中，术语 trivial“平凡的”经常用于结构非常简单的对象。一般来讲，平凡解 (trivial solution) 就是显而易见、容易得到的解，这种解没有讨论的必要，但为了结果的完整性仍须考虑。非平凡解，就是不容易得到的解，或不能直观得到的解。——译者注

将式（A.3）的根的代数重数计算在内的 $\boldsymbol{A}$ 的特征值的集合称为 $\boldsymbol{A}$ 的谱，用 $\lambda(\boldsymbol{A})$ 表示。$\boldsymbol{A}$ 的特征值的最大模是 $\boldsymbol{A}$ 的谱半径，即 $\rho(\boldsymbol{A}) := \max_i |\lambda_i(\boldsymbol{A})|$。这是 $\mathbb{C}$ 中最小的中心圆的半径，它包含 $\lambda(\boldsymbol{A})$。

正定矩阵具有实的正特征值，而半正定矩阵具有非负的特征值（一些特征值等于 0）。

不同的特征值对应的特征向量是线性无关的。在多个特征值的情况下，一个 n 阶矩阵可能有小于 n 个的线性无关的特征向量，这样的矩阵称为*有亏损矩阵*。

如果 $n\times n$ 矩阵 $\boldsymbol{A}$ 是非亏损的，即它有 n 个线性无关的特征向量，则有可能将其化为对角形式[1]。如果

$$\boldsymbol{\Lambda} = \mathrm{diag}\{\lambda_1,\cdots,\lambda_n\} \tag{A.6}$$

是一个包含 $\boldsymbol{A}$ 的特征值的对角矩阵，并且

$$\boldsymbol{V} = [v_1, v_2, \cdots, v_n];\ \boldsymbol{\Lambda} = \mathrm{diag}\{\lambda_1,\cdots,\lambda_n\}$$

是带有相应特征向量的矩阵，那么

$$\boldsymbol{AV} = \boldsymbol{V\Lambda} \tag{A.7}$$

并且

$$\boldsymbol{\Lambda} = \boldsymbol{V}^{-1}\boldsymbol{AV} \tag{A.8}$$

这样的矩阵称为*可对角化矩阵*。请注意，一个矩阵可能有多重特征值，但尽管如此，还是有可能将它简化为对角形式。n 阶对称矩阵总是有 n 个正交特征向量，因此是可对角化的。此外，正定矩阵和半正定矩阵也是可对角化的。特别地，如果一个实矩阵 $\boldsymbol{Q}$ 是 (半) 正定的，它可以表示为

$$\boldsymbol{U}^{\mathrm{T}}\boldsymbol{QU} = \boldsymbol{\Lambda}, \boldsymbol{U}^{\mathrm{T}}\boldsymbol{U} = \boldsymbol{I} \tag{A.9}$$

因此，可由

$$\sqrt{\boldsymbol{Q}} = \boldsymbol{U}\sqrt{\boldsymbol{\Lambda}}\boldsymbol{U}^{\mathrm{T}} = \boldsymbol{U}\mathrm{diag}\{\sqrt{\lambda_1},\sqrt{\lambda_2},\cdots,\sqrt{\lambda_n}\} = \boldsymbol{U}^{\mathrm{T}}$$

计算 (半) 正定矩阵的平方根。

A.3 奇异值分解

奇异值分解[2]（Singular Value Decomposition，SVD）。每个 $n\times m$ 复矩阵 $\boldsymbol{A}$ 可以用奇异值

[1] 矩阵乘法对应了一个变换，是把任意一个向量变成另一个方向或长度都大多不同的新向量。在这个变换过程中，原向量主要发生旋转、伸缩的变化。如果矩阵对某一向量或某些向量只发生伸缩变换，不对这些向量产生旋转效果，那么这些向量就称为这个矩阵的特征向量，缩放的比例就是特征值。——译者注

[2] 奇异值分解和特征值分解都是给一个矩阵或线性变换找一组特殊的基。特征值分解找到了特征向量这组基，在这组基下该线性变换只有缩放效果；奇异值分解则是找到另一组基，在这组基下线性变换的旋转、缩放和投影 3 种功能独立地展示出来。显然，特征值分解是奇异值分解的一种特殊情况。此外，特征值分解是针对方阵，而奇异值分解可以是非方阵。——译者注

分解来表示：

$$A = U \Sigma V^{H} \tag{A.10}$$

其中 $n \times n$ 矩阵 U 和 $m \times m$ 矩阵 V 是酉矩阵，$n \times m$ 矩阵 Σ 是对角的，即

$$\Sigma = \begin{bmatrix} \Sigma_1 \\ 0 \end{bmatrix};\ n \geqslant m \tag{A.11}$$

或

$$\Sigma = [\Sigma_1\ \ 0];\ n \leqslant m \tag{A.12}$$

其中

$$\Sigma_1 = \operatorname{diag}\{\sigma_1, \sigma_2, \cdots, \sigma_k\};\ k = \min(n, m) \tag{A.13}$$

并且

$$\bar{\sigma} := \sigma_1 \geqslant \sigma_2 \geqslant \cdots \geqslant \sigma_k := \underline{\sigma} \tag{A.14}$$

数 $\sigma_i \geqslant 0$ 称为矩阵 A 的奇异值。

V 的列用 v_i 表示，称为右或输入奇异向量，U 的列用 u_i 表示，称为左或输出奇异向量。定义 $\bar{u} := u_1, \bar{v} := v_1; \underline{u} := u_k, \underline{v} := v_k$。

式（A.10）的分解不是唯一的，因为矩阵 U 和 V 不唯一。然而，奇异值 σ_i 是唯一的。

$n \times m$ 矩阵 A 的秩，即 $\operatorname{rank}(A)$，是其正奇异值的个数。设 $\operatorname{rank}(A)=r$，那么若 $r < k = \min(n, m)$，则矩阵 A 是秩有亏损的或秩亏的。在这种情况下，对于 $\sigma_i = 0$，$i = r+1, \cdots, k$。秩亏方阵 A 是奇异矩阵。

根据 SVD 定义，可得

$$\bar{\sigma}(A^{H}) = \bar{\sigma}(A) \text{和} \bar{\sigma}(A^{T}) = \bar{\sigma}(A) \tag{A.15}$$

奇异值的一个重要性质是

$$\bar{\sigma}(AB) \leqslant \bar{\sigma}(A)\bar{\sigma}(B) \tag{A.16}$$

对于非奇异矩阵 A（或 B），有以下不等式：

$$\underline{\sigma}(A)\bar{\sigma}(B) \leqslant \bar{\sigma}(AB) \text{或} \bar{\sigma}(A)\underline{\sigma}(B) \leqslant \bar{\sigma}(AB) \tag{A.17}$$

以下不等式也成立：

$$\underline{\sigma}(A)\underline{\sigma}(B) \leqslant \underline{\sigma}(AB) \tag{A.18}$$

对于非奇异方阵 A，有

$$\bar{\sigma}(A^{-1}) = \frac{1}{\underline{\sigma}(A)} \text{和} \bar{\sigma}(A) = \frac{1}{\underline{\sigma}(A^{-1})} \tag{A.19}$$

关于奇异值的其他有用关系为（Fan 氏不等式）

$$\underline{\sigma}(A) - \bar{\sigma}(B) \leqslant \underline{\sigma}(A+B) \leqslant \underline{\sigma}(A) + \bar{\sigma}(B) \tag{A.20}$$

和

$$\underline{\sigma}(\boldsymbol{A})-1\leqslant\frac{1}{\bar{\sigma}(I+\boldsymbol{A})^{-1}}\leqslant\underline{\sigma}(\boldsymbol{A})+1 \tag{A.21}$$

如果 $\boldsymbol{I}+\boldsymbol{A}$ 是非奇异的。

A.4 向量和矩阵范数

在许多情况下，只用一个数字来表征向量、矩阵、信号或系统的大小是非常有用的。为此，我们使用称为范数的函数。

元素 $\boldsymbol{v}$（向量或矩阵）的范数是一个实数，用 $\|\boldsymbol{v}\|$ 表示且满足以下性质：

1）非负性：$\|\boldsymbol{v}\|\geqslant 0$，只有当 $v=0$ 时，$\|\boldsymbol{v}\|=0$。

2）齐次性：对于所有复标量 α，有 $\|\alpha\boldsymbol{v}\|=|\alpha|\ \|\boldsymbol{v}\|$。

3）三角不等式：

$$\|\boldsymbol{v}+\boldsymbol{w}\|\leqslant\|\boldsymbol{v}\|+\|\boldsymbol{w}\| \tag{A.22}$$

A.4.1 向量范数

考虑具有 n 个实数或复元素 v_i 的列向量 $\boldsymbol{v}$。我们将考虑 3 种范数，它们是如下 $p-$范数的特殊范数：

$$\|\boldsymbol{v}\|_p=\left(\sum|v_i|^p\right)^{1/p} \tag{A.23}$$

其中，$p\geqslant 1$ 是必要的，以便满足三角不等式（范数的性质 3）。这里，$|v_i|$ 是复标量 v_i 的模。为了展现不同的范数，我们将对如下向量分别计算不同的范数：

$$\boldsymbol{z}=\begin{bmatrix}z_1\\z_2\\z_3\end{bmatrix}=\begin{bmatrix}1\\2i\\-3\end{bmatrix}$$

向量 1 范数（或范数和）。我们有

$$\|\boldsymbol{v}\|_1:=\sum_i|v_i|\ (\|z\|_1=1+2+3=6) \tag{A.24}$$

向量 2 范数（欧几里得范数）。这是最常用的向量范数，它被解释为向量长度。我们有

$$\|\boldsymbol{v}\|_2:=\sqrt{\sum_i^n|a_i|^2}\ (\|z\|_2=\sqrt{1+4+9}=3.741\ 7) \tag{A.25}$$

欧几里得范数满足以下性质：

$$\boldsymbol{v}^{\mathrm{H}}\boldsymbol{v}=\|\boldsymbol{v}\|_2^2 \tag{A.26}$$

其中 $\boldsymbol{v}^{\mathrm{H}}$ 为向量 $\boldsymbol{v}$ 的厄米特共轭。

向量 ∞ 范数。这是向量模元素的最大值。我们用 $\|\boldsymbol{v}\|_{\max}$ 表示，即

$$\|\boldsymbol{v}\|_{\max}=\|\boldsymbol{v}\|_{\infty}:=\max_{i}|\boldsymbol{v}_i|\quad(\|\boldsymbol{z}\|_{\max}=|-3|=3) \tag{A.27}$$

对于所有 $p,q\geqslant 1$，存在一个常数 c_{pq}，使得对于每个 a，有 $\|a\|_p\leqslant c_{pq}\|a\|_q$。在这个意义上，$p$ 范数常被称为等效的。例如，对于一个有 n 个元素的向量 $\boldsymbol{v}$，下面的条件成立

$$\|\boldsymbol{v}\|_{\max}\leqslant\|\boldsymbol{v}\|_2\leqslant\sqrt{n}\,\|\boldsymbol{v}\|_{\max} \tag{A.28}$$

$$\|\boldsymbol{v}\|_2\leqslant\|\boldsymbol{v}\|_1\leqslant\sqrt{n}\,\|\boldsymbol{v}\|_2 \tag{A.29}$$

图 A.1 通过在 $\mathbb{R}^2$ 上绘制直线 $\|\boldsymbol{v}\|_p=1$ 来说明向量范数之间的区别。

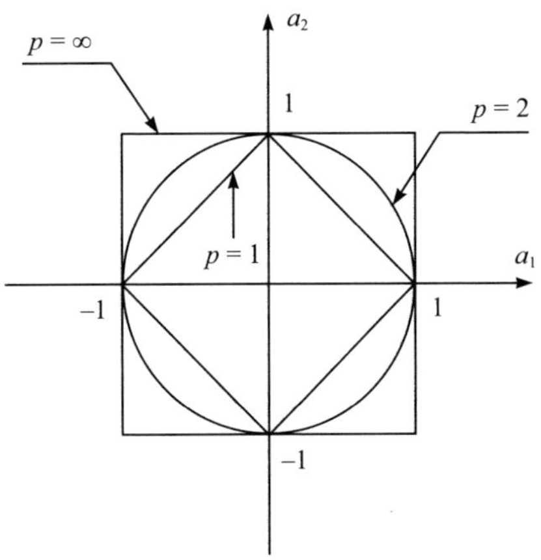

图 A.1　向量 p 范数的等高线，$\|a\|_p=1$，$p=1,2,\infty$

A.4.2　矩阵范数

考虑常数矩阵 $\boldsymbol{A},\boldsymbol{B},\cdots$。$n\times m$ 的复矩阵 $\boldsymbol{A}$ 可以表示为具有 m 个输入和 n 个输出的系统 $G(s)$ 在某个特定 ω 值时的频率响应 $G(\mathrm{j}\omega)$。

数量值 $\|\boldsymbol{A}\|$ 是一个矩阵范数，如果除了满足范数的三个性质外，还满足乘性性质

$$\|\boldsymbol{AB}\|\leqslant\|\boldsymbol{A}\|\|\boldsymbol{B}\| \tag{A.30}$$

在考虑系统连接的特性时，条件（A.30）尤为重要。

下面，用 2×2 矩阵

$$\boldsymbol{M}=\begin{bmatrix}-5 & 1\\ 4 & -7\end{bmatrix}$$

进行数值说明。

最常用的矩阵范数之一是 Frobenius 矩阵范数（或欧几里得范数），它被定义为矩阵元素模的平方和的平方根：

$$\|\boldsymbol{A}\|_F=\sqrt{\sum_{i,j}|a_{i,j}|^2}=\sqrt{\mathrm{Tr}(\boldsymbol{A}^{\mathrm{H}}\boldsymbol{A})}\quad(\|\boldsymbol{M}\|_F=\sqrt{91}=9.539\,4) \tag{A.31}$$

最重要的矩阵范数是诱导矩阵范数，它与系统中信号的放大密切相关。考虑如图 A.2

中所示的等式：

$$z = Aw \tag{A.32}$$

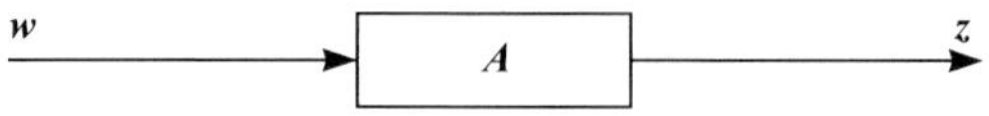

图 A.2　式（A.32）的表示

我们可以把 w 看作一个输入向量，把 z 看作一个输出向量，然后考虑矩阵 A 的“放大”作用，由比率 $\|z\|/\|w\|$ 表示。在所有可能的输入方向上的最大放大，即向量 w 的所有可能方向，代表了一种特殊的意义。它由诱导范数给出，诱导范数定义为

$$\|A\|_p := \max_{w \neq 0} \frac{\|Aw\|_p}{\|w\|_p} \tag{A.33}$$

其中 $\|w\|_p = \left(\sum_i |w_i|^p\right)^{1/p}$ 表示向量 p 范数。换句话说，我们寻找向量 w 的某个方向，使 $\|z\|_p / \|w\|_p$ 最大化。这样，诱导范数产生了最大可能的矩阵“放大”。如下的等价定义也被使用了：

$$\|A\|_p = \max_{\|w\|_p \leqslant 1} \|Aw\|_p = \max_{\|w\|_p = 1} \|Aw\|_p \tag{A.34}$$

诱导范数的几何解释是，它是所有向量 z 的最大范数，由所有向量 w 经变换矩阵 A 后得到的，具有单位范数。这在图 A.3 中用 2 范数表示了 $\mathbb{R}^2$ 中的向量。

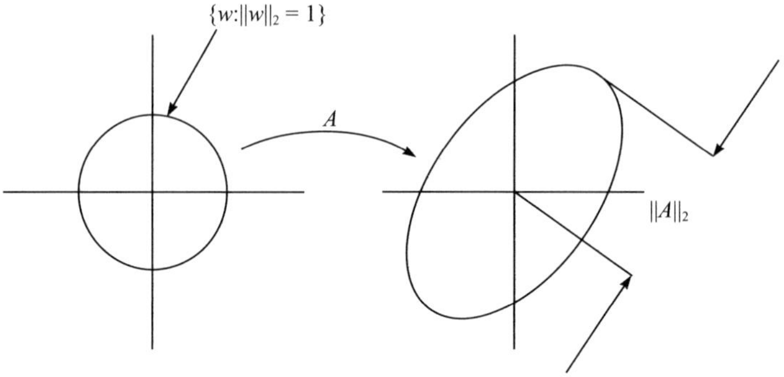

图 A.3　诱导 2 范数的几何解释

诱导的 1,2， ∞ 矩阵范数可以由下式确定：

$$\|A\|_1 = \max_j \left(\sum_i |a_{ij}|\right) \text{最大列和} \tag{A.35}$$

$$\|A\|_\infty = \max_i \left(\sum_j |a_{ij}|\right) \text{最大行和} \tag{A.36}$$

$$\|A\|_2 = \bar{\sigma}(A) = \sqrt{\rho(A^{\mathrm{H}}A)} \text{“谱范数”} \tag{A.37}$$

其中谱半径 $\rho(M) = \max_i |\lambda_i(A)|$ 是矩阵 A 的最大特征值。矩阵的诱导 2 范数等于它的最大奇

异值，称为谱范数。对于上面给出的示例矩阵，有

$$\|\boldsymbol{M}\|_1=9;\|\boldsymbol{M}\|_\infty=11;\|\boldsymbol{M}\|_2=\bar{\sigma}(\boldsymbol{M})=8.877\ 2$$

所以诱导范数 $\|\boldsymbol{A}\|_p$ 都是矩阵范数，并满足乘法性质

$$\|\boldsymbol{AB}\|_p\leqslant\|\boldsymbol{A}\|_p\|\boldsymbol{B}\|_p \tag{A.38}$$

A.4.3 矩阵范数之间的关系

令 $\boldsymbol{A}\in\mathbb{C}^{n\times m}$，则

$$\bar{\sigma}(\boldsymbol{A})\leqslant\|\boldsymbol{A}\|_F\leqslant\sqrt{\min(n,m)}\bar{\sigma}(\boldsymbol{A}) \tag{A.39}$$

$$\bar{\sigma}(\boldsymbol{A})\leqslant\sqrt{\|\boldsymbol{A}\|_1\|\boldsymbol{A}\|_\infty} \tag{A.40}$$

$$\frac{1}{\sqrt{m}}\|\boldsymbol{A}\|_\infty\leqslant\bar{\sigma}(\boldsymbol{A})\leqslant\sqrt{l}\,\|\boldsymbol{A}\|_\infty \tag{A.41}$$

$$\frac{1}{\sqrt{n}}\|\boldsymbol{A}\|_1\leqslant\bar{\sigma}(\boldsymbol{A})\leqslant\sqrt{m}\,\|\boldsymbol{A}\|_1 \tag{A.42}$$

所有这些范数都满足式（A.30）。

Frobenius 范数和诱导范数的一个非常重要的性质是，它们对于酉变换是不变的，即对于满足 $\boldsymbol{U}_i\boldsymbol{U}_i^{\mathrm{H}}=I$ 的酉矩阵 $\boldsymbol{U}_i$，$i=1,2$，我们有

$$\|\boldsymbol{U}_1\boldsymbol{A}\boldsymbol{U}_2\|_F=\|\boldsymbol{A}\|_F \tag{A.43}$$

$$\bar{\sigma}(\boldsymbol{U}_1\boldsymbol{A}\boldsymbol{U}_2)=\bar{\sigma}(\boldsymbol{A}) \tag{A.44}$$

从矩阵的奇异值分解 $\boldsymbol{A}=\boldsymbol{U\Sigma V}^{\mathrm{H}}$ 和式（A.4）可知，Frobenius 范数与奇异值 $\sigma_i(\boldsymbol{A})$ 之间的关系为

$$\|\boldsymbol{A}\|_F=\sqrt{\sum_i\sigma_i^2(\boldsymbol{A})} \tag{A.45}$$

从上式可以看出，当 $\boldsymbol{A}$ 的秩 r 恰好等于 1 时，$\|\boldsymbol{A}\|_F=\|\boldsymbol{A}\|^2$。同时，也可以看出

$$\sqrt{r}\sigma_r\leqslant\|\boldsymbol{A}\|_F\leqslant\sqrt{r}\sigma_1 \tag{A.46}$$

根据 Perron–Frobenius 定理，将其用于方阵 $\boldsymbol{A}$，则有

$$\min_{\boldsymbol{D}}\|\boldsymbol{DAD}^{-1}\|_1=\min_{\boldsymbol{D}}\|\boldsymbol{DAD}^{-1}\|_\infty=\rho(|\boldsymbol{A}|) \tag{A.47}$$

其中，$\boldsymbol{D}$ 一个是对角缩放 / 标度矩阵，$|\boldsymbol{A}|$ 是一个矩阵，它的元素是 $\boldsymbol{A}$ 的元素的模，$\rho(|\boldsymbol{A}|)=\max_i|\lambda_i(|\boldsymbol{A}|)|$ 是 Perron 根（Perron–Frobenius 特征值）。

A.5 注释和参考文献

本附录中的内容是基础的。Horn 和 Johnson（文献 [196]）对矩阵分析进行了深刻而严格的论述。在文献 [197] 和文献 [198] 中可以找到与线性系统理论有关的矩阵分析的有用事实。

附录 B
线性系统理论基础

在本附录中，我们给出了关于线性控制系统理论的一些没有证明的基本结果。

本附录中使用的 MATLAB 函数

函数	描述
ss	构建状态空间模型
tf	导出传递函数矩阵
ctrb	计算可控性矩阵
obsv	计算可观测性矩阵
minreal	确定最小实现
lyap	求解李雅普诺夫方程
dlyap	求解离散李雅普诺夫方程
pole	计算线性系统的极点
tzero	计算线性系统的时不变零点

B.1 描述

线性连续时不变控制系统（linear continuous time-invariant control system，简称连续 LTI 系统）由以下形式的微分和代数方程组描述：

$$\dot{\boldsymbol{x}}(t)=\boldsymbol{A}\boldsymbol{x}(t)+\boldsymbol{B}\boldsymbol{u}(t),\ \ x(0)=x_0 \tag{B.1}$$

$$\boldsymbol{y}(t)=\boldsymbol{C}\boldsymbol{x}(t)+\boldsymbol{D}\boldsymbol{u}(t) \tag{B.2}$$

其中 $\boldsymbol{x}(t)\in\mathbb{R}^n$ 是状态向量，$\boldsymbol{u}(t)\in\mathbb{R}^m$ 是输入向量，$\boldsymbol{y}(t)\in\mathbb{R}^r$ 是输出向量，矩阵 $\boldsymbol{A}, \boldsymbol{B}, \boldsymbol{C}, \boldsymbol{D}$ 是具有适当维数的实常数矩阵。

具有单输入（m=1）和单输出（r=1）的线性系统称为 SISO（单输入单输出）系统，否则，称为 MIMO（多输入多输出系统）。

系统（B.1）和（B.2）从 $\boldsymbol{u}$ 到 $\boldsymbol{y}$ 的传递函数矩阵定义如下：

$$\boldsymbol{Y}(s)=\boldsymbol{G}(s)\boldsymbol{U}(s) \tag{B.3}$$

其中 $\boldsymbol{U}(s)$，$\boldsymbol{Y}(s)$ 分别为 $\boldsymbol{u}(t)$ 和 $\boldsymbol{y}(t)$ 在初始条件为 0 时的拉普拉斯变换。不难得到

$$\boldsymbol{G}(s)=\boldsymbol{C}(s\boldsymbol{I}-\boldsymbol{A})^{-1}\boldsymbol{B}+\boldsymbol{D} \tag{B.4}$$

如果 $\boldsymbol{D} \neq 0$，则传递矩阵 $\boldsymbol{G}(s)$ 是正则的；若 $\boldsymbol{D}=0$，则传递矩阵 $\boldsymbol{G}(s)$ 为严格正则的。

下面的符号是常用的：

$$\left[\begin{array}{c|c} \boldsymbol{A} & \boldsymbol{B} \\ \hline \boldsymbol{C} & \boldsymbol{D} \end{array}\right] := \boldsymbol{C}(s\boldsymbol{I}-\boldsymbol{A})^{-1}\boldsymbol{B}+\boldsymbol{D}$$

线性离散时不变控制系统（discrete time-invariant control system，简称离散 LTI 系统）由以下形式的微分和代数方程组描述：

$$\boldsymbol{x}(k+1)=\boldsymbol{A}\boldsymbol{x}(k)+\boldsymbol{B}\boldsymbol{u}(k) \tag{B.5}$$

$$\boldsymbol{y}(k)=\boldsymbol{C}\boldsymbol{x}(k)+\boldsymbol{D}\boldsymbol{u}(k) \tag{B.6}$$

其中 $\boldsymbol{x}(k), \boldsymbol{u}(k)$ 和 $\boldsymbol{y}(k)$ 是 $t=k\Delta t$ 时的状态向量、输入（控制）向量和输出向量，$\boldsymbol{A}, \boldsymbol{B}, \boldsymbol{C}, \boldsymbol{D}$ 是常数矩阵。

离散时间系统（B.5）和（B.6）从 $\boldsymbol{u}$ 到 $\boldsymbol{y}$ 的传递函数矩阵定义为

$$\boldsymbol{Y}(z)=\boldsymbol{G}(z)\boldsymbol{U}(z) \tag{B.7}$$

其中 $\boldsymbol{U}(z)$ 和 $\boldsymbol{Y}(z)$ 分别是 $\boldsymbol{u}(k)$ 和 $\boldsymbol{y}(\boldsymbol{k})$ 的 z 变换。不难得到

$$\boldsymbol{G}(z)=\boldsymbol{C}(z\boldsymbol{I}-\boldsymbol{A})^{-1}\boldsymbol{B}+\boldsymbol{D} \tag{B.8}$$

上述传递函数矩阵在非奇异状态变换下是不变的。

B.2　稳定性

如果 $\boldsymbol{A}$ 的所有特征值都在开放的左半平面，即 $\mathrm{Re}\lambda(\boldsymbol{A}) < 0$，则称一个非受迫（unforced）连续时间线性系统

$$\dot{\boldsymbol{x}}(t)=\boldsymbol{A}\boldsymbol{x}(t)$$

是稳定的。具有这种性质的矩阵被认为是稳定的。

如果 $\boldsymbol{A}$ 的所有特征值都在单位圆内，即 $|\lambda(\boldsymbol{A})|<1$，则称一个非受迫离散时间线性系统

$$\boldsymbol{x}(k+1)=\boldsymbol{A}\boldsymbol{x}(k)$$

是稳定的。具有这种性质的矩阵被认为是稳定的或收敛的。

B.3　可控性和可观测性

如果下列等价条件之一成立，则称线性系统（B.1）或对 $(\boldsymbol{A},\boldsymbol{B})$ 是可控的。

1）给定任意 x_0，$t_1>0$ 和 x_1，存在一个输入 $\boldsymbol{u}(\cdot)$ 使得式（B.1）的解满足 $x(t_1)=x_1$。

2）可控性矩阵

$$\boldsymbol{M}_c=[\boldsymbol{B}\ \boldsymbol{A}\boldsymbol{B}\ \boldsymbol{A}^2\boldsymbol{B}\cdots\boldsymbol{A}^{n-1}\boldsymbol{B}]$$

是行满秩的，即 $\mathrm{rank}\,\boldsymbol{M}_c=n$。

3）PBH（Popov-Belevitch-Hautus）可控性测试。对所有 $\lambda \in \ell$，矩阵 $[\boldsymbol{A}-\lambda \boldsymbol{I}, \boldsymbol{B}]$ 是行满秩的。

4）令 λ 和 w 为 $\boldsymbol{A}$ 的任意特征值和对应的左特征向量（即 $\boldsymbol{w}^{\mathrm{T}}\boldsymbol{A}=\boldsymbol{\lambda}\boldsymbol{w}^{\mathrm{T}}$），则 $\boldsymbol{w}^{\mathrm{T}}\boldsymbol{B} \neq [0\ \ 0\ \cdots\ 0]$。

5）存在一个 $m \times n$ 矩阵 $\boldsymbol{K}$，使得 $\boldsymbol{A}+\boldsymbol{BK}$ 的特征值可以取任意值。

如果不满足上述条件，则称系统或对 $(\boldsymbol{A},\boldsymbol{B})$ 为不可控的。

如果对 $(\boldsymbol{A},\boldsymbol{B})$ 是不可控，那么存在非奇异矩阵 $\boldsymbol{T}$ 使得

$$\boldsymbol{TAT}^{-1}=\begin{bmatrix} \boldsymbol{A}_{11} & \boldsymbol{A}_{12} \\ 0 & \boldsymbol{A}_{22} \end{bmatrix},\ \boldsymbol{TB}=\begin{bmatrix} \boldsymbol{B}_1 \\ 0 \end{bmatrix},\ \boldsymbol{CT}^{-1}=[\boldsymbol{C}_1\ \boldsymbol{C}_2] \tag{B.9}$$

其中（$\boldsymbol{A}_{11}, \boldsymbol{B}_1$）是可控的。此时，系统的传递函数为

$$\boldsymbol{G}(s)=\boldsymbol{C}_1(s\boldsymbol{I}-\boldsymbol{A}_{11})^{-1}\boldsymbol{B}_1+\boldsymbol{D}$$

上式说明，传递函数仅仅代表了系统可控的部分⊖。

线性系统（B.1）或者对 $(\boldsymbol{A},\boldsymbol{B})$ 是可稳定的。如果存在一个状态反馈 $\boldsymbol{u}(t)=\boldsymbol{Kx}(t)$ 使得 $\boldsymbol{A}+\boldsymbol{BK}$ 是稳定的，即 $\mathrm{Re}\lambda_i(\boldsymbol{A}+\boldsymbol{BK})<0$。如果系统是可稳定的且式（B.9）中的对（$\boldsymbol{A}_{11},\boldsymbol{B}_1$）是可控的，则矩阵 $\boldsymbol{A}_{22}$ 是稳定的。

如果下列等价条件之一成立，那么由式（B.1）和式（B.2）描述的线性系统或对 $(\boldsymbol{C},\boldsymbol{A})$ 是可观测的：

1）对任意的 $t_1>0$，初始状态 $x(0)=x_0$ 可以根据时间区间 $[0,\ t_1]$ 内的输入 $\boldsymbol{u}(t)$ 和输出 $\boldsymbol{y}(t)$ 的历史数据来确定。

2）可观测性矩阵

$$\boldsymbol{M}_{\mathrm{o}}=\begin{bmatrix} \boldsymbol{C} \\ \boldsymbol{CA} \\ \boldsymbol{CA}^2 \\ \vdots \\ \boldsymbol{CA}^{n-1} \end{bmatrix}$$

是列满秩的，即 $\mathrm{rank}\,\boldsymbol{M}_{\mathrm{o}}=n$。

3）对于所有 $\lambda \in \mathbb{C}$，矩阵

$$\begin{bmatrix} \boldsymbol{A}-\boldsymbol{\lambda I} \\ \boldsymbol{C} \end{bmatrix}$$

是列满秩的。

4）设 $\boldsymbol{\lambda}$ 和 $\boldsymbol{v}$ 为 $\boldsymbol{A}$ 的任意特征值和对应的右特征向量（即 $\boldsymbol{Av}=\boldsymbol{\lambda v}$），那么 $\boldsymbol{Cv} \neq 0$。

5）存在一个 $n \times r$ 矩阵 $\boldsymbol{L}$，使得 $\boldsymbol{A}+\boldsymbol{LC}$ 的特征值可以被任意配置。

6）$(\boldsymbol{A}^{\mathrm{T}},\boldsymbol{C}^{\mathrm{T}})$ 是可控的。

⊖ 可控性反映的是系统的输入对状态的制约能力，即系统中的状态变量能不能完全由输入去影响和控制，由任意的起点到达所有指定的终点。——译者注。

如果上述条件不满足，则称系统或对 $(\boldsymbol{C}, \boldsymbol{A})$ 是不可观测的。

如果对（$\boldsymbol{C}, \boldsymbol{A}$）是不可观测的，那么存在一个非奇异矩阵 $\boldsymbol{T}$ 使得

$$\boldsymbol{C}\boldsymbol{T}^{-1} = [\boldsymbol{C}_1 \ 0], \ \boldsymbol{T}\boldsymbol{A}\boldsymbol{T}^{-1} = \begin{bmatrix} \boldsymbol{A}_{11} & 0 \\ \boldsymbol{A}_{21} & \boldsymbol{A}_{22} \end{bmatrix}, \ \boldsymbol{T}\boldsymbol{B} = \begin{bmatrix} \boldsymbol{B}_1 \\ \boldsymbol{B}_1 \end{bmatrix} \tag{B.10}$$

其中，（$\boldsymbol{C}_1, \boldsymbol{A}_{11}$）是可观测的。此时，系统的传递函数矩阵为

$$\boldsymbol{G}(s) = \boldsymbol{C}_1(s\boldsymbol{I} - \boldsymbol{A}_{11})^{-1}\boldsymbol{B}_1 + \boldsymbol{D}$$

上式说明，传递函数仅仅表示了系统可观测的部分㊀。

如果存在输出注入矩阵㊁（output injection matrix）$\boldsymbol{L}$ 使得 $\boldsymbol{A}+\boldsymbol{L}\boldsymbol{C}$ 稳定，则称由式（B.1）和式（B.2）描述的线性系统或对（$\boldsymbol{C},\boldsymbol{A}$）是可检测的。如果系统是可检测的㊂且式（B.10）中的（$\boldsymbol{C}_1,\boldsymbol{A}_{11}$）是可观测的，那么矩阵 $\boldsymbol{A}_{22}$ 是稳定的。

如果下列等价条件之一成立，则称线性离散时间系统（B.5）或者对（$\boldsymbol{A},\boldsymbol{B}$）是可达的：

1）给定 $x_0=0$，存在一个输入 $\{u(k)\}$，$k \in [0, n-1]$，使得 x_n 可取任意值。

2）可达性矩阵

$$\boldsymbol{M}_c = [\boldsymbol{B} \ \boldsymbol{A}\boldsymbol{B} \ \boldsymbol{A}^2\boldsymbol{B} \cdots \boldsymbol{A}^{n-1}\boldsymbol{B}]$$

是行满秩的，即 rank $\boldsymbol{M}_c = n$。

3）对所有 $\lambda \in \ell$，矩阵 $[\boldsymbol{A} - \lambda\boldsymbol{I}, \boldsymbol{B}]$ 是行满秩的。

4）设 λ 和 $\boldsymbol{w}$ 为 $\boldsymbol{A}$ 的任意特征值和对应的左特征向量（即 $\boldsymbol{w}^{\mathrm{T}}\boldsymbol{A} = \boldsymbol{\lambda}\boldsymbol{w}^{\mathrm{T}}$）；那么 $\boldsymbol{w}^{\mathrm{T}}\boldsymbol{B} \neq [0\ 0 \cdots 0]$。

5）存在一个 $m \times n$ 矩阵 $\boldsymbol{K}$，使得 $\boldsymbol{A} + \boldsymbol{B}\boldsymbol{K}$ 的特征值可以取任意值。

如果不满足上述条件，则称系统或对 $(\boldsymbol{A},\boldsymbol{B})$ 为不可达的。

如果存在一个状态反馈 $\boldsymbol{u}(k) = \boldsymbol{K}\boldsymbol{x}(k)$，使得 $\boldsymbol{A} + \boldsymbol{B}\boldsymbol{K}$ 的特征值在单位圆内，即 $|\lambda(\boldsymbol{A} + \boldsymbol{B}\boldsymbol{K})| < 1$，则称离散时间系统（B.5）或对 $(\boldsymbol{A}, \boldsymbol{B})$ 是可镇定的。如果系统是可镇定的并且下列式子中的对 $(\boldsymbol{A}_{11}, \boldsymbol{B}_1)$：

$$\boldsymbol{T}\boldsymbol{A}\boldsymbol{T}^{-1} = \begin{bmatrix} \boldsymbol{A}_{11} & \boldsymbol{A}_{12} \\ 0 & \boldsymbol{A}_{22} \end{bmatrix}, \ \boldsymbol{T}\boldsymbol{B} = \begin{bmatrix} \boldsymbol{B}_1 \\ 0 \end{bmatrix}$$

是可达的，那么 $|\lambda_i(\boldsymbol{A}_{22})| < 1$。

如果下列等价条件之一成立，则称由式（B.5）和式（B.6）描述的离散时间系统或对 $(\boldsymbol{C}, \boldsymbol{A})$ 是可观测的：

1）对于 $k \in [0, n-1]$，$\{u(k)\}$ 和 $\{y(k)\}$ 的信息足以确定 x_0。

㊀ 可观测性反映的是从外部对系统内部的观测能力，即系统中的状态变量能不能完全由输出来反映。具体来说，就是输入给定，任意的初始状态都能被系统的输出唯一确定。与可观测性相近的概念是能构性，即输入给定，任意的最终状态都能被系统的输出唯一确定。在连续线性定常系统里，二者是等价的。——译者注

㊁ 除了输出反馈之外，还有一种直接将系统的输出反馈到系统动态过程的方式，称为输出注入（output injection）。——译者注

㊂ 不可观子系统渐近稳定的性质称之为可检测性，渐近稳定的不可观子系统称为可检测的系统。——译者注

2）可观测性矩阵

$$M_o=\begin{bmatrix}C\\CA\\CA^2\\\vdots\\CA^{n-1}\end{bmatrix}$$

是列满秩的，即秩 $M_o=n$。

3）对于所有 $\lambda\in\mathcal{C}$，矩阵

$$\begin{bmatrix}A-\lambda I\\C\end{bmatrix}$$

是列满秩的。

4）设 λ 和 v 为 A 的任意特征值和对应的左特征向量（即 $Av=\lambda v$），那么 $Cv\neq 0$。

5）存在一个 $n\times r$ 矩阵 L，使得 $A+LC$ 的特征值可以被任意配置。

6）(A^{T},C^{T}) 是可达的。

如果存在矩阵 L，使得 $A+LC$ 的特征值在单位圆内，即 $|\lambda(A+CA)|<1$，则称由式（B.5）和式（B.6）描述的离散时间系统或对 (C,A) 是可检测的。如果该系统是可检测的并且下列式子中的 (C_1,A_{11}) 是可观测的，则 $|\lambda_i(A_{22})|<1$。

$$CT^{-1}=[C_1 0],\ \ TAT^{-1}=\begin{bmatrix}A_{11}&0\\A_{21}&A_{22}\end{bmatrix}$$

假设 $G(s)$ 是一个正则的实有理传递函数矩阵。那么，称满足如下条件

$$\left[\begin{array}{c|c}A&B\\\hline C&D\end{array}\right]=G(s)$$

的状态空间模型 (A, B, C, D) 为 $G(s)$ 的一个实现。当且仅当对 (A, B) 可控且对 (C, A) 可观测时，矩阵 A 是最小阶的。在这种情况下，实现 (A, B, C, D) 被称为 $G(s)$ 的最小实现。

B.4　李雅普诺夫方程

李雅普诺夫方程在稳定性、可控性和可观测性分析以及确定性和随机线性系统的优化中起着至关重要的作用。

首先考虑连续时间李雅普诺夫方程

$$A^{T}P+PA+Q=0 \tag{B.11}$$

其中，A 和 Q, 是给定的 $n\times n$ 实矩阵，$Q^{T}=Q$。该方程有唯一解 P，当且仅当 $\lambda_i(A)+\lambda_j(A)\neq 0$。

假设 A 是稳定的，若 $Q>0$，则 $P>0$；若 $Q\geqslant 0$，则 $P\geqslant 0$。如果 A 是稳定的并且 $Q\geqslant 0$，那么如果 $P>0$ 时，$(\sqrt{Q},A)$ 是可观测的。因此，对于稳定的 A，对 (C,A) 是可观测的，当且

仅当李雅普诺夫方程

$$A^{\mathrm{T}}L_{\mathrm{o}}+L_{\mathrm{o}}A+C^{\mathrm{T}}C=0$$

的解是正定的。解 L_{o} 被称为可观测格拉姆矩阵，并表示为

$$L_{\mathrm{o}}=\int_{0}^{\infty}e^{A^{\mathrm{T}}t}C^{\mathrm{T}}Ce^{At}\mathrm{d}t$$

连续 LTI 系统的李雅普诺夫稳定性判据可以表述如下：

假设 P 是李雅普诺夫方程（B.11）的解，如果 $P\geqslant 0,Q\geqslant 0$，且 $(\sqrt{Q},A)$ 是可检测的，那么 A 是稳定的。如果 $(\sqrt{Q},A)$ 是可观测的，那么实际上有 $P>0$。

在状态估计问题中，李雅普诺夫方程以对偶形式出现：

$$AP+PA^{\mathrm{T}}+Q=0 \tag{B.12}$$

如果 $P\geqslant 0,Q\geqslant 0$ 且 $(A,\sqrt{Q})$ 是稳定的，那么 A 是稳定的。进而，如果 $(A,\sqrt{Q})$ 是可控的，则 P 是正定的。对于一个稳定的 A，对 (A,B) 是可控的，当且仅当李雅普诺夫方程

$$AL_{c}+L_{c}A^{\mathrm{T}}+BB^{\mathrm{T}}=0$$

的解是正定的。解 L_{c} 被称为可控格拉姆阵，可以表示为

$$L_{c}=\int_{0}^{\infty}e^{At}BB^{\mathrm{T}}e^{A^{\mathrm{T}}t}\mathrm{d}t$$

现在考虑离散李雅普诺夫方程（Stein 方程）：

$$A^{\mathrm{T}}PA-P+Q=0 \tag{B.13}$$

其中，A 和 Q 是给定的 $n\times n$ 实矩阵，$Q^{\mathrm{T}}=Q$。当且仅当 $\lambda_i(A)\lambda_j(A)\neq 1$ 时，该方程有唯一解 P。

假设 A 是稳定的，若 $Q>0$，则 $P>0$；若 $Q\geqslant 0$，则 $P\geqslant 0$。因此，对于稳定的 A，对 (C,A) 是可观测的，当且仅当以下方程

$$A^{\mathrm{T}}L_{\mathrm{o}}A-L_{\mathrm{o}}+C^{\mathrm{T}}C=0$$

的解是正定的。可观测格拉姆矩阵 L_{o} 表述为

$$L_{\mathrm{o}}=\sum_{k=0}^{\infty}A^{\mathrm{T}^k}C^{\mathrm{T}}CA^{k}$$

离散时间系统的李雅普诺夫稳定性判据可以表述为：假设 P 是式（B.13）的解。如果 $P\geqslant 0$，$Q\geqslant 0$，$(\sqrt{Q},A)$ 是可检测的，那么 A 是稳定的，即 $|\lambda_i(A)|<1$。如果 $(\sqrt{Q},A)$ 是可观测的，则实际上有 $P>0$。

考虑对偶离散时间李雅普诺夫方程

$$APA^{\mathrm{T}}-P+Q=0 \tag{B.14}$$

如果 $P\geqslant 0$，$Q\geqslant 0$，$(A,\sqrt{Q})$ 是稳定的，则 A 是稳定的。此外，如果 $(A,\sqrt{Q})$ 是可控的，则 P 是正定的。

在离散时间情况下，能控格拉姆阵是如下方程

$$\boldsymbol{A}\boldsymbol{L}_c\boldsymbol{A}^{\mathrm{T}} - \boldsymbol{L}_c + \boldsymbol{B}\boldsymbol{B}^{\mathrm{T}} = 0$$

的解，并可表述为

$$\boldsymbol{L}_c = \sum_{k=0}^{\infty} \boldsymbol{A}^k \boldsymbol{B}\boldsymbol{B}^{\mathrm{T}} \boldsymbol{A}^{\mathrm{T}^k}$$

李雅普诺夫方程（式（B.12））可用 MATLAB 函数 `lyap` 来求解，而离散李雅普诺夫方程（式（B.14））可用函数 `dlyap` 来求解。

B.5　极点和零点

令

$$\left[\begin{array}{c|c} \boldsymbol{A} & \boldsymbol{B} \\ \hline \boldsymbol{C} & \boldsymbol{D} \end{array}\right]$$

为传递函数矩阵 $\boldsymbol{G}(s)$ 的最小实现，那么，$\boldsymbol{A}$ 的特征值称为 $\boldsymbol{G}(s)$ 的极点。

复数 z_0 被称为系统实现的不变零点，如果存在向量 $\begin{bmatrix} x \\ u \end{bmatrix} \neq 0$ 使得

$$\begin{bmatrix} \boldsymbol{A} - z_0 I & \boldsymbol{B} \\ \boldsymbol{C} & \boldsymbol{D} \end{bmatrix} \begin{bmatrix} x \\ u \end{bmatrix} = 0$$

令 $\boldsymbol{G}(s)$ 是一个实有理正则传递函数矩阵，且 $(\boldsymbol{A},\boldsymbol{B},\boldsymbol{C},\boldsymbol{D})$ 是最小实现，那么，当且仅当 z_0 是最小实现的不变零点时，复数 z_0 是 $\boldsymbol{G}(s)$ 的传输零点。

考虑一个具有严格正则传递函数 $\boldsymbol{G}(s)$ 的 SISO 系统，令 $(\boldsymbol{A},\boldsymbol{B},\boldsymbol{C})$ 是 $\boldsymbol{G}(s)$ 的一个实现。如果矩阵 $\boldsymbol{A}$ 是非亏损的，即具有完整的一组线性无关特征向量，则 $\boldsymbol{G}(s)$ 可以表示为

$$\boldsymbol{G}(s) = \boldsymbol{C}(s\boldsymbol{I} - \boldsymbol{A})^{-1}\boldsymbol{B} = \sum_{i=1}^{n} \frac{\boldsymbol{C}\boldsymbol{v}_i \boldsymbol{w}_i^{\mathrm{T}} \boldsymbol{B}}{s - \lambda_i}$$

其中 λ_i 是 $\boldsymbol{A}$ 的特征值，$\boldsymbol{v}_i, \boldsymbol{w}_i$ 是相应的右特征向量和左特征向量。传递函数中将会出现极点 λ_i，条件是只有当 $\boldsymbol{C}\boldsymbol{v}_i$ 和 $\boldsymbol{w}_i^{\mathrm{T}}\boldsymbol{B}$ 均为非零时，即只要该实现是可控的和可观测的。如果对于某些 i，满足 $\boldsymbol{C}\boldsymbol{v}_i$ 或 $\boldsymbol{w}_i^{\mathrm{T}}\boldsymbol{B} = 0$，则极点 λ_i 被零点抵消。这表明，如果实现是不可控或不可观测的，那么传递函数中将出现零 / 极点抵消的情况。

与 SISO 系统相比，MIMO 系统可能在同一位置同时具有极点和零点，这方面内容可参见文献 [82] 的第 83 页。

B.6　注释和参考文献

线性系统理论在很多优秀的书籍中都有介绍，如文献 [98, 199-202] 等。

附录 C
随 机 过 程

在本附录中，我们将介绍与随机过程理论有关的一些符号和基本知识。对于这个主题的系统和严格的处理，读者可参考附录末尾给出的参考资料。

C.1 随机变量

令 v 为实标量随机变量（Random Variable，RV）。RV v 小于实数 V 的概率表示为

$$P(v<V)$$

RV v 的分布函数定义为

$$F_v(V)=P(v<V)$$

分布函数的导数是 RV v 的密度函数，表示形式如下：

$$p_v(V)=\frac{\mathrm{d}F_v}{\mathrm{d}V}(V)$$

密度函数表示 RV v 在无穷小区间 $(V,V+\Delta V)$ 内取值的概率。由于 V 的范围被划分成长度为 $\mathrm{d}V$ 的基元（或区间），而 $p_v(V)\mathrm{d}V$ 是落入其中一个基元（或区间）内的概率，因此密度 $p_v(V)$ 是一个函数，表示 v 在 V 上落入区间 $\mathrm{d}V$ 的相对概率。

特定实验的结果称为实现。注意，RV 的实现并不等于 RV 本身，并且 RV 独立于它的任何实现而存在。

RV 的期望值（也称为期望、均值或平均值）被定义为它在大量（理论上是无穷的）实验中的平均值。具体来说，v 的均值被定义为

$$m_v=E\{v\}=\int_{-\infty}^{\infty}Vp_v(V)\mathrm{d}V \tag{C.1}$$

标量值 RV v 的方差定义为

$$\sigma_v^2=E\{(v-m_v)^2\}=\int_{-\infty}^{\infty}(V-m_v)^2p_v(V)\mathrm{d}V \tag{C.2}$$

RV 的方差是一种度量，即我们期望 RV 偏离均值的变化程度。

一个 RV 的标准差是 σ，这是方差的平方根。可以证明

$$\sigma_v^2=E\{v^2\}-m_v^2 \tag{C.3}$$

其中 $E\{v^2\}$ 是 v 的均方值。下面的量值

$$\sqrt{E\{v^2\}}$$

叫作 v 的均方根值。

一般情况下，RV v 的第 i 阶矩是 v 的第 i 次幂的期望值。RV v 的第 i 阶中心矩是 v 减去其均值的第 i 次幂的期望值：

$v=E\{v^i\}$ 为 RV v 的第 i 阶矩。

$v=E\{(v-m_v)^i\}$ 为 RV v 的第 i 阶中心矩。

例如，一个 RV 的 1 阶矩等于它的均值，1 阶中心矩等于 0，2 阶中心矩等于方差。

一个 RV x 具有高斯分布或正态分布，如果 RV x 的密度函数是

$$p_x(X)=\frac{1}{\sqrt{2\pi\sigma}}\exp\left(-\frac{(X-m)^2}{2\sigma^2}\right) \tag{C.4}$$

由于

$$\int_{-\infty}^{\infty}Xp_x(X)\mathrm{d}X=m$$

和

$$\int_{-\infty}^{\infty}(X-m)^2p_x(X)\mathrm{d}X=\sigma^2$$

因此，m 和 σ 分别是 RV x 的期望值和标准差。用符号 $x\sim N(m,\sigma^2)$ 表示标量 RV x 具有均值为 m 和方差为 σ^2 的高斯分布。因此，高斯分布完全由这两个参数来指定。

下面是正态分布 RV 的概率分布函数：

$$F_x(X)=\frac{1}{\sqrt{2\pi\sigma}}\int_{-\infty}^{\infty}\exp\left(-\frac{(Z-m)^2}{2\sigma^2}\right)\mathrm{d}Z$$

正态分布变量 $x(t)$ 在 $m-a$ 和 $m+a$ 之间的概率为

$$P((m-a)\leqslant x(t)\leqslant(m+a))=\mathrm{erf}\left\{\frac{a}{\sqrt{2}}\right\} \tag{C.5}$$

其中函数 $\mathrm{erf}(.)$ 被定义为 $\mathrm{erf}(x)=2F(x)-1$，并以表格形式获得。由式（C.5）可得以下关系式：

$$\begin{aligned}P(|x(t)-m|\leqslant\sigma)&=0.682\,7\\P(|x(t)-m|\leqslant 2\sigma)&=0.954\,5\\P(|x(t)-m|\leqslant 3\sigma)&=0.997\,3\end{aligned} \tag{C.6}$$

式（C.6）表明，对于足够多的实验，高斯 RV 必须保持在均值 m 的 $\pm3\sigma$ 范围内的时间概率是 99.73%。当标准差 σ 的估计可以获得时，这在实际中非常有用。

对于向量 RV $\boldsymbol{x}=[x_1,x_2,\cdots,x_n]^{\mathrm{T}}$，符号 $x\sim N(m,P)$ 用于表示 x 具有多元高斯或正态密度函

数，其表示为

$$p_x(X)=\frac{1}{\sqrt{(2\pi)^n\det(P)}}\exp\left(-\frac{1}{2}(X-\boldsymbol{m})^{\mathrm{T}}P^{-1}(X-\boldsymbol{m})\right)$$

类似于标量情况，向量高斯 RV 的密度函数完全由均值 $m=[m_1,m_2,\cdots,m_n]^{\mathrm{T}}$ 和 $n\times n$ 协方差矩阵 $\boldsymbol{P}$ 决定。

根据中心极限定理，如果 n 个 RV 是独立同分布的，那么当 n 增大时，它们求和的分布收敛于正态分布。这是一个基本结果，解释了高斯分布在随机过程分析中的广泛应用。

离散 RV 只能假定离散值的 RV。用与连续变量相同的方式，可以定义离散 RV 的分布和密度函数，只不过积分必须用求和来代替。

如果离散 RV $\boldsymbol{v}$ 的值用 V_i, i=1,2,⋯,N 表示，那么该变量的期望值或平均值由下式给出：

$$E\{v\}=\sum_{i=1}^{N}V_iP \quad v=V_i$$

其中，N 在某些情况下是无限的。

C.2 随机过程概述

随机过程[⊖]（stochastic process，也称作 random process）$x(t)$ 是一个随时间变化的 RV X。过程 $x(t)$ 可以是标量，也可以是向量。特定随机实验的结果被称为实现。

对于向量随机过程 $\boldsymbol{x}(t)=[x_1(t),x_2(t),\cdots,x_n(t)]^{\mathrm{T}}$，向量随机过程的均值是指向量对应分量的均值所构成的向量，即

$$m_x(t)=E\{x(t)\}=[E\{x_1(t)\},E\{x_2(t)\},\cdots,E\{x_n(t)\}]^{\mathrm{T}} \tag{C.7}$$

其中，$E\{.\}$ 表示数学期望。

向量随机过程可用下面的二阶矩来表征。

- 两个随机过程 $x(t)$ 和 $y(t)$ 之间的互相关函数：

$$R_{xy}(t_1,t_2)=E\{x(t_1)y(t_2)^{\mathrm{T}}\} \tag{C.8}$$

- 随机过程 $x(t)$ 的自相关函数：

$$R_x(t_1,t_2)=E\{x(t_1)x(t_2)^{\mathrm{T}}\} \tag{C.9}$$

- 两个随机过程 $x(t)$ 和 $y(t)$ 之间的互协方差函数：

⊖ random 表示的随机，一般指每一个事件的概率是相同的；而 stochastic 表示的随机，则是强调每一个事件的概率是不相同的。random 强调出现每种情况的概率都差不多；而 stochastic 强调的虽然是随机性，但整体上是有一些规律可寻的。可能受人们认识过程的影响，random 更多关注的是孤立事件，而 stochastic 关注的是一系列事件或整体事件。——译者注

$$C_{xy}(t_1,t_2)=E\{[x(t_1)-m_x(t_1)][y(t_2)-m_y(t_2)]^{\mathrm{T}}\} \tag{C.10}$$

❑ 随机过程 $x(t)$ 的自协方差函数：

$$C_x(t_1,t_2)=E\{[x(t_1)-m_x(t_1)][x(t_2)-m_x(t_2)]^{\mathrm{T}}\} \tag{C.11}$$

矩阵 $\boldsymbol{R}_x(t_1,t_2)$ 和 $\boldsymbol{C}_x(t_1,t_2)$ 都是对称的。例如，自相关矩阵为

$$\begin{aligned}\boldsymbol{R}_x(t_1,t_2)&=E\{x(t_1)x(t_2)^{\mathrm{T}}\}\\&=\begin{bmatrix}x_1(t_1)x_1(t_2) & x_1(t_1)x_2(t_2) & \cdots & x_1(t_1)x_n(t_2)\\ \vdots & \vdots & & \vdots\\ x_n(t_1)x_1(t_2) & x_n(t_1)x_2(t_2) & \cdots & x_n(t_1)x_n(t_2)\end{bmatrix}\end{aligned}$$

由 $t_1=t_2=t$ 时，随机过程的协方差矩阵可从自协方差函数得到：

$$P_x(t)=E\{[x(t)-m_x(t)][x(t)-m_x(t)]^{\mathrm{T}}\} \tag{C.12}$$

注意，对所有 t，$P_x(t)$ 是一个 $n\times n$ 的半正定矩阵。

当随机过程的均值为 0 时，自协方差函数等于自相关函数。一般情况下，根据自相关函数和均值，自协方差函数可以表示为

$$C_x(t_1,t_2)=R_x(t_1,t_2)-m_x(t_1)m_x^{\mathrm{T}}(t_2)$$

如果对所有 t_1 和 t_2，高斯过程 $x(t)$ 和 $y(t)$ 之间的互相关函数

$$R_{xy}(t_1,t_2)=E\{x(t_1)y(t_2)^{\mathrm{T}}\}$$

等于 0，则这些过程是独立的。

对所有 t_1 和 t_2，如果

$$E\{x(t_1)y^{\mathrm{T}}(t_2)\}=m_x(t_1)m_y^{\mathrm{T}}(t_2)$$

或者等价地，如果

$$E\{[x(t_1)-m_x(t_1)][y(t_2)-m_y(t_2)]^{\mathrm{T}}\}=0$$

那么两个随机过程 $x(t)$ 和 $y(t)$ 是彼此不相关的。

如果两个随机过程是独立的，那么它们也是不相关的。

如果一个随机过程的分布独立于时间，那么称该随机过程 $x(t)$ 是平稳的。如果一个随机过程的均值和方差都独立于时间，那么称该随机过程是广义平稳的（Wide Sense Stationary，WSS，或者宽平稳）。WSS 过程必须具有一个恒定的平均值，并且它的相关性和协方差只能依赖于出现的两个 RV 之间的时间差 $\tau=t_1-t_2$，即

$$E\{x(t_1)x(t_2)^{\mathrm{T}}\}=R_x(\tau)$$

平稳过程用 WSS 表示，但 WSS 并不意味着严格意义上的平稳（严格平稳过程）。然

而，在高斯过程的特殊情况下，WSS 过程也是严格意义上的平稳过程。㊀

在给定足够时间的情况下，如果通过在固定时刻对集合中的元素进行平均计算所得到的某一时刻的值与通过对任何特定实现进行的时间平均计算得出的值相同，则称一个随机过程为遍历的或各态历经的。遍历过程是平稳过程，但并不是每个平稳过程都是遍历过程。遍历性㊁假设在实践中非常有用，因为通常很容易获得足够长的时间序列，但可能很难获得时间序列的集合。如果遍历性假设成立，则从适当的数据序列计算出的相应时间统计量可以获得随机过程集合的统计量。

广义平稳随机过程 $x(t)$ 的功率谱密度（Power Spectral Density，PSD）定义为其自相关函数 $R_x(\tau)$ 的傅里叶变换：

$$S_x(\omega)=\int_{-\infty}^{\infty}R_x(\tau)\mathrm{e}^{-\mathrm{j}\omega\tau}\mathrm{d}\tau \tag{C.13}$$

从傅里叶反变换公式可得

$$R_x(\tau)=\frac{1}{2\pi}\int_{-\infty}^{\infty}S_x(\omega)\mathrm{e}^{\mathrm{j}\omega\tau}\mathrm{d}\omega \tag{C.14}$$

PSD 是一个量，它与随机过程在 $\omega\sim\omega+\mathrm{d}\omega$ 之间的功率成正比。注意，$S_x(\omega)$ 总是正的。如果 $x(t)$ 是实数过程，则 $R_x(\tau)$ 是实数并且是偶数；因此，$S_x(\omega)$ 也是实数和偶数。函数 $S_x(\omega)$ 通常称为双侧 PSD。

PSD 通常以（量值）^{2}/ 赫兹为单位。

PSD 的一个重要性质是，对 PSD 从 $-\infty$ 到 ∞ 的所有频率进行积分，得到函数 $x(t)$ 的平均功率，即

$$\frac{1}{2\pi}\int_{-\infty}^{\infty}S_x(\omega)\mathrm{d}\omega=R_x(0)=E\{x(t)x^{\mathrm{T}}(t)\} \tag{C.15}$$

㊀ 随机过程的平稳性分为严格平稳和广义平稳。所谓随机过程严格平稳，是指它的任何 n 维分布函数或概率密度函数与时间起点无关。若一个随机过程的数学期望和方差与时间无关，相关函数仅与时间间隔有关，则称该随机过程为广义平稳随机过程。每当提及随机过程时，意味着要涉及大量的样本函数的集合。要得到随机过程的统计特性，需要观察大量样本函数。数学期望、方差、相关函数等是对大量样本函数在特定时刻的取值利用统计方法求平均而得到的数字特征。这种平均称为统计平均或集合平均。显然，取统计平均所需要的实验工作量很大，处理方法也很复杂。利用平稳随机过程统计特性与计时起点无关的特点，数学家、现代概率论奠基者之一的辛钦博士证明：在具备一定的条件下，平稳随机过程的任意一个样本函数取时间平均（观察时间足够长），从概率意义上趋近于该过程的统计平均值。这样的随机过程具备各态历经性或遍历性。随机过程各态历经性可以理解为：随机过程的各样本函数都同样经历了随机过程的各种可能状态。因此，从随机过程的任何一个样本函数都可以得到随机过程的全部统计信息，任何一个样本函数的特征都可以充分代表整个随机过程的特性。一般随机过程的时间平均是随机变量，但遍历过程的时间平均为确定量。因此，可以用任一样本函数的时间平均代替整个过程的统计平均，实际工作中只要时间足够长即可。——译者注

㊁ 所谓遍历性，是指它的各种时间平均以概率 1 收敛于相应的统计平均，并称这个过程为遍历过程。遍历过程实质是除集合所有的统计平均值都不随时间变化外，从任一样本求得的时间平均值也与集合的统计平均值相同。这样，遍历过程都是平稳的。——译者注

在实际信号中，只有当频率为正值时，才可能考虑谱密度。对于一个实数信号，有

$$\frac{1}{2\pi}\int_0^{\infty} S_x^o(\omega)\mathrm{d}\omega = \frac{1}{2\pi}\int_{-\infty}^{\infty} S_x(\omega)\mathrm{d}\omega = E\{x(t)x^{\mathrm{T}}(t)\}$$

其中 $S_x^o(\omega) = 2S_x(\omega)$ 是正频率值的谱密度。函数 $S_x^o(\omega)$ 称为单边 PSD。单边 PSD 包含了随机信号的总功率，经常用于 PSD 的图形表示，在 log-log 图上它被绘制成 f 的函数。

考虑一个具有传递函数矩阵 $G(s)$ 的线性系统（见图 C.1）。系统输入和输出功率谱密度的关系为

$$S_y(\omega) = G(\mathrm{j}\omega)S_x(\omega)G^{\mathrm{T}}(-\mathrm{j}\omega) \tag{C.16}$$

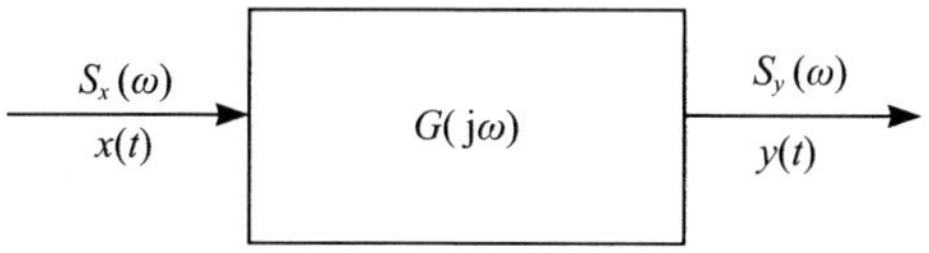

图 C.1　输入和输出功率谱密度

在 SISO 的情况下，y 和 x 都是标量，则式（C.16）简化为

$$S_y(\omega) = |G(\mathrm{j}\omega)|^2 S_x(\mathrm{j}\omega) \tag{C.17}$$

根据式（C.17），在标量情况下，系统输出的均方值计算如下：

$$E\{y^2\} = \frac{1}{2\pi}\int_{-\infty}^{\infty} S_y(\omega)\mathrm{d}\omega = \frac{1}{2\pi}\int_{-\infty}^{\infty} |G(\mathrm{j}\omega)|^2 S_x(\mathrm{j}\omega)\mathrm{d}\omega \tag{C.18}$$

离散时间随机过程是一个 RV 序列。离散时间随机过程具有与连续过程相似的特征，并且可用类似的方式描述。

随机过程 $x(k)$ 的均值或期望值定义为

$$m_x(k) = E\{x(k)\} \tag{C.19}$$

该过程的自相关函数为

$$R_x(k,j) = E\{x(k)x(j)^{\mathrm{T}}\} \tag{C.20}$$

自协方差矩阵是

$$C_x(k,j) = E\{[x(k)-m_x(k)][x(j)-m_x(j)]^{\mathrm{T}}\} \tag{C.21}$$

该过程的协方差矩阵为

$$P_x(k) = E\{[x(k)-m_x(k)][x(k)-m_x(k)]^{\mathrm{T}}\} \tag{C.22}$$

WSS 离散时间过程满足以下条件：

- ❑ $m_x(k) =$ 常数（关于其分量）
- ❑ $R_x(k,k) = E\{x(k)x(k)^{\mathrm{T}}\} < \infty$（关于其基元或区间）
- ❑ $C_x(k,j) = E\{[x(k)-m_x(k)][x(j)-m_x(j)]^{\mathrm{T}}\} = C_x(k-j)$

WSS 离散时间过程 $x(k)$ 的 PSD $S(\omega)$ 定义为

$$S_x(\omega)=\sum_{k=-\infty}^{k=\infty}R_x(k)\mathrm{e}^{-\mathrm{j}k\omega} \tag{C.23}$$

其中 $-\pi\leqslant\omega\leqslant\pi$ 。这样，有

$$R_x(k)=\frac{1}{2\pi}\int_{-\pi}^{\pi}S_x(\omega)\mathrm{e}^{\mathrm{j}k\omega}\mathrm{d}\omega \tag{C.24}$$

和

$$R_x(0)=E\{x(k)x(k)^{\mathrm{T}}\}=\frac{1}{2\pi}\int_{-\pi}^{\pi}S_x(\omega)\mathrm{d}\omega \tag{C.25}$$

考虑由传递函数矩阵 $\boldsymbol{H}(z)$ 描述的一个渐近稳定的时不变线性离散时间系统，将其作为具有 PSD $S_x(\omega)$ 的 WSS 离散时间随机过程的一个输入 $x(k)$，则该系统的输出 $y(k)$ 是一个离散时间随机过程的实现，其 PSD 为

$$S_y(\omega)=H(\mathrm{e}^{\mathrm{j}\omega})S_x(\omega)H^{\mathrm{T}}(\mathrm{e}^{-\mathrm{j}\omega}) \tag{C.26}$$

C.3 白噪声

称一个标量连续时间随机过程 $v(t)$ 为白噪声过程，如果它的 PSD 在整个频率范围内为常数，即

$$S_v(\omega)=\sigma_v^2 \tag{C.27}$$

其中 σ_v^2 为噪声强度。形容词“白”表示这种噪声在所有频率上有恒定的功率。在整个频率区间上没有相等功率的任何随机过程都被称为有色的。

白噪声的自相关函数为

$$R_v(\tau)=E\{v(t)v(t+\tau)\}=\sigma_v^2\delta(\tau) \tag{C.28}$$

其中 δ 为狄拉克函数：

$$\delta(\tau)=\lim\nolimits_{\varepsilon\to 0}\delta_\varepsilon(\tau)$$

$$\delta_\varepsilon(\tau)=\begin{cases}\dfrac{1}{2\varepsilon} & \text{如果}\ |\tau|<\varepsilon\\ 0 & \text{其他}\end{cases}$$

它的单位是 1/s。在式（C.28）的推导中，利用了如下关系：

$$\frac{1}{2\pi}\int_{-\infty}^{\infty}\mathrm{e}^{\mathrm{j}\omega\tau}\mathrm{d}\omega=\delta(\tau)$$

白噪声是完全不可预测的，从式（C.28）可以看出，对任意 $\tau\neq 0$，白噪声是不相关的，而在 $\tau=0$ 时，白噪声的方差和标准差却是有限的。根据式（C.15），这样的过程在物理上是不可能实现的，因为这意味着它有无限的平均功率。然而，白噪声理想化有利于寻找近似

误差模型。具体来说，白噪声用于驱动适当的滤波器（称为整形滤波器），在特定的频率范围内产生有限的功率输出。因此，在整形滤波器的带宽内，滤波器的输出近似等于被建模系统的噪声。

白噪声可以有任意的概率分布，但通常假设为高斯分布。符号 $v \sim N(0,\sigma^2)$ 用来描述连续时间、高斯、白噪声 v。在这种情况下，σ^2 被认为是 PSD，而不是方差。

符号 σ_v^2 的单位可以用两种不同的方法确定 [85]。第一种，从 PSD 的角度来看，σ_v^2 代表了单位频率区间的功率。因此，σ_v^2 的单位是 v 的平方的单位除以频率的单位 Hz。第二种，从相关性的角度来看，R_v 的单位是 v 的平方，狄拉克函数 $\delta(\tau)$ 的单位是 $\mathrm{Hz}=1/\mathrm{s}$。因此，σ_v^2 的维数对应于 v 单位的平方并乘以 s。例如，如果 v 是以度刻画的角度，那么 σ_v^2 的维数是 $\mathrm{deg}^2\mathrm{s}=\mathrm{deg}^2/(1/\mathrm{s})=\mathrm{deg}^2/\mathrm{Hz}$。$\sigma_v$ 的单位可以是 $\mathrm{deg}\sqrt{\mathrm{s}}$ 或 $\mathrm{deg}/\sqrt{\mathrm{Hz}}$。

离散时间随机过程 $v(k)$ 被称为白噪声，如果对所有 $\omega \in [-\pi,\pi]$，有

$$S(\mathrm{j}\omega)=\sigma_v^2 \tag{C.29}$$

根据离散傅里叶变换，这意味着

$$R_v(k,j)=E\{v(k)v(j)^{\mathrm{T}}\}=\sigma_v^2\delta_{j-k} \tag{C.30}$$

其中

$$\delta(k)=\frac{1}{2\pi}\int_{-\pi}^{\pi}\mathrm{e}^{\mathrm{j}k\theta}\mathrm{d}\theta$$

是克罗内克 δ 函数，其定义为

$$\delta(k)=\begin{cases}1 & \text{如果 } k=0\\ 0 & \text{其他}\end{cases}$$

克罗内克函数 $\delta(k)$ 是无量纲的，σ_v 维数与 $v(k)$ 维数相同。

与连续时间情况相反，离散时间噪声在物理上是可实现的。因为 PSD 的积分只在 $\omega \in [-\pi,\pi]$ 的离散频率范围内进行，因此它的功率是有限的。

C.4 Gauss–Markov 过程

如果线性系统

$$\begin{aligned}\dot{x}(t)&=Ax(t)+Gv(t)\\ y(t)&=Cx(t)\end{aligned}$$

的输入 $v(t)$ 为高斯随机过程，则该系统表示的是一个 Gauss-Markov（高斯 – 马尔可夫）过程。由于对高斯 RV 执行的任何线性操作都会导致高斯 RV，因此，系统状态 $x(t)$ 和输出 $y(t)$ 都是高斯随机过程。在后面，我们将描述两个 Gauss-Markov 过程，这两个过程经常用于随机建模。

一个基本的 Gauss-Markov 过程是随机游动。随机游动是积分器在零均值白噪声驱动下的输出。它可以用下面的方程来描述：

$$\frac{\mathrm{d}x(t)}{\mathrm{d}t}=w(t) \tag{C.31}$$

其中 $E\{w(t)\}=0$ ，$E\{w(t)w(t+\tau)\}=\sigma_w^2\delta(\tau)$ 。可以证明

$$E\{x^2(t)\}=\sigma_w^2 t$$

这表明随机游动的方差随时间是线性增长的。此过程适用于无边界增长或缓慢变化的误差建模。由于积分器的传递函数是

$$G(s)=\frac{1}{s}$$

随机游动的谱密度由下式给出：

$$S_x(\omega)=|G(\mathrm{j}\omega)|^2\sigma_w^2=\frac{\sigma_w^2}{\omega^2}$$

与白噪声一样，随机游动过程的单位可以用两种不同的方法确定。例如，如果 x 是角速率，单位为 $\mathrm{deg/s}$ ，则 $E\{x^2(t)\}$ 的单位为 $\mathrm{deg^2/s^2}$ 。因此，σ_w 的单位是 $(\mathrm{deg/s})/\sqrt{\mathrm{s}}$ 或 $(\mathrm{deg/s^2})/\sqrt{\mathrm{Hz}}$ 。

随机建模中另一种典型的随机过程是一阶 Gauss-Markov 过程，可用微分方程描述：

$$\frac{\mathrm{d}x(t)}{\mathrm{d}t}=-\frac{1}{T}x(t)+w(t) \tag{C.32}$$

其中 $w(t)$ 是强度为 σ_w^2 的白噪声。显然，一阶 Gauss-Markov 过程表示的是由白噪声驱动的一阶滞后环节的输出：

$$G(s)=\frac{1}{Ts+1}$$

其中，T 是时间常数。使用式（C.18）可以得到一阶 Gauss-Markov 过程的谱密度：

$$S_x(\omega)=\frac{1}{1+\omega^2T^2}\sigma_w^2$$

利用式（C.13），可以证明：

$$\sigma_x^2=\frac{1}{2\pi}\int_{-\infty}^{\infty}\frac{1}{1+\omega^2T^2}\sigma_w^2\mathrm{d}\omega=\frac{\sigma_w^2}{2T}$$

利用这个关系，谱密度 $S(\omega)$ 可以表示为

$$S_x(\omega)=2\sigma_x^2\frac{T}{1+\omega^2T^2}$$

这样，$x(t)$ 的自相关函数为

$$R(\tau)=\sigma_x^2 e^{-\omega_0|\tau|}$$

其中参数 $\omega_0=1/T$ 称为带宽，时间常数 T 称为相关时间。

由于 σ_x^2 的单位是 x 的平方的单位，因此，σ_w^2 的维数对应于 x 的平方的单位乘以 s。例如，如果 x 的单位是 $\mathrm{deg/s}$，那么 σ_w 的单位是 $(\mathrm{deg/s})\sqrt{\mathrm{s}}$ 或 $(\mathrm{deg/s})/\sqrt{\mathrm{Hz}}$。

C.5 MATLAB 中白噪声的生成

在 MATLAB 中利用函数 `randn` 生成正态分布的随机序列，这些序列经过适当的缩放后，可以用来模拟具有期望强度的近似白噪声。

在 Simulink 中，可以使用有限带宽白噪声块产生离散信号，这些信号在给定的频率范围内近似连续白噪声的效果。具体来说，对于给定的噪声功率（强度）σ_c^2 和采样时间 T_s，有限带宽白噪声块产生双边谱密度 S 等于 σ_c^2、相关时间为 T_s 的噪声。相关时间确定频率范围，在该频率范围内产生的信号具有常值 PSD，因此该信号可被视为白噪声。理论上，连续时间白噪声的相关时间等于 0。在实际中，建议相关时间要足够小，并且满足

$$T_s \leqslant \frac{1}{c}\ \frac{2\pi}{\omega_B}$$

其中 ω_B 为仿真系统的带宽，单位为 $\mathrm{rad/s}$，$c \geqslant 100$。注意，为了产生正确的噪声强度，对噪声的协方差进行了缩放，以反映从连续 PSD 到离散噪声协方差的隐式转换。（离散时间和连续时间噪声的强度分别为 σ_d^2 和 σ_c^2，它们的关系是 $\sigma_d^2=\sigma_c^2/T_s$。）这种缩放确保了模拟连续系统对近似白噪声的响应与系统对真实白噪声的响应具有相同的协方差。由于存在这种缩放，有限带宽白噪声块产生的信号的协方差与噪声功率（强度）参数不一样，该参数实际上是白噪声的两边 PSD S 的值。有限带宽白噪声块将白噪声的协方差近似为 σ_c^2/T_s。

例 C.1　有限带宽白噪声的产生

假设要产生单边 PSD 为 $S_o=0.001$ 且相关时间为 0.005 s 的有限带宽白噪声。由于 $S_o=2S$，这说明有限带宽白噪声块的噪声功率参数和采样时间应分别设置为 $S=S_o/2$ 和 $T_s=0.005\mathrm{s}$。在 Simulink 中运行了 1000 s 的仿真，噪声被保存在变量 x 中。噪声的单边谱密度由以下命令行计算：

```
window = 500;
fs = 1/T_s;
[Pxx,f] = pwelch(x.data,window,[],[],fs);
semilogy(f,Pxx), grid
```

x 的单边谱密度如图 C.2 所示。可见在频率范围 $[0,100]\mathrm{Hz}$ 内，x 的 PSD 接近指定值 $S_o=0.001$。x 的协方差接近于 $\sigma_x^2=S/T_s=0.1$。

为了产生具有期望频谱成分的噪声信号，可以使用有限带宽白噪声块和适当的整形滤波器。

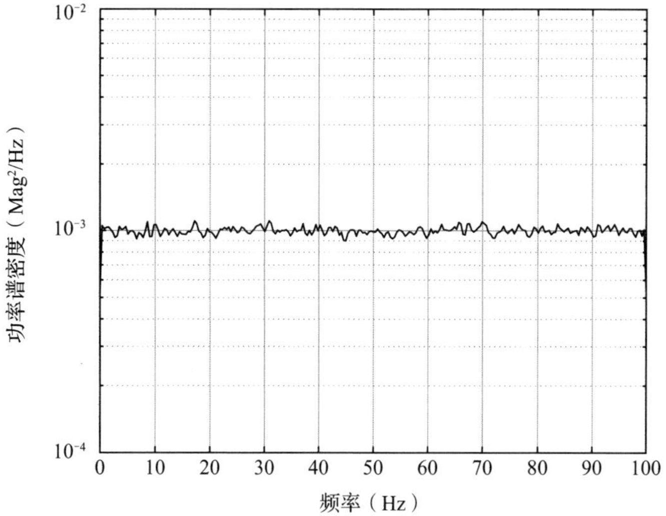

图 C.2　有限带宽白噪声的谱密度

C.6　注释和参考文献

RV 和随机过程理论在文献 [203]、文献 [72]、文献 [85] 的第 4 章以及文献 [45] 的第 6 章中都进行了深入介绍。

附录 D
线性模型辨识

另一种建模方法就是被控对象辨识。*辨识*是指根据实验（测量）输入 / 输出数据获得系统模型。模型可以通过分别称为“黑箱”和“灰箱”的两种方法来辨识。黑箱方法只需要测量系统输入和输出。黑箱模型没有明确地揭示系统的物理结构和参数，但它们可能很简单并且适合控制器设计。除输入 / 输出测量信息外，灰箱方法还需要有关模型结构的信息。当我们可以从物理原理推导出模型结构但不知道参数值，如质量、惯性矩、摩擦系数等时，这种方法很有用。灰箱模型的主要优点是它们的变量和参数具有物理解释，并且明确揭示了变量之间的物理关系。

各种模型结构及其参数估计方法的详细、系统的表示不在本附录的讨论范围内。我们的目标是向读者介绍辨识过程的实用方面，并描述如何使用 MATLAB 和 Simulink 的功能进行辨识。首先，我们将根据实际中最常用的模型结构和参数估计方法来简要介绍黑箱模型的辨识。接下来，简要介绍基于线性状态空间模型的灰箱辨识方法。在第 2 章中，黑箱和灰箱方法已经在示例 2.1 中描述的小车 – 单摆系统上进行了实现。在第 7 章中，黑箱方法被应用于一个真实系统——两轮机器人的辨识。

D.1 线性黑箱模型的辨识

线性黑箱模型的辨识过程包括以下 4 个阶段：

- ❑ 实验设计和输入 / 输出数据采集。
- ❑ 模型结构选择。
- ❑ 模型参数估计。
- ❑ 验证估计模型，以确定模型是否足以满足控制器设计的目标。

由于不存在唯一的实验设计技术、唯一的模型类型、唯一的模型结构和唯一的参数估计方法来保证估计的模型能够通过验证测试，因此辨识过程可以看作一个迭代（试错）过程，如图 D.1 所示。

如果获得的模型未通过测试验证，则应重新考虑实验条件、所选模型类型、模型结构和估计方法。现在我们简要介绍每个辨识阶段的基本组成部分。

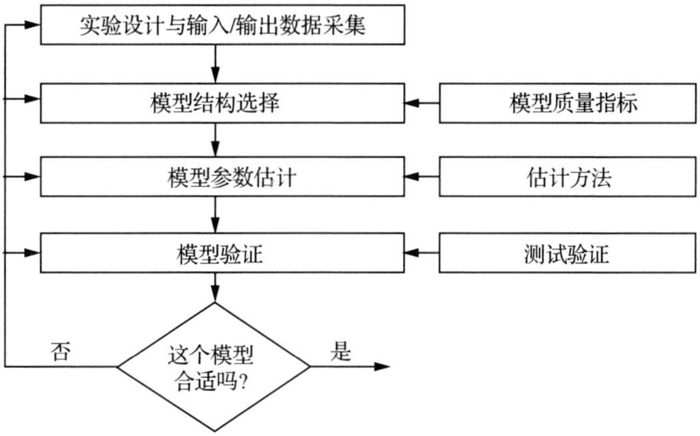

图 D.1 黑箱模型辨识程序

D.1.1 实验设计和输入 / 输出数据采集

此阶段的目的是进行实验并收集输入 / 输出数据。良好的实验设计意味着，收集的数据包含重要的被控对象动态信息，测量变量是正确的，以及在足够长的时间内以足够的精度进行测量。一般来说，我们在实验中应该：

- 使用能激励足够被控对象动态的输入信号。
- 以适当的采样时间测量数据。
- 测量足够长的数据以收集有关重要时间常数的信息。
- 建立数据采集系统以获得足够大的信噪比。

输入信号必须具有足够丰富的频谱，以便能覆盖被辨识系统的带宽，同时，输入信号一定要很小，因为在实际中，输入信号的幅度总是受到限制的。例如，阶跃信号很少能充分激励系统。此外，阶跃信号使输出信号长时间偏离稳态值，这在许多实际情况中是不可接受的。在辨识实验中，好的输入信号必须是持续激励的，可参考文献 [48] 的 13.2 节。

定义 D.1 频谱为 $\Phi_u(\omega)$ 的准稳态信号 $u(t)$ 是 n 阶持续激励的，对所有以下形式的滤波器，关系式 $|M_n(\mathrm{e}^{\mathrm{j}\omega})|^2\Phi_u(\omega)\equiv 0$ 意味着 $M_n(\mathrm{e}^{\mathrm{j}\omega})|\equiv 0$ 成立。

$$M_n(z^{-1})=m_1z^{-1}+m_2z^{-2}+\cdots+m_nz^{-n} \tag{D.1}$$

同样需要注意的是，$|M_n(\mathrm{e}^{\mathrm{j}\omega})|^2\Phi_u(\omega)$ 是信号 $v(t)=M_n(z^{-1})u(t)$ 的频谱。因此，n 阶持续激励信号不能被 $n-1$ 阶移动平均滤波器过滤为 0。根据输入信号 $R_u(n)$ 的自相关函数，下面给出了另一个定义。

定义 D.2 如果下列矩阵是非奇异的，那么准静态输入信号 $u(t)$ 为 n 阶持续激励的：

$$\overline{R}_n=\begin{vmatrix} R_u(0) & R_u(1) & \cdots & R_u(n-1) \\ R_u(1) & R_u(0) & \cdots & R_u(n-2) \\ \vdots & \vdots & \ddots & \vdots \\ R_u(n-1) & R_u(n-2) & \cdots & R_u(0) \end{vmatrix} \tag{D.2}$$

注意，输入信号持续激励的阶次等于从数据集中估计的参数个数。

例 D.1　持续激励信号

考虑正弦信号 $u(t)=\sin(\omega t)$。容易证明：

$$R_u(m)=\frac{1}{2}\cos(\omega m) \tag{D.3}$$

然后，可以得到

$$\det(\bar{R}_1)=\det\left(\frac{1}{2}\cos(0)\right)=\frac{1}{2}\neq 0 \tag{D.4}$$

$$\det(\bar{R}_2)=\frac{1}{2}\det\begin{bmatrix}1 & \cos\omega\\ \cos\omega & 1\end{bmatrix}\neq 0 \tag{D.5}$$

$$\det(\bar{R}_3)=\frac{1}{2}\det\begin{bmatrix}1 & \cos\omega & \cos(2\omega)\\ \cos\omega & 1 & \cos\omega\\ \cos(2\omega) & \cos\omega & 1\end{bmatrix}=0 \tag{D.6}$$

因此，信号 $u(t)=\sin(\omega t)$ 是 2 阶持续激励，这意味着如果使用正弦输入，我们可以估计带有两个参数的模型。MATLAB 环境中，输入信号持续激励的程度由系统辨识工具中的函数 pexcit 确定，即计算矩阵（式（D.2））的最小秩。

实验设计的主要目的是为辨识提供适当的数据，这意味着实验应具有足够的信息量。如果辨识实验生成的数据集的信息量足够大，那么我们称辨识实验的信息量足够大。这意味着通过数据集，我们可以区分预期模型集中的两个不同模型，参见文献 [48] 的 13.2 节。

定理 D.1　考虑由有理传递函数给出的一组 SISO 模型 S：

$$W(z^{-1})=\frac{b_1z^{-1}+b_2z^{-2}+\cdots+b_{nb}z^{-nb}}{1+a_1z^{-1}+a_2z^{-2}+\cdots+a_{na}z^{-na}}=\frac{B(z^{-1})}{A(z^{-1})}$$

则在 $na+nb$ 阶持续激励输入作用下，开环实验对于 S 而言是信息足够的。

注释 D.1　如果输入信号是持续激励的，则开环实验是信息足够的（informative）。持续激励的必要阶次等于被估计的参数数量。

注释 D.2　m 维信号 $u(t)$ 的持续激励的定义类似于定义 D.1。令其由式（D.1）定义，其中 m_i 为 $1\times m$ 行矩阵，则称 $u(t)$ 是 n 阶持续激励的，如果

$$\boldsymbol{M}_n(\mathrm{e}^{\mathrm{j}\omega})\Phi_u(\omega)\boldsymbol{M}^{\mathrm{T}}(\mathrm{e}^{\mathrm{j}\omega})\equiv 0$$

能得到 $\boldsymbol{M}(\mathrm{e}^{\mathrm{j}\omega})\equiv 0$。

请注意，对于多变量情况，定义 D.2 也有对应的表示。

上面提到的所有内容都对输入信号提出了要求。在线性模型辨识的情况下，输入信号的选择取决于 3 个基本事实，参见文献 [48] 的 13.3 节以及文献 [17] 的 3.2.2 节：

- ❑ 估计的偏置和方差仅取决于输入谱，而不取决于输入的实际波形。
- ❑ 输入必须是有限的幅值。
- ❑ 周期性输入可能具有某些优势。

众所周知，估计协方差矩阵与输入信号功率成反比。因此，我们希望在输入中有尽可能多的功率，但实际上我们有幅值限制。输入信号波形的期望特性是根据波峰因数定义的，对于零均值信号，波峰因数定义为

$$C_r^2 = \frac{\max_k u^2(k)}{\lim\limits_{N\to\infty} 1/N \sum_{k=1}^{N} u^2(k)} \tag{D.7}$$

良好的信号波形是波峰因数⊖小的波形。C_r^2 的理论下限是 1，这是在对称二进制信号 $u(k)=\pm\bar{u}$ 时实现的。这提供了二进制信号的优势。的确，在实际中经常使用这种类型的输入信号。然而，应该注意的是，二进制输入不适用于对非线性进行验证。

实际上，先确定一个频带来辨识所讨论的系统是适宜的，然后选择一个在该频带上或多或少具有平坦频谱的信号。一个简单的选择是生成的输入信号是高斯白噪声。这个信号理论上是无界的，所以它必须在一定的幅值下饱和。例如，将其选择为 3 个标准差，则波峰因数为 3，同时，平均只有 1% 的点会受到影响——这会导致频谱出现轻微失真。

另一个常用的输入信号选择是随机二进制信号（Random Binary Signal，RBS），它是通过滤波后的高斯白噪声的符号获得的。该信号可以调整到任意期望的电平以使输入信号的幅值限制得到满足。波峰因数将等于理想值 1。问题是，对滤波后的高斯噪声进行符号处理会改变其频谱。因此，我们无法完全控制频谱的整形，但在离线辨识的情况下，我们可以对 RBS 的频谱进行检查，之后再用作辨识系统的输入。

第 3 种常用的输入信号是伪 RBS（Pseudo-RBS，PRBS），它是具有类似白噪声特性的确定性周期信号。它由以下方程式生成：

$$u(k) = \text{modulo}\left(\sum_{i=1}^{n} a_k u(k-i), 2\right) \tag{D.8}$$

其中 a_k 是常数，函数 `modulo(x,2)` 表示 x 除以 2 的余数，因此 $u(k)$ 只能取 0 和 1。过去输入的向量 $[u(k-1),u(k-2),\cdots,u(k-n)]$ 可以假设有 2^n 个不同的值，因此序列 $u(k)$ 是周期性的，周期最多为 2^n。实际上，n 个连续的 0 将进一步形成 u 为 0，因此我们可以消除这种状态——使最大周期长度（length of period）为 $M=2^n-1$。实际的周期长度取决于 a_k 的选择。可以看出，对于每个 n，存在给出最大周期长度的 a_k 选择，相应的信号称为最大长度 PRBS。

对最大长度 PRBS 的关注源于这样一个事实：取 $\pm\bar{u}$ 的任意最大长度 PRBS 都具有所谓的一阶和二阶特性：

$$\begin{aligned}\frac{1}{M}\sum_{k=1}^{M} u(k) &= \frac{\bar{u}}{M} \\ R_u(n) &= \frac{1}{M}\sum_{k=1}^{M} u(k)u(k+n)\end{aligned} \tag{D.9}$$

⊖ 波峰因数是波形的瞬时幅值与其均方根值的比值。峰值幅度是指负载可能需要的瞬时峰值电流，而均方根值是正常条件下的平均负载电流。——译者注

由上式可以得到

$$R_u(n)=\begin{cases}\bar{u}^2 & n=0,\pm M,\pm 2M,\cdots \\ -\bar{u}^2/M & \text{其他}\end{cases}$$

其中 M 是周期的最大长度。PRBS 的频谱给定如下：

$$\Phi_u(\omega)=\frac{2\pi\bar{u}^2}{M}\sum_{t=1}^{M-1}\delta(\omega-2\pi k/M)$$

其中 $0\leqslant\omega\leqslant 2\pi$，$\delta$ 为克罗内克算子。这个性质表明，最大长度 PRBS 的行为类似于“周期性白噪声”，它是 $M-1$ 阶的持续激励。像 RBS 一样，PRBS 的波峰因数等于 1。与二进制随机噪声相比，PRBS 的优缺点可以概括如下：

- 当在整个周期内进行评估时（对于随机信号必须依赖大数定律，对有限样本才能具有良好的二阶特性），确定性信号 PRBS 具有二阶特性 (式（D.9）中的第二个方程)。
- 对于每个 a_k 的选择，本质上只有一个 PRBS。生成 PRBS（见式（D.8））时，不同的初始值仅对应于移动序列。因此，生成互不相关的 PRBS 序列并不简单。
- 为了具有良好的 PRBS 特性，必须考虑整数周期，这限制了实验长度的选择。
- 微控制器可以轻松实现生成 PRBS 的算法。

在 MATLAB 中，辨识输入信号可以由函数 `idinput` 创建，该函数生成随机高斯信号、RBS（默认情况下)、PRBS 或正弦曲线的求和。总之，在生成输入信号后，最好先离线研究其特性，然后再将其用于辨识实验。

实验设计的另一个重要环节是选择采样时间来测量数据。如第 1 章所述，对数据进行采样会导致信息丢失，因此选择采样时刻是很重要的，以使这些损失可以忽略不计。在辨识情况下如何适当选择采样时间在文献 [48] 的 13.7 节中给出了详细说明。在这里，我们将提出一些选择采样时间的实用建议。用小采样时间来辨识的模型适合于高频数据，而测量噪声对数据的影响可能很大。此外，如果模型的极点靠近单位圆，非常小的采样时间，特别是接近最小时间常数时，会导致数值问题。通常，这种模型在单位圆外有零点。然后，如果被估计的被控对象存在时滞，则该时滞将通过大量样本对其进行建模。这些影响会使控制设计任务出现问题。较大的采样时间会导致丢失重要的被控对象动态信息，并且估计参数的方差在最小时间常数附近将急剧增加。这些影响也会使控制设计任务出现问题。很明显，采样时间的选择是在减少高频噪声影响和捕捉被控对象动态之间的权衡。一个很好的建议是，选择的采样频率大约是所考虑系统带宽的 10 倍。另一个有用的建议是，先记录下阶跃响应，然后将采样时间设置为上升时间的 1/40 ～ 1/30。

D.1.2 模型结构选择和参数估计

选择合适的模型结构对于成功辨识至关重要。为了进行这个选择，首先必须估计模型集，然后以某种方式评估每个模型的质量。模型性能通过各种质量指标进行评估，这些指标提供了从给定模型集合中挑选最佳模型的方法。从控制的角度来看，最好的模型意味着可能是最简单的低阶模型，它可以非常“合理地”解释输入 / 输出数据。所得到的模型输出与实际被控对象输出之间的差可以看作被控对象不确定性部分的响应，可用于确定不确定性模型。这些模型被用于第 4 章描述的鲁棒控制框架中的控制器设计。有各种类型的线性和非线性模型、参数和非参数模型、离散时间和连续时间模型。在这里，我们首先简要介绍在控制实践中最常用的线性时不变多项式和状态空间模型，以及这些参数估计的一般方法。其次，介绍一些用于模型性能评估的质量指标。

时域中 SISO 系统的一般描述如图 D.2 所示，它是具有加性扰动的线性离散时间不变模型：

$$\begin{aligned} y(k) &= G(q^{-1},\theta)u(k)+v(k) \\ v(k) &= H(q^{-1},\theta)e(k) \end{aligned} \tag{D.10}$$

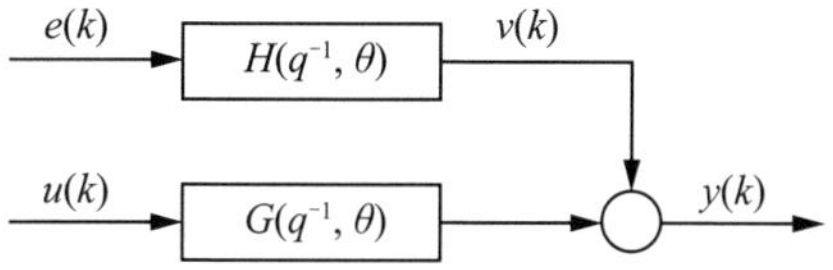

图 D.2 SISO 系统模型的框图

其中 $G(q^{-1},\theta)$ 是输出 $y(k)$ 和输入 $u(k)$ 之间的正则有理传递函数，$v(k)$ 是加性输出干扰，$H(q^{-1},\theta)$ 是用于模拟噪声的正则有理传递函数，$e(k)$ 是协方差为 λ、均值为 0 的白噪声，θ 是未知模型参数向量，必须从实验数据中估计。评估这些估计值时，应确保模型是“良好”的。如果模型能“很好地”预测输出，则该模型将是“良好”的，这意味着它会产生很小的预测误差：

$$e(k,\theta) = y(k) - \hat{y}(k/k-1,\theta) \tag{D.11}$$

其中 $\hat{y}(k/k-1,\theta)$ 是预测的输出值。该值是根据直到 $k-1$ 时刻的输入 / 输出数据计算出来的。现在的问题是如何确定什么是“小”预测误差。尽管有多种指标可以应用，但在实践中和 MATLAB 系统辨识工具箱中最常用的成本函数是

$$J(\theta) = \frac{1}{N}\sum_{k=1}^{N} e^2(k,\theta) \tag{D.12}$$

其中 N 是输入 / 输出测量的个数。θ 的估计 $\hat{\theta}_N$ 定义为

$$\hat{\theta}_N = \arg\min_{\theta}(J(\theta)) \tag{D.13}$$

在一步超前预测输出 $\hat{y}(k/k-1,\theta)$ 被计算出来以及式（D.10）中的传递函数参数化之后，就可以确定估计值 $\hat{\theta}_N$。使预测误差的均方最小化的输出信号的一步超前预测器是

$$\hat{y}(k/k-1,\theta) = H^{-1}(q^{-1},\theta)G(q^{-1},\theta)u(k) + [I - H^{-1}(q^{-1},\theta)]y(k) \tag{D.14}$$

式（D.10）～式（D.14）定义了预测误差方法，该方法在系统辨识工具箱的许多函数中得到实现。在含有有理传递函数的式（D.10）进行参数化之后，参数将是这些传递函数的分子和分母中的系数。此类模型也称为黑箱多项式模型。

输出和输入之间最简单的一种关系可表示如下：

$$\begin{aligned}&y(k)+a_1y(k-1)+a_2y(k-2)+\cdots+a_{na}y(k-na)=\\&b_1u(k-1)+b_2u(k-2)+\cdots+b_{nb}u(k-nb)+e(k)\end{aligned} \tag{D.15}$$

在此，白噪声 $e(k)$ 直接进入差分方程。引入带有未知参数 θ 的向量、多项式 $A(q^{-1})$ 和 $B(q^{-1})$ 为

$$\begin{aligned}&\theta=[a_1,a_2,\cdots,a_{na},b_1,b_2,\cdots,b_{nb}]^{\mathrm{T}}\\&A(q^{-1})=1+a_1q^{-1}+a_2q^{-2}+\cdots+a_{na}q^{-na}\\&B(q^{-1})=b_1q^{-1}+b_2q^{-2}+\cdots+b_{nb}q^{-nb}\end{aligned} \tag{D.16}$$

之后，式（D.15）变为如下形式：

$$y(k)=\frac{B(q^{-1})}{A(q^{-1})}u(k)+\frac{1}{A(q^{-1})}e(k) \tag{D.17}$$

式（D.17）则是式（D.10）的特例：

$$G(q^{-1},\theta)=\frac{B(q^{-1})}{A(q^{-1})},H(q^{-1},\theta)=\frac{1}{A(q^{-1})} \tag{D.18}$$

图 D.3 中描述的模型（D.17）是所谓的 ARX（AutoRegressive with eXogenous term，ARX，具有外生项的自回归）模型，因为它包括了自回归（AutoRegressive，AR）部分 $A(q^{-1})y(k)$ 和外生 / 外因部分 (X) $B(q^{-1})u(k)$。在 $na=0$ 的特殊情况下，模型（D.17）变为有限脉冲响应（FIR）模型。ARX 模型的主要缺点是，输出干扰是白噪声 $e(k)$ 通过系统的分母动力学 $A(q^{-1})$ 获得的。该方法的主要优点是，预测器（式（D.14））定义了线性回归。事实上，我们引入回归向量 $\boldsymbol{\varphi}(k)$：

$$\begin{aligned}\boldsymbol{\varphi}(k)=[-y(k-1),-y(k-2),\cdots,-y(k-na)\\u(k-1),u(k-2),\cdots,u(k-nb)]^{\mathrm{T}}\end{aligned} \tag{D.19}$$

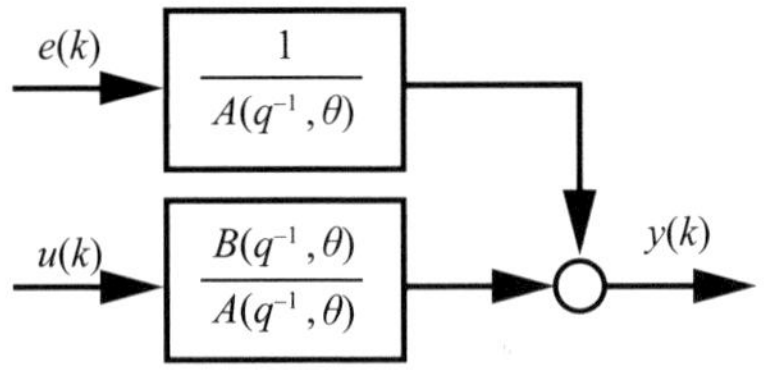

图 D.3　ARX 模型结构图

将式（D.18）代入式（D.14）并考虑式（D.16）、式（D.19）后，基于 ARX 模型的预测器（式（D.14））具有如下形式：

$$\hat{y}(k/k-1,\theta)=\boldsymbol{\varphi}^{\mathrm{T}}(k)\theta \tag{D.20}$$

预测器输出由已知回归向量和参数向量的标量积形成。从式（D.20）和式（D.11），我们得到

$$y(k)=\boldsymbol{\varphi}^{\mathrm{T}}(k)\theta+e(k) \tag{D.21}$$

式（D.21）定义了线性回归模型，其参数是通过简单的估计方法确定的，例如线性最小二乘。根据式（D.20）和式（D.21），预测误差（式（D.11））变为

$$e(k,\theta)=y(k)-\boldsymbol{\varphi}^{\mathrm{T}}(k)\theta \tag{D.22}$$

因此，线性回归模型（D.21）的成本函数（D.12）是

$$J(\theta)=\frac{1}{N}\sum_{k=1}^{N}(y(k)-\boldsymbol{\varphi}^{\mathrm{T}}(k)\theta)^2 \tag{D.23}$$

这就是著名的线性回归模型的最小二乘准则。成本函数（D.23）是 θ 的二次函数，可以通过解析最小化，从而给出最小二乘估计：

$$\hat{\theta}=\arg\min J(\theta)=\left[\frac{1}{N}\sum_{k=1}^{N}\boldsymbol{\varphi}(k)\boldsymbol{\varphi}^{\mathrm{T}}(k)\right]^{-1}\frac{1}{N}\sum_{k=1}^{N}\boldsymbol{\varphi}(k)\boldsymbol{y}(k) \tag{D.24}$$

需要注意，如果以下矩阵是非奇异的，估计有唯一解：

$$R_{\hat{\theta}}(N)=\frac{1}{N}\sum_{k=1}^{N}\boldsymbol{\varphi}(k)\boldsymbol{\varphi}^{\mathrm{T}}(k) \tag{D.25}$$

这是由足够多信息的辨识实验提供的。将式（D.21）代入式（D.24），最小二乘估计的偏差 $M\{\hat{\theta}\}-\theta$ 可由下式计算：

$$\begin{aligned}M\{\hat{\theta}\}-\theta&=M\left\{\left[\frac{1}{N}\sum_{k=1}^{N}\boldsymbol{\varphi}(k)\boldsymbol{\varphi}^{\mathrm{T}}(k)\right]^{-1}\frac{1}{N}\sum_{k=1}^{N}\boldsymbol{\varphi}(k)(\boldsymbol{\varphi}^{\mathrm{T}}(k)\theta+e(k))\right\}-\theta\\&=M\left\{\left[\frac{1}{N}\sum_{k=1}^{N}\boldsymbol{\varphi}(k)\boldsymbol{\varphi}^{\mathrm{T}}(k)\right]^{-1}\frac{1}{N}\sum_{k=1}^{N}\boldsymbol{\varphi}(k)e(k)\right\}\\&=M\left\{R_{\hat{\theta}}^{-1}(N)\frac{1}{N}\sum_{k=1}^{N}\boldsymbol{\varphi}(k)e(k)\right\}\end{aligned} \tag{D.26}$$

如果（D.26）等于 0，估计 $\hat{\theta}$ 将是无偏的。可以看出，如果过程 $e(k)$ 是一个均值为 0 的独立随机变量序列（白噪声），那么最小二乘估计将是无偏的。现在，考虑在 ARX 模型的情况下，无偏估计的要求对输出扰动所施加的约束。假设实际被控对象的输出可表示为

$$y(k)=\frac{B(q^{-1})}{A(q^{-1})}u(k)+v(k), \tag{D.27}$$

并用 ARX 模型（D.17）对被控对象动态建模。然后将式（D.27）代入式（D.17）后，得到

$$e(k)=A(q^{-1})v(k) \tag{D.28}$$

从式（D.28）可以看出，过程 $e(k)$ 将是白噪声，如果被控对象输出扰动 $v(k)$ 被表示为

$$v(k)=\frac{1}{A(q^{-1})}\eta(k) \tag{D.29}$$

其中 $\eta(k)$ 是零均值白噪声。式（D.29）对输出干扰所施加的要求从实际角度来看是不现实的。

应用于线性回归模型的最小二乘法具有许多优点，例如 ARX 模型的简单性和式（D.23）实现全局最小。它的主要缺点则是式（D.29）的约束。如果被控对象输出扰动不能按照式（D.29）来建模，那么估计系数将不等于真实系数。然而，用于估计 ARX 模型的最小二乘法是控制实践中使用最多的辨识方法之一，因为它简单，而且在许多情况下，如果噪声功率小，估计的偏差就小。

ARX 模型（式（D.15））的主要缺点是缺乏足够的自由度来描述式（D.10）中的输出干扰。我们可以将输出干扰描述为移动平均的白噪声来引入更多的灵活性，这样就得到了所谓的 ARMAX 模型：

$$\begin{aligned}&y(k)+a_1y(k-1)+a_2y(k-2)+\cdots+a_{na}y(k-na)\\&\quad=b_1u(k-1)+b_2u(k-2)+\cdots+b_{nb}u(k-nb)+e(k)+\\&\quad c_1e(k-1)+\cdots+c_{nc}e(k-nc)\end{aligned}\tag{D.30}$$

式（D.30）可以改写为

$$A(q^{-1})y(k)=B(q^{-1})u(k)+C(q^{-1})e(k)\tag{D.31}$$

其中

$$C(q^{-1})=1+c_1q^{-1}+c_2q^{-2}+\cdots+c_{nc}q^{-nc}$$

很明显，式（D.31）对应于式（D.10），且

$$G(q^{-1},\boldsymbol{\theta})=\frac{B(q^{-1})}{A(q^{-1})},H(q^{-1},\boldsymbol{\theta})=\frac{C(q^{-1})}{A(q^{-1})}\tag{D.32}$$

带有未知参数的向量为

$$\boldsymbol{\theta}=[a_1,a_2,\cdots,a_{na},b_1,b_2,\cdots,b_{nb},c_1,c_2,\cdots,c_{nc}]^{\mathrm{T}}$$

将式（D.32）代入式（D.14）中，得到 ARMAX 模型的预测器：

$$\hat{y}(k/k-1,\boldsymbol{\theta})=\frac{B(q^{-1})}{C(q^{-1})}u(k)+\left[I-\frac{A(q^{-1})}{C(q^{-1})}\right]y(k)$$

或者

$$C(q^{-1})\hat{y}(k/k-1,\boldsymbol{\theta})=B(q^{-1})u(k)+[C(q^{-1})-A(q^{-1})]y(k)\tag{D.33}$$

在式（D.33）的两边同时加上 $(1-C(q^{-1}))\hat{y}(k/k-1,\boldsymbol{\theta})$，可得

$$\begin{aligned}\hat{y}(k/k-1,\boldsymbol{\theta})&=B(q^{-1})u(k)+[1-A(q^{-1})]y(k)+\\&\quad[C(q^{-1})-1][y(k)-\hat{y}(k/k-1,\boldsymbol{\theta})]\end{aligned}\tag{D.34}$$

引入向量

$$\begin{aligned}\boldsymbol{\varphi}(k,\boldsymbol{\theta})=[&-y(k-1),-y(k-2),\cdots,-y(k-na),u(k-1),\\&u(k-2),\cdots,u(k-nb),e(k-1,\boldsymbol{\theta}),e(k-2,\boldsymbol{\theta}),\cdots,e(k-nc,\boldsymbol{\theta})]^{\mathrm{T}}\end{aligned}$$

并考虑式（D.22），则预测器可以重写为

$$\hat{y}(k/k-1,\boldsymbol{\theta})=\boldsymbol{\varphi}^{\mathrm{T}}(k,\boldsymbol{\theta})\boldsymbol{\theta}\tag{D.35}$$

由式（D.11）和式（D.35）可得

$$y(k)=\boldsymbol{\varphi}^{\mathrm{T}}(k,\boldsymbol{\theta})\boldsymbol{\theta}+e(k,\boldsymbol{\theta}) \tag{D.36}$$

式（D.36）类似于线性回归模型（D.21），但它关于 $\boldsymbol{\theta}$ 不是线性的，因为向量 $\boldsymbol{\varphi}$ 与参数 $\boldsymbol{\theta}$ 有关。式（D.36）被称为伪线性回归模型。ARX 和 ARMAX 模型是一般多项式模型的特例：

$$A(q^{-1})y(k)=\frac{B(q^{-1})}{F(q^{-1})}u(k)+\frac{C(q^{-1})}{D(q^{-1})}e(k) \tag{D.37}$$

该模型可以产生 32 个不同的模型集，这取决于使用 5 个多项式 A、B、C、D 和 F 中的哪一个。在实际中，从输入 u 到输出 y 的动态通常有 nk 个采样延迟，因此 Bq^{-1} 中的一些主要系数为 0，即

$$Bq^{-1}=b_{nk}q^{-nk}+b_{nk+1}q^{-nk-1}+\cdots+b_{nk+nb-1}q^{-nk-nb+1}=q^{-nk}\bar{B}(q^{-1})$$

那么，一般模型可以改写为

$$Aq^{-1}y(k)=\frac{\bar{B}q^{-1}}{Fq^{-1}}q^{-nk}u(k)+\frac{Cq^{-1}}{Dq^{-1}}e(k) \tag{D.38}$$

式（D.38）的预测器是

$$\hat{y}(k/k-1,\boldsymbol{\theta})=\frac{Dq^{-1}\bar{B}q^{-1}}{Cq^{-1}Fq^{-1}}q^{-nk}u(k)+\left[1-\frac{Dq^{-1}Aq^{-1}}{Cq^{-1}}\right]y(k) \tag{D.39}$$

如果我们引入向量

$$\begin{aligned}\boldsymbol{\theta}&=[a_1,\cdots,a_{na},b_{nk},\cdots,b_{nk+nb-1},f_1,\cdots,f_{nf},c_1\cdots,c_{nc},d_1,\cdots,d_{nd}]^{\mathrm{T}}\\ \boldsymbol{\varphi}(k,\boldsymbol{\theta})&=[-y(k-1),\cdots,-y(k-na),u(k-nk),\cdots,u(k-nk+nb+1),-\\ &\quad w(k-1,\boldsymbol{\theta}),\cdots,-w(k-nf,\boldsymbol{\theta}),e(k-1,\boldsymbol{\theta}),\cdots,e(k-nc,\boldsymbol{\theta}),-\\ &\quad v(k-1,\boldsymbol{\theta}),\cdots,-v(k-nd,\boldsymbol{\theta})]^{\mathrm{T}}\end{aligned} \tag{D.40}$$

其中

$$w(k,\boldsymbol{\theta})=\frac{\bar{B}q^{-1}q^{-nk}}{Fq^{-1}}u(k),v(k,\boldsymbol{\theta})=Aq^{-1}y(k)-w(k,\boldsymbol{\theta}),e(k,\boldsymbol{\theta})=\frac{Dq^{-1}}{Cq^{-1}}v(k,\boldsymbol{\theta})$$

可以证明，预测器（D.39）可以采用式（D.35）的形式。式（D.38）在一般情况下的伪线性回归模型为

$$y(k)=\boldsymbol{\varphi}^{\mathrm{T}}(k,\boldsymbol{\theta})\boldsymbol{\theta}+e(k,\boldsymbol{\theta}) \tag{D.41}$$

其中 $\boldsymbol{\theta}$ 和 $\boldsymbol{\varphi}^{\mathrm{T}}(k,\boldsymbol{\theta})$ 由式（D.40）构成。式（D.38）对于大多数实际用途来说比较一般。通过将多项式 A、B、C、D 和 F 中的一个或几个固定为 1，式（D.38）可以得到简化。一些常用的黑箱模型是式（D.38）的特例，如表 D.1 所示。

在伪线性回归模型（式（D.41））的情况下，成本函数（式（D.12））关于 $\boldsymbol{\theta}$ 不是线性的，进而不能用解析方法来最小化，但可通过迭代数值程序来求解，参见文献 [48] 的 10.2 节。

$J(\boldsymbol{\theta})$ 的数值最小化方法通过以下方程来更新估计 $\hat{\boldsymbol{\theta}}$：

$$\hat{\theta}^{(i+1)} = \hat{\theta}^{(i)} + \alpha f^{(i)} \quad (D.42)$$

表 D.1 一些常见的黑箱模型

使用的多项式	模型结构名称
Bq^{-1}	有限脉冲响应
Aq^{-1},Bq^{-1}	ARX
Aq^{-1},Bq^{-1},Cq^{-1}	ARMAX
Bq^{-1},Fq^{-1}	输出误差
$Bq^{-1},Fq^{-1},Cq^{-1},Dq^{-1}$	BJ（博克思 – 詹金斯）

其中 $f^{(i)}$ 是搜索方向，它基于上一次迭代中获得的有关 $J(\theta)$ 的信息，α 是确定的正常数，以便使得 $J(\theta)$ 的值适当减小。根据用户提供的确定 $f^{(i)}$ 的信息，数值最小化方法可以分为 3 组：

- ❑ 仅使用 $J(\theta)$ 值的方法。
- ❑ 使用 $J(\theta)$ 值及其梯度的方法。
- ❑ 使用 $J(\theta)$ 值、其梯度和 Hessian 矩阵的方法。

第 3 组的典型方法对应于 Newton 算法，搜索方向为

$$f^{(i)} = -[J''(\hat{\theta}^{(i)})]^{-1} J'(\hat{\theta}^{(i)}) \quad (D.43)$$

其中 $J'(\hat{\theta}^{(i)})$ 和 $J''(\hat{\theta}^{(i)})$ 是使用上一次迭代得到的估计值来计算的损失函数㊀的梯度和 Hessian 矩阵

第二组的重要子类是拟牛顿（Newton）方法，该方法用于估计 Hessian 矩阵，以形成符合式（D.42）的新息项。第一组算法要么通过差分近似形成梯度估计，然后作为拟 Newton 方法进行处理，要么具有其他特定的搜索模式。

在 MATLAB 中，预测误差方法在系统辨识工具箱的几个函数中进行了应用，例如 `armax`、`bj` 和 `pem` 等。用户可以在 Gaussian-Newton 法（见文献 [48] 的 10.2 节）、自适应 Gaussian-Newton 法 [204]、`lasqnonlin`[205]、Levenberg–Marquardt 法和最陡梯度算法（见文献 [48] 的 10.2 节）之间选择最小化式（D.12）的搜索方法。默认情况下，搜索方法选项是 `auto`，这意味着在每次迭代中，使用上述提到的各种算法依次计算下降方向。迭代继续进行，直到获得充分小的误差为止。

类似于式（D.10），MIMO 系统的一般描述为

$$\begin{aligned} \boldsymbol{y}(k) &= \boldsymbol{G}(q^{-1},\boldsymbol{\theta})\boldsymbol{u}(k) + \boldsymbol{v}(k) \\ \boldsymbol{v}(k) &= \boldsymbol{H}(q^{-1},\boldsymbol{\theta})\boldsymbol{e}(k) \end{aligned} \quad (D.44)$$

其中输入 $\boldsymbol{u}(k)$ 是 m 维向量，输出 $\boldsymbol{y}(k)$ 是 p 维向量，加性输出扰动 $\boldsymbol{v}(k)$ 是 p 维向量，$\boldsymbol{G}(q^{-1}, \boldsymbol{\theta})$

㊀ 损失函数用来评价模型的预测值和真实值（prediction and ground truth）不一样的程度，它是一个非负实值函数，损失函数越小，通用模型的性能越好。不同的模型使用的损失函数一般也不一样。损失函数分为经验风险损失函数和结构风险损失函数。经验风险损失函数指预测结果和实际结果的差别，结构风险损失函数是指经验风险损失函数加上正则项。——译者注

和 $\boldsymbol{H}(q^{-1},\boldsymbol{\theta})$ 是正则有理传递矩阵，p 维向量 $\boldsymbol{e}(k)$ 是具有协方差矩阵 $\boldsymbol{\Lambda}$ 的零均值白噪声，$\boldsymbol{\theta}$ 是具有未知模型参数的向量，它必须从实验数据中估计获得。估计 $\hat{\theta}_N$ 由式（D.13）获得，此时的成本函数采用如下形式：

$$J(\boldsymbol{\theta})=\frac{1}{N}\sum_{k=1}^{N}\mathrm{e}^{\mathrm{T}}(k,\boldsymbol{\theta})\boldsymbol{e}(k,\boldsymbol{\theta}) \tag{D.45}$$

p 维预测误差由下式计算：

$$\boldsymbol{e}(k,\boldsymbol{\theta})=\boldsymbol{y}(k)-\hat{\boldsymbol{y}}(k/k-1,\boldsymbol{\theta}) \tag{D.46}$$

其中 $\hat{\boldsymbol{y}}(k/k-1,\boldsymbol{\theta})$ 是具有一步超前预测输出的 p 维向量。估计值是在式（D.44）参数化和 $\hat{\boldsymbol{y}}(k/k-1,\boldsymbol{\theta})$ 被计算出来之后确定的。式（D.44）参数化之后，可以很容易地将一步超前预测器推广到 MIMO 情况。大多数被考虑的 SISO 多项式模型可以推广到 MIMO 系统。最简单的情况是 ARX 模型（式（D.15））的推广：

$$\begin{aligned}\boldsymbol{y}(k)+\boldsymbol{A}_1\boldsymbol{y}(k-1)+\boldsymbol{A}_2\boldsymbol{y}(k-2)+\cdots+\boldsymbol{A}_{na}\boldsymbol{y}(k-na)=\boldsymbol{B}_1\boldsymbol{u}(k-1)+\\ \boldsymbol{B}_2\boldsymbol{u}(k-2)+\cdots+\boldsymbol{B}_{nb}\boldsymbol{u}(k-nb)+\boldsymbol{e}(k)\end{aligned} \tag{D.47}$$

其中 $\boldsymbol{A}_i$ 是 $p\times p$ 矩阵，$\boldsymbol{B}_i$ 是 $p\times m$ 矩阵。矩阵 $\boldsymbol{A}_i$ 的元素 a_i^{js} 给出了第 j 个输出 $\boldsymbol{y}_j(k)$ 的当前值与第 s 个输出 $\boldsymbol{y}_s(k-i)$ 的第 i 个样本延迟值之间的关系。矩阵 $\boldsymbol{B}_i$ 的对应元素 b_i^{js} 给出了第 j 个输出 $\boldsymbol{y}_j(k)$ 的当前值与第 s 个输入 $\boldsymbol{u}_s(k-i)$ 的第 i 个样本延迟值之间的关系。引入矩阵多项式之后：

$$\begin{aligned}\boldsymbol{A}(q^{-1})&=\boldsymbol{I}+\boldsymbol{A}_1q^{-1}+\boldsymbol{A}_2q^{-2}+\cdots+\boldsymbol{A}_{na}q^{-na}\\ \boldsymbol{B}(q^{-1})&=\boldsymbol{B}_1q^{-1}+\boldsymbol{B}_2q^{-2}+\cdots+\boldsymbol{B}_{nb}q^{-nb}\end{aligned} \tag{D.48}$$

MIMO ARX 模型可以重写为

$$\boldsymbol{A}(q^{-1})\boldsymbol{y}(k)=\boldsymbol{B}(q^{-1})\boldsymbol{u}(k)+\boldsymbol{e}(k) \tag{D.49}$$

这是 MIMO 模型（式（D.44））的一个特例，其中 $\boldsymbol{G}(q^{-1},\boldsymbol{\theta})=\boldsymbol{A}^{-1}(q^{-1})\boldsymbol{B}^{-1}(q^{-1})$，$\boldsymbol{H}(q^{-1},\boldsymbol{\theta})=\boldsymbol{A}^{-1}(q^{-1})$。矩阵多项式的逆 $\boldsymbol{A}^{-1}(q^{-1})$ 的计算非常简单，因为 $\boldsymbol{G}(q^{-1},\theta)$ 是一个 $p\times m$ 矩阵，它的第 ij 个元素是从输入 $\boldsymbol{u}_j$ 到输出 $\boldsymbol{y}_i$ 的有理传递函数，因此。在 MIMO 情况中，最重要的问题是式（D.47）的参数化。这意味着式（D.47）中矩阵的元素应包含在参数 θ 中。如果我们包括了矩阵的所有元素，并定义具有未知参数 θ 和 $[na.p+nb.m]$ 维回归向量 $\boldsymbol{\varphi}(k)$ 的 $[na.p+nb.m]\times p$ 矩阵为

$$\boldsymbol{\theta}=[\boldsymbol{A}_1,\boldsymbol{A}_2,\cdots,\boldsymbol{A}_{na},\boldsymbol{B}_1,\boldsymbol{B}_2,\cdots,\boldsymbol{B}_{nb}]^{\mathrm{T}},\boldsymbol{\varphi}(k)=\begin{bmatrix}-y(k-1)\\ \vdots\\ -y(k-na)\\ u(k-1)\\ \vdots\\ u(k-nb)\end{bmatrix} \tag{D.50}$$

根据式（D.14），预测输出为

$$\hat{\boldsymbol{y}}(k/k-1,\theta)=\boldsymbol{\theta}^{\mathrm{T}}\boldsymbol{\varphi}(k) \tag{D.51}$$

那么，MIMO 情况的线性回归模型如下：

$$\boldsymbol{y}(k)=\boldsymbol{\theta}^{\mathrm{T}}\boldsymbol{\varphi}(k)+\boldsymbol{e}(k) \tag{D.52}$$

成本函数（式（D.45））为

$$\boldsymbol{J}(\boldsymbol{\theta})=\frac{1}{N}\sum_{k=1}^{N}(\boldsymbol{y}(k)-\theta^{\mathrm{T}}\boldsymbol{\varphi}(k))^{\mathrm{T}}(\boldsymbol{y}(k)-\boldsymbol{\theta}^{\mathrm{T}}\boldsymbol{\varphi}(k))$$

估计值为

$$\hat{\boldsymbol{\theta}}_N=\left[\frac{1}{N}\sum_{k=1}^{N}\boldsymbol{\varphi}(k)\boldsymbol{\varphi}^{\mathrm{T}}(k)\right]^{-1}\frac{1}{N}\sum_{k=1}^{N}\boldsymbol{\varphi}(k)y^{\mathrm{T}}(k) \tag{D.53}$$

式（D.52）可以看作 p 个耦合的不同线性回归，它们都使用相同的回归向量。当通过参数化施加额外的结构时，我们不能使用模型（D.52），因为不同的输出不会使用相同的回归向量。然后，形成一个含有未知参数的 d 维向量 $\boldsymbol{\theta}'$ 和一个 $p\times d$ 矩阵 $\boldsymbol{\varphi}'^{\mathrm{T}}(k)$，将 MIMO ARX 模型表示为

$$\boldsymbol{y}(k)=\boldsymbol{\varphi}'^{\mathrm{T}}(k)\boldsymbol{\theta}'+\boldsymbol{e}(k) \tag{D.54}$$

其中

$$\boldsymbol{\theta}'=\mathrm{col}(\boldsymbol{\theta})=\begin{bmatrix}\theta^1\\ \theta^2\\ \vdots\\ \theta^p\end{bmatrix},\boldsymbol{\varphi}'(k)=\boldsymbol{\varphi}(k)\otimes\boldsymbol{I}_p$$

其中 $\boldsymbol{\theta}'$ 是矩阵 $\boldsymbol{\theta}$ 的第 i 列，$\boldsymbol{I}_p$ 是 p 维单位向量，符号 $\otimes$ 是克罗内克积。对于回归模型（D.54），成本函数（D.45）变为

$$\boldsymbol{J}(\boldsymbol{\theta})=\frac{1}{N}\sum_{k=1}^{N}(\boldsymbol{y}(k)-\boldsymbol{\varphi}'^{\mathrm{T}}(k)\boldsymbol{\theta}')^{\mathrm{T}}(\boldsymbol{y}(k)-\boldsymbol{\varphi}'^{\mathrm{T}}(k)\boldsymbol{\theta}') \tag{D.55}$$

以及估计

$$\hat{\boldsymbol{\theta}}'_N=\left[\frac{1}{N}\sum_{k=1}^{N}\boldsymbol{\varphi}'(k)\boldsymbol{\varphi}'^{\mathrm{T}}(k)\right]^{-1}\frac{1}{N}\sum_{k=1}^{N}\boldsymbol{\varphi}'(k)\boldsymbol{y}(k) \tag{D.56}$$

从表达式（D.53）和式（D.56）可以看出，如果我们使用参数化的式（D.51），则为了确定该估计值，只要获取 $[na.p+nb.m]\times[na.p+nb.m]$ 维矩阵的逆就足够了，因为要确定模型（D.54）的参数，我们应对 $[na.p+nb.m].p\times[na.p+nb.m].p$ 维矩阵求逆。

MIMO 情况的 ARMAX 模型如下：

$$\begin{aligned}\boldsymbol{y}(k)+\boldsymbol{A}_1\boldsymbol{y}(k-1)+\boldsymbol{A}_2\boldsymbol{y}(k-2)+\cdots+\boldsymbol{A}_{na}\boldsymbol{y}(k-na)\\ =\boldsymbol{B}_1\boldsymbol{u}(k-1)+\boldsymbol{B}_2\boldsymbol{u}(k-2)+\cdots+\boldsymbol{B}_{nb}\boldsymbol{u}(k-nb)+\boldsymbol{C}_1\boldsymbol{e}(k-1)+\\ \boldsymbol{C}_2\boldsymbol{e}(k-2)+\cdots+\boldsymbol{C}_{nc}\boldsymbol{e}(k-nc)\end{aligned} \tag{D.57}$$

这是 $\boldsymbol{G}(q^{-1},\boldsymbol{\theta})=\boldsymbol{A}^{-1}(q^{-1})\boldsymbol{B}^{-1}(q^{-1})$ 和 $\boldsymbol{H}(q^{-1},\boldsymbol{\theta})=\boldsymbol{A}^{-1}(q^{-1})\boldsymbol{C}^{-1}(q^{-1})$ 时模型（D.44）的特例。如果我们选择

$$\boldsymbol{G}(q^{-1},\boldsymbol{\theta})=\boldsymbol{F}^{-1}(q^{-1})\boldsymbol{B}(q^{-1})$$

和

$$\boldsymbol{H}(q^{-1},\boldsymbol{\theta})=\boldsymbol{D}^{-1}(q^{-1})\boldsymbol{C}(q^{-1})$$

将得到 MIMO 情况的 BJ 模型。对 MIMO ARMAX 和 MIMO BJ 模型进行参数化后，可以通过预测误差法计算参数的估计值。在 MATLAB 中，MIMO 黑箱多项式模型的预测误差方法与 SISO 情况中的函数采用的方法一样，这意味着用户可以使用函数 `arx`、`pem`、`armax`、`bj`、`oe` 来估计 MIMO 模型。正如我们上面提到的，MIMO 模型的参数化是一个重要的问题，这个问题已经超出了本书的范围，我们建议读者参考附录末尾给出的参考资料，这些参考资料对该内容进行了足够详细的描述。

作为式（D.10）的另一种表示，输出、输入和噪声信号之间的关系可以写成离散时间线性状态空间模型的形式：

$$\begin{aligned}\boldsymbol{x}(k+1)&=\boldsymbol{A}_d(\theta)x(k)+\boldsymbol{B}_d(\theta)\boldsymbol{u}(k)+\boldsymbol{\eta}(k)\\ \boldsymbol{y}(k)&=\boldsymbol{C}(\theta)\boldsymbol{x}(k)+\boldsymbol{\zeta}(k)\end{aligned} \tag{D.58}$$

其中 $\boldsymbol{y}(k)$ 是 p 维输出向量，$\boldsymbol{u}(k)$ 是 m 维输入向量，$\boldsymbol{x}(k)$ 是 n 维状态向量，$\boldsymbol{\eta}(k)$ 是作用于状态上的过程噪声，$\boldsymbol{\zeta}(k)$ 是测量噪声。与多项式模型相比，状态空间模型的显著优势在于我们只需指定阶次 n。在式（D.58）中，假定 $\boldsymbol{\eta}(k)$ 和 $\boldsymbol{\zeta}(k)$ 是独立随机变量，均值为零，协方差为

$$E\{\eta(k)\eta^{\mathrm{T}}(k)\}=R_\eta(\theta),E\{\zeta(k)\zeta^{\mathrm{T}}(k)\}=R_\zeta(\theta),E\{\eta(k)\zeta^{\mathrm{T}}(k)\}=R_{\eta\zeta}(\theta)$$

其中 $\boldsymbol{\theta}$ 是用来参数化模型的向量，包括系统矩阵中的未知系数和噪声协方差。如果有关于状态和噪声的物理意义的先验信息，那么模型（D.58）中的所有元素可以是自由的，或者模型可以具有某个特定的结构，其中向量 $\boldsymbol{\theta}$ 只有很少的参数。假设噪声是白色的并不总是实际的，在有色噪声的情况下，当考虑额外建模和附加状态对状态向量的扩展后，可以使用状态空间模型（D.58）。与输入 / 输出模型（D.10）类似，我们必须从输入 / 输出数据中估计参数 $\boldsymbol{\theta}$，以使模型（D.58）能够很好地预测输出（模型产生很小的预测误差）。具有高斯噪声的状态空间模型的预测输出 $\hat{\boldsymbol{y}}(k,\theta)$ 可由卡尔曼滤波器计算：

$$\begin{aligned}\hat{\boldsymbol{x}}(k+1,\theta)&=\boldsymbol{A}_d(\theta)\hat{\boldsymbol{x}}(k,\theta)+\boldsymbol{B}_d(\theta)\boldsymbol{u}(k)+K(\theta)(\boldsymbol{y}(k)-\boldsymbol{C}(\theta)\hat{\boldsymbol{x}}(k,\theta))\\ \hat{\boldsymbol{y}}(k,\theta)&=\boldsymbol{C}(\theta)\hat{\boldsymbol{x}}(k,\theta)\end{aligned} \tag{D.59}$$

其中 $\hat{\boldsymbol{x}}(k,\theta)$ 是状态向量在时刻 k 的预测值。矩阵增益 $K(\theta)$ 是从系统矩阵和噪声协方差中获得的：

$$\boldsymbol{K}(\theta)=[\boldsymbol{A}_d(\theta)\bar{\boldsymbol{P}}(\theta)\boldsymbol{C}^{\mathrm{T}}(\theta)+\boldsymbol{R}_{\eta\zeta}(\theta)][\boldsymbol{C}(\theta)\bar{\boldsymbol{P}}(\theta)\boldsymbol{C}^{\mathrm{T}}(\theta)+\boldsymbol{R}_\zeta(\theta)]^{-1} \tag{D.60}$$

其中 $\bar{\boldsymbol{P}}(\theta)$ 被认定为是如下离散时间 Riccati 方程的半正定解：

$$\begin{aligned}\bar{\boldsymbol{P}}(\theta)=\boldsymbol{A}_d(\theta)\bar{\boldsymbol{P}}(\theta)\boldsymbol{C}^{\mathrm{T}}(\theta)+\boldsymbol{R}_\eta(\theta)-[\boldsymbol{A}_d(\theta)\bar{\boldsymbol{P}}(\theta)\boldsymbol{C}^{\mathrm{T}}(\theta)+\boldsymbol{R}_{\eta\zeta}(\theta)]\times\\ [\boldsymbol{C}(\theta)\bar{\boldsymbol{P}}(\theta)\boldsymbol{C}^{\mathrm{T}}(\theta)+\boldsymbol{R}_\zeta(\theta)]^{-1}[\boldsymbol{A}_d(\theta)\bar{\boldsymbol{P}}(\theta)\boldsymbol{C}^{\mathrm{T}}(\theta)+\boldsymbol{R}_{\eta\zeta}(\theta)]^{\mathrm{T}}\end{aligned} \tag{D.61}$$

因此，预测输出可以通过滤波器产生：

$$\begin{aligned}\hat{\boldsymbol{y}}(k,\theta)=\boldsymbol{C}(\theta)[q\boldsymbol{I}-\boldsymbol{A}_d(\theta)+\boldsymbol{K}(\theta)\boldsymbol{C}(\theta)]^{-1}\boldsymbol{B}_d(\theta)\boldsymbol{u}(k)+\\ \boldsymbol{C}(\theta)[q\boldsymbol{I}-\boldsymbol{A}_d(\theta)+\boldsymbol{K}(\theta)\boldsymbol{C}(\theta)]^{-1}\boldsymbol{K}(\theta)\boldsymbol{y}(k)\end{aligned} \tag{D.62}$$

半正定矩阵 $\bar{\boldsymbol{P}}(\theta)$ 是状态估计误差的协方差矩阵，有

$$\bar{\boldsymbol{P}}(\theta)=M\{(\boldsymbol{x}(k)-\hat{\boldsymbol{x}}(k,\theta))(\boldsymbol{x}(k)-\hat{\boldsymbol{x}}(k,\theta))^{\mathrm{T}}\} \tag{D.63}$$

将输出预测误差表示为

$$\boldsymbol{e}(k)=\boldsymbol{y}(k)-\hat{\boldsymbol{y}}(k,\theta) \tag{D.64}$$

状态空间模型（D.58）可以改写为

$$\begin{aligned}\boldsymbol{x}(k+1)&=\boldsymbol{A}_d(\theta)\boldsymbol{x}(k)+\boldsymbol{B}_d(\theta)\boldsymbol{u}(k)+\boldsymbol{K}(\theta)\boldsymbol{e}(k)\\ \boldsymbol{y}(k)&=\boldsymbol{C}(\theta)\boldsymbol{x}(k)+\boldsymbol{e}(k)\end{aligned} \tag{D.65}$$

这种更简单的表示是状态空间模型的新息[⊖]形式（innovation form)，并且只有一个干扰源 $e(k)$。请注意，式（D.65）和式（D.58）都得到相同的预测模型（D.59）。式（D.65）可视为通用模型（D.10）的特例，如果

$$\begin{aligned}\boldsymbol{W}(q^{-1},\theta)&=\boldsymbol{C}(\theta)[q\boldsymbol{I}-\boldsymbol{A}_d(\theta)+\boldsymbol{K}(\theta)\boldsymbol{C}(\theta)]^{-1}\boldsymbol{B}_d(\theta)\\ \boldsymbol{H}(q^{-1},\theta)&=\boldsymbol{C}(\theta)[q\boldsymbol{I}-\boldsymbol{A}_d(\theta)+\boldsymbol{K}(\theta)\boldsymbol{C}(\theta)]^{-1}\boldsymbol{K}(\theta)\end{aligned} \tag{D.66}$$

模型（D.65）的参数是基于预测误差（D.64）和预测器（D.59），通过最小化成本函数（D.45）来估计的，且这种最小化过程与多项式模型中使用的迭代算法相同。在 MATLAB 中，基于 PEM 方法进行新息形式的状态空间模型的估计可由系统辨识工具箱中的函数 `ssest` 来实现。状态空间模型参数化之后，可以有多种方式来获得相关参数，这取决于先验信息。当我们不了解模型的内部结构时，首先使用自由参数化算法是合适的，然后，矩阵 $\boldsymbol{A}_d,\boldsymbol{B}_d,\boldsymbol{C},\boldsymbol{K}$ 的任何元素都可以通过估计过程来进行调整。该算法会自动选择状态变量基以获得良态的计算，但状态变量没有物理意义。第二种可能性是使用规范参数化算法，该方法能以更少的参数来表示状态空间模型，因为矩阵 $\boldsymbol{A}_d,\boldsymbol{B}_d,\boldsymbol{C},\boldsymbol{K}$ 的许多元素都固定为 0 和 1。MATLAB 函数 `ssest` 支持 3 种规范参数化算法：伴随形式——特征多项式出现在矩阵 $\boldsymbol{A}_d$ 的最右列 [48] 模态分解形式——$\boldsymbol{A}_d$ 矩阵是块对角的，每个块对应于具有附近模式的群集 / 簇 [173]；可观测规范形式——自由参数仅出现在 $\boldsymbol{A}_d$ 矩阵、$\boldsymbol{B}_d$ 矩阵和 $\boldsymbol{K}$ 矩阵的选定行中 [48]。在规范参数化的情况下，状态变量和参数同样没有物理意义。第三种可能性是使用结构的参数化，通过将特定参数设置为特定值，进而从估计过程中排除特定参数。当我们了解状态空间模型的结构时，这种参数化算法是有用的，例如，状态空间模型结构信息可以从物理定律中获得。

⊖ 新息是信号处理中的一个概念，是测量值减去其预测值，即预测误差。根据正交性原理，新息与过去的观测测量值正交；新息之间相互正交；观测数据与新息之间存在一一对应关系。误差体现模型或系统的总体性质，如误差系统；偏差是因变量真实值与平均值之间的差；残差是因变量真实值与其拟合值或估计值之间的差。——译者注

除了 PEM 方法，状态空间模型（D.65）的参数可以通过非迭代方法进行估计，例如子空间方法。子空间方法为状态空间模型估计提供了非常有用的算法，状态空间模型估计特别适用于 MIMO 系统辨识。这些算法在数值上是非常可靠的，并可生成高质量的模型。如果需要，可以通过使用获得的模型作为 PEM 方法的初始估计来提高模型质量。子空间方法的详细描述可参见文献 [48,206-207]。一系列用于估计以新息形式表示的状态空间模型的子空间方法在 MATLAB 的系统辨识工具箱中由函数 `n4sid` 来实现，这为 MOESP 算法、规范变量算法和 SSARX（一种使用基于 ARX 估计的算法来计算加权矩阵的子空间辨识方法）选择奇异值分解的加权方案提供了可能性。当使用来自闭环实验 [49] 的数据时，使用 SSARX 加权方案可以获得无偏估计。预测中使用的最大预测范围、过去输入和过去输出的数量也可以由用户定义，或可以根据赤池（Akaike）信息准则由算法进行选择。

在介绍了基本的线性模型及其参数估计的常用方法之后，我们可以继续探讨辨识过程中的下一个问题——模型结构选择。此任务包括以下步骤：

1）选择模型的类型，通常包括在线性和非线性模型之间、在黑箱状态空间或多项式模型和结构参数化状态空间模型之间进行选择。

2）在模型集中选择多个候选模型，包括选择状态空间模型的可能阶数和黑箱多项式模型中多项式的可能次数。

3）通过一些质量指标来估计模型性能并在候选模型集中选择最佳模型。

需要注意，来自给定候选模型集的最佳模型可能无法充分“好”地描述被控对象动态；那么设计者必须重新定义候选模型集（这可以通过增加模型阶次或使用具有更复杂结构的候选模型来完成）。

模型类型的选择取决于所辨识系统的先验知识。如果我们有这样的信息，将其纳入模型结构中是合理的（例如，我们可以选择结构参数化状态空间模型）。在缺乏先验信息的情况下，建议使用不同类型的黑箱模型。众所周知，为了减少估计的偏差，应该使用具有更多参数的模型，但是估计的方差随着参数数量的增加而增加。因此，最好的模型结构是在模型的灵活性和简约性之间进行权衡。在模型集中选择模型类型的一般建议是“先尝试简单模型”，这意味着只有在简单模型没有通过验证测试时才应该进入复杂模型结构。通常，辨识过程从输入 / 输出数据开始估计脉冲响应和频率响应模型，以深入了解系统动态。例如，从脉冲响应模型中，可以对时滞值进行假设；从频率响应中，可以对模型阶次进行假设。然后，形成 ARX 或状态空间模型集合。这些模型非常简单，因为它们的设计参数很少（对于状态空间模型，只需选择阶数 n，而对于 ARX 模型，只需选择多项式次数 na 和 nb）。此外，它们的参数是通过快速非迭代方法估计的，这可以方便地估计大量不同阶次的模型。通常基于模型质量指标来选择最佳模型，而公认的质量指标是均方误差：

$$J(\hat{\theta}) = \frac{1}{N}\sum_{k=1}^{N} e^2(k,\hat{\theta}) \tag{D.67}$$

其中 $\boldsymbol{e}(k,\hat{\theta}) = \boldsymbol{y}(k) - \boldsymbol{\varphi}^{\mathrm{T}}(k)\hat{\theta}$ 是估计模型计算的残差。因此，给定模型集中的最佳模型是使式（D.67）产生最小值的那个模型。性能指标（D.67）的显著缺点是，它只考虑了测量输出和模型输出之间的拟合，没有考虑模型阶次。结果，损失函数随着模型阶数的增加而减小。

在达到正确的模型结构后，损失函数仍会继续减小，因为附加参数会根据噪声的特定实现的特征自行调整。这被称为模型中的过拟合，这种额外的拟合对我们没有任何意义，因为估计的模型将适用于具有不同噪声实现的数据。过拟合的影响可以通过修改质量指标来减弱。通过在式（D.67）中引入额外的惩罚项就可以实现修改。当过拟合发生时，该惩罚项应增加质量指标的值。最常见的修改质量指标有

- Akaike 信息准则（Akaike's Information Criterion，AIC）：

$$
\begin{aligned}
J_{\text{aic}}(\hat{\theta},N) &= \ln\left(J\left(1+\frac{2d}{N}\right)\right) \\
&= \ln(J)+\frac{2d}{N}, N \gg d
\end{aligned} \tag{D.68}
$$

  其中 d 是估计参数的个数。

- Rissanen 的最小描述长度（Minimum Description Length，MDL）准则：

$$
J_{\text{mdl}}(\hat{\theta},N) = J\left(1+\frac{d\ln(N)}{N}\right) \tag{D.69}
$$

- Akaike 的最终预测误差：

$$
\text{FPE} = \det\left(\frac{1}{N}E^{\text{T}}E\right)\left(\frac{1+\dim\theta/N}{1-\dim\theta/N}\right) \tag{D.70}
$$

AIC 得到的模型阶次很好地兼顾了模型复杂度和数据拟合，而 MDL 准则的首要目标是获得低阶模型。在 MATLAB 中，根据式（D.67）、式（D.68）或式（D.69），给定 ARX 模型集合中的最佳模型可由系统辨识工具箱中的函数 `selstruc` 来确定。在使用函数 `selstruc` 之前，用户由函数 `struc` 形成模型集，并通过函数 `arxstruc` 来评估损失函数（D.67）。

给定模型集中的最佳状态空间模型通常由模型的 Hankel 奇异值来决定（见 3.5 节），Hankel 奇异值衡量每个状态对输入 / 输出行为的贡献。Hankel 奇异值对于模型阶次来说就像奇异值对于矩阵的秩一样，特别是小的 Hankel 奇异值决定了可以丢弃的状态以简化模型。在 MATLAB 中，确定给定集合中的最佳状态空间模型可以由系统辨识工具箱中的函数 `n4sid` 来实现，该函数绘制了模型的 Hankel 奇异值。

在给定的模型集中选择完最佳模型后，一定不要忘记，这个模型是在有限数量的、具有特定结构的模型中最好的，它可能不能很好地解释系统动力学。因此，我们应该对获得的模型进行验证。

D.1.3 模型验证

作为参数估计过程的结果，我们从给定模型集中得到了“最佳”模型。那么普遍的问题是这个“最佳”模型是否足够“好”。这个问题涉及几个方面，例如：

- 模型是否与测量数据充分吻合？
- 该模型是否足以满足我们的要求？

第一个问题是指，模型和辨识系统之间是否存在功能上的接近性。第二个问题是指，获得的模型是否可以用于最初建模过程的目标。最终的验证则是利用所获得的模型测试一下是否可以实现这一目标。例如，当模型用于控制器设计时，如果控制器提供了控制系统性能，则它是“有效的”。然而，在现实世界中测试所有可能的模型是不切实际的、危险的或代价高昂的。这样的情况下，才会使用各种测试进行模型验证。

需要注意，对于将模型输出与测量结果进行比较并执行残差分析的测试，必须使用两种类型的数据集：一种用于估计模型（估计数据），另一种用于验证模型（验证数据）。如果使用相同的数据集来估计和验证模型，则存在过度拟合数据的风险。当模型验证过程使用独立数据集时，此过程称为交叉验证。

D.1.3.1　测试模型输入 / 输出行为的一致性

对于黑箱模型，我们的关注点集中在它们的输入 / 输出特性上。这些特性通过时域中的暂态响应给出，而在频域中通过频率响应显示。脉冲响应图和阶跃响应图帮助我们验证模型捕捉动态的程度。例如，我们可以使用相关分析（非参数模型）从数据中估计脉冲或阶跃响应，然后将相关分析结果与参数模型的暂态响应进行比较。由于非参数模型和参数模型是使用不同算法导出的，因此这两种模型之间的一致性会增加对参数模型结果的置信度。用置信区间展示估计模型的暂态响应始终是一个好方式，置信区间是从估计参数的方差中获得的。置信区间对应于响应值的范围，具有作为系统实际响应的特定概率。如果我们假设估计具有高斯分布，则 99% 的置信区间对应于 2.58 个标准差。

频率响应图帮助我们验证模型在宽频率范围内捕捉动态的能力，这是它们与时间响应方法相比所具有的主要优势。类似地，我们可以使用频谱分析（非参数模型）从数据中估计频率响应，然后将频谱分析结果与估计参数模型的频率响应进行比较。这两个模型之间的频率响应一致性增加了参数模型结果的可信度，我们可以再次显示具有置信区间的估计模型的频率响应。如果我们选择估计模型作为标准模型，并将置信区间转换为模型不确定性，那么可以获得具有非结构化不确定性的模型。这种不确定性模型在鲁棒控制器设计框架中起着非常重要的作用。

需要注意，非参数模型与参数模型的频率和时间响应之间的比较不应在反馈存在的情况（闭环识别程序）下使用，因为反馈会使非参数模型不可靠。

D.1.3.2　输出信号测试

通过将预测或仿真模型输出与测量输出进行比较，本测试检验模型将再现测量数据的能力。这种比较是通过将测量信号和预测或仿真信号绘制在一起，并计算某个数值拟合来进行的。最常用的数值拟合是

$$\mathrm{FIT}=\left(1-\frac{\|y-\hat{y}\|_2}{\|y-\bar{y}\|_2}\right)\times 100 \tag{D.71}$$

其中 $\hat{y}$ 是模型输出，而 $\bar{y}$ 是 y 的平均值。需要注意，100% 对应于完美拟合，0% 表示拟合并不比猜测输出为常数 $\hat{y}=\bar{y}$ 好。负拟合比 0% 的情况还要糟糕，这可能是如下原因导致的：估计算法未能收敛；在估计期间进行了一步超前预测的最小化，但在验证中使用的却是仿真

输出；验证数据集的预处理方式与估计数据不同。

测量输出和预测或仿真输出的图能够表明：模型能够重现哪些特征以及哪些特征未能被捕获。二者的差异可能是噪声或模型误差造成的，但我们看到的常是二者的综合影响。

D.1.3.3 参数置信区间检验

此测试检验估计模型是否有过多的参数。通过比较估计参数与其标准差来进行检验。如果置信区间包含 0，则表明模型阶数太大。此时，我们应该重新考虑模型阶数，可以尝试估计降阶模型。如果估计的标准差都很大，这再次表明模型阶数太大。

D.1.3.4 零极点测试

本测试检验能否减少估计模型的阶次。模型的极点和零点及其置信区间被绘制出来。当极 – 零点对的置信区间重叠时，这种重叠表示可能的极 – 零点抵消。然后，我们可以尝试估计低阶模型。得到的低阶模型应通过输出信号测试和残差测试进行验证。如果该图显示极 – 零点抵消，但降低模型阶次会降低拟合度，则额外的极点可能描述了噪声（或额外的极点可能反映了噪声的行为）。在这种情况下，应该选择一个能够解耦系统动力学和噪声特性的不同模型结构。例如，可以尝试让 A 或 F 多项式的阶次等于未抵消极点数的 ARMAX、OE 或 BJ 模型结构。

D.1.3.5 残差检验

测量输出和估计模型输出之间的差值称为*残差*：

$$e(k) = y(k) - \hat{y}(k,\hat{\theta}) \tag{D.72}$$

很明显，残差包含了模型质量的信息。如果我们计算一些基本的统计数据，例如

$$e_{\max} = \max_k |e(k)|, \bar{e} = \frac{1}{N}\sum_{k=1}^{N} e^2(k) \tag{D.73}$$

对式（D.73）的直观解释将是这样的：“对于我们所看到的所有数据，该模型永远不会产生大于 $e_{\max}$ 的残差和大于 $\bar{e}$ 的平均误差。”这种界限很可能也适用于“未来数据”。如果残差不依赖于输入输出数据集中使用的特定输入信号，则式（D.73）的值将受到限制，因为该模型应该适用于一系列可能的输入。为了检查这一点，研究残差和过去输入之间的协方差是合理的：

$$\hat{R}_{eu}(\tau) = \frac{1}{N}\sum_{k=1}^{N} e(k)u(k-\tau) \tag{D.74}$$

如果这个数字很小，那么我们有理由相信式（D.73）在模型应用于其他输入时具有相关性。$\hat{R}_{eu}(\tau)$ 较小的重要性的另一种解释如下：如果残差和过去输入之间存在依赖关系，则输出信号中有一部分源自输入信号，但模型没有正确捕获到它。这意味着模型能够进一步改进。

同样，如果我们发现残差的自相关数很小，则表明模型估计得很好。

$$\hat{R}_{e}(\tau) = \frac{1}{N}\sum_{k=1}^{N} e(k)e(k-\tau) \tag{D.75}$$

事实上，众所周知，为了获得无偏模型估计，残差应该是零均值白噪声。此外，如果式

（D.75）的值不是很小，这意味着可以从过去的数据中预测 $e(k)$ 的某些部分。因此，也有一些动态不能由输出来预测，进而模型能够被改进。

检查残差和过去输入之间相关性的简单方法是研究 $\hat{R}_{eu}(\tau)$,k=1,2,⋯,M 是否服从正态分布，其均值为 0，方差为

$$P_{eu} = \sum_{k=-M}^{M} R_e(k)R_u(k)$$
$$R_e(\tau) = \frac{1}{N}\sum_{k=1}^{N-\tau} e(k)e(k-\tau), \tau = 0,1,2,\cdots,M, 25 < M < N - \dim\theta \tag{D.76}$$
$$R_u(\tau) = \frac{1}{N}\sum_{k=1}^{N-\tau} u(k)u(k-\tau), \tau = 0,1,2,\cdots,M, 25 < M < N - \dim\theta$$

这是以 99% 的概率等价于

$$\left|\frac{\hat{R}_{eu}(\tau)}{\sqrt{\hat{R}_e(0)\hat{R}_u(0)}}\right| \leqslant \frac{2.58}{N}, \tau = 1,2,\cdots,M \tag{D.77}$$

如果式（D.77）不成立，那么 $e(k)$ 和 $u(k-\tau)$ 是独立的假设就不成立。

同样，检验残差与自身相关性的简单方法是，考察归一化相关函数 $\hat{R}_e(\tau)/\hat{R}_e(0)$ 是否服从正态分布，其以 99% 的概率等价于

$$\left|\frac{\hat{R}_e(\tau)}{\hat{R}_e(0)}\right| \leqslant \frac{2.58}{N}, \tau = 1,2,\cdots,M \tag{D.78}$$

如果式（D.78）不成立，那么残差是“白色”的假设应该不成立。

检查残差和过去输入之间的相关性的测试称为*独立性测试*，检查残差自相关的测试称为*白度测试*。通过白度测试意味着获得的参数估计是无偏的，模型在功能上接近辨识系统，估计的噪声模型是良好的。通过独立性测试意味着该模型可以捕获整个重要的输入输出动态。在 MATLAB 中，这些测试是使用函数 `resid` 进行的，它绘制了残差的自相关函数、残差与输入之间的互相关函数以及 99% 的置信区域，即式（D.77）和式（D.78）右侧的表达式。通过这样的图可以更好地了解模型结构的正确性。例如，如果被辨识的系统有一个采样的时滞，但我们假设模型中有两个采样的时滞，那么就可以看到 $u(k-1)$ 和 $e(k)$ 之间的相关性。

独立性测试的另一个版本是估计残差和输入之间的动态，即估计模型误差的模型。然后在该模型关于置信区域的频率响应图中可以看出模型未能捕获系统动力学的频率范围。根据辨识的目的，即使违反了式（D.77），模型也可以被接受，因为模型误差所在的频率区间不在研究者所关注的范围之内。MATLAB 函数 `resid` 也可以估计残差和输入之间的高阶 FIR 模型：

$$e(k) = \theta^{\mathrm{T}}\varphi(k), \varphi(k) = [u(k-1), u(k-2), \cdots, u(k-n)]^{\mathrm{T}} \tag{D.79}$$

式（D.79）的频率响应图以及 99%的置信区域被展示出来。99% 的置信区标记了统计

上不显著的响应。响应落在感兴趣频率范围内的置信区间内，表明模型可靠。

通常，好的模型应该都能通过白度测试和独立性测试，但以下情况除外：1）对于输出误差（OE）模型，建模重点是动力学模型 $G(q^{-1},\theta)$ 而不是扰动模型 $H(q^{-1},\theta)$。那么，残差和输入的独立性很重要，我们应该很少关注残差的白度结果；2）残差和负滞后输入之间的相关性不一定能说明模型不准确。在采样 k 时的当前残差影响未来的输入值时，辨识系统中可能存在反馈。在反馈的情况下，我们应该专注于独立性测试中的正滞后。

D.2 线性灰箱模型的辨识

当我们可以从物理定律推导出模型结构，但不知道模型参数值和噪声模型时，灰箱方法是合适的。与黑箱模型相比，灰箱模型的主要优点是模型结构揭示了变量之间的物理关系，模型参数具有物理意义。在获得模型结构之后，我们使用输入 / 输出数据集通过辨识过程来估计噪声模型和物理参数。大多数情况下，通过灰箱方法可以评估连续时间模型，因为大多数物理定律都是以连续时间表示的。

黑箱和灰箱识别的例子可参见第 2 章。

D.3 注释和参考文献

许多书籍都考虑了线性系统模型的辨识问题，如文献 [208]、文献 [4]、文献 [48]、文献 [206] 和文献 [207]。文献 [48] 中提出的方法在 MATLAB 的系统辨识工具箱中被实现了，参见文献 [173]。

附录 E
IMU 与目标微控制器的接口

模拟器件 MEMS IMU ADIS16405 集成了 3 个陀螺仪和 3 个正交定向的加速度计，还包括 3 个磁力计。ADIS16405 IMU 的功能图如图 E.1 所示。

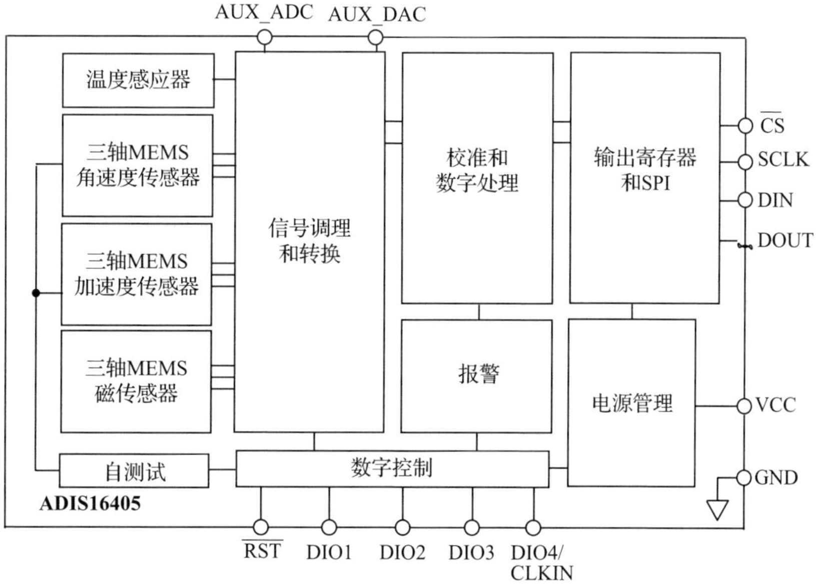

图 E.1　ADIS16405 IMU 功能图

测量过程由有限状态机（图 E.1 中的数字控制模块）控制。测量结果和传感器配置位于专用存储器中，可以从带有 SPI 端口的外部设备访问。SPI 代表串行外设接口（同步双工主从串行通信）。因此，角速度和加速度数据值被记录在相应的内存地址中，并由 SPI 读取。微控制器和带有 SPI 的 IMU 之间的互连如图 E.2 所示。有关 ADIS16405 的详细技术信息可在文献 [58] 中得到。

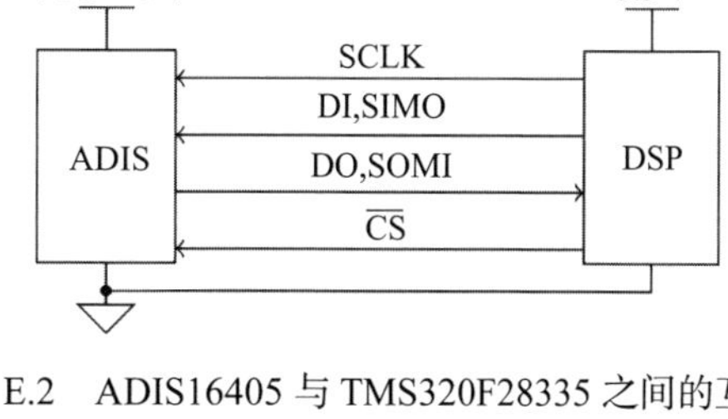

图 E.2　ADIS16405 与 TMS320F28335 之间的互连

E.1　驱动 SPI 通信

SPI 通信由 4 个逻辑线组成。典型的暂态过程如图 E.3 所示。信号 $\overline{CS}$（片选）的低逻辑电平允许从设备传输数据。当一个 SPI 主设备上有多个从设备时，每个从设备都位于一个单独的 $\overline{CS}$ 上。SCLK 信号是由主设备（本例中为 TMS320F28335）产生的时钟信号。SIMO（Slave In Master Out，从入主出）是主设备的输出和从设备的输入，SOMI（Slave Out Master In，从出主入）是从设备的输出和主设备的输入。

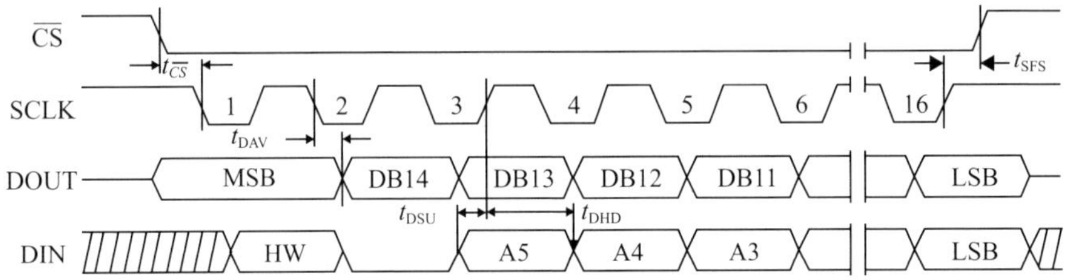

图 E.3　ADIS16405 SPI 的通信时序

图 E.3 上的 DOUT 信号携带从传感器发送到微控制器（MSB、DB14、…、DB1、LSB）的单个 16b 信息，其中 MSB 代表最高有效位。第一个位在延迟 $t_{\overline{CS}}$ 后是有效的，下一位在参考时钟信号的下降沿 t_{DAV} 后有效。要读取单个位的信息，必须在有限的时间范围内存储 DOUT 线的电平，同时数据是有效的。在相反的情况下，概率 $p \geqslant 0.5$ 时，将出现读取错误的信息。在图 E.3 中，单个位的有效时间范围由参数 t_{DAV} 和 $t_{\overline{CS}}$ 定义。

读者可以观察到图 E.2 中 DI 线的类似情况。主设备使用 DI 线向从设备发送数据，第一位表示操作类型（读或写），第二位始终为 0。要求在时钟信号上升沿之前的时间 t_{DSU} 内线上设置数据，并在该上升沿之后的时间 t_{DHD} 内线上保持有效。获取有关 SPI 传感器端口的时序信息对于微控制器的 SPI 通信模块编程是必要的。图 E.3 所附的表格显示了取自 ADIS16405 数据表文档 [58] 的一些参数值。微控制器 SPI 是使用代码清单 E.1 中的程序设置的。

代码清单 E.1　初始化微控制器 SPI 端口

```
SpiaRegs.SPICCR.bit.SPISWRESET = 0; // SPI 复位
SpiaRegs.SPICCR.bit.SPICHAR = 15;  // 字符长度控制
SpiaRegs.SPICCR.bit.SPILBK = 0;      // 配置 SPI 为正常模式

//1(0)= 数据在下降（上升）沿输出，在上升（下降）沿输入
SpiaRegs.SPICCR.bit.CLKPOLARITY = 1;
SpiaRegs.SPICTL.bit.TALK = 1;             // 发送使能，位 1
SpiaRegs.SPICTL.bit.MASTER_SLAVE = 1; //SPI 配置为 master
//1= 数据在第 1 个上升 / 下降沿
SpiaRegs.SPICTL.bit.CLK_PHASE = 0; 之前半周期输出

SpiaRegs.SPIPRI.bit .FREE = 1; // 自由运行，不管是否暂停，继续 SPI 操作
SpiaRegs.SPIBRR = 40;             // 波特率 . 位
SpiaRegs.SPIFFTX.bit.SPIFFENA = 1;  //SPI_A FIFO 模式
SpiaRegs.SPIFFCT.all= 20;                // FIFO 传输延迟
SpiaRegs.SPICCR.bit.SPISWRESET = 1; // 使能 SPI
```

C28x 微控制器的外部设备在专用地址上执行的读或写操作的帮助下进行编程。外部设

备寄存器形成单独的地址空间，每个寄存器控制设备功能的某些方面。每个外部设备用户指南都可以在单独的文档中找到，如文献 [209] 用于 SPI，文献 [210] 用于 SC，文献 [211] 用于 ADC 等。在文件 DSP2833x_Device.h 中，定义了 `struct` 类型的结构 `SpiaRegs`，它命名了控制寄存器和位域 [212]。该结构在代码生成过程的链接阶段被映射到外设地址空间。

ADIS16405 器件在供电后立即开始惯性测量。数据采集的采样时间是可以调整的，其默认值为伪 T_s=0.001 2s。在当前采样间隔结束时，测量数据存储到传感器存储器中。代码清单 E.2 定义了通过 SPI 读取传感器数据。该函数可以从周期性发生的定时器中断来调用，也可以在传感器触发一个中断时调用。

对 `SpiaRegs` 结构的 `SPITXBUF` 字段的写入操作填充微控制器的输入 SPI 队列 [209]。上面的代码写入包含惯性测量的传感器寄存器的地址。当 SPI 输入队列不为空时，SPI 模块就按照定时设置将排队的数据转移到输出线上。在发送数据的同时，微控制器从 `SPIMISO` 线路接收信息。接收到的信息存储在 `SPIFFRX` 队列中，这个队列在初始状态应该是空的，以便正确解释接收到的消息。传感器测量值存储为 12 位的字 [58]，这需要在接收到的数据上应用 0x3FFF 掩码。

代码清单 E.2　通过 SPI 读取传感器存储器

```
#define SUPPLY_OUT 0x0200
#define XGYRO_OUT 0x0400
 ...
#define ZACCL_OUT 0x0E00
#define STATUS_REG 0x3C00

void Measure() {
   unsigned short buf1;  int  i;

   while (SpiaRegs.SPIFFRX.bit.RXFFST > 0) buf1 = ~SpiaRegs.SPIRXBUF;

   SpiaRegs.SPITXBUF = SUPPLY_OUT; SpiaRegs.SPITXBUF = XGYRO_OUT;
   SpiaRegs.SPITXBUF = YGYRO_OUT; SpiaRegs.SPITXBUF = ZGYRO_OUT;
   SpiaRegs.SPITXBUF = XACCL_OUT; SpiaRegs.SPITXBUF = YACCL_OUT;
   SpiaRegs.SPITXBUF = ZACCL_OUT; SpiaRegs.SPITXBUF = STATUS_REG;

   while (SpiaRegs.SPIFFRX.bit.RXFFST < 7) ; // 等待读取，刷新 TX FIFO

   buf1 = SpiaRegs.SPIRXBUF;

   for (i=0;i<7;i++) {
     buf1 = (SpiaRegs.SPIRXBUF) & 0x3FFF; // 保持并过滤到下一个字
     Data_Host[i] = buf1;  // 为主机输入数据包（Simulink 模型）
   }
}
```

E.2　Simulink 接口模块的设计

在仿真模式下，惯性传感器模块只是一个占位符（见图 E.4），它定义了具有适当类型的输出端口，以允许将传感器数据与模型的其余部分集成。该模块作为 S-Function `ADIS_Driver` 被引入，它是一种编译为 MEX 文件的 C 程序 [9]。S-Function 只定义了有关数据类型、端口配置和大小设置的初始化例程（见代码清单 E.3）。

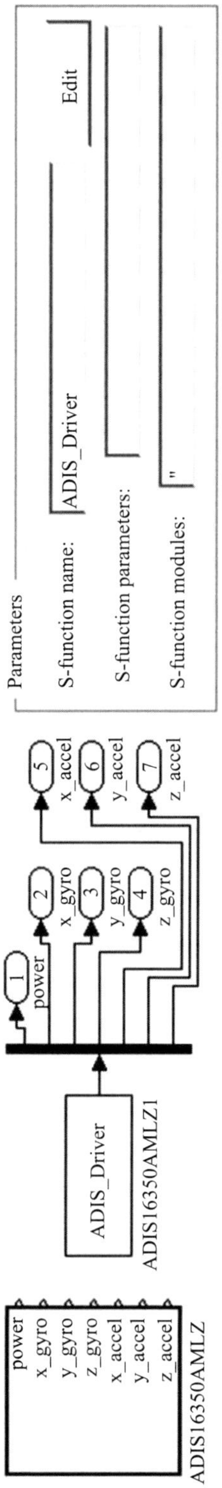

图 E.4 Simulink 中 ADIS IMU 的接口模块

代码清单 E.3　IMU 模块的 S 函数定义

```
#define S_FUNCTION_NAME ADIS_Driver
#define S_FUNCTION_LEVEL 2

#include "simstruc.h"

static void mdlInitializeSizes (SimStruct *S)
{
    ...
    ssSetNumContStates(S, 0);
    ssSetNumDiscStates(S, 0);

    if (!ssSetNumOutputPorts(S, 1)) return;    // 一个输出端口——端口 0
    ssSetOutputPortWidth(S, 0, 7);             // 端口 0 上信号的尺寸
    ssSetOutputPortDataType(S, 0, SS_UINT16); // 端口 0 的信号类型

    ssSetNumSampleTimes(S, 1);
    ssSetNumRWork(S, 0); ssSetNumIWork(S, 0); ssSetNumPWork(S, 0);
    ssSetNumModes(S, 0); ssSetNumNonsampledZCs(S, 0);
              ...
}

static void mdlInitializeSampleTimes (SimStruct *S)
{
    ssSetSampleTime(S, 0, INHERITED_SAMPLE_TIME);
    ssSetOffsetTime(S, 0, 0.0);
}
```

这里定义了具有 7 个分量的单向量输出端口，这些分量是 16b 无符号数。另一个函数将模块采样时间定义为继承时间。S-Function 使用命令 `mex ADIS_Driver.c` 进行编译，该命令生成 `ADIS_Driver.*mex*` 文件。Simulink 生成的 C 代码与传感器 SPI 驱动代码之间的接口由 TLC 文件（见代码清单 E.4）定义。

代码清单 E.4　Simulink 代码和驱动程序代码之间的 TLC 接口

```
%implements ADIS_Driver "C"

%function BlockTypeSetup(block, system) void
    %<LibAddToCommonIncludes("adis_lib.h")>
%endfunction

%function Start (block,system) Output
      init_board_spi_port ();
%endfunction

%function Outputs(block,system) Output
/* %<Type>Bilock:%<Name>(\%<ParmSettings.FunctionName>)*/
{
    Measure();
    %assign y1 = LibBlockOutputSignal(0,"","",0)
    %<y1> = Data_Host[0];
    %assign y2 = LibBlockOutputSignal(0,"","",1)
    ...
    %assign y7 = LibBlockOutputSignal(0,"","",6)
    %<y7> = Data_Host[6];
}
%endfunction
...
```

TLC 语法记录在文献 [213] 中。`ADIS_Driver` TLC 文件定义了如下模型函数：

- BlockTypeSetup——包括 adis_lib.h，它声明了低级传感器驱动函数和变量。
- Start——触发微控制器 SPI 设备的初始化程序。
- Outputs——在模型执行的每个采样期间调用一次。调用 Measure() 函数并将从传感器接收到的存储在 Data_Host 结构中的数据分配给模块输出。

代码清单 E.5 显示了有关传感器的代码生成结果，该结果由清单 E.2 中的 TLC 文件管理。可以看到，指定的 TLC 占位符已经获得了它们的实际值。例如 DSP...B.ADIS16405AMLZ[1] 替换了 %<y2> 占位符。

代码清单 E.5　ADIS16405 生成的代码

```
/* 模型阶跃函数 */
void DSP_Embedded_LQRC2_kalman_psi_step(void)
{
...
  /* S-Function Block: <S1>/ADIS16405AMLZ (ADIS_Driver) */
  {
    Measure();
    DSP_Embedded_LQRC2_kalman_psi_B.ADIS16405AMLZ[0] = Data_Host[0];
    DSP_Embedded_LQRC2_kalman_psi_B.ADIS16405AMLZ[1] = Data_Host[1];
    DSP_Embedded_LQRC2_kalman_psi_B.ADIS16405AMLZ[2] = Data_Host[2];
    DSP_Embedded_LQRC2_kalman_psi_B.ADIS16405AMLZ[3] = Data_Host[3];
    DSP_Embedded_LQRC2_kalman_psi_B.ADIS16405AMLZ[4] = Data_Host[4];
    DSP_Embedded_LQRC2_kalman_psi_B.ADIS16405AMLZ[5] = Data_Host[5];
    DSP_Embedded_LQRC2_kalman_psi_B.ADIS16405AMLZ[6] = Data_Host[6];
  }
...
}
```

附录 F
用霍尔编码器测量角速度

旋转霍尔编码器将角速度转换为电信号。霍尔元件是半导体器件，其电导率随外加磁场的变化而变化。磁盘连接到电动机的轴上，沿着磁盘边界，存在均匀分布的磁极对（N 或 S）。在靠近磁盘的地方安装了两个霍尔元件，它们产生反映电流极性（N 或 S）的逻辑信号，产生两个移位的方脉冲方波（见图 F.1）。它们的频率（$2/T_{\mathrm{imp}}$）与角速度成正比，相移 τ 取决于旋转方向。图 F.2 给出了旋转编码器和微控制器 TMS320F28335 之间的连接。角速度计算如下：

$$\hat{\omega}=(-1)^{S}\frac{360}{2T_{\mathrm{imp}}nR}\mathrm{deg/s} \tag{F.1}$$

其中 $s\in\{0,1\}$ 是旋转方向的逻辑信号，T_{imp} 是以秒为单位的脉冲宽度，$n=\omega_{\mathrm{out}}/\omega_{\mathrm{in}}$ 是传动比，R 是磁盘的极对数（定义角分辨率）。

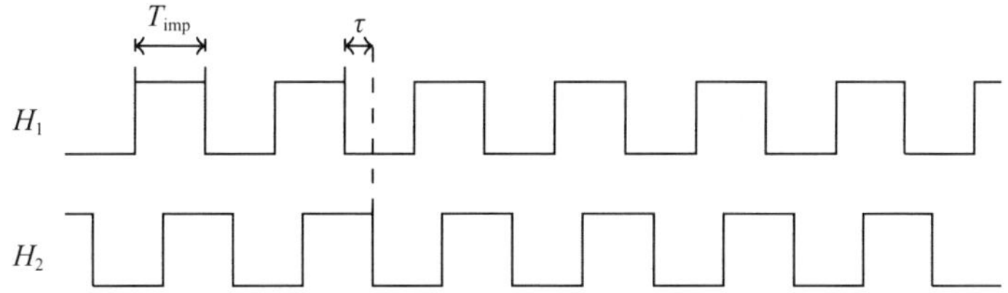

图 F.1　恒定角速度编码器信号，$H_1(t)=H_2(t+\tau)$

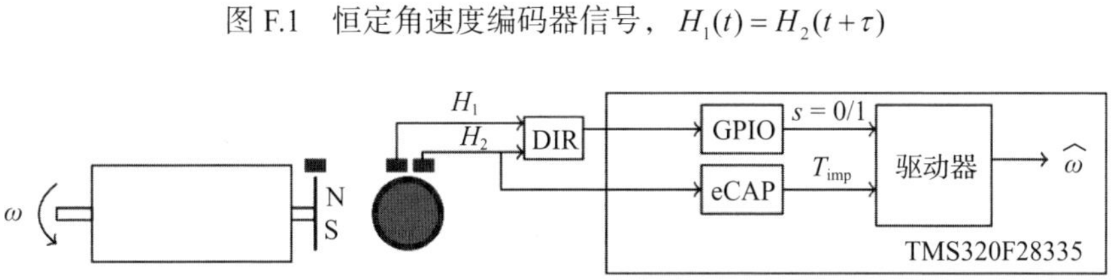

图 F.2　用霍尔编码器测量角速度的实验设置

信号 s 由外部逻辑产生。脉冲序列 H_1 是 D 触发器的时钟信号，H_2 驱动相应的 D 输入：

$$s(t)=\mathrm{D}(t)\wedge(\mathrm{CLK}(t)\wedge\mathrm{CLK}(t-\delta)) \tag{F.2}$$

$$s(t)=H_2(t)\wedge(H_1(t)\wedge\bar{H}_1(t-\delta))=H_1(t-\tau)\wedge(H_1(t)\wedge\bar{H}_1(t-\delta)) \tag{F.3}$$

延迟 δ 远小于相位差 τ，τ 的符号取决于旋转方向。信号 s 馈入微控制器的通用输入 /

输出（General Purpose Input Output, GPIO）端口。图 F.3 显示了基于 H_1 和 H_2 的方向检测。

持续时间 T_{imp} 用 C28x 微控制器的增强型捕捉（enhanced Capture，eCAP）模块来精确测量。eCAP 检测逻辑信号中的一系列事件，并测量它们之间的时间：

$$\begin{aligned}&T_{imp} = \text{floor}((t_2 - t_1)/T_{clk})T_{clk} = N_{clk}T_{clk} \\ &H_2(t_1 < t < t_2) = 1,\ H_2(t_1 - \delta) = 0,\ H_2(t_2 + \delta) = 0\end{aligned} \tag{F.4}$$

其中 T_{clk} 是 CPU 时钟信号周期（T_{clk}=$1/150\times10^6$）。其一些重要参数是编码器的极对数，这里是 64，齿轮箱的传动比这里是 29 ∶ 1。

eCAP 组件的简化图如图 F.4 所示 [214]。输入信号进入边缘检测器以记录事件。事件限定符（或资格预选）模块是一个 2b 计数器，它在检测到的每个边沿时增加。当检测到新事件时，将 32b 专用计数器的值写入相应的事件寄存器。当检测到监控信号的上升沿时，这个 32b 计数器被复位。eCAP 组件的时序如图 F.5 所示。

因此，当编码器检测到上升沿时，事件限定符模块重新启动计数器，当检测到下降沿时，将计数器值写入寄存器。这样，有关脉冲持续时间的信息进入微控制器。用式（F.4）和式（F.1）计算后，可以得到角速度的值。

角速度由 Driver 程序根据式（F.1）计算，其中输入参数为 T_{imp} 和 s。该程序的 Simulink 数据流模型如图 F.6 所示。C2000 Simulink 库中有 eCAP 和 GPIO DI 模块。

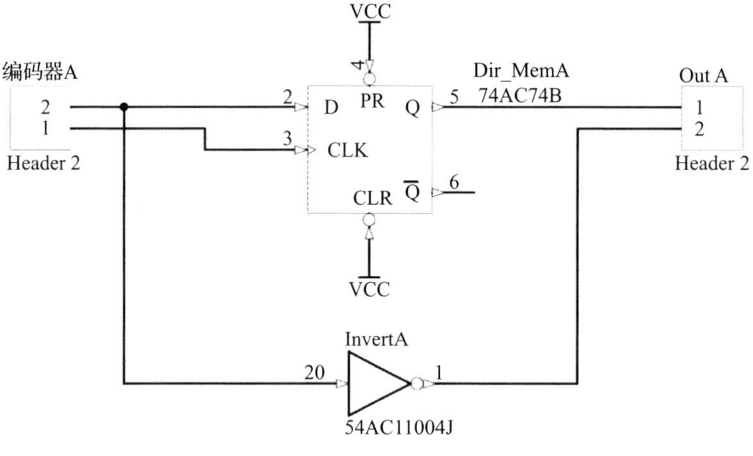

图 F.3　基于 H_1 和 H_2 的方向检测

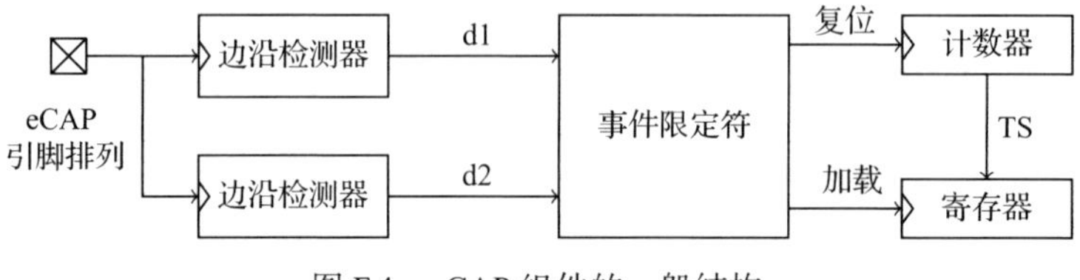

图 F.4　eCAP 组件的一般结构

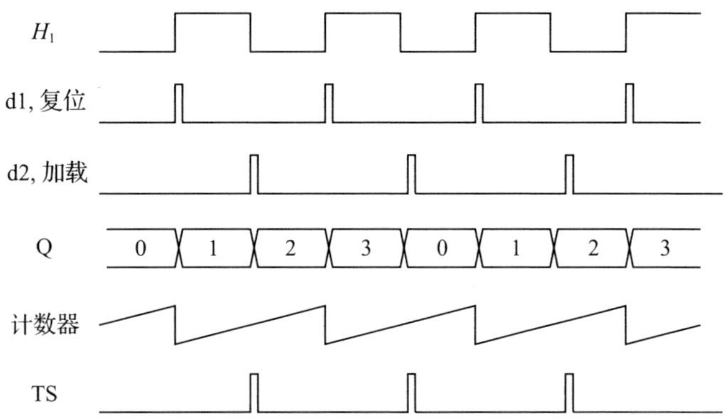

图 F.5　eCAP 事件捕获的时序

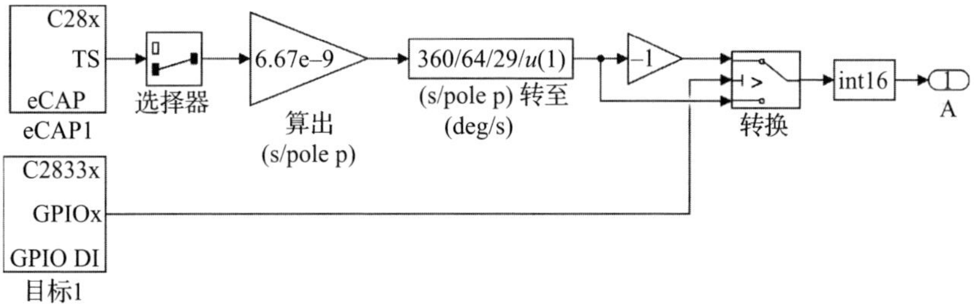

图 F.6　代码生成的 Simulink 模型

所有测量值 $\hat{\omega}=\omega+\Delta_\omega$ 都带有一些数值误差 Δ_ω。为了分析这些测量误差，我们建立了如图 F.7 所示的实验设置的仿真模型。

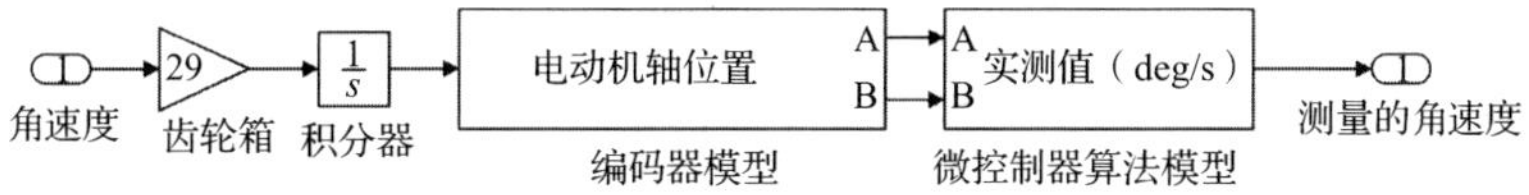

图 F.7　角速度测量的 Simulink 模型

轴旋转信号进入包含磁盘和霍尔元件模型的旋转编码器模型（见图 F.8）。因此，H_1 和 H_2 的波形被建模出来（图中的 A 和 B）。这些波形被送到 C28x 微控制器的周期精确模型（见图 F.9），该模型包含了 eCAP 硬件组件和程序执行。

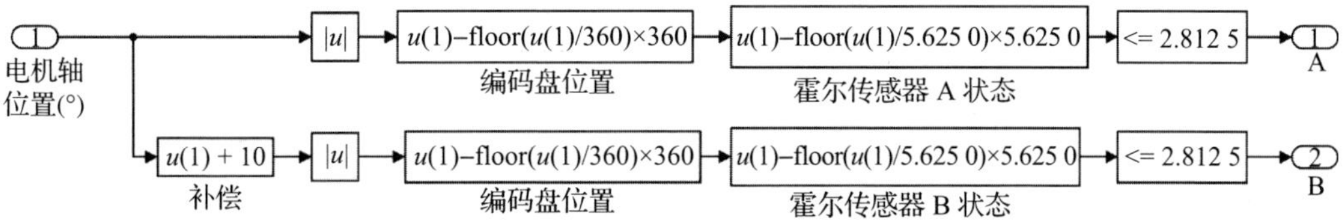

图 F.8　磁盘和霍尔元件模型

旋转编码器模型（见图 F.8）有两个数据流通道。轴角的绝对值等于磁盘旋转角度，用 [0,360] 来表示。

$$\alpha_{\text{disk}} = \alpha_{\text{shaft}}\,\mathbf{mod}\ 360 \tag{F.5}$$

磁盘有 64 个极对，因此每个极对覆盖 360/64=5.625°。下一模块计算一个极对极限范围内的圆盘角度：

$$\alpha_{\text{pole}} = \alpha_{\text{disk}}\,\mathbf{mod}\ 5.625 \tag{F.6}$$

极对的 N 极和 S 极分别覆盖 5.625/2=2.812 5°。霍尔元件根据极的类型生成逻辑信号电平。所以，它的数学描述是

$$H(t) = \begin{cases} 1 & \alpha_{\text{pole}} \leqslant 2.812\,5 \\ 0 & \alpha_{\text{pole}} > 2.812\,5 \end{cases} \tag{F.7}$$

第二个编码器通道的建模考虑了霍尔元件的空间偏移导致的输入信号的时间偏移。

编码器信号处理的微控制器模型（见图 F.9）有如下子系统：

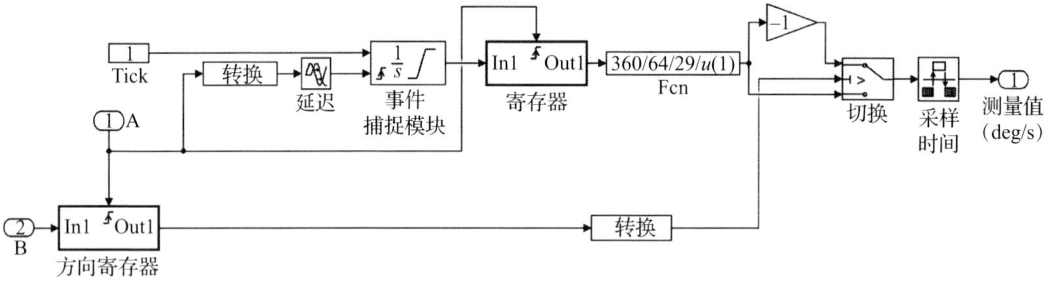

图 F.9 微控制器模型

- ❑ 图 F.3 中的方向检测器模型。触发器被建模为一个触发子系统（Triggered Subsystem）模块，该模块留空（直通）。因此，在触发端口上升沿时输出等于输入：

$$y(t) = \begin{cases} u(t) & \bar{T}(t-\delta) \wedge T(t) \\ y(t-1) & T(t-\delta) \vee \bar{T}(t) \end{cases} \tag{F.8}$$

$$T(t) = u(t-\tau)$$

$$y(t) = \begin{cases} 1 & \tau<0 \\ 0 & \tau>0 \end{cases} \tag{F.9}$$

- ❑ eCAP 模块的模型围绕积分器来组织，输入 1 用于 32b 计数器的建模。编码器信号上升沿延迟 δ 后，积分器重新启动。在重新启动之前，相同的上升沿会导致将积分器的值写入寄存器中。寄存器被建模为触发子系统。
- ❑ 计算角速度的程序模型（见图 F.6）。

图 F.10 显示了编码器模型的角速度测量值与原始正弦信号（0.5 Hz）的比较。

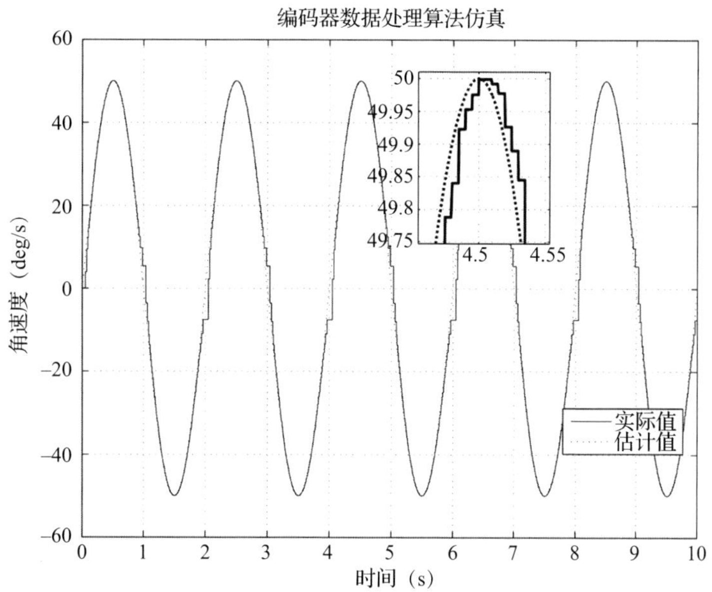

图 F.10　微控制器作用下旋转编码器数据采集的仿真

参考文献

[1] Kostrikin A.I. and Manin Yu I. *Linear Algebra and Geometry*. Overseas Publishers Association, Amsterdam, The Netherlands, 1997. ISBN 90 5699 049 7.

[2] Bishop R.H., editor. *Mechatronic Systems, Sensors and Actuators: Fundamentals and Modeling*. CRC Press, Boca Raton, FL, 2nd edition, 2008. ISBN 978-0-8493-9258-0.

[3] Wittenmark B., Åström K.J., and Årzén K.-E. Computer control: An overview. *IFAC Professional Briefs*, 2002. [Online]. Available at: https://www.ifac-control.org/publications/list-of -professional-briefs.

[4] Landau I.D. and Zito G. *Digital Control Systems: Design, Identification and Implementation*. Springer-Verlag, London, 2006. ISBN 1-84628-055-9.

[5] The MathWorks, Inc., Natick, MA. *Fixed-Point Designer User's Guide*, 2017. [Online]. Available at: http://www.mathworks.com/help/pdf_doc/fixedpoint/FPTUG.pdf.

[6] IEEE Computer Society. *IEEE Std 754®-2008, IEEE Standard for Floating Point Arithmetic*. New York, NY, 2008. DOI 10.1109/IEEESTD.2008.5976968.

[7] Higham N.J. *Accuracy and Stability of Numerical Algorithms*. Society for Industrial and Applied Mathematics, Philadelphia, PA, 2nd edition, 2002. ISBN 0-89871-521-0.

[8] Franklin G.F., Powell J.D., and Workman M.L. *Digital Control of Dynamic Systems*. Addison Wesley Longman, Inc., Menlo Park, CA, 3rd edition, 1998. ISBN 0-201-33153-5.

[9] The MathWorks, Inc., Natick, MA. *Simulink Coder User's Guide*, 2017. [Online]. Available at: http://www.mathworks.com/help/pdf_doc/rtw/rtw_ug.pdf.

[10] Hristu-Varsakelis D. and Levine W.S., editors. *Handbook of Networked and Embedded Control Systems*. Birkhäuser, Boston, 2005. ISBN 978-0-8176-3239-7.

[11] Marwedel P. *Embedded System Design: Embedded Systems Foundations of Cyber-Physical Systems*. Springer, Dordrecht, The Netherlands, 2nd edition, 2011. ISBN 978-94-007-0256-1, DOI 10.1007/978-94-007-0257-8.

[12] Popovici K., Rousseau F., Jerraya A.A., and Wolf M. *Embedded Software Design and Programming of Multiprocessor System-on-Chip*. Springer, New York, NY, 2010. ISBN 978-1-4419-5566-1, DOI 10.1007/978-1-4419-5567-8.

[13] Westcot T. *Applied Control Theory for Embedded Systems*. Elsevier, Amsterdam, 2006. ISBN 978-0-7506-7839-1.

[14] Basten T., Hamberg R., Reckers F., and Verriet J., editors. *Model-Based*

Design of Adaptive Embedded Systems. Springer, New York, NY, 2013. ISBN 978-1-4614-4820-4, DOI 10.1007/978-1-4614-4821-1.

[15] Ledin J. *Embedded Control Systems in C/C++: An Introduction for Software Developers Using MATLAB*. CRM Books, San Francisco, CA, 2004. ISBN 1578201276.

[16] Lozano R., editor. *Unmanned Aerial Vehicles Embedded Control*. Wiley-ISTE, Chichester, UK, 2010. ISBN 978-1-84821-127-8.

[17] Forrai A. *Embedded Control System Design: A Model Based Approach*. Springer, Berlin, 2013. ISBN 978-3-642-28594-3, DOI 10.1007/978-3-642-28595-0.

[18] Fraden J. *Handbook of Modern Sensors: Physics, Designs, and Applications*. Springer, New York, NY, 4th edition, 2010. ISBN 978-1-4419-6465-6, DOI 10.1007/978-1-4419-6466-3.

[19] Bräunl T. *Embedded Robotics: Mobile Robot Design and Applications with Embedded Systems*. Springer, Berlin, 3rd edition, 2008. ISBN 978-3-540-70533-8.

[20] Isermann R. *Mechatronic Systems: Fundamentals*. Springer-Verlag, London, 2005. ISBN 1-85233-930-6.

[21] Åström K. and Wittenmark B. *Computer-Controlled Systems: Theory and Design*. Dover Publications, Inc., Mineola, NY, 3rd edition, 2008. ISBN 9780486486130.

[22] Isermann R. *Digital Control Systems*, volume 1 of *Fundamentals, Deterministic Control*. Springer-Verlag, Berlin, 2nd edition, 1989. ISBN 978-3-642-86419-3, DOI 10.1007/978-3-642-86417-9.

[23] Isermann R. *Digital Control Systems*, volume 2 of *Stochastic Control, Multivariable Control, Adaptive Control, Applications*. Springer-Verlag, Berlin, 2nd edition, 1989. ISBN 978-3-642-86422-3, DOI 10.1007/978-3-642-86420-9.

[24] Fadali M.S. and Visioli A. *Digital Control Engineering: Analysis and Design*. Elsevier, Amsterdam, 2nd edition, 2013. ISBN 978-0-12-394391-0.

[25] Houpis C.H. and Lamont G.B. *Digital Control Systems: Theory, Hardware, Software*. McGraw-Hill, Inc., New York, NY, 2nd edition, 1992. ISBN 978-0070305007.

[26] Levine W.S., editor. *Control System Fundamentals*. The Control Handbook. CRC Press, Boca Raton, FL, 2nd edition, 2011. ISBN 978-1-4200-7363-8.

[27] Pelgrom M. *Analog-to-Digital Conversion*. Springer, Cham, Switzerland, 3rd edition, 2017. ISBN 978-3-319-44970-8, DOI 10.1007/978-3-319-44971-5.

[28] Moler C.B. *Numerical Computing with MATLAB®*. Society for Industrial and Applied Mathematics, Philadelphia, PA, 2004. ISBN 978-0-89871-660-3, DOI 10.1137/1.9780898717952.

[29] Muller J.-M., Brisebarre N., de Dinechin F., *et al. Handbook of Floating-Point Arithmetic*. Birkhäuser, Boston, 2010. ISBN 978-0-8176-4704-9, DOI 10.1007/978-0-8176-4705-6.

[30] Koren I. *Computer Arithmetic Algorithms*. A K Peters, Ltd., Natick, MA, 2nd edition, 2002. ISBN 1-56881-160-8.

[31] Laub A.J. *Computational Matrix Analysis*. Society for Industrial and Applied Mathematics, Philadelphia, PA, 2012. ISBN 978-1-611972-20-7.

[32] Overton M.L. *Numerical Computing with IEEE Floating Point Arithmetic*. Society for Industrial and Applied Mathematics, Philadelphia, PA, 2001. ISBN 0-89871-571-7.

[33] Isermann R. Mechatronic systems—Innovative products with embedded control. *Control Engineering Practice*, 16:14–29, 2008. DOI

10.1016/j.conengprac.2007.03.010.

[34] The MathWorks, Inc., Natick, MA. *Embedded Coder User's Guide*, 2017. [Online]. Available at: http://www.mathworks.com/help/pdf_doc/ecoder/ecoder_ug.pdf.

[35] Hardin D.S., editor. *Design and Verification of Microprocessor Systems for High-Assurance Applications*. Springer, 2010. ISBN 978-1-4419-1538-2, DOI 10.1007/978-1-4419-1539-9.

[36] Marwedel P. and Goossens G., editors. *Code Generation for Embedded Processors*. The Springer International Series in Engineering and Computer Science. Springer, New York, NY, 2002. ISBN 978-1-4613-5983-8, DOI 10.1007/978-1-4615-2323-9.

[37] Mogensen T. *Basics of Compiler Design*. University of Copenhagen, 3rd edition, 2010. [Online]. Available at: http://www.diku.dk/ torbenm/Basics.

[38] Noergaard T. *Embedded Systems Architecture: A Comprehensive Guide for Engineers and Programmers*. Elsevier, Amsterdam, 2nd edition, 2013. ISBN 978-0-12-382196-6.

[39] Pedroni V.A. *Circuit Design with VHDL*. MIT Press, Cambridge, MA, 2004. ISBN 978-0262162241.

[40] Dubey R. *Introduction to Embedded System Design Using Field Programmable Gate Arrays*. Springer-Verlag, London, 2009. ISBN 978-1-84882-015-9, DOI 10.1007/978-1-84882-016-6.

[41] Kilts S. *Advanced FPGA Design: Architecture, Implementation, and Optimization*. John Wiley & Sons, Inc., Hoboken, NJ, 2007. 978-0470054376.

[42] Sass R. and Schmidt A.G., editors. *Embedded Systems Design with Platform FPGAs: Principles and Practices*. Elsevier, Amsterdam, 2010. ISBN 978-1-4614-4820-4, DOI 10.1007/978-1-4614-4821-1.

[43] Goodwin G.C., Graebe S.F., and Salgado M.E. *Control System Design*. Prentice-Hall International, Inc., Upper Saddle River, NJ, 2001. ISBN 0-13-958653-9.

[44] Lewis F.L., Xie L., and Popa D. *Optimal and Robust Estimation: With an Introduction to Stochastic Control Theory*. CRC Press, Boca Raton, FL, 2nd edition, 2008. ISBN 978-1-4200-0829-6.

[45] Hendricks E., Jannerup O., and Sørensen P.H. *Linear Systems Control: Deterministic and Stochastic Methods*. Springer-Verlag, Berlin, 2008. ISBN 978-3-540-78485-2.

[46] Van Loan C.F. Computing integrals involving the matrix exponential. *IEEE Transactions on Automatic Control*, AC-23:395–404, 1978. DOI 10.1109/TAC.1978.1101743.

[47] Kalman R.E. and Bucy R.S. New results in filtering and prediction theory. *Transactions of the ASME, Series D: Journal of Basic Engineering*, 83:95–108, 1961.

[48] Ljung L. *System Identification: Theory for the User*. Prentice-Hall International, Inc., Englewood Cliffs, NJ, 2nd edition, 1999. ISBN 978-0136566953.

[49] Jansson M. Subspace identification and ARX modelling. *IFAC Proceedings Volumes*, 36:1585–1590, 2003. https://doi.org/10.1016/S1474-6670(17)34986-8.

[50] Balas G., Chiang R., Packard A., and Safonov M. *Robust Control Toolbox™ User's Guide*. The Mathworks, Inc., Natick, MA, 2016. [Online]. Available at: http://www.mathworks.com.

[51] Tóth R., Lovera M., Heuberger P.S.C., Corno M., and Van den Hof P.M.J.

On the discretization of linear fractional representations of LPV systems. *IEEE Transactions on Control Systems Technology*, 20:1473–1489, 2012. DOI 10.1109/TCST.2011.2164921.

[52] Gugercin S., Antoulas A.C., and Zhang H.P. An approach to identification for robust control. *IEEE Transactions on Automatic Control*, 48:1109–1115, 2003. DOI 10.1109/TAC.2003.812821.

[53] Van den Hof P. Identification of experimental models for control design. In *Proceedings of the 18th Instrumentation and Measurement Technology Conference, (IMTC 2001)*, volume 2, pages 1155–1162, Budapest, Hungary, May 2001. IEEE. DOI 10.1109/IMTC.2001.928260.

[54] Venkatesh S. Identification of uncertain systems described by Linear Fractional Transformations. In *Proceedings of the 42nd IEEE Conference an Decision and Control*, volume 2, pages 5532–5537, Maui, Hawaii, USA, December 2001. IEEE. DOI 10.1109/CDC.2003.1272518.

[55] Aggarwal P., Syed Z., Noureldin A., and El-Sheimy N. *MEMS-Based Integrated Navigation*. Artech House, Norwood, MA, 2010. ISBN 978-1-60807-043-5.

[56] Allan D.W. Statistics of atomic frequency standards. *Proceedings of the IEEE*, 54:221–230, 1966. DOI 10.1109/PROC.1966.4634.

[57] IEEE Aerospace and Electronic Systems Society. *IEEE Std 952-1997, IEEE Standard Specification Format Guide and Test Procedure for Single-Axis Interferometric Fiber Optic Gyros*. New York, NY, 1998. DOI 10.1109/IEEESTD.1998.86153.

[58] Analog Devices, Inc., Norwood, MA. *ADIS16405: Triaxial Inertial Sensor with Magnetometer*, 2016. [Online]. Available at: http://www.analog.com.

[59] de Silva C.W. *Modeling and Control of Engineering Systems*. CRC Press, Boca Raton, FL, 2009. ISBN 978-1-4200-7686-8.

[60] Egeland O. and Gravdahl J.T. *Modeling and Simulation for Automatic Control*. Marine Cybernetics, Trondheim, Norway, 2002. ISBN 82-92356-01-0.

[61] Fishwick P.A., editor. *Handbook of Dynamic System Modeling*. Chapman & Hall/CRC, Boca Raton, FL, 2007. ISBN 978-1-4200-1085-5.

[62] Golnaraghi F. and Kuo B.C. *Automatic Control Systems*. John Wiley & Sons, Inc., Hoboken, NJ, 9th edition, 2009. ISBN 978-0470048962.

[63] Karnopp D.C., Margolis D.L., and Rosenberg R.C. *System Dynamics: Modeling, Simulation, and Control of Mechatronic Systems*. John Wiley & Sons, Inc., Hoboken, NJ, 5th edition, 2012. ISBN 978-0-470-88908-4.

[64] Kulakowski B.T., Gardner J.F., and Shearer J.L. *Dynamic Modeling and Control of Engineering Systems*. Cambridge University Press, Cambridge, UK, 3rd edition, 2007. ISBN 978-0-521-86435-0.

[65] Ljung L. and Glad T. *Modeling of Dynamic Systems*. Prentice-Hall International, Inc., Englewood Cliffs, NJ, 1994. ISBN 0-13-597097-0.

[66] Spong M.W., Hutchinson S., and Vidyasagar M., editors. *Robot Modeling and Control*. John Wiley & Sons, Inc., New York, NY, 2006. ISBN 978-0-471-64990-8.

[67] Boubaker O. and Iriarte R., editors. *The Inverted Pendulum in Control Theory and Robotics: From Theory to New Innovations*. The Institution of Engineering and Technology, London, 2017. ISBN 978-1-78561-320-3.

[68] Ogata K. *Modern Control Engineering*. Prentice-Hall International, Inc., Upper Saddle River, NJ, 5th edition, 2009. ISBN 978-0136156734.

[69] Franklin G.F., Powell J.D., and Emami-Naeini A. *Feedback Control of Dynamic Systems*. Prentice-Hall International, Inc., Upper Saddle River, NJ,

7th edition, 2014. ISBN 978-0133496598.

[70] Åström K.J. *Introduction to Stochastic Control Theory*. Academic Press, New York, NY, 1970. ISBN 0-486-445-31-3, Republished by Dover Publications, 2006.

[71] Bryson Jr, A.E. and Ho Y.C. *Applied Optimal Control: Optimization, Estimation, and Control*. Taylor and Francis, New York, NY, 1975. ISBN 978-0-89116-228-5.

[72] Maybeck P.S. *Stochastic Models, Estimation and Control*, volume 1. Academic Press, New York, NY, 1979. ISBN 0-12-480701-1.

[73] Speyer J.L. and Chung W.H. *Stochastic Processes, Estimation, and Control*, volume 17 of *Advances in Design and Control*. Society for Industrial and Applied Mathematics, Philadelphia, PA, 2nd edition, 2008. ISBN 978-0-89871-655-9.

[74] Kalman R.E. A new approach to linear filtering and prediction problems. *Transactions of the ASME, Series D: Journal of Basic Engineering*, 82:35–45, 1960.

[75] Anderson B.D.O. and Moore J.B. *Optimal Filtering*. Prentice-Hall International, Inc., Englewood Cliffs, NJ, 1979. ISBN 0-13-638122-7.

[76] Crassidis J.L. and Junkins J.L. *Optimal Estimation of Dynamic Systems*. CRC Press, Boca Raton, FL, 2nd edition, 2011. ISBN 978-1439839850.

[77] Gibbs B.P. *Advanced Kalman Filtering, Least-Squares and Modeling: A Practical Handbook*. John Wiley & Sons, Inc., Hoboken, NJ, 2011. ISBN 978-0-470-52970-6.

[78] Simon D. *Optimal State Estimation: Kalman, H_∞, and Nonlinear Approaches*. John Wiley & Sons, Inc., Hoboken, NJ, 2006. ISBN 978-0-471-70858-2.

[79] Grewal M.S. and Andrews A.P. *Kalman Filtering: Theory and Practice with MATLAB®*. John Wiley & Sons, Inc., New York, NY, 4th edition, 2014. ISBN 978-1118851210.

[80] Levine W.S., editor. *Control System Advanced Methods*. The Control Handbook. CRC Press, Boca Raton, FL, 2nd edition, 2011. ISBN 978-1-4200-7364-5.

[81] Bittanti S. and Garatti S. System identification and control: A fruitful cooperation over half a century, and more. In *Proceedings of the 31st Chinese Control Conference*, pages 6–15, Hefei, China, July 2012. IEEE. ISBN 978-1-4673-2581-3.

[82] Zhou K., Doyle J.C., and Glover K. *Robust and Optimal Control*. Prentice-Hall International, Inc., Upper Saddle River, NJ, 1996. ISBN 0-13-456567-3.

[83] Groves P.D. *Principles of GNSS, Inertial, and Multisensor Integrated Navigation Systems*. Artech House, Boston, 2014. ISBN 978-1-58053-255-6.

[84] Titterton D.H. and Weston J.L. *Strapdown Inertial Navigation Technology*. The Institution of Electrical Engineers, Stevenage, Hertfordshire, UK, 2nd edition, 2004. ISBN 0 86341 358 7.

[85] Farrell J.A. *Aided Navigation: GPS with High Rate Sensors*. McGraw Hill, New York, NY, 2008. ISBN 978-0-07-164266-8.

[86] Siouris G.M. *An Engineering Approach to Optimal Control and Estimation Theory*. John Wiley & Sons, Inc., New York, NY, 1996. ISBN 978-0471121268.

[87] Skogestad S. and Postlethwaite I. *Multivariable Feedback Control: Analysis and Design*. John Wiley and Sons Ltd., Chichester, England, 2nd edition, 2005. ISBN 0-470-01167-X.

[88] Freudenberg J.S. and Looze D.P. Right half plane poles and zeros and design

tradeoffs in feedback systems. *IEEE Transactions on Automatic Control*, AC-30:555–565, 1985. DOI 10.1109/TAC.1985.1104004.

[89] Åström K. and Murray R.M. *Feedback Systems: An Introduction for Scientists and Engineers*. Princeton University Press, Woodstock, Oxfordshire, 2008. ISBN 978-0-691-13576-2.

[90] Dorf R.C. and Bishop R.H. *Feedback Control Theory*. Pearson Education, Inc., Upper Saddle River, NJ, 2010. ISBN 978-0136024583.

[91] Doyle J.C., Francis B.A., and Tannenbaum A.R. *Feedback Control Theory*. Macmillan Publishing Company, New York, NY, 1992. ISBN 0-02-330011-6.

[92] Helton J.W. and Merino O. *Classical Control Using H^∞ Methods: Theory, Optimization, and Design*. Society for Industrial and Applied Mathematics, Philadelphia, PA, 1998. ISBN 0-89871-419-2.

[93] Freudenberg J.S. and Looze D.P. *Frequency Domain Properties of Scalar and Multivariable Feedback Systems*. Springer-Verlag, Berlin, 1988. ISBN 978-3-540-18869-8.

[94] Leong Y.P. and Doyle J.C. Effects of delays, poles, and zeros on time domain waterbed tradeoffs and oscillations. *IEEE Control Systems Letters*, 1:122–127, 2017. DOI 10.1109/LCSYS.2017.2710327.

[95] Lurie B.J. and Enright P.J. *Classical Feedback Control with MATLAB*. CRC Press, Boca Raton, FL, 2nd edition, 2012. ISBN 9781439860175.

[96] Åström K. Limitations on control system performance. *European Journal of Control*, 6:2–20, 2000. DOI 10.1016/S0947-3580(00)70906-X.

[97] Seron M.M., Braslavsky J.H., and Goodwin G.C. *Fundamental Limitations in Filtering and Control*. Springer-Verlag, London, 1997. ISBN 3-540-76126-8.

[98] Callier F.M. and Desoer C.A. *Linear System Theory*. Springer-Verlag, New York, NY, 1991. ISBN 0-387-97573-X.

[99] Green M. and Limebeer D.J.N. *Linear Robust Control*. Dover Publications, Mineola, NY, 2012. ISBN 978-0486488363.

[100] Maciejowski J.M. *Multivariable Feedback Design*. Addison-Wesley, Wokingham, England, 1989. ISBN 0-201-18243-2.

[101] Morari M. and Zafiriou E. *Robust Process Control*. Prentice-Hall International, Inc., Englewood Cliffs, NJ, 1989. ISBN 978-0137821532.

[102] Zhou K. and Doyle J.C. *Essentials of Robust Control*. Prentice-Hall International, Inc., Upper Saddle River, NJ, 1998. ISBN 0-13-790874-1.

[103] Sánchez-Peña R.S. and Sznaier M. *Robust Systems: Theory and Applications*. John Wiley & Sons, Inc., New York, NY, 1998. ISBN 0-471-17627-3.

[104] Dullerud G.E. and Paganini F. *A Course in Robust Control Theory: A Convex Approach*. Springer Science, New York, NY, 2000. ISBN 978-1-4419-3189-4.

[105] Braatz R.D., Young P.M., Doyle J.C., and Morari M. Computational complexity of μ calculations. *IEEE Transactions on Automatic Control*, 39:1000–1002, 1994. DOI 10.1109/9.284879.

[106] Fan M.K.H., Tits A.L., and Doyle J.C. Robustness in the presence of mixed parametric uncertainty and unmodeled dynamics. *IEEE Transactions on Automatic Control*, 36:25–38, 1991. DOI 10.1109/9.62265.

[107] Young P.M., Newlin M.P., and Doyle J.C. Computing bounds for the mixed μ problem. *International Journal of Robust and Nonlinear Control*, 5:573–590, 1995. DOI 10.1002/rnc.4590050604.

[108] Young P.M., Newlin M.P., and Doyle J.C. Let's get real. In Francis B.A. and Khargonekar P.P., editors, *Robust Control Theory*, volume 66 of *The IMA Volumes in Mathematics and its Applications*, pages 143–173. Springer-Verlag, New York, NY, 1995. ISBN 978-1-4613-8451-9.

[109] Roos C. and Beanic J.-M. A detailed comparative analysis of all practical algorithms to compute lower bounds on the structured singular value. *Control Engineering Practice*, 44:219–230, 2015. http://dx.doi.org/10.1016/j.conengprac.2015.06.006.

[110] Gu D.-W., Petkov P.Hr., and Konstantinov M.M. *Robust Control Design with MATLAB®*. Springer-Verlag, London, 2nd edition, 2013. ISBN 978-1-4471-4681-0.

[111] Anderson B.D.O. and Moore J.B. *Optimal Control: Linear Quadratic Methods*. Prentice-Hall International, Inc., Englewood Cliffs, NJ, 1989. ISBN 0-13-638651-2.

[112] Gahinet P., Nemirovski A., Laub A.J., and Chilali M. *LMI Control Toolbox User's Guide*. The MathWorks, Inc., Natick, MA, 1995.

[113] Glover K. and Doyle J.C. State-space formulae for all stabilizing controllers that satisfy an H_∞ norm bound and relations to risk sensitivity. *Systems & Control Letters*, 11:167–172, 1988. DOI 10.1016/0167-6911(88)90055-2.

[114] Gahinet P. and Apkarian P. A linear matrix inequality approach to H_∞ control. *International Journal of Robust and Nonlinear Control*, 4:421–448, 1994. DOI 10.1002/rnc.4590040403.

[115] Åström K. and Hägglund T. *PID Controllers*. Instrument Society of America, Research Triangle Park, NC, 2nd edition, 1995. ISBN 1-55617-516-7.

[116] Johnson M.A. and Moradi M.H., editors. *PID Control: New Identification and Design Methods*. Springer-Verlag, London, 2005. ISBN 978-1-85233-702-5.

[117] Visioli A. *Practical PID Control*. Springer-Verlag, London, 2006. ISBN 978-1-84628-585-1.

[118] O'Dwyer A. *PI and PID Controller Tuning Rules*. Imperial College Press, London, 3rd edition, 2009. ISBN 978-1-84816-242-6.

[119] Ang K.H., Chong G., and Li Y. PID control system analysis, design, and technology. *IEEE Transactions on Control Systems Technology*, 13:559–576, 2005. DOI 10.1109/TCST.2005.847331.

[120] Wang Q.-G., Ye Z., Cai W.-J., and Hang C.-C. *PID Control for Multivariable Processes*. Springer-Verlag, Berlin, 2008. ISBN 978-3-540-78481-4, DOI 10.1007/978-3-540-78482-1.

[121] Trimeche A., Sakly A., Mtibaa A., and Benrejeb M. PID controller using FPGA technology. In Yurkevich V.D., editor, *Advances in PID Control*. InTech, Rijeka, Croatia, 2011. ISBN 978-953-307-267-8.

[122] Vilanova R. and Visioli A., editors. *PID Control in the Third Millennium: Lessons Learned and New Approaches*. Springer-Verlag, London, 2012. ISBN 978-1-4471-2424-5, DOI 10.1007/978-1-4471-2425-2.

[123] Kalman R.E. Contributions to the theory of optimal control. *Boletin de la Sociedad Matemática Mexicana*, 5:102–119, 1960.

[124] Kwakernaak H. and Sivan R. *Linear Optimal Control Systems*. John Wiley & Sons, Inc., New York, NY, 1972. ISBN 0-471-51110-2.

[125] Doyle J.C. and Stein G. Multivariable feedback design: Concepts for a classical/modern synthesis. *IEEE Transactions on Automatic Control*, AC-26:4–16, 1981. DOI 10.1109/TAC.1981.1102555.

[126] Stein G. and Athans M. The LQG/LTR procedure for multivariable feedback control design. *IEEE Transactions on Automatic Control*, AC-32:105–114, 1987. DOI 10.1109/TAC.1987.1104550.

[127] McFarlane D. and Glover K. A loop shaping design procedure using $\mathscr{H}_\infty$ synthesis. *IEEE Transactions on Automatic Control*, AC-37:749–769, 1992. DOI 10.1109/9.256330.

[128] Boyd S., El Ghaoui L., Feron E., and Balakrishnan V. *Linear Matrix Inequality in Systems and Control Theory*, volume 15 of *Studies in Applied and Numerical Mathematics*. Society for Industrial and Applied Mathematics, Philadelphia, PA, 1994. DOI 10.1137/1.9781611970777.

[129] El Ghaoui L. and Niculescu S.-l., editors. *Advances in Linear Matrix Inequality Methods in Control*, volume 2 of *Advances in Design and Control*. Society for Industrial and Applied Mathematics, Philadelphia, PA, 2000. ISBN 0-89871-438-9.

[130] Nesterov Y. and Nemirovskii A. *Interior-Point Polynomial Algorithms in Convex Programming*, volume 13 of *Studies in Applied and Numerical Mathematics*. Society for Industrial and Applied Mathematics, Philadelphia, PA, 1994. ISBN 0-89871-319-6.

[131] Gahinet P. Reliable computation of H_∞ central controllers near the optimum. In *Proceedings of the 1992 American Control Conference*, pages 738–742, Chicago, Illinois, June 1992. ISBN 0-7803-0210-9.

[132] Gahinet P. and Laub A.J. Numerically reliable computation of optimal performance in singular H_∞ control. *SIAM Journal on Control and Optimization*, 35:1690–1710, 1997. DOI 10.1137/S0363012994269958.

[133] Stoorvogel A.A. Numerical problems in robust and H_∞ optimal control. Technical Report 1999-13, NICONET Report, 1999. Available at http://www.icm.tu-bs.de/NICONET/.

[134] Lucas Nülle GmbH, Kerpen-Sindorf, Germany. *Compact Level Control Kit Including Vessel, Tank, Pump and Sensors*, 2017. [Online]. Available at https://www.lucas-nuelle.com/317/pid/6708/apg/3353/Compact-level-control-kit-including-vessel,-tank,-pump-and-sensors–.htm.

[135] Arduino. *Arduino MEGA 2560 & Genuino MEGA 2560*, 2017. [Online]. Available at: https://www.arduino.cc/en/Main/arduinoBoardMega2560/.

[136] The MathWorks, Inc., Natick, MA. *Simulink Support Package for Arduino Hardware*, 2017. [Online]. Available at: http://www.mathworks.com/hardware-support/ arduino-simulink.html.

[137] Arduino. *Arduino IDE*, 2017. [Online]. Available at: https://www.arduino.cc/en/Main/Software.

[138] Slavov Ts. and Puleva T. Multitank system water level control based on pole placement controller and adaptive disturbance rejection. In *Preprints of the IFAC Workshop Dynamics and Control in Agriculture and Food Processing*, pages 219–224, Plovdiv, Bulgaria, June 2012. ISBN 978-954-9641-54-7.

[139] Gavrilets V., Mettler B., and Feron E. Dynamic model for a miniature aerobatic helicopter. Technical Report MIT-LIDS Report LIDS-P-2580, Massachusetts Institute of Technology, Cambridge, MA, 2003.

[140] Mollov L., Kralev J., Slavov T., and Petkov P. μ-Synthesis and hardware-in-the-loop simulation of miniature helicopter control system. *Journal of Intelligent and Robotic Systems*, 76:315–351, 2014. DOI 10.1007/s10846-014-0033-x.

[141] Padfield G.D. *Helicopter Flight Dynamics: The Theory and Application of Flying Qualities and Simulation Modelling*. Blackwell Publishing Ltd., Oxford, 2nd edition, 2007. ISBN 978-1-4051-1817-0.

[142] Gavrilets V. *Autonomous Aerobatic Maneuvering of Miniature Helicopters*. PhD thesis, Department of Aeronautics and Astronautics, Massachusetts Institute of Technology, Cambridge, MA, 2003.

[143] Mettler B. *Identification Modeling and Characteristics of Miniature Rotor-*

craft. Kluwer Academic Publishers, Boston, 2003. ISBN 978-1-4419-5311-7, DOI 10.1007/978-1-4757-3785-1.

[144] Dadkhah N. and Mettler B. Control system design and evaluation for robust autonomous rotorcraft guidance. *Control Engineering Practice*, 21:1488–1506, 2013. DOI 10.1016/j.conengprac.2013.04.011.

[145] Boubdallah S. and Siegwart R. Design and control of a miniature quadrotor. In Valavanis K.P., editor, *Advances in Unmanned Aerial Vehicles. State of the Art and the Road to Autonomy*, chapter 6, pages 171–210. Springer, Dordrecht, The Netherlands, 2007. ISBN 978-1-4020-6113-4.

[146] Moorhouse D.J. and Woodcock R.J. Background information and user guide for mil-f-8785c, military specification—flying qualities of piloted airplanes. Technical Report AFWAL-TR-81-3109, Wright-Patterson Air Force Base, Ohio, 1982.

[147] McFarland R.E. A standard kinematic model for flight simulation at NASA-AMES. Technical Report NASA CR-2497, Computer Sciences Corporation, Mountain View, CA, 1975.

[148] Barr N.M., Gangsaas D., and Schaeffer D.R. Wind models for flight simulator certification of landing and approach guidance and control systems. Technical Report FAA-RD-74-206, Boeing Commercial Airplane Company, Seattle, WA, 1974.

[149] Waslander S. and Wang C. Wind disturbance estimation and rejection for quadrotor position control. In *Proceedings of AIAA Infotech&Aerospace Conference*, pages 1–14, Seattle, Washington, April 2009. DOI 10.2514/6.2009-1983.

[150] Castillo P., Lozano R., and Dzul A.E. *Modelling and Control of Mini-Flying Machines*. Springer-Verlag, London, 2005. ISBN 1-85233-957-8.

[151] Castillo-Effen M., Castillo C., Moreno W., and Valavanis K.P. Control fundamentals of small miniature helicopters—a survey. In Valavanis K.P., editor, *Advances in Unmanned Aerial Vehicles. State of the Art and the Road to Autonomy*, chapter 4, pages 73–118. Springer, Dordrecht, The Netherlands, 2007. ISBN 978-1-4020-6113-4.

[152] Nonami K., Kendoul F., Suzuki S., Wang W., and Nakazawa D. *Autonomous Flying Robots. Unmanned Aerial Vehicles and Micro Aerial Vehicles*. Springer, Tokyo, 2010. ISBN 978-4-431-53855-4, DOI 10.1007/978-4-431-53856-1.

[153] Raptis I.A. and Valavanis K.P. *Linear and Nonlinear Control of Small-Scale Unmanned Helicopters*. Springer Science+Business Media, Dordrecht, The Netherlands, 2011. ISBN 978-94-007-0022-2, DOI 10.1007/978-94-007-0023-9.

[154] Sandino L.A., Bejar M., and Ollero A. A survey on methods for elaborated modeling of the mechanics of a small-size helicopter. Analysis and comparison. *Journal of Intelligent and Robotic Systems*, 72:219–238, 2013. DOI 10.1007/s10846-013-9821-y.

[155] Bramwell A.R.S., Done G., and Balmford D. *Bramwell's Helicopter Dynamics*. Butterworth-Heinemann, Oxford, 2nd edition, 2001. ISBN 978-0-7506-5075-5.

[156] Wang X. and Zhao X. A practical survey on the flight control system on small-scale unmanned helicopter. In *Proceedings of the 7th World Congress on Intelligent Control and Automation (WCICA 2008)*, pages 364–369, Chongqing, China, June 2008. DOI 10.1109/WCICA.2008.4592952.

[157] La Civita M., Papageorgiou G., Messner W.C., and Kanade T. Design and flight testing of a high-bandwidth $\mathscr{H}_\infty$ loop shaping controller for a robotic helicopter. *Journal of Guidance, Control, and Dynamics*, 29:485–494, 2006.

[158] Boukhnifer M., Chaibet A., and Larouci C. H-infinity robust control of 3-DOF helicopter. In *9th International Multi-Conference on Systems, Signals and Devices (SSD-12)*, pages 1–6, Chemnitz, Germany, March 2012. DOI 10.1109/SSD.2012.6198011.

[159] Poslethwaite I., Prempain E., Turkoglu E., Turner M.C., Ellis K., and Gubbels A.W. Design and flight testing of various $\mathscr{H}_\infty$ controllers for the Bell 205 helicopter. *Control Engineering Practice*, 13:383–398, 2005. DOI 10.1016/j.conengprac.2003.12.008.

[160] Kureemun R., Walker D.J., Manimala B., and Voskuijl M. Helicopter flight control law design using H_∞ techniques. In *Proceedings of the 44th IEEE Conference on Decision and Control, and the European Control Conference*, pages 1307–1312, Seville, Spain, December 2005. DOI 10.1109/CDC.2005.1582339.

[161] Cai G., Chen B.M., Dong X., and Lee T.H. Design and implementation of robust and nonlinear flight control system for an unmanned helicopter. *Mechatronics*, 21(5):803–820, 2011. DOI 10.1016/j.mechatronics.2011.02.002.

[162] Shim H. *Hierarchical Flight Control System Synthesis for Rotorcraft-based Unmanned Aerial Vehicles*. PhD thesis, University of California, Berkeley, CA, 2000.

[163] Yuan W. and Katupitiya J. Design of a μ-synthesis controller to stabilize an unmanned helicopter. In *CD-ROM Proceedings of the 28th Congress of the International Council of the Aeronautical Sciences*, pages 1–9, Brisbane, Australia, September 2012. Paper number ICAS 2012-11.5.2.

[164] Leith D.J. and Leithead W.E. Survey of gain-scheduling analysis and design. *International Journal of Control*, 73:1001–1025, 2000. DOI 10.1080/002071700411304.

[165] Kralev J., Slavov Ts., and Petkov P. Design and experimental evaluation of robust controllers for a two-wheeled robot. *International Journal of Control*, 89:2201–2226, 2016. DOI 10.1080/00207179.2016.1151940.

[166] Chan R.P.M., Stol K.A., and Halkyard C.R. Review of modelling and control of two-wheeled robots. *Annual Reviews in Control*, 37:89–103, 2013. DOI 10.1016/j.arcontrol.2013.03.004.

[167] Hu J.-S. and Tsai M.-C. Design of robust stabilization and fault diagnosis for an auto-balancing two-wheeled cart. *Advanced Robotics*, 22:319–338, 2008. DOI 10.1163/156855308X292600.

[168] Muhammad M., Buyamin S., Ahmad M.N., and Nawawi S.W. Dynamic modeling and analysis of a two-wheeled inverted pendulum robot. In *Third International Conference on Computational Intelligence, Modelling and Simulation CIMSiM 2011*, pages 159–164, Langkawi, Malaysia, September 2011. IEEE. DOI 10.1109/CIMSim.2011.36.

[169] Vermeiren L., Dequidt A., Guerra T.M., Rago-Tirmant H., and Parent M. Modeling, control and experimental verification on a two-wheeled vehicle with free inclination: An urban transportation system. *Control Engineering Practice*, 19:744–756, 2011. DOI 10.1016/j.conengprac.2011.04.002.

[170] Zhuang Y., Hu Z., and Yao Y. Two-wheeled self-balancing robot dynamic

model and controller design. In *Proceeding of the 11th World Congress on Intelligent Control and Automation*, pages 1935–1939, Shenyang, China, 2014. IEEE. DOI 10.1109/WCICA.2014.7053016.

[171] Jahaya J., Nawawi S.W., and Ibrahim Z. Multi input single output closed loop identification of two wheel inverted pendulum mobile robot. In *2011 IEEE Student Conference on Research and Development (SCOReD)*, pages 138–143, Cyberjaya, Malaysia, December 2011. IEEE. DOI 10.1109/SCOReD.2011.6148723.

[172] Alarfaj M. and Kantor G. Centrifugal force compensation of a two-wheeled balancing robot. In *11th International Conference on Control, Automation, Robotic and Vision (ICARCV)*, pages 2333–2338, Singapore, December 2010. IEEE. DOI 10.1109/ICARCV.2010.5707337.

[173] Ljung L. *System Identification Toolbox™ User's Guide*. The MathWorks Inc., Natick, MA, 2016. [Online]. Available at: http://www.mathworks.com.

[174] Spectrum Digital, Inc., Stafford, TX. *eZdspTMF28335 Technical Reference*, 2007. [Online]. Available from: http://c2000.spectrumdigital.com/ezf28335/docs/ezdspf28335c_techref.pdf.

[175] Inc. Segway. *Segway Personal Transporters*. Bedford, NH, 2012. http://www.segway.com.

[176] Yamamoto Y. *NXTway-GS (Self-Balancing Two-Wheeled Robot) controller design)*, 2009. [Online]. Available at: http://www.mathworks.com/matlabcentral/fileexchange/19147-nxtway-gs-self-balancing-two-wheeled-robot-control ler- design.

[177] Double Robotics. *Double*. Sunnyvale, CA, 2014. http://www.doublerobotics.com.

[178] Lee H. and Jung S. Balancing and navigation control of a mobile inverted pendulum robot using sensor fusion of low cost sensors. *Mechatronics*, 22:95–105, 2000. DOI 10.1016/j.mechatronics.2011.11.011.

[179] Ren T.-J., Chen T.-C., and Chen C.-J. Motion control for a two-wheeled vehicle using a self-tuning PID controller. *Control Engineering Practice*, 16:365–375, 2008. DOI 10.1016/j.conengprac.2007.05.007.

[180] Qiu C. and Huang Y. The design of fuzzy adaptive PID controller of two-wheeled self-balancing robot. *International Journal of Information and Electronics Engineering*, 5:193–197, 2015. DOI 10.7763/IJIEE.2015.V5.529.

[181] Fang J. The LQR controller design of two-wheeled self-balancing robot based on the particle swarm optimization algorithm. *Mathematical Problems in Engineering*, 2014: p. 6, 2014. Article ID 729095, DOI 10.1155/2014/729095.

[182] Lupián L.F. and Avila R. Stabilization of a wheeled inverted pendulum by a continuous-time infinite-horizon LQG optimal controller. In *IEEE Latin American Robotic Symposium LARS'2008*, pages 65–70, Natal, Rio Grande do Norte, Brazil, October 2008. IEEE. DOI 10.1109/LARS.2008.33.

[183] Sun C., Lu T., and Yuan K. Balance control of two-wheeled self-balancing robot based on linear quadratic regulator and neural network. In *Fourth International Conference on Intelligent Control and Information Processing (ICICIP)*, pages 862–867, Beijing, China, June 2013. IEEE. DOI 10.1109/ICICIP.2013.6568193.

[184] Muralidharan V. and Mahindrakar A.D. Position stabilization and waypoint tracking control of mobile inverted pendulum robot. *IEEE Transactions on Control Systems Technology*, 22:2360–2367, 1993. DOI 10.1109/TCST.2014.2300171.

[185] Nawawi S.W., Ahmad M.N., and Osman J.H.S. Real-time control system for a two-wheeled inverted pendulum mobile robot. In Fürstner I., editor, *Advanced Knowledge Application in Practice*, chapter 16, pages 299–312. Sciyo, Rijeka, Croatia, 2010. ISBN 978-953-307-141-1.

[186] Azimi M.M. and Koofigar H.R. Model predictive control for a two wheeled self balancing robot. In *Proceeding of the 2013 RSI/ISM International Conference on Robotics and Mechatronics*, pages 152–157, Tehran, Iran, February 2013. IEEE. DOI 10.1109/ICRoM.2013.6510097.

[187] Sayidmarie O.K., Tokhi M.O., Almeshal A.M., and Agouri S.A. Design and real-time implementation of a fuzzy logic control system for a two-wheeled robot. In *17th International Conference on Methods and Models in Automation and Robotics (MMAR)*, pages 569–572, Miedzyzdroje, Poland, August 2012. IEEE. DOI 10.1109/MMAR.2012.6347823.

[188] Xu J.-X., Guo Z.-Q., and Lee T.H. Design and implementation of a Takagi–Sugeno-type fuzzy logic controller on a two-wheeled mobile robot. *IEEE Transactions on Industrial Electronics*, 60:5717–5728, 2013. DOI 10.1109/TIE.2012.2230600.

[189] Li Z., Zhang Y., and Yang Y. Support vector machine optimal control for mobile wheeled inverted pendulums with unmodelled dynamics. *Neurocomputing*, 73:2773–2782, 2010. DOI 10.1016/j.neucom.2010.04.009.

[190] Raffo G.V., Ortega M.G., Madero V., and Rubio F.R. Two-wheeled self-balanced pendulum workspace improvement via underactuated robust nonlinear control. *Control Engineering Practice*, 44:231–242, 2015. DOI 10.1016/j.conengprac.2015.07.009.

[191] Ruan X. and Chen J. H_∞ robust control of self-balancing two-wheeled robot. In *Proceedings of the 8th World Congress on Intelligent Control and Automation*, pages 6524–6527, Jinan, China, July 2010. IEEE. DOI 10.1109/WCICA.2010.5554171.

[192] Shimada A. and Hatakeyama N. Movement control of two-wheeled inverted pendulum robots considering robustness. In *The Society of Instrument and Control Engineers (SICE) Annual Conference 2008*, pages 3361–3366, Tokyo, Japan, August 2008. IEEE. DOI 10.1109/SICE.2008.4655245.

[193] Dinale A., Hirata K., Zoppi M., and Murakami T. Parameter design of disturbance observer for a robust control of two-wheeled wheelchair system. *Journal of Intelligent and Robotic Systems*, 77:135–148, 2015. DOI 10.1007/s10846-014-0142-6.

[194] Wu J., Liang Y., and Wang Z. A robust control method of two-wheeled self-balancing robot. In *6th International Forum on Strategic Technology (IFOST)*, pages 1031–1035, Harbin, Heilongjiang, China, August 2011. IEEE. DOI 10.1109/IFOST.2011.6021196.

[195] Yau H.-T., Wang C.-C., Pai N.-S., and Jang M.-J. Robust control method applied in self-balancing two-wheeled robot. In *Second International Symposium on Knowledge Acquisition and Modeling, KAM '09*, pages 268–271, Wuhan, China, 2009. IEEE. DOI 10.1109/KAM.2009.234.

[196] Horn R.A. and Johnson C.R. *Matrix Analysis*. Cambridge University Press, New York, NY, 2nd edition, 2013. ISBN 978-0-521-83940-2.

[197] Bernstein D.S., editor. *Matrix Mathematics: Theory, Facts and Formulas*. Princeton University Press, Princeton, NJ, 2009. ISBN 978-0-691-13287-7.

[198] Laub A.J. *Matrix Analysis for Scientists & Engineers*. Society for Industrial and Applied Mathematics, Philadelphia, PA, 2005. ISBN 0-89871-576-8.

[199] Antsaklis P.J. and Michel A.N. *Linear Systems*. Birkhäuser, Boston, 2006.

ISBN 978-0-8176-4434-5.

[200] Fairman F.D. *Linear Control Theory: The State Space Approach*. John Wiley & Sons Ltd., Chichester, England, 1998. ISBN 0-471-97489-7.

[201] Kailath T., editor. *Linear Systems*. Prentice-Hall International, Inc., Englewood Cliffs, NJ, 1980. ISBN 978-0135369616.

[202] Wonham W.M. *Linear Multivariable Control: A Geometric Approach*. Springer-Verlag, New York, NY, 3rd edition, 1985. ISBN 0-387-96071-6.

[203] Papoulis A. *Probability, Random Variables and Stochastic Processes*. McGraw Hill, Inc., New York, NY, 3rd edition, 1991. ISBN 0-07-048477-5.

[204] Wills A., Ninness B., and Gibson S. On gradient-based search for multivariable system estimates. *IFAC Proceedings Volumes*, 38:832–837, 2005. DOI 10.3182/20050703-6-CZ-1902.00140.

[205] The MathWorks, Inc., Natick, MA. *Optimization Toolbox User's Guide*, 2017. [Online]. Available at: http://www.mathworks.com/help/pdf_doc/optim/optim_tb.pdf.

[206] Overschee P. and De Moor B. *Subspace Identification of Linear Systems: Theory, Implementation, Applications*. Kluwer Academic Publishers, Boston, MA, 1996. ISBN 978-1-4613-8061-0, DOI 10.1007/978-1-4613-0465-4.

[207] Verhaegen M. and Verdult V., editors. *Filtering and System Identification: A Least Squares Approach*. Cambridge University Press, New York, NY, 2007. ISBN 978-0-521-87512-7.

[208] Isermann R. and Münchhof M. *Identification of Dynamic Systems: An Introduction with Applications*. Springer, Heidelberg, 2011. ISBN 978-3-540-78878-2, DOI 10.1007/978-3-540-78879-9.

[209] Texas Instruments. *TMS320x2833x, 2823x DSC Serial Peripheral Interface (SPI) Reference Guide, Rev. A*, June 2009. [Online]. Available at: http://www.ti.com/product/TMS320F28335/ technicaldocuments.

[210] Texas Instruments. *TMS320x2833x, 2823x Serial Communications Interface (SCI) Reference Guide, Rev. A*, July 2009. [Online]. Available at: http://www.ti.com/product/TMS320F28335/ technicaldocuments.

[211] Texas Instruments. *TMS320x2833x, 2823x Analog-to-Digital Converter (ADC) Module Reference Guide, Rev. A*, October 2007. [Online]. Available at: http://www.ti.com/product/TMS320F28335/ technicaldocuments.

[212] Texas Instruments. *Programming TMS320x28xx and 28xxx Peripherals in C/C++ Application Report, Rev. D*, January 2013. [Online]. Available at: http://www.ti.com/product/TMS320F28335/ technicaldocuments.

[213] The MathWorks, Inc., Natick, MA. *Simulink Coder Target Language Compiler*, 2017. [Online]. Available at: http://www.mathworks.com/products/help/pdf_doc/rtw/rtw_tlc.pdf.

[214] Texas Instruments. *TMS320x280x, 2801x, 2804x Enhanced Capture (eCAP) Module*, September 2007. [Online]. Available at: http://www.ti.com/lit/ug/spru807b/spru807b.pdf.

推荐阅读

AI嵌入式系统：算法优化与实现

作者：应忍冬 刘佩林 编著 书号：978-7-111-69325-3 定价：99.00元

本书介绍嵌入式系统中的机器学习算法优化原理、设计方法及其实现技术。内容涵盖通用嵌入式优化技术，包括基于SIMD指令集的优化、内存访问模式优化、参数量化等，并在此基础上介绍了信号处理层面的优化、AI推理算法优化及基于神经网络的AI算法训练—推理联合的优化理论与方法。此外，还通过多个自动搜索优化参数并生成C代码的案例介绍了通用的嵌入式环境下机器学习算法自动优化和部署工具开发的基本知识，通过应用示例和大量代码说明了AI算法在通用嵌入式系统中的实现方法，力求让读者在理解算法的基础上，通过实践掌握高效的AI嵌入式系统开发的知识与技能。